每天读点
成功学

宿文渊 编著

中国华侨出版社
·北京·

图书在版编目（CIP）数据

每天读点成功学 / 宿文渊编著 .—北京：中国华侨出版社，2015.1（2024.1 重印）
ISBN 978-7-5113-5191-3

Ⅰ .①每… Ⅱ .①宿… Ⅲ .①成功心理—通俗读物 Ⅳ .① B848.4-49

中国版本图书馆 CIP 数据核字（2015）第 032180 号

每天读点成功学

编　　著：	宿文渊
责任编辑：	黄振华
封面设计：	冬　凡
美术编辑：	李梦婷
经　　销：	新华书店
开　　本：	720mm×1020mm　1/16开　印张：35　字数：608千字
印　　刷：	三河市万龙印装有限公司
版　　次：	2015年4月第1版
印　　次：	2024年1月第3次印刷
书　　号：	ISBN 978-7-5113-5191-3
定　　价：	78.00 元

中国华侨出版社　北京市朝阳区西坝河东里 77 号楼底商 5 号　邮编：100028
发 行 部：（010）88893001　　　传　真：（010）62707370
网　　址：www.oveaschin.com　　E-m a i l：oveaschin@sina.com

前　言

　　"会当凌绝顶，一览众山小。"千百年来人们一直传诵着这样的诗句，因为它道出了人们内心对成功的深切渴望，引起了普遍的共鸣。无可否定，我们每个人，不管是才能出众，还是平凡普通，都渴望着成功，都想实现自己想要的生活。千百年来，世世代代的人们都在为自己想要的成功而不息奋斗，有的人真的成功了，他们青史留名，然而，大多数人却未能如愿以偿，只能庸碌而终。为此，人们不得不问：在芸芸众生中，我们究竟怎样才能脱颖而出？怎样才能实现自己的理想？成功到底有没有规律可循？

　　答案是肯定的。这个世界上任何事物都是有规律的，就像太阳每天东升西落，一年有春夏秋冬四季的更替一样。当然，获得人生的成功也是有其内在规律的，而那些成功人士正是有意无意地掌握了这些规律，并且身体力行，才最终到达成功的彼岸。自古以来，在犹太人中流传着这样一个公式："成功 = 智慧 + 时间"。这里的智慧就是成功的规律，也就是说只要掌握了成功的规律，再加上足够的时间去实行，成功就指日可待。然而遗憾的是，智慧与时间很少并肩而行，我们年轻的时候有时间，可头脑中都是些稚嫩的观念，懵懵懂懂，不可避免要走很多弯路，遭受种种失败。斗转星移，历经多年沧桑，终于沉淀了一些经验和教训，形成了睿智的观念，然而此时却已经没有了时间。这也正是无数人空怀理想，壮志难酬的原因。为了让更多的人在有时间的时候能尽快掌握成功的智慧，让年轻时的"时间资源"嫁接上"智慧观念"，产生核聚变一般的巨大能量，创造出不可思议的人生辉煌，我们编写了这本《每天读点成功学》。

　　本书内容极为宏博，包罗了古今中外方方面面的成功智慧，全书分为八卷，分别为"人生智慧卷""最伟大推销员成功法则卷""成就总统的读书计划卷""世界三大奇书卷""羊皮卷精粹卷""神奇的家庭成功法则卷""最高明的投资策略卷"

和"国学智慧讲堂卷"。

其中"人生智慧卷"收录了《沉思录》《不抱怨的世界》《失落的致富经典》《受苦的人没有悲观的权利》《致加西亚的信》五部享誉世界的成功励志名著，这些书向我们深刻揭示了"倾听来自心灵的声音和力量""优秀的人从不抱怨""没有穷困的世界，只有贫瘠的心灵""谁敷衍生命，生命就敷衍谁""不为失败找借口，只为成功找方法"等朴素而永恒的成功原理，帮助人们首先从根本上树立成功心态，从而改变命运，成就卓越人生。

"最伟大推销员成功法则卷"收录了《世界上最伟大的推销员》《两个上帝的忠诚仆人》《一分钟说服》《世界上最伟大推销员的成功法则》等四部书，这些书中充满智慧、灵感、力量以及销售实战技巧，为广大从事销售的读者朋友迅速提升推销能力和业绩，更好地完善和成就自我，在财富方面迅速获得成功，提供了极为宝贵的指导和帮助。

"世界三大奇书卷"收录了《智慧书》《君主论》《孙子兵法》三部世界奇书，欧洲有许多学者相信，千百年来，人类思想史上具有永恒价值的处世智慧都包含于这三大奇书之中，它们深刻地描述了人生处世经验，为读者提供了战胜生活中的尴尬、困顿与邪恶的种种神机妙策。

"羊皮卷精粹卷"收录了《最伟大的力量》《唤起心中的巨人》《自己拯救自己》《向你挑战》《人生光明面》《伟大的励志书》等六部世界经典励志名著。在西方遥远的古代，智慧的文字是书写在珍贵的羊皮卷上的，它们传历弥久，是人类智慧的结晶、精神的瑰宝，有着神秘的力量，吸引着人们通过它们探寻生活的真谛，在这个纷繁复杂的世界上掌握做人做事的方法，最终获得力量、财富和幸福。

……

本书是前人智慧的总结，成功规律的揭示。请记住，获得成功最快的方法就是学习前人的成功智慧，站在前人的肩上！很幸运，你打开了这本书，它将会改变你的一生！要想成功，你需要每天读点成功学，让自己每天都处在成功的氛围中，让自己的心灵感受到成功的召唤。每天读点成功学，就是为日后的成功种下希望的种子。希望通过这本书的启示，你能了解到成功的规律，掌握成功的方法，遵循成功的步骤，从而养成成功的习惯。相信你自己，因为成功在自己手中！

目 录

卷一
人生智慧卷

卷二

最伟大推销员成功法则卷

卷三

成就总统的读书计划卷

卷四
世界三大奇书卷

卷五
羊皮卷精粹卷

卷六
神奇的家庭成功法则卷

卷七

最高明的投资策略卷

卷八
国学智慧讲堂卷

卷一
人生智慧卷

·第一讲·

《沉思录》：

倾听来自心灵的声音和力量

《沉思录》是古罗马唯一一位哲学家皇帝马可·奥勒留·安东尼所著。对此书，费迪曼曾这样评价："《沉思录》有一种不可思议的魅力，它甜美、忧郁和高贵。这部黄金之书以庄严不屈的精神负起做人的重荷，直接帮助人们去过更加美好的生活。"下面就让我们看看《沉思录》是怎样帮助人们去过幸福生活的吧。

摒除外界的干扰，释放生命的自由

我们都知道，火都有一种特性：当火势小的时候，它很快就会被压在它上面的东西熄灭；而火势旺盛的时候，它就会很快点燃它上面的东西，并且借助这些东西使自己越烧越旺。

所以，每个人的成败主要取决于自身力量的强弱，而非加诸在身上压力的大小。法国作家杜伽尔曾说过这样一句话："不要妥协，要以勇敢的行动，克服生命中的各种障碍。"法国启蒙思想家伏尔泰说："人生布满了荆棘，我们晓得的唯一办法是从那些荆棘上面迅速踏过。"人生是不平坦的，这同时也说明生命需要磨炼，面对人生中各种各样的干扰，你要保持一种满足而宁静的态度，利用这种障碍，达到锤炼自己的目的。因为唯有障碍才能使你不断地成长。"燧石受到的敲打越厉害，发出的光就越灿烂。"正是这种敲打才使燧石发出光来。

《沉思录》的作者马可·奥勒留曾说，即使是生命中那些痛苦的事情，也能够为你的灵魂增添耀眼的色彩。所以，请热爱那些仅仅发生于你身上的事情，那些仅仅为你纺的命运之线。因为，有什么比这更适合你呢?

哪怕是不好的事情，我们也可以用微笑的灵魂发掘其中蕴含的机遇；哪怕当我们在正确的原则指引下走正直道路的时候，有人阻挡我们，我们也可以像火焰一样，摒弃那一切干扰，并利用它们来训练自己。

美国的一所大学曾进行过一个很有意思的实验：实验人员用很多铁圈将一个小南瓜整个箍住，以观察它逐渐长大时，能抵抗多大由铁圈给予它的压力。最初实验员估计南瓜最多能够承受 400 磅的压力。

在实验的第一个月，南瓜就承受了 400 磅的压力，实验到第二个月时，这个南瓜承受了 1000 磅的压力。当它承受到 2100 磅的压力时，研究人员开始对铁圈进行加固，以免南瓜将铁圈撑开。当研究结束时，整个南瓜承受了超过 4000 磅的压力，到这时，瓜皮才因为巨大的反作用力产生破裂。

研究人员取下铁圈，费了很大的力气才打开南瓜。南瓜已经无法食用，因为试图突破重重铁圈的压迫，南瓜中间充满了坚韧牢固的层层纤维。为了吸收充足的养分，以便于提供向外膨胀的力量，南瓜的根系总长甚至超过了 8 万英尺，所有的根不断地往各个方向伸展，几乎穿透了整个实验田的每一寸土壤。

南瓜可以摒除外界的障碍，并充分释放自己生命的能量，获得前进的动力，从而使自己变得更加茁壮，人生也是如此。许多时候我们夸大了那些强加在我们身上的折磨的力量，其实生命还可以承受更大的障碍。生命本身的力量足以把每一个障碍扭转为对它活动的一个援助，把一个障碍的东西变成对一个行为的推进。

所以，那些折磨我们的力量往往能够成为助我们成长的能量，在与我们意愿相反的事物中我们也可以获得前进的手段。当每一个障碍都成为我们的养料时，生命之火就可以熊熊燃烧。

即使祈求上天也要保持尊严

雅典人在祈雨时，祷告的语言也保持着自己的高贵："降雨吧，降雨吧，亲爱的宙斯，使雨降落到雅典人耕过的土地上，降落到平原上。"——作为宇宙中的有尊严的个体，我们确实不应当祈祷，即使不得已而为之，也应以这种简单和高贵的方式祈祷，而并非自轻自贱地如一个乞丐般出现在祈祷的圣坛之前。

在现实生活中，就有这样的人——他们自己看不起自己，自己作贱自己，自己愿意与人为奴，供人驱使，而且，他们表现得比自卑的人更为严重。这样的人就是没有骨气的人，说得再严重一点，就是身上和心里都有"奴性"。奴性的人喜欢仰人鼻息，看人眼色行事，以溜须拍马为能事。他根本没有自我意识，根本想不到自己也是个堂堂正正的人。保持着尊严的人，即使在祈祷时也能呈现出高贵的气质。归根结底，祈祷其实是一种乞求，即便是在"乞求"神灵或者他人的帮助时，自尊自重的人也能够赢得他人的尊重。

一年冬天，美国加州的一个小镇上来了一群逃难的流亡者。长途的奔波使他们一个个满脸风尘，疲惫不堪。善良好客的当地人家家生火做饭，款待这群逃难者。镇长约翰给一批又一批的流亡者送去粥食，这些流亡者显然已好多天没有吃到这么好的食物了，他们接过食物，个个狼吞虎咽，连一句感谢的话也来不及说。

只有一个年轻人例外，当约翰镇长把食物送到他面前时，这个骨瘦如柴、饥肠辘辘的年轻人问："先生，吃您这么多东西，您有什么活儿需要我做吗？"约翰镇长想，给一个流亡者一顿果腹的饭食，每一个善良的人都会这么做。于是，他说："不，我没有什么活儿需要你来做。"

这个年轻人听了约翰镇长的话之后显得很失望，他说："先生，那我便不能随便吃您的东西，我不能没有经过劳动，便凭空享受这些东西。"约翰镇长想了想又说："我想起来了，我家确实有一些活儿需要你帮忙。不过，等你吃过饭后，我再给你派活儿。"

"不，我现在就开始工作，等做完您交代的活儿，我再吃这些东西。"那个青年站起来。约翰镇长十分赞赏地望着这个年轻人，但他知道这个年轻人已经两天没有吃东西了，又走了这么远的路，可是不给他做些活儿，他是不会吃下这些东西的。约翰镇长思忖片刻说："小伙子，你愿意为我捶背吗？"那个年轻人便十分认真地给他捶背。捶了几分钟，约翰镇长便站起来说："好了，小伙子，你捶得棒极了。"说完将食物递给年轻人，他这才狼吞虎咽地吃起来。

约翰镇长微笑地注视着那个青年说："小伙子，我的庄园太需要人手了，如果你愿意留下来的话，那我就太高兴了。"

那个年轻人留了下来，并很快成为约翰镇长庄园的一把好手。两年后，约翰镇长把自己的女儿詹妮许配给了他，并且对女儿说："别看他现在一无所有，可他将来一定会是个富翁，因为他有尊严！"

有尊严的人比奴性的人更容易接近成功，所以这个青年人比其他流亡者更快地获得了稳定的生活。尊严无价。一个人若失掉了尊严，做人的价值和乐趣就无从谈起。尊严是一个人做人的根本，无论在什么时候，我们都应当挺直做人的脊梁，用行动捍卫自己的尊严。自尊是人的一种美德，是无价的，是人最珍贵、最高尚的东西。

所以，即使在诱惑面前也要岿然不动，绝不能出卖灵魂。无论你今后的日子是富贵还是贫穷，你都要保持做人的尊严，唯有自敬自尊，才会得到他人的尊敬。

善良是内心源源不断的泉

一家餐馆里，一位老太太买了一碗汤。她在餐桌前坐下后，突然想起忘记取面包。

她起身取回面包，重返餐桌。然而令她惊讶的是，自己的座位上坐着一位黑皮肤的男子，正在喝着自己的那碗汤。"这个无赖，他为什么喝我的汤？"老太太气呼呼地寻思，"可是，也许他太穷了，太饿了，还是一声不吭算了，不过，也不能让他一人把汤全喝了。"

于是，老太太装着若无其事的样子，与黑人同桌，面对面地坐下，拿起汤匙，不声不响地喝起了汤。就这样，一碗汤被两个人共同喝着，你喝一口，我喝一口。两个人互相看看，都默默无语。

这时，黑人突然站起身，端来一大盘面条，放在老太太面前，面条上插着两把叉子。

两个人继续吃着，吃完后，各自直起身，准备离去。

"再见！"老太太友好地说。

"再见！"黑人热情地回答。他显得特别愉快，感到非常欣慰。因为他自认为今天做了一件好事——帮助了一位穷困的老人。

黑人走后，老太太才发现，旁边的一张饭桌上放着一碗没人喝过的汤，正是她自己的那一碗。

在老太太弄清了事情的始末之后，尴尬之余她一定感受到了一种莫名的感动，这种温暖的力量来自善良品质的感染。

善良就像是内心一道源源不断的泉水，它所带来的感动将会比生命本身更长久。休谟说："人类生活的最幸福的心灵气质是品德善良。"一个心地善良的人，必是一个心灵丰足的人，同时，善良的举动也会带给他人内心的感动和震撼。

一个爱的字眼，有时能把人从痛苦的深渊中拯救出来，并且带给他们希望；一个微笑，有时能让人相信他还有活着的理由；一个关怀的举动，甚至可以救人一命。有不少人曾经非常认真地考虑过结束自己的生命，而在电梯里有个陌生人跟他打了个招呼，或接到一个朋友打来的电话说"我心里正念着你"之后，便打消了自杀的念头。一个再细小不过的关爱的刹那，就足以改变一切。不要低估你心目中善良品质的力量，从而使你丧失很多行善的机会。不要以为你能够帮助别人的只是沧海一粟，不要以为你的能力不足以救人于水火。

不要像仿佛你将活一千年那样行动。死亡窥伺着你。当你活着时，如果善在你力量范围之内，那么就行善吧。人的能力都是有限的，但我们可以在自己的力量范围之内，尽己所能地行善。相信一念善起，万事花开。

回归自我，不慕虚荣

不管别人怎么说怎么做，我们都一定要做个好人，就像一块翡翠或者黄金总是认为："无论别人怎么说怎么做，我始终是一块珍宝，我要保持我的光彩。"

一个能够保持宁静心灵并保持理性自我的人，永远不会自己产生恐惧或欲望，除非是别人让他产生恐惧、陷入欲望。这种时候，灵魂往往会因为贪慕一时的虚荣而丧失自我。让肉体去体验这种经历吧，如果它有能力，或许可以使自身免于伤害；我们的灵魂是能感受恐惧和痛苦的，并且能对恐惧和痛苦作出判断；但是灵魂不会受到损害，因为它不会这样认为。灵魂是一无所求的，除非它自己创造出需要，同样，没有什么能够打搅它、妨碍它，除非它自己打搅自己、妨碍自己。

每个人都有不同程度的虚荣心理，它像默默地啃噬自己内心的小虫，悄无声息但却让人格外痛苦难熬。而这些贪慕虚荣的人，也必然会为自己的行为付出一些代价。

山鸡天生美丽，浑身都披着五颜六色的羽毛，在阳光的照耀下熠熠生辉、鲜艳夺目，叫人赞叹不已。山鸡也很为这身华羽而自豪，非常爱惜自己的美丽。它在山间散步的时候，只要来到水边，瞧见水中自己的影子，它就会翩翩起舞，一边跳舞一边骄傲地欣赏水中倒映出的自己那绝世无双的舞姿。

一位臣子将一只山鸡送给了君主，君主非常高兴，召唤有名的乐师吹起动人的曲子，而山鸡却充耳不闻，既不唱也不跳。君主命人拿来美味的食物放在山鸡面前，山鸡连看都不看，无精打采地耷拉着脑袋走来走去。就这样，任凭大家想尽了办法，使尽了手段，始终都没办法逗得山鸡起舞。

这时，一名聪明的臣子叫人搬来一面大镜子放在山鸡面前，山鸡慢悠悠地踱到镜子跟前，一眼看到了自己无与伦比的丽影，比在水中看到的还要清晰得多。它先是拍打着翅膀冲着镜子里的自己激动地鸣叫了半天，然后就扭动身体，舒展步伐，翩翩起舞了。

山鸡迷人的舞姿让君主看得呆了，连连击掌，赞叹不已，以至于忘了叫人把镜子抬走。

可怜的山鸡，对影自赏，不知疲倦，无休无止地在镜子前拼命地又唱又跳。最后，它终于耗尽了最后一点儿力气，倒在地上死去了。

顾影自怜的山鸡并没有找到自己的真正价值所在，它在强烈的虚荣心的驱使下迷失了自我，当它追求着错误的东西并且沉迷其中时，就渐渐地从虚荣走向了炫耀，以至于丧失了理智，并为此付出了惨重的代价。

虚荣心会使一个人失去心灵的自由，常常使人觉得没有安全感，不满足，与其在虚荣心的驱使下追求鹤立鸡群、脱颖而出的满足，不如回归本我，于宁静的心灵世界中寻求知足的幸福。

让灵魂永葆青春

这是一件可怕的事情，当你依然年轻，身体依然强壮，灵魂却已然白发苍苍。宇宙间的万物都在变化之中。如果宇宙间万物确实存在一个确定的归宿，那么万物都会归于统一；如果这个归宿并不存在，那么万物也许都会被分解开来。总之，不管是统一还是分解，变化是肯定的，就像机体会衰老，灵魂会变化。

而一生中最重要的事，莫过于让灵魂永葆青春，不要在身体衰老之前就老去。所以，请保持灵魂的健康与昂扬，请努力去做这样的人：朴素、善良、严肃、高尚、不做作、爱正义、敬神明、温柔可亲、恪尽职守。什么样的人是上帝喜欢的那种人，就请努力成为那样的人。

对神明要心存崇敬，对你的朋友要仁爱并且乐善好施。这样的人，灵魂就像婴儿的眼眸一样清澈，我们应该向他学习，像他一样精力充沛地按照理性做事，像他一样胸怀坦荡，像他一样虔诚、面容宁静、待人态度温柔，像他一样不追名逐利，像他一样专注于探究事物的本质。还要记住，在仔细考察并且有了清楚的认识以前，绝不忽视任何一件小事；对于那些无理指责的人，宽容并忍让他们，而不强调反击；从容做事，不听信任何流言诽谤之词；谨慎观察人的品性，不因别人的愤怒就轻易作出让步，远离阿谀奉承，不过分猜疑，也不要自命不凡；对自己的衣食住行保持简单的要求，但工作的时候要勤劳，并保持耐心。

人生短暂，我们在尘世的生命只有这唯一的果实——虔诚的性格和仁爱的行为。无论做什么，都要给灵魂以给养，使它永远保持旺盛的生命力。若能如此，即使人生并没有创造出奇迹，也会拥有属于自己的精彩。

两个小桶一同被吊在井口上。

其中一个对另一个说："你看起来似乎闷闷不乐，有什么不愉快的事吗？"

另一个回答："我常在想，这真是一场徒劳，没什么意思。常常是这样，装得满满地上去，又空着下来。每一天都在虚度之中流逝，仿佛连灵魂都慢慢地枯竭。"

第一个小桶说："我倒不觉得如此。我一直这样想：我们空空地来，装得满满地回去，再将这满满的幸福送给他人分享，这又是怎样的快乐！"

每一天，都并非虚度，如果你努力地向充实靠拢；每一天，灵魂都会得到丰富，如果你从来不恣意纵容自我。当那个悲观的小水桶日复一日地用空洞的眼神抬头望天时，天是空的，灵魂也在衰老之中；而另一只乐观的小桶，则用快乐填满了自己的生活，每一天都新鲜生动的。

生命是短暂的，在这短暂的生活里会有许多需要选择的事情，例如一个事物是善的还是恶的，一个行为是不是应该去做，是走左边那条路还是右边的那条？其实，就在这些简简单单的选择中，你的生命轨迹已经逐渐地成形。过早衰老还是永远保持年轻，都在你的一念之间。

保持虔诚的精神和友善的行为，在生活中汲取营养，在贡献中快乐，这样的清醒是多么难得。在清醒的时候，再看见那些关于衰老或者空虚的烦恼，就会像是在看一场梦，云烟过眼，天朗风清。

像等待生一样静候死

每一件事物都有其开始、延续和死亡，这些都是被包括在自然界要实现的目标之内的。人生就好比这样一个过程：一只球被人掷起，而后又开始下坠，最后落在地上；或者像一个水泡，它逐渐凝结起来，突然被伸到水面的树枝触碰了一下，转瞬间便完全破碎。生命也是这样一个从出生、成长到衰老、死亡的过程。所有人都会走向同一个归宿，那就是死亡。

面对死亡，我们要把它作为自然的一个活动静候它。就像你能够安静地等待一个孩子从母亲的子宫里分娩出一样，也请你从现在开始就准备着你的灵魂从皮囊中脱离的那个时刻的来临。这一切，都只不过是自然的正常的活动，你不需要恐慌，只要静静等候就可以了。

日本有位禅师一百多岁高寿时身体还特别健康，耳不聋，眼不花，牙齿还完好无损，总是红光满面，一副乐呵呵的样子，给人一种气定神闲的感觉。

有位生命学专家想从禅师这里得到长寿秘诀，就专门来寻访他。第一次寻访时，老禅师说："没有什么秘诀，连我也没弄明白我为何如此长寿。"几年过后，专家再次拜访老禅师。禅师说："我知道为什么了，但是，天机不可泄露。"又是几年过去了，禅师的身体依然强健，一点儿也看不出老，好像违反生命的自然规律。生命学专家再次来拜访，他对老禅师说，他对生命的探讨，不是为了个人，而是为了全人类。

这次，禅师终于说出了他的长寿之道，他不无遗憾地说："我从六十来岁就盼着圆寂，视圆寂为佛家的最高境界、最大快乐。可是，我的修行一直不够，一直未能实现早日圆寂的最大夙愿。这，也许就是你要探讨的长寿的奥秘吧！"

世间有几个人，能够用这种泰然自若的态度面对生死？

人们普遍害怕死亡，这种恐惧的情绪是因为对死亡的无知造成的。人类习惯把死亡与衰老、疾病联系在一起，因此，在人类看来，死亡是很痛苦的。其实不然，每个人都要经历一个从年轻到年老、由稚嫩到成熟的过程；每个生物都要经历春夏秋冬四时的变化；所有的生命都要经历自然带来的一切活动。人的死亡只是具体的生命形式的结束，而构成这一生命形式的气又会回到物质世界中，重新加入宇宙生命的无穷变化。

我们以树叶为例，春天让树上长出树叶，然后风把树叶吹落，接着树木又在落叶的地方长出新的树叶。人也和这树叶一样，不管这个人是被称颂和赞扬的，还是被诅咒和谴责的，都不过是自然界中的一个短暂的存在。死亡只是让来自自然造化的生命再次复归造化。

死亡把你和正在和你一起生活的人分开，把你可怜的灵魂同身体分开，要知道，你与他们的联系和结合本来就是自然给予的，现在只不过是自然要把这种结合拆开。

自然将灵魂与身体分开，便是把死亡赋予了你。死亡只不过是让你脱离目前这种生活转而进入另一种生活。那么我们又何必要执着于尘世，希望自己在这里逗留更长的时间呢？

从生走向死，这是合乎自然的一件事，所以，在世时我们要顺应自然行事，死时跟随造物变化。不欣喜生命的诞生，也不抗拒生命的死亡；明白生死只是忽然而来，忽然而去。不忘记自己的来处，也不探求死后的归宿；命运来了，欣然接受，事情过后，又恢复平常，在即将离去时对别人的态度仍然和善，把自己的品格友好、仁爱和温柔的一面一直保持到最后一分钟。

以平等的精神生出虔诚与仁爱

世间的一切生灵都是平等的，所有的一切都与我们相关，我们有什么理由不以虔诚而仁爱的态度对待造物主给予我们的一切呢？每个生命的存在都是自然界的奇迹，所以我们要用平等的观念对待一切。

用平等的观念对待一切，付出真挚的爱心，才能收获快乐、收获希望。只有在别人困难的时候，毫不犹豫地伸出救援的双手，在你困难时，你才能得到更多的帮助。

一天，一个贫穷的小男孩为了攒够学费挨家挨户地推销商品。到了晚上，奔波了一整天的他此时感到十分饥饿，但摸遍全身，只有一角钱了。实在是饥饿难忍，他只好决定向下一户人家讨口饭吃。

当一位美丽的女孩打开房门的时候，这个小男孩却有点儿不知所措了。他没有要饭，只乞求给他一口水喝。这位女孩看到他很饥饿的样子，就拿了一大杯牛奶给他。男孩慢慢地喝完牛奶，问道："我应该付多少钱？"女孩回答道："一分钱也不用付。妈妈教导我们，施以爱心，不图回报。"男孩说："那么，就请接受我由衷的感谢吧！"说完男孩离开了这户人家。此时，他不仅感到自己浑身是劲儿，而且看到上帝正朝他点头微笑。

数年之后，那位美丽的女孩得了一种罕见的重病，当地的医生对此束手无策。最后，她被转到大城市，由专家会诊治疗。当年的那个小男孩如今已是大名鼎鼎的霍华德·凯利医生了，他也参与了医治方案的制订。当看到病历时，一个奇怪的念头闪过他的脑际。他马上起身直奔病房。

来到病房，凯利医生一眼就认出床上躺着的病人就是那位曾帮助过他的女孩。他回到自己的办公室，决心竭尽所能来治好女孩的病。从那天起，他就特别地关照这个病人。经过艰苦努力，手术成功了。凯利医生要求把医药费通知单送到他那里，在通知单的旁边，他签了字。

当医药费通知单送到女孩手中时，她不敢看，因为她确信，治病的费用将会花去她的全部家当。最后，她还是鼓起勇气，翻开了医药费通知单，旁边的小字引起了她的注意，她不禁轻声读了出来："医药费———满杯牛奶。霍华德·凯利医生。"

小女孩并没有因为那个男孩的贫困和窘迫而拒绝他的请求，她所做的一切，都是源于内心深处对所有平等的生命的热爱和珍惜。如果当初小女孩拒绝献出那份爱心，也许这个故事将不会有一个如此圆满的结果。施与爱心，回报的也一定是一份爱心。帮助别人，给予别人方便，才会得到别人的帮助，也给自己带来方便。因为人们都有"相互回报"的心理，你对别人的慷慨付出往往也会得到别人的无偿回报。

法国文学家罗曼·罗兰说得很精彩："快乐和幸福不能靠外来的物质和虚荣，而要靠自己内心的高贵和正直。"只有发自内心地尊重一切生命，热爱一切生命，才能获得一颗高贵和正直的心。一件微不足道的小事，一次不经意的善举，都可以给另一个人带来温暖和快乐。在别人最需要的时候，一声问候、一句话，甚至一个同情的眼神，都可以带给别人极大的关怀。所以，不要忽视你所能付出的一点一滴，在这点滴之中付出你的爱心，从身边小事给别人以关怀，因为所有的生命都是平等的，都值得关心。以平等仁爱之心去思索生命的意义，你就会成为一个善良而富有爱心的人。

与持有同样原则的人一起生活

古罗马著名哲学家西塞罗曾经说过："人类从无所不能的上帝那里得到的最美好、最珍贵的礼物就是友谊。"但并不是所有的朋友都能给你的生活增添美丽的色彩，只有对生活有着同样的信仰，持有同样原则的人，才能和你一起浇灌出绚烂的友谊之花。

印度传教士亨利·马特恩，小时候身体非常羸弱，性情敏感孤僻，不喜欢参与学校的活动，大一些的男孩常以捉弄他为乐。但是有一个男孩向他伸出了友爱之手，帮他补习功课，还为他和小流氓打架。

他们都考上了哈佛大学，这个男孩继续影响着亨利。亨利学习不稳定，容易激动而且浮躁，有时还忍不住发脾气，这个男孩却是一个沉稳、富于耐心而勤奋的学生。他一直呵护、引导、保护着亨利，让他远离那些不良影响，鼓励并建议他发奋图强。他对亨利说："努力不是为了赢得别人的赞许，而是为了自己的荣誉、上帝的荣光。"

亨利在他的帮助下学业大有长进，在圣诞节前的期末考试中取得了年级第一的好成绩。那个男孩毕业后从事着一项十分有益却不为人知的事业，但他塑造了亨利的优良品德，用爱心鼓舞了亨利，让亨利从事高尚的工作，帮助亨利成为一名杰出的传教士。

通过上述故事，我们可以看出，朋友之间会潜移默化地相互影响，朋友会影响你形成自己的性格、做事的方式、习惯和观点。所以，择友一定要慎重，不是所有人都有亨利这样好的运气，能够遇到如此志同道合又知心的朋友。有时候，恰恰是这些心怀善意的朋友，却往往用如刀一样锋利的语言刺痛你的内心，这时候你应该做出判断，他是不是和你秉持着同样的生活原则，或者是不是自己的原则出现了错误。

佩利在哈佛上学时，同伴们既喜欢他又讨厌他。佩利天赋极高，但整天无所事事，花钱大手大脚，像个浪荡公子。一天早上，他的一位朋友来到他床前说："佩利，我一宿没睡，一直在想你的问题。你真是个大傻瓜！你家里那么穷，怎么承受得起你这么胡闹？我要告诉你，你很聪明，是可以有所作为的！我为你的愚蠢痛心，我要严肃警告你，如果你再执迷不悟，胡闹偷懒下去，我就跟你断绝来往！"

佩利大为震动，从那一刻起，他变了。他为自己的生活制订了全新的计划，勤奋努力、坚持不懈地学习。年终，他成了甲等生。后来，他成为作家、神学家，他的成就广为人知。

一个人结交什么样的朋友，对自己的思想、品德、情操、学识都会有很大的影响。实际上，每个人不管自觉或不自觉，他们交朋友总是有所选择的，他择友总是有自己的标准。如果你选择了那些品质恶劣、不能真诚对人的人做朋友，则是人生的一大障碍，而和品行高尚的人做朋友，你也会在不自觉中得到提高。

宇宙间不存在真正的不朽

很多人害怕生活发生了变化之后无法适应，所以他们只想墨守而不期望发生任何的变化。可是，如果没有变化，新事物怎么产生呢，社会又怎么会进步呢？除了变化，还有什么是与宇宙的本性联系更接近、更重要的呢？木柴不经过变化，你能洗热水澡吗？食物不经过变化，你能吸收到营养吗？没有变化，其他任何有用的东西怎么实现它们的价值呢？这你还不明白吗？一个人的变化也是一样，也是宇宙的本性所必需的。

宇宙的实体就像是一条奔流不息的河，所有躯体都在里面游过一回；所有人都要按照本性与宇宙合作，就如同我们的四肢相互合作一样。有多少个克里西普，多少个苏格拉底，多少个爱比克泰德，都已经被时间吞噬了！那就用同样的想法来看待所有的人和事吧。

在时空的河流中，即使我们所认为的那最长久的名声，其实也不过是沧海一粟，须臾间即会消散，又有什么是永恒的呢？有多少人在享受赫赫威名之后被人遗忘了，又有多少人在称颂别人的威名之后与世长辞。所以，宇宙间从来都不存在真正的不朽。在很短的时间内，你会忘记一切，一切也会忘记你。

有一次，一位哲学家带着几个学生出行。那时正值中午，天气非常地热，他觉得口渴，就告诉一名学生："我们不久前曾跨过一条小溪，你回去帮我取一些水来。"

这个学生回头去找那条小溪，但小溪实在太小了，有一些车子经过，溪水被弄得很污浊，水不能喝了。于是他回去告诉哲学家："那小溪的水已变得很脏而不能喝了，请您允许我继续走，我知道有一条河离这里只有几里路。"

但是哲学家说："不，你回到同一条小溪那里。"学生表面遵从，但内心并不服气，他认为水那么脏，只会浪费时间白跑一趟。他走到那里，发现水虽没有刚才浑浊了，但仍有许多泥沙，还是不可以喝，于是他又跑回来说："老师，您为什么要坚持？"哲学家不加解释，仍然说："你再去。"他只好遵从。

当他再走到那条溪流，那些溪水就像它原来那么清澈、纯净——泥沙已经沉到了河底。这个学生笑了，赶快提着水回来，恭敬地对哲学家说："老师，您给我上了伟大的一课，无论是林中的小溪还是生命中的河流，没有什么东西是永恒的。"

宇宙间的事情总是在不断地发生着变化，一条河流如此，一座高山亦是，微风拂过，月影跃动，没有什么长久不逝的永恒。所以，不要刻意地去追求所谓的永恒，如果你并不能确定这件事对你的意义，那么，就不要幻想借着它来改变自己的命运的轨迹，不论是那最长久的名声、最充实的财富，还是最显赫的地位。如果没有变化，那就什么都不会发生。如果没有小麦的变化，我们将不会有面粉；如果没有燃料的变化，我们就不能喝到开水。

既然世界都是在不断变化的，那么我们就不要总是让心灵处于被困扰的状态，让我们以自己的思想和理性来迎接所有的变化。

倾听来自心灵的声音和力量

生活中的每一次沧海桑田，每一次悲欢离合，都需要我们用心慢慢地体会、感悟。如果我们的心是暖的，那么在自己眼前出现的一切都是灿烂的阳光、晶莹的露珠、五彩缤纷的落英和随风飘散的白云，一切都变得那么惬意和甜美，无论生活有多么地清苦和艰辛，都会感受到天堂般的快乐。心若冷了，再炽热的烈火也无法给这个世界带来一丝的温暖，我们的眼中也充斥着无边的黑暗、冰封的雪谷、残花败絮般的凄凉。所以，细细地倾听来自心灵的声音，就能从心灵的舒展开合中获取力量。

把贪图钱财看作正确行为的人，不会让他人获得利禄；把追求显赫看作正确行为的人，不会与他人分享美好的声誉；迷恋权势的人，不会授人权柄。掌握了利禄、名声和权势，便唯恐丧失而整日战栗不安，而放弃上述东西又会悲苦不堪，而且心中没有一点儿见识，目光只盯住自己所无休止追逐的东西，不肯与他人分享，这样的人只能算是被大自然所刑戮的人。

但如果不因为高官厚禄而喜不自禁，不因为前途无望、穷困贫乏而随波逐流、趋势媚俗，荣辱面前一样达观，那也就无所谓忧愁。心中没有忧愁和欢乐，才是道德的极致。

一个人被苦恼缠身，于是四处寻找解脱苦恼的秘诀。

有一天，他来到一个山脚下，看见在一片绿草丛中有一位牧童骑在牛背上，吹着横笛，逍遥自在。他走上前问道："你看起来很快活，能教给我解脱苦恼的方法吗？"

牧童说："骑在牛背上，笛子一吹，什么苦恼也没有了。"

他试了试，却无济于事。于是，他又开始继续寻找。不久，他来到一个山洞里，看见有一个老人独坐在洞中，面带满足的微笑。他深深鞠了一个躬，向老人说明来意。

老人问道："这么说你是来寻求解脱的？"

他说："是的！恳请不吝赐教。"

老人笑着问："有谁捆住你了吗？"

"没有。"

"既然没有人捆住你，何谈解脱呢？"

他幡然醒悟。从来没有什么东西能够束缚住我们的心灵，除了自己。与其在束缚中苦苦寻求心灵和道德的出路，莫不如给心灵松绑，在自由之中得到自己的快乐，与他人分享快乐，这才会更加接近幸福。

让自己的德行像光一样明亮，但不刻意对人显耀；行为信守承诺，但不会令人有所祈望。睡觉时不做梦，清醒时无忧虑。活着时好像无心而浮游于世，死亡时则像休息一样自然寂静。心神纯一精粹，没有欢乐与悲伤，对外物没有喜好与厌恶，持守精神的简洁和永恒，与世事无抵触，任何事情都不会违逆心意，获得心灵的自由与尘世的幸福原来就是如此简单。

·第二讲·

《不抱怨的世界》：

优秀的人从不抱怨

《不抱怨的世界》的作者是美国知名牧师威尔·鲍温。世界首富比尔·盖茨在推荐这本书时说："没有人能拒绝这样一本书，除非你拒绝所有的书。"

抱怨不如改变，抱怨有害无利，走进"不抱怨的世界"才是人生大智慧。

你在陈述事实，还是在抱怨

一位老人，每天都要坐在路边的椅子上，向开车经过镇上的人打招呼。有一天，他的孙女在他身旁陪他聊天。这时有一位游客模样的陌生人在路边四处打听，看样子想找个地方住下来。

陌生人从老人身边走过，问道："请问大爷，住在这座城镇还不错吧？"

老人慢慢转过来回答："你原来住的城镇怎么样？"

游客说："在我原来住的地方，人人都很喜欢批评别人，邻居之间常说闲话，总之那地方很不好住。我真高兴能够离开，那不是个令人愉快的地方。"摇椅上的老人对陌生人说："那我得告诉你，其实这里也差不多。"

过了一会儿，一辆载着一家人的大车在老人旁边的加油站停下来加油。车子慢慢开进加油站，停在老先生和他孙女坐的地方。

这时，一位先生从车上走下来，向老人说道："住在这市镇不错吧？"老人没有回答，又问道："你原来住的地方怎样？"那位先生看着老人说："我原来住的城镇每个人都很亲切，人人都愿帮助邻居。无论去哪里，总会有人跟你打招呼、说谢谢。我真舍不得离开。"老人看着这位先生，脸上露出和蔼的微笑："其实这里也差不多。"

车子开动了，那位父亲向老人说了声谢谢，驱车离开。等到那家人走远，孙女抬头问老人："爷爷，为什么你告诉第一个人这里很可怕，却告诉第二个人这里很好呢？"

老人慈祥地看着孙女说："人们在评述一件事情的时候，很难做到公正。因为即使是陈述事实，也往往加入了自己的态度。第一个人一直在抱怨，他的心中充满了挑剔和不满，可是第二个人却懂得感恩，他能够看到人们的可爱和善良。我正是根据两个不同人的心理给出的答案啊！"

不管你搬到哪里，你都会带着自己的态度，由此可见，完全公正的事实是不存在的。抱怨与非抱怨的语言可能一模一样，但却很容易分辨出来，因为其中隐含的能量是不同的。如果你心中长期存有不满，说出来的话必然会带着抱怨的情绪。

如果你希望某人或当前的情势有所转变，这就是抱怨。如果你希望一切有别于现状，这就是抱怨。当你说完某句话觉得心有不妥时，那八成就是在抱怨。

其实，眼前的不顺心，不会成为你一辈子的障碍。所以，即使面临困境，也不要因为不满或者悲观而抱怨，坚持一下，总会等到晴天。生命是顺境与逆境的轮回。只要我们在逆境中也能坚持自己，再苦也能笑一笑，再委屈的事情，也能用博大的胸怀容纳，那么，人生就没有不能接受的事实。

当我们处于所谓的逆境，从内心抗拒着所处的现实时，不妨再想一想在路上奔跑的车辆，不论经历着怎样的颠簸和曲折，它们都快乐地一路向前。在曲折的人生旅途上，只要我们内心充满了阳光，用乐观的心打量这个世界，我们就会发现，原来不是生活不美好，而是我们一直在抱怨中迷失了自己。我们要学会感恩，学会与人分享，学会在残缺中品味快乐，在逆境中感受幸福。

沉默比牢骚更有建设性

对于那些热爱抱怨的人来说，沉默是一件痛苦的事情。但是，沉默却能把他们从抱怨情绪中解救出来。

如果你什么都不说，大家也许还会赞美你稳重，但如果你说个不停，不但不会表现出你期望的睿智，反而会令人感觉到浮躁。倘若你滔滔不绝说了很久，表达的内容却无非是抱怨和牢骚，那就更不够明智了。

所以，在思想上给自己装一个过滤器吧，当你想要抱怨时，请让自己沉默几分钟，让你的话语先穿越抱怨的过滤器。沉默能让你自省反思、谨慎措辞，让你说出你希望能传送创造性能量的言论，而不是任由不安驱使你发出又臭又长的牢骚。

法国有句谚语：雄辩如银，沉默是金。在现实生活中，有时候沉默确实胜于雄辩，当然更胜过那些毫无价值的抱怨的话语。在这一点上，美国总统罗斯福可谓是众人的表率。

日本海军偷袭珍珠港得手后，尽管美军损失惨重，太平洋舰队几乎全军覆没，但是在一些美国议员之中，还有为数不少的议员反对美国向日本宣战。

当时罗斯福已经将局势分析得十分明朗，他明白，如果不趁日军立足未稳时发动战争，等到日军强大起来战争会变得更加艰巨。同时，他也明白那些持反对态度的人的想法。一战中，美国在最后阶段才参战，战争没有在本土进行，但最后美国却因一战而大发其财。所以，现在美国一旦参战，国内经济必受影响，而且战争的胜负很难预料。如果战事对美国不利，到时如何收场？

罗斯福明白这些人的忧虑，但他以政治家的眼光觉察出这些担忧是毫不必要的，所以他决定：美国必须参战。但是议员们观点的分歧令他苦恼，他有时候心中会生出几分厌烦的情绪，忍不住想要抱怨。

在一次会议上，当大家为战还是不战而争论不休时，罗斯福突然要站起来，因为他双腿残疾，所以平常总以车代步。当他挣扎着要从车上站起来时，两名白宫的侍从慌忙上前想帮他一把，但让人意想不到的是罗斯福愤怒地将他们推开。

于是，在众人惊讶的目光中，罗斯福摇摇晃晃地挣扎着，从车上缓缓地站了起来。然后他满脸痛苦却倔犟地坚持站着，默默地看着周围的人，一言不发。

所有在电视机前看到这一画面的美国民众都被感动了。有什么困难是不能克服的呢？

于是，在全国民众意愿的推动下，国会很快做出决议：对日宣战。

罗斯福说服了那些原本反对参战的人，他没有采取强硬的态度，也没有苦口婆心地进行规劝；他没有抱怨，也没有妥协，而是以一位领导人的姿态，成功地将局势引导到他所希望的方向。这不正是沉默的力量吗？

所以，沉默往往比抱怨更有建设性。抱怨是一种习惯，如果你不想把抱怨的话说出口，那么就请沉默，让自己暂停一下，调整一下呼吸，就能给自己一个机会，在说话时更加小心地选择措辞，也更加仔细地斟酌自己将要表达的观点是否合适。

说话之前，不如深呼吸，而不要穷抱怨。

抱怨让你变得招人怨

在人群中，爱抱怨的人就像菟丝子一样，抱怨的情绪会像那线状的茎丝一样缠绕在其他人身上，为他人所厌恶。菟丝子寄生于其他植物身上，汲取的是营养，而抱怨的人则在不知不觉中榨取他人的能量，直到被周围的人群放逐。

戈洛尔是公司的业务精英。在年终业绩评比时，他的业绩名列整个集团公司的第五名。按照惯例，业绩在公司前六名的员工可获得一大笔年终奖金。对此，戈洛尔兴奋极了，甚至他已经许诺为妻子买一条白金项链。

可万万没想到的是，公司公布的获奖名单上竟然没有他的名字！第七名都入围了，唯独裁掉了他，凭什么？

戈洛尔怒气冲冲地去找上司讨个说法。上司看到他一点儿也不意外，说这次绩效考核，不仅看业绩，而且要看平时的表现，尤其是个人的心态。很多同事都反映戈洛尔的牢骚与抱怨太多了，影响了公司的团队合作士气，甚至让同事间彼此产生很多误会，导致一些客户丢失，所以公司决定取消戈洛尔的得奖资格。

上司的一番话，像一记炸雷撞击着戈洛尔的心。他先是诧异，继而愤怒，接着是羞愧，他低下了头，脸上阵阵发烧。上司安慰地拍拍他的肩膀，语重心长地说："我能理解你现在的心情，回去好好反思反思，相信明年见到的你会是一个全新的人。"

那一刻，他感到全公司的同事都在嘲笑他、奚落他，让他感到无地自容。对上司的话，他几乎找不到一点儿反驳的理由，因为他的确就像上司说的那样，爱发牢骚，爱抱怨，同事们都私下里叫他"抱怨鬼"。

其实戈洛尔是个非常有才华的人，他本来可以得到更好的工作，但是由于一些变故他才来到了现在的公司。所以，从进入公司的第一天起，他就怨天尤人，让上司和同事都相处得不愉快。他常常觉得一身才气没受到重用，便不免牢骚满腹。他常常抱怨命运不公，抱怨上司事情处理得不好，抱怨同事爱挑他的毛病，抱怨手下人能力不济……总之，从上司到同事，他从来都是不合作、不屑与不满的态度，走到哪里都在发牢骚，都在抱怨，在公司里与同事说，在外面与客户说，牢骚与他形影不离。

其实，几乎在每一个团体里，都有像戈洛尔这样的"牢骚族"或"抱怨族"。他们每天轮流把"枪口"指向团队中的任何一个角落，埋怨这个、批评那个，而且，从上到下，很少有人能幸免。他们的眼中处处都能看到毛病，因而处处都能看到或听到他们在批评、发怒或生气。这些人把自己、别人或任何事情都看得太严重，心里稍不平衡便歇斯底里地发作，满腹牢骚，看谁都不顺眼，仿佛世界上所有人都做了对不起他的事。不但如此，他们还整天喋喋不休地到处找人发泄不满，甚至大放厥词，自己抱怨也就罢了，还老想把别人也拉下水。天长日久，不但会给团队制造麻烦，甚至造成其他人之间彼此猜疑。没有人喜欢与老是抱怨不停的人为伴，没有人愿意自己成为别人的枪口，于是，被疏离、失道寡助便是这些人最后的下场。

不停抱怨的人，终有一天，他们会被自己播下的蒺藜伤到自己。

批评无法消弭问题，只会扩大事端

著名的心理学家杰丝·雷耳曾说过："称赞对温暖人类的灵魂而言，就像阳光一样，没有它，我们就无法成长开花。但是我们大多数的人，只是忙于躲避别人的冷言冷语，而我们自己却吝于把赞许的温暖阳光给予别人。"

你喜欢温暖的阳光，还是喜欢带着冬天寒气的冷言冷语呢？以前，威尔·鲍温一直以为批评与指责往往比温和的语言更有针对性，效果也会更加明显，但是通过一件事情，他发现有时候批评并不能消弭问题。

鲍温的家在一个弯道的拐角处，距离速限从25英里到55英里的交接处很近，所以，常常有人开着车飞速地从他家门前驶过，他的爱狗金吉尔就死在一辆疯狂行驶的车下。

后来，当鲍温在花园里除草的时候，每看到飞速驶过的车辆他就会朝着驾驶员大喊，以便让司机将车速降下来，但是，即使他挥舞着双臂示意司机开慢一些，也很少能够达到想要的效果，这令他非常恼火。在那些从未减速的车辆中，有一辆黄色的跑车给他留下了深刻的印象，驾驶员是一个年轻的女郎。鲍温始终不能想明白，这么年轻美丽的一位女士，为何总是把车开得像疯狂的赛车一样？

有一天，当她再次驾车飞快地经过时，鲍温正开着除草机割草，他的妻子正在花园边缘种花。鲍温放弃了让她减速的努力，继续专心地工作。但是那辆车刹车灯亮了一下，居然神奇地慢了下来。鲍温第一次看到这辆车不是以要命的速度呼啸而过，他甚至觉得出现了幻觉，因为那位年轻的女郎在朝他和妻子微笑。

当女郎的车子远去之后，鲍温好奇地问妻子："到底发生了什么？她居然将

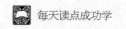

车开得这么慢！"

妻子笑了笑，回答他："我只是朝着她微笑着招手打了个招呼，她也对我微笑，所以也就减慢了车速。"

他愣住了。他想起自己以前常常坐在割草机上愤怒地挥舞着自己的手臂，大声地提醒过往的司机注意车速，在他们看来，自己是不是像一个脾气暴躁的疯子？而那辆黄色的跑车，从来没有因为鲍温的愤怒和指责慢下来，但是今天它却因为一个微笑而优雅地驶过。

那时候鲍温突然想到：没有人喜欢批评的语言。批评往往只会扩大事端，却不会消弭事端。而且，批评的本质其实是带着利刃的抱怨，既让人讨厌，又令人鄙视。

事实上，人人都会犯错，但"没有什么人比那些不能容忍别人错误的人更经常犯错误的"。遗憾的是，总有人习惯严于律"人"，一旦他人犯了错误，总有人会站在制高点上指责埋怨，这样的人，就是周围人心中的地狱。当抱怨他人成为一个人生活中的必修课时，他的生活就会在这种抱怨中腐败变质，而自己却久而不闻其臭，成了"抱怨"的牺牲品。

不要用批评的方式发泄心中的牢骚，正所谓"牢骚太盛防肠断"，一个人的能力会在批评下萎缩，而在鼓励下绽放花朵。所以，如果你想从别人那里得到温暖的阳光，就不要用冷冰冰的言语和面孔对待他人。

有些人似乎养成了一种恶习，他们动辄就批评、指责他人，甚至有人以此为快。他们常常不自觉地射出抱怨之箭，中伤他人。其结果要么伤害他人，要么被人抵挡，反而自伤。

懂得感恩的人拒绝抱怨

我们曾经在感恩节的晚餐桌前表达过无数的感谢，但是你是否感谢过上帝没有使你成为一只火鸡？

感恩节前，波士顿一家幼儿园的老师在课堂上向孩子们提了一个问题。

"感恩节快到了，孩子们，你们可不可以告诉我，你们将要感谢什么呢？"老师让孩子们思考了一会儿，然后开始点名。

"琳达，你要感谢什么？"

"我的妈妈天天很早起来给我做早饭，我想，我在感恩节那天一定要感谢她。"

"嗯，不错。彼得，你呢？"

"我的爸爸今年教会了我打棒球，所以我特别想感谢他。"

"嗯，能打棒球了，很好！玛丽。"

"无论是上学还是放学，学校的守门人总是微笑地看着我们来来往往。虽然她自己很孤单，没有多少人关心她，但她却把关怀的微笑送给我们每一个孩子。我要在感恩节那天给她送一束花。"

"很好！杰克，轮到你了。"老师微笑地看着前排的小男孩。

"我们每年感恩节都要吃火鸡，大大的火鸡，肥肥的火鸡，大家见着都非常爱吃。他们只是大口大口地吃火鸡，却从不想一想火鸡是多么地可怜。感恩节那天，会有多少只火鸡被杀掉呀……"

"能不能简短一些？我觉得你跑题了，杰克。"

杰克向四周望了一眼，开心地说："我要感谢上帝没有让我变成一只火鸡。"

不知道这位老师对杰克的答案是否满意，但是读完这个故事后，我们是不是也该在心里由衷地感谢上帝没有让自己变成一只火鸡？

快乐是如此简单的一件事，只要懂得感恩，抛下一切杂念，原来美好的事物触手可及。随着年龄的增长，有一个奇怪的想法常常在威尔·鲍温的脑海里打转："如果最后一次梳头时，我能知道这是我最后一次有机会梳头，我一定会更加享受那一段时光。"

假如放下心中的抱怨和不满足，把生命中的每一段经历当作最后一次去珍惜，感恩生活赐予我们的每一件事物、每一种经历，我们是不是会活得更加轻松、更加快乐呢？

有一颗感恩的心，会让我们生活的世界多一些宽容与理解，少一些指责与推诿，多一些和谐与温暖，少一些争吵与冷漠，多一些真诚与团结，少一些欺瞒与涣散……

一个不知道感恩的人，只会向别人索取，而不知道给予，当他的索取得不到满足的时候，他就会抱怨。这种自私的人从来体会不到简单的幸福，体会不到相互给予的快乐和由自身为他人制造的快乐中延伸而至的幸福。

如果你有一颗感恩的心，你会对你所遇到的一切都抱着感激的态度，这样的态度会使你消除怨气。早上起来的时候，你看到窗外的阳光，你会感恩；吃一块面包，你会感恩；接到朋友的电话，你会感恩；在树上看到一只鸟在唱歌，你会感恩；看到猫咪睡在你的床头，你会感恩；然后你的一天乃至你的一生，就在这感恩的心情中度过，那你还有什么不幸福的呢？

价值不需要用牢骚来证明

尘埃是肉眼能见的事物当中很小的一种。与这茫茫宇宙相比，它们太过微小，甚至可以忽略不计，但是，它们却也能够创造令人瞠目结舌的奇迹。尘埃汇聚，既可以筑成千年古堡，也可以成为万年堤坝。埃及的金字塔、中国的长城、古巴比伦的空中花园，到处都有它们的影迹。

尘埃的价值，呈现在它生命的每一分每一秒，它们在沉默中证明着纵使再渺小的事物，也有其存在的价值。每个人都拥有无穷的潜能，只是需要去开掘而已。所以，不要去嫉妒别人的命有多好，也不要抱怨自己的价值没有被人发现。如果你本身是一颗珍珠，纵使被禁锢在坚硬的贝壳之中，也迟早会被人发现；但假如你只是一粒沙子，即使在阳光照射下的海滩上，也会永远被游客踩在脚底。

约翰从斯坦福大学毕业之后进入了一家规模很小的财会公司，每天，他像所有新入职的年轻人一样从事着简单的工作。他常常有一种怀才不遇的感觉，因为得不到重用而终日愁眉苦脸，不停地向身边的亲人和朋友抱怨。

一天，约翰终于忍不住心中的愤懑前去质问上帝："命运为什么对我如此不公平？"

上帝沉默不语，不动声色地从地上捡起一颗小石子扔进了乱石堆里。上帝对约翰说："请你利用你的才能和智慧，将我刚才扔掉的石子找回来吧！"

约翰翻遍了乱石堆，却无功而返，他不满地说："您还没有回答我的问题呢！"

这一次，上帝皱了皱眉头，他走到约翰身边，摘下了约翰手上的戒指，再一次扔进了乱石堆。约翰既吃惊又生气，他没等上帝说话便迅速地跑到石堆旁，这一次，他很快便找到了那枚金光闪闪的戒指。

约翰怒气冲冲地走到上帝面前，还未开口上帝却说了这样一句话："你是那颗石子还是这枚戒指呢？"

看着面带微笑的上帝，约翰恍然大悟：当自己只不过是一颗石子，而不是一块金光闪闪的金子时，就永远不要抱怨命运对自己不公平。

当我们抱怨现实对自己不公时，先问一下自己到底是石头还是金子。有的人往往对自己评价过高，一旦受到挫折时，就会觉得自己怀才不遇、与周围人格格不入，从而有可能就会走向另外一种极端：对自己评价太低。这真是令人感到遗憾的事。不适当的估计从心理学角度来讲是非常态的，而且这种预计的结果，常常会导致人们对生活、学习、工作等产生不良的心态。只有恰当的自我认识才能造就美好的人生。

价值从来不需要用牢骚来证明，一个人唯有先征服自己，才有能力征服他人，让别人信任自己。有位作家曾经说过："自己把自己说服了，是一种理智的胜利；自己被自己感动了，是一种心灵的升华；自己把自己征服了，是一种人生的成熟。大凡说服了、感动了、征服了自己的人，就有力量征服一切挫折、痛苦和不幸。"所以，当你想要向世界证明自己的能力时，请先让自己相信，你是一个真正有实力的人，而不是一个"抱怨鬼"。

一旦你发现并肯定了自己的价值，那么就请冷静、坚定、自信地守护着你的理想，只要你相信它，它就能实现。不要忘记时刻给自己呐喊加油，很快你就会发现原本可望而不可即的东西已经变得触手可得。

有怨气不如有志气

美国人常开玩笑说，是一位布朗小姐的厚此薄彼，才刺激"造就"了一位美国总统。

在读高中毕业班时，查理·罗斯是最受老师宠爱的学生。他的英文老师布朗小姐年轻漂亮，富有吸引力，是校园里最受学生欢迎的老师。同学们都知道查理深得布朗小姐的青睐，他们在背后笑他说，查理将来若不成为一个人物，布朗小姐是不会原谅他的。

在毕业典礼上，当查理走上台去领取毕业证书时，受人爱戴的布朗小姐站起身来，当众吻了一下查理，向他表了个出人意料的祝贺。

当时，人们本以为会发生哄笑、骚动，结果却是一片静默和沮丧。许多毕业生，尤其是男孩子们，对布朗小姐这样毫不难为情地公开表示自己的偏爱感到愤恨。不错，查理作为学生代表在毕业典礼上致辞，也曾担任过学生年刊的主编，还曾是"老师的宝贝"，但这就足以使他获得如此之高的荣耀吗？典礼过后，有几个男生包围了布朗小姐，为首的一个男生质问她为什么如此明显地冷落别的学生。

布朗小姐微笑着说，查理是靠自己的努力赢得了她特别的赏识，如果其他人有出色的表现，她也会吻他们的。

这番话使别的男孩得到了些安慰，却使查理感到了更大的压力。他已经引起了别人的嫉妒并成为少数学生攻击的目标。他决心毕业后一定要用自己的行动证明自己值得布朗小姐报之一吻。毕业之后的几年内，他异常勤奋，先进入了报界，后来终于大有作为，被杜鲁门总统亲自任命为白宫负责出版事务的首席秘书。

当然，查理被挑选担任这一职务也并非偶然。原来，在毕业典礼后带领男生包围布朗小姐并告诉她自己感到受冷落的那个男孩子正是杜鲁门本人。布朗小姐也正是对他说过："去干一番事业，你也会得到我的吻的。"

查理就职后的第一项使命，就是接通布朗小姐的电话，向她转述美国总统的问话：您还记得我未曾获得的那个吻吗？我现在所做的能够得到您的评价吗？

倘若杜鲁门因为布朗小姐的冷遇而一蹶不振，终日抱怨，那么，美国人将失去一位优秀的总统，而杜鲁门本人则会与精彩的人生擦肩而过。

生活中，当我们遭到冷遇时，不必沮丧，不必愤恨，树立更加伟大的理想，并坚定地维护，唯有全力赢得成功，才是对曾经的屈辱最好的答复和反击。

不能因为月缺，就抱怨月亮不圆；不能因为日食，就指责太阳也不可靠。任何人都会遇到喜与忧，任何一天都有好与坏，所以，不要抱怨生活的不公，冷遇对于一个真正坚忍的人来说，是一把打向坯料的锤，打掉的是脆弱的铁屑，锻成的是锋利的钢刀。每一次锤打都是痛苦的，但历经的锤打越多，这把钢刀就越锋利，最终，你能够用这把由自己锻造的钢刀开辟自己的战场。

上天赋予我们生命的同时，在上面附加了许许多多的苦难。如果你期望自己能够有个不平凡的人生，就不要抱怨"冷遇"与"困难"的到来，因为，那些逆境中的折磨，正是你成就非凡人生的垫脚石，是上天恩赐于你的最好的礼物。

用行动为抱怨画上休止符

要迎着晨光实干，而不要对着晚霞抱怨。你的行动能够给每一天增添亮色，而你的抱怨则会遮蔽晚霞原有的灿烂。

有一天，某位农夫的驴子不小心掉进一口枯井里，农夫绞尽脑汁也想不到办法把驴子救出来。最后，农夫不得不决定放弃，为了减轻它的痛苦，农夫便请来左邻右舍帮忙，想将井中的驴子埋了。

邻居们开始将泥土铲进枯井中。当第一锹土落入井里时，驴子叫得格外凄惨，它知道自己的末日来临了。但出人意料的是，一会儿之后这头驴子就安静下来了。

农夫好奇地探头往井底一看，眼前的景象令他大吃一惊。

当铲进井里的泥土落在驴子的背部时，驴子的反应是将泥土抖落掉，然后站在铲进的泥土堆上面！

就这样，驴子将大家铲到它身上的泥土全数抖落到井底，然后再站上去。慢慢地，这头驴子便得意地上升到井口，然后，在众人惊讶的表情中快步地跑开了！

如果你像那头不幸的驴子，不慎掉进了井里，你会怎么办呢？

追逐虚名的人把幸福寄托在别人的言辞上；贪图享乐的人把幸福寄托在自己的感官上；不满现实的人把幸福寄托在不停的抱怨里；而有理智的人，则把幸福安置在自己的行动之中。

通用公司曾经有两名职员，当她们的名字都出现在裁员名单上时，两个人的不同反应决定了她们不同的命运。

艾丽和密娜达都是通用公司内勤部办公室的职员，有一天她们被通知一个月之后必须离岗，这对两个年轻姑娘来说，都是一个沉重的打击。

第二天上班时，艾丽的情绪依旧很消沉，但是委屈却让她难以平静下来。她不敢去和上司理论，只能不住地向同事抱怨："为什么要把我裁掉呢？我一直在尽最大的努力工作。这对我来说太不公平了！"同事们都很同情她，不住地安慰她。当第三天、第四天，艾丽依然不停地抱怨时，同事们开始感到厌烦了，却不得不装作认真倾听的样子。而艾丽只顾着发牢骚，以至于连她的分内工作也耽误了。

而密娜达在裁员名单公布后，虽然哭了一晚上，但第二天一上班，她就和以往一样开始了一天的工作。当关系比较好的同事悄悄安慰她时，她除了表达感谢，还诚恳地自我反省："一定是我某些地方做得还不够好，所以，这最后的一个月里，我一定要更加努力地工作，这是一个很好的让自己反思的机会。"所以，在离职之前的一个月中，她仍然每天非常勤快地打字复印，随叫随到，坚守在她的岗位上。

一个月后，艾丽如期下岗，而密娜达却被从裁员名单中删除，留了下来。内勤部的主任当众传达了老总的话："密娜达的岗位，谁也无可替代，密娜达这样的员工，公司永远不会嫌多！"

人在面临困境的时候，不要抱怨命运，因为抱怨不但会让自己内心痛苦不堪，而且在怨天尤人的愤怒情绪中，只会把事情搞得越来越糟，错过解决问题的机会。抱怨除了使自己对待他人的态度很恶劣以外，还会令自己一事无成。

一位伟人曾说，"有所作为是生活中的最高境界。而抱怨则是无所作为，是逃避责任，是放弃义务，是自甘沉沦"。不管我们遇到了什么境况，喋喋不休地抱怨注定于事无补，甚至还会把事情弄得更糟。所以，不妨用实际的行动来打破正在桎梏你的藩篱，用行动为你的抱怨画上一个完美的休止符。

用你的笑容征服世界

有一样东西，它在家中产生，它不能买、不能求、不能借、不能偷，因为在人们得到它之前，它是对谁都无用的东西。它在给予人之后，会使你得到别人的好感。它是疲倦者的休息、失望者的阳光、悲哀者的力量，又是大自然免费赋予人们的一种解除苦难的良药。

没错，它就是微笑。如果你觉得自己并没有什么长处，那就从现在开始微笑吧，因为微笑就是阳光，它能消除人们脸上的寒色。

斯坦哈德在纽约证券交易所上班，他给别人一种很严肃的感觉，在他脸上难得见到一丝笑容。他结婚已有18年了，这么多年来，从他起床到离开家这段时间，他难得对自己的太太露出一丝微笑，也很少说上几句话。

有一天，他得到一位成功学大师的指点，这使他下定决心要改变这种状况。早晨他梳头的时候，从镜子里，看到自己那张绷得紧紧的脸孔，他就对自己说：斯坦哈德，你今天必须把你那张凝结得像石膏像的脸松开来，你要展出一副笑容来，就从现在开始。

于是，坐下吃早餐的时候，他脸上有了一副轻松的笑意，他向太太打招呼："亲爱的，早！"他太太的反应是惊人的，她完全愣住了。可以想象到，那是出于她意想不到的高兴，斯坦哈德告诉她以后都会这样。从那以后，他的家庭生活完全变样了。

现在斯坦哈德去办公室时，会对电梯员微笑地说："你早！"去柜台换钱时，面对里面的伙计他脸上也带着笑容；甚至在他去股票交易所时，对那些素昧平生的人，他的脸上也带着缕笑容。

不久，他就发觉人人都反过来对自己微笑了。微笑带给了斯坦哈德很多快乐。

斯坦哈德也改掉了原来对人直接批评的习惯，他把斥责人家的话换成赞赏和鼓励。他再也不讲我需要什么，而是尽量去接受别人的观点。这些做法真实地改变了他原有的生活，现在斯坦哈德是一个跟过去完全不同的人了，他成了一个更快乐、更充实的人。

看到这里，你是不是觉得自己也应该开始微笑了呢？但是对于那些爱抱怨的人来说，他们宁肯拉长着脸，也不肯对别人露出笑容。但是，当你用不满的目光面对这个世界时，怎么能期待世界给你一个温暖的拥抱呢？

　　所以，你要尝试去做一件事：让自己微笑起来。如果你独在一处，可以让自己吹吹笛子，或哼哼调子、唱唱歌。做出快乐的样子，那就能使你快乐。已故的哈佛大学教授威廉·詹姆斯曾说过："行动好像是跟着感觉走的，可是事实上，行动和感觉是并行的。所以你需要快乐时，就要努力让自己快乐起来。"

　　纽约一家极具规模的百货公司里的一位人事部主任在谈到他雇人的标准时说，他宁可雇用一个有着可爱笑容但只有小学学历的女孩子，也不愿意雇用一个冷若冰霜的哲学博士。

　　人生就像一个调味盘，有甜蜜也要有苦难，缺失了哪一样生命都将不再丰盈和完满。所以，当那些不可避免的苦难发生时，不要抱怨，而是要微笑着把它们尽数收入行囊，昂首挺胸地踏上下一次的征途。

恐惧成功，就会注定失败

　　哈佛有句名言说：失败的人不一定懦弱，而懦弱的人却常常失败。这是因为，懦弱的人害怕有压力的状态，因而他们害怕竞争。在对手或困难面前，他们往往不善于坚持，而选择回避或屈服。

　　懦弱通常是恐惧的游伴，懦弱带来恐惧，恐惧加强懦弱。它们都束缚了人的心灵和手脚。恐惧的字眼和言语，却常常将我们所恐惧的东西招致身边。

　　美国最伟大的推销员弗兰克说："如果你是懦夫，那你就是自己最大的敌人；如果你是勇士，那你就是自己最好的朋友。"对于胆怯而又犹豫不决的人来说，一切都是不可能的，正如采珠的人如果被鲨鱼吓住，怎能得到名贵的珍珠呢？

　　那些总是担惊受怕的人，得不到真正自由的人生，因为他总是会被各种各样的恐惧、忧虑包围着，看不到前面的路，更看不到前方的风景。

　　在波士顿的一个小镇上有一个名叫杰克的青年，他一直向往着大海。一个偶然的机会，他来到了海边，那里正笼罩着雾，天气寒冷。他想：这就是我向往已久的大海吗？他的心理落差很大，他想：我再也不喜欢海了。幸亏我没有当一名水手，如果是一名水手，那真是太危险了。

　　在海岸上，他遇见一个水手，他们交谈起来。

"海并不是经常这样寒冷又有雾，有时，海是明亮而美丽的。但在任何时候，我都爱海。"水手说。

"当一个水手不是很危险吗？"杰克问。

"当一个人热爱他的工作时，他不会想到什么危险。我们家里的每一个人都爱海。"水手说。

"你的父亲现在何处呢？"杰克问。

"他死在海里。"

"你的祖父呢？"

"死在大西洋里。"

"你的哥哥呢？"

"当他在印度的一条河里游泳时，被一条鳄鱼吞食了。"

"既然如此，"杰克说，"如果我是你，我就永远也不到海里去。"

水手问道："你愿意告诉我你父亲死在哪儿吗？"

"死在床上。"

"你的祖父呢？"

"也死在床上。"

"这样说来，如果我是你，"水手说，"我就永远也不到床上去。"

如果在海边你已经开始惧怕海中的波浪，那么你注定无法体验到海的魅力。

学者马尔登曾说过："人们的不安和多变的心理，是现代生活多发的现象。"他认为，恐惧是人生命情感中难解的症结之一。面对自然界和人类社会，生命的进程从来都不是一帆风顺、平安无事的，总会遭到各种各样、意想不到的挫折、失败和痛苦。当一个人预料将会有某种不良后果产生或受到威胁时，就会产生这种不愉快的情绪，并为此紧张不安，忧虑、烦恼、担心、恐惧，程度从轻微的忧虑一直到惊慌失措。

最坏的一种恐惧，就是常常预感着某种不祥之事的来临。这种不祥的预感，会笼罩着一个人的生命，像云雾笼罩着爆发之前的火山一样。

世界上没有永远的成功者，也没有永远的失败者。有人畏缩，得到的也会失去；有人勇敢，失去的也会得到。只要不断尝试、不断磨砺，我们就一定能战胜恐惧。只要告别恐惧，勇敢地朝前走，别人能做到的我们也能做到。畏惧是人生路上一道深深的壕沟，跨过去你就拥有了出路和希望。

·第三讲·

《失落的致富经典》：

没有穷困的世界，只有贫瘠的心灵

　　财富既是一个人的奋斗目标，也是实现成功不可或缺的条件。这本《失落的致富经典》（华莱士·D.沃特尔斯），告诉你，世界上确实有一门有关如何致富的学问存在，而且它并不需要多高的学问，也并不难懂，它就像代数或算术一样，是一门精准的学问。只要你按其行事，那么你很快就会致富，这个过程就像"一加一等于二"一样确定。

让任何人致富的法则

　　100个富翁，会有100个发家故事，100种创富经历，100条致富之路。如果你向身边的人请教到底该如何致富，那么100个人可能会有100个答案：排队买彩票的人会告诉你致富完全靠运气；银行职员会告诉你致富全靠储蓄；保险代理人会告诉你致富全靠保险；你的老师会告诉你致富全靠教育基础；珠宝店的老板会对你说致富全靠投资珠宝；期货市场的炒家会告诉你致富全靠期货买卖……

　　但是本书作者的答案和他们的肯定不一样，因为他相信世界上有一种致富法则可以让所有人成为富翁。

　　现在，你可能是世界上最潦倒的人：你没有任何家族背景，甚至没有储蓄超过万元的朋友，你没有任何的资源可以利用，没有任何影响力，甚至债台高筑、居无定所。如果他告诉你这样穷困的你也能成为百万富翁乃至世界首富，恐怕你自己都不肯相信。但是请相信他的观点，无论你现在什么样子，就像有因就会有果一样，只要你开始按"既定的法则"做事，你就一定会逐渐富裕起来。

　　世间万物，包括我们已经获得的和将要获得的财富都源自一刻不停、按照规律运行的宇宙能量。宇宙有规律的运行创造了世界上所有的物质奇迹，而人类的思想是影响宇宙能量创造财富的唯一动力。所以，人的主观参与能够加大宇宙能量运行的活跃性和丰富性。

当你的思维运动与双手的创造结合在一起时，人就能从思想的动物转变为具有行动力的机器，人的想法在大脑中构思成熟，然后借助双手的力量和自然的资源转变为物质的现实。这个过程便是人类参与、影响宇宙能量运行的过程，也是创造财富的过程。

所以，不要囿于对地球上已经存在的事物的修修补补，而是激发自己更多的创造力，将自己具有创造性的思想传递给宇宙，与宇宙能量一起合作，才能丰富宇宙的财富，也充实自己的财富。这便是可以让任何人致富的既定法则。

那些成功的人，一定经受住了既定法则的考验，但有些人却偏偏将他人的成功与自己的失败都归因于所谓的命运。而美国银行大王摩根却相信，所谓的命定都是骗人的。

有人说，摩根的手掌上有条成功线，所以他才能够成为"银行界的巨子"。但摩根先生从不相信这样的鬼话。

他说："我在这 10 多年间，细细观察过自己的亲戚、朋友和职员的手掌，有这根成功线的，不下 2000 多人，但他们最后的境遇大部分都不太好。假如说，有成功线的人都可以获得成功的话，为什么这 2000 多人又是例外呢？根据我的观察，在这 2000 多个有成功线而不能获得成功的人中，有 500 多个人是懒汉，他们懒惰得什么事也不肯动手。其中至少有 300 多人是傻子，连 ABC 也读不出正确的读音来！至少有 600 多人想奋发图强，做一点儿大事，但因为他们的人事关系处理得不好，或者因为他们本身根本没有学过什么专业的技能，或者因为他们刚在这项事业开了头之后受了一点点挫折，中途就放弃了，这样，他们的事业便失败了，而一生也只能在失败中度过！总之，手掌上有成功线的人未必会获得成功，其根源在于他们本身的缺陷，而并不是什么冥冥的主宰！"

所以，虽然每个人天生都拥有成为富人的机会，但若你不能遵照既定法则行事，不能够走上一条正确的创业道路，那么，你便会被这条可以让任何人致富的法则所抛弃。

即使你的手中没有那样一条成功线，但是没有资金的你一样能获得资金；入错了行的你能找到合适的行业；待错地方的你能找到合适的地方。从你现在从事的工作做起，从你现在所处的地方做起，按照能够让你成功的"既定的法则"做事，你便能一步步靠近这些生命的奇迹。

致富学问如同算术一般精准

世界上确实有一门教人如何致富的学问，而且它就像算数一样，是一门精准的学问。它让你明白，发家致富也可以像"一加一等于二"一样确定。

宇宙间的金钱与财产不会均等地分配给世间的所有人，它们的分配标准是你对"既定法则"的执行程度。不论你是有意为之还是偶然如此，只要按照"既定法则"做事的人都能获得财富；而不按此行事的人，即使天资聪颖、做事勤奋，也会为贫困所扰。

这门学问并不是特别难以掌握，也并非只有少数人才能驾驭。因为在我们熟知的有钱人当中，既有才能出众的，也有资质愚钝的；既有智慧超群的，也有愚蠢至极的；既有体格强健的，也有体弱多病的。所以，致富这门学问也像算术一样，只要你认真学习，谨慎应用，就能够在财富课堂获得优异的成绩。

任何一个人都不会因为缺少金钱而富不起来，关键是看你对自己的人生做了怎样的定位。

一个乞丐站在路旁卖橘子，一名商人路过，向乞丐面前的纸盒里投入几枚硬币后，就匆匆忙忙地赶路了。

过了一会儿后，商人回来取橘子，说："对不起，我忘了拿橘子，因为你我毕竟都是商人。"

几年后，这位商人参加一次高级酒会，遇见了一位衣冠楚楚的先生向他敬酒致谢，并告知：他就是当初卖橘子的乞丐。而他生活的改变，完全得益于商人的那句话：你我都是商人。

这个故事告诉我们：你定位于乞丐，你就是乞丐；当你定位于商人，你就是商人。

定位决定人生，定位改变人生。所以，致富不是靠你选择的什么特殊行当，而是看你是否遵照致富学问的要求做事。如果你对自己的人生有精确的规划，并且设定了成功终点的准确坐标，那么，你所期待的一切必然都有机会转化为现实。

三个工人在砌一堵墙。

有人过来问："你们在干什么？"

第一个人没好气地说："没看见吗？砌墙。"

第二个人抬头笑了笑，说："我们在盖一幢高楼。"

第三个人边干边哼着歌，他的笑容很灿烂："我们正在建设一座城市。"

10年后，第一个人在另一个工地上砌墙；第二个人坐在办公室里画图纸，他成了工程师；第三个人是前两个人的老板。

三个同样起点的人对相同问题的不同回答，显示了他们不同的人生定位；10年后还在砌墙的那位胸无大志，当上工程师的那位理想比较现实，成为老板的那位却志存高远。最终，他们的人生坐标决定了他们的命运：想得最远的走得也最远，没有想法的只能在原地踏步。

若成因相同，其结果也必相同，这是自然界的因果法则，放在社会的任何领域它都有效。那么，任何想要获得财富的人，都应该准确定位自己的终极目标，并且像做算术题一样规划着每一步的位置。

没有穷困的世界，只有贫瘠的心灵

这个世界上从来不缺少任何致富的机会。穷人之所以贫穷，不是因为所有的财富都瓜分完毕，而是因为他们那贫瘠的心灵荒原上长满了杂草，却没有关于致富灵感的曼妙花朵。

是否善于思考是穷人和富人的差别之一，穷人往往一生都在等待财富与机遇的垂青，而富人之所以能够致富，就在于他们终生都在孜孜不倦地思索如何致富。

1975年3月的一天，菲力普先生在当天的报纸上偶然看到了一条新闻：墨西哥发现了类似瘟疫的病例。从看到这则消息的那一刻起，他就开始思考：如果墨西哥真的发生了瘟疫，则一定会传播到与之相邻的加利福尼亚州和得克萨斯州，而从这两州又会传到整个美国。事实上，这两个州是美国肉食品供应的主要基地。如果真的出现了疫情，肉食品一定会大幅度涨价。

想到这些，他再也坐不住了，当即找医生去墨西哥考察证实，并立即集中全部资金购买了邻近墨西哥的两个州的牛肉和生猪，并及时运到东部。果然，瘟疫不久就传到了美国西部的几个州。美国政府下令禁止这几个州的肉食品和牲畜外运，一时美国市场肉类奇缺，价格暴涨。菲力普在短短几个月内，就净赚了900万美元。

在此创富事例中，菲力普先生运用的信息，是偶然读到的"一条新闻"和自身所掌握的地理知识：美国与墨西哥相邻的是"加州和得州"，且两州为全美主要的肉食品供应基地。另外，依据常规，当瘟疫流行时，政府定会下令禁止食品外运；禁止外运的结果必然是，市场肉类奇缺，价格高涨。但是否禁止外运，决定于是否真的发生了瘟疫。因此，墨西哥是否发生瘟疫是肉类奇缺、价格高涨的前提。精明的菲力普立即派医生去墨西哥，以证实那条新闻的可靠性，因此也获得了 900 万美元的利润。

类似菲力普这样运用预见性创富的实例，在商界不胜枚举。然而，他们能够致富所依靠的难道仅仅是所谓的"机遇"吗？事实上，这样的机遇平等地摆在每一个人面前，但并不是所有人都有能力抓住，因为他们从没有进行认真的思考。

美国成功学大师拿破仑·希尔博士依赖自己所创的"心理创富学"而拥有亿万资产，他曾指出："人的心灵能够构思到而又确信的，就可以成为财富。"他依据这种想法提出了心灵创造财富的公式：财富 = 想象力 + 信念。在这个公式中，思考是我们无法忽视的重要一环，因为它将整个公式完美地串联了起来。

生命固有的内在动力总是驱使自身不断追求更加丰富多彩的生活。智慧的天性就是寻求自我的扩张，内在的意识总会寻求充分展示的机会。对于一个有智慧而又渴望财富的人来说，用思考的力量获取财富无疑是一件充满乐趣的事情。

大自然正是为生命的进化而形成，亦为生命的丰富多彩而存在。因此，大自然中蕴藏着生命所需的充足资源。我们相信，自然界的真谛不可能自相矛盾，自然界也不可能使自己已显现的规律失效。因此，我们更有理由相信，宇宙中资源的供应永远不会短缺。

记住这个事实：没有穷困的世界，只有贫瘠的心灵。谁也不会因大自然的供应短缺而受穷，那些穷人的窘迫并不完全是外界造就，更多是源自自己内心的贫瘠。其实，每个人都拥有一把打开财富之门的钥匙，只要你肯努力地去寻找，就会获得你想要的财富。

致富是创造财富，而非掠夺

一粒种子掉进泥土里，便会生根、发芽、成长，并在生长的过程中孕育出成百上千粒新种子，这是自然界的选择，也是生命得以繁衍的方式。

一枚金币握在手中，不能成为炫耀的资本或者永久的纪念，只有让它重新进入生产的过程中，才能创造出更多的财富。

所以，致富的过程是创造的过程。那么，什么是创造呢？

有人认为，创造等于收获，这是多么地愚蠢。一定要记住，人生来平等，所以任何人都有实现自我生命价值和创造财富的权利，切不可为了自己的私欲而损害他人的利益。所以，请不要认为致富就是一个竞争的过程，不要为了得到他人手中的财富而让自己变得像一头好斗的公牛。

最好的方式并不是掠夺别人的财富，不是竞争已经被创造出来的财富，而是不断创造出新的东西。觊觎别人财富的人是可怜的，因为他甚至都没有真正认识到自己的能力：别人拥有的东西，你不用去抢，因为通过创造你同样可以拥有。

乔治退伍回到家乡时，他的父母都已病逝。战争使他和父母长时间失去了联系，而错误的信息更是让他的父母误以为儿子已经阵亡。所以，乔治从一个退伍军人疗养医院回到家乡之后才发现，父母将所有的遗产都留给了叔叔，这也意味着除了战争留给他的一身伤疤，乔治已经一无所有。

当乔治看到叔叔那如同对待强盗似的小心翼翼的眼神时，他觉得自己被伤害了，所以他果断地拒绝了叔叔一家虚伪的挽留，独自一人默默地离开了。虽然一贫如洗，但他对自己的未来还是充满信心。

一次，当他从洗衣店里取回自己的衬衫后，他的生活再次发生了变化。

乔治知道很多洗衣店在烫好的衬衣领上加一张硬纸板，防止变形。他写了几封信向厂商洽询，得知这种硬纸板的价格是每千张 4 美元。他的构想是，在硬纸板上加印广告，再以每千张 1 美元的低价卖给洗衣店，赚取广告的利润。

乔治立刻着手进行这个构想。广告推出后，乔治发现客户取回干净的衬衫后，衣领的纸板丢弃不用。

他不断地问自己："如何让客户保留这些纸板和上面的广告？"

后来他在纸卡的正面印上彩色或黑白的广告，背面则加进一些新的东西——孩子的着色游戏、主妇的美味食谱或全家一起玩的游戏。结果，他成功了。有一位丈夫抱怨道，他的妻子为了搜集乔治的食谱，竟然把才穿一天的衬衫送洗。

乔治并未以此自满，他乐于把自己所拥有的东西与他人分享。于是他把每千张 1 美元的纸板寄给美国洗衣工会，工会便推荐所有的会员采用他的纸板。乔治由此发现，给别人你所喜欢及美好的事物，你会得到更多。

像乔治这样的人是真正强大的人，因为他从未想过去拿走属于别人的东西，即使那些财富本来就应该属于自己的，然而一旦划归到别人的名下，乔治连想都不会再想，更不会去掠夺。但是，他没有盯着那些已经被创造出来的财富，而是将视线放在宇宙能量中蕴藏的无限财富，因为他知道，只要掌握这些宇宙间的资源的运行秘密，并充分利用它们，就能创造出更多的财富。

所以，在做出任何行动之前，请明确这样一条原则：你寻求的并不是属于别人的财富，你可以通过宇宙能量来创造你所需要的，这种财富才是无限的。

绘制你的精神图景，将目标可视化

梦想的力量总是由无到有，由小变大，由少到多，这中间需要一个渴望成功的人不断地努力与争取。

所以，所有目标的实现都是一个循序渐进的过程，不可能一蹴而就，更不可能一步登天。它需要人们一步一个脚印，脚踏实地地去实现。一步步地去实现每一个小目标，是获得成功的关键，这就要求每个人即使尚处于在意念中绘制精神图景的阶段，也要尽量追求详尽和可行。

有一位牧师想建一座像伊甸园一样的水晶大教堂，朋友问他预算，他坦率地说："我现在一分钱也没有，重要的是，这座教堂本身要具有足够的魅力来吸引捐款。"教堂最终的预算为700万美元。大家劝他放弃这个不可实现的念头，他坚定地拒绝了，开始了自己的募捐计划。

他先在心中构想了这座教堂的模样，甚至默默地计算大概需要多少根柱子、多少面窗户。然后他拿笔在纸上写了9种募捐计划：寻找一笔700万美元的捐款；寻找7笔100万美元的捐款；寻找14笔50万美元的捐款；寻找28笔25万美元的捐款；寻找70笔10万美元的捐款；寻找100笔7万美元的捐款；寻找140笔5万美元的捐款；寻找280笔2.5万美元的捐款；寻找700笔1万美元的捐款。

30天后，牧师用水晶大教堂奇特而美妙的模型打动一个美国富翁捐出了第一笔100万美元。第40天，一对夫妻，捐出第一笔2000美元。60天时，一位陌生人寄给他一张100万美元的银行本票。6个月后，一名捐款者对他说："如果你的诚意和努力能筹到600万美元，剩下的100万由我来支付。"

第二年，他以每扇500美元的价格请求美国人认购水晶大教堂的窗户，付款办法为每月50美元，10个月分期付清。6个月内，一万多扇窗户全部售出。10年后，可容纳一万多人的水晶大教堂竣工，成为世界建筑史上的奇迹和经典，这座水晶教堂的所有花费已经超出预算，全部由牧师一人一点一滴募捐筹集。

信仰是人类认识自己智慧的力量的结果，由百折不挠的信念所支持的人的意志，比那些似乎是无敌的物质力量具有更大的威力。我们要尽量让自己的理想看上去非常清晰、美丽，且宏伟壮观，就像那庄严而精美的水晶教堂一样。但是，即使是这种带有理想化与传奇色彩的事情，也往往就是从一张纸、一支笔以及一个清单开始的。

明确的精神图景应该从把自己的理想描绘成一个具体的画面开始，这是最重要的一步，因为这是你的理想蓝图的基调。一位优秀的建筑师，不论是想修建一座摩天大楼还是森林里的一间木屋，都要先在图纸上画好它的效果图，而不能天马行空般地随意发挥。

当我们的蓝图成形之后，便要将其分散成更加具体细致的目标，因为很多事情不可能一步到位，"具体化"的过程是将精神图景转化为现实必经的阶段。

人生就像一场马拉松比赛，很多时候终点似乎遥不可及，但如果我们能把前方不远处的风景当作人生的路标，比如第一个标志是银行，第二个标志是一棵大树，第三个标志是一座红房子……这样做就能让我们更快到达终点。

有才华的人为何会贫穷

人的一生，要想走向成功，必须有自己的目标，如果没有目标，便犹如大海上没有舵的帆船或看不到灯塔的航船，就会在暴风雨里茫然不知所措，以致迷失方向。无论怎样奋力航行，终究无法到达彼岸，甚至船破舟沉。

现实生活中有一种人，天资聪慧，后天又接受了良好的家庭熏陶和学校教育，但忙碌一生却一事无成，这样的"怀才不遇"不得不令人困惑。其实他们难以成功的原因也很简单：因为他们没有目标，导致人生的航船迷失了方向，所有的才华也都没有了发挥的空间和渠道。

古罗马哲学家塞涅卡有句名言说："如果一个人活着不知道他要驶向哪个码头，那么任何风都不会是顺风。有人活着没有任何目标，他们在世间行走，就像河中的一棵小草，他们不是行走，而是随波逐流。"

在生活的海洋中，要想做一个成功的舵手，首先必须确立明确的人生目标。人生没有明确的目标，生活就会盲目漂移，做事就没有方向感，从而敷衍了事，临时凑合，也就失去责任感。没有目标，英雄便无用武之地。

有一个25岁的小伙子，大学期间表现一直非常优秀，他成绩优异，同时又具有很强的组织能力，人际关系也不错，但是大学毕业之后他换了好几份工作，对自己的生活依然很不满意，于是他跑来向管理大师柯维咨询。他期待能找到一份称心如意的工作，改善自己的生活处境。

"那么，你到底想做点什么呢？"柯维问。

"我也说不太清楚，"年轻人犹豫不决地说，"我还从没有考虑过这个问题。我只知道我的目标不是现在的这个样子。"

"那么你的爱好和特长是什么呢？"柯维接着问，"对于你来说，最重要的是什么？"

"我也不知道，"年轻人回答说，"这一点我也没有仔细考虑过。"

"如果让你选择，你想做什么呢？你真正想做的是什么？"柯维对这个话题穷追不舍。

"我真的说不准，"年轻人困惑地说，"我真的不知道我究竟喜欢什么，我从没有仔细考虑这个问题，我想我确实应该好好考虑考虑了。"

"那么，你看看这里吧，"柯维说，"你想离开你现在所在的位置，到其他地方去。但是，你不知道你想去哪里，你不知道你喜欢做什么，也不知道你到底能做什么。如果你真的想做点什么的话，那么，现在你必须拿定主意。"

柯维和年轻人一起进行了彻底的分析。柯维对这个年轻人的能力进行了测试，他发现这个年轻人对自己所具备的才能并没有充分的了解。柯维知道，对每一个人来说，才能是不可缺少的，但更重要的是施展才能的空间，然而只有明确了奋斗目标，才知道自己要朝着哪个方向努力。

接下来，柯维帮助这个年轻人认真分析了他的优势和缺点，然后启迪他去发现自己的人生理想，并帮他制订了详尽的工作计划。这位年轻人满怀信心踏上了成功的征途。现在，他已经知道他到底想干什么，知道他应该怎么做。他懂得怎样才能事半功倍，他期待着收获，他也一定能获得成功——因为没有什么困难能挡住他对实现目标的渴望。

目标引领人生，没有目标的人生是可悲的，时光只会在漫不经心中白白流逝，即使你拥有令人敬仰的才华，即使你一天到晚忙得焦头烂额，但如果不知道自己的终点在何方，那么你所有的忙碌都只是虚度，满腹才华也不会有用武之地，到最后你仍然会一无所成而受人怜悯。因此，我们每个人都需要给自己树立一个目标。

信念越坚定，致富的速度就会越快

到尼罗河、亚马逊河和刚果河探险。

登上珠穆朗玛峰、乞力马扎罗山和麦特荷恩山。

驾驭大象、骆驼、鸵鸟和野马。

探访马可·波罗和亚历山大一世走过的路。

主演一部像《人猿泰山》那样的电影。

驾驶飞行器起飞降落。

读完莎士比亚、柏拉图和亚里士多德的著作。

谱一部乐谱。

写一本书。

游览全世界的每一个国家。

结婚生孩子。

参观月球……

这是半个多世纪前，洛杉矶郊区一个没见过世面的15岁孩子为自己拟定的《一生的志愿》，在那份表格中，他罗列了127个目标，而以上只是其中的一部分。

当梦想庄严地写在纸上之后，他开始循序渐进地实行。

16岁那年，他和父亲到佐治亚州的奥克费诺基大沼泽和佛罗里达州的埃弗洛莱兹探险。

他按计划逐个实现了自己的目标。49岁时，他已完成了127个目标中的106个。

这个美国人叫约翰·戈达德，他获得了一个探险家所能享有的荣誉。

他还要努力地实现包括游览长城（第40号）及参观月球（第125号）等目标。

你如果能像他一样拥有如此坚定的信念，有一天，你也会发现自己是那走得最远的人。

我们已经知道意念能够吸引财富，但是如果你只是拥有了明确的意念，却没有坚定的信念，那么，财富仍然只是海市蜃楼、镜花水月。

有时，财富就像一位姗姗来迟的姑娘，没有足够的耐心和坚定的信念是看不到她的面孔的。所以，当你用意念在脑海中勾勒出一幅图景之后，请用坚定的信念和决心去保护这幅图像，并调动起你的意志去指导心智采取行动。只有把信念坚守下去，才能让时间来见证它最后的繁花似锦。

当你的信念和决心都异常坚定时，你获得财富的速度就越快，因为你传递给宇宙的都是积极的想法，而没有用消极的意念压制或者抵消宇宙的能量。即使身处困境时，也要勇敢地坚持下去，否则你的消极想法会把能量转化的过程打乱。

在渴望致富的人群中，赢得最后胜利的人，有时候必须烧掉他返回的船只，切断所有退路，因为他需要一种破釜沉舟般坚定的信念。

在芝加哥，曾经发生过一场大火。在灾难过去的第二天早上，一大群商人站在斯台特街上，看着他们几乎化为了灰烬的店铺，然后集合在一起商量对策，是重建家园，还是迁离芝加哥到更有希望的地方重新做起？他们达成的决议是离开芝加哥。只有一人例外。

这位决定留下来的商人叫马歇尔·裴德。他指着他的商店的灰烬说："各位，就在这个地点，我要建立世界上最大的商店，无论它被烧掉多少次。"

这几乎是一个世纪以前的事。这家商店早已重建起来，而且直到今天还矗立在那里。它那巍然的外形正是马歇尔·裴德坚定的信念产生的意志力量所凝结的，极具象征意义。

而那群离去的商人，是否又重建了店铺，历史中却没有留下丝毫的印迹。

信念和决心可以使宇宙能量为你工作，而怀疑和忧虑却会使宇宙能量远离你。当你开始怀疑时，你的灵魂就会被疑惑占据，你的情绪起伏会卷起一场巨浪，所有的财富都会被这怀疑的洪流卷走。

做个驯钱师，不做守财奴

巴勒斯坦有两个海，一个是淡水，里面有鱼，名为伽里里海。从山脉流下来的约旦河带着飞溅的浪花，成就了这个海。它在阳光下歌唱，人们在周围盖房子，鸟类在茂密的枝叶间筑巢，每种生物都因它而幸福。

约旦河向南流入另一个海。这里没有鱼的欢跃，没有树叶，没有鸟类的歌唱，也没有儿童的欢笑。除非事情紧急，旅行者总是选择别的路径。这里水面空气凝重，没有哪种动物愿意在此饮水。

这两个海彼此相邻，何以如此不同？不是因为约旦河，它将同样的淡水注入。不是因为土壤，也不是因为周边的国家。区别在于：伽里里海接受约旦河，但绝不把持不放，每流入一滴水，就有另一滴水流出，接受与给予同在。

另一个海则精明厉害，它吝啬地收藏每一笔收入，绝不向慷慨的冲动让步，每一滴水它都只进不出。

伽里里海乐善好施，生气勃勃。另外那个则从不付出，它就是死海。

巴勒斯坦有两个海，世上有两种人：有些人，热爱自己的财富，但更热爱生活，所以，他们成了财富的主人；另一些人，珍惜自己的金钱就像珍惜生命一样，久而久之，就成了金钱的奴隶。吝啬的人，只能像死海一样死气沉沉；而像伽里里海一样乐于付出，才能得到勃勃生机。

吝啬是一种畸形的人性，吝啬的人并不缺少金钱，然而其灵魂、精神却日趋贫穷。吝啬的人一般都是自私和贪婪的，这类人总嫌自己发财速度太慢、发财"效率"太低，总想不劳而获或者少劳多获，因而常常挖空心思、不择手段地算计他人、算计社会。吝啬者口袋里的金钱或多或少地带有不洁的成分，廉耻、天良、真理都会沉溺在吝啬者的欲海之中。

然而，一个守财奴所能做到的无非是牢牢地抓紧自己手中的每一分钱，双手都紧握着，又用什么来创造呢？有的人为自己的吝啬披上了"节俭"的外衣，诚然，节俭不仅是积累财富的一块基石，也是许多优秀品质的根本。节俭可以提升个人的品性，厉行节俭对人的其他能力也有很好的助益。节俭在许多方面都是卓越不凡的一个标志。

节俭的习惯表明人的自我控制能力，同时也证明一个人不是其欲望和弱点的不可救药的牺牲品，他能够支配自己的金钱，主宰自己的命运。

创富就要崇尚节俭，但是必须注意绕开吝啬的沼泽地。有人曾说过："没有投资就没有回报。"舍不得播种的人也只能收获微薄的果实，对于农民是如此，对于商人亦如此。

英国著名文学家罗斯金说："通常人们认为，节俭这两个字的含义应该是'省钱的方法'；其实不对，节俭应该解释为'用钱的方法'。"合理利用你拥有的财富，它就会成为你获得更多财富的筹码；如果吝啬手中的每一枚金币，那么，它们只会成为仓库里废弃的金属。

行动，将宇宙能量转化为财富

人的思想具有磁力，它能够通过宇宙间神奇的引力发现深藏在山谷中的宝藏。但是，你不要指望它在发现金矿之后，还能自行进行开采、提炼，甚至铸造出金币，而后还自动地滚落进你的口袋。这无异于痴人说梦。

行动是将思想化为现实的捷径，一张地图无论内容多么翔实，比例多么精确，也永远不可能带着主人周游列国；严明的法规条文，无论多么神圣，永远不可能防止罪恶的滋生；凝结智慧的宝典，永远不可能缔造财富。只有行动才能使地图、法规、宝典、梦想、计划、目标具有现实意义。

美国著名企业家、戴尔电脑公司创始人迈克尔·戴尔常说："如果你认为自己的主意很好，就去试一试！"唯有试一试，才能够将宇宙间的能量转化为财富。否则，便只能像故事中的小姑娘艾米一样，把所有的时间浪费在思考上。

艾米是一个可爱的小姑娘，可是她有一个坏习惯，那就是她每做一件事时，都把时间花在准备工作上，而不是马上行动。

和艾米住在同一个村子里的索顿先生有一家水果店，里面出售像本地产的草莓这类水果。一天，索顿先生对贫穷的艾米说："你想挣点儿钱吗？"

"当然想，"她回答，"我一直想有一双新鞋，可家里买不起。"

"好的，艾米。"索顿先生说，"格林家的牧场里有很多长势很好的黑草莓，他们允许所有人去摘。你去摘了以后把它们都卖给我，一夸脱我给你13美分。"

艾米听说可以挣钱，非常高兴。于是她迅速跑回家，拿上一个篮子，准备马上就去摘草莓。

这时，她不由自主地想到，先算一下采5夸脱草莓可以挣多少钱比较好。于是她拿出一支笔和一块小木板，计算结果是65美分。

"要是能采12夸脱呢？"她计算着，"那我又能赚多少呢？"

"上帝呀！"她得出答案，"我能得到1美元56美分呢。"

艾米接着算下去，要是她采了50、100、200夸脱，索顿先生会给她多少钱。她将不少时间花费在这些计算上，一下子已经到了中午吃饭的时间，她只得下午再去摘草莓了。

艾米吃过午饭后，急急忙忙地拿起篮子向牧场赶去。而许多男孩子在午饭前就到了那儿，他们快把好的草莓都摘光了，可怜的小艾米最终只采到了一夸脱草莓。

回家的途中，艾米想起了老师常说的话："办事得尽早着手，干完后再去想。因为一个实干者胜过一百个空想家。"

一个实干者胜过一百个空想家，这句话简洁而睿智地道出了行动的重要意义。有些人总是觉得自己能力过人，但是他的能力从未被估量过，我们也不能凭任何先例而判定他能做什么，因为他曾尝试过的是那么少。

有些人天天梦想上好大学，天天梦想发大财，天天梦想出人头地，可就是不愿踏踏实实地学，踏踏实实地干，结果只能是竹篮子打水一场空。古希腊哲学家德谟克利特说："只靠一张嘴来谈理想而丝毫不实干的人，是虚伪和假仁假义的。"

唯有做到思想与行动二者合一，才有可能让梦境全部实现。

精神力量与行动效率成正比

人生就像一片玉米地，果实累累，但是玉米地中却生长着各种杂草荆棘，甚至还有大大小小、或明或暗的陷阱。我们每个人都在和自己的对手进行着一场有趣的比赛：谁最早穿越玉米地到达神秘的对岸，同时，他手中的玉米又最多。在这场有趣的活动中，速度、效益与安全成为关键所在。

生活中所有事情都像这样一场比赛，若想摘到更多的玉米，唯有不断地自我超越，而超越自我就是对目前该做的事情精益求精，把自己的能力发挥到极致，争取最大化的行动效益。在这个过程中，精神力量往往如催化剂一般，促进行动力的充分发挥。

曾经有 3 个年轻人结伴出行，寻找发财机会，但正因为想法的差异，导致了不同的行动结果。

在一个偏僻的小镇，他们发现了一种又红又大、味道香甜的苹果。由于地处山区，信息、交通等都不发达，这种优质苹果仅在当地销售，售价非常便宜。

第一个年轻人立刻倾其所有，购买了 10 吨最好的苹果，运回家乡，以比原价高两倍的价格出售，这样往返数次，他成了家乡第一个万元户。

第二个年轻人用了一半的钱，购买了 100 颗最好的苹果苗运回家乡，承包了一片山，把果苗栽种，整整 3 年，他精心看护果树，浇水灌溉，没有一分钱的收入。

第三个年轻人找到果园的主人，用手指指着果树下面，说："我想买些泥土。"

主人一愣，接着摇摇头说："不，泥土不能卖。卖了还怎么长果？"

他弯腰在地上捧起满满一把泥土，恳求说："我只要这一把，请你卖给我吧。要多少钱都行！"

主人看着他，笑了："好吧，你给一块钱拿走吧。"

他带着这把泥土，返回家乡，把泥土送到农业科技研究所，化验分析出泥土的各种成分、湿度等。然后，他承包了一片荒山，用整整 3 年，开垦、培育出与那把泥土一样的土壤。然后，他在上面栽种了苹果树苗。

现在，10 年过去了，这 3 位结伴外出寻求发财机会的年轻人命运迥然不同。第一位购苹果的年轻人现在每年依然还要购买苹果，运回来销售，但是因为当地信息和交通已经很发达，竞争者太多，所以赚的钱越来越少，有时甚至不赚钱或者赔钱。第二位购买树苗的年轻人早已拥有自己的果园，但是因为土壤的不同，长出来的苹果有些逊色，但是仍然可以赚到相当可观的利润。第三位购买泥土的年轻人，他种植的苹果果大味美，和山区的苹果相比不相上下，每年秋天引来无数购买者，总能卖到最好的价格。

从这3个年轻人的经历里，我们可以看到，3个人面临着同样的机遇，同样采取了行动，不过想法的差异却使3个人的行动产生了不同的后果。

做多做少并不是衡量成功与否的标尺，行动的效率才是最有意义的标准。每个行动的力量，不是强大就是软弱；而当每个行动都变得强大有力时，你就能让自己变得富有。

所以，在行动之前，请先仔细地思考，因为精神的力量和行动效率成正比。在做每一件事情的时候，无论这件事多么微不足道、多么平淡无奇，都必须以认真严谨的态度对待，每天都要把当天的事情做完，而且以高效率的方式做完。

想象力：灵魂的工厂

有人曾说："想象力是灵魂的工厂，人类所有的成就都是在这里铸造的。"想象力具有神奇的力量，它可以帮助你实现看似不可触摸的梦想。

一直以来，人们认为只有文学家、艺术家们才需要丰富的想象，却不知道其实我们每一个人都需要想象。想象力是一种具有创造性的力量。

没有谁会忘记若得·巴尼斯特4分钟跑完一英里的事迹。巴尼斯特不相信人体体能不能做到这件事，他用想象的方式在脑中一而再、再而三地映出自己用4分钟跑完一英里的画面，假想听见并感受到了自己打破这个纪录的感觉，直到自己有了能成功的把握。这个把握是肯定的，如同那些人认为4分钟跑完一英里是不可能的一样。我们可以说，想象的神奇力量帮助巴尼斯特打破了被人们认为不可能的纪录。

想象力往往能带领我们超越以往范围的把握和视野。它对我们每一个人都很重要，如果在工作中缺乏想象，我们就很难想出令人信服的创意。没有创意的工作也就失去了它本来的乐趣。如果在生活中缺乏想象，那么，我们的生活就成为一种日复一日重复式的折磨。生活也会变得苍白，这是多么可怕的一件事！

所以，我们亟待开发自己的想象力，思想为你编织未来之衣，而想象力为你的思想提供编织的材料。有了想象力，生活才会重新焕发光彩。

和巴尼斯特一样利用想象力创造了奇迹的人还有很多。

众所周知，足球让欧洲人狂热，而篮球则让美国人沸腾，有很多孩子怀着进入 NBA 的梦想，狂热地参加学校的篮球队。

佛州有一个中学的篮球队曾经做过一个实验：

把水平相似的队员分为三个小组，告诉第一个小组停止练习自由投篮一个月；第二组在一个月中每天下午在体育馆练习一小时投篮；第三组在一个月中每天在自己的想象中练习一小时投篮。一个月的时间很快过去了，篮球队的教练开始验收成果，结果是很令人惊叹的。第一组由于一个月没有练习，投篮平均命中率由 39% 降到 37%；第二组由于在体育馆坚持练习，平均命中率由 39% 上升到41%；第三组在想象中练习，平均命中率竟由 39% 提高到 42.5%。

这个结果令人惊讶不已：在想象中进行投篮练习的队员居然命中率最高，进步最快。

美国心理学家维纳克认为，想象的功能有5个方面：欣赏和游戏；表演的应用；活动的指导——预想和计划；建设性和创造性思维——从幻想到解决问题的需要；激起回忆，有利于问题的解决。

这个故事中，篮球队员靠想象提高投篮命中率的现象就属于想象的解决问题的能力。所以，千万不要忽视想象的力量，想象成功，然后经过努力，你终将成功。

潜心求知，生命才能不断增值

知识确有强大的功能，它能改造世界，也能造就人自身；它能增强人的智慧、能力，充实人的精神世界；它能化为强大的物质力量，也能改变人，使人更加完美。"知识就是力量"是英国哲学家培根的名言。他还认为："知识能塑造人的性格。人的天性就如野生的花草，求知学习好比修剪移栽。"所以，一个人如果想充分发挥自己的创造能力，首先应该开发自己的学习能力，潜心求知，勤奋为学。

学习是一件最需要去做的事情，就像要保持良好的能量水平，就应该不断补充物质营养和精神营养。补充营养是一个充电的过程，也就是学习的过程，在成功的路上，人需要不断地充电；只有不断地充电，不断地学习，才能在"成功"的货币流通领域不断增值。

一个人愈能储蓄则愈易致富。你愈能求知，则你愈有知识。你能多储一分知识，就可以多丰富你的一分生命。这种零星的努力、细小的进益，日积月累，可以使你于日后大有收益，可以使你更为充实，更丰满，可以使你更能应付人生。

学习也要讲究方法，但不管学习的方法多么高深复杂，勤奋是不可缺少的基础。所以，要想在学习中有所得，必须做到不浮躁，"傻劲"十足。英国思想家尔莱尔说："天才就是无止境刻苦勤奋的能力。"惰性则是勤奋的敌人。追求成功者要时时向惰性宣战，并战而胜之。走遍世界，从没见过不费气力即唾手可得的成果，也没有一蹴而就的事业。无论学知识、干工作、搞研究，唯有不辞劳苦，才能拥抱辉煌。成果是勤奋跋涉后的收获，成功是披荆斩棘后的奖赏。成功没有捷径，靠投机取巧、浮躁钻营的人，是难以摘到智慧之果的。成功的人，无不具有一股傻劲。"傻气"是渴求成功者的秉性。苏联作家法捷耶夫为了保证写作质量，每一篇小小的作品都必定改写和誊写五六次，有时甚至更多。所以，那些成功人士莫不经历了勤奋耕耘的学习阶段才有所成就。

除了勤奋，若想在学习上有所成就还需要一颗坚定的进取心。

1944年4月7日施罗德出生在下萨克森州的一个贫民家庭。他出生后第三天，父亲就战死在罗马尼亚。母亲当清洁工，带着他们姐弟二人，一家三口相依为命。

生活的艰难使母亲欠下许多债。一天，债主逼上门来，母子抱头痛哭。年幼的施罗德拍着母亲的肩膀安慰她说："别伤心，妈妈，总有一天我会开着奔驰车来接你的！"

1950年，施罗德上学了。因交不起学费，初中毕业他就到一家零售店当了学徒。贫穷带来被轻视和瞧不起，他立志要改变自己的人生："我一定要从这里走出去。"他想学习。他在寻找机会。1962年，他辞去了店员之职，到一家夜校学习。他一边学习，一边到建筑工地当清洁工。四年夜校结业后，他进入了哥廷根大学夜校学习法律。毕业之后，他当了律师。在工作之后，他依然不断地充实着自己的知识，同时也时刻牢记着自己对母亲的许诺，追求着更加丰富的人生。后来，他涉足政界。1998年10月，施罗德走进了联邦德国总理府。

进取心是一种永不停息的自我推动力，激励着施罗德不断挖掘自己的学习能力和创造力，朝着自己的目标前进。这既是人为力量催生的蓓蕾，也是神秘的宇宙力量在人身上的体现。

所以学习吧，一旦我们有幸受到学习这种伟大推动力的引导和驱使，我们就能自觉地追求完美的人生，在学习的过程中成长、开花、结果。

另辟蹊径，寻找隐藏的财富

有人说："我不知道世界上是谁第一个发现水，但肯定不是鱼。因为它一直生活在水中，所以始终无法感觉水的存在。"

其实人类社会中的很多现象蕴含着与之相同的道理。生活中有很多可以创新的空间，但由于传统思维方式的限制，我们往往视而不见或盲目排斥，遏制了创新本身的发展空间。敢于创新，要有打破常规的勇气，要与惯性思维作斗争，还要保持对人、对物的敏感性和好奇心。不敢越雷池一步，就永远跳不出条条框框的制约。

很久很久以前，人类都还光着脚走路。而鞋子的诞生，就来源于一位仆人突破固定思维模式的创新。

一位国王到某个偏远的乡间旅游，由于路面崎岖不平，有很多碎石头，硌得他的脚板又痛又麻。回到王宫后，他下了一道命令，要将国内所有的道路都铺上一层牛皮。他认为这样做，不只是为自己，还可造福他的子民，让大家走路时不再受硌痛之苦。

但是，哪来这么多的牛皮呢？即使杀光所有的牛，也凑不到足够的皮革啊！而所花费的金钱、动用的人力，更不知道有多少。

这个办法是很愚蠢而且是根本做不到的，但因为是国王的命令，大家也只能摇头叹息。

一位聪明的仆人大胆地向国王提出建议："国王啊！为什么您要劳师动众，牺牲那么多头牛，花费那么多金钱呢？您何不只用两小片牛皮包住您的脚呢？"

国王听了很惊讶，因为这确实是一个更高明的办法。他当下领悟，立刻收回成命，采纳了这个建议。

于是，世界上就有了皮鞋。

当我们发现自己所走的路前方不通时，可以通过思考，勇于质疑，换一种思维，便能够取得意想不到的收获。否则，或许我们直到今天仍然光着脚走在牛皮铺垫的路上。

在我们的世界上，有创造力的人，到处都有出路，到处都需要他。但模仿者、追随者、因循守旧者，绝少有开辟新路的希望，也不会受到人们的欢迎。世界上更需要的是具有创造力的人，因为他们能脱离旧的轨道，打开新的局面。

标新立异的人，向着洒满阳光的大道走去。他们不会去做已有很多人在努力做的某项工作，也不会用别人所用过的方法，他们只是按照自己的思维，做着他们自己的事情。

　　对于试图成功的人来说，必须明白：人们为了取得对尚未认识的事物的认识，总要探索前人没有运用过的思维模式和行动方法，寻找没有先例的办法和措施去分析认识事物，从而获得新的认识和方法，锻炼和提高人的认识能力。

　　这个时代并不是欠缺机会，而是欠缺创意。只要你有新奇的想法，并付诸行动，就已经成功了一半。在生活的每个角落里，都隐藏着一些新鲜的东西，如果我们能够想到这一点，不断地从偶然的机会中挖掘对自己有用的信息，不断开发自己的创新能力，就能够打破思维的桎梏，使自己的生活和工作都更有创意。

· 第四讲 ·

《受苦的人没有悲观的权利》：

谁敷衍生命，生命就敷衍谁

本书从困境、定位、自信、潜能、机遇、行动、勇气、积极思考、心态等方面进行了充分的论述，旨在告诉人们：面对困境，不但不能悲观消极，还要比别人更积极。期望通过阅读本书，那些身处水深火热之中的人能够用积极正确的思考方式，以一种全新的信念来战胜挫败，实现人的一生中最具创意的价值。

拿一手坏牌并不注定就是败局

四个人相约一起打牌。于是，他们正襟危坐，定下玩牌的规矩：谁的牌先出完谁就赢。当然，任何人可以在接完牌之后选择弃权，不过，在起初选择弃权的人不是输牌者，输牌者是最后出完牌的人。

接完牌后，打牌者表情各不一样。甲偷看别人的反应，乙面无表情，丙自言自语地念叨，而丁则是满脸笑容。

经过一番思忖之后，甲放下了手中的牌，选择弃权。因为他认为自己既没有关键时刻发威的王牌，也没有一下子可以打出去好些张的串牌，细观其他三人的神情，他判断出：别人的状况一定比他好，倒不如保险一些，做倒数第二。

于是，四个人的角逐立马成了三个人的"游戏"。起初的出牌没有任何"刀光剑影"。看样子三人静候出绝招儿的时刻的到来。于是，当丁连续出几次小牌的时候，乙和丙都面带诡异之色地表示放他一马。但最后的结局让其余三人都大跌眼镜。

当不断出小牌的丁甩出最后一把牌的时候，乙和丙手中握着满手的好牌惊呼：不可能！

原来，乙一直想着丁一定有能够出奇制胜的王牌，所以不敢轻易放出自己的王牌，担心王牌被浪费。而丙靠自己的经验：王牌一定要在别人出王牌的时候去压过他，这样更有赢牌的可能。所以他们都在等待，最终都等到了失败。

摊开四个人原来接到手的牌，最坏的牌竟然在打牌者丁手里，但是他却成了最后的赢家。

其实，人生有时候就如这场牌局一样，结果看似不可思议，但是确实千真万确地存在。一个满手坏牌的人，竟然能够在这么多的强者中遥遥领先，谁敢说他凭借的只是运气？假如甲不弃权，假如乙不犹豫，再假如丙不受经验的束缚……人往往总是会设想出无数种假如，假如不这样，假如不那样，否则自己就是赢家。输牌的时候总是有很多的借口，但有没有问过自己是否有这份拿到坏牌时的淡定？是否有拿到坏牌时决心将它打好的勇气？能否全力以赴地在困境中寻找出口？都没有。

人生犹如牌局，当你翘首以盼满手的好牌时，却常常失望而归。于是开始伤心、失落，一蹶不振，甚至放弃，于是次次失落，你甚至开始怀疑风水不好。拿着满手的牌，人总是觉得别人的牌好，所以总难以释怀。等到摊开牌之后惊呼：别人连我的牌的一半也不如！但胜利的表情已经洋溢在别人的脸上。

人生犹如牌局，扑朔迷离，不到最后一刻谁也猜不出究竟哪一个是赢家。可能你觉得肯定会赢，反而会输得很惨，你觉得可能输得很惨，到后来也许大获全胜。获胜的关键不在于拿到手的牌的好坏，而在于打得好不好。

在通往赢牌的道路上，每一个人、每一个企业都是黑暗中的舞者，在不断的摸爬滚打中匍匐前进，每一次迈步都是艰难的。在艰难之中，我们可以做的就是坚持，很可能，下一刻就会见到胜利的曙光。

生活反复无常，每一个人和每一个企业都有抓到坏牌的时候，或者是因为本身所拥有的条件不好，或者只是在行走的过程中遇到了阻挠：辍学、失业、失恋，企业资金短缺、人才匮乏、市场不够、缺乏核心竞争力等，都是在我们头上重重敲击的那一锤，但这些并不意味着牌局就已经定了，相反，满手坏牌依然可以打好。

有这样一个人：22岁：生意失败；23岁：竞选州议员失败；24岁：生意再次失败；25岁：当选州议员；26岁：情人去世；27岁：精神崩溃；29岁：竞选州长失败；34岁：竞选国会议员失败；37岁：当选国会议员；39岁：国会议员连任失败；46岁：竞选参议员失败；47岁：竞选副总统失败；49岁：竞选参议员再次失败；51岁：当选美国总统。这个人就是美国历史上著名的总统林肯。

林肯手中的牌不但很坏，甚至可以说糟透了，但他硬是将手中的坏牌打出了好的结局。他依靠的是什么？就是在失意的时候，他从来没有放弃过，自强、自立使他一路风雨兼程，最终获得了成功。

实际上，制约一个人发展的关键根本不是目前所持牌的好坏，而在于我们每个人能否继续打牌，因为，很多人只是在成功即将到来的那一刻放弃了。成功在于坚持不懈地努力，否则一切只能是镜花水月。

面对挫折，只有自强者才能战胜困难、超越自我。如果一味地想着等待别人来帮忙，只能落得失败的下场。凭着自己的努力可以解决任何问题，永远可以依赖的人只有自己！

人生没有承受不了的事情

人的潜力是惊人的，很多时候，你认为你承受不了的事，往往却能够不费气力地承受下来。其实，人生没有承受不了的事，要相信你自己。

你还在为即将到来或正发生在自己身上的不幸而担忧吗？其实，这些困难并不像你想象的那样可怕。只要你勇敢面对，你就能够承受得了。等你适应了那样的不幸以后，你就可以从不幸中找到幸运的种子。

帕克在一家汽车公司上班。很不幸，一次机器故障导致他的右眼被击伤，经过抢救后还是没有保住，医生摘除了他的右眼球。

帕克原本是一个十分乐观的人，现在却成了一个沉默寡言的人。他害怕上街，因为总是有那么多人看他的眼睛。

他的休假一次次被延长，妻子艾丽丝负担起了家庭的所有开支，而且她在晚上又兼了一个职。她很在乎这个家，她爱着自己的丈夫，想让全家过得和以前一样。艾丽丝认为丈夫心中的阴影总会消除的，只是时间问题。

但糟糕的是，帕克的另一只眼睛的视力也受到了影响。在一个阳光灿烂的早晨，帕克问妻子谁在院子里踢球时，艾丽丝惊讶地看着丈夫和正在踢球的儿子。以前，儿子即使在更远的地方，他也能看到。艾丽丝什么也没有说，只是走近丈夫，轻轻地抱住他的头。

帕克说："亲爱的，我知道以后会发生什么，我已经意识到了。"

艾丽丝的泪水流下来了。

其实，艾丽丝早就知道这种后果，只是她怕丈夫受不了打击而要求医生不要告诉他。

帕克知道自己要失明后，反而镇静多了，连艾丽丝也感到奇怪。

艾丽丝知道帕克能见到光明的日子已经不多了，她想为丈夫留下点什么。她每天把自己和儿子打扮得漂漂亮亮，还经常去美容院。在帕克面前，不论她心里多么悲伤，她总是努力微笑。

几个月后，帕克说："艾丽丝，我发现你新的套裙那么旧了！"

艾丽丝说："是吗？"

她奔到一个他看不到的角落，低声哭了。她那件套裙的颜色在太阳底下绚丽夺目。

她想，还能为丈夫留下什么呢？

第二天，家里来了一个油漆匠，艾丽丝想把家具和墙壁粉刷一遍，让帕克的心中永远有一个新家。

油漆匠工作很认真，一边干活儿还一边吹着口哨。干了一个星期，他终于把所有的家具和墙壁刷好了，他也知道了帕克的情况。

油漆匠对帕克说："对不起，我干得很慢。"

帕克说："你天天那么开心，我也为此感到高兴。"

算工钱的时候，油漆匠少算了 100 元。

艾丽丝和帕克说："你少算了工钱。"

油漆匠说："我已经多拿了，一个等待失明的人还那么平静，你告诉了我什么叫勇气。"

帕克却坚持要多给油漆匠 100 元，帕克说："我也知道了原来残疾人也可以自食其力，生活得很快乐。"原来油漆匠只有一只手。

哀莫大于心死，只要自己还持有一颗乐观、充满希望的心，身体的残缺又有什么影响呢？人的潜力是无穷的，世界上没有任何事情能够将人的心完全压制。只要相信自己，人生就没有承受不了的事。

上帝很忙，能拯救你的只有你自己

在生活中，一帆风顺、事事遂心的事情很少，谁都有可能遇到各种各样的困难和挫折。人生遇到困难、挫折并不可怕，可怕的是我们面临困难挫折时一味地退缩。记得有一句话说得很好：世界上没有什么神仙皇帝，救世主就是我们自己。有的人遇到困难挫折，积极寻找解决的办法，努力进行自救；有的人却把生还的希望寄托在别人的救助上,错失了自救的良机。对待困难挫折的态度不同,最后的结局必然迥异。

路要自己走,生活要靠自己创造。"倚立而思远,不如速行之必至也",在人生的道路上,每个人都要做自己的救世主,须知"自救方能救人"。

伐木工人巴尼·罗伯格在伐一棵大树时,大树突然倒下,他来不及躲避,被大树粗壮的枝干压在树底下。当他苏醒过来时,他发现自己的左腿被枝干死死压住,不管自己怎么使劲也抽不出来。

天快黑了,周围一个工友也没有。巴尼想,如果就躺在地上等待有人来救援,恐怕自己在被人发现之前就会因失血过多而死去。现在唯一的办法是自救,即把压在腿上的树干砍成两截,才有可能抽出左腿。

于是,巴尼拿起身边的斧子,一下一下地砍起树干来。可没砍几下,斧柄突然断了。巴尼在绝望之余,想到了只有砍断自己的左腿才是唯一的求生之法。

没有犹豫,忍着剧痛,巴尼砍断了自己的左腿,又以惊人的毅力爬到了山下的工棚里,并拨通了通往医院的电话。

巴尼用失去一条腿的"残酷"方式,换来了生命。而他之所以能活下来,就是因为他进行了积极的自救。

巴尼的自救行为让我们认识到:命运就在自己手中。一味依靠、信赖别人的人,只会等来失败。积极地创造条件改变自己的命运,就能打败磨难,走出困境。

一个人在屋檐下躲雨,看见一个和尚正打伞走过,这人说:"师父,普度一下众生吧!带我一段如何?"

和尚说:"我在雨里,你在檐下,而檐下无雨,你不需要我度。"

这人立刻跳出檐下,站在雨中:"现在我也在雨中了,该度我了吧?"

和尚说:"我也在雨中,你也在雨中。我没有被雨淋,是因为有伞;你被雨淋,是因为无伞。所以不是我度自己,而是伞度我,你不必找我,请自找伞!"说完便走了。

自己的命运掌握在自己的手中,要想拥有一个高质量的人生,就给自己一定的信心;要想平平庸庸过一辈子,别人也没办法。只有相信自己的力量,才能谱写出自己想要的人生妙曲。

压力之下，我们能"跑"得更快

每个人的惰性与生存所形成的矛盾会产生压力，欲望与来自社会各方面的冲突会产生压力。说得通俗一些，就是人生的各个阶段都有压力：读书有压力，上班有压力，做平常老百姓有压力，做领导干部也有压力。总之，压力无处不在。

压力是好事还是坏事？科学家认为：人是需要激情、紧张和压力的。如果没有既甜蜜又痛苦的压力，人就无法存在。对这些情感的体验有时就像药物和毒品一样让人上瘾，适度的压力可以提高人的免疫力，从而延长人的寿命。试验表明，如果将人关进隔离室内，即使让他感觉非常舒服，但若没有任何情感体验，他也很快会发疯。

生活中，不少人畏惧压力、逃避压力，因为压力会让人倍感沉重，喘不过气来。其实，压力又何尝不是一种动力呢？它会带给我们痛苦和沉重，但也能激发我们的斗志和内在的激情。试想，不管学生多么勤奋，得到的全是一样的考分；不管员工多么努力，得到的都是相同的工资，那么，谁还会有激情？谁还愿意继续努力？这样，人人都混日子，变得越来越懒散，激情也将消耗殆尽。

体育比赛的压力是大家有目共睹的，正是因为压力大，运动员才能跑得更快，世界纪录才频频被打破。企业工作的压力也是很大的，然而，正是激励的竞争机制才使企业有了飞速的发展。美国的鲍尔教授说："人们在感受工作中的压力时，与其试图通过放松的技巧来应付压力，不如激励自己去面对压力。"

压力带给人的感觉不仅仅是痛苦和沉重，它也能激发人的斗志和内在的激情，使你兴奋，使你的潜能被开发。

日本的北海道盛产一种鳗鱼，海边渔村的渔民都以捕捞鳗鱼为生。但鳗鱼的生命非常脆弱，只要一离开深海区，要不了半天就会全部死亡。

有一位老渔民天天出海捕捞鳗鱼，奇怪的是，返回岸边之后，他的鳗鱼总是活蹦乱跳。而其他捕捞鳗鱼的渔民，无论怎样对待捕捞到的鳗鱼，回港后鳗鱼均是死的。

由于鲜活鳗鱼的价格要比冷冻鳗鱼贵出一倍，所以没几年工夫，老渔民便成了远近闻名的富翁。周围的渔民做着同样的事情，却只能维持基本的温饱。

后来，人们才发现其中的奥秘。原来，使鳗鱼不死的秘诀，就是在整仓的鳗鱼中放进几条狗鱼。

鳗鱼与狗鱼是出了名的死对头。几条势单力薄的狗鱼遇到成仓的对手，便惊慌地在鳗鱼堆里四处乱窜，这样一来，整船死气沉沉的鳗鱼就被激活了。

故事的道理非常简单，对手能让我们提高警惕，压力可以激发我们的活力。人是需要紧张和压力的，如果没有压力，人的激情和活力就无法激发。

常言道："井无压力不出油，人无压力轻飘飘。"生活中，人们经常有这样的感觉，挑着重担的人比空手步行的人要走得快，其中的奥妙，便是压力的作用。人生一世，轻松愉快只是一种可能，而承受不同程度的压力则是一种必然。在工作中、生活中遇到的困难、挫折、不幸是一种压力，生活节奏加快、竞争日趋激烈、追求的痛苦、爱情的困惑更是压力……我们无法撇开压力去谈人生。

压力如苦胆，勾践卧薪尝胆，终率三千越甲吞吴，俘获了终日与西施畅游后宫的夫差；宫刑的压力如山，但司马迁并未逃避或自绝于世，贫病之中，他完成了辉煌巨著《史记》……压力在前，怨天尤人，绕道而行，你的人生境界将似井底之蛙。负重之下，变压力为动力，逆流而上，方能成功。压力并非痛苦、沉重的代名词，直面压力，反而愈挫愈勇。正视压力、与压力共处，正是冠军、强者的选择。

当然，压力也不能太大，大得难以承受，人就会被压垮。

压力不能没有，又不能过大，同时压力也无法摆脱。生活就是这样，充满着矛盾，我们只能选择适应生活和改变自己。当你没有了激情，懒懒散散，那就给自己加压，定下一个目标，限期完成；当你感到压力使你心身疲惫时，你就要进行疏解，放下一些攀比和力不从心的追求。

当一个人没有任何压力的时候，他就会失去前进的动力，成为轻飘飘的云，没有方向。要想改变现状，你必须适当给自己添加一些压力。

爱迪生的定律：失败也是收获

成功的哲学就是屡败屡战，跌倒了要有再站起来的勇气。不要因为一次跌倒，就丧失了前进的动力。失败只是对我们的一种考验，它会让我们在收获的时刻，感到更加幸福和喜悦。面对失败，我们要坚定自己的信念，拿出 10 倍的勇气与它勇敢作战。

人生就是一个舞台，我们扮演着各种角色。我们各有所爱，各有所好，各有各的理想，各有各的追求。但人们都喜欢一样东西，都渴望着一样东西，这便是成功。之所以这样，是因为人们以为成功是一种收获。的确，事实也如此，但人们往往因为太看重成功，而忽视了失败。其实，失败也是一种收获，这种收获是迈向成功的原始积累。

失败是成功之母，是成功的基石，是一笔巨大的财富。众所周知，发明大王爱迪生一生有1000多项发明成果，但他一生的失败次数却达十几万次。这1000多项发明，便是以这十几万次的失败做基石，坚持努力的结果。

1877年，爱迪生开始着手研究白炽电灯。为此，他查阅了大量的资料，做了20本的记录，共计4万多页。从中，他不仅了解了在电力照明上前人的成就和进展，也总结了前人的经验和教训。

在这段时间里，爱迪生常常通宵达旦地干，疲倦了，就把书当枕头，在实验桌上打个盹。爱迪生沿着前人的脚印先后做了许多次试验。爱迪生绞尽脑汁，历时一年多，先后用了1600多种矿物和金属的耐热材料，进行了上万次的实验，结果都失败了。不久前，对他发明电灯，报纸上还大吹大擂；可一转眼，报纸上却开始讽刺他，说他这是白日做梦。无论是吹捧还是讥讽，爱迪生都不为所动，他毫不气馁，乐观地面对试验的失败。

有一次不知怎的，他的手指碰到了桌上的一堆灯捻子，他那灰色的眼睛突然一亮，便叫助手拿来几轴棉线，助手们按照他的吩咐，把棉线弯成发夹的样子，放在镍制的模型里，送到高温密闭的炉中，烧成了一根碳精丝，然后小心翼翼地把它装进玻璃泡，抽掉了灯泡里的空气，再把抽气口加以密封，一通电流，电灯便亮了，而且光线是那么明亮、柔和、稳定，成功了！

1879年10月21日，世界上第一盏白炽电灯诞生了！爱迪生发明的"夜间的太阳"使人类进入了电灯照明的新时代，这真是一个伟大的发明！这第一个"夜间的太阳"——电灯，整整照亮了45小时，爱迪生的助手们都唱着、笑着，就连圣诞节都没有这么欢乐、这么热闹！

当别人问爱迪生为什么试验失败了几千次，还能够一如既往地坚持下去，爱迪生面带笑容说："谁说我试验失败了几千次啊，每一次试验都有收获，因为我知道了那一种物质不能用来制作电灯啊。"爱迪生就是这样享受着他"失败"的试验成果，最终他也如愿以偿地发明了电灯。

失败并不可怕，可怕的是面对失败灰心丧气，在失败的打击下一蹶不振，失去一颗敢于尝试的心。而只要尝试，我们就有成功的希望和可能。如果我们能够拥有坦然面对失败的勇气，在失败中总结经验，让失败成为我们下一次开始的台阶，那么成功迟早会属于我们。失败并不一定就是一件坏事，至少通过失败，我们可以看到自己的不足，充分认识到需要改进和提高的地方。在生活中，失败不可避免。失败并不可怕，关键是面对失败，我们做何反应。如果我们能够像爱迪生那样乐观地面对失败，把失败看作自己成功的一个步骤，在失败中学习，那我们迟早能叩开成功的大门。

人生道路上，并不只有成功才是收获，失败也是收获，如果人生少了失败，那将会是一种缺憾；人生有了失败，才会更加绚丽多彩。

人生的低谷是一面镜子

山有峰巅，也有低谷；水有平缓，也有漩涡。人生之路也是一样，扑朔迷离，充满坎坷……静坐灯下，常常暗自思忖，生活就像浩渺的大海，有落潮的无奈，也有涨潮的欣慰；生活也像一碗百味汤，酸甜苦辣溶于其中，个中滋味，品后才知。人生不如意事十之八九，有悲有喜，有起有落，既有成功后的喜悦，也有失败后的痛苦。岁月会编织五彩斑斓的梦，给人积极向上的启迪，也会编织无情的网，使人走不出人生的沼泽地。面对短暂的人生，我们要学会面对磨难，不要错过人生的失意时刻，也许当生命之神把你抛入谷底时，也是你人生腾飞的最佳时机。调整自己的心情，走出人生的低谷，你就会发现迎接你的是一片湛蓝的天空！

有人说："低谷自有低谷的风景。"低谷是一种美妙的人生品味，它教会了我们希望、忍耐和奋斗。低谷的风景忧郁而美丽，低谷可以使我们变得对生活更执着、更沉着、更热烈，低谷更可以使我们成功后回味无穷。

人生的低谷更像是一面镜子，人生的低谷能够教会我们审视人生、重新认识自己。人往往看不清自己，总是处于逆境的时候才肯回过头来看看自己到底错在哪里，只有通过实践的验证才知道自己是怎么回事儿。当我们走了一段弯路，跌得头破血流时，才会在实践的基础上深刻反省自己，为自己今后的道路制定一个比较切合实际的目标。当我们走出低谷时，我们会变得更加成熟、坚强和理性。以前的经历则是以后的经验，只有经历了实实在在的痛，以后的人生道路上我们才能谨言慎行，正确把握自己。置身于人生的低谷有时会让我们大彻大悟，让我们在人生的低谷中学会品味人生。

人生的低谷是锻炼意志的摇篮，而意志的锻炼则需要艰苦的环境。艰苦的环境能锻炼人的体魄，人生的低谷则能锻炼人的意志和素养。人生处于低谷时我们不得不承受、包容来自各方面的压力，我们只有默默地承受这一切，然后告诉自己，一切都将重新开始。

"生活是一面镜子，你对它笑，它就对你笑；你对它哭，它也对你哭。"对待生活，我们大多数人都还来不及体味和享受，就已经匆匆地走到了目的地。尤其在刚刚开始的时候，总喜欢把自己的目标定得又高又远，最后，当我们失望地发现，现实远不如我们想象中的那么美好，于是，许多人都会退而求其次。低谷就像一面镜子，照出了五彩的生活，也照出了人性的美丑和真假！

当你身陷人生的低谷，首先要有一颗向上的心，就像朝阳，而不是夕阳。

从低谷走到平地远比从平地攀上高山容易，只要有坚定的信念，你就可以战胜一切。或许你以为在你面前的是很难越过的门槛，其实当事情过去以后，你会发现，这在你人生路上是多么不显眼的一件事情，根本不用害怕，所以，你应该重新扬起自信的风帆，鼓起劲儿摇桨，向成功的彼岸进发。

上帝关上一扇门的同时，会为你打开一扇窗，仔细寻找任何可以帮助你走出困境的工具，不放弃任何成功的希望。车到山前必有路，记住，你可以走进来，就一定可以走出去。

目标的高度决定人生的高度

人生中最大的目标可以说是理想。对一个积极的人来说，必然有远大的理想。理想是对未来的追求，是远方的诱惑，它给人战无不胜的力量，理想、目标是人生的太阳。一个人如果失去了目标，就失去了方向，从而成为在原地周旋的庸人。

人生的目标有大小之分，有人说目标向上看是信仰，向下看是意识；向远看是志向，向近看是计划；向外看是抱负，向内看是责任。这就是说，任何伟大的目标，没有植入你的内心或没有成为切实可行的计划及责任之前，都是一种空想，只能画饼充饥，毫无现实意义。只有靠切实的行动才能实现自己的目标。

一个拥有远大理想的人，就会拥有执着的心态和行动。他不会为了一时的安逸而不思进取，放弃自己的远大目标。他们的手中，都会有一架望远镜，眺望人生的最前方。

拥有目标的人总比消极待事者更具爆发力，更能创造出好的成绩。目标是人们经过深入思考后获得的一种美好的愿望，而且愿意按照这一深信不疑的观念去行动，它具有坚定性和稳定性，一旦形成，很难改变。因此，目标能使人迸发出生命的潜力，能忍受身心的折磨和痛苦，使人爆发出巨大的勇气和能量。

有两位同是年届 70 的老太太，一位认为这个年纪已是"古来稀"了，于是开始料理后事，不久就告别人世了。而另一位却不在乎自己的年龄，她要做自己喜欢的事，于是她制订了一个学习登山的计划，冒险攀登高山，先后登上了几座世界名山。她在 95 岁高龄时，登上了日本的富士山，打破了登山的最高年龄纪录。她就是全美鼎鼎有名的胡达·克鲁斯老太太。

不同的目标产生不同的心态，不同的情绪会导致不同的行为，所以建立正确的、明确的目标会使你的人生充实而有意义。每个人给自己的人生赋予什么样的色彩，是丰富多彩的，还是暗淡无光的，全看你制定了什么样的目标。可见，目标对个性的发展具有决定性的作用。

有一种有趣的现象，一个运动员在竞争激烈时的表现比平时训练要好得多，这是体育比赛已证实的。高尔夫选手、网球运动员、足球运动员、拳击选手都具有一种趋势，他们在普通比赛时虚度光阴，这就是为什么体育世界中有许多"轻微的病"。如果是真正的竞争，你就得设定伟大的目标，它刺激你，使你尽最大的努力。当你处于最佳状态，尽最大努力时，晚上躺在床上你会对自己说："今天我尽了最大的努力了。"然后很满足地睡去。只要你找到伟大的目标，就不会到头来仅得到少数无价值的事物，远大的目标会激发你全身的荷尔蒙，让你充满兴奋。见到生命充满了伟大与刺激，就会更有干劲。

你对生命有什么样的看法，大体决定了你会从生命中得到什么。取一块铁条，将它用来作为门的制动器，它就值 1 美元；用来制作马掌，大约就值 50 美元；精炼成优良的钢，并且用来制造钟表的主发条，它就值 20000 美元。

看待铁条的方式不同，就会产生不同的结果。同理，你对未来的不同看法也会产生不同的结果。不管你是一个美容师、家庭主妇、运动员，还是学生、推销员或商人，你都得有一个伟大的目标。所以布克·华盛顿说："人以达到目标所克服的障碍之大小，来衡量其成就的大小。"

积极者拥有远大的目标，它就像一个望远镜一般，让你看向更远处的美丽风景，而不是只局限于眼前的狭小天地。

"饥饿思维"让穷人更穷

成为富人是大多数人的梦想，实现这个梦想可以提高生活品质，实现自我价值，获得人生更高层次的快乐和幸福。

也有不少人甘于贫穷。面对贫穷，他们可以找出数不清的理由，也可能编出一些诸如"我平庸，我快乐"的谎言。

有个人穷得要命，一个富人可怜他，想帮他致富，便送给他一头牛，嘱咐他好好开荒，春天撒下种子，秋天就可以脱离贫穷。穷人满怀希望地开始奋斗。可是没过几天，牛要吃草，人要吃饭，日子比过去还难。于是他想，不如把牛卖了，买几只羊，先杀一只吃，剩下的可以生小羊，长大可以卖更多的钱。

吃了一只羊之后，小羊迟迟没有生下来，日子又艰难了，穷人忍不住又吃了一只。穷人想，这样下去不行，不如把羊卖了买些鸡，鸡生蛋的速度要快些，日子立刻能好转。

但是日子并没有改变。艰难时，他又忍不住杀鸡，终于杀到只剩一只鸡时，穷人彻底崩溃了。心想，致富是无望了，不如把鸡卖了，打壶酒，一醉解千愁。

春天来了，富人送来种子，却发现穷人醉卧在地上，依然一贫如洗。富人转身走了，穷人继续贫穷。

很多人都像故事中的穷人一样，有过梦想，甚至有过机遇，有过行动，但最终没能坚持到底。

是什么造就了人的"穷"？从物质上来说，是钱！缺钱给人带来深重的苦难，钱就成了穷人生活的重心，成了一个巨大的诱惑，他没法儿不看重。

但穷人更加匮乏的是精神财富，因为贫穷使他们受到精神上的损害。然而对钱过分关注，就容易忽视钱以外的东西，结果，所得甚少，失去甚多，这就是饥饿思维。抓住一块面包便不肯松手，即使已经吃饱，还是忍不住囤积，生怕重新回到饥饿的日子。人只有一双手，既然抓满了面包，便腾不出手来抓其他东西，结果再努力也只能解决温饱问题。

人的眼光有限，往往就在于思维的局限。

人缺钱，很容易陷入恶性循环。没有钱，就难有大的作为，只能为柴米油盐操心；没有钱，就不敢放弃手里这块面包，去追求更多更好的东西；没有钱，就进不了有钱人的圈子，就只能在穷人堆里混。身居底层，便很难高瞻远瞩，于是他们总是错过机会，一生都在仰望别人，为别人的事业添砖加瓦。他们的无奈，只有他们自己能够体会，缺钱就没有事业的基础，缺钱就得不到良好的教育，缺钱影响心态，缺钱更进不了上层圈子……总之，缺钱的后果不仅是影响到生计，更重要的是影响到心计，影响到为人处世的方法，影响到人的前途。但是仔细揣摩，缺钱只是人生困境的一部分，走投无路的也并非只有贫者。一切穷途末路的人，一切处于困境中的人，无论是财富、事业还是前途都看不到希望的人，就会产生沮丧和恐慌。

所以，只要你还有希望，还有梦想，还满怀着激情在奋斗，只要你还没有走到头，你就不能算是穷人。

穷也有穷的希望，穷也有穷的优势。穷人所有的，也许正是富人所缺的。富人富不过三代，穷人也穷不过三代，世界总是在运动中达到平衡。所以，我们不能放弃希望，不能停止思考，要知道穷的原因，更要找到路在哪里。

做一个不想"如果"只想"如何"的人

问题面前有两种人：一种人一味退缩，"我不行，我找不到好方法"；另一种人迎难而上，坚信如果有一千个问题，必有一千零一个解决方法。后一种人永远不会被问题难倒，他们总能找到适当的解决方法。

无论在生活，还是在工作中，我们总会碰到各种各样的问题。这些问题就像拦路虎，挡住了我们的去路，使我们战战兢兢，不敢前行一步。也许我们努力了，但还是无法成功，于是更多的人选择放弃，并安慰自己：算了吧，这是一个解决不了的问题，我还是不要再浪费时间了。

但是，问题真的解决不了吗？情况似乎并不是这样的。我们说：如果有一千个问题，必有一千零一个解决方法。

一位名叫康妮的小姐被美国全国汽车公司制造的一辆卡车撞倒，司机踩了刹车，卡车把康妮小姐卷入车下，导致康妮小姐被迫截去了四肢，骨盆也被碾碎。康妮小姐说不清楚自己是在冰上滑倒跌入车下还是被卡车卷入车下，马格雷先生则巧妙地利用了各种证据，推翻了当时几名目击者的证词，康妮小姐因此败诉。

伤心、绝望的康妮小姐向詹妮芙·帕克小姐求援。詹妮芙通过调查掌握了该汽车公司的产品近年来的15次车祸——原因完全相同，该汽车的制动系统有问题，急刹车时，车子后部会打转，把受害者卷入车底。

詹妮芙对马格雷说："卡车制动装置有问题，你隐瞒了它。我希望汽车公司拿出200万美元来给那位姑娘，否则，我们将会提出控告。"

马格雷回答道："好吧，不过我明天要去伦敦，一个星期后回来，届时我们研究一下，做出适当安排。"

一个星期后，马格雷却没有露面。詹妮芙感到自己上当了，但又不知道为什么上当，她的目光扫到了日历上——詹妮芙恍然大悟，诉讼时效已经到期了。詹妮芙怒气冲冲地给马格雷打了个电话，马格雷在电话中得意扬扬地放声大笑："小姐，诉讼时效今天过期了，谁也不能控告我们了！希望你下一次变得聪明些！"

詹妮芙几乎要被气疯了，她问秘书："准备好这份案卷要多少时间？"

秘书回答："需要三四小时。现在是下午一点钟，即使我们用最快的速度拟好文件，再找到一家律师事务所，由他们拟出一份新文件交到法院，那也来不及了。"

"时间！时间！该死的时间！"詹妮芙急得在屋中团团转。突然，一道灵光在她的脑海中闪现——全国汽车公司在美国各地都有分公司，为什么不把起诉地点往西移呢？隔一个时区就差一小时啊！

位于太平洋上的夏威夷在西十区，与纽约时间相差整整 5 小时！对，就在夏威夷起诉！

詹妮芙赢得了至关重要的几小时，她以雄辩的事实、催人泪下的语言，使陪审团的男女成员们大为感动。陪审团一致裁决：詹妮芙胜诉，全国汽车公司赔偿康妮小姐 600 万美元损失费！

寻找解决问题的方法虽然不容易，但方法总是有的，只要我们努力地思考。工作中的难题也是这样，所以在工作中，如果我们遇到了难题，就应该坚持这样的原则：努力找方法，而不是轻易放弃。

古希腊伟大的思想家柏拉图说："思考的危机决定了一个人一生的危机。"同样，思考的失败，也决定了一个人一生的挫败。一个不善于思考难题的人，会遇到许多取舍不定的问题；相反，正确的思考能发生巨大作用，可以决定一个人应该采取什么样的行动。

要相信自己的大脑，要信任你的智慧。任何问题都不会有山穷水尽之时，在能补救之前不必绝望，而要冷静寻找对策。

当别人都在努力向前时，你不妨倒回去

艺术家说：学我者生，似我者死。

文学家说：抄袭是埋葬一切才华的坟墓，创新是精品产生的源泉。

经济学家说：逃离竞争残酷的红海，奔向空间无限的蓝海。

做一条反向游泳的鱼，不走寻常路，才能看到别样风景；不走寻常路，是因

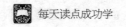

为心系远方。

当你面对一个问题，沿着某一固定方向思考而不得其解时，灵活地调整一下思维的方向，从不同角度展开思路，甚至把事情反过来想一下，那么就有可能在反中求胜，摘得成功的果实。

1877年8月的一天，美国大发明家爱迪生为了调试电话的送话器，在用一根短针检验传话膜的震动情况时，意外地发现了一个奇特的现象：手里的针一接触到传话膜，随着电话所传来声音的强弱变化，传话膜产生了一种有规律的颤动。这个奇特的现象引起了他的思考，他想：如果倒过来，使针发生同样的颤动，那不就可以将声音复原出来，不也就可以把人的声音贮存起来吗？

循着这样的思路，爱迪生着手试验。经过四天四夜的苦战，他完成了留声机的设计。爱迪生将设计好的图纸交给机械师克鲁西后不久，一台结构简单的留声机便制造出来了。

这台留声机的发明，使人们惊叹不已。报刊纷纷发表文章，称赞这是继贝尔发明电话之后的又一伟大创造，是19世纪的又一个奇迹。

在留声机的设计、发明过程中，爱迪生的逆向思维起了关键性的作用。

逆向思维的技巧就是不采用人们通常思考问题的思路，而是从对立的、完全相反的角度去思考问题，也就是人们常说的"反其道而行之"。这种方法在一般人看来是不合情理甚至是荒谬的，但正是因为采取这种思维，思考者才得以摆脱传统观念和习惯势力的束缚，向着新的成果跃进，创造出新的观念和理论来。

逆向思维本身就是灵感的源泉。遇到问题，我们不妨多想一下，能否从反方向考虑解决的办法。反其道而行是人生的一种大智慧，当别人都在努力向前时，你不妨倒回去，做一条反向游泳的鱼，去寻找属于你的终南捷径。

不是因为跑得快，而是因为选对了路

有一个非常勤奋的青年，很想在各个方面都比身边的人强，但经过多年努力，仍然没有长进，他很苦恼，就向智者请教。

智者叫来正在砍柴的3个弟子，嘱咐说："你们带这个施主到五里山，砍一担自己认为最满意的柴火。"年轻人和3个弟子沿着门前湍急的江水，直奔五里山。

等到他们返回时，智者站在原地迎接他们。年轻人满头大汗、气喘吁吁地扛着两捆柴，蹒跚而来；两个弟子一前一后，前面的弟子用扁担左右各担4捆柴，后面的弟子轻松地跟着。正在这时，从江面驶来一个木筏，载着小弟子和8捆柴火，停在智者的面前。

年轻人和两个先到的弟子，你看看我，我看看你，沉默不语；唯独划木筏的小徒弟，与智者坦然相对。智者见状，问："怎么啦，你们对自己的表现不满意？""大师，让我们再砍一次吧！"那个年轻人请求说，"我一开始就砍了6捆，扛到半路，就扛不动了，扔了两捆；又走了一会儿，还是压得喘不过气，又扔掉两捆；最后，我只把这两捆扛回来了。可是，大师，我已经很努力了。"

"我和他恰恰相反，"那个大弟子说，"刚开始，我俩各砍两捆，将4捆柴一前一后挂在扁担上，跟着这个施主走。我和师弟轮换担柴，并不觉得累，反而觉得很轻松。最后，又把施主丢弃的柴挑了回来。"

划木筏的小弟子接过话，说："我个子矮，力气小，别说两捆，就是一捆，这么远的路也挑不回来，所以，我选择走水路……"

智者用赞赏的目光看着弟子们，微微颔首，然后走到年轻人面前，拍着他的肩膀，语重心长地说："一个人要走自己的路，本身没有错，关键是怎样走；走自己的路，让别人说，也没有错，关键是走的路是否正确。年轻人，你要永远记住：选择比努力更重要。"

生活中有很多人都在从事着自己并不喜爱的职业，于是总会发出"我也很努力，但就是做不到最好"的感慨。有的人会指责说这话的人工作态度有问题，不然真努力工作了，岂有做不好之理？其实归根结底并不是这些人不够爱岗敬业，而是职业本身并不是最适合他们的。换言之，要想真正把一项工作做得得心应手，就要选择正确的人生目标。那么，原来选错了怎么办？不要犹豫，放弃它，去把握属于你的正确方向。

人生的悲剧不是无法实现自己的目标，而是不知道自己的目标是什么。成功不在于你身在何处，而在于你朝着哪个方向走，能否坚持下去，没有正确的目标，就永远无法到达成功的彼岸。

想掌控未来，就要对未来有所预见

1910年，28岁的他只是一个从耶鲁大学中途辍学的木材商人。有一天，他在观看了一场飞行表演后突发奇想：为什么不把飞机改造成经济实用的交通工具呢？自此，他对飞机产生了浓厚的兴趣，并不断研究飞机的构造。因为那时飞机处于启蒙时期，驾乘飞机只是少数人用以娱乐、运动的一种昂贵消费，所以当时科学界对他提出的所谓"发展航空事业"嗤之以鼻。但他并未就此放弃，而是开始了十几年如一日的飞机制造。

20世纪20年代，他觉得替美国邮政运送邮件将会是一桩赚钱的生意，于是决定参加"芝加哥—旧金山邮件路线"的投标。为了赢得投标，他把运输价格压得非常低，反而引起了专家们的怀疑，他们认为他的公司必倒无疑，甚至邮政当局也怀疑他能否撑得下去，要求他交纳保证金才肯签约。但他自信满满，他对公司所研制的飞机重量进行了严格要求，不出所料，他的邮件运送业务开始获利，很快，他从运送邮件发展到载运乘客。

二战结束后，航空工业空前萎靡，他的公司也停产了。为谋生计，他不得不转为制作家具，但仍想方设法供养着公司里的几个重要骨干，以保证飞机研发计划能继续进行。他身边传来各种各样的声音，大部分人认为他太过狂热，不切实际，但他坚信，航空业终究会柳暗花明，他说："我可以预见未来……"

他就是这样特立独行、我行我素。今天，这个"自以为是"的人所创立的飞机制造公司成为全世界最大的商用飞机制造公司之一，他便是闻名全球的波音飞机制造公司的创始人——威廉·波音。

"除了事实之外，再也没有权威，而事实来自正确的认知，预见只能由认知而来。"这是古希腊哲人希波克拉底的话，它也曾被作为座右铭挂在威廉·波音办公室的门上。

要想比别人看得远，我们就要比别人站得高些；要想比别人走得远，我们就要比别人想得远些。一个想掌控未来的人，就应该像威廉·波音一样对自己的未来有所预见，否则，只会陷入眼前的困惑中，想不开，走不出，不仅会减缓成功的速度，也容易多走弯路，甚至遭遇险情。

培养自己预见未来的能力，要先从培养细致准确的观察力和超前思考的能力入手。众多杰出人士的共同点就是善于观察和思考，通过这两项能力，他们才能看到别人看不到的前方，才能高瞻远瞩地看清时代的发展方向。他们的思维总是超前的，所以他们能够引领时代的潮流。

生活中，那些对自己的未来没有预见的人，往往会被眼前的利益所蒙蔽，看不到远方的危险。所以，要学会高瞻远瞩，培养自己预见未来的能力，拥有开阔的眼界，只有这样才能拓宽人生的平台，找到最合适自己的路。

在预见未来的时候，人非常容易犯想当然的错误，许多认识上的错误都是想当然造成的。事实上，貌似理所当然的事情往往并非必然，这是因为世界上的事物是错综复杂的，一个条件可得出多种结果，一果亦可能多因，影响事物变化发展的，除了必然性，还有偶然性。

想当然的猜测不是科学的预见，它会将我们的人生规划和行动引向歧途，所以我们要尽力减少想当然的错误，时时提醒自己不要轻易下结论，时时问自己："我的判断充分吗？我的预测合理吗？"只有这样，才能做出理性的判断和有价值的预见。

"要是我早点开始就好了！"这是很多人到了一定年龄后的感叹。为了避免将来后悔，最好及早开始。当然，人的预见不可能永远正确，也会有失误的时候，不过，以失误最少者为指针，则是不变的方法。能够弥补这种失误的方法，就是多观察、多思考，用理性的头脑分析问题。要知道，人生中有很多事情，不是靠你有意愿如此就能成功的，还需要智慧来慢慢实现。

永远别说"我不相信"

当我们面对成功者的时候，往往会感到自惭形秽，但马上又会为自己找到借口："我已经尽力了。"其实，我们能做的事情永远要比现在做过的多，不信你可以看看希拉斯·菲尔德先生的故事，他的故事能告诉我们什么是勇者的态度。

希拉斯·菲尔德先生退休的时候已经积攒了一大笔钱，然而他突发奇想，想在大西洋的海底铺设一条连接欧洲和美国的电缆。随后，他开始全身心地投入这项事业中。前期基础性的工作包括建造一条 1000 英里长、从纽约到纽芬兰圣约翰斯的电报线路。纽芬兰 400 英里长的电报线路要从人迹罕至的森林中穿过，所以，要完成这项工作不仅包括建一条电报线路，还包括建同样长的一条公路。此外，还包括穿越布雷顿角全岛共 440 英里长的线路，再加上铺设跨越圣劳伦斯海峡的电缆，整个工程十分浩大。

菲尔德使出浑身解数，总算从英国政府那里得到了资助。然而，他的方案在议会上遭到了强烈反对，在上院仅以一票的优势获得多数通过。随后，菲尔德的铺设工作开始了。电缆一头搁在停泊于塞瓦斯托波尔港的英国旗舰"阿伽门农"号上，另一头放在美国海军新造的豪华护卫舰"尼亚加拉"号上，不过，就在电缆铺设到 5 英里的时候，它突然被卷到了机器里面，断开了。

菲尔德不甘心，进行了第二次试验。在这次试验中，在铺到 200 英里长的时候电流突然中断了，船上的人们在甲板上焦急地踱来踱去。就在菲尔德先生即将命令割断电缆、放弃这次试验时，电流突然又神奇地出现，一如它神奇地消失一样。夜间，船以每小时4英里的速度缓缓航行，电缆的铺设也以同样的速度进行。这时，轮船突然发生了一次严重倾斜，制动器紧急制动，不巧又割断了电缆。

但菲尔德并不是一个会轻易放弃的人。他又订购了700英里的电缆，而且聘请了一个专家，请对方设计一台更好的机器，以完成这么长的铺设任务。后来，英美两国的科学家联手把机器赶制出来。最终，两艘军舰在大西洋上会合了，电缆也接上了头；随后，两艘船继续航行，一艘驶向爱尔兰，另一艘驶向纽芬兰，结果它们都把电线用完了。两船分开不到3英里，电缆又断开了；再次接上后，两船继续航行，到了相隔8英里的时候，电流又没有了。电缆第三次接上后，铺了200英里，在距离"阿伽门农"号20英尺处又断开了，两艘船最后不得不返回爱尔兰海岸。

参与此事的很多人都泄气了，公众舆论也对此流露出怀疑的态度，投资者也对这一项目没有了信心，不愿再投资。这时候，如果不是菲尔德先生，如果不是他百折不挠的精神，如果不是他天才的说服力，这一项目很可能就此放弃了。菲尔德继续为此日夜操劳，甚至到了废寝忘食的地步，他绝不甘心失败。

于是，又一轮新的尝试开始了，这次总算一切顺利，全部电缆铺设完毕，而没有任何中断，几条消息也通过这条漫长的海底电缆发送了出去，一切似乎就要大功告成了，但突然电流又中断了。

这时候，除了菲尔德和他的一两个朋友外，几乎没有人不感到绝望。但菲尔德仍然坚持不懈地努力，他终于找到了投资人，买来了质量更好的电缆，这次执行铺设任务的是"大东方"号，它缓缓驶向大洋，一路把电缆铺设下去。一切都很顺利，但最后在铺设横跨纽芬兰600英里电缆线路时，电缆突然又折断了，掉入了海底。他们打捞了几次，但都没有成功。于是，这项工作耽搁了下来，而且一搁就是一年。

所有这些困难都没有吓倒菲尔德。他又组建了一家公司，继续从事这项工作，而且制造出了一种性能远优于普通电缆的新型电缆。1866年7月13日，新的试验又开始了，并顺利接通，发出了第一份横跨大西洋的电报！电报内容是："7月27日。我们晚上9点到达目的地，一切顺利。感谢上帝！电缆都铺好了，运行完全正常。希拉斯·菲尔德。"不久以后，原先那条落入海底的电缆被打捞上来了，重新接上，一直连到纽芬兰。现在，这两条电缆线路仍然在使用，而且再用几十年都不成问题。

脚不能到达的地方，眼睛可以到达；眼睛不能到达的地方，心可以到达。希拉斯·菲尔德先生有一颗无所不往的心，他决定了的事情，就一定会全力去做，一遍又一遍，直到做好为止。有多少人能承受他所承受的压力，又有多少人能有他的工作态度呢？

"不相信"是消极的力量。当你心里不以为然或怀疑时，就会想出各种理由来支持你的不相信。怀疑、不相信、潜意识要失败的倾向，都是失败的主要原因。而当你态度坚决地相信自己的时候，一切因素都会朝着证明你的观点的方向走，而你的人生格局，也会因此而铺设开来。

谁敷衍生命，生命就敷衍谁

你能登上多高的山峰，取决于你的心能接受多高的海拔。很多人在去西藏旅行的时候，会有高原反应，那些自认为身体虚弱的人反应格外强烈——有时候你自己觉得该头晕不适了，就会真的头晕不适，一个人的态度，对他自己的身体有着一种难以解释的控制力。

美国曾有一位年轻的铁路邮递员，和其他邮递员一样，也用陈旧的方法干着分发信件的工作。大部分的信件都是凭这些邮递员用不太准确的记忆来分类发送的，因此，许多信件往往会因为记忆出现差错而被耽误几天，甚至几个星期。很多人对此不以为意，认为这是邮递过程中允许的失误，但是这位年轻的邮递员却不敢苟同，他开始寻找新办法来减小这个误差。

"嗨，我说，你干吗要想这些事情。你的薪水会因此而提高吗？我们不过是送信跑腿的人，干吗这么较真呢？"他的同事几次问他。看到这个小伙子蹲在地上思考，很多人开始笑话他："我们伟大的邮递员要改变地球！"他也跟着傻笑，但是从来没有放弃找方法。

其实，方法并不像发明一颗人造卫星那么困难：他把寄往某一地点的信件统一汇集起来，这样就容易多了。"天哪，这么简单？"可能有人会问，是的，就是这么简单。这位邮递员就是西奥多·韦尔，就是这一件看起来很简单的事，成了他一生中意义深远的事情。他的图表和计划吸引了上司的注意。没多久，他就获得了升迁的机会。5年以后，他成了铁路邮政总局的副局长，不久又被升为局长，后来成为美国电话电报公司总经理。

从西奥多·韦尔的例子中，我们可以看出，再微不足道的工作，只要用心去做，就会有回报，而以认真负责的态度走好每一步，就能拥有一个不一样的人生。

·第五讲·

《致加西亚的信》：

成功需要罗文精神

罗文中尉之所以取得成功最重要的因素并不是因为他杰出的军事才能，而是他崇高的道德品质。正是这种品质，才使得罗文中尉永远为历史、为世人所铭记。《致加西亚的信》（阿尔伯特·哈伯德）会告诉你如何把自己塑造成罗文中尉。

受命于危难之际

"在哪儿，"麦金莱总统问军事情报局长阿瑟·瓦格纳上校，"在哪儿能找到把信送给加西亚的人？"

"在华盛顿就有这样一个年轻人，一个叫罗文的陆军中尉，他可以替你把信送给加西亚！"上校很快回答道。

"派他去！"总统下命令道。

美国当时正在与西班牙交战，总统急切地希望得到有关情报。他认识到美国军队必须和古巴的起义军密切配合才能取得胜利。他需要掌握西班牙军队在岛上的部署情况，包括士气、军官尤其是高级军官的性格、古巴的地形、一年四季的路况，以及西班牙军队和起义军及整个国家的医疗状况、双方装备等。除此之外，他还希望了解在美国部队集结期间，古巴起义军需要什么样的帮助才能困住敌人，以及其他许多重要情报。

总统的命令就三个字，如同上校的回答一样，干脆果断。当务之急就是找到把信送给加西亚的人。

一小时以后，时值中午，瓦格纳上校通知我下午一点钟到军部去。到了军部，上校什么也没说，带我上了一架马车，车棚被遮得严严实实的，看不清行驶的方向。车里光线幽暗，空气也很沉闷，上校首先打破了沉寂，问道："下一班去往牙买加的船什么时候出发啊？"

我觉得他又要和我开什么玩笑了，也就没把他的问话当真。我让他等我一会儿，出去打听一下情况。回来之后，我告诉他，一艘名为"艾迪罗德克"的英国船次日中午将从纽约起航。

"你能搭乘那艘船吗？"上校紧接着问。

尽管我一直认为上校是在开玩笑，我还是肯定地回答了他。

"那么，"我的长官说，"你就做好乘船出发的准备。"

接着，他严肃地说："总统派你去古巴，给加西亚将军送一封信，他在古巴东部的一个地方，我命令你把信亲手交给他，信中有总统的重要指示。记住，任何证明你的身份的东西都不允许携带，你知道，美国历史上这样的悲剧和教训太多太多了，例如独立战争中的内森·黑尔和美墨战争中的利奇中尉，他们都是因为随身带的一些东西暴露了身份而被杀害的。他们不仅自己遇害，同时，也使敌人探得了我们的机密。我们绝不能再冒险了。这次，你绝不能出丝毫的差错！"

这时候，我才意识到瓦格纳上校不是在开玩笑。

"到了牙买加，有古巴军方联络处的人安排你出发。后面所有的事情就靠你自己了，我这里没有其他具体的指示了。"上校接着说："下午就去做准备。军需官哈姆菲里斯将送你到金斯敦上岸。之后，如果美国对西班牙宣战的话，你带回的情报将是我们整个战略部署的依据，否则我们将无所适从。这项使命就全权由你负责，你重任在肩，必须把信交给加西亚。火车午夜出发，祝你好运！"瓦格纳紧握着我的手，又再三叮嘱道："一定要把信亲手交给加西亚！"

回到我的住地，我详细地思考着这次任务所需准备的各项工作，并仔细地打点着行装。在我接受的任务之中，这次任务无疑是最重大的。沉重的使命感让我不敢有丝毫大意，我一遍遍整理着随身携带物，哪怕是一枚纽扣我也力图不带上美国的印记。尽管我有足够的信心来完成任务，但此时心中仍旧有些忐忑不安。显然，我的责任重大，尽管美西战争还没有爆发，就算我到了牙买加也有可能还没有爆发。但西班牙的情报机构早就盯上了美国，只要稍有不慎，就会带来严重的后果。一旦我的身份暴露了，或者西班牙人知道了我的行动目的，很有可能会促使西班牙对美宣战，而使美国处于被动地位。如果现在两国就已经宣战了，我的担心反倒不会这样严重，尽管那样也不会减少我所面临的危险。

正所谓受命于危难之际，荣誉和生命系于一发。

我知道，军人的生命属于他的祖国，但他的荣誉掌握在自己手中，考验我的

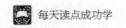

时候到了！

我没有任何具体的行动指示，除了要求我"把信送给加西亚"，并带回那些宝贵的情报。

我不知道秘书是否把我们的谈话记录在案，现在军情急迫，十万火急，我已无暇顾及这些，满脑子只有一个念头：如何才能把信送给加西亚？

第二天中午 12：01 分，我开始了一生中最为难忘的历程。

牙买加的"故事"

我乘坐的那班火车午夜零点零一分离开华盛顿，我不禁想起了那个说星期五不宜出门的古老迷信。虽然火车离开的时候已经是星期六了，但是我出发的时候是星期五。我猜想，这可能是命运安排我星期五出发吧。但是，当我的大脑开始考虑其他事情的时候我就忘了这件事，直到后来也没有再想起过，到现在这已经没有任何意义了，因为我的使命已经完成了。

"艾迪罗德克"号准时起航，一路上风平浪静。一路上我尽量和其他乘客保持距离，唯独后来认识了一位电机工程师，我们一路为伴。他告诉我一件非常有趣的事情：因为我总是和其他乘客保持一定的距离，从不告诉他们"我"自己的事情，所以，有几个幽默的人就给我起了一个绰号"冷漠的人"。

轮船进入古巴海域，我意识到了危险的存在。我身上带有一些危险的文件，是美国政府写给牙买加官方证明我身份的信函。如果轮船进入古巴海域前战争已经爆发，根据国际法，西班牙人肯定会上船搜查，并且逮捕我，把我当作战犯来处理。而这艘英国船也会被扣押，尽管战前它挂着一个中立国的国旗，从一个平静的港口驶往一个中立国的港口。

想到问题的严重性，我把文件藏到头等舱的救生衣里，看到船尾绕过海角才如释重负。

第二天早上 9 点我踏上了牙买加的领土，设法找到了古巴军方联络处。牙买加是中立国，古巴军人的行动是公开的，因此很快就和他们的指挥官拉伊先生取得了联系。在那里，我和他及其助手一起讨论如何尽快把信送给加西亚。

我于 4 月 8 日离开华盛顿，4 月 20 日，我用密码发出了我已到达的消息。4 月 23 日我收到密电："尽快见到加西亚将军。"

我立即行动起来，烧掉了电文，销毁了一切可以证明身份的东西，准备完成我的最后使命。我知道，在未来的日子里，我可能随时都会遇到危险，随时都会送掉性命，然而军人的职责让我没有丝毫的气馁。最后的行动方案仍旧没有确定下来，未来的变数仍然很多，我来到古巴军方联络处，准备再一次与拉伊商量行动的路线。当我来到联络处时，古巴的一些流亡人员正在等着我，这些人之中，没有一个人是我从前见过的，他们也许不是联络处的人。正当我思考究竟该如何行动之时，一辆马车飞驰而至，车夫用西班牙语大声叫道："快！快走！"紧接着，不容分说，我被那些陌生的面孔连拉带扯地带上了车。我最为惊险、最为奇特的旅程就这样开始了。

马车夫沉默着，马车飞奔着，飞过了迷宫般的金斯敦大街，飞向了城郊、农村。它好像知道我要给加西亚将军送信，而它的任务就是尽快走完这段路程。马车驶进热带雨林，然后穿过沼泽，又驶上公路，终于停在了一片丛林边上。我被换到另一辆早就等在这里的马车上。

我感到很奇怪，好像一切都安排好了似的，没有一句废话，甚至连一秒钟都没耽搁。

我又踏上了征程。第二位车夫和第一个一样默不作声，对我的话充耳不闻。他满脸专注地坐在车驾上，任凭马车飞奔。我们经过了一个西班牙城镇，沿着克伯利河谷进入岛的中央，那里有条路直通加勒比海圣安湾碧蓝的水域。

车夫仍然沉默不语。虽然沿途我三番五次试图和他搭话，但他似乎不懂我说的话，甚至连我做的手势也不懂。马车在大道上一个劲儿地飞奔。随着地势越升越高，空气就越凉，清爽异常。太阳落山时，我们到达了一个车站。

但是怎么会有这么多乌木从河道的斜坡上朝我滚下来呢？难道西班牙当局料想到我会来这儿，提前在我的必经之路上安插了牙买加官员？这种情景让我有些紧张，但当一位年老的黑人慢慢走到我的马车前，推开车门向我推销他的炸鸡时，我才放下心来。当地人说的方言，我只能听懂个别的字句。但我知道，古巴人将非常感激那些全力帮助他们获得独立的外国人。

我的车夫非常沉着地站在一旁，他既不对黑人手中可口的炸鸡感兴趣，也不对别人的谈话感兴趣。过了一会儿，我坐的那辆马车又换上两匹马，驾马车的人用力挥鞭，两匹马拉起马车飞快地跑了起来。我没有足够的时间向那位老黑人道谢，只好坐在马车上向他喊道："再见，叔叔！"一路上，虽然我对自己的职责的严峻性有着充分的认识——赶路要紧！但是我还是不禁要慨叹，这里夜晚的景色和白天的一样迷人。真是各有千秋：白天阳光明媚，鸟语花香；夜晚萤火虫飞舞，星星点点，仿佛进了仙境一般。但是我还是很快从美景中清醒过来，思绪又回到我肩负的责任上。

马车飞奔，就在马的体力渐渐不支的时候，丛林中突然传出一声哨响，马车停了下来。一群全副武装的人仿佛从地下钻出来似的一下子包围了我们。我倒不怕在英国地盘上被西班牙军人拦截，只是事情突如其来，着实让我紧张了一下，如果他们认为我的行为破坏了牙买加的中立性，肯定不允许我继续前行。还好，只是虚惊一场，和他们说了几句话就让我们走了。

大约1小时之后，我们在一座房屋门前停了下来，在昏暗的灯光下屋子只显示出它的轮廓。等待我们的是一顿丰盛的晚餐，游击队的人都坚信人应该无所顾忌地吃好东西。他们首先给我的是一杯牙买加朗姆酒。虽然我们已经大约行走了9小时，70多英里，换了两班人马，但是，我一点儿都感觉不到疲倦，只觉得这杯朗姆酒是那么的令人愉快！接下来就是相互介绍。从隔壁屋子进来一位又高又壮、看起来十分果断的人，他留着长长的胡子，有一只手少了一个拇指，这是一个在紧急关头可以依赖、任何时候都可以信任的人。他诚实、可靠的眼神显示出他具有一种高贵的品质。他从墨西哥来到古巴，由于对西班牙旧制度提出质疑，被砍掉一个指头流放至此。他名叫格瓦西奥·萨比奥，负责给我做向导，直到把信送到加西亚将军手里。另外，他们还雇请当地人将我送出牙买加，这些人再向前走7英里就算完成任务了。只有一个人例外，那就是我的"助手"。

休息1小时后我们继续前行。离那座房子不到半小时的路程，又有人吹口哨，我们只好停下来，下了车，悄悄地走过一英里的荆棘之路，走进一个长满可可树的小果园。这里离海湾已经很近了。

离海湾50码的地方停着一艘渔船，在水面上轻轻晃动。突然，船里闪出一丝亮光。我猜想这一定是联络信号，因为我们是悄无声息地到达的，不可能被其他人发现。格瓦西奥显然对船只的警觉很满意，做了回应。

接着我和军方联络处派来的人匆匆告别，至此，我完成了给加西亚送信的第一段路程。

惊心动魄的海上历险记

当我们蹚着水，上了小船后，发现船舱里堆满了货物，格瓦西奥掌舵，我和另一个人摇橹。我跟格瓦西奥说，希望能够尽快走完余下的3英里，以免再遇到什么麻烦。他却告诉我，这里风力不够，快不起来。

毫不隐瞒地讲，在我们扬帆出海后，我心里的确有过十分焦虑的时刻。要知道，在离牙买加海岸 3 英里以内的地方，如果我被敌人捉住，不仅无法完成任务，而且生命会危在旦夕。

我们很快就离开了海岬，正赶上微风，险象环生的第二段行程就这样开始了。

说实话，此时不能有丝毫的麻烦。在这里，我孤立无援，唯一的朋友就是这两位船员和加勒比海。

向北 100 英里便是古巴海岸，真枪实弹的西班牙轻型军舰经常在此出没。他们有先进的武器，舰上装有小口径的火炮和机枪，船员们都配备有毛瑟枪。他们的武器比我们强多了，这一点是我后来了解到的。如果我们与敌人相遇，后果肯定不堪设想，他们只需随便拿起一件武器，就会送我们"回老家"的。

然而，无论碰到千难万险，我都必须成功地完成自己的光荣使命。我必须找到加西亚，并把情报传递给他。我们的行动计划，就是把船停在距离古巴海岸 3 英里之外的海上，等到太阳落山，天色暗下来之后，再挂起船帆或靠着划桨，快速驶到岸边的珊瑚礁后面，一直在那儿躲到天亮。如果我们被抓住，因为我们身上没有带什么文件，敌人可能都懒得审讯我们，而直接把我们扔进大海。载有鹅卵石的船离岸越来越近，不时漂过的死尸，让我们这些目击者感受到现实的残酷。

白天的时候，海面空气新鲜宜人。我正想休息一会儿，突然听到格瓦西奥的一声大喊，我们全部站了起来。原来西班牙的军舰正从几英里外的地方直冲我们驶来，同时下令我们停航。

我们都躲了起来。只有格瓦西奥若无其事地待在甲板上，他让船只行进的方向与牙买加海岸保持水平。

"这样，他们也许会认为我是一个从牙买加来的渔夫，也就放我过去了。"船长冷静地分析道。

正如所料，当他们靠近的时候，年轻的舰长用西班牙语喊道："钓着鱼没有？"我的这位向导也用西班牙语回答道："没有，忙了一个早上，鱼就是不上钩！"敌舰离开后，格瓦西奥让我们重新升起船帆，并转过身来对我说："这位先生想睡觉的话，那现在就可以好好睡了。看来危险已经过去了。"我放下心来躺在船舱里，一夜的紧张实在让我太疲劳了。一放松下来，睡意浓浓地把我淹没。我沉沉地睡了一个好觉。

一觉醒来已是下午，天晴海阔，眼前海水湛蓝，山海之间，风景无限。但此时的我无心欣赏这山水之美。我时时提醒着自己，距离登陆时间越来越近了，而无法预料的危险随时都会出现在眼前。

金色的夕阳洒落在远处的拉格斯特山上，绿色青郁的大山，又多了一道亮丽的金辉。在我的感觉之中，这是最令我感动，也是最令我记忆深刻的美景了。

但是，我的感叹并没能持续太久。格瓦西奥开始下令收帆，我深感迷惑。他回答道："我们现在比我原先想象的近多了，不论大海波涛汹涌还是风平浪静，我们都在驱逐舰的战区里，我们必须充分利用海上的优势，坚持到底。再往前走，去冒被敌人发现的危险无疑等于在冒一种毫无必要的危险。"

我们急忙检查武器。我只带了史密斯·威森左轮手枪，于是他们发给我一支来复枪。船上的人，包括我的助手都有这种武器。水手们护卫着桅杆，可以随手拿起身边的武器。这次任务中最为严峻的时刻到了——到目前为止我们的行程是有惊无险。危急关头就要来临，被逮捕意味着死亡，给加西亚送信的使命也将功亏一篑。

离岸边大约有 25 英里，但看上去好像近在咫尺。午夜时分，船帆开始松动，船员开始用桨划船。正好赶上一个巨浪袭来，没有费多大力气，小船便被卷入一个隐蔽的小海湾。我们摸黑把船停在离岸上有 50 码的地方。我建议大家立即上岸，但格瓦西奥想得更加周到："先生，我们腹背受敌，最好原地不动。如果驱逐舰想打探我们的消息，他们一定会登上我们经过的珊瑚礁，那时候我们上岸也不晚。我们穿过昏暗的葡萄架，就可以光明正大地出入了。"

笼罩在天边的热浪逐渐散尽，我们可以看到大片葡萄、红树、灌木丛和刺莓，差不多都长到了岸边。虽然看得不是十分清楚，但给人一种朦胧的美。太阳照在古巴的最高峰，顷刻间，万象更新，雾霭消失了，笼罩在灌木丛的黑影不见了，拍打岸边灰暗的海水魔术般地变绿了。光明终于战胜了黑暗。

船员们忙着往岸上搬东西。看到我默默地站在那里似乎很疲倦，格瓦西奥轻声对我说："你好，先生。"其实，那时我正在想着一位曾经看过类似景物的诗人写下的诗句："黑暗的蜡烛已熄灭，愉快的白天从雾霭茫茫的山顶上，踮着脚站了起来。"

第二段行程宣告结束

在我们登陆的地方，地形很是复杂，好几条道路交会在一起，每一条道路都直接通向海岸，也连接着丛林。我们急速西行，大约走过一英里左右，我们就看到了一缕袅袅的炊烟，我们的秘密联络员们已经在那里等着我们了。我的心头涌动着一丝喜悦，庆幸我们登陆的成功。然而，我知道，更大的危险还在前头，当时，古巴土地上到处都是残酷的西班牙军队，他们四处设关，无孔不入，残酷地屠杀着过往行人。不论你是携带武器的军人，还是手无寸铁的难民，只要遇到他们，十有八九会丢掉性命，这令我对未来的行程充满了担心。然而，那时，在我心中，一个最强烈的欲望就是无论前途如何艰险，我必须把信尽快送给加西亚。我催促着格瓦里奥尽可能地加快前进的速度。

我们几乎以急行军的速度通过了一条很难被一眼发现的被丛林覆盖着的约有一英里长的小路后，就顶着炎炎的烈日进入了热带雨林的深处。热带雨林那种闷热足以让人发疯，汗水湿透了每个人的衣服，没有人顾得上擦一把汗。尽管足下布满了荆棘，可是没有人肯停下脚步。重任在肩的一行人，静悄悄地前进，前进，再前进！

这里有一条一英里长的平坦小道，通往北部，它被丛林覆盖，我们忍受着炎热，很快进入了热带雨林的深处。

穿过森林就是波迪罗到圣地亚哥的"皇家公路"。当我们接近路边时，我发现同伴们一个个转身消失在丛林里，只剩下我和格瓦西奥。我刚要问他发生了什么，却看到他将手指放到嘴边，意思显然是叫我不要出声，同时示意我赶紧拿出枪，而他自己也消失在丛林里。

这时，马蹄声传来了，还有西班牙骑兵的军刀声和偶尔发出的命令声。我一下子反应了过来。

如果没有高度的警惕性，我们也许早已走上公路，恰好与敌人狭路相逢。我把手指扣在来复枪的扳机上，敛声屏气，随时等待枪声响起后反击。但什么也没有听到，队友们一个个都回来了，格瓦西奥是最后一个。

"我们刚才分散开，是为了万一被敌人发现时，把敌人从你这儿引诱开。我们大家刚才都已在路两边埋伏好了，敌人一旦发现我们，我们就会向敌人发起攻击，打他们一个措手不及。如果我们这次不得不开火的话，那将是一场漂亮的伏击战。"格瓦西奥说道。

但格瓦西奥又满脸遗憾地补充说："我们护送你的职责应当放在第一位！痛痛快快地伏击敌人一次，只得放在第二位了。"

我们选择一个比较隐蔽的地方停了下来。大家拾了不少干柴，点起一堆火，然后把随身带的土豆埋在火堆里。这样，每个人都可以吃到烤熟的土豆。

　　吃土豆的时候，我想起了革命时期的马里恩和他的军队，他们打仗时也吃烤土豆。于是，我的脑海中就闪现出这样一种想法：既然马里恩和他的军队能够最终取胜，那么这些古巴人也能够取胜，因为他们也同样被这种争取民族自由的精神激励着，这种精神曾经激励了我们国家的爱国先辈们。想到自己所肩负的使命就是送信给他们的将军，尽可能促成我们国家的士兵帮他们打仗，就是帮助这些人，一种自豪之情油然而生。

　　当那天的行程结束的时候，我注意到了一些穿着奇异的人。

　　"他们是谁？"我问道。

　　"西班牙军队的逃兵，"格瓦西奥回答，"从曼查尼罗逃出来的，他们说他们不但缺少食物还不堪忍受军官的虐待，这才逃跑的。"

　　逃兵可能有些用处，但现在我宁愿他们待在自己的营房里。谁能说清他们当中有没有人会跑出去向西班牙军队报告一个美国人正穿行于古巴，明显是在向加西亚将军的营地行进。敌人要是知道的话，肯定要破坏我的任务。所以，我对格瓦西奥说："必须仔细审问这些人，绝不能让他们擅自离开。"

　　"是，先生！"他回答道。

　　为了确保任务万无一失，我下达了这个命令。事实证明我的这一想法是对的，有人的确想逃走去向西班牙人报告。这些人并不知道我的使命，但有两个人引起我的怀疑。他们是间谍，我险些被他们杀害了。那天晚上有两个人离开营地钻进灌木丛，想去给西班牙人报告有一个美国军官在古巴人的护送下来到这里。

　　半夜，我突然被一声枪响惊醒。我的吊床前突然出现了一个人影，我急忙站起来。这时对面又出现一个人影，很快第一个人被大刀砍倒，从右肩一直砍到肺部。这个人临死前供认，他们已经商量好，如果同伴没有逃出营地，他就杀死我，阻止我完成任务。哨兵开枪打死了这些人。

　　第二天晚些时候，我们才得到足够的马和马鞍。很长时间我们都无法行进，当时我十分焦急，但无济于事。马鞍有些硬，不好用。我有些不耐烦地问格瓦西奥，能不能不用马鞍行走。"加西亚将军正在围攻古巴中部的巴亚莫，"他回答道，"我们还要走很远才能到达他那里。"

　　这也就是我们到处找马鞍和马饰的原因。一位同伴看了一下分给我的马，很快为我安上了马鞍，我非常敬佩这位向导的智慧。我们骑马走了四天，假如没有马鞍，我的结局一定很惨。我要赞美这匹瘦马，美国平原上任何一匹骏马都难以和它相媲美。

离开了营地我们沿着山路继续向前走。山路弯弯，如果人不熟悉道路，定然会陷入绝望的境地。但我们的向导似乎对这迂回曲折的山路了如指掌，他们如履平地般行进着。

我们在亚拉露营了一个晚上，第二天清晨我们就沐浴着晨曦出发了。今天的行程是攀越西拉梅特拉山的北坡，一路上仍是陡峭难行的山路，最让我不忍心的是我不顾山路的陡峭难行，一味地催促着马匹。我那匹可怜的坐骑一会儿向上奋力前行，一会儿向下小心挪着脚步，嘴里喘着粗气，四肢颤抖。若是在平时，我一定会停下，拍拍它的背，让它休息一下，或是喘息一下再继续行走。可是，现在不成，我必须尽快到达目的地，尽快把信送给加西亚将军。

终于，我们走过了这段让我刻骨铭心的一不小心就会掉下山谷送命的险峻山路，前面就是基巴罗森林的边缘了。这里有我们的营地，我们来到一片玉米地边的小屋前，屋檐下挂着刚刚宰杀的新鲜的牛肉，屋内的厨师们正在准备着白薯面包。原来，美国特使即将到来的消息已先期到达了。

刚吃完这顿丰盛的晚餐时，忽然听到一阵骚动，森林边传来阵阵马蹄声和说话声，原来是瑞奥将军派来的卡斯特罗上校到此欢迎我。他动作矫健，是一位训练有素的军人，代表瑞奥将军前来欢迎我，告诉我瑞奥将军将在第二天早上到。我又有了一个经验丰富的好向导。

第二天早上，瑞奥将军在卡斯特罗上校的陪同下来到了我们驻扎的地方。上校送给我一顶"古巴生产"的巴拿马草帽。将军被称作"海岸将军"。他皮肤黝黑（显然是印第安人和西班牙人的混血儿），步履矫健，足智多谋，多次击退西班牙军队的突袭。将军的信息来源和直觉判断力准确得近乎神秘。打仗时，转移家属并供给他们充足的食物可不是件容易的事，瑞奥将军却做到了。如果事先没有掌握敌军情况，恐怕很难办到。将军很会打仗。西班牙军队常采用的战略是挺进森林，大肆搜捕，倘若一无所获就毁城。将军的对策是打游击战，不断进行近距离射击。这种方法有时相当奏效。

瑞奥将军派了200人的骑兵部队护送我。我们列成单行行进，即便被人发现，我们的人数看上去也像是多得吓人。森林里的小路太窄，时常被树干所阻碍，丛林里的常青藤经常刮破我们的脖子，我们不得不一边骑马一边清理障碍物。向导步伐稳健，着实让我感到惊奇。我通常的位置是在队伍的中部，有时真想追上他，观察他跋山涉水的英姿。他是一名黑人，皮肤像煤一样黑亮，名叫迪奥尼斯托·罗伯兹，是古巴军队的一名中尉。他善于骑马踏过荆棘，穿过茂密的森林。他手拿

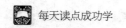

宽刃大刀，为我们开路，砍下一片片藤蔓，仿佛永远不知疲倦。

4月30日晚上，当我们到达离巴亚莫城还有20英里的奥布伊的时候，精神抖擞的格瓦西奥出现了。他说："加西亚将军就在巴亚莫城。西班牙军队已经撤退到考托河，他们的最后堡垒就在那里。"我实在是急于见到加西亚将军，提出连夜赶路，但他们不同意。

在我的人生历程中，1898年5月1日是"德威日"。当我在古巴森林中沉睡的时候，这位海军上将在敌人的枪林弹雨下攻入马尼拉湾，打垮了西班牙舰队。就在我给加西亚送信的路上，他击沉了西班牙战舰，对菲律宾首都造成了巨大威胁。形势急迫。一早我们又上路了，从山坡上往下直达巴亚莫平原。

一路上，满目疮痍，到处是战火造成的废墟，见证着西班牙军队对这块美丽的土地犯下的滔天罪行。当我们来到平原时，我们已经在马背上走了大约100英里，虽然这里的野草有一人多高，虽然烈日当头、酷暑难耐，我们也不能停留一步。

要知道我的使命就要完成了！

一想到目的地近在眼前，所有的辛劳都烟消云散，好像连我的马都在分享着我们的期待和急切。

我们来到了曼赞尼罗至巴亚莫的"皇家公路"上，在那儿碰到了许多衣衫褴褛的人，他们正急匆匆地向城里涌去。这些高兴的人群中发出喋喋不休的交谈声，这使我想起了在我们经过的丛林边尖叫的鹦鹉，他们正在返回自己被逐赶出去的家园。

巴亚莫原是一个拥有3万人口的城市，但现在成了一个只有2000人的小村庄。在巴亚莫河两岸，西班牙人建了很多碉堡，首先映入眼帘的就是这些小要塞，里面的烟火还没有熄灭。当古巴人返回这曾经繁荣的城市时，他们便将这些碉堡付之一炬。

我们在河岸列队，在格瓦西奥和罗伯兹与士兵说完话后，我们就继续行进。我们停在河边，让马饮水，准备养精蓄锐，走完最后一段通往古巴指挥官营地的路程。

引用当天报纸发布的消息："古巴将军说罗文中尉的到来在古巴军队中引起巨大轰动。罗文中尉骑着马，在古巴向导的陪同下来到古巴。"

几分钟以后我来到了加西亚将军的驻地。

漫长而惊险的旅程终于结束了。苦难、失败和死亡都离我们远去。

抵达成功的彼岸

我成功了！我成功了！我在心中狂喊着，经过漫长充满艰辛与危险的旅程，我终于到达了目的地。此时起，我无须再为失败而担忧了，失败、死亡、艰苦的旅途等对我的磨难即将完全结束了，我光荣地完成了一个军人所做出的承诺。

我们纷纷下马，在指挥部门前排成一排。格瓦里奥与将军交往深厚，卫兵们让开一条路，格瓦西奥径直走进加西亚将军的指挥部。过了一会儿，格瓦里奥陪同着将军一同走了出来，在将军的身后，是一群身着白色军装、腰悬武器、威风凛凛的军官。

将军热情地与我握手，并将我一一介绍给他的部下。那一刻我以我能够在这个地方代表美国政府与将军相见感到由衷的自豪。

当时的翻译是一个幽默的人，联络处的官员们在给将军的信中明明称我为"密使"，可这时他却轻松地翻译成"一个自信的人"，这让周围的将军发出一阵会心的微笑。而当地的报纸也不甘落后，当天即以大篇幅报道了我的到来，并着重强调："古巴的将军们热情欢迎罗文中尉的到来，称罗文中尉的到来极大地鼓舞了军队的士气。"

早饭过后，我们开始谈论正事。我向加西亚将军解释说，我所执行的纯属军事任务，尽管离开美国时总统带来了书信。总统和作战部想知道有关古巴东部形势的最新情报（曾派来两名军官来到古巴中部和西部，但他们都没有到达目的地）。美国有必要了解西班牙军队占领区的情况，包括西班牙兵力的分布和人数、他们的指挥官特别是高级指挥官的性格、西班牙军队的士气、整个国家和每个地区的地形、路况信息，以及任何与美国作战部署有关的信息。其中最重要的一点是加西亚将军建议展开一场美军与古巴军队联合作战的战役。我还告诉将军我国政府希望能得到关于古巴军队代办处方面的信息，还有我是否有必要留下来亲自了解所有的这些信息。加西亚将军沉思了一会儿，让所有的军官退下，只留下他的儿子加西亚上校和我。大约3点钟将军回来告诉我，他决定派3名军官陪我回美国。这3名军官都是古巴人，训练有素、经验丰富、知识渊博，了解自己的国家，他们完全有能力回答以上所有的问题。即便我留在古巴几个月，也不一定能做出一个完整的报告。因为时间紧迫，美国越早获得情报，对双方越有利。

他进一步解释说，他的部队需要武器，特别是大炮。另外，部队弹药匮乏，还急需大量步枪以重新装备他的部队。

加西亚将军派了克拉索将军———一位著名的指挥官、赫南德兹上校以及非常了解当地各种疾病情况的维塔医生同我一起返回。另外，还有两名熟悉北部海岸的水手将随同我们。如果美国决定为古巴提供军事装备，他们一定能在运送物资的途中发挥作用。

"你还有什么问题吗？"

我还有什么问题？

在这9天的长途跋涉中我走过了各种地形，我真希望有机会好好看看古巴的土地。但是面对将军的问话，我毅然地回答："没有！先生。"

加西亚将军的建议十分英明，凭着他的指挥和对时局敏锐的把握，不仅仅使我免除了几个月的劳累，而且为我们的国家，也为古巴赢得了宝贵的时间，这对赢得整个战争的胜利是非常重要的。

在随后的几天里，我留心察看了岛上的各种地形。周围的许多景象对我来说都很陌生，由于有重要任务在身，我无暇顾及。从加西亚将军的安排中我可以看出，他是一位经验十分丰富的军人，他知道怎样让美国方面以最快的方式了解到自己想掌握的情况。

为了表示对我此行的重视与关心，加西亚将军专门安排了一个非正式的招待会。当天晚上5点，最后一顿为我饯行的晚餐开始了。临行前，有人告诉我，此行护送我的人就在门口。当我走到街上时，我很吃惊地发现，我来时的向导和那几个同伴并不在队伍之中。我首先想知道格瓦西奥·萨比奥和其他几位人员的去向。加西亚将军说，格瓦西奥本想再次护送我返回美国，但加西亚将军没有应允，因为在南部地区还有许多重要任务等待着格瓦西奥去完成。我来的时候，格瓦西奥及其他几位人员为我提供了巨大的帮助，如果没有他们的机智、沉着，我恐怕早就落入敌手。我真诚地让将军代我向他们几个表达我内心无限的谢意。在和加西亚来了一个真正的拉美式拥抱之后，我和几位陪同人员便踏上归途。

我终于把信交给了加西亚将军，胜利归来。给加西亚将军送信的过程中虽然充满了危险，但与意义重大得多的归国之旅相比，这只能算是穿越了一个美丽的国度，做了一次无忧无虑的漫步。进入古巴后几乎没遇上什么战斗，从牙买加开始的航程经过的是些令人愉快的水域；在去见将军的途中，我也一直受到严密的保护和正确的引导。但回程就是另一回事儿了。宣战使西班牙军队处于警戒状态：海岸上三步一岗，五步一哨，炮艇群遍布各海湾岔口，堡垒要塞上大炮耸立，准备随时向一切违反战争法的人怒吼。无论从哪方面看，我都是身处敌人后方的间谍！被抓就意味着被拉到墙边枪毙。我还忘了将海上的风浪考虑进去，而这在不久就会让我明白一件事——成功之路并不总是一帆风顺。

面对咆哮怒吼的大海和天空，我再也不敢认为成功就是一次远航了。但是，我还是必须努力，并一定要取得成功，否则我的使命将前功尽弃。从很大程度上讲，只有到了成功的幸福日子，我们才能取得战争的胜利。

自然，我的同伴也有和我一样的恐惧和担忧。于是，当我们从古巴通过的时候十分小心谨慎。向北前进，我们来到了西班牙控制下的考托内河码头，这里是这条河的航行枢纽，至少对炮艇来说这儿是关键航行要道。当我们到达水瓶状的马纳提海港时，发现对面的海岸上有一个大碉堡，里面的大炮正在向河口瞄准。只要西班牙士兵知道了我们的到来我们就彻底完蛋了！不过，也许我们的胆量成了拯救我们的神灵。谁能想到，像我们这样的"敌人"，带着这么艰巨的任务会选择从这儿上船呢。

我们所搭乘的是一只小船，体积只有104立方英尺。我们用这只船航行了150英里来到了北部的拿骚岛，西班牙的快速驱逐舰经常在此巡逻。

完成任务的使命感让我们无所畏惧。由于船无法承载6个人，维塔医生返回了巴亚莫。我们5个人将冒着枪林弹雨，凭机智取胜。就在我们准备出发的时候，风暴突然降临。在如此波涛汹涌的海上我们不能轻举妄动，但是即使在原地等候也同样危险。现在是满月，假如飓风把云吹散，敌人就会发现我们的行踪。

但是，命运掌握在我们自己手中。11点钟我们上了船，天空乌云密布，遮住了月亮，敌人无法发现我们。我们一人掌舵，四人划桨。渐渐地已看不见远去的要塞，或者更精确地说，要塞里的人没有发现我们。我们在水中艰难跋涉，总算没有听到大炮的轰鸣声和机枪的扫射声。我们的小船摇摇晃晃，像个蛋壳，有好几次差点儿颠覆。但水手们了解水性，装在船里的压船物经受住了考验，使我们得以继续航行。极度的疲倦，无法摆脱的航行的单调，我们几乎要睡着了。

不久，一个巨浪袭来，差点儿把小船掀翻，小船浸满了水，大家不再有睡意。多么难熬的漫漫的长夜啊！正在这时，太阳从远方的地平线上钻了出来。就在这时，忽然有人高喊："先生们！快来看！"大家一起顺着叫喊的人所指的方向看过去，一队军舰正乘风破浪顺着海峡向东前进。"老天！难道真是西班牙舰队？"我的同伴中有人用西班牙语叫道，随着这一声叫喊，我们的心一下子提到了嗓子眼儿。这时，除非老天爷相助，让乌云遮住太阳，否则没有任何可供隐蔽的场所。

　　天渐渐大亮了，我们终于看清，那不是西班牙人的战舰，而是美国桑普顿将军率领的战舰，他们正破浪向东准备攻击敌人的舰队。我们都长长地松了一口气。那一天热得我们也没睡好觉，尽管美国战舰已经出现，但我们仍未能摆脱西班牙战舰对我们的威胁。所以，我们硬撑着快速划船，终于没有被西班牙人俘虏。

　　直到第二天早晨，也就是5月7日，我们紧绷的神经才最后松弛下来。但后面的路也并非一帆风顺，大约上午10点，我们来到了巴哈马群岛，安德罗斯岛南端一个叫克里斯茨的地方，我们总算可以登陆，好好休息一下了。第二天下午，当我们向西航行时，被检疫官怀疑得了古巴黄热病，我们被关进了豪格岛。但次日我就设法给美国领事麦克莱思先生带去了口信。

　　5月10日，在他的安排下，我们获释了。

　　5月11日，这艘"无畏号"小船驶离了码头。航行到佛罗里达海域可就没那么幸运了。12日一整天无风，小船无法航行。直到夜晚微风吹动，我们才顺利到达基韦斯特。我们没有逗留，乘当晚的火车赶到塔姆帕，又在那里换乘一列火车前往华盛顿。在华盛顿，我找到美国军方的一位高级参谋，向他做了一个简要的汇报。当他听完我的汇报后，告诉我去找麦耶斯参谋长，并说他会给我提供帮助。当麦耶斯参谋长看过我写的报告后，信笔写下了这样一段评论："我十分钦佩美军中尉安得鲁·罗文的壮举。他历经艰辛，把重要的情报送给了加西亚将军，同时又把有关古巴的情况，以及与美国作战的西班牙军队的重要情况带回了美国。他为美国做出了杰出的贡献。此外，依我看来，罗文中尉为完成重要使命而恪尽职守、英勇无畏的精神，的确难能可贵，值得载入史册！"返回后，在麦耶斯参谋长的陪同下我参加了一天的内阁会议。

　　会议后我收到了麦金莱总统的贺信，他感谢我把他的愿望传达给了加西亚将军，同时祝贺我圆满完成了自己的使命。贺信中的最后一句话是："你完成了一项了不起的任务！"我完成了超出我职责范围的更多的任务——对我来说这是第一次。一个军人的天职就是："不要问什么，而是服从命令，然后去完成它。"我已经把信送给了加西亚。

美国总统的一封公开信

女士们、先生们：

今天，我要对一位年轻的陆军中尉提出嘉奖，他就是安德鲁·罗文中尉。罗文中尉是一位极其勇敢的军人，这样的军人自然谁都喜欢。然而，我喜欢罗文中尉，不仅是因为他的勇敢，更重要的是他的敬业和忠诚。他的忠于职守、他的诚信为我们国家赢得了崇高的荣誉。毫不夸张地说，罗文中尉是一个非常合格的信使！

是的，他的确是一个合格的信使，他在明知前面危险重重，甚至有生命危险的情况下，依然接受任务，将一封关乎国家命运的书信送到居无定所的加西亚将军手中。更难能可贵的是，他还历尽艰险带回了加西亚将军的回信。罗文中尉在这次战争中起到极其重要的作用，他的出色表现是军事史上最具冒险性，也是最勇敢、最值得称赞的行为。罗文中尉是一个为了国家利益而不惜牺牲个人一切乃至生命的战士，他的所作所为是我们每一个公民特别是年轻人学习的榜样。

不容置疑的是，在如今的时代里有许多人对自己所从事的职业满怀怨恨，他们总是抱怨自己受到这样或那样的不公平的待遇。不管是军队、政府还是企业，总会有那么一些懈怠、怯懦的人，他们对上司吹毛求疵，对工作消极懈怠，我想提醒这些先生女士，你们应该从罗文中尉身上多多学习。

女士们、先生们，我希望你们，不，应该是我们大家，要以罗文中尉为榜样，充分发挥自己的聪明和才智，以坚忍的精神和无畏的勇气克服重重困难，以忠诚和自动自发的道德品质去完成你们的使命，我相信，你们也会变成另外一个罗文——一个合格的信使！

女士们，先生们，罗文是美国人民的骄傲，我相信，你们也会成为美国的骄傲的！

阿尔伯特·哈伯德的人生理念

我相信是上帝创造了人类。

我相信上帝保佑的父亲、母亲和子女组成的三位一体的家庭组合。

我相信上帝就在我们的身边，我们和上帝是如此的近。

我相信上帝创造了这个世界之后，不会置之不理，任其运转。

我相信灵魂的暂居之所，人类身体的神圣，因此我认为通过正确思考和生活以保持形体的美感是每一个男人和女人的义务。

我相信男人对女人的爱和女人对男人的爱是神圣的，在这种爱推动下的灵魂和人类对上帝的爱或是思想的最深处同样的神圣崇高。

我相信经济、社会和精神上的自由可以使人类获得救赎。

我相信约翰·拉斯金、威廉·莫里斯、亨利·梭罗、沃尔特·惠特曼和托尔斯泰是上帝的先知，他们思想的造诣和灵魂的境界应当与伊利亚、何西阿、以西结和以塞亚齐名。

我相信人类像以前一样并将永远被激动和鼓舞着。

我相信人类将生活在永恒中，而这正是我们所希望的。

我相信为未来生活准备的最佳方法是心存善良，在某个时候的某一天尽全力做好工作，使它尽善尽美。

我相信我们应当记得每一个做礼拜的日子，因为它是神圣的。

我相信魔鬼是不存在的，存在的只是恐惧和懦弱。

我相信除了自己没有人可以打败你。

我相信我们所具有的社性是一样的。

我相信我们都是上帝的子女，除此之外，我们什么都不是。

我相信到达天堂的唯一途径是心存天堂。

卷二
最伟大推销员成功法则卷

·第一讲·

《世界上最伟大的推销员》：

点燃生命的奇迹

"如果你视工作是一种乐趣，人生就是天堂；如果你视工作是一种义务，人生就是地狱。"这是建立了庞大的石油帝国的约翰·洛克菲勒对待工作的态度。正因为洛克菲勒一直朝着"天堂式"的工作努力，所以，洋溢在《世界上最伟大的推销员》中的那种热情、积极、乐观的奋斗态度，无疑会令他心生向往。而这种工作乃至人生态度，值得每个渴望成功的人学习。

我用全心的爱迎接今天

爱心是一宗大财产，爱心的力量是伟大的，它是你拥有成功的最珍贵的东西。对一个推销员来说，爱是一支很好的利箭。

1. 爱心是一笔很大的财富

在《世界上最伟大的推销员》一书中，作者讲述了一位名叫海菲的少年，一心想要推销掉一件上好的袍子，好有机会成为伟大的商人，和自己心爱的女孩在一起，可是最终他却把这样一件对自己意义重大、十分珍贵的袍子送给了一个在山洞中冻得发抖的婴孩。

正是少年这种善良的本性，感动了上苍，他最终得到了 10 张珍贵的羊皮卷，上面写着关于推销艺术的所有秘诀，使这位少年最终成为世界上最伟大的推销员，并建立起了显赫一世的商业王国。

这就是爱的力量，唯有爱才是幸福的根源，唯有爱才是令你成功的最深层的动力。为此，神说，你若想追求幸福，就请慷慨地向人间遍洒你的普世之爱吧。

在"羊皮卷"中这样写道：

"我要用全身心的爱迎接今天。

"因为，这是一切成功的最大秘诀。武力能够劈开一块盾牌，甚至毁掉生命，唯有爱才具有无与伦比的力量，使人们敞开心灵。在拥有爱的艺术之前，我只是商场上的无名小卒。我要让爱成为我最重要的武器，没有人能抗拒它的威力。

"我的观点，你们也许反对；我的话语，你们也许怀疑；我的穿着，你们也许不赞成；我的长相，你们也许不喜欢；甚至我廉价出售的商品都可能使你们将信将疑，然而我的爱心一定能温暖你们，就像太阳的光热能融化冰冷的大地。

"我将怎样面对遇到的每一个人呢？只有一种办法，我将在心里深深地为你祝福。这无言的爱会涌动在我的心脑里，流露在我的眼神里，令我嘴角挂上微笑，在我的声音里引起共鸣。在这无声的爱意里，你的心扉向我敞开了。你不再拒绝我推销的货物。"

这便是爱的力量，它是你拥有成功的最珍贵的东西。

世界不能没有爱，爱对于我们就像空气、阳光和水。爱是一宗大财产，是一笔宝贵的资源，拥有了这种财产和资源，人生就会变得富有、幸福，人生就会步入成功的顶峰。

一颗良好的心，一种爱人的性情，一种坦直、诚恳、忠厚、宽恕的精神，可以说是一宗财产。百万富翁的区区财产与这种丰富的财产相比较，则显得不足挂齿。怀着这种好心情、好精神的人，虽然没有一文钱可以施舍人，但是他能比那些慷慨解囊的富翁行更多的善事。

假使一个人能够大彻大悟，能尽心努力地为他人服务，为他人付出爱心，他的生命一定能获得事实上的发展。最有助于人的生命发展的，莫过于从早年起，就养成爱心以及懂得爱人的"习惯"。

尽管我们大量地给予他人以爱心、同情、鼓励、扶助，然而那些东西是不会因"给予"而有所减少的，反而会由于给人愈多，我们自己得到的也愈多。我们把爱心、善意、同情、扶助给人愈多，则我们所能收回的爱心、善意、同情、扶助也愈多。

人生一世，所能得到的成绩和结果常常微乎其微。此中原因，就是在爱心的给予上显然不够大方。我们不轻易给予他人以我们的爱心与扶助，因此，别人也"以我们之道，还治我们之身"，以致我们也不能轻易获得他人的爱心与扶助。

常常向别人说亲热的话，常常看到别人的长处，说别人的好话，能养成这种习惯是十分有益的。人类的短处，就在于彼此误解、彼此指责、彼此猜忌，我们总是依着他人的不好、缺憾、错误的地方而批评他人。假使人类能够减少或克服这种误解、指责、猜忌，能彼此相互亲爱、同情、扶助，那么梦寐以求的欢乐世界，就能够盼望了。

有一次，一位哲学家问他的一些学生："人生在世，最需要的是什么？"答案有许多，但最后一个学生说："一颗爱心！"那位哲学家说："在这爱心两字中，包括了别人所说的一切话。因为有爱心的人，对于自己则能自安自足，能去做一切于己适宜的事，对于他人，他则是一个良好的伴侣和可亲的朋友。"

我们大多数人都是因为贪得无厌、自私自利的心理，以及无情、冷酷的商业行为之故，以至于目光被蒙蔽，以致只能看到别人身上的坏处，而看不到他们的好处。假使我们真能改变态度，不要一味去指责他人的缺点，而多看到一些他们的长处，则于己于人均有益处。因为由于我们的发现，他人也能看到他们的长处，因此得到自信与自尊，从而更加努力。假使人们彼此间都有互爱的精神，这种氛围一定可以使世界充满爱和阳光。

2. 乐于助人，爱心用行动体现

在宾夕法尼亚州，有一段时间，当地人们最痛恨的就是洛克菲勒。被他打败的竞争者将他的人像吊在树上泄恨，充满火药味的信件如雪花般涌进他的办公室，威胁要取他的性命。他雇用了许多保镖，防止遭人杀害。他试图忽视这些仇视怒潮，有一次曾以讽刺的口吻说："你尽管踢我骂我，但我还是按照我自己的方式行事。"

但他最后发现自己毕竟也是凡人，无法忍受人们对他的仇视，也受不了忧虑的侵蚀。他的身体开始不行了，疾病从内部向他发动攻击，这令他措手不及，惶恐不安。

起初，"他试图隐瞒自己偶尔的不适"，但是，失眠、消化不良、掉头发、烦恼等病症却是无法隐瞒的。最后，他的医生把实情坦白地告诉他。他只有两种选择：财富和烦恼——或是性命。他们警告他：必须在退休和死亡之间做一抉择。

他选择退休。但在退休之前，烦恼、贪婪、恐惧已彻底破坏了他的健康。美国最著名的传记女作家伊达·塔贝见到他时吓坏了。她写道："他脸上所显示的是可怕的衰老，我从未见过像他那样苍老的人。"

医生们开始挽救洛克菲勒的生命，他们为他立下三条规则——这是他以后奉行不渝的三条规则。

避免烦恼：在任何情况下，绝不为任何事烦恼。

放松心情：多在户外做适当运动。

注意节食：随时保持半饥饿状态。

洛克菲勒遵守这三条规则，因此而挽救了自己的性命。退休后，他学习打高尔夫球，整理庭院，和邻居聊天、打牌、唱歌等。

但他同时也做别的事。温克勒说："在那段痛苦至极的夜晚里，洛克菲勒终于有时间自我反省。"他开始为他人着想，他曾经一度停止去想他能赚多少钱，开始思索那笔钱能换取多少人类的幸福。

简言之，洛克菲勒开始考虑把数百万的金钱捐出去。有时候，做件事可真不容易，当他向一座教堂捐献时，全国各地的传教士齐声发出怒吼："腐败的金钱！"但他继续捐献。在获知密歇根湖岸的一家学院因为抵押权而被迫关闭时，洛克菲勒立刻展开援助行动，捐出数百万美元去援助那家学院，将它建设成为目前举世闻名的芝加哥大学。

他也尽力帮助黑人，帮助完成黑人教育家华盛顿·卡文的志愿。当著名的十二指肠虫专家史太尔博士说："只要价值五角钱的药品就可以为一个人治愈这种病——但谁会捐出这五角钱呢？"洛克菲勒捐出数百万美元消除十二指肠虫，消除了这种疾病。然后，他又采取更进一步的行动，成立了一个庞大的国际性基金会——洛克菲勒基金会，致力于消灭全世界各地的疾病，扫除文盲等工作。

洛克菲勒的善举不仅平息了人们对他的憎恨，而且产生了更为神奇的效果：许多人开始赞扬他、敬仰他，有的受了他恩惠的人甚至对他感激涕零。

其实，你我都应该感谢约翰·D·洛克菲勒，因为在他的资助下，发明了盘尼西林以及其他多种新药。他使我们的孩子不再因患脑膜炎而死亡；他使我们有能力克服疟疾、肺结核、流行性感冒、白喉和其他目前仍危害世界各地的疾病。

洛克菲勒把钱捐出去之后，他终于感到满足了。

幸福的产生与否就在于一个人的心态如何，那种善良的心、仁慈的爱能产生巨大的威力，迎来盼望的幸福。毕竟在这个地球上，只有充满着爱心的角落、家庭，才能得到幸福的光线照耀。

世界著名的精神医学家亚弗烈德·阿德勒曾经发表过一篇令人惊奇的研究报告。他常对那些孤独者和忧郁病患者说："只要你按照我这个处方去做，14天内你的孤独忧郁症一定可以痊愈。这个处方是——每天想想，怎样才能使别人快乐？让别人感到人世间的爱心力量。"

在漫漫的人生道路上，你如果觉得自己孤寂，或者觉得道路艰难，那你就照着阿德勒的话去做，只要心中有一盏温暖的灯，就将照亮你暗淡的心灵，获得温暖，度过寒冷的冬季，跨过每一道障碍。这样你会逢凶化吉，因祸得福，获得快乐，使你远离精神科医生。因为爱的表现是无条件地付出，奉献出来，而最终结果是自己得到了最大的报偿。

3. 善良是爱的初始

我们的生活纷繁复杂，人与人之间的误会、隔阂乃至怨恨，都会时常发生。只要心地善良、互谅互让，误会、怨恨也能变成令人感动和怀念的往事。

善良是一种能力，一种洞察人性中的恶的能力。善良是一种胸怀，拥有善良，就会拥有一颗平和的心，能以平和、宽容的心态去面对你所际遇的人和事。

善良不是善恶不辨、是非不分，不是对坏人坏事一味放纵、宽容、无原则的愚善，而是一种洞察世事的智慧。

善良会让天地更宽广，万物更明丽，人生更丰盈。

一座城市来了一个马戏团。8个12岁以下的孩子穿着干净的衣裳，手牵着手在父母的身后排队，等候买票。他们不停地谈论着上演的节目，好像他们就要骑上大象在舞台上表演似的。

终于轮到他们了，售票员问要多少张票，父亲神气地回答："请给我8张小孩的、两张大人的。"

售票员说出了价格。

母亲的心颤了一下，转过头把脸垂了下来。父亲咬了咬唇，又问："你刚才说的是多少钱？"

售票员又报了一次价。

父亲眼里透着痛楚。他实在不忍心告诉他身旁兴致勃勃的孩子们：我们的钱不够！

一位排队买票的男士目睹了这一切。他悄悄地把手伸进口袋，把一张20元的钞票拉出来，让它掉到地上。然后，他蹲下去，捡起钞票，拍拍那个父亲的肩膀说："对不起，先生，你掉了钱。"

父亲回过头，明白了原因。他眼眶一热，紧紧地握住男士的手。因为这位男士在他心碎、困窘的时刻帮了他的忙："谢谢，先生。这对我和我的家庭意义重大。"

有时候，一个发自仁慈与爱的小小善行，会铸就大爱的人生舞台。

善待社会，善待他人，并不是一件复杂、困难的事，只要心中常怀善念，生活中的小小善行，不过是举手之劳，却能给予别人很大帮助，何乐而不为呢？给迷途者指路，向落难者伸出援手，真心祝贺他人的成功，真诚鼓励失意的朋友，等等，看似微不足道的举动，却能给别人带去力量，给自己带来快乐和良心的安宁。

如果人人都能以善心待人，世间便会少很多纷争，多很多关爱。

4. 爱让推销无往不胜

推销是和人打交道的工作，推销员必须具有爱心，才能得到顾客的认可，成功推销。

如果成为客户信任的推销员，你就会受到客户的喜爱、信赖，而且能够和客户形成亲密的人际关系。一旦形成这种人际关系，有时客户会只因照顾你的情面，自然而然地购买商品。而要形成这种关系，就要求推销员具有爱心，注意一些寻常小事。

有位推销员去拜访客户时，正逢天空乌云密布，眼瞅着暴风雨就要来临了，这时他突然看见客户的邻居有床棉被晒在外面，女主人却忘了出来收。那位推销员便大声喊道："要下雨啦，快把棉被收起来呀！"他的这句话对这家女主人无疑是一种至上的服务，这位女主人非常感激他，他要拜访的客户也因此十分热情地接待了他。

翰森搬家后不久，还不满 4 岁的儿子波利在一天傍晚突然失踪了。全家人分头去寻找，找遍了大街小巷，依然毫无结果。他们的恐惧感越来越深。于是，他们给警察局打了电话，几分钟后，警察也配合他们一起寻找。

翰森开着车子到商店街去寻找，所到之处，他不断地打开车窗呼唤波利的名字。附近的人们注意到他的这种行为，也纷纷加入寻找行列。

为了看波利是否已经回家，翰森不得不多次赶回家去。有一次回家看时，他突然遇到了地区警备公司的人。翰森恳求说："我儿子失踪了，能否请您和我一起去找找看？"此时却发生了非常难以令人置信的事情——那个人竟然做起了巡回服务推销表演！尽管翰森气得目瞪口呆，但那人还是照旧表演。几分钟后，翰森总算打断了那人的话，他怒不可遏地对那人说："你如果为我找到儿子，我就会和你谈巡回服务问题。"

波利终于被找着了，但那位推销员的推销却未成功。倘若那个人当时能主动帮助翰森寻找孩子，20 分钟后，他就能够得到推销史上最容易得到的交易。

有的推销员认为爱心对推销无关紧要，这是错误的观点，正是因为你的爱心，客户才可能信任你，进而买你的产品，使你的推销成功。

因此，朋友们，请从现在起用全身心的爱来迎接今天，感谢生活吧。用爱心打开人们的心扉，用爱化作你商场上的护身符，爱会使你孤独时变得平静；绝望时变得振作。有了爱，你将成为伟大的推销员，有了爱，你将迈出成为一个优秀人士的第一步。

<h3 style="text-align:center">我要坚持不懈直到成功</h3>

俗话说，坚持就是胜利，贵在持之以恒。每个人都有梦想，追求梦想需要不懈地努力。只有坚持不懈，成功才不再遥远。

1. 坚持不懈是最基本的品质

"羊皮卷"故事中的少年海菲接受了主人的 10 张羊皮卷的商业秘诀之后，孤身一人骑着驴子来到了大马士革城，沿着喧哗的街道，他心中充满了疑虑和恐惧，尤其是曾经在伯利恒那个小镇上推销那件袍子的挫败感笼罩在他的心底，突然他想放弃自己的理想，他想大声地哭泣。但此刻，他的耳畔响起了主人的声音，"只要决心成功，失败永远不会把我击垮"。

于是，他大声呐喊"我要坚持不懈，直到成功"。

他想起了"羊皮卷"中的箴言：

"我不是注定为了失败才来到这个世界上的，我的身体里也没有失败的血脉在流动。我不是任人鞭打的羔羊，我是猛虎，不与羊群为伍。我不想听失败者的哭泣、抱怨者的牢骚，这是羊群中的性情，我不能被它传染。失败者的屠宰场不是我人生的归宿。

"从今往后，我每天的奋斗就如同对参天大树的一次砍击，前几刀可能留不下痕迹。每一击似乎微不足道，然而，积累起来，巨树终将倒下。这正如我今天的努力。

"如同冲洗高山的雨滴，吞噬猛虎的蝼蚁，照亮大地的星辰，建造金字塔的奴隶，我也要一石一瓦地建造起自己的城堡，因为我深知水滴石穿的道理，只要持之以恒，什么都可以做到。

"我要坚持，坚持，再坚持。障碍是我成功路上的弯路，我迎接这项挑战。我要像水手一样，乘风破浪。"

坚持是一种神奇的力量，有时，它甚至会感动上苍，神灵也会助你成功。

开学第一天，苏格拉底对学生们说："今天咱们只学一件最简单也是最容易的事。每人把胳膊尽量往前甩，然后再尽量往后甩。"说着，苏格拉底示范了一遍。"从今天开始，每天做300下。大家能做到吗？"

学生们都笑了。这么简单的事，有什么做不到的？过了一个月，苏格拉底问学生们："每天甩手300下，哪些同学在坚持着？"有90%的同学骄傲地举起了手。又过了一个月，苏格拉底又问，这回，坚持下来的学生只剩下八成。

一年过后，苏格拉底再一次问大家："请告诉我，最简单的甩手运动，有哪几位同学坚持了？"这时，整个教室里，只有一人举起了手。这个学生就是后来成为古希腊另一位大哲学家的柏拉图。

世间最容易的事常常也是最难做的事，最难的事也是最容易做的事。说它容易，是因为只要愿意做，人人都能做到；说它难，是因为真正能做到并持之以恒的，终究只有极少数人。

半途而废者经常会说"那已足够了""这不值""事情可能会变坏""这样做毫无意义"。而能够持之以恒者会说"做到最好""尽全力""再坚持一下"。

龟兔赛跑的故事也告诉我们，竞赛的胜利者之所以是笨拙的乌龟而不是灵巧的兔子，这与兔子在竞争中缺乏坚持不懈的精神是分不开的。

巨大的成功靠的不是力量而是韧性，竞争常常是持久力的竞争。有恒心者往往是笑到最后、笑得最好的胜利者。

一次拍卖会上，有大批的脚踏车出售。当第一辆脚踏车开始竞拍时，站在最前面的一个不到12岁的男孩抢先出价："5块钱。"可惜，这辆车被出价更高的人买走了。

稍后，另一辆脚踏车开拍。这位小男孩又出价5块钱。接下来，他每次都出这个价，而且不再加价。不过，5块钱的确太少了。那些脚踏车都卖到35或40块钱，有的甚至卖到100块以上。暂停休息时，拍卖员问小男孩为什么不出较高价竞争。小男孩说，他只有5块钱。

拍卖继续，小男孩还是给每辆脚踏车出5块钱。他的这一举动引起了所有人的注意。人们交头接耳地议论着他。

经过漫长的一个半小时后，拍卖快要结束了，只剩下最后一辆脚踏车，而且是非常棒的一辆，车身光亮如新，令小男孩怦然心动。拍卖员问："有谁出价吗？"

这时，小男孩依然抢先出价说："5块钱。"

拍卖员停止唱价，静静地站在那里。观众也默不作声，没有人举手喊价。静待片刻后，拍卖员说："成交！5块钱卖给那个穿短裤白球鞋的小伙子。"

观众纷纷鼓掌。

小男孩脸上洋溢着幸福的光辉，拿出握在汗湿的手心里揉皱了的5块钱，买下了那辆无疑是世界上最漂亮的脚踏车。

好的梦想，是未来人生道路美满成功的预示。梦想能给我们带来希望，激发我们内在的潜能，并激励我们不断为实现目标而努力。

但是，仅有梦想是不够的，还要有实现梦想的毅力和决心，把梦想变成现实，要依靠不懈的努力。

执着地追求梦想和成全他人的梦想，都是人间至美的事情。

2. 面对拒绝要坚持不懈

推销员经常会遇到"不"，面对顾客的拒绝，如果你扭头就走，你一定不是一个优秀的推销员。优秀的推销员都是从顾客的拒绝中找到机会，最后达成交易的。

齐藤竹之助遭拒绝的经历实在是太多了。有一次，靠一个老朋友的介绍，他去拜见一家公司的总务科长，谈到生命保险问题时，对方说："在我们公司里有许多干部反对加入保险，所以我们决定，无论谁来推销都一律回绝。"

"能否将其中的原因对我讲讲？"

"这倒没关系。"于是，对方就其中原因做了详细的说明。

"您说的的确有道理，不过，我想针对这些问题写篇论文，并请您过目。请您给我两周的时间。"临走时，齐藤竹之助问道："如果您看了我的文章感到满意的话，能否予以采纳呢？"

"当然喽，我一定向公司领导建议。"

齐藤竹之助连忙回公司向有经验的老手们请教。又接连几天奔波于商工会议所调查部、上野图书馆、日比谷图书馆之间，查阅了过去3年间的《东洋经济新报》《钻石》等有关的经济刊物，终于写了一篇蛮有把握的论文，并附有调查图表。

两周以后，他再去拜见那位总务科长。总务科长对他的文章非常满意，把它推荐给总务部长和经营管理部长，进而使推销获得了成功。

齐藤竹之助深有感触地说："推销就是初次遭到顾客拒绝之后的坚持不懈。也许你会像我那样，连续几十次、几百次地遭到拒绝。然而，就在这几十次、几百次的拒绝之后，总有一次，顾客将同意采纳你的计划。为了这仅有一次的机会，推销员在做着殊死的努力。推销员的意志与信念就显现于此。

"即使你遭到顾客的拒绝，还是要坚持继续拜访。如果不再去的话，顾客将无法改变原来的决定而采纳你的意见，你也就失去了销售的机会。"

3. 坚持不懈才能成功

多年以前，美国曾有一家报纸刊登了一则园艺所重金征求纯白金盏花的启事，在当地轰动一时。高额的奖金让许多人趋之若鹜，但在千姿百态的自然界中，金盏花除了金色的就是棕色的，想要培植出白色的金盏花不是一件易事。所以许多人一阵热血沸腾之后，就把那则启事抛到九霄云外去了。

一晃就是20年，一天，那家园艺所意外地收到了一封热情的应征信和一粒纯白金盏花的种子。当天，这件事就不胫而走，引起轩然大波。

寄种子的原来是一个年已古稀的老人。老人是一个地地道道的爱花人。20年前当她偶然看到那则启事后，便怦然心动。她不顾8个儿女的一致反对，义无反顾地干了下去。她撒下了一些最普通的种子，精心侍弄。一年之后，金盏花开了，她从那些金色的、棕色的花中挑选了一朵颜色最淡的，任其自然枯萎，以取得最好的种子。次年，她又把它种下去。然后，再从这些花中挑选出颜色最淡的花种栽种……日复一日，年复一年。终于，20年后的一天，她在那片花园中看到一朵金盏花，它不是近乎白色，也并非类似白色，而是如银如雪的白。一个连专家都解决不了的问题，在这位不懂遗传学的老人手中迎刃而解，这难道不是奇迹吗？

一个人做事没有耐心、没有恒心是很难成功的。因为任何一件事的成功都不是偶然的，它需要你耐心地等待。同样，一个人做事不坚持，他就很难看到成功，因为他在成功到来之前就放弃了。

一个人的毅力决定了我们在面对困难、失败、挫折、打击时，是倒下去还是屹立不动。一个人如果想把任何事进行到底，单单靠着"一时的冲劲"是不行的，还需要毅力方能成事。具有毅力的人，不达目标决不罢休。

世界潜能大师博恩·崔西曾说过："现在世界上大部分的人都处在不耐心的状态下，有许多人做行销、做推销有一个非常奇怪的习惯：东边一只兔子，去追；西边有一只兔子，也去追；南边有一只兔子，又去追；北边有一只兔子，还去追，追来追去，一只兔子也追不到。所以，成功永远只有耐心不耐心的问题，要成功就要坚持去追一只兔子。"

有位国际著名的推销大师，即将告别他的推销生涯，应行业协会和社会各界的邀请，他将在该城中最大的体育馆，做告别职业生涯的演说。

那天，会场座无虚席，人们在热切地等待着那位当代最伟大的推销员做精彩的演讲。当大幕徐徐拉开，6个彪形大汉抬着一个巨大的铁球走到舞台中央。

一位老者在人们热烈的掌声中走了出来，站在铁球的一边。他就是那位将要

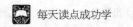

演讲的推销大师。

人们惊奇地望着他，不知道他要做出什么举动。

这时两位工作人员抬着一个大铁锤，放在老者的面前。

老人请两个年轻力壮的人用这个大铁锤去敲打那个铁球，直到让它滚动起来。

一个年轻人抢着铁锤，全力向铁球砸去，一声震耳的响声过后，那铁球动也没动。他用大铁锤接二连三地砸了一段时间后，很快就气喘吁吁了。

另一个人也不甘示弱，接过大铁锤把铁球敲得叮当响，可是铁球仍旧一动不动。

台下逐渐没了呐喊声，观众好像认定那是没用的，铁锤是敲不动铁球的。他们在等着老人做出解释。

会场慢慢恢复了平静，老人从上衣口袋里掏出一个小锤，然后认真地面对着那个巨大的铁球。

他用小锤对着铁球"咚"敲了一下，然后停顿一下，再一次用小锤"咚"敲一下。停顿一下，然后"咚"敲一下，就这样持续地用小锤敲打着。

10分钟过去了，20分钟过去了，会场早已开始骚动，有的人干脆叫骂起来，人们用各种声音和动作发泄着他们的不满。老人好像什么也没发生，仍然一小锤一小锤地工作着。人们开始愤然离去，会场上出现了大片的空缺。

大概在老人进行到40分钟的时候，坐在前面的一个妇女突然尖叫一声："球动了！"霎时间会场立即鸦雀无声，人们聚精会神地看着那个铁球。那球以很小的幅度真的动了起来。老人仍旧一小锤一小锤地敲着，人们好像都听到了那小锤敲打铁球的声响。铁球在老人一锤一锤的敲打中越动越快，最后滚动起来了，场上终于爆发出一阵阵热烈的掌声。在掌声中，老人转过身来，说："当成功来临时候，你挡都挡不住。"

在每个人的生命的每一天都要接受很多的考验。如果能够坚忍不拔，勇往直前，迎接挑战，那么你一定会成功。

希望你坚持不懈，直到成功。要相信自己天生就是为了成功而降临世界，自己的身体中只有成功的血液在流淌。你不是任人鞭打的耕牛，而是不与懦夫为伍的猛兽。千万不要被那些懦夫的哭泣和失意的抱怨所感染，你和他们不一样，你要意志坚定地做你的猛兽，才能笑傲在自己的领域！

希望你坚持不懈，直到成功。要相信生命的奖赏只会高悬在旅途的终点。你永远不可能在起点附近找到属于自己的钻石。也许你不知道还要走多久才能成功，而且当你走到一多半的时候，仍然可能遭到失败。但成功也许就藏在拐角后面，除非拐了弯，否则你永远看不到成功近在咫尺的景象。所以，要不停地向前，再前进一步，如果不行，就再向前一步。事实上，每次进步一点点并不太难。或许你这次考试只有 50 分，而你的目标是 90 分，那么要求下一次就得到 90 分，显得不现实而且太困难了，但是如果要求你得到 55 分或者 60 分，并不是太难。

你每次只需要比上一次好一点点，那么成功就越来越近。

希望你坚持不懈，直到成功。从现在开始，你要承认自己每天的奋斗就像一滴水，或许今天还看不到它的用处，但是总有一天，滴水穿石。你每一天奋斗不止，就好似蚂蚁吞噬猛虎，星辰照亮大地，只要持之以恒，什么都可以做到。不要小看那些仿佛微不足道的努力，没有它们，就没有你最后的辉煌。

希望你坚持不懈，直到成功。每个人都必然会面临失败，但是在勇者的字典里不允许有放弃、不可能、办不到、没法子、行不通、没希望……这类愚蠢的字眼。你可以失败，也可以失望，但是如果真的还想成为优秀的推销员的话，请记住你已经不再有绝望的权利！为什么要绝望，想想自己是多么的独一无二！你需要辛勤耕耘，或许必须忍受苦楚，但是请你放眼未来，勇往直前，不用太在意脚下的障碍，在哪里跌倒，在哪里爬起来。要相信，阳光总在风雨后。

希望你坚持不懈，直到成功。你应该牢牢记住那个流传已久的平衡法则，不断鼓励自己坚持下去，因为每一次的失败都会增加下一次成功的机会。这一刻顾客的拒绝就是下一刻顾客的赞同。命运是公平的，你所经受的苦难和你将会获得的幸福是一样多的。今天的不幸，往往预示着明天的好运。深夜时分，当你回想今天的一切，你是否心存感激？要知道，或许命运就是这样，你一定要失败多次，才能成功。

希望你坚持不懈，直到成功。你需要不断地尝试，尝试，再尝试。无论什么样的挑战，只要你敢面对，就有战胜的希望，因为你的潜能无限。

希望你坚持不懈，直到成功。你应该借鉴别人成功的秘诀。把过去的那些荣耀或者失败都抛到脑后，只需要抱定一个信念——明天会更好。当你精疲力竭时，你是否可以抵制睡眠的诱惑？再试一次。坚持就是胜利，争取每一天的成功，避免以失败收场。当别人停滞不前时，你不可以放纵自己，你要继续拼搏，因为只要你的付出比别人多一点点，总有一天你会丰收。

希望你坚持不懈，直到成功！

我是自然界伟大的奇迹

如果把自己看成伟人的化身，然后像伟人一样行动，那你的生命自会精彩得无与伦比。要想得到别人的重视，首先要自己重视自己，自信让你战无不胜。

1. 自信是成功的第一秘诀

每当海菲在推销商品的过程中遇到挫折时，他会想：我是世界上独一无二的，我是上帝创造的杰作和奇迹，当我屡被拒绝，上帝将这神灵的羊皮卷赐予我，我真是自然界伟大的奇迹，我将永远不再自怜自贱，而且从今天起，我要加倍重视自己的价值。

因为他坚信"羊皮卷"中的真言乃是神的谕旨，于是他毫无顾忌地大声诵读起来："我相信，我是自然界最伟大的奇迹。

"我不是随意来到这个世间的。我生来应为高山，而非草芥。从今天起，我要倾尽全力成为群峰之巅，发挥出最大的潜能。

"我要汲取前人的经验，了解自己以及手中的货物，这样才能最大限度地增加销量。我要斟酌词句，反复推敲推销时用的语言，因为这关系到事业的成败。我知道，许多成功的推销员，其实只有一套说辞，却能使他们无往不利。我还要不断改进自己的仪表和风度，因为这是最能吸引别人的关键。

"从今天起，我永远不再自怜自贱。"

有一个法国人，42岁时仍一事无成，他自己也认为自己简直倒霉透了：离婚、破产、失业……他不知道自己的生存价值和人生意义何在。他对自己非常不满，变得古怪，易怒，同时又十分脆弱。有一天，一个吉卜赛人在巴黎街头算命，他上前一试。

吉卜赛人看过他的手相之后，说："您是一个伟人，您很了不起！"

"什么？"他大吃一惊，"我是个伟人，你不是在开玩笑吧！"

吉卜赛人平静地说："您知道您是谁吗？"

"我是谁？"他暗想，"是个倒霉鬼，是个穷光蛋，我是个被生活抛弃的人！"

但他仍然故作镇静地问："我是谁呢？"

"您是伟人，"吉卜赛人说，"您知道吗，您是拿破仑转世！您身上流的血、您的勇气和智慧，都是拿破仑的啊！先生，难道您真的没有发觉，您的面貌也很像拿破仑吗？"

"不会吧……"他迟疑地说，"我离婚了……我破产了……我失业了……我几乎无家可归……"

"嗨，那是您的过去，"吉卜赛人只好说，"您的未来可不得了！如果先生您不相信，就不用给钱好了。不过，5年后，您将是法国最成功的人啊！因为您就是拿破仑的化身！"

他表面装作极不相信地离开了，但心里却有了一种从未有过的伟大感觉。他对拿破仑产生了浓厚的兴趣。回家后，他就想方设法找与拿破仑有关的一切书籍著述来学习，渐渐地，他发现周围的环境开始改变了，朋友、家人、同事、老板，都换了另一种眼光、另一种态度对他。事情开始顺利起来。13年以后，也就是在他55岁的时候，他成了法国赫赫有名的亿万富翁。

真正的自信不是孤芳自赏，也不是夜郎自大，更不是得意忘形、自以为是和盲目乐观；真正的自信是看到自己的强项或者说好的一面来加以肯定、展示或表达。它是内在实力和实际能力的一种体现，能够清楚地预见并把握事情的正确性和发展趋势，引导自己做得最好或更好。

自信是每一个成功人士最为重要的特质之一。

信心是我们获得财富、争取自由的出发点。有句谚语说得好："必须具有信心，才能真正拥有。"

世界酒店大王希尔顿，用200美元创业起家，有人问他成功的秘诀，他说："信心。"

拿破仑·希尔说："有方向感的自信心，令我们每一个意念都充满力量。当你有强大的自信心去推动你的致富巨轮时，你就可以平步青云。"

美国前总统里根在接受《成功》杂志采访时说："创业者若抱有无比的信心，就可以缔造一个美好的未来。"

自信可以让我们成为所希望的那样，自信可以让我们心想事成。

只有先相信自己别人才会相信你，多诺阿索说："你需要推销的首先就是你的自信，你越是自信，就越能表现出自信的品质。"一个人一旦在自己心中把自己的形象提升之后，其走路的姿势、言谈、举止，无不显示出自信、轻松和愉快，从气势上表现出可以自己做主并且冲劲十足、热情高涨、热心助人。

一个冲劲十足、热情高涨、热心助人的人绝对拥有成功的资本。

"信者"为"储"，不信者即无储，不自信就自卑，自卑就会恐惧……缺乏自信带来的后果是非常可怕的。

如果没有坚定的自信去勇于面对责难和嘲讽，去不断地尝试着打破传统和挑战权威，那么爱迪生不可能发明电灯，莫尔斯不可能发明电报，贝尔不可能发明电话……

居里夫人说："我们的生活都不容易，但是，那有什么关系？我们必须有恒心，尤其要有自信心，我们的天赋是用来做某件事情的，无论代价多么大，这种事情必须做到。"

汤姆·邓普西生下来的时候只有半只左脚和一只畸形的右手，但父母从不让他因为自己的残疾而感到不安。结果，他能做到任何健全男孩所能做的事：如果童子军团行军 10 公里，汤姆也同样可以走完 10 公里。

后来他学踢橄榄球，他发现，自己能把球踢得比在一起玩的男孩子都远。他请人为他专门设计了一只鞋子，参加了踢球测验，并且得到了冲锋队的一份合约。

但是教练却尽量婉转地告诉他，说他"不具备做职业橄榄球员的条件"，劝他去试试其他的事业。最后他申请加入新奥尔良圣徒球队，并且请求教练给他一次机会。教练虽然心存怀疑，但是看到这个男子这么自信，对他有了好感，因此就留下了他。

两个星期之后，教练对他的好感加深了，因为他在一次友谊赛中踢出了 55 码并且为本队得了分。这使他获得了专为圣徒队踢球的工作，而且在那一季中为他的球队获得了 99 分。

他一生中最伟大的时刻到来了。那天，球场上坐了 6.6 万名球迷。球是在 28 码线上，比赛只剩下几秒钟。这时球队把球推进到 45 码线上。"邓普西，进场踢球！"教练大声说。

当汤姆进场时，他知道他的队距离得分线有 54 码远。球传接得很好，邓普西一脚全力踢在球身上，球笔直地向前冲下去。但是踢得够远吗？6.6 万名球迷屏住气观看，球在球门横杆之上几英寸的地方越过，接着终端得分线上的裁判举起了双手，表示得了 3 分，汤姆的球队以 19 比 17 获胜。球迷狂呼高叫，为踢得最远的一球而兴奋，因为这是只有半只左脚和一只畸形的手的球员踢出来的！

"真令人难以相信！"有人感叹道，但是邓普西只是微笑。他想起他的父母，他们一直告诉他的是他能做什么，而不是他不能做什么。他之所以创造这么了不起的纪录，正如他自己说的："他们从来没有告诉我，我有什么不能做的。"

这就是自信。

2. 自信心能打开你内心的宝藏

著名的心理学家阿德勒博士在小时候有过一次体验，通过他的例子，完全可以说明一个人的自信心对其行为和能力会产生多大的影响。

阿德勒刚开始上学时算术很糟，老师深信他"数学脑子迟钝"，并把这一"事实"告诉了他的父母，让他们不要对儿子期望过高。他的父母也信以为真。阿德勒被动地接受了他们对自己的评价，而且他的算术成绩似乎也证明他们是对的。但是有一天，他心里闪过一个念头，觉得自己忽然解出了老师在黑板上出的一道其他人都不能解答的难题。他就把自己的想法对老师说了，老师和全班学生哄堂大笑。于是他愤愤不平地几步跨到黑板前面，把问题解了出来，使在场的人目瞪口呆。这件事情以后，阿德勒认识到自己完全可以学好算术，对自己的能力有了信心，后来他终于成为一个数学成绩出类拔萃的学生。

有一位企业家，他想在公开演说中取得成功，因为他在一个困难的领域有重大突破，想让大家知道这个消息。他的嗓音很好，演讲的话题也很吸引人，但他不能在陌生人面前讲话。阻碍他的原因是他的自信心不足，他认为自己讲话讲得不好，不会给听众留下好印象，仅仅是因为他不具备引人注目的外表……他"不像一个成功的企业管理人"。这个不良心理在他心上烙下了深深的痕迹。所以，每次他站在一群人面前开始说话时，便受到这种心理的影响。

他错误地得出结论：如果他能动一次手术整一下容，改善外表，他就会产生必要的自信。

整容手术其实并不一定能够解决问题，肉体的变化并不能绝对保证个性的改变。一旦他相信正是自己的消极信念妨碍了他发表这个重要消息时，他的问题也就解决了。他成功地把消极的信念换成了积极而肯定的信念，认为他有一个极其重要的消息，而这则消息只有自己才能告诉大家，不管自己的外表如何。从那时起，他成为企业界最难得的演说家之一。而他唯一的改变只是增强自信。

每个人的内心都有一座宝藏，只有找到开启宝藏的钥匙，才能把潜能开发出来，而自信是唯一一把开启你内心宝藏的钥匙。

艾尔墨·惠勒受某公司之聘担任推销顾问，负责销售的经理让他注意一件非常引人注目的事：有一位推销员，不管被公司派到什么地方，也不管给他定多少佣金，他平均所得总是挣够5000美元，不多也不少。

因为这个推销员在一个比较小的推销区干得不错，公司就派他到一个更大、更理想的地区。

可是第二年他抽得的佣金数同在小区域干的时候完全一样——5000美元。第三年公司提高了所有推销员的佣金比例，但这位推销员还是只挣了5000美元。

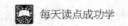

公司又派他到一个最不理想的地方，他照样拿到5000美元。

惠勒跟这个推销员谈过话后发现，问题的症结不在于推销区域，而在于他的自我评价。他认为自己是个"每年赚5000美元"的人。有了这个概念之后，外在环境似乎对他就没有什么影响了。

他被派到不理想的地区时，他会为5000美元而努力工作；被派到条件好的地区时，只要达到5000美元，他就有各种借口止步不前了。有一次，目标达到之后，他就生了病，那一年什么工作也没有再干。医生并没有找到生病的原因，而且，第二年一开始，他又奇迹般地恢复了健康。

所以，不管你是什么人，不管你自认为多么失败，你本身仍然具有才能和力量去做使自己快乐而成功的事。开启自身宝藏大门的金钥匙就在你自己的掌握之中。你现在就有力量做你从来不敢梦想的事，只要你能改变自己的否定信念，你马上就能得到这种力量。你要尽快地从"我不能""我不配"和"我不应该得到"等自我限制的观念所施行的催眠中清醒过来，以充沛的自信发掘你的成功人生。

约翰·摩根是美国的银行大王，也是哈佛人生哲学中多次引用"以自信创造成功自我"的实践者。

小摩根幼年时，他父亲还是个小商人。后来家境渐渐富裕起来，他在波士顿中学毕业后，被送到德国留学。

摩根毕业回国时，他父亲已经拥有巨资，可以提携他做生意。但是少年摩根性喜独立，绝不依靠父亲。21岁的摩根时常说："不错，我是乔爱斯·摩根的儿子，但我并不想借此而站立在世界上，我要成为一个独立的奇男子。"

就是由于这份自信，摩根不凭父荫，进入纽约的达卡西玛银行实习，从低层做起，掌握了国际间的复杂贸易关系和世界金融的微妙趋势。

摩根最为人乐道的事迹，就是在1900年12月12日接受查理斯·舒瓦的建议，说服铁路大王卡耐基将他的公司出售，又和7家制钢公司订立合同，成立了工业史上最庞大的大钢铁托拉斯，雇用足足25万工人！

一个人的潜能就像水蒸气一样，其形其势无拘无束，谁都无法用有固定形状的瓶子来装它。

而要把这种潜能充分地发挥出来，就一定要有坚定的自信力。

3. 对自己充满信心

推销人员的自信心，就是在推销过程中，相信自己一定能够取得成功，如果你没有这份信心，你就别做推销人员了。

乔·贝多尔弗说："信心是推销人员胜利的法宝。在推销过程的每一个环节，自信心都是必要的成分。"

说明白一点儿，推销就是与形形色色的人打交道的工作。既然是形形色色的人，就肯定会有财大气粗、权位显赫的人物，也会有博学多才、经验丰富的客户。推销人员在与这些人物打交道的时候，难免会把自己与他们进行比较，可那又何苦呢？他们还是需要我们，需要我们向他推销产品。你只有树立强烈的自信心，才能最大潜力地发挥自己的才能，赢得他们的信任和欣赏，说服他们，最后使他们心甘情愿地掏腰包。

推销是最容易受到客户拒绝的工作，如果你不敢面对它，没有战胜它的自信，那你肯定得不到成绩，你也将永远被你的客户拒绝。面对客户的拒绝，你只有抱着"说不定什么时候，我一定会成功"的坚定自信——即使客户横眉冷对，表示厌烦，也信心不减，坚持不懈地拜访他，肯定会有所收获。

同时，推销工作是需要你四处奔波的工作。并且，如果你整天忙忙碌碌，说破了嘴皮还是没有取得成效，而其他的推销人员成绩斐然，自己除了一身臭汗什么都没有，就往往会对自己失去信心，殊不知，你离成功只有那么一丁点儿的距离了。

坚持，就是有信心，对自己说："我一定能成功，我就是一名出色的推销人员。"

有一位顶尖的杂技高手，一次，他参加了一个极具挑战的演出，这次演出是在两座山之间的悬崖上架一条钢丝，而他的表演节目是从钢丝的这边走到另一边。杂技高手走到悬在山上钢丝的一头，然后注视着前方的目标，并伸开双臂，慢慢地挪动着步子，终于顺利地走了过去。这时，人群中响起了热烈的掌声和欢呼声。

"我要再表演一次，这次我要绑住我的双手走到另一边，你们相信我可以做到吗？"杂技高手对所有的人说。我们知道走钢丝靠的是双手的平衡，而他竟然要把双手绑上。但是，因为大家都想知道结果，所以都说："我们相信你，你是最棒的！"杂技高手真的用绳子绑住了双手，然后用同样的方式一步、两步……终于又走了过去。"太棒了，太不可思议了！"所有的人都报以热烈的掌声。但没想到的是杂技高手又对所有的人说："我再表演一次，这次我同样绑住双手然后把眼睛蒙上，你们相信我可以走过去吗？"所有的人都说："我们相信你！你是最棒的！你一定可以做到！"

杂技高手从身上拿出一块黑布蒙住了眼睛，用脚慢慢地摸索到钢丝，然后一步一步地往前走，所有的人都屏住呼吸，为他捏一把汗。终于，他走过去了！表演好像还没有结束，只见杂技高手从人群中找到一个孩子，然后对所有的人说："这是我的儿子，我要把他放到我的肩膀上，我同样还是绑住双手、蒙住眼睛走到钢丝的另一边，你们相信我吗？"所有的人都说："我们相信你！你是最棒的！你一定可以走过去的！"

"真的相信我吗？"杂技高手问道。

"相信你！真的相信你！"所有人都这样说。

"我再问一次，你们真的相信我吗？"

"相信！绝对相信你！你是最棒的！"所有的人都大声回答。

"那好，既然你们都相信我，那我把我的儿子放下来，换上你们的孩子，有愿意的吗？"杂技高手说。

这时，整座山上鸦雀无声，再也没有人敢说相信杂技高手了。

现实中，许多人说：我相信我自己，我是最棒的！当我们在喊这些口号时，我们是否真的相信自己？我们会不会一出门或遇到一点儿困难，就忘掉刚才所喊的这句话呢？

自信是一种可贵的心理品质，它一方面需要培养，另一方面要依赖知识、体能、技能的储备。

在培养自信时，要注意以下两点：

一是注重暗示的作用。"暗示"是一个心理学名词，主要指人的主观感受、主观意识对人的行为的一种引导、控制作用。在做一件事情之前，心中默念"我能干好"或"我能行"之类的话，这样可使自己从心理上放松，久而久之也逐渐地培养了自信的品质。

二是从行为方式上给人以自信的印象。行为方式是人的思想品质的外在体现，如果行动上畏畏缩缩，或者不知所措，很难令人把你同自信联系起来。与人谈话时，要看着对方的眼睛（当然不能死死地盯着），不躲避对方的目光；说话时要尽量清晰而有条理地表达，不让声音憋在嗓子里。如果对要表述的内容心中没底，就预演一番，这样心里就有把握了。

知识、技能的储备是自信的基础，具备了足够的知识和实际能力，自信就会发自内心，不必强装。否则，越是显得自信，就越是不自信。

只有自己真的相信自己，才能让别人相信你。

我永远沐浴在热情之中

真正的热情意味着你相信你所干的一切是有目标的。你坚信不疑地去实现你的目的，你有火一样燃烧的愿望，它驱使你去达到你的目标，直到你如愿以偿。

1. 热情是行动的信仰

当海菲凭借他的自信、坚持，赢得了人生无数的胜利之后，他对于推销这一工作充满了热爱，他不再怀疑自己当初是否适合做一名推销员，现在，他确信自己很适合这份工作，而且凭借他的能力，他一定会成为"世上最伟大的推销员"。

为此，他总是满怀热情地迎接人生的每一天。

他感到自己的变化，他用快乐与自信代替了自怜与恐惧。

当他迈进新的一天时，他有了三个新伙伴：自信、自尊和热情。自信使他能够应付任何挑战，自尊使他表现出色，而热情是自信和自尊的根源。

历史上任何伟大的成就都可以称为热情的胜利。没有热情，不可能成就任何伟业，因为无论多么恐惧、多么艰难的挑战，热情都赋予它新的含义。没有热情，人注定要在平庸中度过一生；而有了热情，人将创造奇迹。

在海菲的心中，热情是世界上最大的财富。它的潜在价值远远超过金钱与权势。热情摧毁偏见与敌意，摒弃懒惰，扫除障碍。他认识到，热情是行动的信仰，有了这种信仰，人们就会无往不胜。

英格兰一个小镇上竖立着一座雕像，用来纪念英式橄榄球的起源。雕像是一个年轻男孩，急切地弯腰捡起地上的足球。雕像底座上刻着一句铭文："他不顾规则，捡起球来拼命向前跑。"

雕像和铭文叙述的是一个真实发生的故事。两所高中正进行一场激烈的足球竞赛，离终场只剩几分钟，一名没有经验的男孩首次被换上球场。他求胜心切，忘记不可用手触摸足球的规定，他弯腰捡起球，铆足劲儿往对方球门猛冲。裁判和其他球员都惊讶地愣在原地，观众却被这男孩的精神感动，起立鼓掌欢呼。

这件偶发事件就是橄榄球运动的起源。显然这项新式运动并不是经过长久讨论研究而创生的，而是因为一个热情男孩的错误而诞生的。

一个人热情的能力来自一种内在的精神特质。你唱歌，因为你很快乐，而在唱歌的同时你又变得更快乐。热情就像微笑一样，是会传染的。

一个人对于生活没有热情，没有激情，他的生活是枯燥无趣的。

一个人对于工作没有热情，没有激情，他的工作是没有效率的。

一个人没有热情，没有激情，他的人际关系是很糟糕的，没有人愿意跟一个没有任何激情的人在一起。激情会带来力量，激情会感染别人。

2. 热忱是助你成功的神奇力量

俄亥俄州克里夫兰市的史坦·诺瓦克下班回到家里，发现他最小的儿子提姆又哭又叫地猛踢客厅的墙壁。小提姆第二天就要开始上幼儿园了，他不愿意去，就踢墙以示抗议。按照史坦平时的作风，他会把孩子赶回自己的卧室去，让孩子一个人在里面，并且告诉孩子他最好还是听话去上幼儿园。由于已了解了这种做法并不能使孩子欢欢喜喜地去幼儿园，史坦决定运用刚学到的知识：热忱是一种重要的力量。

他坐下来想："如果我是提姆的话，我怎么样才会乐意去上幼儿园？"他和太太列出所有提姆在幼儿园里可能会做的趣事，例如画画、唱歌、交新朋友，等等。然后他们就开始行动，史坦对这次行动做了生动的描绘："我们都在饭厅桌子上画起画来，我太太、另一个儿子鲍布和我自己，都觉得很有趣。没有多久，提姆就来偷看我们究竟在做什么事，接着表示他也要画。'不行，你得先上幼儿园去学习怎样画。'我以我所能鼓起的全部热忱，以提姆能够听懂的话，说出他在幼儿园中可能会得到的乐趣。第二天早晨，我一起床就下楼，却发现提姆坐在客厅的椅子上睡着了。'你怎么睡在这里呢？'我问。'我等着去上幼儿园，我不要迟到。'我们全家的热忱已经鼓起了提姆内心里对上幼儿园的渴望，而这一点是讨论或威胁、责骂都不可能做到的。"

热忱并不是一个空洞的名词，它是一种重要的力量。也许你的精力不是那么充沛，也许你的个性不是那么坚强，但是一旦你有了热忱，并好好地利用它，所有的这一切都可以克服。你也许很幸运地天生即拥有热忱，或者不太走运，必须通过努力才能获得。但是，没有关系，因为发展热忱的过程十分简单——从事自己喜欢的工作。如果你现在仍在感叹自己是多么讨厌推销员这份差事的话，那么有两个办法让你拥有热忱：你现在是否已经有了自己的理想职业，你可以把它作为你自己的目标，但是不要忘了，你想从事的任何其他工作的前提是你拥有一个成功的历史，那就是你先要做一个成功的推销员。只有这样，你所梦想的那些高层工作才会向你招手。或者你现在依然是浑浑噩噩，你甚至不知道自己喜欢什么样的工作，那么还有一个办法，很简单，那就是你完全可以让自己爱上这份工作！想想看，你为什么讨厌它，或许你根本没有发现你所从事的工作的本质。

热忱是一种状态，夸张地说就是你24小时不断地思考一件事，甚至在睡梦中仍念念不忘。当然，如果真的这样你会神经衰弱的。然而，这种专注对你的梦想实现来说却很重要。它可以使你的欲望进到潜意识中，使你无论是清醒或是昏睡，都能集中自己的心志，使你有获得成功的坚强意志。热忱可使你释放出潜意识的巨大力量。通常来讲，在认知的层次，一个普通人是无法和天才竞争的。但是，大多数的心理学家都赞同这样一个观点：潜意识力量要比有意识的大得多。也许你已经毕业奋斗了好几年，还是一个小角色，但是请相信自己，一旦将潜意识的力量被挖掘，你就可以创造奇迹。

如果你现在仍旧可能不时地受到怯懦、自卑或恐惧的袭击，甚至被这些不正常心理所击倒，那么只能说明你还没有发现和感受到热忱的放射力量。其实在每个人身上都有强大的潜力，只是并非每个人都知道和了解，所以很多人的潜力只是未被发现和利用罢了。你若经常或多或少有自卑感，常常低估自己，对自己失去信心，缺少热忱，那么请尝试相信自己的健康、精力与忍耐力，尝试相信自己具有强大的潜在力量，这种自信将会给予你极大的热忱。请记住：热爱自己就会帮助自己成功。

热忱可以使人成功，使人解决似乎难以解决的难题；同理，没有热忱就不会成功，很多活生生的例子都说明了这一点。

"十分钱连锁商店"的创办人查尔斯·华尔渥滋说过："只有对工作毫无热忱的人才会到处碰壁。"查尔斯·史考伯则说："对任何事都没有热忱的人，做任何事都不会成功。"

当然，这是不能一概而论的，譬如一个对音乐毫无才气的人，不论如何热忱和努力，都不可能变成一位音乐界的名家。但凡是具有必需的才气，有着可能实现的目标，并且具有极大热忱的人，做任何事都会有所收获，不论物质上或精神上都是一样。

关于这点，我们可以引用著名的人寿保险推销员法兰克·派特的一些话加以说明。

以下是派特在他的著作中所列出的一些经验之谈：

"当时是 1907 年，我刚转入职业棒球界不久，遭到有生以来最大的打击，因为我被开除了。

"我的动作无力，因此球队的经理有意要我走人。他对我说：'你这样慢吞吞的，哪像是在球场混了 20 年。法兰克，离开这里之后，无论你到哪里做任何事，若不提起精神来，你将永远不会有出路。'

"本来我的月薪是175美元，离开之后，我参加了亚特兰斯克球队，月薪减为25美元。薪水这么少，我做事当然没有热情，但我决心努力试一试。待了大约10天之后，一位名叫丁尼·密亨的老队员把我介绍到新凡去。在新凡的第一天，我的一生有了一个重要的转变。

"因为在那个地方没有人知道我过去的情形，我就决心变成新英格兰最具热忱的球员。为了实现这点，当然必须采取行动才行。

"我一上场，就好像全身带电。我强力地投出高速球，使接球的人双手都麻木了。记得有一次，我以强烈的气势冲入三垒，那位三垒手吓呆了，球漏接，我就盗垒成功了。当时气温高达华氏100度，我在球场奔来跑去，极可能中暑而倒下去。

"这种热忱所带来的结果，真令人吃惊——我心中所有的恐惧都消失了，发挥出意想不到的技能；由于我的热忱，其他的队员跟着热忱起来；我不但没有中暑，在比赛中和比赛后，还感到从没有如此健康过。

"第二天早晨，我读报的时候，兴奋得无以复加。报上说：'那位新加进来的派特，无异是一个霹雳球，全队的人受到他的影响，都充满了活力。他们不但赢了，而且是本季最精彩的一场比赛。'

"由于热忱的态度，我的月薪由25美元提高为185美元，多了7倍。

"在往后的两年里，我一直担任三垒手，薪水加到30倍之多。为什么呢？就是因为一股热忱，没有别的原因。"

后来派特的手臂受了伤，不得不放弃打棒球。接着，他到菲特列人寿保险公司当保险员，整整一年多都没有什么成绩，因此很苦闷。但后来他又变得热忱起来，就像当年打棒球那样。

再后来，他成了人寿保险界的大红人。不但有人请他撰稿，还有人请他演讲自己的经验。他说："我从事推销已经30年了。我见到许多人，由于对工作抱着热忱的态度，使他们的收入成倍数地增加起来。我也见到另一些人，由于缺乏热忱而走投无路。我深信唯有热忱的态度，才是成功推销的最重要因素。"热忱对任何人都能产生这么惊人的效果，对你我也应该有同样的功效。

所以，可以得出如下的结论：热忱的态度，是做任何事必需的条件。我们都应该深信此点。

任何人，只要具备这个条件，都能获得成功，他的事业必会飞黄腾达。

我珍惜生命中的每一天

浪费时间是生命中最大的错误，也是最具毁灭性的力量。大量的机遇就蕴含在点点滴滴的时间当中。浪费时间往往是绝望的开始，也是幸福生活的扼杀者……明天的幸福就寄寓在今天的时间中。

1. 浪费时间等同于挥霍生命

当海菲已经是当地很有名的一位推销员时，有时也在考虑一个问题：如何使我的生命延长，如何增加人生的价值，创造更多的财富呢？于是，他大胆设想，假如今天是我生命中的最后一天。我会怎么办？我要如何利用这最后、最宝贵的一天呢？

这时，他会在"羊皮卷"中寻求答案："这是我生命仅有的一天，是现实的永恒。我像被赦免死刑的罪犯，用喜悦的泪水拥抱新生的一天。我举起双手，感谢这无比珍贵的一天。当我想到昨天和我一起迎接朝阳的朋友，今天已不复存在时，我为自己的幸存感激上帝。我是十分幸运的人，今天的时光是额外的奖赏。许多成功者都先我而去，为什么我得到这额外的一天？是不是因为他们已大功告成，而我尚在旅途行走？如果这样，这是不是成就我的一次机会，让我功成名就？上帝的安排是否别具匠心？今天是不是我超越他人的机会？

"对任何人而言，生命只有一次，而人生也不过是时间的累积。我如果让今天的时光白白流逝，就等于毁掉人生最后一页。因此，我要倍加珍惜今天的分分秒秒，因为它们将如流水一去不复返。我无法把今天存入银行，明天再来取用。时间像风一样无法抓住。此刻的一分一秒，我要用双手捧住，用爱心去抚摸，因为它们弥足珍贵。没有人能计算时间的价值，因此它们是无价之宝！"

看完这些海菲心潮澎湃，他意识到时间的珍贵，他开始珍惜此刻的分分秒秒，绝不浪费一点儿光明，抓住了时间之手的他，抓住了人生的命脉，也抓住了人生的成功。

其实，每一个成功者都如同海菲一样非常珍惜自己的时间。无论是老板还是打工族，一个做事有计划的人总是能判断自己面对的顾客在生意上的价值，如果有很多不必要的废话，他们都会想出一个收场的办法。同时，他们也绝对不会在别人的上班时间，去海阔天空地谈些与工作无关的话，因为这样做实际上是在妨碍别人的工作，浪费别人的生命。

在美国近代企业界里，与人接洽生意能以最少时间产生最大效率的人，非金融大王摩根莫属。为了珍惜时间他招致了许多怨恨。

摩根每天上午9点30分准时进入办公室，下午5点回家。有人对摩根的资本进行了计算后说，他每分钟的收入是20美元，但摩根说好像不止这些。所以，除了与生意上有特别关系的人商谈外，他与人谈话绝不超过5分钟。

通常，摩根总是在一间很大的办公室里与许多员工一起工作，他不是一个人待在房间里工作。摩根会随时指挥他手下的员工，按照他的计划去行事。如果你走进他那间大办公室，是很容易见到他的，但如果你没有重要的事情，他是绝对不会欢迎你的。

摩根能够轻易地判断出一个人来接洽的到底是什么事。当你对他说话时，一切转弯抹角的方法都会失去效力，他能够立刻判断出你的真实意图。这种卓越的判断力使摩根节省了许多宝贵的时间。有些人本来就没有什么重要事情需要接洽，只是想找个人来聊天，而耗费了工作繁忙的人许多重要的时间。摩根对这种人简直是恨之入骨。

一位作家在谈到"浪费生命"时说："如果一个人不争分夺秒、惜时如金，那么他就没有奉行节俭的生活原则，也不会获得巨大的成功。而任何伟大的人都争分夺秒、惜时如金。"

"浪费时间是生命中最大的错误，也最具毁灭性的力量。大量的机遇就蕴含在点点滴滴的时间之中。浪费时间是多么能毁灭一个人的希望和雄心啊！它往往是绝望的开始，也是幸福生活的扼杀者。年轻生命最伟大的发现就在于时间的价值……明天的财富就寄寓在今天的时间之中。"

人人都须懂得时间的宝贵，"光阴一去不复返"。当你踏入社会开始工作的时候，一定是浑身充满干劲。你应该把这干劲全部用在事业上，无论你做什么职业，你都要努力工作，刻苦经营。如果能一直坚持这样做，那么这种习惯一定会给你带来丰硕的成果。

歌德这样说："你最适合站在哪里，你就应该站在哪里。"这句话可以说是对那些三心二意者的最好忠告。

明智而节俭的人不会浪费时间，他们把点点滴滴的时间都看成浪费不起的珍贵财富，把人的精力和体力看成上苍赐予的珍贵礼物，它们如此神圣，绝不能胡乱地浪费掉。

无论是谁，如果不趁年富力强的黄金时代去培养自己善于集中精力的好性格，那么他以后一定不会有什么大成就。世界上最大的浪费，就是把一个人宝贵的精力无谓地分散到许多不同的事情上。一个人的时间有限、能力有限、资源有限，想要样样都精、门门都通，绝不可能办到，如果你想在某些方面取得一定成就，就一定要牢记这条法则。

2. 珍惜时间使生命更加珍贵

时间就是金钱，时间就是生命本身，时间也是独一无二的，对每个人来说都是只有一次的宝贵资源。每个人的人生旅途都是在时间长河中开始的，每个人的生命都是随着时间的发展而发展的。只有那些能够把握时间，会利用时间的人，才能最早接近成功的终点。时间总是在不经意间悄悄溜走，如果不去主动抓住它，它永远不会停留。世界上只有一种东西平等地属于每一个人，那就是时间，在时间面前没有高低贵贱之分。由于对时间利用的差异，才有了贫富贵贱的差别。

瑞士是世界上第一个实行电子户籍卡的国家。只要有婴儿降生，医院就会立刻用计算机网络查看他是这个国家的第多少位成员，然后，这个孩子就拥有了自己的户籍卡，在这个户籍卡上标明了他的姓名、性别、出生日期、家庭住址等信息。与其他国家不同的是，每一个初生的孩子都有财产这一栏，因为他们认为孩子降临到这个世上就是一笔伟大的财富。

一次，一个电脑黑客入侵了瑞士的户籍网络，他希望为自己在瑞士注册一个虚拟的儿子。在填写财产这一栏时，他随便敲了一个数——5万瑞士法郎。

当填完一切表格的时候，他满意极了。但他没有想到自认为天衣无缝的行动在第二天就被发现了。

奇怪的是，发现这个可疑孩子的并不是瑞士的户籍管理人员，而是一位家庭主妇。

那位妇女在互联网上为自己新出生的女儿注册时，发现排在她前面的那个孩子的个人财产上写的是5万瑞士法郎，这引起了她的怀疑，因为所有的瑞士人在自己的孩子个人财产这一栏上写的都是"时间"。瑞士人认为时间是孩子一生的财富。

所以哪怕你出生在一个经济拮据的家庭，只要你还年轻，依然对生活抱有希望，那你就是一个富有的人。

对于一个人来说，生命是最重要的。一个生命降临到这个世界上，在以后的日子里他要走过几十年，而时间是他最初带来的，也就是他最初的财富。时间在一分一秒地过去，他的生命也在一点儿一点儿地减少，财富也就随之减少了。

有的人用一生的时间追求权力和金钱，但是到最后当他不再年轻的时候，才知道原来时间就是他最大的财富，拥有一切的时候却发现自己变穷了，因为时间不会再回来，他失去了最初的财富。

人们说时间就是金钱，这种说法低估了时间的价值，时间远比金钱更宝贵——通常如此。即使我们富可敌国，也不会为自己买下比任何人多一分钟的时间。

许多伟人为什么能够名垂千古，一个重要的原因就在于他们非常珍惜时间。他们在一生有限的时间里，争分夺秒地为实现他们的人生目标不停地努力、奋斗、进步。意大利文艺复兴时期，几乎所有的文学创作者同时又都是勤奋工作、兢兢业业的商人、医生、政治家、法官或是士兵。

以现在人均寿命70岁计算，人一生将占有60多万小时，即使除去休息时间也有35万多小时。而就一生的时间而言是不断减少的，但是人对实际时间的利用和发挥是不一样的，因而实际生命的长短也是不一样的。所以对于挤时间的人来说，时间却又是在不断增加的，甚至是成倍地增加。

时间像是海绵里的水，要一点儿一点儿地挤；时间更像边角料，要学会合理利用，一点一滴地积累，如此会得到长长的时间。

一个男子走进富兰克林的书店，拿起一本书问店员道："这本书要多少钱？"

"1美元。"店员答道。

"要1美元？"那个徘徊良久的人惊呼道，"太贵了，你能不能便宜一点儿？"

"没法儿便宜了，这本书写得很好，就得1美元。"店员微笑着答道。

这个人又盯了那本书一会儿，然后问道："你们的老板富兰克林先生在店内吗？"

"在，"店员回答说，"他正在印刷间里忙。"

"哦，那很好，我想见一见他。"这个男子说道。

书店的老板富兰克林被店员叫了出来，这个人扬了扬手中的书，再一次问："富兰克林先生，请问这本书的最低价是多少？"

"1.2美元。"富兰克林斩钉截铁地回答道。

"1.2美元！怎么可能呢？刚才你的店员还只要1美元。你怎么可以这样做呢？"

"没错，"富兰克林说道，"但是你耽误了我的宝贵时间，这个损失比1美元要大得多。"

这个男子非常诧异，但是，为了尽快结束这场由他自己引起的小小的风波，他再次问道："是吗？那么请你告诉我这本书的最低价好吗？"

"1.5 美元，"富兰克林重复道，"1.5 美元！"

"这是怎么了，刚才你自己不是说了只要 1.2 美元吗？"

"是的，"富兰克林回答，"可是到现在，我因此所耽误的工作和损失的价值要远远大于 1.5 美元。"

这个男子沉思了一下，默不作声地把钱放在柜台上，拿起书本离开了书店。因为他从富兰克林身上得到了一个有益的教训：从某种程度上来说，时间就是财富，时间生产价值。

富兰克林说："如果想成功，就必须重视时间的价值。"

浪费自己的时间是自杀，浪费别人的时间是谋财害命。

人生由时间组成，不珍惜时间就是不珍惜自己的生命。而有时候，我们不但自己不在意时间的宝贵，而且拖累别人跟自己去消磨时间。这是一件很残忍的事情，同时也是不道德和不尊重人的表现。

你可能没有莫扎特的音乐天赋，也不像比尔·盖茨那般富有，但是有一样东西，你拥有的和别人一样多，那就是时间。每个人每天都拥有24小时，所不同的是，有的人会有效地利用时间，合理地安排时间，从闲暇中找出时间。

人生，其实就是和时间赛跑。人人都有可能是胜利者。只有不参加的人，才是失败者。

3. 学做时间的主人

一天，时间管理专家为一群商学院的学生讲课。

"我们来个小测验。"专家拿出一个一加仑的广口瓶放在桌上。随后，他取出一堆拳头大小的石块，把它们一块块地放进瓶子里，直到石块高出瓶口再也放不下了。他问："瓶子满了吗？"所有的学生应道："满了。"他反问："真的？"说着他从桌下取出一桶沙子，倒了一些进去，并敲击玻璃壁使沙子填满石块间的间隙。

"现在瓶子满了吗？"这一次学生有些明白了，"可能还没有"。一位学生应道。"很好！"他伸手从桌下又拿出一桶沙子，把沙子慢慢倒进玻璃瓶。沙子填满了石块的所有间隙。他又一次问学生："瓶子满了吗？""没满！"学生们大声说。然后专家拿过一壶水倒进玻璃瓶直到水面与瓶口齐平。他望着学生，"这个例子说明了什么？"一个学生举手发言："它告诉我们：无论你的时间多么紧凑，如果你真的再加把劲，你还可以干更多的事！"

"不，那还不是它的寓意所在。"专家说，"这个例子告诉我们，如果你不先把大石块放进瓶子里，那么你就再也无法把它们放进去了。那么，什么是你生命中的'大石块'呢？你的信仰、学识、梦想？或是和我一样，传道授业解惑？切记，得先去处理这些'大石块'，否则你就将错过终生。"

上帝是公平的，上帝给每个人的时间一样多，每个人的一天的时间都是 24 小时，一天都是 86400 秒。没有谁比谁多一分钟，亦没有谁比谁少一分钟。时间一样多，但人的成就却不一样大，为什么，就是因为对于时间的态度和管理策略不同。

除了把大部分时间和主要精力运用于重要事情上以外，还要学会利用琐碎时间。

工作与工作之间总会出现时间的空当，人们都会在每件事情与事情之间浪费琐碎的片段，例如等车、等电梯、搭飞机，甚至上厕所时，或多或少都会有片刻的空闲时间，如果我们不善加利用，这些时间就会白白溜走；倘若能够善加利用，积累起来的时间所产生的效果也是非常可观的。推销员在等公共汽车时总有近 10 分钟的空当，若是毫无目标地与人闲聊或四下张望，就是缺乏效率的时间运用。如果每天利用这 10 分钟等车的时间想一想自己将要拜访的客户，想一想自己的开场白，对自己的下一步工作做一下安排，那么，你的推销工作一定能顺利展开。不要小看不起眼的几分钟，说不定正是由于这几分钟的策划，你的推销取得了成功。妥善地规划行程也是有效利用时间的方法。

在时间的运用上，最忌讳的是缺乏事前计划，临时起意，想到哪里就做到哪里，这是最浪费时间的。推销员拜访客户时，从甲客户到丙客户的行程安排中，遗漏了两者中间还有一个乙客户的存在，等到拜访完丙客户时，才又想到必须绕回去拜访乙客户，这就是事先未做好妥善的行程规划所致，如此一来，做事的效率自然事倍功半。另外，某些私人事务也可以在拜访客户的行程中顺道完成，来减少往返时间的浪费。例如，交水电费、交电话费、寄信、买车票等等，因此一份完整的行程安排表是不可或缺的。

要做时间的主人还要有积极的时间概念。

凡事必须定出完成的时间，才会迫使自己积极地掌握时间，有句俗话说："住得近的人容易晚到"，其原因是住得近，容易忽略时间。例如，一些推销员为了方便上班，在离公司一步之遥的地方租房子，因为很快就可以到达公司，但也容易养成磨磨蹭蹭的坏习惯，结果往往是快迟到的时候，才惊觉时间已经来不及了。

事实上，不是时间不够用，而是因为消极的心态让你疏忽了时间的重要性。因此，要改变自己的想法，就必须用正确而积极的态度面对时间管理，要求自己凡事都得限时完成，如此，事情才会一件接着一件地完成，这才是有效率的工作。

时间是最容易取得的资源，因为容易取得，所以我们也就容易轻视它的存在而恣意浪费，这种习惯会降低我们生存的价值。以最简单的数学概念来计算，如果我们每天浪费 1 小时，1 年下来就浪费了 365 小时，1 天 24 小时中扣除 8 小时的休息时间，以 16 小时当作 1 天来计算，365 小时等于 22 天，10 年下来就有 220 天，大约等于浪费了 1 年的可用时间，所以一个活到 70 岁的人若是每天浪费了 1 小时，其中就有接近 7 年是白活了，想想真是十分可怕的事！

我们还能毫无限制地让时间溜走而不懂得把握吗？

推销员是可以自由支配自己时间的人，如果自己没有时间概念，不能有效地管理好自己的时间，那么推销的成功就无从谈起。

我在困境中找寻着机遇

困境是一所培养天才的学校，人生路上的磨难能成就辉煌人生。逆风飞扬需要勇气，要时时调整心态积极走出困境。

1. 困境让你更坚强

拥有"羊皮卷"的海菲，人生之路也并非一帆风顺。在事业当中，无论付出多大的代价，做出多少的努力，如何坚持不懈、拥有激情，失败和挫折一样会降临到他的头上。这似乎是上帝创意的安排，但是已经事业有成、人到中年的海菲已有了丰富的阅历，他已经知道该如何对付逆境，想办法扭转局面以及从中走出困境。

因为，他总在每一次困境中，寻找成功的萌芽。

他是这样来看待所谓的"逆境"：逆境是人生中一所最好的学校。每一次失败，每一次挫折，每一次磨难，都孕育着成功的萌芽。这一切都教会他在下一次的表现中更为出色。他不会对失败耿耿于怀，不会逃避现实，不会拒绝从以往的错误中吸取教训。教训是来自苦难的精华，生活中最可怕的事情是不断重复同样的错误。每个人都要避免发生这样的事情，逆境往往是通向真理的重要路径。为了改变处境，他随时准备学习所需要的一切知识。

无论何时，当他被可怕的失败击倒，在每一次的痛苦过去之后，他要想方设法将失败变成好事。人生的机遇就在这一刻闪现……这苦涩的根脉必将迎来满园的花绿桃红。

阿拉法特 1929 年出生于开罗，父亲是一个富商。阿拉法特的童年并不幸福，4 岁时母亲病逝，阿拉法特寄养在耶路撒冷的叔叔家中，4 年后才回到开罗。

心理学家认为，童年的经历造就了阿拉法特强烈的追求独立性格。家庭的不幸使他产生了一种被抛弃、被背叛的感觉，使他从小就懂得：一切只能依靠自己。

阿拉法特一生中经历过无数次危机。无论是在 1966 年被叙利亚以暗杀指控关入监狱，还是 1982 年被以色列军队围困在贝鲁特地堡，阿拉法特都表现出了绝地求生的能力。

在面对比自己强大的对手时，阿拉法特并不畏惧，反倒能找到更大的满足感，他会努力表现出在精神上胜过对方一筹。在任何危急时刻，他都充满活力，表现出无所畏惧的勇气。

在他暴风骤雨般的人生中，充满了坎坷，他却始终坚持自己的远大目标——建立巴勒斯坦国。每一次遭受军事上或政治上的重创惨败后，他都会重新崛起。

困境对我们每个人都是一种考验，面对逆境，不同的人会有不同的表现。勇敢地面对它，并努力去解决它，困境让你更坚强。

2. 磨难成就辉煌人生

深山里有两块石头，第一块石头对第二块石头说："去经一经路途的艰险坎坷和世事的磕磕碰碰吧，能够搏一搏，不枉来此世一遭。"

"不，何苦呢，"第二块石头嗤之以鼻，"安坐高处一览众山小，周围花团锦簇，谁会那么愚蠢地在享乐和磨难之间选择后者，再说，那路途的艰险会让我粉身碎骨的！"

于是，第一块石头随山溪滚涌而下，历尽了风雨和大自然的磨难，它依然执着地在自己的路途上奔波。第二块石头讥讽地笑了，它在高山上享受着安逸和幸福，享受着周围花草簇拥的畅意抒怀。

许多年以后，饱经风霜、历尽尘世之千锤百炼的第一块石头和它的家族已经成了世间的珍品、石艺的奇葩，被千万人赞美称颂。第二块石头知道后，有些后悔当初，现在它想投入世间风尘的洗礼中，然后得到像第一块石头那样的成功和高贵，可是一想到要经历那么多的坎坷和磨难，甚至疮痍满目、伤痕累累，还有粉身碎骨的危险，便又退缩了。

一天，人们为了更好地珍存那石艺的奇葩，准备修建一座精美别致、气势雄伟的博物馆，建造材料全部用石头。于是，他们来到高山上，把第二块石头粉了身，碎了骨，给第一块石头盖起了房子。

孟子云：生于忧患，死于安乐。忧患和安逸同样是一种生活方式，但一个可以培育信念，另一个只能播种平庸。

动物学家的实验表明，狼群的存在使羚羊变得强健，而没有狼群的威胁，羚羊在舒适的环境下变得弱不禁风，一旦遭遇狼群，只有被吃掉。这一现象同样适用于人类。真正的人生需要磨难。遇到逆境就一味消沉的人，是肤浅的；一有不顺心的事就惶惶不可终日的人，是脆弱的。一个人不懂得人生的艰辛，就容易傲慢和骄纵。未尝过人生苦难的人，也往往难当重任。

爱伦·坡是一位浪漫、神秘的天才诗人、小说家。他给后世留下了很多不朽的诗歌，最脍炙人口的是诗歌《乌鸦》。

"那只乌鸦总不飞去，老是栖息着，老是栖息着；在我房门上方那苍白的帕拉斯半身雕像上。它眼中流露的神情，看上去就好像梦中的一个恶魔。在它头顶上倾泻着的灯光将它的阴影投射在地板上。"

爱伦·坡将这首诗写了又改，改了又写，一直断断续续地写了10年。然而在当时的情况下，他却被迫将它廉价出卖，仅仅只得到了10美元的稿费——这相当于他一年的工作仅合一块钱。

历史是公正的。当时只得了10美元的诗，它的原稿最近却卖了几万美金的高价。这样一位天才诗人，一生都在穷困中度过，他大部分时间付不起房租，尽管房子简陋。他的妻子患有肺痨，因为没有钱寻医问药，只能终日缠绵病榻。他们没有钱买食物，有时候，他们一连好几天都没有一点儿东西可吃。当车前草在院子里开花的时候，他们就把它摘下来，用水煮熟了当饭吃，有一段时间几乎天天如此。

年幼的藏犬长出牙齿并能撕咬时，主人就把它们放到一个没有食物和水的封闭环境里让这些幼犬自相撕咬、残杀后剩下一只活着的犬，这只犬称为獒。据说十只犬才能产生一只獒。

要做一只犬还是一只獒，要看你自己的选择。有磨难的历练，才能成就辉煌的人生。

3. 积极心态帮你走出困境

美国从事个性分析的专家罗伯特·菲利浦有一次在办公室接待了一个因自己开办的企业倒闭而负债累累、离开妻女到处为家的流浪者。那人进门打招呼说：

"我来这儿，是想见见这本书的作者。"说着，他从口袋中拿出一本名为《自信心》的书，那是罗伯特许多年前写的。

流浪者继续说："一定是命运之神在昨天下午把这本书放入我的口袋中的，因为我当时决定跳到密西根湖，了此残生。我已经看破一切，认为一切已经绝望，所有的人（包括上帝在内）已经抛弃了我，但还好，我看到了这本书，使我产生新的看法，为我带来了勇气及希望，并支持我度过昨天晚上。我已下定决心，只要我能见到这本书的作者，他一定能协助我再度站起来。现在，我来了，我想知道你能替我这样的人做些什么。"

在他说话的时候，罗伯特从头到脚打量流浪者，发现他茫然的眼神、沮丧的皱纹、十来天未刮的胡须以及紧张的神态，这一切都显示，他已经无可救药了。但罗伯特不忍心对他这样说，因此，请他坐下，要他把他的故事完完整整地说出来。

听完流浪汉的故事，罗伯特想了想，说："虽然我没有办法帮助你，但如果你愿意的话，我可以介绍你去见本大楼的一个人，他可以帮助你赚回你所损失的钱，并且协助你东山再起。"罗伯特刚说完，流浪汉立刻跳了起来，抓住他的手，说道："看在上天的分儿上，请带我去见这个人。"

他会"看在上天的分儿"而做此要求，表示他心中仍然存在着一丝希望。所以，罗伯特拉着他的手，引导他来到从事个性分析的心理试验室里，和他一起站在一块窗帘布之前。罗伯特把窗帘布拉开，露出一面高大的镜子，罗伯特指着镜子里的流浪汉说："就是这个人。在这世界上，只有一个人能够使你东山再起，除非你坐下来，彻底认识这个人——当作你从前并未认识他——否则，你只能跳进密西根湖里，因为在你对这个人作充分的认识之前，对于你自己或这个世界来说，这都将是一个没有任何价值的废物。"

他朝着镜子走了几步，用手摸摸他长满胡须的脸孔，对着镜子里的人从头到脚打量了几分钟，然后后退几步，低下头，开始哭泣起来。过了一会儿后，罗伯特领他走出电梯间，送他离去。

几天后，罗伯特在街上碰到了这个人，他不再是一个流浪汉形象，而是西装革履，步伐轻快有力，头抬得高高的，原来那种衰老、不安、紧张的姿态已经消失不见。他说，他感谢罗伯特先生，让他找回了自己，他很快找到了工作。

后来，那个人真的东山再起，成为芝加哥的富翁。

挫折是一面镜子，能照见人的污浊；挫折也是一服清醒剂，是条鞭子，可以使你在抽打中清醒。

挫折会使你冷静地反思自责，正视自己的缺点和弱项，努力克服不足，以求一搏；挫折会使人细细品味人生，反复咀嚼人生甘苦，培养自身悟性，不断完善自己；挫折不是一束鲜花，而是一丛荆棘，鲜花虽令人怡情，但常使人失去警惕，荆棘虽叫人心悸，却使人头脑清醒。

面对挫折不能丧志，要重新调整自己的心态和情绪，校正人生的坐标和航线，重新寻找和把握机会，找到自己的位置，发出自己的光芒。

有一个年轻人在报上看到应征启事，正好是适合他的工作。第二天早上，当他准时前往应征地点时，发现应征队伍中已有 20 个男孩在排队。

如果换成另一个意志薄弱、不太聪明的男孩，可能会因此而打退堂鼓。但是这个年轻人却完全不一样。他认为自己应该动动脑筋，运用自身的智慧想办法解决困难。他不往消极面思考，而是认真用脑子去想，看看是否有办法解决。

他拿出一张纸，写了几行字，然后走出行列，并要求后面的男孩为他保留位子。他走到负责招聘的女秘书面前，很有礼貌地说："小姐，请你把这张纸交给老板，这件事很重要，谢谢你。"这位秘书对他的印象很深刻，因为他看起来神情愉悦、文质彬彬，有一股强有力的吸引力，令人难以忘记。所以，她将这张纸交给了老板。

老板打开纸条，见上面写着这样一句话："先生，我是排在第 21 号的年轻人。请不要在见到我之前做出任何决定。"

你可以预料到，最后的结果会是这个年轻人被顺利录取。因此，人生不必害怕困境，只要调整心态，勇于迎接挑战，凭借实力来抗击任何的逆境，加之勤动脑，运用智慧去积极地解决问题，相信任何的困境都将成为你成功的一个机遇。这时，你也许会由衷地感激这些人生中的逆境，正是因为它们的存在，让你的人生充满了挑战、机遇和更大的成功。

·第二讲·

《两个上帝的忠诚仆人》：

忠于职守的力量

一位伟大的推销员曾经说过："我相信一个消极的人，如果一遍一遍不厌其烦地阅读关于积极思维的书籍，他也会变得乐观起来。是的，通过一遍一遍阅读这些催人向上的书籍，您真的也会开始积极地思考问题，这个方法真的很灵。"本书就是帮你开发潜质，拓展视野，成就精彩人生的最佳选择。

为人服务是根本

推销工作要满足客户需求，要以服务客户为准则，无论在什么情况下，都要牢记服务第一。

1. 服务客户是行动准则

戴维是纽约的一位成衣制造商，他给保险公司打电话说，自己的 10000 美元保险立即停保，要求保险公司退款。如果这样的话，这张保单只值 5000 美元。有好几位业务员都跟戴维说，你现在这样做很不划算。他们这样想，这样说，也是为客户考虑，似乎并没有什么问题。但是戴维还是坚决要求退保："不必啰唆，把 5000 美元还给我就是啦！"

乔安——公司的业务高手之一正在跟该区的业务经理聊天，这时，一个业务员进来请经理签支票，好支付给纽约的戴维。

经理签了支票，摇着头说："这个纽约保户，真拿他没办法，既顽固又不讲理。"

乔安问："我很有兴趣知道到底出了什么事？"

"这位老兄一定要把保单退掉，即使损失 5000 美元，也坚持要收回现金。"

乔安一听，来了兴趣，说："我恰好明天要去纽约，顺便帮你们送去这张支

120

票如何？"

"那太感谢了，我们是求之不得的。但是，老兄，您这是在给自己找麻烦呀！他在电话里的口气就好像要杀掉我才罢休似的，这个人好像恨极了保险业务员。给您一句忠告：不必浪费时间去说服他。"

乔安当即打电话给戴维，戴维要乔安把支票寄过去。但乔安坚持把支票亲自送过去，戴维也就同意了。双方谈妥了见面的时间。

乔安的前脚刚踏进戴维的客厅，戴维就开口要支票。乔安说："您能不能给我5分钟，咱们谈一谈？"戴维一听就大声说："你们这些人都是这个样子，谈、谈、谈，不停地谈。你知道我等这一笔钱，等得有多急吗？我告诉你，我已经等了3个礼拜啦！现在还要耽搁我5分钟！告诉你，我没有时间跟你磨蹭。"

从这开始，戴维大骂以前所有联系过的业务员，连乔安也骂了进去。乔安仔细地听着他的高声辱骂，有时还附和他几句。他这样的态度，倒让戴维感觉不好意思了，渐渐地，他停了下来。

在戴维口不择言时，乔安已经知道，他肯定是遇到了什么急事，急着用现金。因为，作为商人的戴维，不会不知道放弃保单意味着多大的损失，但他还这样强烈地要求，必定有他的原因。

等戴维安静下来的时候，乔安说："戴维先生，我完全同意您的看法，实在抱歉，我们没能给您提供最好的服务，敝公司实在应该在接到您的电话后24小时内，就把支票送来。现在我把支票带来了，有一点我不得不说明，您在这时候停保，损失很大。这是您要的钱，请收下！"

戴维收下支票，说："你说得不错，我要退保，就是为了要拿到这5000美元，好周转我的资金，你们公司就是不能爽快地把欠我的还我，哼！既然支票已经拿来了，现在你可以走了。"

乔安没有走，他说出的一番话，让戴维大吃一惊：

"您只要给我5分钟，我就告诉您如何不必退保，而且能拿到5000美元。"

"别骗我！"戴维虽然不相信，但是还是忍不住想知道，"说吧，我看你还有什么把戏。"

"如果您把保单做抵押向本公司借5000美元的话，只需要付出5%的利息，而且保单继续有效。并且，在这种情况下，如果发生什么意外的话，本公司仍然付5000美元赔偿金给您。这样您不但可以拿到救急的钱，还可以继续拥有您的保险。"

戴维一听这个办法，立即就对乔安说："谢谢您，这是支票，麻烦您帮我办理这个业务。"

就这样，乔安挽救了10000美元的保单。原因在于，他是抱着服务客户的准则来处理这件事情的。一般的业务员只是告诉戴维，"你放弃保单会遭受损失的"，戴维也知道这个，难道他钱多得要给保险公司送钱吗？所以，业务员告诉戴维的这个信息是无用的信息。而乔安的办法是找到戴维放弃保单的真正原因，然后想办法帮他解决，这就是服务的精神。

半年以后，乔安又去拜访戴维，戴维的财务危机已经过去。乔安为戴维详细规划了一下他的保险问题，赢得了戴维的认同，戴维欣然买下一张20万美元的保单。

在随后的半年里，乔安又卖给戴维两笔抵押保险以及一笔意外险。

又过了半年，戴维第二次从乔安那里购买了一笔人寿大单。

而这一切，都是因为乔安的服务精神。

如果你给顾客提供长期优质的服务，你就永远有忠实的顾客。为人服务才是根本。

2. 时刻满足顾客的需求

推销中为人民服务就是要时刻满足顾客的需求。

要想挖掘顾客对商品的需求，首先应当对顾客的需求种类进行一定的了解。

每个人都有需求，没有需求的人不可能是活人。著名心理学家马斯洛在潜心研究的基础上，把人的需求分为5个等级。

生理需求是人类最原始、最基本的需求，包括饥、渴、性和其他生理机能的需求。在一切东西都没有的情况下，很可能主要的动机是生理的需求。对于一个处于极端饥饿状态的人来说，除了食物没有别的兴趣，就是做梦也梦见食物。

当人的生理需求得到满足时，就会出现对安全的需求。这类需求包括生活得到保障、稳定、职业安全、劳动安全、希望未来有保障，等等。

爱与归属的需求也是一大需求。

这种需求是指，人人都希望伙伴之间、同事之间关系融洽或保持友谊与忠诚，希望得到爱情，人人都希望爱别人，也渴望被人爱。另外还有尊重需求。

谁都不能容忍别人伤害自己的自尊，顾客也如此。推销员要是一不留神，造成了对顾客自尊心的伤害，那就甭想顾客给推销员好脸色，甭想推销成功。自我实现的需求是指实现个人的理想、抱负、发挥个人的能力到极限的需求。

人的需求是无限的、没有止境的。我们购物时，总是有需求时才购买它，否则，是不会掏腰包的。推销员要想把商品推销出去，所需做的一件事就是：唤起顾客对这种商品的需求。

你只要搭错一次车，你就到不了目的地，在销售过程中，你可能只说错了一个字，你就无法销售出你的产品。因而，你跟顾客讲的每一句话都要经过深思熟虑。满足客户需求是最好的服务，要做到为人民服务，就要以满足客户需求为己任。

3. 保证商品质量也是为人民服务

为了保证出售商品的质量，为顾客负责，杭州市解放路百货商店在打击假冒伪劣商品时推出了悬赏捉劣法。该店公告顾客，凡在该店购物发现假冒伪劣商品者，经核实，按照商品金额大小给予不同奖励。这是在激烈的市场竞争中，依靠过硬的商品质量来争取顾客的信任、创立商品的美好形象推销商品的好办法。

解放路百货商店在对外推行悬赏捉劣的同时，还在内部筑起了一道防止假冒伪劣商品混入商店的防线，提出了"不让一个假冒伪劣商品进柜台"的口号。商品在上柜之前要严把三关：售前认真检查商品质量；售中主动介绍商品和使用保养的方法；售后加强维修以及做好退、换、调。

解放路百货商店为悬赏捉劣专门准备了10万元奖金，但未动一分，没有一个顾客获奖，而商店在一年内收到顾客的表扬信9000多封，顾客得出一个共同的结论："到解放路百货商店买东西，我们放心。"在杭州市消费者评选中，解放路百货商店是得票最多的"杭州市消费者信得过单位"。实行悬赏捉劣，体现了商业道德的核心，为人民服务，对社会负责，树立了社会主义的商德商风，应该在社会主义商业企业中广泛推广。对于企业本身来讲，悬赏捉劣不仅是保证商品质量过硬，杜绝假冒伪劣商品的好办法，而且是一种非常有效的促销手段。解放路百货商店在推出悬赏捉劣后半年的商品销售额比前半年增长了47.28%，经济效益可观。在悬赏捉劣中，一旦发现混入的伪劣商品，马上进行处理，可以使坏事变好事，改进商店工作，争取顾客信任。

杭州某大厦的购物中心，推行了捉一罚十的悬赏捉劣后，有一位顾客购买了一台进口原装彩电，回家使用后发现不是进口原装而是国内组装的，反映到商场，商场领导决定以10倍原价奖励顾客。这件事在大众传媒上广泛宣传，使这个商场名气大振，顾客不仅不抱怨商场工作上的疏忽和缺点，而且乐意到该商场购物，并因可能得到10倍的巨奖而放心购买。从商店来讲，妥善处理一件假冒商

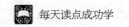

品，带来的是非凡的效果，重建了企业的形象。

保证商品质量可靠，让人们买的东西物超所值也是为人民服务。

4. 提供更好的服务

各种推销的区别并不仅仅在于产品本身，最大的成功取决于所提供的服务质量。推销人员的薪水都来自那些满意的客户提供的多次重复合作和中介介绍。事实上，如果你坚持为客户提供优质的售后服务，两年以后，你所有交易的 80% 都可能来自那些现有的客户。否则，你就可能永远也不能建立与客户之间的牢固关系及良好信誉。那种不提供服务的推销人员每向前走一步，可能就不得不往后退两步。

从长远看，那些不提供服务或服务差的推销人员注定前景黯淡。他们必将饱受挫折与失望之苦，他们中的很多人不可避免地会为了养家而从早到晚四处奔忙。就是这些推销人员忽视了打牢基础的重要性，他们发现自己每年都像刚出道的新手一样疲于奔命、备受冷遇。所以，对顾客提供最好的、全力以赴的售后服务并不是可有可无的选择；相反，这是推销人员要生存下去的至关重要的选择。

甘道夫是全美十大杰出业务员，历史上第一位一年内销售超过 10 亿美元的寿险业务员，被称为"世界上最伟大的保险业务员"。甘道夫在全美 50 个州共服务了超过一万名客户，从普通工人到亿万富豪，各个阶层都有。

甘道夫说："你对你的客户服务愈周到，他们与你的合作关系就会愈长久。不管你推销的是什么，这个法则都不会改变。"

优质的服务可以排除顾客可能有的后悔感觉，大部分的顾客喜欢在买过东西后，得到正面的回应，以确定他们买到了最正确的产品。

每当完成一笔交易，甘道夫总会寄上答谢卡给他的客户，即使是最富有的客户。甘道夫有许多成功、富有的客户，他们拥有豪华汽车和别墅。他们什么都不缺，然而，他们仍然喜欢收到这些卡片。大部分的客户每年都会收到生日卡片，甘道夫总会在生意促成时，记住客户的生日，然后在适当时机寄出一张卡片给他。

此外，每当客户向他买保险一周年时，甘道夫就会亲自登门拜访。作为一名保险推销人员，他会详细记住客户的资料，比如亲戚尚在或已故、结婚或离婚、企业的经营状况等等。此外，他还会寄给某位客户可能对他有用的杂志或报道。

在产品大同小异的情况下，为顾客提供更好的、与众不同的服务，才是成功之本。

做人本色要具备

推销是一个和人打交道的职业，推销员应该有职业道德意识，要先得到别人的肯定。其实推销工作就是在推销你自己。

1. 认识自己并要不断改造自己

认识自己，看起来简单，其实相当困难。必须经由自我剖析与别人批评的过程之后，才能够逐步认识自己。

"认识自己"乃是2400多年前希腊大哲学家苏格拉底的一句名言。这句话包含了无穷的真理，假如我们能领悟这句话的真谛，并且好好实践，一生必将受益无穷。

我们拜读世界上各行各业成功人士的传记之后会发现，成功的要诀在于有自知之明，也就是经由认识自己，找到自我之后，不断改造自己，才能逐步走向成功之路。

认识自我还要求我们要不断地自我剖析，永远注视自己。

人是一种有盲点的动物，往往只看见别人的过失，却看不见自己的错误。

有一个学生问老师："您在我的作文本上所批的字，学生实在看不出写的是什么？请老师明示。"

老师说："我是告诉你，你的字太潦草了，以后要写端正。"

老师只看见学生的过失，没想到自己也犯了同样的错误。基于此，他人的批评就显得非常必要与珍贵。

借助别人的眼睛，我们能更清楚地认识到自己的缺点和不足。

2. 时刻有职业道德意识

作为一个优秀的推销员，在商品经济愈加完善的今天，必须具有很强的职业道德规范意识，它不但是企业形象的制约因素，也是推销员自我管理中应特别注意的事。不要说成为优秀的推销员了，就是只把目标集中于做好自己的本职工作的一般推销员，也应该具备基本的职业道德规范。

一个打柴人的斧头掉进了河里，他坐在河边伤心地哭起来。财神便跳进水中帮他打捞，很快拿出了一把金斧头，打柴人却摇头说："这不是我的。"财神又拿出一把银斧头来，打柴人还是摇头。最后，他拿出一把铁斧头，打柴人说："这才是我失去的斧头。"财神就把金斧头和银斧头一起送给了他。

一个贪心的家伙知道了，他故意把斧头扔进河里。很快，财神拿出一把金斧头来，没等财神问他，他马上说道："这就是我丢失的那一把。"财神恨他不诚实，便与金斧头一起消失了。

贪心人最终连自己的斧头也找不到了。

没有诚实，哪里来金斧头？甚至连自己的老本也会赔上。诚实是一个社会的话题，诚实赋予一个人公平处世的品格，使人生诚实可靠，使灵魂之间不会彼此利用、互相欺骗。

推销员的基本道德规范都有哪些呢？

以最好的外观呈现产品，不能作出对自己、公司或产品不正当的陈述。

说话算数。你准时赴约200次才能树立起来一个诚信，而它却可能因为一次失约轰然崩塌。

要懂得拒绝。如果潜在客户对产品或服务的应用或者理解不对，优秀推销员应当及早告知，而不是利用潜在客户的不理解促成交易。

懂得负责善后。如果潜在客户确实买了用途不对的产品的话，推销员不要把黄金销售时间浪费在更正上，而更应该懂得如何善后。

要培养对客户的个人责任感。做一个成功的人，首先要能够履行自己的诺言。

当发生你能力所控制的范围之外的情况时，立即通知客户。如果你坦白，你的客户也可能会通情达理，会有耐心。

千万不要提供回扣给客户的决策者以换取订单。作为一个优秀的推销员，首先应该是一个守法的人。

不贬抑竞争对手。因为这样做的话可能会招致相反效果。

先描述自己是个好的推销方式。

始终不放松道德标准。即使月底近了，还没达到业绩配额，也应该用道德标准严格要求自己。

3. 推销也是推销你个人的工作

著名的"改革闯将"苏州电扇总厂销售部经理潘仁林总结出一条销售准则："推销产品，更是在推销你的人品。优秀的产品只有在具备优秀人品的推销员手中，才能赢得长远的市场。"

向顾客推销你的人品，就是推销员要按照社会道德规范和价值观念行事，要表现出良好品德：热情、勤奋、自信、坚毅、有同情心、善意、谦虚、自尊、有诚意、乐于助人、尊老爱幼……

著名的推销员乔·吉拉德是以推销汽车为职业的，他认为，推销的要点不是在推销商品，而是在推销自己。

当你在与顾客打交道时，你要记住，你首先是个人，之后才是推销员。一个人的优劣会让其他人产生不同的感情。

时刻完善自我，在推销产品时首先推销你自己，只有顾客对你充分认可了，你的推销才可能成功。

承担责任是强者

工作意味着责任，责任所在，必须勇于承担。客户利益受到损害时要赔偿客户的损失。

1. 要工作就有责任

没有责任感的推销员不是一个优秀的推销员。就算你是一个最普通的推销员，也要勇于承担责任，只要你担当起了责任，你就具备了成为一个优秀推销员的基本条件。

曾经有一位旧金山的商人给一位萨克拉门托的商人发电报，报出货物价格："一万吨大麦，每吨400美元。价格高不高？买不买？"

萨克拉门托商人觉得价格太高，不想要货物，可是他在回复电报时却漏了一个句号，写成"不太高"，结果变成要买这批大麦，使自己损失了好几千美元。

这只是一场简单的交易，却能看出这位萨克拉门托商人并不负责。同样，对于公司员工来说，只要在工作中有那么一丁点儿不负责，马虎大意，就有可能在竞争越来越激烈的现代社会中酿成大错，导致整个企业蒙受损失。

一个缺乏责任感的人，首先失去的就是社会对自己的基本认可，其次失去的是别人对自己的信任与尊重，这样的人当然就难以得到重用。而那些能承担责任的人，可能会被赋予更多的使命，有资格获得更大的荣誉。

在很多人看来，自己只是企业里一名普通员工，没有什么责任而言，只有那些管理层才要承担工作上的责任，他们没有意识到，其实，工作本身就是意味着职责和义务。

每一个普通员工都有义务、有责任履行自己的职责和义务，这种履行必须源自发自内心的责任感，而不是为了获得什么奖赏。工作不单单是赖以生存的手段，除了得到金钱和地位之外，还要考虑到自己应尽的责任。

超市里的一位员工对前来购物的顾客非常冷淡，不仅不主动为顾客提供帮助和服务，有时还会冲着前来问询的顾客发脾气，这令顾客很不满，但是他自己却不以为然。一位零售业经理在超市视察时，刚好发现了他的所作所为。

经理看了，非常气愤地训斥了他："你的责任就是为顾客服务，令顾客满意，并让顾客下次还到我们这里来，但你的所作所为恰恰是在赶走我们的顾客。你这样做，是在推卸责任，我们企业没法儿再信任像你这样的人，你可以走了！"

这位超市员工由于不负责任使自己失去工作，可以说是自作自受。自己的责任就应该主动承当，不能有任何忽视或者推卸。

记住美国前总统杜鲁门的一句座右铭："责任到此，不能再推。"在工作中难免会发生各种错误，问题发生后，不应当推卸自己的责任，或者为自己寻找借口，即使再振振有词，也是一件愚蠢的事，也不能掩饰一个人责任感的匮乏，因为本来老板还可能打算对你进行培养和提拔，但是你害怕承担责任、推卸责任的心态将使他很难重用你。

对自己的行为负责，对公司和老板负责，对客户负责，这才是老板最喜欢的员工，也只有这样的员工才能赢得很好的发展机会。

2. 责任面前，勇于承担

一天，一位为公司推销日常用品的推销员走进一家小商店里，看到主人正忙着打扫卫生。他热情地向店主介绍和展示自己公司的产品，然而店主却默默地望着他，对于他的举动毫无反应。

对此，推销员毫不气馁，他又主动地拿出自己所有的样品向店主推销。他认为，凭着自己的热情、执着以及完美的推销技巧，店主一定会被他说服而最终向他购买产品的。但是，令人出乎意料的是，那店主却愤怒万分，用扫帚将他赶出了店门。

莫名其妙的推销员被店主的恨意震惊了，他决心要查出这个人如此恨他的原因。于是，他利用休闲的时间去其他推销员那里了解情况，终于他清楚那个店主对他如此不满的原因了。原来，由于他前任推销员工作上的失误，使这个店主积压了大批的存货，大量的资金无法周转，店主的经营也因此受到了牵制。虽然这件事和他并没有关系，但他认为作为公司的一分子，他有义务解决他前任推销员所遗留下来的问题，更有责任通过自己的努力来挽回公司在信誉方面的损失。

于是，他疏通了各种渠道，重新做了安排和部署，并利用自己的人际关系请一位较大的客户以成本价买下了店主的存货，使店主积压的资金得以回笼。结果是不言而喻的，他受到了店主的热烈欢迎。这个推销员用自己的责任心帮助公司重新赢得客户的信任，同时也为自己的推销工作寻找到了新的途径。

一名员工应该牢记自己的使命，尽职尽责地履行义务，面对责任要勇于担当，这是你的工作，责任所在，义不容辞！

"这是你的工作，责任所在，义不容辞！"每一位员工都应牢牢记住这句话。

对那些在工作中推三阻四，老是寻找借口为自己开脱的人；对那些缺乏工作激情，总是推卸责任，不知道自我批评的人；对那些不能按期完成工作任务的人；对那些总是挑肥拣瘦，对公司、对工作不满意的人，最好的救治良药就是大声而坚定地告诉他：这是你的工作，责任所在，义不容辞！

选择了这份工作，你就必须接受它的全部，担负起天经地义的责任，而不是仅仅享受它给你带来的益处和快乐。

责任所在，义不容辞！意识到这一点，努力在工作中做到这一点，以它为动力去战胜困难、去完成任务，那么你就是公司真正需要的员工。

3. 客户利益受损时要赔偿客户的损失

面对客户的抱怨，要勇于承担责任，赔偿客户的损失，包括向客户诚心道歉。当产品有破损、欠缺、品质不良、功能不健全、有异物混杂其中，无法履行契约或者让客户在精神上受到伤害的时候，都必须尽快以金钱或物品等替代品来进行补偿，这么做才称得上是维护客户的利益。

在我们的日常生活中经常可以看到群众因为公害问题和政府对立，最终通常以政府付损失费给群众作为补偿而告终。在损害赔偿的交涉中，以"赔钱"方式解决矛盾显得最有诚意。我们应该建立一种观念：在生意往来当中，如果确定某件事已造成客户的损失，并且确定这种损失是由于自己的疏忽造成的，这种情况下就应该用钱、替代品或尽早修理等赔偿方式来进行弥补。

假设因为收银机金额打错而造成客户不满，当场就应将多收的款额还给对方，并当面诚恳致歉。

如果因为没有调查而暂时看不出原因或应补偿的差额数量时，便应先礼貌地向客户说明，请他再给你们一点儿时间调查事情的始末，这时如果稍有怠慢或是拖泥带水，客户便会再次抱怨"没有诚意"。

有关资料显示，用金钱方式作为补偿，其补偿的金额往往是买价的特定倍数，商家都是以客户希望获得的东西加上道歉作为诚意的表现，这点非常值得参考。值得一提的是，在客户的抱怨中，有 50% 是因为品质的关系而产生的抱怨。

只要有关于品质方面的抱怨，就免不了要用钱或替代品来赔偿，而这样的处理方式也正是创造下一个客户的最好机会。有诚意地以价值以上的金钱赔偿损害是决定成败的关键，但也不要白白浪费金钱，应该首先让客户觉得"有诚意"，再赔偿他们买价的特定倍数就行。

4. 责任要求我们敢于承认自己的错误

美国总统罗斯福于1912年到新泽西州的一个镇上参加集会，向文化层次较低的乡下人发表一篇演讲。

当他在这篇演讲中提到女子也应该踊跃参加选举时，听众中忽然有人大声喊道："先生！这句话和你5年前的意见不是大相径庭了吗？"

罗斯福对此并没有回避和掩饰，而是聪明地回答："可不是吗？5年前，我确实是另外一种主张，但现在我已经深悟到自己当年的主张是不对的！"

错误永远是不可避免的，如果说成功是人生最理想的朋友，那么错误则是人生永远抛弃不掉的伙伴。犯了错误并不要紧，可怕的是犯了错误却不承认而是加以掩饰以推卸责任。在错误面前诡辩的人，就等于重新犯了一次错误，甚至比犯错误更危险，因为错误已经在其头脑中扎下根，这将会造成更多的错误，让其一直错下去。

罗斯福及时勇敢地承认自己错误，以这种坦白、忠实、诚恳、亲切的回答使听众得到了满意的答复，也为自己赢得了掌声。看来，及时承认并纠正自己的错误是非常重要的，历史上的大人物为我们做了榜样。

罗斯福心里很清楚，每个人都会犯错误，当别人犯错误时，我们总是希望他们能够承认并且加以改正，可是当这种错误发生在自己身上的时候，很多人都采取回避的态度，可能为的是保全颜面，或者已经了形成了习惯。从这点上看，罗斯福是个勇于面对错误的人。

人们有时候很难分清自己是不是为了掩饰错误才坚持己见，所以当你准备坚持任何事情或做法时，最好先仔细想想，你的坚持是否是因为你确实有毫无瑕疵的理由？还是因为你只是为了掩饰错误保全面子而已？如果你发觉你有保全面子的因素在里面，那么你就是在犯最大的错误，请你及早抛弃你错误的坚持，因为由于这种坚持而采取的行动只能使你处于最容易受到攻击的地位，采取被动的守势。

作为员工，如果你因犯错而没有完成任务，请不要辩解，因为辩解已经没有意义，你需要先说的是："对不起，我错了！"这样直接主动地承担责任，或许会让你承受经济上的损失，但对你的成长是有益的，只有这样，才能使你从错误中醒悟过来，认真反省自己，纠正错误，才会以全新的姿态走向成功。

彻底负责显精神

推销员的工作要求他们主动负责，对客户负责到底，彻底负责让你的事业更顺利。

1.负责让事业更顺利

2002年10月，一家公司的营销部经理率领他的团队去参加某国际产品展示会。

在开展之前，有许多事情需要加班加点地做，诸如展位设计和布置、产品组装、资料整理和分装等。可营销部经理率领的团队中的大多数人，却和往常在公司时一样，不肯多干一分钟，一到下班时间，就跑回宾馆去了，或者逛大街去了。经理要求他们干活，他们竟然说："又不给加班工资，干什么活啊。"更有甚者还说："你也是打工仔，只不过职位比我们高一点儿而已，何必那么拼命呢？"

在开展的前一天晚上，公司老板亲自来到会场，检查会场的进展情况。

到达会场，已经是凌晨一点，让老板感动的是，营销部经理和一个安装工人正趴在地上，认真地擦着装修时沾在地板上的涂料，两个人都浑身是汗。而让老板惊讶的是，没有看见其他的人。见到老板，营销部经理站起来对老板说："我失职了，没有能够让所有的人都留下来工作。"老板拍拍他的肩膀，没有责备他，而指着那个工人问："他是在你的要求下才留下来工作的吗？"

经理简单地把情况介绍了一遍，这个工人是主动留下来工作的，在他留下来时，其他工人都嘲笑他是傻瓜："你卖什么命啊，老板不在这里，你累死老板也不会看到的啊！还不如回宾馆好好地睡上一觉！"

老板听完叙述，没有做出任何表示，只是招呼他的秘书和其他几名随行人员一同参加工作。参展结束后，回到公司，老板就辞退了那天晚上没有参加劳动的所有工人和工作人员，同时，将与营销部经理一同工作的那名普通工人提拔为安装分厂的厂长。

那些被开除的人都满腹牢骚地来找人事部经理理论："我们只不过多睡了几小时的觉，凭什么就辞退我们呢？而他不过是多干了几小时的活，凭什么当厂长？"他们说的"他"就是那个被提拔的工人。

人事部经理对他们说："用前途去换取几小时的懒觉，这是你们自己的行为，没有人会强迫你们那么做，怨不得谁。而且，我可以根据这件事情推断，你们在日常的工作里也偷了很多懒，这是对公司极端不负责任。他虽然只是多干了几小时的活儿，但据我们调查，他一直都是一个一心为公司着想的人，在平日里默默地奉献了许多，比你们多干了许多活儿，他应该得到提拔。"

提拔这个工人绝不是偶然，也绝不是一个失误。这位工人表现出来的，是强烈的负责精神，是对企业的忠诚。负责的人事业一定会顺畅得多。

2. 主动负责，勇于负责

当通用电气前 CEO 韦尔奇还是工程师时，经历过一次极为恐怖的大爆炸：他负责的实验室发生了大爆炸，一大块天花板被炸下来，掉在地板上。

为此，他找到了他的大老板里德解释事故的原因。当时他紧张得失魂落魄，自信心就像那块被炸下来的天花板一样开始动摇。

里德非常通情达理。他所关注的是韦尔奇从这次大爆炸中学到了什么东西，以及如何修补和继续这个项目。他对韦尔奇说："我们最好是现在就对这个问题进行彻底的了解，而不是等到以后进行大规模生产的时候。"韦尔奇本来以为会是一场严肃的批评，而实际上里德却完全表示理解，没有任何情绪化的表现。

勇敢地说"是我的错"，不仅表现出一个人敢于承担责任的勇气，也反映了一个人诚信的品质。工作中难免出现这样或那样的问题，产生问题的原因有很多，虽然主要责任者可能是一个人，但相关人员肯定也有一定的关系。如果流水线工人出现了差错，主要原因是他未按操作指导书操作，但次要原因有很多，如公司的培训是否到位、操作指导书的内容是否明确无误等。

但在讨论、分析错误产生的原因时，无论是由于你的直接过错引起的，还是间接过错引起的，你都应该勇敢地承认自己的错误。与其让别人转弯抹角地让你讲出来或他们讲出来，还不如自己先吐为快，让你的竞争对手无话可说，并从心底里佩服你。而且，隐瞒较大的错误，对自己是一种负担，你会感到内疚，长久下去也会影响自己的身体健康。互相推诿无助于问题的解决，并且会影响同事之间的关系和部门之间今后的合作，使自己的工作陷入无助的境地。

何不勇敢地承认："是，这是我的错。"然后，反思如果再发生类似的事情，该如何处理；或者请教自己的上司，能否得到更多的授权，以便避免类似的事情发生。一个积极反思如何做得更好的人，是一个敢于负责、积极进取的人。

聪明的员工，要勇于承担起自己职责范围内的责任，积极地寻找并把握谋求公司利益的机会。只有这种员工，才是老板心目中值得栽培的人才。

3. 对客户负责到底

生意谈妥之后，推销员往往忽略了后面的服务工作，服务工作做不好，常常在接了一个订单后，就像断了线的风筝，不知去向。

对于有出货期限以及分批出货的商品，推销员应与公司各有关部门保持紧密联系，追踪工作进行状况，这样才能避免造成双方的摩擦与客户对商品的抱怨。推销员无论什么时候都要向客户负责到底。

推销员常常被客户抱怨"接了订单之后，就未再见到你的踪影"，事实上，许多推销员接完订单后就消失得无影无踪，到了要推销生意时，又像客户公司的职员，每天去报到，这种推销员是不合格的，是会遭人排斥的。平常应该打个电话拜访、问候，这样不但能增进双方的感情交流，也是连接下一个订单或是获得新情报的最好时机。

往日的推销员在拜访客户时，喜欢带一些礼品盒，但今日的推销员已有所改变，他们认为最佳的礼品是"最新、最有价值的情报"，这些情报最能让客户感到喜悦。食品界的价格竞争格外激烈，他们推销的对象包含了一般餐厅、饭店、快餐店、杂货店等地方，这些地方的经营者，见到推销员的第一句话就是商品能否打折，慢慢地，推销员与客户交谈的话题，也就集中在价格的问题上。

食品商的利润日益下降。针对这个情形，某食品公司特意做了一个彻底的调查，看看客户真正的需求在哪里，是否只对便宜货有兴趣。但调查结果分析表明，客户最需要的却是"对客户经营最有效的情报信息"与"同业的情报"，单价打折只是怕竞争不过对手，而降低自己的成本是最直接方法。

在做完调查工作之后，该食品公司立即将新产品的开发与新的经营情报收集列入推销员的工作中，并以一个经营管理顾问的服务姿态，来提供客户经营管理的信息，并进行指导，从此该公司与客户之间的话题，非但不是谈降价问题，更重要的是客户会将自己最困惑以及最渴望解决的问题，拿来与推销员研究。客户在获得问题的指点之后，推销员也带回了最珍贵的客户需求信息，使该公司的经营成绩直线上升，真可谓一举数得。

绝对忠诚是首选

忠诚的人是高尚的人，忠诚是立身之本，它是一种义务，忠诚面前没有条件，忠诚比金子更可贵，忠诚胜于能力。

1. 忠诚的人是高尚的人

忠诚于自己的工作，忠诚于公司，忠诚于老板，忠诚于自己的领导，这是一个员工的高尚品德。

在老板的眼中，忠诚比才能重要10倍甚至100倍。所以，许多老板宁要一个才能一般，但是忠诚度高、可以信赖的员工，也不愿意接受一个极富才华和能力，但却总在盘算自己的小九九的人。

许多员工认为，老板不在的时候正是可以放松的时候。每天紧绷着的神经似乎要断了，老板出去参加什么会议，或是出国考察、谈判项目，自己可以趁机放松一下。

暂时的放松是可以理解的，也可以原谅，但是如果认为这是最好的偷懒时机，那绝对是一个错误。你有没有想过，老板在与不在，对于自己而言，对于自己的工作而言，其实是没有多大区别的。

如果你认为工作只是给老板干的，拼命工作仅仅是为了拿一份属于自己的工资，那无论是朝九晚五还是三班倒，对你来说都无所谓。因为你没有更高的追求，仅仅为了挣钱，为了养家糊口而已。这样的员工永远也不会成为一名优秀的员工。

但是，即便如此，在就业竞争如此激烈的今天，除非你身怀绝技，一般来说，还是需要认真对待自己的工作。只有真正做出成绩来，才能获得老板的信任和重托，才能使你的工作稳定，饭碗有保障，进而争取多拿一点儿奖金或提一级工资。

忠诚是一个人的高尚品格，也是一个员工的基本道德。一个员工对公司是否忠诚，在老板不在的时候最能体现出来。

忠诚也是做人之本。老板不在，你可以做很多事情：可以尽职尽责地完成自己的工作，也可以投机取巧；可以一如既往地维护公司的利益，也可以趁机牟私利。但是别忘了，老板可能一时间难以发现，那并非意味着老板永远也不会发现。

一个优秀的员工此时更应该时刻保持应有的忠诚，绝不可因小失大，使自己作为一个优秀员工所具备的道德品质因为一时的疏忽而丧失。

当老板评价你的时候说："不错！忠诚可靠！"这应该是对一个员工人格品质的最高褒奖和最大的肯定，每一个员工都应以此为荣。

2. 忠诚是立身之本

忠诚建立信任，忠诚建立亲密。只有忠诚的人，周围的人才会信任你、承认你、容纳你；只有忠诚的人，周围的人才会接近你。老板在招聘员工的时候，绝对不肯把一个不忠诚的人招进去；客户购买商品或服务时，也绝对不会把钱掏给一个缺乏忠诚的人；与人共事，没有谁愿意和一个不忠诚的人合作；交友，也不会选择不忠诚的朋友；组建家庭，那更是要看对方对自己是否忠诚，对方又是否值得自己付出忠诚……总之，人活着，就离不了忠诚。

一位才华横溢、持有双博士学位的人，他先在牛津大学修完了法律课程，又在哈佛大学修完了工商管理课程。而且，他写得一手好文章，在多家报纸上担任专栏作家，经常到一些大学里讲授写作知识；他的口才也相当棒，他的演讲颇具煽动性，能够把数千人的热情点燃。

这样的人才，在就业方面应该有很大的选择余地。

可是，他却正在为找工作的事发愁。

原来，他的名声太臭了，几乎没有企业愿意用他。而他的名声之所以臭，是因为缺乏对企业的忠诚。

1993 年，他修完了全部博士课程，先是在一家计算机公司担任市场总监，工作不到半年，他向竞争对手出卖了公司的市场开发机密。

拿到出卖机密的款项，他跳槽到一家制药企业担任策划总监。三个月不到，他听说另一家制药企业待遇更好，便以自己掌握有重要的新药开发资料为诱饵让那家企业聘用了他。新东家看中的是新药开发资料，而不是他这个不忠诚的双料博士，资料到手后，新东家辞退了他，并将他列入永不聘用的"黑名单"。

好在当时他的坏名声还没有传很远，找工作并不难，他很快又进入了一家电气公司，新公司聘他做总裁。遗憾的是，这个"人才"更加不珍惜工作机会，他再一次出卖了老板，还把公司一批骨干人员带走。到哪儿去呢？自己当老板去了，开了一家电气公司。自己开的公司没有存活下去，半年不到就关门了，他只得又去打工。

但是，到头来他才发现，最受打击的还是他自己，因为他被贴上了"不忠诚"的标签，成了一个不受欢迎的人，被多个行业的企业列入黑名单，几乎每一个了解他情况的老板都表示绝对不聘用他。

才华横溢又怎样呢？缺了忠诚，谁也看不上你的才华。双料博士找不到工作，这是多么悲哀的事情。

在这个任何人都越来越无法脱离组织和团队的社会上，一个人没有忠诚就活不下去。一个丧失忠诚的人，不仅丧失了机会、丧失了做人的尊严，更丧失了立足之本。即使是那些从你身上获取好处的人，也会鄙视你、远离你、抛弃你。

3. 忠诚没有条件

一群小孩在公园里玩打仗的游戏。一个小孩被指派为哨兵，负责站岗，扮演军长的小孩命令他不准擅自离开，他便一直在那儿站着。后来，玩累了的孩子们都回家去了，把他一个人忘在那儿站岗。天已晚了，站岗的小孩哭了起来。公园管理员循着哭声跑过来，要他赶快回家。

"我是士兵，我要服从军长的命令，军长要我不得擅自离开，我不能走！"孩子说。

公园管理员想了想，站直身子，正色道："士兵同志，我是司令员，现在我命令你回家去。"

小孩听了，高高兴兴地回家去了。

乍一听这个故事有点儿可笑，但是，我们笑过之后细想一下，孩子对"军长"的忠诚、对"士兵"职责的忠诚以及对"部队"的忠诚是那样的执着，不正是现在很多人所缺少的吗？

忠诚没有条件。

因为忠诚是一种与生俱来的义务。你是一个国家的公民，你就有义务忠诚于国家，因为国家给了你安全和保障；你是一个企业的员工，你就有义务忠诚于企业，因为企业给了你发展的舞台；你是一个老板的下属，你就有义务忠诚于老板，因为老板给了你就业的机会；你在一个团队中担任某个角色，你就有义务忠诚于团队，因为团队给了你展示才华的空间；你和搭档共同完成任务，你就有义务忠诚于搭档，因为搭档给了你支持和帮助……总之，忠诚不是讨价还价，忠诚是你作为社会角色的基本义务。

忠诚为什么不讲回报？

因为真正的忠诚是一种发自内心的情感。这种情感如同对亲人的情感、对恋人的情感那么真挚。对祖国忠诚，是因为你热爱祖国；对企业忠诚，是因为你热爱企业；对老板忠诚，是因为你对老板心存感恩；对同事忠诚，是因为你发自内心信任你的同事。

事实上，忠诚并不是没有回报。忠诚的人，能够得到忠诚的回报以及其他想得到的东西。恺撒大帝说过："我忠诚于我的臣民，因我的臣民忠诚于我。"

很多东西，人们在拥有时都不懂得珍惜，包括工作。当人们在某个组织里平平稳稳地工作时，他们常常忽视这份工作于他们自己生存和家人温饱的重要性，而常常把更多的精力放在计较工作得失和计较回报上面。他们总觉得自己付出的太多，得到的太少，总觉得别人更轻松，别人得到更多。在他们的潜意识中，拥有这份工作是理所当然的，得到越来越多的回报也是理所当然的。

你应该记住，企业首先不会给你什么，但你如果给了企业绝对的忠诚，忠诚一定会回报你，它包括薪水以及荣誉。忠诚与回报，不一定是成正比关系，但一定是同步增长的，忠诚度越高的员工，所创造的价值肯定越多，所获取的回报肯定也越多。

4. 忠诚比金子都可贵

寒冷的阿拉斯加冰原上，居住着一户四口之家：一对夫妻和两个小男孩。这个家庭中还有另外两个特殊的成员：两匹狼。3 年前，一个冰天雪地的季节里，男主人发现了两只嗷嗷待哺并且奄奄一息的狼崽。它们的母亲可能被其他动物咬死了，也可能被人类凶残地射杀，在主人的精心照料下，两匹狼逐渐融入了这个家庭。虽然它们不像狗那样讨人喜欢，随着身躯的日益强大，反倒让主人对它们充满了戒心，并将它们牢牢地拴在了院子里。3 年来，只有两个男孩子每天都对两只狼表示着亲近和友好。

一天，这对夫妇到离家几公里外的地方去伐木，留在家里的两个小男孩不小心弄倒了煤油灯，猛烈的大火开始吞噬木制的房屋。房门已被热浪挤压得无法打开，而父母离他们太远了，两个小孩儿，眼看将葬身火海。这时，意想不到的事情发生了。两匹狼先是惊恐，而后拼命挣断绳索，向木制的窗户一头撞上去，向着火海中的孩子义无反顾地冲了上去，全然不顾烟雾与恐惧，将两个小孩儿连拉带拖带出火海，救到安全的地方。火熄灭了，孩子得救了，两匹狼却被烧得很惨，身上的毛几乎全被烧焦。毫无疑问，狼的忠诚与人相比有过之而无不及，尤其是在生死攸关的时刻。

毫无疑问，狼族和人类一样讲求忠诚守信，一样有着深厚情感。而当生死攸关之时，狼所表现的情义与忠诚更远远胜于人类。今天，当人类为自己贪得无厌的欲望而背信弃义、舍忠弄奸、同类相残时，狼在提醒着我们：如此下去，将是人类自己毁灭的开始。

在一个求新、求变的时代里，"忠诚"也许是一个不合时宜的词。当整个世界都在谈论着"变化、创新、实惠"时，提倡"忠诚、敬业、服从、信用"之类的话题似乎显得陈旧落后。然而，社会要获得健康发展，我们就无法回避人与人之间最基本的契约，忠诚在任何国家、任何时代都是必要的。

忠诚是人类最重要的美德之一，从古到今，没有谁不喜欢忠诚。领导需要他的下属的忠诚，产品需要忠诚的消费者，每个人都希望有忠诚的朋友。员工忠诚于自己的公司，忠诚于自己的老板，与同事们同舟共济、共赴艰难，将获得一种集体的力量，人生就会变得更加饱满，事业就会变得更有成就，工作就会成为一种人生享受。相反，那些表里不一、言而无信之人，整天陷入尔虞我诈的复杂的人际关系中，在上下级、同事之间玩弄各种权术和阴谋，即使一时得以提升，取得一点儿成就，但终究不是一种理想的人生，最终受到损害的还是自己。

忠诚就是不要吹毛求疵和抱怨，完美的人是不存在的，上帝也会犯错误。

5. 忠诚胜于能力

忠诚胜于能力！

然而，让我们感到万分遗憾的是，在现实生活以及工作中，忠诚经常被忽视，人们总是片面地强调能力。

的确，战场上直接打击敌人的是能力；商场上直接为公司创造效益的也是能力。而忠诚，似乎没有起到直接打击敌人和创造效益的作用。可能正是因为这一点，导致人们重能力轻忠诚。

人力资源考官在招聘新职员时，关注的总是"你有什么能力""你能胜任什么工作""你有什么特长"之类关于能力方面的问题，而很少关注"你能融入我们公司的文化中吗""你认同我们公司的理念吗""你如何理解对公司的热爱"等关于忠诚的问题。

我们应该正确认识"人才"的含义。人才应该分两种：一种是社会人才，这种人有能力有才华，从各种指标上看都是人才；另一种是企业人才，他能够为所在的企业创造巨大的价值。社会人才和企业人才不能简单地画等号，如果一个企业的文化不足以同化一个从社会上招聘来的人才，这个人才就无法成为"自家人"，他最终不能为企业所用。

主管们在分派任务时，也无意识中犯着类似的错误。他过分强调下属"能够做什么"，而忽视了下属"愿意做什么"。

一个下属能力再强，如果他不愿意付出，他就不能为企业创造价值，而一个愿意为企业全身心付出的员工，即使能力稍逊一筹，也能够创造出最大的价值来。这就是我们常常说的"用B级人才办A级事情""用A级人才却办不成B级事情"。一个人是不是人才固然很重要，但最关键的还在于这个人才是不是你真正意义上的"下属"或"员工"。

单纯强调能力的倾向是非常可怕的。在我们这个社会里，不乏具备超强个人能力的人，他们凭着个人能力，可以通过很多公司的招聘审查。我们经常看到这样的商业报道：某某公司的技术开发人员把公司的技术秘密泄露给了竞争对手；某某公司的战略策划人员将公司的市场开发计划带到了另一家公司；某某公司的高层主管跳槽带走了公司一大批人才……这些事情之所以发生，就是因为事件的主角能力有余而忠诚不足。正如海军陆战队队员不忠诚可能危及国家安全一样，企业员工不忠诚则可能危及企业生存。

当然，忠诚胜于能力，并不是对能力的否定。一个只有忠诚而无能力的人，是无用之人。忠诚是要用业绩来证明的，而不是口头上的效忠，而业绩又是要靠能力去创造的。比如，一个天天在你面前表示忠诚于你却不能为你做任何事的"忠诚"者，你稀罕吗？你愿意因为他"忠诚"而把他养起来吗？

许多老板的用人标准主要有两个：能力和人品。没有能力，难以胜任具体岗位的工作。但更重要的是员工的个人品质，没有这个前提和基础，能力在为公司带来利益的同时也可能带来危害。因此，两者比较起来，后者对于公司的意义或许更大一些。

老板不在的时候，其实正是考验一个员工的忠诚的时候。如果一个员工对公司和老板都是忠诚的，即使你的能力一般，也同样能够获得老板的信任；即使偶尔出现工作方面的疏漏和差错，也能够得到老板和领导的原谅；如果你既忠诚又有能力，那你肯定能够获得老板的重用。但是，如果一个员工总是趁老板不在的时候偷懒，推卸责任，缺乏对老板和公司的忠诚，则很可能对他的职业生涯产生不利的影响。

敬业的人最可敬

敬业才会出类拔萃，敬业是推销员变得优秀的必备品质，把职业当作你生命的信仰，把敬业当成习惯。

1. 敬业的推销员出类拔萃

赵楠是一家培训咨询公司的电话营销推销员，有一天晚上 11 时后，他接到一个电话，这个时候，他已经工作一天了，又困又累。一般的人，在这个时候心情都会有些烦躁，他也一样。他心里想着，赶快结束工作，马上休息。

打电话来的是一位女士。赵楠当时问她，这么晚了打电话有什么事，不能等到明天吗？她说，不行，因为她看了他们在报纸上发的广告，特别感动，所以不能等到明天。接着，她马上念了一段报纸上的广告词。

听到这段广告词，赵楠的神经像触了电一样，一下子来了精神，然后仔细地、耐心地听她讲述自己的感受，讲述自己的经历。

这一讲就是一个多小时。他努力地克制着自己的困倦和劳累，尽力热情地与她相呼应，并认真回答她提出的每一个问题。从她的声音中，赵楠感觉到，她非常满意。

放下电话，赵楠看一下表，已经凌晨1时多了。

第二天根本不用他谈什么了，她和她的朋友都报名参加了培训课程。

就是这位在半夜11时后打电话的于女士，在以后的日子里，先后介绍了79位学员报名参加了公司的培训课程。

研究成功者身上的特质，我们会发现，他们有一个最大的特点就是敬业。他们身上都有一种极强的敬业精神，而且，他们的敬业精神表现在人生的方方面面，打电话也不例外。

只要拿起电话听筒，无论通话的对方是谁都无关紧要，他们一定会认真对待，绝不会敷衍了事。

没有最好，只有更好，这是敬业员工的座右铭，也是值得每个人牢记一生的格言。但是，有很多员工因为养成了轻视工作、马虎从事的习惯，对工作敷衍塞责，导致一生碌碌无为，当然就不能出类拔萃。

世界上想做大事的人极多，愿把小事做好的人并不多——而敬业的人工作之中无小事。用心去做每一件事，不要轻视它。即便是最不起眼的事，也要尽心尽力去完成，因为对大事的成功把握来源于小事的顺利完成。只有踏踏实实地做好现在，才能赢得未来。

安娜刚开始做新闻主播时，被委任的工作是报时和节目介绍，不仅每天的工作内容一成不变，而且一天之中相同的事情要重复好几遍。然而，她最初应征的却是记者。因此，那个时候她的心情简直是糟透了，每天都过得相当郁闷，表情暗淡。这样，她的同事、朋友等也慢慢地开始疏远她了，这使她的心情更加沉重，导致了一种恶性循环。

突然有一天，她从中惊醒过来，意识到自己这样是在浪费青春、虚度光阴。如果自己实在是讨厌这份工作，那就立即辞职，否则以目前这种状态，一年中的大部分时间就会这样虚度过去。以这种虚无的心态来工作，简直就是在糟踏自己的青春。既然是不得不干下去，倒不如把自己融入工作中去，使自己乐在其中。经过这样一番思想转变，她就开始思考，怎样才可以在呆板的台词中加入自己真正的心里话，使别人的台词成为自己的台词。

终于，她找到了办法。她发现，每周两次的晚间节目介绍的前 10 秒钟是她的自由空间。因为，在那之后的台词她无权更改，而此前的 10 秒钟则说什么都行。

"纽约昨天刮风了""国家森林公园的枫叶红了"，总之，就在这 10 秒钟之内加上她亲眼目睹、亲耳所闻、真心所感的一些小事情。从时间上讲，不过短短的 10 秒钟，但是，从这以后，她的心情彻底改变了，每日一句成了她一天中最大的乐趣。不论是走路，还是坐公交车，只要头脑一有空闲，她就思考着今天的 10 秒钟说什么好，怎样表达才好些。这样，她原来暗淡的表情重归开朗，由此又赢得周围人的友谊。而她那颇具创意的每日一句也在听众中赢得广泛好评，原本僵硬死板的节目介绍，因为她的一句妙语而变得温馨无限，使人闻之如饮甘泉。同时，周围的朋友对她也大加赞赏："干得不错嘛！看你，真是神采飞扬！"周围人的赞美令她激情无限，工作越做越好。不久，她就被提拔到了更重要的工作岗位。

敬业才会出类拔萃。

做好你的本职工作，让你的敬业指导你做好工作并去感染身边的每一个人。

如果你想成功，就必须选择敬业，敬业让你出类拔萃。

2. 职业是你的信仰

一个人一时的敬业很容易做到，要做到一辈子敬业就很难。

老木匠已经 60 岁了，决定放弃工作回家享受天伦之乐，安度晚年。于是他告诉老板，他想离开他从事一生的建筑行业。老板舍不得老木匠离开，因为老木匠是他最优秀的员工之一。他诚意挽留，但木匠去意已决不为所动，最后老板只得无奈地点头答应，但仍问木匠是否可以帮忙再建一座房子。碍于昔日情面，老木匠心里虽万般不愿，仍点头答应了。

在施工过程中，任谁都看得出来，老木匠的心已不在工作上了，用料既不复昔日的认真严格，做出的活儿也全无往日的水准。所谓的敬业精神在老木匠身上已不复存在了。老板看着老木匠盖的房子，惋惜地叹了口气，却没有说什么。在房子建成之后，老板把房子的钥匙交给了老木匠，说道："这是你的房子，是我为你这么多年辛勤劳作而准备的礼物。"老木匠呆住了，与此同时，大家在他的脸上看到了懊悔与羞愧的神情。老木匠这一生为别人盖了数不清的房子，却在职业生涯的最后，建造一座有生以来最粗制滥造的房子来给自己当礼物。

　　专心致志干了一辈子的老木匠，在最后关头犯了"晚节不保"的错误，让人可叹。只有将自己的职业视为天职、作为生命的信仰，才是真正掌握了敬业的本质。

　　敬业，简单地说，就是尊崇自己所从事的行当（职业）；详细地说，就是指从业人员在特定的社会形态中，认真履行所从事的社会事务，用一种恭敬严肃的态度来对待自己的职业，在职业生活中尽职尽责、一丝不苟、兢兢业业、埋头苦干、任劳任怨。

　　推销员要做到敬业，首先要认识自己从事的职业的社会价值，树立正确的社会职业观。无论哪种类型的职业，都是社会所必需的，都无高低贵贱之分，只是社会分工的不同而已。

　　如果一个推销员以一种尊敬的心灵对待职业，甚至对职业有一种虔诚的态度，他就已经具有敬业精神。然而，如果他的敬业心态还没有上升到视自己职业为天职的高度，那么他的敬业精神还未渗透到心里，还未真正掌握精髓。

　　所谓天职就是将自己的工作与自己的生命信仰联系在一起，使自己的职业具有了神圣感和使命感。只有把自己的职业当作生命的信仰，那才是真正掌握了敬业的本质。

　　土光敏夫曾经担任日本著名大企业东芝株式会社社长，他对员工要求非常严厉。他告诉员工："为了事业的人请来，为了工资的人请走。"唯有为了共同事业的人聚集在一起才能将事业做大，当企业面临困难的时候，他们才会同舟共济。而那些为工资而来的人只看重企业给他们的待遇，若有一天企业出现困难，他们就会一走了之，重新寻找能满足他们物质要求的企业。

　　敬业精神是现代社会所倡导的，也是所有公司企业生存所必需的。任何一个公司都欢迎敬业的员工的加盟，同时也在给予现有员工必要的激励以使他们更加敬业。

　　东芝之所以能发展成为世界知名的跨国企业，与它重视员工的敬业精神有着不可分割的关系。作为职业人士，没有理由不去理会什么是敬业、怎样去敬业的问题，懂得敬业是发展职业的前提，敬业所表现出来的积极主动、认真负责、一丝不苟的工作态度，就是职业人士所应当具备的，它是成功的有力保障。

　　敬业的人之所以受欢迎，不仅因为他们能向老板有交代，更重要的是他们认识到了敬业是一种使命，是一种责任精神的体现，这样的人会真正为公司的发展做出贡献，他们自己也才能从工作中获得乐趣和财富，从而更好地工作。

一个敬业的员工会将敬业意识记在心中，实践于行动中，做事积极主动，勤奋认真，这样他不仅能获得更多宝贵的经验和成就，还能从中体会到快乐。我们也经常看到不敬业员工的身影，他们自作聪明地在工作中偷懒，不负责任，头脑中根本没有敬业精神，更不会把敬业看作一种神圣的使命。一个敬业的员工，处处认真负责，一丝不苟，站在这样一群不敬业的人当中，自然是鹤立鸡群，也会得到老板的关注，迟早会受到老板的重用和提拔。

3. 培养敬业精神

敬业精神是强者之所以成为强者的一个重要方面，也是由弱而强者应该具备的职业品性，如果你在工作上敬业，并且把敬业变成一种习惯，你会一辈子从中受益。

容杰本科毕业后被分配到一个研究所，这个研究所的大部分人都具备硕士和博士学位，容杰感到压力很大。

工作一段时间后，容杰发现所里大部分人不敬业，对本职工作不认真，他们不是玩乐，就是搞自己的"第三产业"，把在所里上班当成混日子。

容杰反其道而行之，他一头扎进工作中，从早到晚埋头苦干，还经常加班加点。容杰的业务水平提高很快，不久就成了所里的"顶梁柱"，并逐渐受到所长的重用，时间一长，更让所长感到离开容杰就好像失去左膀右臂。不久，容杰便被提升为副所长，老所长年事已高，所长的位置也在等着容杰。

初涉职场的年轻人都有这样的感觉，自己做事都是为了老板，为老板挣钱。其实，这是情理之中的事。如果老板不挣钱，你怎么可能在这家公司待下去呢？但也有些人认为，反正为人家干活儿，能混就混，公司亏了也不用我承担，甚至还扯老板的后腿。其实，这样做对老板、对你自己都没有好处。

事实证明，敬业的人能从工作中学到比别人更多的经验，而这些经验便是你向上发展的垫脚石，就算你以后换了地方，从事不同的行业，丰富的经验和好的工作方法也必会为你带来助力，你的敬业精神也会为你的成功带来帮助。因此，把敬业变成习惯的人，从事任何行业都容易成功。

有些人天生就具有敬业精神，任何工作一接受就废寝忘食，但有些人则需要培养和锻炼敬业精神。如果你自认为敬业精神还不够，那就强迫自己敬业，以认真负责的态度做任何事，让敬业精神成为你的习惯。

把敬业变成习惯之后，或许不能立即为你带来可观的收入，但可以肯定的是，如果你养成"不敬业"的不良习惯，你的成就就相当有限。因为你的那种散漫、马虎、不负责任的做事态度已深入于你的意识与潜意识，做任何事都会有"随便做一做"的直接反应，其结果可想而知。如果一个人到了中年还是如此，很容易就此蹉跎一生。当然更说不上由弱变强，改变一生的命运了。

所以，短期来看"敬业"是为了老板，长期来看还是为了你自己！因为敬业的人才有可能由弱变强。此外，敬业的人还能得到其他意想不到的好处。

首先容易受人尊重。就算工作绩效不怎么突出，但别人也不会挑你的毛病，甚至还会受到你的影响。

其次容易得到提拔。任何老板都喜欢敬业的人，因为你的敬业可以减轻老板的工作压力，你敬业，老板就会对你放心，自然会将你视为"骨干"和"中坚"分子。

现代社会中，由于经济高速发展，工作机会很多，因此常有企业招募员工，但是你千万不要以为到处都有机会，而对目前的工作漫不经心，也不要因为不怎么喜欢目前的工作而整天混日子。每一个职场中人，都应该磨炼和培养自己的敬业精神，因为无论你将来到什么位置，做什么工作，敬业精神都是你走向成功的最宝贵的财富。

在老板、客户之间生存

推销员处在老板和客户的夹缝中，如何在老板和客户的夹缝中找到自己的位置，需要我们用事实说话，帮助顾客选择最适合他们的商品，并且要让自己公司的人满意。

1. 对顾客来说最合适的才是最好的

在客户和老板之间，你既要忠于自己的老板，还要忠于自己的客户，只有用事实说话，如实介绍产品的优、缺点，你才能成为这两个上帝的忠实仆人。如果你只服务于一个上帝，总有一天你会失败。如果顾客知道自己想要寻找一样具有某些特性的产品，像品牌、价格、颜色等，推销员要找出符合他需求的物品就会较容易。不过，当顾客并不清楚他想要什么的时候，你就要把握这个机会，将产品的特性和好处和他的需要做出配对。

David 是一位五金店的推销员，他知道下列资料对于他的顾客是何等重要。

顾客："我需要这些油漆，每种颜色各要两桶。"

David："我可以立刻替你把它们调好，你想要些什么固色剂呢？"

顾客："我不知道，有什么可供选择？"

David："有好几种，首先请你告诉我，你要用油漆刷些什么东西，然后我们就从那儿着手。"

顾客："这个黄色是厨房用，而蓝色是客厅用。"

David："我建议厨房用带有光泽的油漆，因为它能形成硬一点儿的漆面，让你在清洗炉具及其他被溅污的地方时更容易。至于客厅方面，是普通的家用起居室，还是正统一点儿用作招呼客人的？"

顾客："客人用的，我们另有一间自己的起居室。"

David："那么，我会建议你用浅薄的漆油，因为看起来感觉较柔和。虽然不可以时常清洗，但对于你的客厅来说，应该不是什么问题。"

顾客："好吧！就替我把这些油漆调好。当我有机会翻新浴室的时候，或者你可再给我提供一些意见。"

David凭借自己的专业知识和为顾客提供最适合顾客产品的服务，为自己以后的推销工作铺平了道路。

某些对一位顾客十分重要的产品特性和好处，可能对另一个人而言却无关痛痒。例如，一块耐用、防锈的桌面对于一个有小孩的家庭，是一项重要的家具特性；但对另一个没有小孩的家庭来说，那种特性意义却不大。所以，运用开放式提问去找出顾客所需，就成为你工作的一个重要环节。当顾客向你说明他的需求时，你就要即时想想有什么产品的特性可以与那些要求互相配合，不要浪费时间跟顾客讨论一些对他毫不重要的事情。

利用"谁""什么""哪儿""何时""怎么样"或"为什么"来提问顾客，这样他们给你的响应就会比纯粹回答"是"或"否"提供更多的资料。

如果你能够提供可以协助顾客做出最佳选择的资料，他们将会感激你。举个例子，顾客未必知道不同的油漆（特性）会带来不同的效果（好处）。

小宇是一间书店的推销员，她知道若要清楚顾客的需求，唯一的途径就是直接向他们提问。

小宇："你今天想为自己买书，还是想选购礼物送给别人呢？"

顾客："我正想买一份礼物送给妈妈。"

小宇："你妈妈对历史或文艺有兴趣吗，她可有什么嗜好？"

顾客："喔，她算是一位电影迷，但是，我相信她已经有很多这方面的书籍了。我猜妈妈热衷的其他东西就是她的孙儿和烹饪。"

小宇："一本新的烹饪书怎么样？"

顾客："我不知道……她正在减肥。"

小宇："我有个主意,有本刚出版的烹饪书收集了电影明星和其他名人所提供的低脂肪食谱和保健方法。你妈妈可以一方面尝尝新食谱,另一方面保持她的减肥计划,同时也可以认识多一些她有兴趣的人物。这本就是……"

顾客："好主意!她会喜欢那些图片的。你们有礼品包装服务吗?"

这位推销员最终能够在特性和好处间找出完美配合,全因她聆听了顾客的需求,并且为顾客挑选了最恰当的物品。

2. 让自己公司的人满意

推销员的顾客不只包括经销商和消费者,还包括自己公司的员工和股东,在满足经销商、消费者利益的同时,也要最大限度地让自己公司满意。

推销是为"满足顾客和创造市场"而存在,过去的推销几乎都只专注于满足经销商和消费者的需要,而忽略了员工和股东的心声。事实上,员工和股东的重要性绝不亚于经销商或消费者。

企业所生产的商品或服务,如果连员工、股东都不满意,不愿意购买,那么,如何推销给经销商和消费者呢?因此,员工和股东的满意应更优先于经销商和消费者才对。把员工和股东当作顾客,他们都满意了,还会愁有不满意的顾客吗?

可是很多企业的员工或股东,几乎都不愿和企业形成荣辱与共、唇齿相依的命运共同体,他们宁愿购买竞争者的产品,也不愿购买自己生产的产品。

但是,这对企业来说是无形的杀手。最根本的补救之道,就是改变对待员工和股东的态度,将这些人当作顾客,使其最终成为最忠诚的消费者,让这些人都能满意,有了这些满意的顾客作基础,才能创造更多、更大的市场。

所以,未来的推销,不论推销的是产品或服务,对于顾客的定义,绝不可局限于外部的经销商或消费者,内部的员工和股东也应一视同仁。日本东京首屈一指的大仓饭店(Okara)如今已被《Institutional investor》杂志评选为全球十大饭店之一。该饭店的服务以精致入微著称,而其视员工为顾客的企业文化,则是凝聚员工向心力和敬业心的主要动力。譬如,其员工餐厅的设备就不亚于顾客使用的餐厅,内部光线明亮,装潢典雅,还有 25 名专属的厨师。员工用餐时不但可以同时欣赏优美的音乐,而且获得与顾客相同的美食与服务品质。员工的自尊心和荣誉感就在这种环境和气氛中获得提升,使他们乐于为顾客服务。

许多企业都致力于将商品或服务变成"顾客的第一选择",但在成为"顾客的第一选择"之前，更应反思如何成为"员工与股东"的第一选择。试想，奇瑞或夏利汽车的高级主管，乘坐的是福特或奔驰汽车，看到的人会有何感想？ TCL公司经理家中客厅摆的是创维电视机，客人会有何反应？

　　企业的价值，并不在于它拥有多少顾客，而在于顾客对企业的看法和评价。如果连员工和股东对企业都持负面的看法和评价，企业还有什么价值可言？

《一分钟说服》：

说服是一门艺术

这是最顶尖的销售员们与顾客面对面销售的真实写照，是被无数人证明了的方法与技巧，简单、有效、做得到是它最大的特点。

开场白话术

推销员向客户推销商品时，一个有创意的开头十分重要，好的开场白能打破顾客对你的戒备心理，设计好开场白十分重要。

1. 至关重要的开头

临时交易时，因为还不了解客户心中的想法，因而会面的开场白非常重要。要引起听者的注意，接着让他产生兴趣，也就是有兴趣听你说话。一个人时时在接受周围的各种刺激，但对这些四面八方的刺激并非一视同仁，可能对某一刺激特别敏锐、明了，因为这成为他一刹那间的意识中心。假如听者的大脑意识中枢集中在说者的谈话上，那么此刻听者对于其他的刺激都不在意了。

打个比方，专心看电视的小朋友，任凭妈妈在旁边怎么呼喊，他都听不见。又比如参加考试的学生，当其集中注意力于试卷上的题目专心思索时，对于窗外的噪声也不觉得吵了。

就是由于人类都有这种心理的缘故，所以必须把客户的注意力集中到自己身上；客户的心理，能够因为讲话的人高明的开场白而完全受掌握，换句话说，说者的第一句话最具有重要性，可以有力地吸引住客户的兴趣。在那么可贵的一刻，在两人目光相接的时候，有许多错综复杂的心理作用就在客户身上发生了。

在这刹那间，推销员所说的头一句话，是否能让对方一直听到最后一句话，决定于客户对推销员有没有产生好感。虽然我们提出说要在开始 10 秒钟之内把握住客户的心，其实这个时间愈短愈有利，你要抓住客户的心，最长也不可超过10秒钟。以下让我们来参考另外几个例子吧！

（住宅门口）"哦！你好早哟！你在洗车吗？我是××公司的人，今天特地来访问你。"

（农家门口）"哦！你好勤快哟！这么大早就起来；现在蔬菜市价很便宜了。"

"对呀，已经不够本了；用车子把它运到果菜市场去，刚刚好够汽油钱和装箱钱！"

（在蔬菜摊）"你好！我是××公司的。的确，跟我所听到的是一样的啊！"

"什么？你再说清楚一点儿。"

"也没什么啦！刚才有三位太太在讲话。她们一致认为你这家铺子所卖的蔬菜，要比其他家新鲜得多呢！"

上面列举的开场白适用于临时交易，经常交易多无须如此。但偶尔为了改变气氛、把握客户心思起见，也不妨采取这类方式来聊天。

当你开门的那一刻，就要同时打开客户的心门。

2. 设计有创意的开场白

好的开始是成功的一半。

开场白一定要有创意，预先准备充分，有好的剧本，才会有完美的表现。可以谈谈客户感兴趣和所关心的话题，投其所好。欣赏别人就是恭敬自己，客户才会喜欢你；"心美"看什么都顺眼，客户才会接纳你。

如何有技巧、有礼貌地进行颇富创意的开场白及攀谈呢？应当针对不同客户的实际情况、身份、人格特征及条件予以灵活运用，相互搭配。

在创意开场白的技巧上，有以下应注意的重点：事先准备好相关的题材及幽默有趣的话题；注意避免一些敏感性、易起争辩的话题，例如宗教信仰的不同，政治立场、看法的差异，有欠风度的话，他人的隐私，有损自己品德的话，夸大吹牛的话，在面对女性隐私时尤须注意得体礼貌，为人处世要谨慎，但不要小心眼儿；得理要饶人，理直要气和；一定要多称赞客户及与其有关的一切事物。可以以询问的方式开始，"您知道目前最热门、最新型的畅销商品是什么吗？"以肯定客户的地位及社会的贡献开始；以格言、谚语或有名的广告词开始；以谦和请教的方式开始。

可针对客户的摆设、习惯、嗜好、兴趣、所关心的事项开始；也可以开源节流为话题，告诉客户若购买本项产品将节省××的成本，可赚取××的高利润，并告诉他"我是专程来告诉您如何赚钱及节省成本的方法"；可以用与××单位合办市场调查的方式开始；可以用他人介绍而前来拜访的方式开始；可以举名人、有影响力的人的实际购买例子及使用后效果很好的例子开始；以运用赠品、小礼物、纪念品、招待券等方式开始；以提供试用试吃开始；以动之以情、诱之以利、晓之以害的生动演出的方式开始；以提供新构想、新商品知识的方式开始；以具震撼力的话语，吸引客户有兴趣继续听下去"这部机器一年内可让您多赚 × 百万元"开始。

万事开头难，做推销更是如此，但是，作为一个职业推销员绝不能因此而放弃努力，应该在面对客户之前，做好充分的准备，设计一个有创意的开场白。

预约采访术

预约客户也是一种艺术，可以通过电话、信函、拜访预约客户，恰当的预约采访术对成功的推销至关重要。

1. 预约术对成功推销的重要性

一般人对于陌生的电话通常都存有戒心，他的第一个疑问必然是："你是谁？"所以我们必须先表明自己的身份，否则，一些人为避免不必要的干扰，可能敷衍你两句就挂上电话。可是，也有人会说："如果我告诉他，他会更容易拒绝我。"事实上确实如此，所以我们尽可能表明，我是你的好朋友 ××× 介绍来的。有这样一个熟悉的人做中介，对方自然就会比较放心。同样的，对方心里也会问："你怎么知道我的？"我们也可以用以上的方法处理。有的人又会说："其实我只是从一些资料上得到顾客的电话，那又该怎么办呢？"这时，可以这样讲："我是你们董事长的好朋友，是他特别推荐你，让我打电话给你的。"这时，你也许会想：如果以后人家发现我不是董事长的好朋友，那岂不让我难堪。其实，你不必那么紧张，我们打电话的目的无非是获得一次面谈的机会。如果你和对方见面后，相谈甚欢，那对方也不会去追究你曾经说过的话了。

大多数推销员有个毛病，一到客户那里就说个没完，高谈阔论，舍不得走。因此，在电话约访中要主动告诉客户："我们都受过专业训练，只要占用 10 分钟，就能将我们的业务做一个完整的说明。您放心，我不会耽误您太多的时间，只要 10 分钟就可以了。"

解决了客户的两个疑惑，预约一般都能成功。只有得到客户同意，有了和客户面对面的机会，才为成功推销走出了关键的第一步。

2. 约见客户的几种方法

约见是推销人员与客户进行交往和联系的过程，也是信息沟通的过程。常用的约见方法有以下几种。

（1）电话约见法。

如果是初次电话约见，在有介绍人的情况下，需要简短地告知对方介绍者的姓名、自己所属的公司与本人姓名、打电话的事由，然后请求与他面谈。务必在短时间内给对方以良好的印象，因此，不妨这样说："这东西对贵公司是极有用的""采用我们这种机器定能使贵公司的利润提高一倍以上""贵公司陈小姐使用之后认为很满意，希望我们能够推荐给公司的同事们"，等等，接着再说："我想拜访一次，当面说明，可不可以打扰您 10 分钟？只要 10 分钟就够了。"要强调不会占用对方太多时间。然后把这些约见时间写在预定表上，继续打电话给别家，将明天的预定约见填满之后，便可开始访问活动了。

有一位专业推销人员说："查克是我遇到过的最好的电话探寻员之一。查克的相貌确实不怎么样。不过，他有着优美的、有磁性的嗓音，而且很招人喜欢，特别是管理人员的助理。他非常善于找出那些人，他和助理们聊天，交换些俏皮话，他会这样说：'伙计，你听上去真不赖，在一个星期三的早上，你捡到钱了吗？'说些这样的话后，他会说：'顺便问一句，你的老板在不在？'然后很快，主管的电话就会被接通；有时，那些主管是位置高如波音公司董事会主席的人。

"与主管接通后，他会说：'伙计，你比一个远在欧洲的参议员还难找。'这将毫无例外地引起一阵大笑。他会接着说：'你知道吗？我找到了你可以将它全部带走的办法。'主管会说：'是吗，什么办法？'查克会回答：'美国银行的分行遍布整个地狱。'他不用等很长时间就可以从主管那儿得到回应，然后，他就会安排一个约见。

"当查克的老板（雇用他的专业推销人员）前去拜访这位主管时，这位主管会对查克没能同来感到失望，他会这样说：'我希望你懂的和查克一样多。'当然，查克对这个计划几乎一无所知。他只是安排约见。这时这位专业推销人员会说：'我想我可以。顺便问一句，查克告诉了你一些什么？'大部分时候，答案会类似于：'嗯，我也记不清了，不过它听起来确实挺有趣。'有一个能够敲定约见的人要比对产品知晓甚多的人重要得多。"

（2）信函约见法。

信函是比电话更为有效的媒体。虽然伴随时代的进步而出现了许多新的传递媒体，但多数人始终认为信函比电话显得尊重他人一些。因此，使用信函来约见访问，所受的拒绝比电话要少。另外，运用信函约见还可将广告、商品目录、广告小册子等一起寄上，以增加对顾客的关心。也有些行业甚至仅使用广告信件来做生意，这种方法有效与否在于使用方法是否得当。

信函约见法的目的是创造与新的客户面谈的机会，也是寻找准客户的一个有效途径，书信往来是现代沟通学的内容之一。对于寿险推销人员来说，如果你以优美、婉转、合理的措辞，给客户阐明寿险的理念，让他知道有你这么一个人挂念着他就足够了；然后，你可以登门拜访，带着先入为主的身份与他再次面谈。

巴罗最成功的"客户扩增法"的有效途径是直接通信。他曾经讲述了自己的一段经历："一段时期，我苦恼极了，我的客户资源几乎用光了，我无事可做。我眼巴巴地望着窗外匆匆的行人，难道我能冲出去，拉住他们听我讲保险的意义吗？不，那样显然是不恰当的，他们会以为我疯了。

"我百无聊赖地翻看着报纸、杂志，看到许多人因种种缘故登在报纸、杂志上的地址，我突然灵机一动，何不按地址给他们写信，在信上陈述要比当面陈述容易得多。我马上行动起来，用打字机打印了一份措辞优美的信，然后复印成许多份，写上不同人的名字，依次寄出；寄走后，我的心忐忑不安，不知客户们看了有何感想。几个星期后，令我兴奋的是，有几个客户给我写了回信，表示愿意加保。这件事对我鼓舞很大，于是，我决定趁热打铁，对于没有回信的客户直接拜访。不承想，效果特别好，会谈时，他们不再询问我有关寿险知识，因为信上已写过，而询问的是参加寿险有什么好处，有何保障等实际操作之类的问题。

"在我寄出的第一批准客户名单中，后来成交率在30%左右，这远比我用其他方法所获得的成功率高得多。"

（3）访问约见法。

一般情况下，在试探访问中，能够与具有决定权的人直接面谈的机会较少。因此，应在初次访问时争取与具有决定权的人预约面谈。在试探访问时，应该向接见你的人这样说："那么能不能让我向贵公司总经理当面说明一下？大约10分钟就可以了。您认为哪一天比较妥当？"这样一来遭到回绝的可能性自然下降。

综上3种约见方法各有长短，应就具体情况选择采用。比如对有介绍人的就采用电话方式，没有什么关系的就用信件等。

3.5 步达到成功邀约

第一步，以关心对方与了解对方为诉求。

发自内心表现出诚恳而礼貌的寒暄及亲切的问候最令人感到温馨，不过必须注意，如果过度地在言辞上褒扬对方，反而会流于虚伪做作，虽然我们常说"礼多人不怪"，但是不诚实的推销辞令对许多人而言并不恰当，不如衷心的关怀比较能够取得对方的信赖。

除了诚心地问候之外，了解客户的诉求是第一要务，敏锐的推销员必须能够在客户谈论的言辞之间了解客户心中的渴望，或是最急迫而殷切想要知道的事物，才能掌握住客户的方向，达邀约的目的。

第二步，寻找具有吸引力的话题。

凡是面对有兴趣的事物就不容易拒绝，例如有人喜欢逛街买东西，只要有人邀约，纵然还有许多事情没处理完，也会舍命陪君子一同前往，这是因为兴趣会引起他排除万难的决心，因此提供一个可以吸引客户接受而且具有高度兴趣的话题，才容易获得客户的认同而接受邀约。

第三步，提出邀约的理由。

合理而切合需求的理由是勾起客户"一定要"接受邀约的必备要素。推销员从客户的言行中可以得知他的需求，从需求中可以找到他的渴望，再由渴望中找到可以说服他的理由，如此一步步地分析与推论下，客户拒绝的机会便大大地降低了。

倘若使用合理的方法进行邀约都无法让客户认同，也不妨采取低声下气的哀兵招式，或是以不请自到，主动登门拜访等手段令客户无法推辞，总之，不管任何方法都以能够达到邀约为首要任务。

第四步，善用二择一的销售语言。

如果问你要不要吃饭？你的回答是吃或不吃，但如果直接问你要吃中餐还是西餐，吃与不吃的问题就直接跳过去，而且多半会得到一个肯定的答案。

换句话说，这种直接假设对方会接受的答案是一种快速切入的方法，也是避免受到拒绝的方法。因为我们在回答问题时，总是会受到问题的内容而影响思考，而暂时性地丧失先前的思考逻辑，所以推销员在邀约时，可以舍去太过刻板的问法"有没有时间"，而改以直接问"是上午或下午有空"，或是"下午两点还是四点比较有空，让我们见个面吧"。

第五步，敲定后马上挂上电话或立即离开。

因为人们都有不好意思反悔的心态，尤其是在答应了一段时间以后，想要再

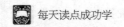

提出反对的意见都比较不容易。

产品介绍术

如何向顾客介绍你的产品？不同的推销方法会产生不同的效果。给顾客讲一个有关产品的故事，向顾客进行产品示范，找到产品的特性，和其他产品做一下对比，适时运用产品介绍技巧，让你的产品成为你的忠实伙伴。

1.用顾客能懂的语言介绍

一个秀才想买柴，高声叫道："荷薪者过来！"卖柴的人迷迷糊糊地走过来。秀才问："其价几何？"卖柴的听不懂"几何"什么意思，但听到有"价"字，估计是询问价钱，就说出了价格。秀才看了看柴，说："外实而内虚，烟多而焰少，请损之。"卖柴的听不懂这话，赶紧挑起柴走了。

秀才的迂腐让我们感到很可笑，但我们的推销工作中也存在这样的情况，有些推销员在与顾客沟通的过程中总会使用一些晦涩的词语，推销员理解起来可能没有什么问题，但是对行业情况不熟悉的客户而言，就有些摸不着头脑了。

莱恩受命为办公大楼采购大批的办公用品。结果，他在实际工作中碰到了一种过去从未想到的情况。

首先使他大开眼界的是一个推销信件分投箱的推销员。莱恩向这位推销员介绍了公司每天可能收到信件的大概数量，并对信箱提出了一些具体的要求。这个小伙子听后脸上露出大智不凡的神奇，考虑片刻，便认定顾客最需要他们的CSI。

"什么是CSI？"莱恩问。

"怎么，"他以凝滞的语调回答，话语中还带着几分悲叹，"这就是你们所需要的信箱啊。"

"这是纸板做的、金属做的，还是木头做的？"莱恩试探地问道。

"如果你们想用金属的，那就需要我们的FDX了，也可以为每个FDX配上两个NCO。"

"我们有些打印件的信封会长点儿。"莱恩说明。

"那样的话，你们便需要用配有两个NCO的FDX转发普通信件，而用配有RIP的PLI转发打印件。"

这时，莱恩按捺了一下心中的怒火，说道："小伙子，你的话让我听起来十分荒唐。我要买的是办公用具，不是字母。如果你说的是希腊语、亚美尼亚语或汉语，我们的翻译也许还能听出点儿道道，弄清楚你们产品的材料、规格、使用方法、容量、颜色和价格。"

"噢，"他答道，"我说的都是我们产品的序号。"

莱恩运用律师盘问当事人的技巧，费了九牛二虎之力才慢慢从推销员嘴里搞明白他的各种信箱的规格、容量、材料、颜色和价格，从推销员嘴里掏出这些情况就像用钳子拔他的牙一样艰难。推销员似乎觉得这些都是他公司的内部情报，他已严重泄密。

如果这位先生是绝无仅有的话，莱恩还不觉得怎样。不幸的是，这位年轻的推销员只是个打头炮的，其他的推销员成群结队而来：全都是些漂亮、整洁、容光焕发和诚心诚意的小伙子，每个人介绍的全是产品代号，莱恩当然一窍不通。当莱恩需要板刷时，一个小伙子竟要卖给他 FHB，后来才知道这是"化纤与猪鬃"的混合制品，等物品拿来之后，莱恩才发现 FHB 原来是一把拖把。

几乎毫无例外，这些年轻的推销员滔滔不绝地讲述那些莱恩全然不懂的商业代号和产品序号，而且带有一种深不可测的神秘表情。开始时，莱恩还觉得挺有意思，但很快就变得无法忍受。

如果顾客对你的介绍听不懂，对产品的性能不能完全领会的话，他们怎么会对你的产品感兴趣呢？通俗易懂的语言是推销员必须采用的，否则，你的推销永远不会成功。

2. 深入浅出，介绍产品优点

一家公司生产出了一种新的化妆品，叫作兰牌绵羊油。公司的一位推销员在销售绵羊油的时候，没有向顾客讲绵羊油含有多少微量元素，是用什么方法生产出来的，而是讲了一个动人的故事。

很久以前，有一个国王。他是一个美食家，有一个手艺精湛的厨师，能做出美味可口的饭菜，国王对他十分满意。突然有一天，这位厨师的手莫名其妙地红肿起来了，做出来的饭菜再也不像以前那么好了，国王十分着急，下令御医给厨师治病，可御医绞尽脑汁也弄不清楚这个病是怎么得的。厨师只好含泪离开王宫，开始了自己的流浪生涯。后来一个好心的牧羊人收留了这位厨师。于是，这位厨师每天和这位牧羊人风餐露宿，以放羊为生。放羊时，厨师就躺在草地中，一边回想着过去的故事，一边用手抚摸着绵羊以发泄心中的悲愤。夏天到来的时候他帮助这位牧羊人剪羊毛。

有一天，厨师惊奇地发现自己手上的红肿不知不觉地消退了！他十分高兴，告别了牧羊人，重新来到了王宫外，只见城墙上贴着一张红榜，国王正在面向全国招聘厨师。厨师就揭掉皇榜前来应聘，这时人们早已认不出衣衫褴褛的他了。国王品尝了他做出的饭菜以后，觉得美味可口，简直和以前那位厨师做的一样好吃，就把他叫了过来，发现果然是以前的那位厨师。国王就非常好奇地问这位厨师，手上的红肿怎么消退了。厨师说不知道，国王详细地询问了他离开王宫之后的情景，断定是绵羊毛使厨师手上的红肿消退了。

这时，推销员话锋一转，说道："我们就是根据这个古老的故事，开发出了绵羊油。"然后很自然地进行产品推销。

向顾客介绍产品的时候，讲一两个小故事对推销员来说是走向成功推销的一条捷径，只有顾客真正了解你所推销的产品，你才可能获得成功。

介绍产品时，除了善于讲小故事外，适当的示范所起的作用也是很大的。一位推销大师说过，"一次示范胜过一千句话"。

几年来，一家大型电器公司一直在向一所中学推销他们的用于教室黑板的照明设备。虽然联系过无数次，说过无数好话，但是都无结果。一位推销员想出了一个主意。他抓住学校老师集中开会的机会，拿了根细钢棍站到讲台上，两手各持钢棍的一端，说："女士们，先生们，我只耽搁大家一分钟。你们看，我用力折这根钢棍，它就弯曲了。但松一松劲，它就弹回去了。但是，如果我用的力超过了钢棍的最大承受力，它再也不会自己变直。孩子们的眼睛就像这钢棍，假如视力遭到的损害超过了眼睛所能承受的最大限度，视力就再也无法恢复，那将是花多少钱也无法弥补的。"结果，学校当场就决定，购买这家电器公司的照明设备。

有一次，一位牙刷推销员曾向一位羊毛衫批发商演示一种新式牙刷。牙刷推销员把新旧牙刷展示给顾客的同时，给他一个放大镜。牙刷推销员会说："用放大镜看看，您就会发现两种牙刷的不同。"羊毛衫批发商学会了这一招。没多久，那些靠低档货和他竞争的同行被他远远抛在后面，从那以后他永远带着放大镜。

纽约有一家服装店的老板在商店的橱窗里装了一部放映机，向行人播放一部广告片。片中，第一个衣衫褴褛的人找工作时处处碰壁，第二个找工作人的西装笔挺，很容易就找到了工作。结尾显出一行字：好的衣着就是好的投资。这一招使他的销售额猛增。

有人做过一项调查，结果显示，假如能对视觉和听觉做同时诉求，其效果比仅对听觉的诉求要大 8 倍。业务人员使用示范，就是用动作来取代言语，能使整个销售过程更生动，使整个销售工作变得更容易。

优秀的推销员明白，任何产品都可以拿来做示范。而且，在 5 分钟所能表演的内容，比在 10 分钟内所能说明的内容还多。无论销售的是债券、保险或教育，任何产品都有一套示范的方法。他们把示范当成真正的销售工具。

示范为什么会具有这么好的效果呢？因为顾客喜欢看表演，并希望亲眼看到事情是怎么发生的。示范除了会引起大家的兴趣之外，还可以使你在销售的时候更具说服力。因为顾客既然亲眼看到，所谓"眼见为实"，脑子里也就会对你所推销的产品深信不疑。

平庸的推销员常常以为他的产品是无形的，所以就不能拿什么东西来示范。其实，无形的产品也能示范，虽然比有形产品要困难一些。对无形产品，你可以采用影片、挂图、图表、相片等视觉辅助用具，至少这些工具可以使业务人员在介绍产品的时候不显得单调。好产品不但要辩论，还需要示范，一个简单的示范胜过千言万语，其效果可让你在一分钟内做出别人一周才能达成的业绩。

3. 介绍产品的特性，绝不隐瞒产品缺陷

美国康涅狄格州的一家仅招收男生的私立学校校长知道，为了争取好学生前来就读，他必须和其他一些男女合校的学校竞争。在和潜在的学生及学生家长碰面时，校长会问："你们还考虑其他哪些学校？"通常被说出来的是一些声名卓著的男女合校学校。校长便会露出一副深思的表情，然后他会说："当然，我知道这个学校，但你们想知道我们的不同点在哪里吗？"

接着，这位校长就会说："我们的学校只招收男生。我们的不同点就是，我们的男学生不会为了别的事情而在学业上分心。你难道不认为，在学业上更专心有助于进入更好的大学，并且在大学也能很成功吗？"

在招收单一性别学校越来越少的情况下，这家专收男生的学校不但可以存活，并且生源很不错。

"人云亦云"的推销者懒惰、缺乏创意，而杰出推销员总是能找出自己产品与竞争产品不同的地方，并自然地让顾客看到、感受到，从而让顾客改变主意，购买自己的产品。既要讲产品的特色，也要明确讲出产品的缺点。

俗话说"家丑不可外扬"，对推销员来说，如果把自己产品的缺点讲给客户，无疑是在给自己的脸上抹黑，连王婆都知道自卖自夸，见多识广的优秀的推销员怎么能不夸自己的产品呢？

其实，宣扬自己产品的优点固然是推销中必不可少的，但这个原则在实际执行中是有一定灵活性的，就是在某些场合下，对某些特定的客户只讲优点不一定对推销有利。在有些时候，适当地把产品的缺点暴露给客户是一种策略，一方面可以赢得客户的信任，另一方面能淡化产品的弱势而强化优势。适当地讲一点儿自己产品的缺点，不但不会使顾客退却，反而能赢得他的深度信任，从而更乐于购买你的产品。因为每位客户都知道，世上没有完美的产品，就好像没有完美的人，每一件产品都会有缺点，面对顾客的疑问，要坦诚相告。

一个不动产推销员，有一次他负责推销一个市区南城的一块土地，面积有120坪，靠近车站，交通非常方便。但是，由于附近有一座钢材加工厂，铁锤敲打声和大型研磨机的噪声不能不说是个缺点。

尽管如此，他打算向一位住在这个城市工厂区道路附近，在整天不停的噪声中生活的人推荐这块地皮。原因是其位置、条件、价格都符合这位客户的要求，最重要的一点是他原来长期住在噪声大的地区，已经有了某种抵抗力，他对客户如实地说明情况并带他到现场去看。他说："实际上这块土地比周围其他地方便宜得多，这主要是由于附近工厂的噪声大，如果对这一点并不在意的话，其他如价格、交通条件等都符合您的愿望，买下来还是合算的。"

"您特意提出噪声问题，我原以为这里的噪声大得惊人呢，其实这点儿噪声对我家来讲不成问题，这是由于我一直住在10吨卡车的发动机不停轰鸣的地方。况且这里一到下午5时噪声就停止了，不像我现在的住处，整天震得门窗咔咔响，我看这里不错。其他不动产商人都是光讲好处，像这种缺点都设法隐瞒起来，您把缺点讲得一清二楚，我反而放心了。"

不用说，这次交易成功了，那位客人从工厂区搬到了南城。

优秀的推销员为什么讲出自己产品的缺点反而成功了呢？因为这个缺点是显而易见的，即使你不讲出来，对方也一望即知，而你把它讲出来只会显得你诚实，而这是推销员身上难得的品质，会使顾客对你增加信任，从而相信你向他推荐的产品的优点也是真的。最重要的是他相信了你的人品，那就好办多了。

4.产品比较更能吸引顾客

一个卖苹果的人，他把苹果定为每斤5元。下班的时候到了，他大声吆喝："5元一斤，便宜了。"他的吆喝吸引来一些低收入客户。这个卖苹果的人回家后，仔细琢磨，到底什么原因使更多的顾客宁愿去超市购买高价苹果呢？而且超市的苹果和自己的品种一模一样，为什么苹果价越低越不好卖呢？终于他明白了。

第二天，他把苹果分为两车，一车苹果仍然卖每斤 5 元，而和这一车一样的另一车苹果标价为每斤 10 元。果然不出所料，与前几天比，卖得分外好，还赚钱。

回去后，一些果农问他为什么这样卖会更快、更赚钱，憨厚的他只是笑，吩咐别的果农照办就是了，他也不知道恰当的解释。

这个小故事道理其实很简单，果农只不过运用对比缔结成交法，准确地抓住了顾客的购买心理。这种办法适合任何推销，而且简单易行。

说起对比，一般人都能理解。其实，在推销产品时，很多推销员都曾运用过。比如一个寿险推销员去一家农户推销寿险，而该农户说他们已经买了保险，并且告诉你是财产险。你接下来会怎样开始推销自己的寿险呢？很简单，你把两种险作对比，找出财产险没有涉及的而寿险有的益处，进而让客户感到原来寿险比财产险更有利于人身和财产的安全。在现代社会里，有种观念已经腐蚀着人的思想，这便是经常说的"好货不便宜，便宜没好货"。有的大超市抓住客户心理，把两件明明一样的衣服分为两个价，比如一件是 500 元，一件是 800 元。这样有的客户觉得 800 元的料子一定比 500 元的好，所以就宁愿用高价买下 800 元的这件，而有些顾客生活水平不高，想模仿高收入的人，所以虚荣心驱动着他买下 500 元的这件，还回去宣扬一番，说自己买了件 800 元的衣服。可笑的是，两件衣服质地、加工都一样，这就是顾客买东西的两种心理。

多去比较自己产品和同类的产品，吸引顾客购买是最终目的。

成交语术

运用动听的声音，掌握语言的魅力，还要把握成功洽谈的要点，避免导致洽谈失败的语言，掌握成交语术，让交易轻松达成。

1. 运用动听声音，掌握语言魅力

你若想培养自己成为一个诚实的人，首先就应当培养自己的诚意，所谓"诚于内形于外"，这样才能使你的诚意体现在自己的一举一动上。这种存在于内心中的诚意，会从你的表情上流露出来，更会从你说话的声音里流露出来，传遍你的全身。

一个人的态度、神情、笑容、眼光都是沉默的，但却能够传达他的情意。这种无言的交流，在人际关系上占有很重要的地位。你可以利用这种方式来吸引对方，使对方获得无言的第一印象，这是推销员应该具有的第一个条件。此外，你

更应该使人清清楚楚、快快活活地听懂你所讲的每一句话。要能够沟通彼此的心意，必须依赖我们的音色，所以你应该以明朗、活泼、富有吸引力的音色，简洁明了地传达自己的思想，这是你的义务。

言语的影响力的确是不可低估，一句话可以使对方感动、豁然开朗，甚至于生气。推销员最主要的就是用这种具有不可思议的魔力的言语来做买卖，即所谓靠嘴巴吃饭。

有这么一个故事：从前波兰有位明星，大家都称她摩契斯卡夫人。一次她到美国演出时，有位观众请求她用波兰语讲台词，于是她站起来，开始用流畅的波兰语念出台词。

观众都觉得她念的台词非常流畅，但不了解其意义，只觉得听起来非常令人愉快。

她接着往下念，语调渐渐转为热情，最后在慷慨激昂、悲怆万分时戛然而止，台下的观众鸦雀无声，同她一样沉浸在悲伤之中。突然台下传来一个男人的爆笑声，他是摩契斯卡夫人的丈夫、波兰的摩契斯卡伯爵。因为夫人刚刚用波兰语背诵的是九九乘法表。

从这个故事中，我们可以看到，说话的语气竟然有如此不可思议的魅力。即使不明白其意义，也可以使人感动，甚至可以完全控制对方的情绪。那么谁都可以听得懂的国语不更是如此吗？如果只能说几句杂乱无章、毫无感情的话，想干推销工作恐怕还早得很。

希腊哲学家苏格拉底说："请开口说话，我才能看清你。"正因为他了解，人的声音是个性的表达，声音来自人体内在，是一种内在的剖白。

很多推销员能口若悬河，却无法说服客户，原因就在这里。他的声音若未经训练，或者透露出畏惧、犹豫、缺乏自信，就成了败笔。

我们通常说：我今天没那心情。其实这句话应该倒过来说，因为心怀恐惧的人声音一定是怯怯的；个性谨慎的人说话亦小心翼翼；攻击性强的人言语咄咄逼人；雄武有力的人通常会声若洪钟，铿锵有力；静若处子的人，声调必然低柔平和，依此类推，声音实在能使人的本色显露无遗！

我们说话的声音，也必须和音乐一样，能够渗进客户的心中，才能达到说服的目的。

只有风度和气质得到周围人的承认才可称为魅力。

推销员的魅力，就在于能够说服顾客，使其购买自己的产品。在推销过程中，只能通过短时间的接触和谈话来取得对方的好感。因此，要想以自己的魅力征服顾客，达到自己的推销目的，推销员的语言艺术将起到重要的作用。

2. 把握成功洽谈话语的要点

成功洽谈的核心是运用肯定性语言促使对方说出"是"或"是的"，从正面向对方明确表示购买该商品会给他带来哪些好处。

言辞方面的肯定性表现，应该作为内在积极性的流露。所以，要想取得理想的推销成绩，推销员必须从根本上成为一位真正积极的人，应该自觉做到积极地正面性地思考、正面性地发言、正面性地行动，使自己从内到外真正积极起来。

在每个人的心中，没有什么人比自己更亲近、更重要，因而尽可能叫客户的名字可作为成功商谈的一大重点。当然，作为名字的代替，"您"字也应多加运用，而"我"字则应尽量免提。

世界著名推销员原一平在推销寿险时，总爱向客户问一些主观答"是"的问题。他发现这种方法很管用，当他问过五六个问题，并且客户都答了"是"，再继续问保险上的知识，客户仍然会点头，这个惯性一直保持到投保。

原一平搞不清里面的原因，当他读过心理学上的"惯性"后，终于明白了，原来是惯性化的心理使然。他急忙请了一个内行的心理学专家为自己设计了一连串的问题，而且每一个问题都让自己的准客户答"是"。利用这种方法，原一平缔结了很多大额保单。

这种方法后来被称为"6+1缔结法则"。

"6+1缔结法则"源自推销过程中一个常见的现象：假设在你推销产品前，先问客户6个问题，而得到6个肯定的答案，那么接下来，你的整个销售过程都会变得比较顺畅，当他和你谈产品时，还不断且连续地点头或说"是"的时候，你的成交机遇就来了。他已形成一种惯性。每当我们提一个问题而客户回答"是"的时候，就增强了客户的认可度，而每当我们得到一个"不是"或者任何否定答案时，也降低了客户对我们的认可度。成交由多个因素促成，做好每一个环节积极促成成交。

3. 尽量避免易导致洽谈失败的语言

开始洽谈时，每一位推销员都希望自己能成为一名成功者，而不愿去做一名失败者。因此，他们都会尽量避免使用带有负面性或者说否定性含义的词语。所以，在洽谈时推销员都尽可能少使用容易引起对方戒备心理的语言，这样才不会使洽谈失败。

但另一方面，人们的潜意识里又常常有一种被害者意识，即老是怀疑自己是不是会受到不利的对待，这种意识显然是负面的。通常这种意识并不表现为明显的对话，而作为一种恐惧、担心、紧张不安的心情表现出来，有时会形成模糊语言，即自问自答的谈话，这些谈话往往自己都意识不到，而是下意识或本能地进行着，比如：

（1）或许他又不在家。

（2）说不定又要迟到了。

（3）利润也许会降低。

（4）这个月也许不能达到目标。

（5）或许又要挨骂了。

根据专家的统计，我们在一天中使用这种否定性"内意识"的次数大约为200~300次。因此，这类的担心是普遍和正常的，重要的是在意识水平上战胜、抑制住这种恐惧，不能让它表现在与客户的洽谈上。但许多推销员往往做不到这一点，或者没有自觉地有意识地去做，于是在洽谈中把自己的不自信、担心和急切表露无遗。这种负面的意识传递给客户，往往会使客户产生怀疑，以至于产生抵触心理，使进一步沟通变得困难，洽谈也就宣告失败。

设想顾客面对的推销员老是说这类生硬、令人丧气的话，就会自然而然地产生怀疑，甚至还会产生反感，失去与他继续交谈的兴趣，更不要说产生购买欲望了。这样，成交的机会当然会减少。推销员要尽量避免使用导致洽谈失败的语言，让洽谈顺利进行下去。

处理反对意见艺术

推销中难免遇到比较"困难"的客户，征服"困难"客户需要有耐心、有计谋，勇于征服反对意见。

1. 迎难而上解决问题

查理是电视台的广告推销员，这回他碰到一个棘手的问题，公司要他去攻克一个"难点"客户，这名客户在众多推销员心里相当有影响，他们把对这名客户的描述记录在卡片上交给了查理。

查理仔细研究了一下这些卡片，卡片上记录非常清楚，客户已经5年没有购买过电视台的广告时间，同时还记着好几个同他联系过的推销员的评价。第一个写道："他恨电视台。"第二个写道："他拒绝在电话里同电视台推销代表谈话。"第三个写的是："这人是混蛋。"

其他推销员的评价更加令查理捧腹大笑："这个客户究竟能有多坏？"他想："如果我做成了这笔生意，那该是多么令人骄傲的事，我一定要与他做成买卖。"

客户的工厂在镇的另一边，查理花了一小时才到那儿，一路上，查理一直在为自己鼓气："他以前曾在我们电视台购买过广告时间，因此我也可以让他再买一次。""我知道我将与他达成买卖协议，我一定可以……"查理不停地说。

最终，查理打起精神，下了车，走向大楼的主通道。通道里挺暗的，查理按一下门铃，没人应。"太好了。"查理想，"我以后可以再也不来这儿了。"突然，查理看到有一个身材魁梧的人穿过大厅走来。查理知道是主人来了，因为卡片上清楚地记录着他是个异常高的人。

"嗨！您好。"查理努力保持平静的声音，"我是 TDL 电视台的查理。"

"滚开！"他大叫起来，看上去他异常气愤，额头上的青筋突起。

查理以为自己会按他说的去做，但是查理却说："不，等等，我是公司的新职员，我希望您拿出 5 分钟来帮帮我。"

他推开门，走向大厅，并让查理随他过去。查理跟着他来到办公室。

他在桌后坐下便开始对查理大吼。他告诉查理，电视台对他公司的报道是如何如何的糟糕和低劣。他告诉查理其他的推销员之所以让他愤怒，是因为他们从不做他们承诺过的事。

"您看一下这张卡片，这是他们对您的评价。"查理把那些卡片递给他。

他瞪着那些卡片，一言不发。

他们谁也不说一句话。这时，查理打破冷场："您看，不管以往发生过什么，不管您如何看待他们，还是他们如何评价您，现在唯一重要的是晚上 10 点半的天气预报广告时段公开销售了，那是一个黄金时段，如果您购买的话，对您的生意将大有裨益，我发誓我会做得非常不错，我不会让您失望的。"

"这就行了。"他的语气缓和了许多，"价钱多少？"

查理给他报了一个价，然后他告诉查理："行，就这样达成协议吧。"

当查理回到电视台将订单给其他推销代表看时，查理几乎都认为自己有两米高了，从此以后，查理对于那些被认为棘手的客户再也没有退缩过。

遇到棘手客户也没有什么可怕的，不要犹豫，更不要退缩，唯有迎难而上，才是解决难题的关键。

2. 巧妙对付谈判对手

在谈判中很可能遇到以战取胜的谈判者，那么，应如何对付这样的对手？

首先要能破"诡计"。如果识破了对方的战术，其战术就不再起作用了，因为被识破的战术就不是战术了。例如，对方采用情感战术，你可以明确告诉对方，你虽然愿意帮助他，但是你没有权力答应他的要求。也可以点明并承认其战术高明，赞扬对手巧妙地使用了它。总之，不要被对方唬住了。只要能保持理智的态度，用事实而不是感情来商谈，同时表现冷静、端庄、威严的风度和坚定的立场，那么，不论对方如何变换花样，也无济于事。

其次要善于保护自己。当对方力量比自己强，并使用强硬的以战取胜的战略时，你可能担心已经投下不少心血，万一交易做不成，那将如何如何。其实在这种情况下，最大的危险是你百般迁就对方并贸然前进。有不少交易，你应该下决心放弃，这可是保护自己的最好方法。另一种保护自己的方法是"搭建禁区铁丝网"，比如，可以用"底价"来保护自己。所谓"底价"是愿意接受的最低价，对买主来讲"底价"则是愿意付出的最高价。一旦对手的要求超过此范围，应立即退出交易。

再次要善于因势利导。如果对方立场比较强硬，你又没有力量改变它，那么，当他们攻击你时，不要反击，要把对方对你的攻击转移并引到问题上。不要直接抗拒对方的力量，而要把这力量引向对利益的探求及构思彼此有利的方案和寻找客观规律上。对于对方的立场不要进行攻击，而要窥测其中隐含的真实意图。请对方提出对你的方案的批评和建议，把对你个人的攻击引向对问题的讨论。

最后最好能邀请第三者。当你无法和对方进行原则性谈判时，可以邀请第三者出面进行调解。中间人因不直接涉及其中的利害关系，也容易把人与问题分开，容易把大家引向利益和选择方案上的讨论，并可以提出公正的原则，有利于解决双方的分歧。

问对题术

提问是交谈中的重要内容。边听边问可以引起对方的注意，为他的思考提供既定的方向；可以获得自己不知道的信息；可以传达自己的感受，引起对方的思考。

1. 不同的提问会有不同的效果

一名教士去问他的上司："我在祈祷的时候可以抽烟吗？"这个请求理所当然地遭到了拒绝。

另一名教士也去问同一个上司："我在抽烟时可以祈祷吗？"同一个问题，一经他这么表述，却得到允许。可见提问是很有讲究的。

　　有一位母亲在和别人聊天的时候，谈到了自己的儿子。原来这个儿子请求母亲为自己买一条牛仔裤，一个简单得不能再简单的请求。

　　但是，儿子怕遭到拒绝，因为他已经有了一条牛仔裤，母亲是不可能满足他所有要求的。于是儿子采用了一种独特的方式，他没有像其他孩子那样或苦苦哀求，或撒泼耍赖，而是一本正经地对母亲说："妈妈，你见过没见过一个孩子他只有一条牛仔裤？"

　　这颇为天真而又略带计谋的问话，一下子打动了母亲。事后，这位母亲谈起这事，谈到了当时自己的感受："儿子的话让我觉得若不答应他的要求，简直有点对不起他，哪怕在自己身上少花点儿，也不能太委屈了孩子。"

　　就是这样一个未成年的孩子，一句话就说服了母亲，满足了自己的要求。在他说这话时，目的就是要打动母亲，并没有想到该用什么样的方法。而在事实上，他的确是从母亲爱子深情上刺激了母亲，让母亲觉得儿子的要求是合情合理的。有的时候，巧妙的提问能产生意想不到的效果。

　　里根在担任美国总统时，曾发生与伊朗进行秘密武器交易问题（"伊朗门事件"）。1986年事发后，引起全国一片抗议之声，因为这在美国是严重违法的。里根为洗刷自己，先后抛出几个替罪羊，依然难以过关。在一次记者招待会上，一名记者向里根发问道："您作为总统，事先是否知道伊朗门事件？"里根对此难以作答，陷入了窘境。

　　记者的提问是一个典型的两难设问，它蕴含着两难推理：如果里根事先知道伊朗门事件，那么，总统本人严重违法；如果事先不知道伊朗门事件，那么里根是严重失职的（因为他竟不知道部下在干什么）。或者事先知道，或者事先不知道，总之，或者里根总统干了严重违法的事，或者他严重失职。因此，里根无法回答记者的提问。

　　2. 善于使用反问

　　一家英国电视台记者采访我国某著名作家。对方问了一个十分刁钻的问题："没有'文化大革命'，可能不会产生你们这一代作家，那么，'文化大革命'在你看来究竟是好还是坏呢？"说着便举起摄像机，递过话筒，等待回答。这一问题十分辛辣，被问者无论做肯定的还是否定的回答，都将产生不良的影响。然而，他却镇定自若，反问记者："没有第二次世界大战，就没有因反映第二次世界大战而闻名的作家。那么，你认为第二次世界大战是好还是坏呢？"记者张口结舌，扫兴而去。

对方的观点或某一句话里往往隐含着矛盾，而己方又难以用陈述的语气挑明。此时，己方便可借机提出一个问题，使对方的自相矛盾处明显暴露，置对方于被动地位。

有位女作家擅长写言情小说，深受中学生及小资女性的喜爱。一些不喜欢这位作家的人抨击她说："她不是一个老处女吗？怎么能把男女之间的恩怨写得那么逼真呢？难道她的生活就是如此放荡不羁吗？"

听到这种流言蜚语后，这位女作家马上在报上登载了一则启事："果真如此吗？我想请问，是不是一定要尝过牢狱之灾的作家，才能够写出有关囚犯的小说？是不是只有行迹到达水星的作家，才写得出关于外星人的作品？一个在内地长大的人，为什么敢断定餐桌上的海鲜营养丰富呢？假如有位专攻癌症的专家身体一向健康，那他的研究成果是否就不值得信赖呢？"

对于偶然遇到的意外场合，可以以常理来推论，用通则来解释。这里所说的"常理""通则"，是指由经验归纳出来的结论。这种结论来自通常情况下所发生的事件或大多数情况的概括，所以它并不适用于例外。

英国诗人乔治·英瑞是一位木匠的儿子，虽然当时他很受英国上层社会的尊重，但他从不隐讳自己的出身，这在英国当时虚浮的社会情况下是很少见的。

有一次，一个纨绔子弟与他在某个沙龙相遇。该纨绔子弟非常嫉妒他的才能，企图中伤他，便故意在别人面前高声问道："对不起，听说阁下的父亲是一个木匠？"

"是的。"诗人回答。

"那他为什么没有把你培养成木匠呢？"

乔治微笑着回答："对不起，那阁下的父亲是绅士吗？"

"是的！"这位贵族子弟傲气十足地回答。

"那么，他怎么没有把你培养成绅士呢？"

顿时，这个贵族子弟像泄了气的皮球，哑口无言。

3. 推销中的提问技巧

推销中有以下几种提问方法，善于提问也是一种技巧。

（1）限定型提问。

在一个问题中提示两个可供选择的答案，两个答案都是肯定的。

人们有一种共同的心理——认为说"不"比说"是"更容易和更安全。所以，内行的推销人员向顾客提问时，尽量设法不让顾客说出"不"字来。例如，与顾客约定见面时间时，有经验的推销人员从来不会问顾客："我可以在今天下午来见您吗？"因为这种只能在"是"和"不"中选择答案的问题，顾客多半只会说："不行，我今天下午的日程实在太紧了，等我有空的时候再打电话约定时间吧。"有经验的推销人员会对顾客说："您看我是今天下午2点钟来见您，还是3点钟来？""3点钟来比较好。"当他说这句话时，你们的约定已经达成了。

（2）单刀直入法提问。

这种方法要求推销人员直接针对顾客的主要购买动机，开门见山地向其推销，请看下面的场景：门铃响了，当主人把门打开时，一个衣冠楚楚的人站在大门的台阶上，这个人问道："家里有高级的食品搅拌器吗？"男人怔住了。这突然的一问使主人不知怎样回答才好。他转过脸来看他的夫人，夫人有点儿窘迫但又好奇地答道："我们家有一个食品搅拌器，不过不是特别高级的。"推销人员说："我这里有一个高级的。"说着，他从提包里掏出一个高级食品搅拌器。接着，不言而喻，这对夫妇接受了他的推销。假如这个推销人员改一下说话方式，一开口就说："我是×公司推销人员，我来是想问一下你们是否愿意购买一个新型食品搅拌器？"你想一想，这种说话的推销效果会如何呢？

（3）连续肯定法提问。

这个方法是指推销人员所提问题便于顾客用赞同的口吻来回答，也就是说，推销人员让顾客对其推销说明中所提出的一系列问题，连续地回答"是"，然后，等到要求签订单时，已造成有利的情况，好让顾客再做一次肯定答复。例如，推销人员要寻求客源，事先未打招呼就打电话给新顾客，可说："很乐意和您谈一次，提高贵公司的营业额对您一定很重要，是不是？"（很少有人会说"无所谓"）"好，我想向您介绍我们的×产品。这将有助于您达到您的目标，日子会过得更潇洒。您很想达到自己的目标，对不对？"……这样让顾客一"是"到底。

运用连续肯定法，要求推销人员要有准确的判断能力和敏捷的思维能力。每个问题的提出都要经过仔细思考，特别要注意双方对话的结构，使顾客沿着推销人员的意图做出肯定的回答。

（4）诱发好奇心法提问。

诱发好奇心的方法是在见面之初直接向潜在的买主说明情况或提出问题，

故意讲一些能够激发他们好奇心的话，将他们的思路引到你可能为他提供的好处上。例如，一个推销人员对一个多次拒绝见他的顾客递上一张纸条，上面写道："请您给我10分钟好吗？我想为一个生意上的问题征求您的意见。"纸条诱发了采购经理的好奇心——他要向我请教什么问题呢？同时也满足了他的虚荣心——他向我请教！这样，结果很明显，推销人员应邀进入办公室。

（5）"刺猬反应"提问。

在各种促进买卖成交的提问中，"刺猬反应"技巧是很有效的。所谓"刺猬反应"，其特点就是你用一个问题来回答顾客提出的问题，用自己的问题来控制你和顾客的洽谈，把谈话引向销售程序的下一步。让我们看一看"刺猬反应"式的提问法。

顾客："这项保险中有没有现金价值？"

推销人员："您很看重保险单是否具有现金价值的问题吗？"

顾客："绝对不是。我只是不想为现金价值支付任何额外的金额。"

对于这个顾客，你若一味向他推销现金价值，你就会把自己推到河里去，一沉到底。这个人不想为现金价值付钱，因为他不想把现金价值当成一桩利益。这时，你应该向他解释现金价值这个名词的含义，提高他在这方面的认识。

一般地说，提问要比讲述好，但要提出有分量的问题并不容易。简言之，提问要掌握两个要点。

第一，提出探索式的问题。发现顾客的购买意图以及怎样让他们从购买的产品中得到他们需要的利益，从而就能针对顾客的需要为他们提供恰当的服务，使买卖成交。

第二，提出引导式的问题。让顾客对你打算为他们提供的产品和服务产生信任。还是那句话，由你告诉他们，他们会怀疑；让他们自己说出来，就是真理。

在你提问之前还要注意一件事——你问的必须是他们能答得上来的问题。

最后，根据洽谈过程中你所记下的重点，对客户所谈到的内容进行简单总结，确保清楚、完整，并得到客户一致同意。

例如："王经理，今天我跟您约定的时间已经到了，今天很高兴从您这里听到了这么多宝贵的信息，真的很感谢您！您今天所谈到的内容一是关于……二是关于……三是关于……是这些，对吗？"

电话行销术

电话不是抓起来就能打的，打电话有许多技巧，比如谁先挂电话，打电话时许多细节都需要礼貌。学会电话行销中绕过障碍、走向成功的法则，电话行销也能变得轻松。

1. 打电话前要做好准备

按照经理叮嘱，鲁比打电话前一定先做充分的准备。什么时候打，打多长时间，大致讲些什么话，都要事先设计好。一些必要的工具如笔、记事本、时间表、地图也都要准备齐全，以便在打电话过程中随时使用。

经过一段时间的摸索，鲁比已经形成了自己的一套习惯。

如果是在家里打电话，鲁比会穿上舒适的衣服，使自己消除紧张，发出一种放松的、积极的声音。

想办法多打听客户除了业务以外的侧面信息，诸如有关对方生活的消息，以求通话时有共同的话题。

在身边摆好所有相关的文件，并准备好笔记本，以便立刻记下对方告知的重要信息。

还要做好心理准备：也许电话响得不是时候，打扰了对方正做的事。所以他提醒自己一开口就要明确打电话的原因和大约需要多少时间。

鲁比认为，即使是电话约见也要注意时间，如果事先能了解对方的工作性质和作息时间，那是最好不过的。经过深入的分析，鲁比总结了一些行业的工作时间规律和打电话的最佳时间：会计师：月初和月尾最忙，要打电话约见他们，最好选在月中。医生：上午 11 点钟之后和下午 2 点钟之前病人最少，下雨天也是拜访和打电话的好日子。股票行业：下午 4 点钟之后。收市后正想休息一会儿，有人交谈是一件很高兴的事。餐饮业：最好的时间段是下午 3 ~ 4 点钟。千万不要在用餐的时候打。工薪人士：最好是晚上 8 ~ 9 点钟这段时间，这是他们吃完饭后的休息时间。家庭主妇：上午 10 ~ 11 点钟比较有空，这段时间内她们也很愿意找人聊天。

了解这些人的时间规律后，就可以因人制宜地选择适当的时间给他们打电话，这样就容易被对方接受。

打电话有充分准备固然好，但还需要对偶然的来访电话重视起来。每一次电

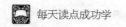

话交谈就是一个机会。

2. 绕过障碍走向成功的法则

电话行销过程中，把打招呼、核实对方、自我介绍作为电话推销第一切入点；把"电话缘由"称作第二切入点；把"初步探听主管及负责人"称作第三切入点。

绕过电话行销的障碍以后，掌握一些成功法则并在实践中去运用它们，你也能取得很大成功。

第一个是大数法则。

徐志摩曾说："数大便是美。"一棵草算不上美丽，但当它是一大片草原的时候，就变得非常壮观。同样的道理应用在业务上，即表示当你打电话的数量大到一定程度的时候，效果也一定会是非常惊人的。这也就是行销实务上说的"大数法则"。

从事业务工作的人一定要相信，销售任何东西一定会有相当比率的人会向你购买，也一定会有相当比率的人不会向你购买。因此你的工作就是"把那些会向你买的人找出来"，如此而已。至于你能找出多少会向你购买的人，则完全要看你打电话的次数而定。

举例来说，你每接触的100个人当中，平均会与10个人成交，那么，如果你只找到100个人，你的成绩当然也只有10件而已。但是，如果你很努力地找到500个人，则你将会获得50件。从这个道理我们可以发现，电话行销工作真的不难，因为你想要获得50件，只要肯花时间找到500个人就可以获得了，不是吗？这就是"大数法则"，也就是"数大便是美"！

第二个是机会成本。

经济学里有所谓的"机会成本"理论。简单说，假如你一天平均可以用电话跟30个人销售保险，但某一天你却在一位准客户身上花了半天的时间，因此当天只能跟15位准客户进行销售，那么你就是在那位准客户身上付出了15个行销的机会成本。由此可知，你必须培养精准的判断能力，明确掌握哪些准客户才是你该投注时间的对象，否则你很有可能在不知不觉当中，浪费许多的机会成本。这种损失也有可能是倍数的损失，因为当你唯一投注时间的准客户最后仍然没有成交的话，不就是两头空吗？

另外，重要的一点是，比起面对面行销，"机会成本"对于电话行销的影响程度会更为显著。原因是电话行销属于"广种薄收"的行销观念，在短短的时间里要比面对面行销的精耕细作方式所要付出的"机会成本"大上许多。

第三个是速度价值。

在投资学里有所谓的"时间价值"，指的是任何投资工具都可以通过时间因素创造出投资效益。在这里，我们要提出另外一个价值说——"速度价值"。所谓"速度价值"，指的是："在同样的时间及成交率之下，你若能因速度快而创造了比别人还多的活动量，那么你的成绩必然要比别人好。"因此，你可以知道，以后你在每天或每一次拨打电话的时候，都应该注意时间管理，也应该避免做事磨蹭或是凡事慢半拍的习惯。

3. 电话推销中礼貌不可忽视

有些公司每天一大早先开早会，可是通常重要的事情也是在一大早来电告知，有些十分着急的电话，却换来一句："张先生在开早会，请留下电话，他会尽快与您联络。""不行啦！我们的事情非常重要，能不能请他先听一下电话？""非常抱歉，不行哦！""可是，真的是非常重要！"像这样的办事员就会引起对方的反感，如果是熟稔的往来客户，应该会知道每天早上的早会是办公室的例行公事，有什么事都得等早会开完再说，如果明知故犯，硬要现在谈话，会引起人的反感，以及产生不好的印象，认为这个人没礼貌又没大脑。而如果是新进客户，可能不甚了解，这时在对方告知"某人正在开会，能不能请您晚一点时再打来"时，可以给对方一个确定的时间，或是请对方给一个方便的时间，再予以联络。但有时却是例外的，如果是业务员或外务员时，可能大部分时间都在外面，没有一定的联络电话，这时就可以留下传呼机号码，请于开完会后呼他，然后尽快复机，抑或是彼此达成协议共同约定来电时间。总之，电话礼貌是非常重要的，有些人在打电话时非常的势利，如果接电话的是小职员，他就会不太懂礼貌，几乎都是用命令的口吻；但是，如果遇到的是大人物可就不同了，轻声细语，毕恭毕敬。这时，问题就来了，对接电话的职员不恭敬的话，会使对方产生不愉快的感觉。更有一些人，如果你惹怒了他，他可能会永远记住的。下次你的来电再被他接到的话，他很可能会推说你要找的人不在。

如果我们对代接电话者礼貌相待，即使被找的人分身乏术，你也是会被热情相待的。

打电话时礼貌很重要，在打电话时，谁先挂电话也有大学问。

别小看了"请多多指教""抱歉""在您百忙之中打扰了""谢谢""再联络"这些恭维的话，它们可是会使人心情舒畅的！在挂电话之前，双方能愉快地画上句号，就是一通完美的电话交谈。虽然不能保证交易一定成功，但是为了给对方留下好印象，最后一句寒暄问候语可别忽略了，它有着神奇力量！

一般而言，商务电话都是由打电话的那一方先挂电话，这是基本的电话礼貌，因为是有事情的人打电话过去，事情联络好交代完后理应挂上电话，这样才可算是交易的完成。但是如果遇到的是长辈就另当别论了，为了表示尊重，不管是打电话的或是接电话的都应该由长辈先挂，在确定对方已经挂线后，自己再轻轻地放下听筒。

商场社交上，各公司的往来频繁，用电话沟通是常有的事，这时也显得彼此沟通良好，但若是次数太多，同样也是会惹人讨厌的，"奇怪！怎么又来电话了！一次 OK 就好了，真啰唆，芝麻大的小事要重复几遍！"

小心，打电话次数如果太多的话，可能会带给人麻烦！有些人对认识已久的朋友，态度就变得较随便，因为心里想："反正很熟嘛！"可是尚不知道对方会非常在意，和你正好持相反的看法，"这个小陈怎么这样，以前刚认识的时候还蛮客气的嘛，现在怎么愈熟愈不尊重我，那以后岂不是会爬到我头上？"这样子你可能会失去一位商场上的朋友！

礼貌是好的结束也是希望的开端，要留给对方好印象，可别忽略了最后的礼貌，谨言慎行才是得体的商务应对之道。

·第四讲·

《世界上最伟大推销员的成功法则》:

汲取成功销售的经验

　　本书系统地研究了数位世界上最伟大的推销员的成功模式，综合他们的成功规律，萃取出几十种成功的法则，让你抢先一步发现销售成功的捷径。相信通过借鉴别人的成功经验，加上不断地探索，一步一个脚印，我们一定能达到一个新的高度。

先推销自己：良好的印象是成功的第一步

　　有"日本推销之神"称号的原一平，在开始做推销时并不顺利，推销不利、业绩不佳的问题一直困扰着他。

　　一次，他去拜访一座名叫"村云别院"的寺庙。

　　"请问有人在吗？"原一平问。

　　"哪一位啊？"

　　"我是明治保险公司的原一平。"

　　原一平被带进庙内，与寺庙的住持吉田和尚相对而坐。

　　老和尚一言不发，很有耐心地听原一平把话说完。然后，他以平静的语气说："听完你的介绍之后，丝毫引不起我投保的意愿。"停顿了一下，他用慈祥的双眼久久注视着原一平，然后接着说："人与人之间，像这样相对而坐的时候，一定要具备一种强烈的吸引对方的魅力，如果你做不到这点，将来就没什么前途可言了。"

　　原一平起初并不明白老和尚话中的含义，后来逐渐领悟到那句话的意思，只觉傲气全失，冷汗直流，呆呆地望着吉田和尚。

　　老和尚又说："年轻人，先努力去改造自己吧！"

　　"改造自己？"

"是的，你知不知道自己是一个什么样的人呢？要改造自己，首先必须认清自己。"

"认识自己？"

"是的，赤裸裸地注视自己，毫无保留地彻底反省，然后才能认识自己。"

"请问我要怎么去做呢？"

"就从你的投保户开始，你诚恳地去请教他们，请他们帮助你认识自己，让他们告诉你怎样才能接受你、信服你。我看你有慧根，倘若照我的话去做，他日必有所成。"

吉田和尚的一席话，犹如当头棒喝，点醒了原一平。

人如果连自己都不认识，如何去说服他人？要做就从改造自己开始做起。推销员如果不能让客户接受自己，又如何能让客户接受你的产品呢？要推销产品就要从推销自己开始，一旦客户接受了你，产品只不过是伴随你进入他们生活的一件附加品而已，推销自然也变得简单起来。

推销自己首先从塑造自己的良好印象开始。伟大的推销员乔·吉拉德提醒我们："把自己推销给别人是你成功推销的第一步，你要特别注意的是你给别人留下的第一印象是不是足够好。"研究也认为，在见面的头10秒钟内就决定了交易会完成还是将破裂。我们确实根据在与一个人见面的头几秒钟内所得到的印象，快速做出对他的判断。如果这些判断是不利的，那么所有的销售都不得不首先克服这位专业推销人员在准客户心中留下的糟糕印象。相反地，一个良好的印象则肯定有利于你的销售。

这就是心理学中的首因效应，即人们根据最初接触到的信息所形成的印象最不易改变，并且对以后的行为活动和评价的影响也最大。首因效应，通俗地讲，即第一印象。西方的一句谚语"你没有第二个机会留下美好的第一印象"，道出了第一印象的重要性，因此，给客户留下最佳的第一印象是推销员最基本的职业需求。

良好的第一印象体现在你的衣着打扮、言行举止的细节之中。

高雅服饰让客户眼前一亮

推销员与客户见面后，首先映入客户眼帘的是你的穿着打扮，因此，推销人员应重视自己的着装。据调查，推销人员整洁的外表是引起顾客购买欲的先决条件。美国一项调查表明，80%的顾客对推销人员的不良外表持反感态度。

汽车推销大王乔·吉拉德说："你一定看到过经过拙劣处理的包裹，它们或许掉在地上过，结也松了，纸也破了。当你看到这样的包裹时，可能马上会想到里面的东西是否坏了。人的情形也是一样。"服饰对于推销人员而言，犹如所销售商品的包装纸。包装纸如果粗糙，里面的商品再好，也容易被人误解为低价值的东西。

　　日本推销界流行这样一句话：若要成为一流的推销人员，就应先从仪表修饰做起，先以整洁得体的衣饰来装扮自己。只要你决定投入推销业，就必须对仪表服饰加以重视，这样才能在客户看到你的第一眼就抓住客户的注意力。

　　刚进入推销行业时，法兰克的着装、打扮非常不得体，公司一位最成功的人士对法兰克说："你看你，头发长得不像个推销员，倒像个橄榄球运动员。你应该每周理一次发，这样看上去才有精神。你连领带都不会系，真该找个人好好学学。你的衣服搭配得多好笑，颜色看上去极不协调。不管怎么说吧，你得找个行家好好地教你打扮一番。"

　　"可你知道我根本打扮不起！"法兰克辩解道。

　　"你这话是什么意思？"他反问道，"我是在帮你省钱，你不会多花一分钱的。你去找一个专营男装的老板，如果你一个也不认识，干脆找我的朋友斯哥特，就说是我介绍的。见了他，你就明白地告诉他你想穿得体面些却没钱买衣服，如果他愿意帮你，你就把所有的钱都花在他的店里。这样一来，他就会告诉你如何打扮，包你满意。这么做，既省时间又省钱，你干吗不去呢？这样也更容易赢得别人的信任，赚钱也就更容易了。"

　　他这些话说得头头是道，法兰克闻所未闻。

　　法兰克去一家高级的美发厅，特意理了个生意人的发型，还告诉人家以后每周都来。这样做虽然多花了些钱，但是很值得，因为这种投资马上就赚回来了。

　　法兰克又去了那位朋友所说的男装店，请斯哥特先生帮他打扮一下。斯哥特先生认认真真地教法兰克打领带，又帮法兰克挑了西服以及与之相配的衬衫、袜子、领带。他每挑一样，就评论一番，解说为什么挑选这种颜色、式样，还特别送法兰克一本教人着装打扮的书。不光如此，他还对法兰克讲一年中什么时候买什么衣服，买哪种最划算，这可帮法兰克省不少钱。法兰克以前老是一套衣服穿得皱巴巴时才知道换，后来注意到还得经常洗熨。斯哥特先生告诉法兰克："没有人会好几天穿一套衣服。即使你只有两套衣服，也得勤洗勤换。衣服一定要常换，脱下来挂好，裤腿拉直。西服送到干洗店前要经常熨。"

过了不久，法兰克就有足够的钱来买衣服了，他又掌握了斯哥特所讲的省钱的窍门，便有好几套衣服可以轮换着穿了。

还有一位鞋店的朋友告诉法兰克鞋要经常换，这跟穿衣服一样，勤换可以延长鞋子的寿命，还能长久地保持鞋的外形。

不久，法兰克就发现这样做起作用了。光鲜亮丽、整整齐齐的外表能够给客户传递出一种积极的态度，这种积极的态度有助于客户对你产生好感，从而对你的商品产生好感，促成交易。

俗话说，"佛靠金装，人靠衣装"，拿破仑·希尔说过，成功的外表总能吸引人们的注意力，尤其是成功的神情更能吸引人们的"赞许性的注意力"。作为推销员，身边的每一个人都是我们的潜在客户，因此无论在工作还是在私人场合，无论是面对老客户还是陌生人，都要保持清洁、高格调的着装，从视觉上聚焦客户或潜在客户的注意力。反之，糟糕的服饰则不仅会让客户将你拒之门外，也将对你的公司和产品造成不良影响。

夏日的一个炎热午后，一位推销钢材的专业推销人员走进了某家制造企业的总经理办公室。这个推销人员身上穿着一件昨天就已经穿过的衬衫和一条皱巴巴的裤子，他嘴里叼着雪茄，含糊不清地说："早上好，先生。我代表阿尔巴尼钢铁公司。"

"什么？"这位准客户问，"你代表阿尔巴尼公司？听着，年轻人。我认识阿尔巴尼公司的几个头儿，你没有代表他们——你错误地代表了他们。你也早上好！"

"你不可能仅仅因为打对了一条领带而获得订单，但你肯定会因戴错领带而失去一份订单。"这句话很朴实，也很经典，提醒人们千万不要忽略了服饰的重要性。整洁而专业的着装不仅是对客户的尊重，还会影响自己的精神状态，一个得体的着装，一套职业的服饰，能让你看起来神清气爽、精神饱满。因此，不妨花一点儿时间来注重一下自己的着装，这是你对自己应有的也是绝对值得的投资。

微笑是最好的名片

著名推销员乔·吉拉德说："有人拿着100美元的东西，却连10美元都卖不掉，为什么？看看他的表情就知道了。要把东西推销出去，自己的面部表情很重要：它可以拒人千里，也可以使陌生人立即成为朋友。"

微笑并不简单，"皱眉需要9块肌肉，而微笑，不仅要用嘴、用眼睛，还要用手臂、用整个身体"。吉拉德这样诠释他富有感染力并为他带来财富的笑容："微笑可以增加你的魅力值。当你笑时，整个世界都在笑。一脸苦相是没有人愿意理睬你的。"微笑是谁都无法抗拒的魅力，微笑的力量超出你的想象，养成微笑的习惯，一切都会变得简单。

威廉是美国推销寿险的顶尖高手，年收入高达百万美元。他成功的秘诀就在于拥有一张令客户无法抗拒的笑脸。但那张迷人的笑脸并不是天生的，而是长期苦练出来的。

威廉原来是美国家喻户晓的职业棒球明星球员，到了40来岁因体力日衰而被迫退休，而后去应征保险公司推销员。

他自以为凭他的知名度理应被录取，没想到竟被拒绝。人事经理对他说："保险公司推销员必须有一张迷人的笑脸，但你却没有。"

听了经理的话，威廉并没有气馁，立志苦练笑脸。他每天在家里放声大笑上百次，邻居都以为他因失业而疯了。为避免误解，他干脆躲在厕所里大笑。

练习了一段时间，他去见经理。可经理还是说不行。

威廉没有泄气，继续苦练。他搜集了许多公众人物迷人的笑脸照片，贴满屋子，以便随时模仿。

他还买了一面与身体同高的大镜子摆在厕所里，只为了每天进去大笑三次。隔了一阵子，他又去见经理，经理冷冷地说："好一点儿了，不过还是不够吸引人。"

威廉不认输，回去加紧练习。一天，他散步时碰到社区管理员，很自然地笑了笑，跟管理员打招呼。

管理员说："威廉先生，您看起来跟过去不太一样了。"这话使他信心大增，立刻又跑去见经理，经理对他说："是有点儿意思了，不过仍然不是发自内心的笑。"

威廉仍不死心，又回去苦练了一阵，终于悟出"发自内心如婴儿般天真无邪的笑容最迷人"，并且练成了那张价值百万美元的笑脸。

我国有句俗语，叫"非笑莫开店"，意思是做生意的人要经常面带笑容，这样才会讨人喜欢，招徕顾客。这也如另一句俗话所说："面带三分笑，生意跑不了。"

日本推销之神原一平总结他取得成功的秘诀，其中最重要的一项就是善于微笑。他的笑被认为值百万美元。原一平认为，对推销人员而言，"笑"至少有下列十大好处。

（1）笑能消除自卑感。

（2）笑能使你的外表更迷人。

（3）笑能把你的友善与关怀有效地传递给准客户。

（4）你的笑能感染对方，让对方也笑，营造和谐的交谈氛围。

（5）笑能建立准客户对你的信赖感。

（6）笑能拆除你与准客户之间的"篱笆"，敞开双方的心扉。

（7）笑可以消除双方的戒心与不安，从而打破僵局。

（8）笑能带走自己的哀伤，迅速重建自信心。

（9）笑是表达爱意的捷径。

（10）笑会增进活力，有益健康。

试想，如果你面前有两个同事，一个人满面冰霜、横眉冷对；另一个人面带笑容、温暖如春，你更愿意与哪个交往？当然是后者，很多人都会毫不犹豫地这样回答。对于同事尚且如此，更何况是从未谋面和交往过的陌生人呢？微笑，在人与人之间成功搭建了一座沟通的桥梁。

一套高档、华丽的衣服能引人注意，而一个亲切、温和、洋溢着诚意的微笑，则更容易让人亲近，也更容易受人欢迎。因为微笑是一种宽容、一种接纳，它缩短了彼此的距离，使人与人之间心心相通。喜欢微笑着面对他人的人，往往更容易走入对方的天地。难怪学者们强调："微笑是成功者的先锋。"

的确，如果说行动比语言更具有力量，那么微笑就是无声的行动，是你递给客户最温暖、最具有亲和力的一张名片。这张名片的有无完全可以决定你能否拿到订单。

底特律的哥堡大厅举行了一次巨大的汽艇展览会，人们蜂拥而至，在展览会上人们可以选购各种船只，从小帆船到豪华的游艇都可以买到。

一位来自中东某产油国的富翁站在一艘大船旁对站在他面前的推销员说："我想买艘汽船。"这对推销员来说，是求之不得的好事。那位推销员很周到地接待了富翁，并详细地介绍这艘船的性能和优点，只是他脸上冷冰冰的，没有丝毫笑容。

富翁看着这位推销员那张没有笑容的脸，还没等推销员介绍完，就转身走开了。

他继续参观，到了下一艘陈列的船前，这次他受到了一个年轻推销员的热情招待。这位推销员脸上挂满了笑容，那微笑像太阳一样灿烂，使这位富翁有宾至如归的感觉，所以，他又一次说："我想买艘汽船。"

"没问题！"这位推销员脸上带着微笑说，"我会为你介绍我们的产品"。之后，他微笑着向富翁简单地介绍了这艘汽船的性能与优点。

虽然这位推销员的介绍并不如前面那位精彩和详细，但这位富翁还是交了定金，并且对这位推销员说："我喜欢人们表现出非常喜欢我的样子，现在你已经用微笑向我表现出来了。这次展览会上，你是唯一让我感到自己受欢迎的人。"

第二天，这位富翁带着一张支票回来，购下了价值 2000 万美元的汽船。

和客户第一次接触时，推销员脸上灿烂的笑容往往能够让客户放松对推销员的戒备，没有几个人会拒绝笑脸迎人的推销员。相反，即使是十分专业的推销员，如果满脸阴沉的话，也往往会遭到客户的拒绝。

微笑比语言更有力，微笑表示的是"你好""我喜欢你""你使我感到愉快""我非常高兴见到你""和你说话我很高兴"等。因此，脸上常带微笑的人，总是更容易成功。因为一个人的笑容就是传递他的好意的信使，他的笑容可以照亮所有看到它的人。没有人喜欢帮助那些整天皱着眉头、愁容满面的人，更不会信任他们；很多人在社会上得以立足，正是从微笑开始的；还有很多人在社会上获得了极好的人缘也是从微笑开始的；很多人在事业上畅行无阻，亦是通过微笑获得的。

微笑是十分奇妙的，它能在生活中荡开一层层涟漪，把生活的湖泊呈现出一种源自生命深处的美感。

伟大的推销员都能给客户留下好感，这种好感可以创造出一种轻松愉快的气氛，可以使彼此结成友善的联系，这种愉快的联系又是推销员推销自己、推销产品、获得财富的基础，而微笑正是打开这扇愉快和财富之门的金钥匙。

举止有度，不失礼节

得体的举止可以塑造一个人的良好形象，推销员时时刻刻都在和人打交道，懂得人际交往的礼节就显得更加重要。

所以，要想成为一名优秀的推销员，我们需注意以下几个基本礼节。

1. 守时

派克先生想买一台计算机，他和推销员哈利约好下午 1 点半在哈利办公室面谈。派克先生准点到达，而哈利却在 20 分钟之后才趾高气扬地走了进来。

"对不起，我来晚了。"他随口说着，"我能为你做点什么？"

"你知道，如果你是到我的办公室做推销，即使迟到了，我也不会生气，因为我完全可以利用这段时间干我自己的事。但是，我上你这儿来照顾你的生意，你却迟到了，这是不能原谅的。"派克先生直言不讳地说。

"我很抱歉，但我刚才正在街对面的餐馆吃午饭，那儿的服务实在太慢了。"

"我不能接受你的道歉。"派克先生说，"既然你和客户约好了时间，当你意识到可能迟到时，应该抛开午餐前来赴约。是我，你的客户，而不是你的胃口应该得到优先考虑。"

尽管那种计算机的价格极具竞争性，哈利也毫无办法促成交易，因为他的迟到激怒了派克。更可悲的是，他竟然根本没想通为什么会失去这笔生意。

守时是赴约的人首先应该遵守的礼仪，这是对人的基本尊重。如果你与客户预约了时间，就一定要提前或准时到达，如果因不可抗拒的因素迟到或无法赴约，必须及时通知客户，诚挚地道歉。而在与客户见面时，更应该保持谦虚谨慎的态度，切忌傲慢无礼、夸夸其谈，否则会让客户感觉到你不可靠，从而丧失交易的机会。

2. 握手

握手虽然简单，但其中也是大有讲究的。

当推销员与客户见面时，若双方均是男性，某一方或双方均坐着，那么就应站起来，趋前握手；若推销员是男性，客户是女性，则推销员不应先要求与对方握手。握手时，必须正视客户的脸和眼睛，并面带微笑。还要注意，戴着手套握手是不礼貌的，伸出左手与人握手也不符合礼仪；同时，握手时用力要适度，既不要太轻也不要太重。适宜的握手方式往往能带来良好的效果。可以想象，如果一个推销人员像抹盘子一样淡漠无趣地与客户握手，或者只是轻轻地抓一下客户的手指尖，客户会做出什么反应。同样，过度用力握手也会使客户产生厌恶和反感，对女性客户更是如此。

3. 不要吸烟

在推销过程中，推销人员尽量不要吸烟。这是因为：其一，吸烟有害身体健康。其二，在推销过程中，尤其是在推销面谈中吸烟，容易分散客户的注意力。例如，在推销人员抽完一支香烟并准备将烟头扔掉时，客户可能会担心其地毯、桌面或纸张被损坏。其三，不吸烟的客户对吸烟者会产生厌恶情绪。

如果知道客户会吸烟，也应注意吸烟方面的礼节。接近客户时，可以先递上一支烟。如果客户先拿出烟来招待自己，推销人员应赶快取出香烟递给客户说：

"先抽我的。"如果来不及递烟，应起身双手接烟，并致谢。不会吸烟的可婉言谢绝。应注意吸烟的烟灰要抖在烟灰缸里，不可乱扔烟头、乱抖烟灰。当正式面谈开始时，应立即灭掉香烟，倾听客户讲话。如果客户不吸烟，推销人员也不要吸烟。

4. 喝茶

喝茶是中国人的传统习惯。如果客户端出茶来招待，推销人员应该起身用双手接过茶杯，并说声"谢谢"。喝茶时不可狂饮、不可出声、不可评论。

5. 打电话的礼节

即使是不与客户见面的电话销售，言行举止也要注意相应的礼节。

推销人员在拿起电话之前应做好谈话内容的准备。通话内容应力求简短、准确，关键部分要重复。通话过程中，应多用礼貌用语。若所找的客户不在，应请教对方，这位客户何时回来。打完电话，应等对方将电话挂断后，再将电话挂上。

总而言之，要想成功推销产品，就要先推销自己。要想推销自己，必须讲究推销礼仪，进行文明推销。

相信自己，你也能成为推销赢家

把自己推销给客户不仅需要上面提到的技巧和能力，更需要勇气和信心。

由于人们对推销员的认知度比较低，导致推销员在许多人眼中成为骗子和喋喋不休的纠缠者的代名词，从而对推销产生反感。这不仅给推销员的工作带来很大不利，而且在潜移默化中让有些推销员自惭形秽，甚至不敢承认自己推销员的身份，让他们工作的开展更加艰难。这种尴尬，即使是伟大的推销员在职业生涯的初期也无法避免。

当今顶尖成功学家布莱恩·崔西也是一名杰出的推销员。在从事推销工作之前，布莱恩·崔西是一位工程师，当他放弃舒适的工程师工作，成为一名推销员后，体会到了一种前所未有的挫败感，因为那时人们普遍对推销员有一种排斥心理，初入行的新手根本不知道该如何化解客户的这种情绪。

有一次，布莱恩·崔西向一位客户进行推销。尽管这位客户是一位朋友介绍的，但当他们交谈时，布莱恩·崔西仍然能感受到对方那种排斥心理，这个场面让他非常尴尬。"我简直不知道是该继续谈话还是该马上离开。"布莱恩在提到当时的情景时说。

后来，一个偶然的机会，布莱恩·崔西发现了自己挫败感的根源在于不敢承认自己推销员的身份。认识到这个问题后，他下决心改变自己。于是，每天他都满怀信心地去拜访客户，并坦诚地告诉客户自己是一名推销员，是来向他展示他可能需要的商品的。

"我曾经在欧洲参加过一个研讨会，并进行了推销讲座，那时遇到的最大阻力就是人们对推销员的认知极低，人们对推销工作以及推销员非常冷漠，甚至缺乏应有的尊重，而在其他许多国家也同样存在着这种情况。"布莱恩·崔西承认当时的事实，但并不代表他会因此屈服。

"在我看来，人们的偏见固然是一大因素，但推销员自身没有朝气，缺乏自信，没有把自身的职业当作事业来经营是这一因素的最大诱因。"布莱恩·崔西说，"其实，推销是一个很正当的职业，是一种服务性行业，如同医生治好病人的病，律师帮人排解纠纷，而身为推销员的我们，则为世人带来舒适、幸福和适当的服务。只要你不再羞怯，时刻充满自信并尊重你的客户，你就能赢得客户的认同。"

同时，布莱恩·崔西还提到了另一个因素——心态问题。比如看到一个杯子里装有半杯水，悲观的人会说：杯子里面只有半杯水。而乐观的人并不这样认为，他会说：还好，里面还有一半水。虽然他们描述的是同一件事物，但前者的态度是失望，后者则是充满希望。

"乐观者在每次困境中都可以看见转机，而悲观者却在每次机会中发现困境。"布莱恩·崔西说，"毫无疑问，一名乐观者往往比悲观者成功的机会大得多。"

"现在就改变自己的心态吧！大胆承认我们的职业！"布莱恩·崔西呼吁道，"成功永远追随着充满自信的人。我发现获得成功的最简单的方法，就是公开对人们说：'我是骄傲的推销员。'"

"相信自己，你也能成为推销赢家。"这是布莱恩·崔西的一位朋友告诉他的，布莱恩·崔西把它抄下来贴在案头，每天出门前都要看一遍。后来，他的愿望实现了。每一个有志于成为杰出推销员的你，不妨也在心中刻下一些话，不断激励自己。

——远离恐惧，充满自信、勇气和胆识。

——不要当盲从者，争当领袖，开风气之先。

——避谈虚幻、空想，追求事实和真理。

——打破枯燥与一成不变，自动挑起责任，接受挑战。

无论任何时候，你都要给自己一个理由，相信自己可以成为推销赢家！总有一天，你也会像布莱恩·崔西那样成为一名杰出的推销员。

把产品视为你的爱人

一位优秀的推销员说："你爱你产品的程度与你的推销业绩成正比。"只要热爱自己所推销的产品、热爱自己的工作，我们一定会成功！相信所有的企业都在寻找能"跟产品谈恋爱的人"。

下面故事中的女推销员正是忽视了对产品的"爱"，所以效果大打折扣。

有一位女推销员，她费尽心思，好不容易电话预约到一位对她推销的产品感兴趣的大客户，然而却在与客户面对面交谈时遭遇难堪。

客户说："我对你们的产品很感兴趣，能详细介绍一下吗？"

"我们的产品是一种高科技产品，非常适合你们这样的生产型企业使用。"女推销员简单地回答，看着客户。

"何以见得？"客户催促她说下去。

"因为我们公司的产品就是专门针对你们这些大型生产企业设计的。"女推销员的话犹如没说。

"我的时间很宝贵的，请你直入主题，告诉我你们产品的详细规格、性能、各种参数、有什么区别于同类产品的优点，好吗？"客户显得很不耐烦。

"这……我……那个……我们这个产品吧……"女推销员变得语无伦次，很明显，她并没有准备好这次面谈，对这个产品也非常生疏。

"对不起，我想你还是把自己的产品了解清楚了再向我推销吧。再见。"客户拂袖而去，一单生意就这样化为泡影。

该推销员没有对产品倾注自己的热情，于是造成不了解产品一问三不知的状况，自然无法在客户心中建立信任。

而当一个推销员热爱自己的产品，坚信它是世界上质量最好的商品时，这种信念将使他在整个推销过程中充满活力和热情，于是他敢于竭力劝说客户，从而在销售中无往而不利。

乔·吉拉德被人们称为"汽车大王"，一方面是因为他推销的汽车是最多的，另一方面则是因为他对汽车相关知识的详细了解。乔·吉拉德认为，推销员在出门前，应该先充实自己，多阅读资料，并参考相关信息，做一位产品专家，才能赢得顾客的信任。比如你推销的是汽车，你不能只说这个型号的汽车可真是好货；你最好能在顾客问起时说出这种汽车发动机的优势在哪里，这种汽车的油耗情况和这种汽车的维修、保养费用，以及和同类车相比它的优势是什么，等等。

乔·吉拉德根据自己的实践经验告诉我们：一定要熟知你所推销的产品的相关知识，这样才能对你自己的销售工作产生热忱。因此，要激发高度的销售热情，你一定要成为自己所推销产品忠实的拥护者。如果你用过产品且感到满意的话，自然会有高度的销售热情。推销人员本身若不相信自己的产品，只会给人一种隔靴搔痒的感受，想打动客户的心就很难。

作为一个优秀的推销员，一定要爱上自己的产品，这是一种积极的心理倾向和态度倾向，能够激发人的热情，产生积极的行动。这样，你才能充满自信，自豪地向客户介绍产品，而当客户对这些产品提出意见时，你也能找出充分的理由说服顾客，从而打动客户的心。不然，你都不能说服自己接受，又怎能说服别人接受你的产品呢？

推销人员要相信并喜爱自己的产品，就应逐步培养对公司产品的兴趣。推销人员不可能一下子对企业的产品感兴趣，因为兴趣不是与生俱来的，是后天培养的，作为一种职业要求和实现推销目标的需要，推销人员应当自觉地、有意识地逐步培养自己对本企业产品的兴趣，力求对所推销的产品做到喜爱和相信。

乔·吉拉德说："我们推销的产品就像武器，如果武器不好使，还没开始我们就已经输了一部分了。"因此，为了赢得这场"战役"，我们要像对待知心爱人那样了解我们的产品、相信我们的产品，努力提高产品的质量，认真塑造产品的形象，这样，我们的推销之路一定会顺利很多。

卷三
成就总统的读书计划卷

·第一讲·

《自立》：

不做命运的顺民

《自立》是爱默生的经典名著。奥巴马说："除了《圣经》之外，这是对我影响最大的一本书。"

活过一回，我们当然要留下自己的痕迹，体现出自己的价值。可是，如果这样，我们又该怎样做呢？《自立》一书将告诉你答案。

别因为个性而伤害到自己

在NBA的历史中，曾有一位特别的球星罗德曼，他的职业生涯虽然曾经辉煌，却被自己的个性所毁掉。在他的职业生涯中，先后效力过5支球队——底特律活塞队、圣安东尼奥马刺队、芝加哥公牛队、洛杉矶湖人队和达拉斯小牛队。除了在湖人队和小牛队罗德曼是混饭吃之外，在前三支球队，罗德曼都是有足够的能力不辱使命。

1986-1993年，罗德曼在底特律活塞队度过了7个赛季：在兰比尔等人的教导下，他虽然打球手段不够光明，并且让自己得了"坏孩子"的绰号，但他确实在尽最大的能力为球队做贡献。"……我对当年的底特律活塞队还是抱着特别的感情，我们拥有一切。对我而言，那支队伍相当特别，因为那是我崛起的地方，也是我学习如何参与比赛的地方。"罗德曼曾这样感慨地回忆道。所以，底特律活塞队时期的罗德曼，是球队团结稳定、积极向上的一个因素。然而，当1993年罗德曼效力马刺队的时候，事情便发生了改变：他的特立独行、唯我独尊让马刺队吃尽了苦头。

他把三种人看成自己的敌人：首先是戴维·斯特恩——NBA的总裁。因为斯特恩要维护NBA的形象，不允许罗德曼为所欲为，对罗德曼的很多行为都会给予处罚。这让罗德曼很不适应，他认为斯特恩干涉了自己的自由，所以他要和斯特恩对着干。第二种人是马刺队当时的主教练希尔以及球队总经理波波维奇。因为，他们希望驯服罗德曼，使罗德曼听从指挥，在球场上发挥更大的作用。但当时的罗德曼已经获得了两个总冠军，自视甚高，他甚至希望教练听从他的指挥，这种矛盾便不可调和了。第三种人是戴维·罗宾逊等球员。罗宾逊是马刺队的绝对核心和精神领袖，工资比罗德曼高很多。但罗德曼认为罗宾逊是高薪低能，在关键比赛中总会"脱线"，而自己这种能"左右"比赛胜负的选手却不受重用，挣的钱与实力不成正比。但事实却是，罗德曼无论在活塞队还是在马刺队，抑或在公牛队，他挣的钱都不与他的名声成正比。

由于这种个性，罗德曼成为球队中的不稳定分子，或者说是一个破坏者。在1994-1995赛季季后赛的第二轮比赛中，马刺队对阵湖人队。第三场比赛中，罗德曼在第二节被换下场，当时他很不满，在场边脱掉球鞋，躺在记者席旁边的球场底线前……比赛暂停的时候，罗德曼也不站起来，不到教练面前听讲战术……后来，马刺队输掉了那场比赛。当时，摄像机一直对着罗德曼，播出后，马刺队的管理层大为光火，结合罗德曼平时的所作所为，他们认为罗德曼已经影响了球队的团结，于是决定对罗德曼禁赛。没有了罗德曼的马刺队，队员团结一致，在后来的比赛中打败了湖人，报了一箭之仇。

从结果来看，马刺队对罗德曼禁赛的决策是正确的。罗德曼用个性的刺使自己和团队隔离，结果造成自己的球队输掉了比赛。归根结底，这种所谓的个性其实是一种自私的"自我中心"。

在现实生活中，以自我为中心的人并不少见。例如，有的人在宿舍里随心所欲，自己想听音乐就大声播放，不管他人是在休息还是在学习，而自己想睡觉时又要求别人别弄出声响；有的人对别人的东西一点儿也不爱惜，而对自己的东西十分珍惜，很少借给别人……

这些人想问题和做事情都从"我"字出发，希望别人都围着他转，"只许自己放火，不准别人点灯"，不能设身处地站在别人的立场上考虑问题。这种心态和行为会严重阻碍与别人的顺畅交往，不仅不能赢得他人的好感和信任，也会影响到自身的发展，最终给自己带来严重的伤害。

站在对方的立场上传递温暖

在美国的一次经济大萧条中，90% 的中小企业倒闭了，一个名叫丹娜的女人开的齿轮厂的订单也是一落千丈。丹娜为人宽厚善良、慷慨体贴，交了许多朋友，并与客户都保持着良好的关系。在这举步维艰的时刻，丹娜想要找那些朋友、老客户出出主意、帮帮忙，于是就写了很多信。可是，等信写好后她才发现：自己连买邮票的钱都没有了！

这同时也提醒了丹娜：自己没钱买邮票，别人的日子也好不到哪里去，怎么会舍得花钱买邮票给自己回信呢？可如果没有回信，谁又能帮助自己呢？

于是，丹娜把家里能卖的东西都卖了，用一部分钱买了一大堆邮票，开始向外寄信，还在每封信里附上两美元，作为回信的邮票钱，希望大家给予指导。她的朋友和客户收到信后都大吃一惊，因为两美元远远超过了一张邮票的价钱。每个人都被感动了，他们回想起丹娜平日的种种好处和善举。

不久，丹娜就收到了订单，还有朋友来信说想要给她投资，一起做点什么。丹娜的生意很快有了起色。在那次经济萧条中，她是为数不多的站住脚而且有所成的企业家。

时常有些人抱怨自己不被他人理解，其实，换个角度想，可能别人也有同样的感受。当我们希望获得他人的理解，想到"他怎么就不能站在我的角度想一想呢"时，我们也可以尝试自己先主动站在对方的角度思考，也许会得到一种意想不到的答案，许多矛盾、误会等也会迎刃而解。

一位女孩刚开始上网的时候，个性十足，上论坛最喜欢砸人，当然也挨砸。挨砸了心里不好过，饭都吃不下去。好友知道后对女孩说了一句话：上网是为了快乐。这句话如同醍醐灌顶，让女孩一下子释怀。

想想看，大家来自不同的城市甚至不同的国家，有不同的看法，操着不同的口音，如果没有网络，大家如何能彼此交谈，如何能够彼此分享快乐、分担忧伤？相识本来就是缘分，珍惜缘分、珍惜彼此，伤人不快乐，被伤更不快乐。

后来再上网，女孩再也没有和人吵过架，没有恶意抨击过别人——不为别的，只为大家都要寻求快乐。

沟通大师吉拉德说："当你认为别人的感受和你自己的一样重要时，才会出现融洽的气氛。"我们需要多从他人的角度考虑问题，如果对方觉得自己受到重视和赞赏，就会报以合作的态度。如果我们只强调自己的感受，别人就会和你对抗。

换个角度替对方多思考一下，关系立刻就会变得缓和。生活中，请相信，每一个有缺点的人都有他值得同情和原谅的地方。一个人的过错，常常不是他一个人造成的，对这些人多一些体谅吧，从对方的角度出发，你的宽容就可以温暖一颗失落的心，他们也会把温暖传递给他人。

你就是万人瞩目的强者

有一天，一只老虎躺在树下睡大觉。一只小老鼠从树洞里爬出来时，不小心碰到了老虎的爪子，把它惊醒了。老虎非常生气，张开大嘴就要吃它，小老鼠吓得簌簌发抖，哀求道："求求你，老虎先生，别吃我，请放过我这一次吧！日后我一定会报答你的。"

老虎不屑地说："你一只小小的老鼠怎么可能帮得了一只大老虎呢？"但它是一只心肠很软的老虎，最后还是把老鼠放走了。

不久，这只老虎出去觅食时被猎人设置的网罩住了。它用力挣扎，使出浑身力气，但网太结实了，越挣扎绑得越紧。于是它大声吼叫，小老鼠听到了它的吼声，就赶紧跑了过去。

"别动，尊敬的老虎，让我来帮你，我会帮你把网咬开的。"

小老鼠用它尖锐的牙齿咬断了网上的绳结，老虎终于从网里挣脱出来了。

"上次你还嘲笑我呢，"老鼠说，"你觉得我太弱小了，没法儿报答你。你看，现在不正是一只弱小的小老鼠救了大老虎的性命吗？"

由这个故事，我们不难想到，在这个世界上，从来就没有谁注定就是强者，也没有谁注定就是弱者。强大如老虎，在猎人的陷阱里，它就变成了弱者；弱小如老鼠，在结实的网绳前，拥有锋利牙齿的它就变成了强者。

你或许自以为是弱者，轻视自己的力量。从现在开始，你就应该转换自己的想法，找出自己的优点，之后给自己一点儿信心，这样你才能在自己的位置上发挥出最大的价值。

在这个世界上，每个人都不是一无是处的，即使你现在还找不到自己的优点，那也并不意味着你就没有优点。要相信，总会有一项绝技埋藏在你平淡无奇的生命中。

法国文豪大仲马在成名前，穷困潦倒。有一次，他跑到巴黎去拜访他父亲的一位朋友，请他帮忙找份工作。

他父亲的朋友问他："你能做什么？"

"没有什么了不得的本事，老伯。"

"数学精通吗？"

"不。"

"你懂得物理吗？或者历史？"

"什么都不知道，老伯。"

"会计呢？法律如何？"

大仲马满脸通红，第一次意识到自己太差劲了，便说："我真惭愧，现在我一定要努力加强我的这些短板。我相信不久之后，我一定会给老伯一个满意的答复。"

他父亲的朋友对他说："可是，你要生活啊！将你的住处留在这张纸上吧。"大仲马无可奈何地写下了他的住址。他父亲的朋友叫着说："你终究有一样长处，你的名字写得很好呀！"

你看，大仲马在成名前，也曾有过自认为一无是处的时候。然而，他父亲的朋友却发现了他的一个看似并不是优点的优点——把名字写得很好。

把名字写得好，也许你对此不屑一顾：这算什么绝技！然而，不管这个绝技有多么地了不起，它毕竟是你的本事。你就能以此为基点，扩大你的优点范围：名字能写好，字也就能写好；字能写好，文章为什么就不能写好？

我们每一个人，特别是妄自菲薄的人，切不可把强者的标准定得太高，而对自身的长处视而不见。你不要死盯着自己学习不好、没钱、长相不好等不足的方面，你还应看到自己身体健康、会唱歌、文章写得好等不被外人和自己留意或发现的强项。

而事实上，你不是个天生的弱者，所以没必要总是低头走路。只要你注意到了自己的闪光点，并努力将它发扬光大，总有一天，你也会成为万众瞩目的强者。

不做命运的顺民

1940年6月23日，在美国一个贫困的铁路工人家庭，一位黑人妇女生下了她一生中的第二十个孩子，这是个女孩，取名威尔玛·鲁道夫。众多的孩子让这个贫困的家庭更加捉襟见肘，连怀孕的母亲也常常饿肚子。孕妇营养不良使得威尔玛早产，这就注定了威尔玛的先天性发育不良。

4岁那年，威尔玛不幸同时患上了双侧肺炎和猩红热。在那个年代，肺炎和猩红热都是致命的疾病。母亲每天抱着小威尔玛到处求医，医生们都摇头说难治，她以为这个孩子保不住了。然而，这个瘦小的孩子居然挺了过来。威尔玛勉强捡回来一条命，她的左腿却因此残疾了，因为猩红热引发了小儿麻痹症。从此，幼小的威尔玛不得不靠拐杖来行走。看到邻居家的孩子追逐奔跑时，威尔玛的心中蒙上了一团阴影，她沮丧极了。

在她生命中那段灰暗的日子里，经历了太多苦难的母亲不断地鼓励她，希望她相信自己并能超越自己。虽然有一大堆孩子，母亲还是把许多心血倾注在这个不幸的小女儿身上。母亲的鼓励给了威尔玛希望的阳光，威尔玛曾经对母亲说："我的心中有个梦，不知道能不能实现。"母亲问威尔玛的梦想是什么。威尔玛坚定地说："我想比邻居家的孩子跑得还快！"

母亲虽然一直不断地鼓励她，可此时还是忍不住哭了，她知道孩子的这个梦想将永远难以实现，除非奇迹出现。

但是坚强的母亲并没有因此而放弃希望，她从朋友那里打听到一种治疗小儿麻痹症的简易方法，那就是泡热水和按摩。母亲每天坚持为威尔玛按摩，并号召家里的人一有空就为威尔玛按摩。母亲还不断地打听治疗小儿麻痹症的偏方，买来各种各样的草药为威尔玛涂抹。奇迹终于出现了！威尔玛9岁那年的一天，她扔掉拐杖站了起来。母亲一把抱住自己的孩子，泪如雨下。5年的辛苦和期盼终于有了回报！

13岁那年，威尔玛决定参加中学举办的短跑比赛。学校的老师和同学都知道她曾经得过小儿麻痹症，直到此时腿脚还不是很利索，便都好心地劝她放弃比赛。威尔玛执意要参加比赛，老师只好通知她母亲，希望母亲能好好劝劝她。然而，母亲却说："她的腿已经好了，让她参加吧，我相信她能超越自己。"事实证明母亲的话是正确的。

比赛那天，母亲也到学校为威尔玛加油。威尔玛靠着惊人的毅力一举夺得100米和200米短跑的冠军，震惊了校园，老师和同学们也对她刮目相看。从此，威尔玛爱上了短跑运动，想办法参加一切短跑比赛，并总能获得不错的名次。同学们不知道威尔玛曾经不太灵便的腿为什么一下子变得那么神奇，只有母亲知道女儿成功背后的艰辛。坚强而倔强的女儿为了实现比邻居家的孩子跑得还快的梦想，每天早上坚持练习短跑，直练到小腿发胀、酸痛为止。

在1956年奥运会上，16岁的威尔玛参加了4×100米的短跑接力赛，并和队友一起获得了铜牌。1960年，威尔玛在美国田径锦标赛上以22秒9的成绩创造了200米的世界纪录。在当年举行的罗马奥运会上，威尔玛迎来了她体育生涯中辉煌的巅峰。她参加了100米、200米和4×100米接力比赛，每场必胜，接连获得了3块奥运金牌。

从威尔玛的身上，我们看到了命运并不是不可改变的。经历了先天的不幸，不要以为命运从此就不能挽回了，更不要对自己失去信心，乖乖地忍受着命运的摧残。要知道，做人不能逆来顺受，顽强的生命会向命运宣战，尽力去改变自己的命运，而不是在抱怨中放弃自己。

真正顽强的生命从来不会屈服，而会用自己的努力来战胜一切。只有我们勇敢地与命运抗衡，我们才能真正体味到生命的甘甜，获得人生的幸福。

你不可能让所有人满意

哲人们常把人生比作路，是路，就注定有崎岖不平。

1929年，美国芝加哥发生了一件震动全国教育界的大事。

几年前，一个叫罗勃·郝金斯的年轻人，半工半读地从耶鲁大学毕业，做过作家、伐木工人、家庭教师和卖成衣的售货员。只经过了8年，他就被任命为全美国第四大名校——芝加哥大学的校长。他只有30岁！真叫人难以置信。

人们对他的批评就像山崩落石一样一齐打在这位"神童"的头上，说他这样，说他那样——太年轻了，经验不够，说他的教育观念很不成熟，甚至各大报纸也参与了攻击。

在罗勃·郝金斯就任的那一天，有一个朋友对他的父亲说："今天早上，我看见报上的社论攻击你的儿子，真把我吓坏了。"

"不错，"郝金斯的父亲回答说，"话都说得很凶。可是请记住，从来没有人会踢一只死狗。"

确实如此，越勇猛的狗，人们踢起来就越有成就感。

曾有一个美国人，被人骂作"伪君子""骗子""比谋杀犯好不了多少"……你猜是谁？一幅刊在报纸上的漫画把他画成伏在断头台上，一把大刀正要切下他的脑袋，街上的人群都在嘘他。他是谁？他是乔治·华盛顿。

耶鲁大学的前校长德怀特曾说："如果此人当选美国总统，我们的国家将会合法卖淫、行为可鄙、是非不分，不再敬天爱人。"听起来这似乎是在骂希特勒吧？

可是他谩骂的对象竟是杰弗逊总统，就是撰写《独立宣言》、被赞美为民主先驱的杰弗逊总统。

可见，没有谁的路永远是一马平川的。为他人所左右而失去自己方向的人，他将无法抵达属于自己的幸福彼岸。

真正成功的人生，不在于成就的大小，而在于是否努力地去实现自我，走出属于自己的道路。

一个中文系的学生苦心撰写了一篇小说，请作家点评。因为作家正患眼疾，学生便将作品读给作家。读到最后一个字，学生停顿下来。作家问道："结束了吗？"听语气似乎意犹未尽，渴望下文。这一追问，煽起学生的激情，学生立刻灵感喷发，马上接续道："没有啊，下部分更精彩。"他以自己都难以置信的构思叙述下去。

到达一个段落，作家又似乎难以割舍地问："结束了吗？"

小说一定摄魂勾魄，叫人欲罢不能！学生更兴奋，更激昂，更富于创作激情。他不可遏止地一而再、再而三地接续、接续……最后，电话铃声骤然响起，打断了学生的思绪。

电话里的人找作家有急事。作家匆匆准备出门。"那么，没读完的小说呢？""其实你的小说早该收笔，在我第一次询问你是否结束的时候，就应该结束，何必画蛇添足、狗尾续貂？该停则止。看来，你还没把握情节脉络，尤其是缺少决断。决断是当作家的根本，否则绵延逶迤、拖泥带水，如何打动读者？"

学生追悔莫及，自认性格过于受外界左右，对作品难以把握，恐不是当作家的料。

很久以后，这名年轻人遇到另一位作家，羞愧地谈及往事，谁知作家惊呼："你的反应如此迅捷、思维如此敏锐、编造故事的能力如此强盛，这些正是成为作家的天赋呀！假如正确运用，作品一定脱颖而出。"

"横看成岭侧成峰，远近高低各不同。"凡事绝难有统一定论，我们不可能让所有的人都对我们满意，所以可以拿他们的"意见"作为参考，却不可以代替自己的主见。不要被他人的论断束缚了自己前进的步伐，追随你的热情、你的心灵，它们将带你实现梦想。

坐在舒适软垫上的人容易睡去

有个渔民有着一流的捕鱼技术，被人们尊称为"渔王"。然而"渔王"年老的时候非常苦恼，因为他的三个儿子的渔技都很平庸。

于是他经常向人诉说心中的苦恼："我真不明白，我捕鱼的技术这么好，儿子们的技术为什么这么差？我从他们懂事起就给他们传授捕鱼技术，从最基本的东西教起，告诉他们怎样织网最容易捕捉到鱼，怎样划船最不会惊动鱼，怎样下网最容易请鱼入瓮。他们长大了，我又教他们怎样识潮汐、辨鱼汛……凡是我长年辛辛苦苦总结出来的经验，我都毫无保留地传授给了他们，可他们的捕鱼技术竟然赶不上技术比我差的渔民的儿子！"

一位路人听了他的诉说后，问："你一直手把手地教他们吗？"

"是的，为了让他们得到一流的捕鱼技术，我教得很仔细、很耐心。"

"他们一直跟随着你吗？"

"是的，为了让他们少走弯路，我一直让他们跟着我学。"

路人说："这样说来，就难怪了。你要知道，坐在舒适软垫上的人容易睡去。你的儿子以为什么事情都可以从你那里学到，就很少自己去摸索经验。遇到困难，他们不是自己想办法去克服，而是希望在你的翅膀底下寻找庇护。自己不经过努力、不经历挫折，即使你传授给他们再多的经验，他们也不会真正成长起来。"

没错，不经历风雨就见不到彩虹。孩子是在摔倒了无数次之后才学会走路的，伟人的发明创造更是经历了无数次失败之后才成功的。可口可乐董事长罗伯特·高兹耶达说："过去是迈向未来的垫脚石，若不知道垫脚石在何处，必然会被绊倒。"教训和失败是人生历练不可缺少的财富，只有经历过，才能从中学到更多的东西，领悟到更多的道理。从别人口中传来的经验，从书本里总结的教训，都不能切实地应用于我们的生活中，只有自己经历了，并且投入思考将问题解决了，才能在前行的道路中感受到自己的成长，才能逐渐地丰满自己的羽翼。

可是，很多人都希望躲在别人的翅膀之下，遭遇挫折时也希望有人能给他遮风挡雨，这样的思想是错误的。人生难免风雨，四季难免严冬。别人不可能始终陪在你的身边，所以生活中的任何问题都应该自己去面对。特别是苦难，只有凭借自己的力量战胜它，你才能从中总结经验教训。只有吸取了经验教训，才能避免在以后的人生中犯类似的错误。也只有积累了足够的经验，我们才能在日后熟能生巧，做事情信手拈来。

·第二讲·

《管道的力量》：

发掘不息的成功之源

罗纳德·里根曾说过这样一段话：我们经历了大工业时代和大公司时代。但是，我相信，现在是一个创业的时代。所以，我们更需要"管道"的精神。

《管道的力量》是将贝克·哈吉斯的写作事业推向顶峰的全新之作。这本书自从问世以后，就受到了社会各界的关注。美国前总统里根曾经大力推荐这本书，他说，当你读了《管道的力量》以后，你就会发现，只有管道才能帮你创造财富，可是生活中有太多的人都选择了"提桶"。

发掘市场"蓝海区"

20世纪80年代以来，"红海战略"成为商业的主流。"红海"代表已知的市场空间，在红海中，每个产业的界限已经被划定并为人们所接受，竞争规则也已为人们所知。企业试图在这样一个环境中击败对手，夺取更大的市场份额，但随着市场空间越来越拥挤，利润和增长的前途也就越来越暗淡。

2005年，哈佛商学院出版社出版了W. 钱·金（韩国）和勒妮·莫博涅（美国）合著的《蓝海战略》。很快，这本书就席卷全球，成为出版商、民众、企业家和学者们竞相讨论和追逐的对象。与红海相对，蓝海代表着待开发的市场空间，代表着创造新需求，代表着高利润增长的机会，也就是说，蓝海是未知的市场空间。

当前竞争日趋白热化，许多公司都在削价竞争，形成一片"血腥"的红海。在这种情况下，如果想在竞争中求胜，唯一的办法就是不能只顾着打败对手，还要在红海当中拓展现有产业的边界，开发出蓝海，寻找冷门，形成没有人竞争的全新市场，这才是最有效的策略。

二战结束后，美日的航线主要被美国航空公司控制，对于日航来说，要想发展自己的业务，非常艰难。为了改变生意清淡的状况，日航高薪聘请美国飞行员，购置一流的飞机，严保飞行安全和设施的先进，但由于竞争对手也采取了同样的措施，所以日航在竞争中仍处于劣势。如何改变这种现状呢？日航决定以改善服务为突破口：世界各大航空公司的服务都大同小异，如精美的食物、和颜悦色的空姐、彬彬有礼的服务……但如果日航能够在飞机上展现日本的传统文化，不就能吸引好奇的西方乘客了吗？于是，日航经过精心设计，让空姐身穿各种款式的和服，在飞机上向顾客展示日本的茶道；在送餐时以日本女性特有的温柔指导顾客怎样用筷子；为顾客服务时以日式鞠躬表示礼貌……这种种充满了浓郁日本风情的服务方式，果然引起了西方游客对日本文化的浓厚兴趣，一些原本不打算去日本旅游的西方人，也纷纷乘坐日航的班机前往日本观光。日航通过改善服务，不与竞争对手拼硬件而赢得了市场。

日航和其他航空公司相比，既没有硬件上的优势，也没有资金上的长处，它如何在竞争中获胜呢？显然，它没有和竞争对手进行正面竞争，而是挖掘自身的优势，把握自身的长处，以改善服务为突破口，从而改变了自己在竞争中的弱势局面。日航这种主动开拓市场空白，不与竞争者竞争的企业经营思维就是蓝海思维。

可见，企业要开拓蓝海商机，就要不与对手竞争，而要避实击虚，重新发现市场，重新界定市场。而这点同样适用于个人。

当有人采访比尔·盖茨，问他为什么能成为世界首富，比尔·盖茨说："我之所以能成为世界首富，有三大秘诀，第一就是我善于在别人看不到的地方赚钱。"

由此可见，眼光独到，发掘市场"蓝海区"，在别人看不到的地方赚钱，是经商者财富永不干涸的源泉，也是经商者必备的能力之一。

把自己当成一家公司去经营

经营一家公司，最重要的就是经营这家公司的品牌。可能产品都相差无几，但是消费者看重的是企业的整体形象，因为品牌商品有品质保障。作为个人，我们也要把自己当作一家公司来经营，打造出属于自己的个人品牌。通常情况下，你的名字就是你的个人品牌，你的名字就代表着你的工作能力，你的名字也就成了你的工作能力的象征。

要打造个人品牌，你就要时时保持你的竞争力。往往，你的个人品牌也代表着你的道德观、作风、形象、责任，好的品牌之所以强势，就是因为它结合了"正确的特性""吸引人的性格"，以及随之而来的与消费者的"良好互动关系"。"个人品牌"必须有"正确的特性""吸引人的性格"，只有这样，才会美名远扬，为自己创造更多的机会！

如何才能打造自己的个人品牌呢？

1. 不断提升自己的专业能力

拥有专业能力，就是知识丰富并且执行力强，可以帮企业解决问题。"拥有专业能力"是一种绝佳的个人品牌，是一种内涵的呈现。由于不断地有新知识及新技术的推出，为了避免过时，必须不断地增进专业能力，这是打造个人品牌首先要注意的！

2. 拥有谦虚的态度

无论什么时候，谦虚的人都会受欢迎的。如果你能力有限，谦虚会让人感觉你诚实上进，如果你工作能力很强，谦虚会让人感觉你综合素质很高。

3. 维持学习力及学习心

学习力及学习心是不老的象征，也是延续个人品牌的手段。一个不断学习的人内在是丰富的，也会更容易拥有自信心及保持谦虚的态度。学习会让你时时刻刻感觉在进步。学习会让你找到自身的不足，从而改正陋习。

4. 强化沟通能力

沟通能力包括"倾听能力"及"表达能力"。个人品牌必须透过沟通传达出去。你必须有能力在大众面前清楚地表达，透过文字传达思想，也要学习站在他人的角度看事情，尝试以对方听得懂的语言沟通，为了达到这个目的，倾听是必要的！

5. 亲和力

亲和力是一种甜美的气质，让人在不知不觉中被你吸引。亲和力也是一种柔软的积极性，是透过"与人亲善"的特质发挥更多的影响力。

6. 外表

外表是很重要的！当别人还没有机会了解你的内涵，就会从你的外表来判断你的好坏。学习让你看起来清清爽爽、专业、诚恳，以整洁利落来表达你充沛的精力及良好的态度，是职场中的每一个人都必备的能力。

建立个人品牌，可以从自己的强项开始。每个人都有自己独特的能力，从自己独特的能力开始，是最容易建立个人品牌的方法。

玛利亚是一家饮料公司的业务主管，因为她平易近人，说话随和，客户都喜欢和她交谈。每逢碰到同事和客户谈崩的时候，她就会出动。只要她一去，什么冰山都会融化成一江春水。她个人品牌的重点就是"化解矛盾的专家"。每个人都应及早找到自己的强项，尽量发挥，这是快速脱颖而出的秘诀！

这是个自我行销的时代，你的表现是你的"最佳简历"。我们必须做到处处塑造我们的个人品牌，让每个见过你的人都能记住你，那样，成功就离你不远了。

你是在"提桶"还是在"建造管道"

每次开关于财富的会议，我都会给大家讲这个管道的故事。

很久以前，有两个名叫波波罗和布鲁诺的年轻人，他们是好朋友。他们渴望有一天能够成为村里最富有的人。他们都很聪明而且很勤奋，他们认为自己需要的只是机会。

在他们的期盼之下，机会终于来了。村里决定雇两个人把附近河里的水运到村广场的水缸里去，这份工作交给了这两个年轻人。他们抓起两个水桶奔向河边，一天结束后，他们把村子里的水缸都装满了。村长按每桶一分钱支付给他们酬劳。

"我们的运气真不错，这是一个不错的工作，不是吗？"布鲁诺满足地大叫。但是波波罗不同意他的看法，他不想整天都拿着一个木桶提水，那会让他起满手的大泡。所以他发誓要找一个更好的办法，让河里的水流到村子里去。

"我有一个计划，咱们需要挖一个管道。"波波罗说，"这样咱们就不用一桶一桶地提水了。"

"多傻啊，我的朋友，那需要很长时间的。咱们这样提水，一周就可以买一双新的鞋子，一个月就可以买驴子，六个月就可以盖新房了。日子会过得越来越好的，没必要在那些无聊的事情上大费周折。"布鲁诺这样回答。

尽管跟好朋友的想法不同，可是波波罗并没有放弃，而是开始了自己的行动。他每天白天提水，晚上挖管道。他的工作是根据提水的量来计算的，所以开始的时候，他每天都赚不到多少钱。可是他的朋友却能提很多水，赚到很多的钱。

转眼，一年过去了。波波罗的管道刚挖到一半，可是布鲁诺已经买了驴子，拴在他新盖的两层小楼的前面。他穿着漂亮的衣服，在酒吧里喝着酒。人们都对这个富裕的年轻人羡慕不已。

布鲁诺整天用力地运水，渐渐地，后背弯了，脚步也慢了。他开始对生活失去了激情，提水的时间远远少于在酒吧里喝闷酒的时间。可是这时，波波罗的管道建成了。水从管道里源源不断地涌入村子里，不管是他睡觉还是在别处游玩，都不会影响他的工作。他口袋里的钱越来越多了。人们把波波罗称为"管道人"，认为他创造了一个奇迹。

波波罗的管道，让布鲁诺失去了工作。波波罗找到了这个昔日的好朋友，要他和自己一起建造管道。

"别挖苦我了。"布鲁诺对于波波罗的做法感到反感。

"我不是来跟你炫耀的。"波波罗解释说，"在我挖管道的过程中，我学会了很多的经验，但是凭借我一个人的力量，根本不可能挖掘更多的管道。所以，我希望把我的经验传授给你，我们一起挖掘更多的管道，包括别的村子的，甚至是全世界的。"

布鲁诺很赞成他的想法。于是，他们两个人一起，发展了更多的管道，也赚取了更多的财富。有时间的时候，他们也会跟别的年轻人讲述自己建造管道的故事，可是很多人仍然不能够理解他们。

"我没有足够的时间。"

"我的朋友也想建造一条管道，可是他失败了。我不能明知道会失败，还要去浪费自己的时间。"

"也许提桶比建造管道来得容易，何必要冒险呢？"

……

人们总是有足够的借口，于是，在这个世界上，提桶的人越来越多，建造管道的人越来越少。你是其中的哪一类人呢？是否也在提着笨拙的木桶，吃力地生活呢？人生的机遇那么多，不尝试，不利用你的智慧，那么再好的机遇也不会发生在你身上。

有准备，才有成功的机会

机遇不是随便就能获得的，有准备的人，才有可能与之碰面。

阿尔伯特·哈伯德生在一个富足的家庭，但他还是想创立自己的事业，因此他很早就开始了有意识的准备。他明白像他这样的年轻人，最缺乏的是知识和必备的经验。因而，他有选择地学习一些相关的专业知识，充分利用时间，甚至在他外出工作时，也会带上一本书，在等候电车时一边看一边背诵。他一直保持着这个习惯，这使他受益匪浅。后来，他有机会进入哈佛大学，开始了一些系统理论课程的学习。

阿尔伯特·哈伯德对欧洲市场进行了一番详细的考察，随后，他开始积极筹备自己的出版社。他请教了专门的咨询公司，调查了出版市场，从从事出版行业的普兰特先生那里得到了许多积极的建议。这样，一家新的出版社——罗依科罗斯特出版社诞生了。

由于事先的准备工作做得充分，出版社经营得十分出色。阿尔伯特·哈伯德不断将自己的体验和见闻整理成书出版，名誉与金钱相继滚滚而来。

阿尔伯特并没有就此满足，他敏锐地观察到，他所在的纽约州东奥罗拉，当时已经渐渐成为人们度假旅游的最佳选择之一，但这里的旅馆业却非常不发达。这是一个很好的商机，阿尔伯特没有放弃这个机会。他抽出时间亲自在市中心周围进行了两个月的调查，了解市场的行情，考察周围的环境和交通。他甚至亲自入住一家当地经营得非常出色的旅馆，去研究其经营的独到之处。后来，他成功地从别人手中接手了一家旅馆，并对其进行了彻底的改造和装潢。

在旅馆装修时，他根据自己的调查，接触了许多游客。他了解到游客们的喜好、收入水平、消费观念，更注意到这些游客是由于厌倦繁忙的工作，才在假期来这里放松的，他们需要更简单的生活。因此，他让工人制作了一种简单的直线型家具。这个创意一经推出，很快受到人们的关注，游客们非常喜欢这种家具。他再一次抓住了这个机遇，一个家具制造厂诞生了。家具公司蒸蒸日上，也证明了他准备工作的成效。同时他的出版社还出版了《菲利士人》和《兄弟》两份月刊，其影响力在《致加西亚的信》一书出版后达到顶峰。

阿尔伯特深深地体会到，准备是一切工作的前提，是执行力的基础。因此，他不但自己在做任何决策前都认真准备，还把这种意识灌输给他的员工。不久之后，"你准备好了吗"已经成为他们公司全体员工的口头禅，成功地形成了"准备第一"的企业文化。在这样的文化氛围中，公司的执行力得到了极大的提升，工作效率自然显而易见。

同样，如果我们想获得成功的机会，也应当像阿尔伯特·哈伯德一样，在行动之前做好充分的准备。只有准备充分才能保证工作得以完美完成。

成为百万富翁不是一种机会，而是一个选择

好吧，如果你已经接受了既定的事实，认为你的人生已经没有更多的机会可言，那么我们来看看你对收入的选择。

选择一：你有一份稳定的工作和固定的收入。每天的生活很规律，没有过多的陷阱，不需要冒险，可是你不会有更多的机遇。你被你的工作限定住了，你不可能会有更多更好的选择，因为一旦你偏离了自己的轨道，那么这份让你为之自豪的工作，就可能保不住了。我能够说明的是，你的生活还不错，最起码要比那些找不到工作而到处流浪的人强很多。

选择二：创业。很多人厌倦了给别人打工而幻想寻找到一种新的刺激，也有人是带着自己的梦想投入创业中来的。不可否认，这是一件十分危险的事情，因为你不知道在哪里会遇到陷阱，也不知道什么时候会赔个血本无归。但是，如果获利，你也可能跻身于富翁的行列。

几年前，戴安娜因为找不到理想的工作，而且手中的资金十分有限，就打算自己做生意。白手起家对人生地不熟的戴安娜而言太困难，于是有人建议她购买现成的生意。

按那时的行情，如果想买一家每周营业额在5000美元左右的街角便利店，大约需要3万~4万美元。可是当时戴安娜手中只有1万美元，这点儿钱只够她找一家现时生意不好但有发展潜质的店。

不久她便如愿以偿。戴安娜的眼光很独到，觉得一个小生意是否有发展潜质，关键是看其生意不好是否因经营不善所致。有些便利店因为附近有太强的对手，所以营业额无法上去。而有些店则是因为品种不对路或者太陈旧，或者店面太脏、太乱，导致生意不好，这几类店就有做好生意的潜力。另外，有些店处于正在发展中的地区，比如说周围正在造新的住宅群等，这也是将来生意额可能增加的因素。

经营了一年半以后，戴安娜便将她的街角便利店出售了。当年她买进这家店时，每周的营业额只有1000多美元，而经过经营整顿之后，卖出时每周的营业额已上升至3500美元左右，结果以4万美元（不计存货价）卖出。在一年半内，戴安娜赚了3万多美元，且在这一年半中，她每月还有一定的营业收入。

此事给戴安娜很大的启发，她觉得倒腾生意显然比自己经营小生意赚钱容易得多。接着她又以3万美元买进一家同样性质的便利店，两年后以6万美元卖出。

期间她还用 1 万美元在一个新开发的地区开了一家街角便利店，一年多后又以 4 万美元卖出。在短短的 8 年中，她共转手 6 家便利店，所取得的利润很可观。

戴安娜的经历告诉我们，创业往往有很大的发展空间，如果眼光准确，你很可能从中获得很大程度的提升，也可能积累很多的财富。不过，虽然做生意很容易积累财富，可是如果不谨慎，也会存在一定的风险。那么我们如果不喜欢创业，是否还有其他的选择呢？

选择三：你可以做自由撰稿人或者自由职业者。这样的工作很自由，发展空间也大，可是你要具备相应的才华。

选择四：融合。自己有一份稳定的工作，将一部分积蓄拿出来与人合资做生意，可是这样会很累，赚钱的空间也有限。

可能还有更多的选择，可是每一种选择都有利有弊，关键是我们要去做。

有时候，我们羡慕别人的成功，可是别人也是一步一步走出来的。不是他的机会好，而是他懂得怎样在生活中做选择，并且怎样将自己的选择做到最好。生活同样给了我们这些选择题，那么想跻身于百万富翁行列的你，想好怎样做选择了吗？

你正在推还是在拉成功之门

乔治整天都在为找一个好工作而发愁。有一天，他垂头丧气地回到宿舍，脸色比以往更差。同宿舍的人猜想，他一定发生了很难过的事情，或者受到了更大的挫折，才会变得如此憔悴。

果然，在回到宿舍休息几分钟之后，他开始讲述他这一天的经历。原来，他收到了一家大公司的面试通知，上面写着公司的地址和布局，甚至标明了公司的大门是用很重的钢铁制成的。这样的大门通常都不容易推开，所以面试人将这扇大门当成了一道面试题，声称能将那扇大门推开的人，就将被公司录用。

乔治看到通知以后兴奋不已，因为他别的也许不在行，但是论力气谁也比不过他。可是，当他到达了那家公司以后，就不再高兴了。因为那扇门真的很难开，他用尽了所有的力气，还是没有办法推开。

要是容易打开，就不会成为一道考题了，他这样安慰自己，于是他又尝试了第二次，第三次……已经数不清他推了多少次了，那道门还是丝毫不动。他彻底放弃了。

他把他的经历讲给我们听的时候，我们都十分好奇那扇门的构造，心里想着：怎么会有这样的门呢？如果始终打不开，公司的人怎样走进去办公呢？这时，另一个同学杰森突然说："你一直是按照通知上的规定做的吗？那你有没有留心那道门上的细节，比如它可能不是推的，而是拉的。"他的话一下子惊醒了所有的人。是的，通知可能只是掩人耳目，而真正的考题可能就在那道门上。

听了大家的猜测，乔治赶紧跑到那个公司，他想要再尝试一次。结果，他只轻轻一拉，那道门开了，里面的秘书笑盈盈地欢迎他的到来。

正如杰森所料，通知不过是掩人耳目，而那扇门的把手上藏着一个指甲大小的"拉"字。

你是否像乔治那样，为一个难题而烦恼不已？如果有，你有没有想过，你现在所走的路，也许正是偏离成功的方向的，也就是说，你可能正置身于死胡同而浑然不知。那么，停止推，开始拉吧。

成功的大门永远是为你敞开的。你不需要痛苦，也不需要挣扎，你只需要按照《圣经》里教给你的那样去做："你们祈求，就给你们；你们寻找，就能寻见；你们叩门，就给你们开门。"确切地说，只要你有了对于成功的渴望，并且在正确的方向上积极地行动，那么你就有机会获得成功的喜悦，品味成功的甘甜。可是，如果你一直在努力，却走在与成功相反的道路上，那么你越是努力，就将越是偏离自己的梦想。

厚利经销法则

美国亚利桑那州大峡谷沙漠中有一家麦当劳的分店，游人喜欢在此解决饮食问题。其实这儿的价格要远远高于其他地方麦当劳连锁店的价格，正如犹太人店长自认不讳的"本店价格最贵"，但人们似乎根本不在乎。因为"贵"与"贵"是不一样的，其贵在有理，且店堂里有醒目的"诚告顾客"：由于本地经常性缺水，所需用水是从60英里以外运来的，其费用是常规水费的25倍；因为雇员紧缺，我们需支付较其他地方更高的工资；为了在旅游淡季也维持营业，本店还得随季节性亏损；又由于远离城市，地处偏僻，本店的原料运输昂贵。所有这些因素使本店的价格昂贵，但我们为的是向您提供服务，相信您会理解这一点。

游人尽管吃着"最贵"的汉堡包、热咖啡、炸薯条，反而觉得钱花得"值"。

看看犹太人是怎么做的，他们不做薄利多销的买卖，他们做的是厚利适销的生意。在行业的选择上，他们也颇为精明：选择那些昂贵的消费品来经营。因此，世界上经营珠宝、钻石等行业中，犹太人居多。看看犹太人发展的领域吧：金融证券、信贷投资、媒体报纸……无一不是厚利乃至暴利的行业。

犹太人有3家最出色的银行，莱曼公司是其中之一。许多人相信它是利润最高的银行，利润高达40%。莱曼家族的先人所信奉的基本原则是："一便士买进，从中赚上一分利。"这也是犹太商人的箴言。

"薄利多销"是很多国家商界牢不可破的商业法则，但是犹太人却相反，他们的口号是"厚利才能赚钱"。

在犹太商人的眼里，奇货可居，采取高额定价必须以此为基本原则。奇货包括新产品、稀有品，更包括名牌产品。名牌产品，着重于名气。换句话说，名气就是本钱，而这些名气，都是在价格的基础上。

名牌产品在营销中一般以高额定价法为主，能够巩固名牌的高贵地位，保持特优的身价，维护其超额利润。紧俏商品的标准是：名牌、质量绝对过硬、市场需求量大。对于这类商品，宁可不卖，也不可以削价。

能获厚利者，绝不薄利多销。厚利多销才是犹太人生意的原则之一。

对于这类产品，犹太人的做法是，找出所有的资料来说明他们高价出售是何等正确。他们甚至制作和印发统计资料、小手册、卡片……和犹太人有业务往来的人，几乎每天都能收到犹太人寄来的各种资料。犹太人常常会对你说："请用我送给你的资料去说服消费者。"但是绝口不提议价和折扣的问题。

他们认为：压低价格，说明你对自己的商品没有信心。"绝不要廉价出售我们的商品"是犹太人的信条。

为什么当其他的商家表示"要把降价进行到底"的时候，犹太人却要反其道而行之呢？他们说，同行之间开展薄利战争，总是把自己的价格定得比别的同行低一些，这样大家互相压低价格，那么商品的利润在哪里呢？薄利虽然多销了一些，但是市场的容量就那么一点儿，大量廉价商品进入市场，最后市场饱和了，无法容纳更多的商品，那以后生产出来的商品怎么办呢？薄利竞争的结果就是，厂家大批大批地倒闭，并且，大家的生存会越来越艰难。对于这样的营销策略，犹太人认为是非常不可取的。因为薄利以后的效果就是卖3件商品所得的利润只是1件商品的利润，这样不是事倍功半吗？上策是经营出售1件商品，应得1件商品的利润，甚至是两三件的利润。这样可以节省出各种经营费用，还可以保持市场的稳定性，并很快可以按高价卖出另外两件商品，何乐而不为呢？

·第三讲·

《一生的资本》：

智慧温暖人生

美国第 25 任总统麦金莱说："《一生的资本》对所有具有高尚和远大抱负的年轻读者都是一个巨大的鼓舞，我认为，没有任何东西比马登的书更值得推荐给每一个美国的年轻人。"

一无所有的年轻人靠什么致富？马登在《一生的资本》中告诉你答案，每个人都拥有获得财富的资本，认识到这些资本，并懂得如何运用这些资本将让你梦想成真，从一贫如洗的无名之辈变为拥有财富人生的社会名流。

不妨坐坐头等舱

看过《泰坦尼克号》的观众都为平民小伙杰克和贵族小姐露丝的爱情所感伤。杰克赢了船票，才得以登上泰坦尼克号与贵族小姐露丝相遇。生活中，你要遇到生命中的贵人，不去他们所在的头等舱，怎会有机会与他们相识呢？

有一个美国女人叫凯丽，她出身于贫穷的波兰难民家庭，在贫民区长大。她只上过 6 年学，只有小学文化程度，从小就干杂工，命运十分坎坷。但是，她 13 岁时，看了《全美名人传记大成》后突发奇想，要直接和许多名人交往。她的主要办法就是写信，每写一封信都要提出一两个让收信人感兴趣的具体问题。许多名人纷纷给她回信。另一个做法是，凡是有名人到她所在的城市来参加活动，她总要想办法与她所仰慕的名人见上一面，只说两三句话，不给人家更多的打扰。就这样，她认识了社会各界的许多名人。成年后，她经营自己的生意，因为认识很多名人，他们的光顾让她的店人气很旺。于是，凯丽自己也成了名人和富翁。

凯丽的做法和"搭乘头等舱"是一个道理。她参加活动是为了结识名人，人们搭乘头等舱也是为了结识名流，而不是为了活动和旅行本身。

因为搭乘头等舱的乘客大多是政界人物、企业总裁、社会名流，他们身上存在许多重要的资源可供我们挖掘。搭乘头等舱就可以为自己搭建高品质、高价值的人脉关系网，因为这里出现贵人的频率要远远高于其他场所。

这样的例子并不少见，有的人在短短几小时的飞行中就谈成几笔生意，或者结下难得的友谊，这在经济舱内的旅行团体中是很难碰到的。

在现代社会，越来越多的人懂得了这个道理。所以，读 MBA 的人可能不是为了充电，考托福的人也未必想出国，考司法的人不一定要当律师。许多人原本是为了一张证书而进入某个圈子，后来却变成了融入某个圈子，顺便拿张证书。证书对于他们来说，已经不是一张许可证，而更像是一张融入某个社交群体的准入证。

当然"搭乘头等舱"的意思并不狭义地指出入高级场所，也指到贵人出现频率最高的地方和最易接近贵人的方法。

"搭乘头等舱"的做法看起来很容易，但懂得这个道理的人未必都能做到，这就需要掌握一些相应的要领。

（1）要舍得付出，不要计较一些"小账"和眼前利益。去乘头等舱，出入一流地方，当然需要比较大的花销，但这笔花销所带来的利益和好处是显而易见的。如果你总是舍不得手里的一些小钱，便等于将自己与贵人的圈子划清了界限，缩小了自己的交际范围。这样的人恐怕很难成就大事。

（2）要培养自己的风度和气质，成为一个举止优雅、文明大方的人，这样在一个较高层次的圈子里才能如鱼得水。要努力让自己融进这个圈子，而不是被圈子里的人嘲笑，被这个圈子排斥。试问，一个在餐桌上表现失态的人，怎么可能与一位上层社会的贵人相谈甚欢呢？

（3）不要表现得过于急功近利。无论你抱有什么样的目的，付出了多么大的代价，结交贵人都不是一天两天就可以大功告成的事。如果过于急切地表明自己的意图，做出谄媚的样子，那么你将失去贵人对你的好感和尊重，得不偿失。

人际关系是一种无形的资产

人际关系对于个人，无论在事业上、生活上抑或学业上皆起着决定性的影响。而人际关系最直接的体现就是你周围的朋友。忠实的朋友是人生的"良药"，实际上，朋友比良药还要好些。良药只用在已经生病的人身上；而友谊可使健康的人享受人生之乐——一种终生受用的乐趣。

人生没有友谊，就像菜里没有油水，单调、枯燥。真正的友谊是一种心照不宣、互相信赖的关系，它的价值无法估计。假如你拥有众多的朋友，与朋友之间有着良好的人际关系，那么，你可以通过这些朋友的力量来解决难题。人不可能拒绝朋友而独自过着闭门自守的生活。毕竟，这是一个群居的社会，个人的学识与力量是有限的，必须依靠他人的学识及力量才能解决困难，达到目标。有不少人并非很有才华，但他们拥有一个无形的资产——良好的人际关系，使他们在某一领域彰显出了自己的最大价值。

一个大学生毕业后第一次上班，父亲把他拉到身边，送给他一张"为人清单"，其中有这么几条：别让小争端损害了大友谊；偶尔邀请排队排在你后面的人站到你前面；永远别做第一个开门出去的人；接受任何指示时至少确认两遍；可以生气，但要适时适所，以适当方式向适当对象恰如其分地生气；别太在意你的权利以致忘了你的风度。

父亲的苦心，无非是希望他能有一个好人缘。因为在很多时候，做人确实比做事重要，一个人缘好、有声誉的人，凡事都可以轻而易举地办成。反过来，恃才傲物的人可能怀才不遇。

一个热爱生活的人企望得到人类最美好的物质和精神财富，于是他四处寻求。路上，他碰见一个背着袋子的人，他上前说："把你袋子里的鱼给我一条吧，我看见它们还在袋子里扭动呢。"

于是那人停下来，伸手从袋中抓出一条给了他。不过那不是鱼，而是蛇。

他继续向前走，看见一个提篮子的少妇，他上前说："把你篮子里的人参给我一支吧，据说那是药中珍品呢。"

于是少妇停下来，伸手从篮中拿出一支给了他。不过那不是人参，而是罂粟。

他继续向前走，看见一个背着胡琴的青年，他对他说："请你给我拉一支快乐的歌吧，让笑声伴随着我。"

于是青年停下来，取下胡琴，为他奏了一支歌。不过那不是快乐的歌，而是催人泪下的悲歌。

他继续朝前走，看见一个富有的人，他上前说："把你的慷慨给我一点儿吧，让我做一个乐善好施的人。"

于是富人解开衣襟，从怀中掏了一把东西递给了他。不过那不是慷慨，而是吝啬。

他继续朝前走，看见一个眉头紧皱的女人，他上前说："把你胸中的宽容给我一点儿吧，让我变成个能够容人的君子。"

于是那女人从胸中捧出一捧给了他。不过那不是宽容，而是妒忌。

"人们这是怎么了？为什么把我要的东西都给错了？"他问。

"他们并没有给错，而是你找错了人。"一个声音说。

这个故事说明，为人处世特别重要，如果你找错了合作的对象，就将无法得到你想要的东西。

许多人认为，做人第一，做事其次，学问再其次，天资常居最末。如果你想成功，必须有行动力；如果你想成为顶尖人物，必须有创造力；如果你想成就一番事业，必须有影响力。影响力的表现形式就是具有良好的人际关系，即在你的周围有许多忠诚的朋友，他们可以助你成就你的事业。

快速度成长与慢速率生活

我们之中的大多数人都是"与时间赛跑的人"，终日奔波劳碌，幻想着可以创造无穷无尽的人生价值。也许我们都会有这样一种感觉，仿佛这个世界上"没有自己是不行的"，任何人也没有办法取代自己的工作，取代自己在社会中所扮演的角色，所以我们总是一路奔波，绝对不能为了任何私人的事情而对工作缺席。可是，也有人提倡慢速率的生活，主张用慢节奏诠释人生，包括起床、吃饭、睡觉，甚至工作。在这一快一慢的主张中，人们对于生活的矛盾也表现出来了——是应该快还是应该慢，成了人们越来越困惑的选择。

人们之所以会产生困惑，是因为大家都以为快与慢本来就是两种不同方向的结果，是没有办法折中的矛盾。但是，我们忽略了，工作与生活本身也是两种不同的人生模式，我们完全可以采用不同的方式来解决不同的问题。

应对工作，我们需要全力以赴。社会千变万化，我们需要以最快的速度来完善自己，改变自己，提升自己的能力。没有人希望自己在开始的时候扮演一个强悍的角色，可是越发展变得越弱。既然我们不甘心被别人超越，那么我们只有不断地提升自己，让自己的能力越来越强，所以，人生需要我们快速成长。

但是，生活是与工作不同的。在生活中，我们需要的是精神上的放松，是对于自我的调解。如果我们一样保持着紧张的心态，以快节奏的方式来处理生活中的每一件事，那么无疑我们会被生活拖垮。

现代人似乎无法抵御速度的诱惑。行有高速公路，食有快餐鸡腿，说有疯狂英语，看有流星雨，聊的是合资语言，用的是电子邮件。过去几日甚至数月才能了结的工作，现在只需轻敲键盘，用手机拨个电话，开车跑一趟即可完成。这一切使我们的脚步迅捷，我们的心情却并不轻松。

年轻人的人生往往刚刚开始，穿梭于匆忙的城市中，脚步已身不由己。随着麦当劳、肯德基的盛行，我们的人生也成了快餐人生。繁忙已经成了一种习惯，闭上眼睛是高楼大厦，睁开眼睛是汽车疾行。至于那郊外的湖光山色，那小村里的宁静，成了一种向往。可是人生短短几十年，如果我们一直在忙碌，那么我们又要等到何时才能享受生活的美好呢？

在夏威夷的海边，有一个富翁在海边度假。这时，他看到一个渔翁悠然自得地在晒太阳。他走上去问："你在做什么？"

"享受阳光的沐浴。"

"你这样下去，什么时候才能有钱呢？"富翁笑着说。

渔翁看了看富翁说："那有了钱做什么？"

"有了钱像我一样去旅游、度假，享受大自然的美景啊。"富翁得意地说。

渔翁笑笑说："我现在就是在享受大自然的美景啊。"

生活中，许多人都像故事中的那个富翁，只是一直往前奔跑，追逐着自己想要的生活，却忽略了现在已经拥有的阳光。但像那个渔翁那样，一直在慢节奏的状态下生活和工作，又有些止步不前，不思进取。所以，最好的状态就是快速度的成长和慢速率的生活结合。

虽然通常情况下我们往往没有办法权衡生活，也没有办法按照自己的需要去创造生活。但是，我们能够做到的就是调节，调节对于生活的欲望，调节生活与工作的节奏。要想有所作为，我们只能在成长的路上一路奔跑。但是，不要只顾匆匆赶路，而忘记了生活的真正意义，在高速度中失去了享受的权利。放慢你的脚步，欣赏途中的风景。

你的身体跟思想是统一的

"我每天过得越来越好。"有些人每天在醒来和就寝前都要把这句话朗诵好几次。对他们来说，这句话并不是华而不实的语言表达，而是说明健康来自积极的心态。对于健康，很多人的体验是，积极的心态会给身体健康带来好处，消极的心态则可能引发疾病。一个人心存消极思想，这是一件危险的事。现实生活中，到处都有人因为他们内心的挫折、仇恨、恐惧或罪恶感，而对自己的健康造成伤害的例子。因此，要保持身体健康，首先要摆脱不健康的思想。我们必须清洁自己的心灵，为了身体的健康，先除去心中的消极念头。愤恨不满的情绪常常会引发疾病，如果一个人在他的工作岗位上屡屡失意，他的心理就会向身体发出"生病"的心理暗示，借此来逃避现实。

有人曾说过："有两件事对心脏不好：一是跑步上楼，二是诽谤别人。"这两件事不仅对心脏不好，而且对人的身体也有很大的影响。所以，学会宽容很重要，你会发现，体谅别人会起到奇妙的治疗效果。

有这样一则新闻：有一名男子在过马路时不幸被车子撞倒而丧命。验尸报告说，这个人有肺病、溃疡、肾病和心脏衰弱。可是，他竟然活到了 84 岁。给他验尸的医生说："这个人全身是病，一般情况，30 年以前就该去世了。"有人问他的遗孀，他怎么能活这么久？她说："我的丈夫一直确信，明天他一定会过得比今天更好。"

还有人认为，在运用积极心态方面，多使用积极的表述，也有利于身体健康。语言文字是有影响力的。如果你经常运用积极的话语来描述你的健康状况，可以激发对你身体有好处的积极力量。你习惯性使用的一些字眼，能反映出你内在的某些思想。而你的思想是积极还是消极，会影响身体器官的健康状况。

曾任美国精神治疗协会会长的卡特博士在谈到一个人所持的肯定态度对健康的影响时，甚至反对人们使用像"我今天不会生病"这样的说法。他认为那只是半积极的态度，应该改为"我今天觉得比昨天好"，这才是非常积极的陈述，因而是一种引导健康的想法。卡特博士说："肯定的态度是以科学的事实为基础的，这些事实来自生物学、化学、医学等学科知识。正确地运用肯定态度将有助于改善你的健康，延长你的寿命，使你精力充沛，倍感幸福，从而在各方面取得成功，并且能让你保持一件最主要的东西——那就是心里的平静，这是最主要的。"

你的身体和思想的健康是不可分割的，任何影响你健全思想的因素都会影响你的身体。同时，你的身心健康也会受到自然法则的规范，它对于你身心的规范和对于树木、山脉、鸟和动物的规范并没有什么不同。因此，想要了解保持身心健康的方法必须先了解自然界的法则，你必须和自然和谐相处而不是要和它对抗。人的心智是伴随着身体才能存在的，由于你的身体受到大脑的控制，所以，想要得到健康的身体就必须具备积极的心态、健全的意识，务必在工作、娱乐、休息、饮食和研究方面，都培养良好而平衡的健康习惯。

好习惯为成功埋下了一粒种子

日常工作和生活中，如果你养成了好习惯，那就无异于为将来的成功埋下了一粒饱满的种子，一旦机会出现，这颗种子就会在我们的人生土壤中破土而出、茁壮成长，最终成长为一棵参天大树。如果你养成了轻视工作、不遵守时间、遇到挫折就想放弃的坏习惯，以及对生活敷衍了事、糊弄的态度，终其一生都处于社会底层。

一天，一位睿智的教师与他年轻的学生一起在树林里散步。教师突然停了下来，仔细看着身边的 4 株植物：第一株植物是一棵刚刚冒出土的幼苗；第二株植物已经算得上挺拔的小树苗了，它的根牢牢地盘踞在肥沃的土壤中；第三株植物已经枝叶茂盛，差不多与年轻学生一样高大了；第四株植物是一棵巨大的橡树，年轻学生几乎看不到它的树冠。

老师指着第一株植物对他的年轻学生说："把它拔起来。"年轻学生用手指轻松地拔出了幼苗。

"现在，拔出第二株植物。"

年轻学生听从老师的吩咐，略加力量，便将树苗连根拔起。老师又让年轻学生拔第三株，尽管有些吃力，但最后，树木终于倒在了筋疲力尽的年轻学生的脚下。

"好的，"老教师接着说道，"去试一试拔那棵橡树吧。"

年轻学生抬头看了看眼前巨大的橡树，想到自己刚才拔那棵小得多的树木时已然筋疲力尽，所以他拒绝了教师的提议，甚至没有去做任何尝试。

"我的孩子，"老师叹了一口气说道，"你的举动恰恰告诉你，习惯对生活的影响是多么巨大啊！"

故事中的植物就好像我们的习惯一样，根基越雄厚，就越难以根除。的确，故事中的橡树是如此巨大，就像根深蒂固的习惯那样令人生畏，让人甚至惮于去尝试改变它。事实是，很多人不仅没有养成尽职尽责的好习惯，而且放任自己的思想和行为，终其一生碌碌无为。

所以，要想获得圆满的人生，就必须具备好的生活习惯。这里介绍以下四种习惯：守时、精确、坚定和迅捷。因为在生活中，没有守时的习惯，你就会浪费很多时间，蹉跎岁月，虚度光阴；没有精确的习惯，你就会随心所欲，破坏自己的信誉；没有坚定的习惯，你就没办法把进行的事情坚持到最后一天；没有迅捷的习惯，原本可能促使你走向成功的良机，就会与你失之交臂，并且你再也不会与它相遇了。

人们常常受到习惯的影响。如果你迟到一次两次你不在意，那么次数多了，你反而对这种行为习以为常了；发现了机遇却不去行动，等到错过时，再去追悔，一次两次，时间久了，就会变得麻木，即使机遇再次在你的眼前浮现，你也可能视而不见……坏习惯形成以后，再想去纠正就很困难了，所以我们必须严格要求自己，养成好习惯。

人的意志是可以引导的，只要把思想集中在人性中高尚的一面，集中于可以让我们的灵魂得到升华的事物上，那么自制力就会因此发挥作用，坏习惯就会得到改正，好的习惯也会因此形成。

我们要永远生活在新生活当中

下面的这个故事，是我在无意之中听人说起的：1937年她丈夫死了，她觉得非常颓丧，而且几乎一文不名。她写信给她以前的老板李奥罗区先生，想回去做她以前的老工作。她以前靠推销世界百科全书过活。两年前她丈夫生病的时候，她把汽车卖了。于是她勉强凑足钱，分期付款才买了一部旧车，又开始出去卖书。

她原想，再回去做事或许可以帮她摆脱困境。可是要一个人驾车，一个人吃饭，几乎令她无法忍受。有些区域简直就做不出什么成绩来，虽然分期付款买车的数目不大，却很难付清。

1938 年的春天，她来到密苏里州的维沙里市，发现那儿的学校都很穷，路很差，很难找到客户。她一个人孤独又沮丧，有一次甚至想要自杀。她觉得成功是不可能的，活着也没有什么希望。每天早上她都很怕起床面对生活。她什么都怕，怕付不起分期付款的车钱，怕付不起房租，怕没有足够的东西吃，怕她的健康情形变坏而没有钱看医生。让她没有自杀的唯一理由是，她担心她的姐姐会因此而觉得很难过，而且她姐姐没有足够的钱来支付自己的丧葬费用。

有一天，她读到一篇文章，使她从消沉中振作起来，使她有勇气继续活下去。她永远感激那篇文章里那一句很令人振奋的话："对一个聪明人来说，太阳每天都是新的。"她用打字机把这句话打下来，贴在她的车子前面的挡风玻璃上，这样，在她开车的时候，每一分钟都能看见这句话。她发现每次只活一天并不困难，她学会忘记过去，不想未来，每天早上都对自己说："今天又是一个新的开始。"

她成功地克服了对孤寂的恐惧和对金钱的恐惧。她现在很快活，也还算成功，并对生命抱着热忱和爱。她现在知道，不论在生活上碰到什么事情，都不要害怕；她现在知道，不必怕未来；她现在知道，"对一个聪明人来说，太阳每天都是新的"。

从这个故事当中，我们可以看出：只要我们每天都给自己一点儿希望，让自己看到最光明的一面，那么我们每一天的生活都是崭新的。可是，生活中有太多的人并不能做到这一点。就像一些退休的老人，他们从工作岗位上离开的时候，就开始变得消沉、悲观，以为自己一点儿用处都没有了。

我建议这些人最好不要重视"退休"这个词，而是要强调"重新调整"。退休代表着一种结束，而重新调整则代表着另一种开始。我们结束了一种工作，却可以开始新的生活，投入新的需要当中。

只要你不想结束，一切就不可能结束。就如同一位中国老人说的那样，人们认为"人生60岁才开始"，他们把退休当成新的起点，鼓励自己从事新的活动。这样的想法是没错的，每一个健康、有精力的人，都没有理由接受退休这个目前仍被大众所接受的因循遵守的旧概念，否则就意味着你失去了开始崭新生活的资格。只要我们心不老，还能从生活中捕捉到希望，那么我们将永远不会被生活淘汰。

悲观失望时，不要对任何事情做决断

悲观和失望等消极的情绪常常会让人们失去正常的判断力。所以，一个人在沮丧难过的时候，一定不要马上着手重要事情的裁决，特别是可能会对我们的生活产生深远影响的人生大事，因为沮丧会使你的决策陷入歧路。一个人在看不到希望时，仍能够保持乐观，仍能善用自己的理智，这是十分不容易的。

当一个人在事业上经历挫折的时候，身边的人会劝你放弃，这个时候，如果听从了他们的话，那么我们注定会失败，如果能够再坚持一下，摆脱悲观的情绪，也许我们就能成功。

许多年轻人，他们在工作遭遇困难的时候选择了放弃，换成了自己完全不熟悉的领域，可是这样面对的困难更大，如果还是没有信心，任由悲观失望的情绪

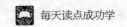

控制，那么就注定一事无成。

悲观的时候，智慧才是最有用的，它能够帮助你做出正确的抉择：当有人引诱你放弃自己的道路时，你能坚定自己的目标而不受外界的影响；当自己的心开始动摇的时候，能够宽慰自己，让自己冷静下来。

杰克就是这样做的。一直以来，当医生都是他最大的梦想，为此他考上了医学院，想要深造。刚开始学习的时候，他满心欢喜，完全沉浸在了幸福的氛围里。可是，好景不长，基础知识学完了，他们进入了解剖学和化学的课程。每天都要面对着不同的尸体，杰克感觉到恶心。以后的日子里，他每天走进实验室都心惊胆战，唯恐又见到什么让人想呕吐的景象。

恐惧的心情一直折磨着杰克。他开始怀疑自己的选择是错误的，自己并不适合医生的行业。思考了之后，他决定退学，选择一个更适合自己的职业。他把自己的决定告诉教授，教授说：“再等等吧，你现在的决定并不能代表你的心声。等到你的决定忠于你的心的时候，你再来找我。”

日子一天一天过去，开始的时候，杰克每天都在受着煎熬，时间长了，他习惯了实验室里消毒水的气味，熟悉了各种尸体的结构，也就不再对实验室感到畏惧了。四年后，杰克以优异的成绩毕业，他接受了一家大医院的聘请，成了那里最年轻的医生。

有一次，杰克回去看教授，教授对杰克说：“还记得吗？你当年想放弃。”“是的，教授，您阻止了我。”教授说：“那时候你太悲观，还不能了解自己的心，所以我让你冷静下来。杰克，你记着，人在悲观失望的时候千万别马上做决定，要给自己一点儿时间想一想，之后得到的答案也许就跟原来不同了。”

一个人失意时，头脑一片混乱，甚至会因此产生绝望的情绪，这是一个人最危险的时候，最容易做出糊涂的判断、糟糕的计划。一个人悲观失望时，就没有了精辟的见解，也无法对事物认识全面，也就失去了准确的判断力。所以忧郁悲观的时候，一定不能做出重要决断，等到头脑清醒、心情平复的时候，我们才可以设计更好的计划。

走出人生的冬季

一样的事情，可以选择不同的态度对待。选择积极的方面，做出积极的努力，就一定会看出前方美好的风景。

1985 年，美国女孩辛蒂还在医科大学念书，有一次，她到山上散步，带回一些蚜虫。她拿起杀虫剂为蚜虫去除身上的有害物质，却感觉到一阵痉挛，原以为那只是暂时性的症状，谁料她的后半生从此陷入不幸。

杀虫剂内所含的某种化学物质使辛蒂的免疫系统遭到破坏，使她对香水、洗发水以及日常生活中接触的一切化学物质一律过敏，连空气也可能使她的支气管发炎。这种"多重化学物质过敏症"，到目前为止仍无药可医。

起初几年，她一直流口水，尿液变成绿色，有毒的汗水刺激背部形成了一块块疤痕。她甚至不能睡在经过防火处理的床垫上，否则就会引发心悸和四肢抽搐。后来，她的丈夫用钢和玻璃为她盖了一所无毒房间，一个足以避免所有威胁的"世外桃源"。辛蒂所有吃的、喝的都得经过选择与处理，她平时只能喝蒸馏水，食物中不能含有任何化学成分。

很多年过去了，辛蒂没有见到过一棵花草，听不见一声悠扬的歌声，感觉不到阳光、流水和风。她躲在没有任何饰物的小屋里，饱尝孤独之余，甚至不能哭泣，因为她的眼泪跟汗液一样也是有毒的物质。

坚强的辛蒂并没有在痛苦中自暴自弃，她一直在为自己，同时更为所有化学污染物的牺牲者争取权益。1986 年，她创立了"环境接触研究网"，以便为那些致力于此类病症研究的人士提供一个窗口。1994 年辛蒂又与另一组织合作，创建了"化学物质伤害资讯网"，保证人们免受威胁。到 2007 年，这一资讯网已有来自 32 个国家的 5000 多名会员，不仅发行了刊物，还得到美国、欧盟及联合国的大力支持。

她说："在这寂静的世界里，我感到很充实。因为我不能流泪，所以我选择了微笑。"当我们选择了微笑着面对生活的时候，我们也就走出了人生的冬季。

你知道汽车轮胎为什么能在路上跑那么久，能忍受那么多的颠簸吗？起初，制造轮胎的人想要制造一种轮胎，能够抗拒路上的颠簸，结果轮胎不久就被切成了碎条。然后他们又做出一种轮胎来，吸收路上产生的各种压力，这样的轮胎可以"接受一切"。在曲折的人生旅途上，如果我们也能够承受所有的挫折和颠簸，能够化解与消释所有的困难与不幸，我们就能够活得更加长久，我们的人生之旅就会更加顺畅、更加开阔。

不是为了荣耀，而是为了精神

在阿尔卑斯山区，一座孤独的山峰耸立着，它的冷傲让它与其他山峰保持了一段距离。

向往高山的人们，总想攀登马特合恩峰。但是由于陡峭的悬崖，多年来，没有人能够爬上那神秘的山顶。

25 岁的英国登山家爱德华·韦波以及他的伙伴在征服欲的支配下，组成了一支 7 人登山队，准备攀登神秘的马特合恩峰。这些勇敢的队员一起做了决定，要成为攀登马特合恩峰的第一人。可是韦波没能同往，他在经受着疾病的折磨，但也因此，韦波成了那支登山队里唯一幸存的人。因为后来韦波在他的阿尔卑斯山的游记中，描述了这个震撼人心的事迹。

虽然他们到了山顶，但是在下山的路上，他们几个人都因为失足而从 1000 多米的山上滑了下来，安眠在了茫茫的山腹之中。

今天，我们看着这座山峰的时候也许会想，这个世界也许永远都不会有第一。只要有人第一个达到了长久以来没有人能达到的目标而打破纪录时，很快就会有人创造出完全相同的伟绩，甚至比他的成绩更好。就拿韦波和他的队员第一次登上马特合恩峰来说，3 天后，一个著名的登山家克雷尔和他的登山队也登上了这一令人神往的峰顶。能够登上峰顶的荣耀只短暂地属于他们。这让我们想起歌德说过的一句话："只有精神，没有荣耀。"

第一个登上马特合恩峰的人付出了惨重的代价，可是从那以后，登上了雄伟的马特合恩峰再也不是什么难事了，很多人都可以上到峰顶去观赏风景，而他们不用承担任何的风险。想到这些，我不由得感叹：这个世界就是这个样子的，一旦有人证明了一件事可行，其他人就会效仿着他去做，因为开拓者的精神已经鼓舞了他们，让他们相信自己也能攀登山峰，到达目的地并凌驾其上。所以真正重要的是精神，而不是荣耀。

现在，那些开拓者的故事也渐渐被淡忘，可是人们的心并没有改变。他们仍然想要开拓，想要打破一切不可能，直到实现自己的愿望，否则他们会一直坚持下去，奋斗不止。即使有一些东西并没有开拓者的意义，但是只要征服了、战胜了，就能够从中得到鼓舞，并找到自信。

汤姆今年刚刚毕业，他学的是计算机专业，但是复杂的程序对于他来说还没有办法应付。这天，主管交给他一个项目，很难，所以汤姆一直到晚上也没有完成。

主管看太晚了，就对他说："不要做了，只要你尝试了，即使做不成，也能从中学到很多东西。"汤姆却说："不，我一定要完成它，因为完成它以后，我就能相信自己可以挑战比这更难更复杂的东西了。"

是的，眼前的困难被征服了，才能迎接更高的挑战。人们的心里一直都在想着征服，想爬得更高，想打破纪录。他们一直都这么做。他们一直都在奋发，时刻保留着积极的思想和不屈不挠的精神。

《牧羊少年奇幻之旅》：

你想行你就行

《牧羊少年奇幻之旅》（保罗·柯艾略），关于此书，克林顿这样说："《牧羊少年奇幻之旅》讲了一个'足以改变读者心灵一生'的寓言，一个发人深省、纯美动人的童话。"

天命、信仰、梦想、爱心、实践，是牧羊少年圣地亚哥寻宝探险终能如愿以偿的保证。故事中的寻宝之旅，既是生命的偶然，也是一种必然。生命犹如炼金术一般，其中的滋味，如果不亲身经历，就永远也体会不到。

心灵的焦点是什么就能看到什么

你心里最关注的事情往往更容易出现在你的生活中，这就是吸引力法则。世间的很多事情都是遵循这一法则的。可是人们经常会对它产生怀疑——这世上的每个人都会希望自己拥有健康、财富及充实的生活，那么他们都能过上幸福的生活吗？

事实肯定不是这样的，但这不是说吸引力法则失效了，相反，如果我们真的专注于某事，那它发生的概率一定会大大提高。很多人之所以没有过上他们"希望"的美好生活，恰恰是因为他们没有专注于拥有这些事物，而是专注在没有这些事物上。就如同撒冷之王在圣地亚哥要去埃及之前给他讲的那个故事一样。

有一个很有钱的商人，他很聪明，经营着这世上最大的店铺，却没有办法让自己的儿子快乐。看着儿子整天愁眉不展的样子，他十分心疼，就整天向别人打听怎样才能让儿子快乐起来。有一个仆人跟商人建议，在很远的地方，住着全世界最智慧的人，可以让他的儿子去那里学习快乐的秘密。

商人同意了。他给儿子准备好行囊，就让这个一直被苦闷折磨的少年出发了。

他穿越沙漠，跋涉了 40 天，终于来到一座盖在山顶上的美丽城堡，那是智者住的地方。少年以为，他会在这里遇见一个摆脱了尘俗的智者，可是当他踏进城堡的大厅时，发现里面闹哄哄的，人们进进出出，还有人坐在角落里聊天。智者正在跟这里的每一个人谈话，似乎没有时间搭理这位少年。

少年想了一下，默默地站在角落里，等了两小时。终于轮到他了，智者专心地听少年解释来的目的之后，跟少年说，他没有时间去解释快乐的秘密。他建议少年四处去逛一逛，两小时以后再回来。

"在这段时间里，我要让你做一件事情。"智者说。他给了少年一个汤勺，上面放上了两滴油。"当你出去逛的时候，一定注意不要让油淌出来。"

"好。"少年答应了。他走出大厅，围着城堡的四周绕了一圈，眼睛丝毫不敢离开那两滴油。两小时以后，他回到大厅，找到智者，交上了那个汤勺。

"好啦，现在我来问你，你看见餐厅里的那幅壁画了吗？你有没有很细心地看我精心布置的花园？你有没有注意到图书馆里有一张漂亮的羊皮纸？"智者问。

"没有，我只注意看这两滴油，结果什么也没看到。"少年诚实地回答。

"那么，你再回去欣赏一下这座城堡吧。"智者说，"你应该多了解这房子的布局，才能更相信他的主人。"

听智者这么一说，少年放松了心情，开始认真地探索这座城堡。他仔细看了天花板，欣赏了壁画，也看过了花园。他发现，这里真是一个不错的地方。等到再回到智者的身边时，他将自己所看到的一切绘声绘色地描述了出来，话语间充满了羡慕和钦佩之情。

"这就是快乐的秘诀。"智者说，"当你把焦点放在汤勺里的油时，你就看不到周围美好的事物。可是，当你把心灵的焦点放在周围景物的时候，你就会发现很多美好的事物。快乐也是如此，当你关注于一些能够让你高兴的事情时，你就不会觉得难过，相反地，你会一直苦闷下去。"少年听了，若有所思地离开了。从此之后，他不再苦闷，成了一个快乐的少年。

撒冷之王给圣地亚哥讲了这个故事，就是希望他以后不管遇到什么事情，都要用心地生活，要将自己心灵的焦点投放在一些积极、乐观的事情上，而不是遇到挫折和悲观就失去了对生活的希望。

诚如撒冷之王所传达的，你最关注的事情，总是会在你的生活中体现，所以，不要将目光投放在那些让你失望的事物上，而应该将视线转向乐观、快乐，这样

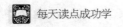

你才能感受到生活的美好。

别让心灵的嘈杂阻止你前行的脚步

当你感觉到生活很累的时候，往往是心感到了疲惫；当你觉得难过，不能自已的时候，也多是心在承受着悲伤。心灵，这块人身上最不安稳的土地，总是不能让人平静，它会用不同的方式去折磨人们，希望人们对它臣服。

圣地亚哥就是在跟自己的心战斗。这是一颗难以对付的心。过去它习惯了不断上路，不断地追寻，可是因为在沙漠的绿洲遇到了法蒂玛，一个让圣地亚哥为之心动的女人，所以此刻他想到的不是离开，而是千方百计地要回归，回到爱人的身边。

有时候，他的心长时间地倾诉离别的惆怅，这其中包含了许多对恋人的不舍。可是当他想到远方的财宝，他的心跳就会加快，仿佛身边的一切事物都可以舍弃，只有远方的梦想才是最宝贵的。就这样，想法不停地转换，心里却没有办法平静。

"你说，让我倾听我的心？"圣地亚哥问带着他前行的炼金术士。这个炼金术士同样作为天命的向导，来助他接近梦想。

"是的。"炼金术士回答。

"为什么要这样做呢？"

"因为心在哪儿，财宝就在哪儿。"

"我的心很不安分。"圣地亚哥说，"它会梦想，觉得财宝才是人间最宝贵的东西。可是它也会激动，会爱上沙漠里的女人，会希望为了爱情而停留。当我思念我的爱人时，它会让我整夜整夜无法入睡。"

"这说明你的心很活跃。你要想办法听听它说什么，而不是关注它给予你的嘈杂的讯息。真相往往掩藏在很多的烦恼之中。"炼金术士说得似是而非，但是圣地亚哥并没有停止他的提问。

"我的心很叛逆，似乎不太想让我继续前行。"

"这样很好。在实现自己的愿望之前，心里总是会有些担心。可是，你不能为此就停止了脚步，因为你的心也会偷懒，它会希望你停下来，这样它就不用再为了你的梦想而烦恼。你做任何决定的时候，都是要用心来判断的。可是，它并不希望为了你而履行任何责任，所以不管你做任何事情，心灵总是会发出阻止的讯息。只要你冲破它的阻碍，它就没办法再跟你抗争了，只会顺从你，从而为你服务。"

这些话听起来有些难懂，但是圣地亚哥，这个寻梦的少年，当然知道前行的路有多么难走。如果不能战胜内心的嘈杂，而任由混乱的心绪指引自己，那么即使是最简单的目标，也很难实现。

生活里，任何人都会面对这样的情况：当你想完成一件心愿的时候，心里总是会有一种阻止的念头———一种恐惧，也可能会有更多的顾虑。这个时候，就是你的心开始跟你作战。

这个时候，如果我们能够拿出坚定的意志，不被心里的恐惧和顾虑打倒，那么即使前方有再多的困难，我们也能够克服，并最终实现自己的理想。

不可否认，心里给予我们的嘈杂讯息实在太多了，而这之中，一定会有一种想法是你最想坚持的。抛开所有的烦恼，只忠于心中最真实的那一种讯息，我们每个人都可以找到那份属于自己的财宝。

没有什么能够阻止你，除了你自己

在做了重大决定之后，人们常常习惯找各种理由来阻挡自己，劝说自己放弃那个决定，所以人们面对一些人生中的重大问题，总是显得犹豫不决。圣地亚哥也没能摆脱这样的惯例。

虽然他答应了撒冷之王去埃及寻找宝藏，可是当撒冷之王离开后，他就显得不那么冷静了。他选择了一条最远的路回到自己的羊群所在地，而这样的路程恰恰能给他提供思考的空间。

他想到了他的父亲、母亲还有羊群。父亲和母亲习惯了他的存在，可是当他离开自己的城堡以后，估计他们也会习惯他离开的日子吧。羊群习惯了他的存在，因为他总是能很快地找到最好的草料和水源，离开他，羊群恐怕要遭殃了。可是，就如同自己的父母一样，没有了圣地亚哥，羊群也会变得习惯的。

那么，他心里一直惦记的那个商人的女儿呢？圣地亚哥想，她没有见到他，会有什么样的感觉？圣地亚哥尽量把自己想得重要一些，因为这样他才能从心里得到某些安慰。可是，他心里清楚，他不出现，对于商人的女儿不会有任何影响。因为她不依赖他，不用因为失去他而去习惯另一种生活。也许，她早已经不记得他了，甚至已经成为别人的新娘，再也不会有空去听他讲故事了。

圣地亚哥努力地梳理着自己生活里的事物，他希望能够从中找到一件事物，阻止他做寻宝的决定，可是所有的理由似乎都不具备那样的力量。这让圣地亚哥很失望，所以他一直紧皱着眉头，苦苦地思索。

地中海的东风使劲地吹着，它似乎想尽快地吹醒这个思想还在挣扎的少年。"也许，我脚下的这块土地……"圣地亚哥想着。但是很快，他意识到迎面吹来的风越来越大了，他应该放弃这些想法，赶快回到自己的羊群那里去。

就在这个想法冒出来的时候，他突然明白了：就好像自己可以随时赶回自己的羊群那里一样，任何事情都没有办法影响他的决定。羊群、商人的女儿和他脚下的这块大地，都不过是他在实现梦想之前留下的足迹，而这些并不是为了捆住他的脚步而存在的。所以，对于寻宝这件事，只要他想做，什么事情都没有办法阻止他，除了他自己。

这样想着的时候，圣地亚哥已经找到了答案。他很快抛开了所有的顾虑，向他的羊群所在地跑去，因为他知道，接下来还有更多更重要的事情等着他去做。

当你做了某项决定的时候，不要犹豫，不要把身边的事情当成阻止你向前的绊脚石，而是要看作助你向前的基石。就好像圣地亚哥一样，只要洒脱地面对自己的想法，忠于自己的心，那么任何人都不能捆住你的脚步。所以，不要再拿别人当借口，问问你自己，最想要的是什么，其他的，什么都可以抛下不管。

人生并非由上帝定局，你也能改写

尽管吉卜赛女人跟圣地亚哥说，他将在埃及找到自己的宝藏，可是圣地亚哥并不相信她，认为那不过是她骗钱的一种手段而已。可是，当他坐在公园的椅子上，拿出新换来的小说准备读一读的时候，一位老人在他的旁边坐了下来，并且跟他搭讪。

"附近的那些人都在做什么？"老人指了指公园对面广场上的人们问道。

"不清楚。"圣地亚哥冷漠地回答。此刻，他只想一个人待着，读一读小说，品尝一下他刚刚从商店里买回来的葡萄酒。可是老人似乎并没有因为他的冷漠就停止跟他的对话。他对圣地亚哥说，他感觉很渴，因为天气太热了，而且他说过很多话。圣地亚哥把酒囊直接递给他，心想，也许这样做，老人就会停止说话了。

可是，老人依然在他的身边打转，并且从他的手里夺走了书。"你看的是什么书？"圣地亚哥指了指书的封面，却没有说话。他这样做有两个理由：一是他不会念那个书名；二是如果老人也不会念，就会尴尬地走掉。

"嗯……"老人翻过书的封面，"这是一本不怎么样的书，读起来会很乏味。"他这样说。

圣地亚哥很诧异，他没想到老人也认识字，甚至还看过这本书。如果这本书真像老人说的那样乏味，现在去书店再换一本其他有趣的书也还来得及。

老人继续说："这本书跟其他的书几乎没什么差别，它想让你相信这世上最大的谎言，那就是人们的命运都是上帝决定的，而自己是没有办法改变的。"

"为什么这么说？"圣地亚哥很好奇。

"书里说，在人生的任何时候，人们都没有办法掌控自己的命运，只能听任命运的安排，人们在命运面前是苍白且无力的。这是不正确的。虽然人们出生的时候已经拥有了自己的角色，你可能是穷人的孩子，也可能是富家的少爷，可是这个身份不代表会跟着你一辈子。很多优秀的人，尽管出生在穷人家里，可是他们能够改变自己的命运，成为最大的富翁。也有很多生下来很富有的人，他们不珍惜拥有的东西，不停地挥霍，到最后，可能沦为了乞丐，连穷人都不如。"

"可是这些事情并没有发生在我身上，我只是一个牧羊人。"圣地亚哥说。

老人看着他，语重心长地说："我说的就是你啊，孩子。你现在是牧羊人，可是如果你去了埃及，寻找到了宝藏，那么你的命运就会发生翻天覆地的变化。你的人生也是由你自己决定的，不是开始决定了的角色，你就要担当到底的。你要记住，开始的时候，你也不是一个牧羊人，所以最后，你仍然不会是个牧羊人。"

圣地亚哥看着这个老人，他想到了自己的那个关于宝藏的梦，心想，他怎么知道我的梦境？难道这就是我的天命？改变自己的命运，找到那些宝藏，才是我真正的使命？

带着这样的困惑，圣地亚哥陷入了沉思。同样陷入困惑的，又岂止他一人？我们都在猜测自己的人生，想知道自己到底能做成什么事情，从中获得多少意外的收获。可是生活就是这么变化莫测，它早就给我们固定了人生的角色，却不告诉我们未来的方向，让我们摸不到头绪。可是，有一点可以肯定，那就是不管你现在在充当生活中的什么角色，你都没有被固定。只要你自己努力、用心，你就可以改变自己的命运，重新建立自己的角色。

活在希望中，生活才更有趣

生活不能没有希望，这一点圣地亚哥比谁都看得明白。在他的生活里，每天都要重复同样的事情，如果有人说这是索然无味的，他也说不出什么反驳的话。可是如果心中怀有希望，那就不一样了。

圣地亚哥每天都要用牧羊拐杖戳戳羊的脑袋，单调而又机械地，一只接着一只，呼唤着它们的名字。作为一个牧羊少年，圣地亚哥明白，即使心中梦想着欣赏全世界最美妙的风景，也不能忘记自己的羊群。所以，他总是费尽心思地跟自己的羊群培养感情。他一直相信羊群能听懂他的话，所以他会把书上看到的精彩句子念给它们听，或者评论一下刚刚经过的村庄或者所见过的事物。可是，在过去的两天里，圣地亚哥一直在跟羊群说着同样的一件事：他将见到他一直渴望见到的人——那个女孩，商人的女儿。

她就住在几天后圣地亚哥要去的村庄里。他去年去过那个村庄一次。他通过朋友介绍，带着羊群去找那个商人卖羊毛。商人正在忙，就让圣地亚哥等一会儿。

圣地亚哥坐在商人家对面的山坡上，拿出一本书，默默地看。他的这些举动引起了商人女儿的好奇："我从来都不知道牧羊人会认识字。"

"哦，通常我从羊群里学到的东西会比从书本上学到的多。"圣地亚哥回答。

那是一次愉快的谈话，因为圣地亚哥把在牧羊途中经历过的新鲜事都尽可能地讲给那个女孩听了，他的富有生趣的故事深深吸引了她，让她不由自主地流露出了羡慕与崇拜之情。这让圣地亚哥感到很自豪。于是，在商人让圣地亚哥第二年的同一天还去那里卖羊毛的时候，他兴奋地答应了。

圣地亚哥一直在想，再见面的时候，他应该准备什么故事讲给那个女孩听。总是这样想着的时候，这件事情就变得很重要，再也放不下了。他会幻想出各种各样的场景，关于他们见面的。圣地亚哥满足于这样的幻想和准备，因为那个女孩不仅带给他心灵上的安慰，同时也带给了他一种希望。他觉得，只有活在希望中，生活才更有趣。

我们都知道，后来因为要去解梦，圣地亚哥并没能如约去见那个商人的女儿，可是他对于与那个女孩再次见面的期待，却成为他努力地过好每一天的动力。他尽心地在那一年的约定里寻找着每一个动人的故事，并且努力地将自己的生活变得有趣，这些足以体现出希望的巨大魅力。

希望就好像一股引力。不管你现在遭遇的是什么，只要心中怀有希望，你就始终不会停下自己追求美好的脚步。内心充满希望，就可以为你增添一分勇气和力量，即使是身陷困境的低谷，你也会抓住向上的绳索，克服所有的困难。

所以，在现实生活中，不要让你的内心失去希望，因为缺少了它，你的生活就会变得索然无味，人生也会变得暗淡无光。

深爱但不迷失方向

在圣地亚哥看来，寻宝途中所遇到的任何一件事情，都没有像法蒂玛这样吸引他，让他有了非常坚定的放弃梦想的念头。可是，沙漠里出现了一个神秘的人，他用另一种昭示告诉圣地亚哥，只有去金字塔那里，完成他的天命，才是他现在最应该做的。这个人，就是炼金术士。

"我不想再听到关于金字塔的任何事情了，因为我已经准备留下来。"圣地亚哥说，"在我看来，法蒂玛比任何宝藏都珍贵。"

"法蒂玛是沙漠的女人，她明白，走出去的男人，为的就是能够回来。她会等你的。"炼金术士说，"她盼望你能尽快地找到宝藏。"

"如果我必须留下来呢？"

"我来告诉你会怎样。"炼金术士说，"你将是绿洲的参事，会有钱买足够的骆驼和羊，会跟法蒂玛结婚。第一年，你们会很快乐地生活，她会为了你的爱而努力地照顾你们的生活，而你也将为了她的爱而照顾这个被沙漠包围的绿洲。你会熟悉这里的每一件事物，包括那5万株棕榈树中的每一株，你会看着它们成长，如同世界一直在变迁一般。你会学着热爱沙漠，努力找出各种各样的征兆，然后告诉大家怎样更好地保护自己的家园。你会是沙漠里最好的老师，人们爱戴你，就好像爱戴自己一样。

"到了第二年，你依然做着自己喜欢的事情，守着自己的爱人，守着这个被沙漠包围的绿洲。你对这里再熟悉不过了，但是你会偶尔地想到那批宝藏，会有预兆继续提醒你，而你会尝试用各种方法来忽略它们。部落的长老会感激你为他们族人所做的一切，也许会给你更多的财富，你也可能因此而获得更多的权力。你从沙漠里学到的知识，会全部用于造福这里的人，你会因此而感觉到自豪。

"第三年，你依然会感觉到那批宝藏对你的召唤。你会在绿洲里游荡，想着自己到底应该做些什么，这样的人生是不是有意义。而你的法蒂玛，她将不快乐，因为是她牵绊了你寻梦的脚步，她会为此感觉到愧疚。可是，她不知道怎样用更多的爱来补偿你。她是一个沙漠的女人，而沙漠的女人是支持自己的男人远行，之后翘首企盼，而不是把男人拴在自己的身边，让他们没有办法施展自己的能力。她也会尝试着让你远行，去寻找你的宝藏，可是你已经不想再走了，因为你习惯了这里。习惯会让你恐惧，你害怕一旦离开这里就再也回不来了。

"你这样一直拖延，安于自己的习惯，可是预兆不会总过来找你。等到了一定的时候，你就会发现，你已经想不起那批宝藏了，而它们将永远被埋于地下。

"以后的日子里，你会一天比一天痛苦。因为人们不会再像以前一样崇拜你，你也渐渐地不被人们重视。你的内心会感觉到孤单、害怕，甚至会后悔。于是你深爱的女人，就会在你的哀伤里默默地流泪，再也体会不到生活的甜蜜了。"炼金术士将生活中最现实的方面告诉了圣地亚哥。

"深爱一个人并没有错，可是不能因为这个人迷失方向。如果现在留下来，那么很多美好的事物都会变得不幸。所以，你只有继续寻梦的脚步，才能在最后给予法蒂玛幸福。"

圣地亚哥听了，心中的想法渐渐明晰。他开始努力地集中精神，思考自己怎样前行，而不是为了爱情留守在绿洲。

爱情有时候会让人变得盲目，就如同圣地亚哥这样的寻梦人，很可能会为了爱情而放弃一切。但是，明智的人不会因为深爱而迷失方向，他们会知道，眼前的迷失将可能毁掉一生的幸福。所以，他们会明晰自己的方向，在应该抉择的时候，显得果断而从容。

卷四
世界三大奇书卷

·第一讲·

《智慧书》：

立身处世的箴言

满怀入世热忱的耶稣会教士巴尔塔沙·葛拉西安对人类的种种不智之举深恶痛绝，是以向世人贡献了他的思想结晶——《智慧书》。书中极言人有臻于完美的可能，只要佐以技巧，审慎睿智。他教给人们警觉、自制、勤奋、自知之明及其他明慎之道，所以书中尽是知人观事、判断、行动的箴言及策略。抛开书中的神学观不谈，在这些箴言警句中，我们能得到立身处世、周旋尘境的切实可行之法，如果能依其言学其成，则必定会安身立命、有所成就。

把戏谑当成摆脱困境的捷径

能够乐观而不过分乐天，这不是一种缺陷，而是一种极大的优点。最伟大的人能成功地利用风度与幽默博取众人欢心，把戏谑当成摆脱困境的捷径。有些事情，我们应谈笑处之，即使是那些别人认为很严肃和苦难的事。

很多乐观的人都善于控制自己的情绪，让自己活在快乐之中。人生在世，总会遇到很多悲伤与痛苦，如果不能操之在我，掌控自己的情绪，就会成为情绪的奴隶。作家、励志学大师斯摩尔曾经说过："做情绪的主人，驾驭和把握自己的方向，使你的生命按照自己的意图提供报酬。记住，你的心态是你——而且只是你——唯一能够完全掌握的东西。学着控制你的情绪，并且利用积极心态来调节情绪，超越自己，走向成功。"

悲观的人总是受累于情绪，似乎烦恼、压抑、失落甚至痛苦总是接二连三地袭来，于是频频抱怨生活对自己不公平，企盼某一天欢乐从此降临。但喜怒哀乐是人之常情，想让自己生活中不出现一点儿烦心之事几乎是不可能的，关键是如何有效地调整、控制自己的情绪，做生活的主人，做情绪的主人。

人的一生不可能总是一帆风顺，在遇到挫折和失败时，保持乐观和幽默的心境，淡然应对，相信战胜挫折和失败将不再是难事。

"八佰伴"曾经是日本最大的零售集团。总裁和田一夫经过长达半个世纪的苦心经营，将一家小蔬菜店发展成为在世界各地拥有 400 家百货店和超市，员工总数达 2.8 万人，年销售额突破 5000 亿日元的国际零售集团。1997 年，正当他努力开拓中国市场之际，留在日本总部坐镇的弟弟因经营不慎，使得整个集团遭遇重大挫折，最后不得不宣布破产。

从国际大集团总裁到一文不名的穷光蛋，从寸土寸金的深院豪宅到一室一厅的公寓，从乘坐劳斯莱斯专车到自己买票乘坐公共汽车……这对于已经 68 岁的和田一夫而言，无异于是从天堂跌到了地狱。

一时之间，舆论哗然，众说纷纭。有人说和田一夫肯定爬不起来了，只能在穷困潦倒中悄悄地了此残生；有人甚至猜测，他应该会自杀，就像很多在一夜之间破产的人一样。然而事实出乎所有人的意料，和田一夫没有一蹶不振，更没有懦弱地选择自杀，反而抖擞精神地"复活"了。他从经营顾问公司迈开第一步，后来又和几个年轻人合作，开办了网络咨询公司。虽然进入的是陌生领域，但凭借努力和过去的经验教训，他的生意一步步红火起来。

对和田一夫在人生如此的大起大落面前仍然能反败为胜、东山再起，很多人敬佩之余也十分好奇，认为他一定有什么"秘密武器"。对此，他的回答是，如果说有秘诀，那就是自我激励。他又解释说，是不断的自我激励使他即使面对巨大失败也没有失去希望，即使处在事业的低潮和人生的谷底仍然相信会有光明的前途。在这种信念的支撑下，他决心重新上路。

和田一夫有一套独特的自我激励方法，即多年一直坚持"心灵训练"。他曾说："如果想真正获得人生幸福的话，就需要有'没关系，一切都会好起来的'这种豁达的想法。"这种心灵的训练是很有必要的。从他涉足商场起，他就一直坚持写"光明日记"，记录每天让他感到快乐的事。和田一夫说："如果想使自己的命运好转，就必须不断地用积极向上的语言来鼓励自己，并使自己保持开朗的心情。这是非常重要的。"

除了"光明日记"外，和田一夫还独创了"快乐例会"。在每月的工作例会中，和田一夫规定：在开会前每个人要用 3 分钟，从这个月发生的事情中找出 3 件快乐的事情告诉大家。"刚开始的时候，大家很难找出 3 件快乐的事。后来，养成习惯后，别说 3 件，人人都想发表 10 件快乐的事。每月这样延续下来，人人都逐渐露出笑脸。"和田一夫对自己的成绩很自豪，这种别开生面的方式，的确有效地调动了员工的乐观情绪。

许多不成功的人不是没有成功的能力与潜质，而是他们在思想上就放弃了。他们在受到挫折时只会暗自神伤，叹息命运不济，而从不给自己打气，他们习惯了"劣势"，久而久之，只有失败与之为伍。

也有一些人并不是不给自己激励，也不是不乐观，而是把对自己的承诺抛在脑后，没有认真地实现当时的目标。他们乐观得过分，以致从不考虑自己的未来，结果乐观就成了他们的缺陷。

人生的变数过于频繁，保持"有质有量"的好心态，保持乐观的精神状态，它会成为支配人们行动的动力，帮助人们在谈笑自如间从容应对种种事情和困难，即使某一次失败了，人们也不会就此一蹶不振。乐观会帮助人们从失败中吸取教训，再次登上成功的巅峰。

能力和心胸是成正比的

伟大的人从来不小气。当和别人交谈时，尤其当谈论的主题令人不快时，你无须兼顾各种细节，而要表现出一种彬彬有礼的、高贵的宽宏大量。对不愉快的事情耿耿于怀等于是有心理疾病。要记住，人们通常按本性行事，这与他们的心胸和能力有关。

宽宏大量、不吝计较是一种高尚的人格修养，一种成大事的强者风度。世间之大，相对于人来说，难免有形形色色的矛盾、烦恼，如果斤斤计较于每一件事，那对生命来说无疑是枷锁，不如表现出彬彬有礼的样子，这样更容易获得他人的尊敬和仰慕。

有一位著名的作家，以宽容的心胸和主动认错的气量赢得了读者的尊重。在进行了长达20年社会纪实体裁小说写作之后，这位作家尝试着变换风格，推出了一部侦破类新作，让许多读者无法接受。一名愤怒的读者写信给他，言辞非常激烈，指责他根本不该转型。其中很多话失之偏颇，看得出这位读者对小说艺术的理解并不深入。但这位作家并没有恼羞成怒，而是非常认真地写了一封回信，在信中，他只字不提这位读者的不礼貌和认识上的浅薄，只是很诚恳地承认自己并不适合悬疑推理题材的写作，他很感谢读者的意见，希望以后能够经常互相交流看法。

作家不去计较读者的粗鲁无礼，是他的容人雅量；敢于承认自身的缺陷，是他的气量和风度。在这样的人面前，难题通常都比较容易解决，矛盾也能迎刃而解。

中国有句俗语："宰相肚里能撑船"，形容的正是像作家这样的人。古人常讲：人应当与人为善、有成人之美、修身立德，一个人只有肚量大、性格豁达，方能纵横驰骋，若纠缠于鸡虫得失，斤斤计较，非但有失儒雅，而且会终日郁郁寡欢，神魂不定。所以对世事时时心平气和、宽容大度；才能处处契机应缘、和谐圆满。

曾任美国总统的福特在大学里是一名橄榄球运动员，体质非常好，所以他在62岁入主白宫时，身体仍然非常挺拔结实。当了总统以后，他继续滑雪、打高尔夫球和网球，而且擅长这几项运动。

1975年5月，他到奥地利访问。当飞机抵达萨尔茨堡，他走下舷梯时，皮鞋碰到一个隆起的地方，脚一滑就跌倒在跑道上。记者们把他这次跌倒当成一项大新闻，大肆渲染。在同一天里，他又在丽希丹宫被雨淋湿的长梯上滑倒了两次，险些跌下来。随即一个奇妙的传说散播开了：福特总统笨手笨脚，行动不灵敏。自萨尔茨堡以后，福特每次跌跤或者撞伤头部或者跌倒在雪地上，记者们总是添油加醋地把消息向全世界报道。后来，他不跌跤也变成新闻了。哥伦比亚广播公司曾这样报道："我一直在等待着总统撞伤头部，或者扭伤小腿，或者受点轻伤之类的来吸引读者。"记者们如此渲染，似乎想给人形成一种印象：福特总统是个行动笨拙的人。电视节目主持人还在电视中和福特总统开玩笑，喜剧演员切维·蔡斯甚至在《周六夜现场》节目里模仿总统滑倒和跌跤的动作。

福特的新闻秘书朗·聂森对此提出抗议，他对记者们说："总统是健康而且优雅的，他可以说是我们能记得起的总统中身体最为健壮的一位。"

"我是一个活动家，"福特抗议道，"活动家比任何人都容易跌跤。"

他对别人的玩笑总是一笑了之。1976年3月，他还在华盛顿广播电视记者协会年会上和切维·蔡斯同台表演过。节目开始，蔡斯先出场。当乐队奏起《向总统致敬》的乐曲时，他"绊"了一脚，跌倒在歌舞厅的地板上，从一端滑到另一端，头部撞到讲台上。此时，每个到场的人都捧腹大笑，福特也跟着笑了。

当轮到福特出场时，蔡斯站了起来，佯装被餐桌布缠住了，弄得碟子和银餐具纷纷落地。蔡斯装出要把演讲稿放在乐队指挥台上，可一不留心，稿纸掉了，撒得满地都是。众人哄堂大笑，福特却满不在乎地说道："蔡斯先生，你是个非常、非常滑稽的演员。"

在面对别人对于自己的无礼时，福特选择了一笑置之，可见福特的大度。

有人的地方，总免不了矛盾、冲突，甚至钩心斗角。各种突发状况使人不可能不发生摩擦。有君子，就有小人；有温情，就有冷漠；有赞誉，就有诽谤。如何在一个复杂的群体当中站稳脚跟，并得到大多数人的支持和赞赏，唯拥有气量、心胸宽容而已。

"君子贤而能容罢，知而能容愚，博而能容浅，粹而能容杂。"在生活中，我们随时都会遇到一些对自己不公的人和事，遇到愚蠢、浅薄者的骚扰，遇到尴尬和非议。针锋相对、以怨报怨只会为自己招来更多的妒恨，心胸宽广、气量大者就可与他人保持良好的人际关系。不计较琐碎之事，不拘泥繁文缛节，不多管闲事，这类的人物能够得到他人的广泛尊重，在人际关系的处理上也能游刃有余。

货真价实的名誉是持久的名誉

我们喜欢名誉，但名誉来之不易，因为它产生于卓越，而卓越是稀有的，正像平庸是很平常的一样，一旦获得它，就很容易保持。获得名誉要兑现许多承诺，并且要通过做出许多的事来获得。它若来自高贵的出身和崇高的行为，则具一种威严气象。货真价实的名誉是真正持久的名誉。

名誉是一种名字的威力、心理的权力，是一种纯文化的力量。名誉使大批人认识并记住某个人的名字，关注这个人的情况，确认他的不平常之处，并诱使他们崇拜、敬佩、羡慕甚至仇视这个人。名誉，是通过个人的名字来改变人的思想感情，来操纵人的心理，因此，名誉是一种心理力量、心理的权力。

名誉常常成为地位和成就的孵化器，其影响力是惊人的。贝多芬最伟大的作品之一《合唱交响曲》在音乐之都维也纳首演时，谢幕多达5次。而国王登台亮相时，谢幕也不过3次。贝多芬的音乐成就为他带来的名誉更胜过君王的权威，他去世时，维也纳人倾城而动，为他举行了隆重的葬礼。对于伟大的人来说，名誉比很多事情都重要得多，甚至超出了生命。

在一个人短暂的一生中，是默默无闻还是名垂史册，名誉扮演着分水岭的角色。只有名誉，才能充分体现一个人的生命价值。名誉是不可代替的，锦衣玉食、华屋名车相伴的人，做着有损名誉的事，一样令人鄙夷。名誉是高于物质财富的一项无形财富。权力再大的人，若不能造福社会，例如希特勒之流，只能是遗臭万年。可见，名誉又是高于有形权力的一种无形权力。它崇高无比，并且具有威严。

有人说：让一个人一时不说谎很容易，让他一辈子不说谎却很难。名誉也是如此，名誉易于保持，但它又会在你小小的失误或者失足面前轰然倒塌。对人们来说，爱惜名誉应如同爱自己。

有这样一个故事，正可以说明名誉的重要性。有一批接受深造即将成为建筑师的年轻人，在一位鬓白如雪的老教授的带领下，参观一座刚刚落成又需要拆除的大厦。因为大厦的建筑师接受贿赂，在设计方案中修改了关系工程质量的一连串数据……爆破的炸药正填入水泥未干的墙基，这栋楼就要被炸掉了，它所带来的损失将是建楼的数倍。这种情况让在场的所有人全震撼。

在美国马里兰州建筑学院盛大的毕业典礼上，著名的建筑师弗兰克·劳埃德·赖特在演讲时说道："一座大厦就是一位建筑师的名誉，这名誉不会从天而降，必须来自一块砖头、一块板材。什么是一块砖头呢？那就是一块实实在在的砖头。什么是一块板材呢？那就是一块地地道道的板材。这一切全都来自建筑师的品质——实实在在、正直高尚的品质！"

建筑师们所设计的楼房，其质量、外观就是建筑师名誉的来源，丢失了这些，无论他得到了多少财富，他的名誉都将毁于一旦，他将无法在这一行业中立足。

权力、财富，一个人活着时可以尽情享用，但他死后，这一切便不再任由他享有，不再属于他了。但名誉就不一样了，只要真正对社会和人类产生过重大影响，你便能获得巨大声誉，这种声誉自你获得的第一天起，便一直属于你，并将永远属于你。孔子离开人世已有两千多年，但他在这两千多年中深受推崇，他的每一个主要观点，被无数学者、科学家、政治家、百姓所反复学习、讨论和批判。他活着时，人们知道他；他死后两千多年中，人们记住他。他虽逝去两千多年，精神却永远不灭。孔子的名誉穿越时空，至今依然拥有影响力。

名誉一旦稳定，其魅力是潜移默化、深入人心的。有位名人曾说："名誉虽然不是德行的真正原则和标准，但是它离德行的真正原则和标准是最近的。"当人们有了名誉时，其德行也会在不知不觉间被升高到人人崇敬的程度，那时我们将发现，原来自己的人格也可以如此美好和不凡。

别让他人的优秀成为你的毒素

对他人的嫉妒与恶意表现大度，你才能成就更大。心里充满嫉妒的人，每当其竞争对手成功一次，他就会死去一次。若那个被嫉妒的人永远成功，对嫉妒的人就是永远的惩罚。成功的号角一方面歌颂成功者的辉煌，另一方面宣告了嫉妒者痛苦煎熬的开始。

一般来说，心胸狭窄的人容易嫉妒别人。而一个人的嫉妒心常常会让他采取一些过激行为，这对于一个人的成长来说不啻一颗毒瘤。人们常常对他人的嫉妒持无所谓的态度，却不知嫉妒的杀伤力远超出我们的想象，他人的嫉妒心会毁了你，而你的嫉妒之火燃烧起来时，你受到的伤害也往往最大。

有一则寓言印证了上面的话。一只老鹰常常嫉妒别的老鹰飞得比它好。有一天，它看到一个带着弓箭的猎人，便对他说："我希望你帮我把在天空飞的老鹰射下来。"猎人说："你若提供一些羽毛，我就把它们射下来。"这只老鹰于是从自己的身上拔了几根羽毛给猎人，但猎人却没有射中其他的老鹰。它一次又一次地提供身上的羽毛给猎人，直到身上大部分的羽毛都拔光了。于是，猎人转身抓住它，把它杀了。

嫉妒对嫉妒者的伤害，正如铁锈对钢铁的伤害一样。心胸狭窄者之所以避免不了失败的结局，就在于他们存心不良。他们不愿别人超过自己倒罢了，要命的是，当自己倒霉之时，也要别人没好日子过。要达到这样的目的，除了伤人害己，别无他途了。

智者通常对嫉妒者始终是持鄙视态度的。英国作家萨克雷说："一个人妒火中烧的时候，事实上就是个疯子，不能把他的一举一动当真。"

善嫉的人，不但从自己所有的东西中拿掉快乐，还在他人所有的东西中放入痛苦。嫉妒者极易忧愁，生活更加不幸，还容易堕落。它如同毒蛇的毒液一样，腐蚀你的头脑，毁坏你的心灵。

既然嫉妒如毒素，就要转移它，不让嫉妒之火成为心中的绳索。你要明白，嫉妒实际上是在不知不觉中毁灭了你自己。一滴水成不了海洋，一棵树成不了森林。任何事业的成功都少不了合作，而嫉妒总是会拆散所有的合作，令你一事无成。

人一旦有了嫉妒心，也就是承认自己不如别人，会因嫉妒而失去理智，做出得不偿失的事情。狭隘的人总是自觉或不自觉地怀着怨恨之心，不停地感受着或回味着生命中的伤害与屈辱、生活的不如意和人生的痛苦、不满、抱怨，甚至怒气冲天，厌恶、敌视他人和周围的一切，处处与人作对，经常处于精神崩溃的边缘，终日与多疑、惊恐做伴，一辈子都生活在嫉恨之中，一辈子都对某个人或某件事怀着强烈不满。最后，狭隘者会为自己的心胸所害，痛苦万分。

著名的华尔街投资大师巴鲁克说："不要嫉妒。最好的办法是假定别人能做的事情自己也能做，甚至做得更好。"想要超越别人，就必须从超越自我开始。坚信别人的优秀并不妨碍自己的前进，相反，它可能给你前所未有的动力。事实上，每一个努力实现自己事业的人，是没有工夫去嫉妒别人的。

别让他人的优秀成为你的毒素，也不要让他人的优势成了你的煎熬，心胸开阔一些，你的目光也将变得远大，甚至会使你的敌人成为你的朋友。莫要因为妒恨而醉心于宣扬他人的不好，因为这只会使你声名狼藉。

镜子照脸亦照心

如果你不了解你自己，你就不能控制你自己。镜子可以用来照脸，而唯一可以用来观察自己精神的是明智的自我反思。当你不再担心自己的外部形象时，试着去修正和改善内在形象。为了明智地处理事情，要精确地估计你的才智，判断一下你会怎样迎接挑战，测量一下你的深度。

"我是谁？"当人们站在镜子面前看到各种各样姿态和表情的自己时，是否能够对"自己"进行正确的解释？恐怕很少有人思考过这个问题。随着科学技术的日益发展，人们对未知世界日趋了解，却与自身开始背道而驰，这是一个奇怪的现象。当我们渐渐不了解自己的时候，等待我们的便是迷惘和失败。

人生必须从认识自己开始，这是获得成功的第一黄金定律。只有正确认识自己，才能正确规划人生。虽然客观地认识自我是困难的过程，然而一个想认真做一番事业的人，对自己的性格、智慧和情感诉求一定要清楚，才能根据外部条件选择适合自己的生活方式。

也许你不具备逻辑思维上的天赋，也没有熟练掌握各种语言的能力，但你在处理事务方面却有特殊的本领，能知人善任、排忧解难，有高超的组织能力；也许你在物理和化学方面心有余而力不足，但是你爱好想象，善于编写小说、绘画、作诗；也许你分辨音律的能力不行，但有一双极其灵巧的手，可以编织各种各样的装饰物……在认识到自己长处的前提下，如果你能扬长避短，认准目标，抓紧时间把一件工作或一门学问刻苦、认真地做下去，久而久之，丰硕的成果将在不经意间降临在生活当中。

古往今来，凡是事业上取得成就的人，都有一个共同的特点，那就是根据自己的能力做最适合自己的事。

伟大的发明家爱迪生在学校学习时，老师认为他是一个愚笨的孩子，经常责怪他；爱迪生的母亲发现了自己儿子爱探究的天赋，用心培养他，后来他终于成为发明大王。悬疑推理小说家柯南道尔作为医生时并不著名，但以《福尔摩斯》名扬天下。

现代人才学发现，人至少有 146 种才能，而现代考试制度只能发现 41 种，这说明人的大部分才能有待开发和利用。事实上，人的潜能如同在地下的石油，只不过它深藏在我们的脑海深处，没有被开发出来。成功者之所以成功，通常得益于他们充分了解自己的长处，并根据特长来进行人生定位。爱因斯坦大学时的老师佩尔内教授有一次严肃地对他说："你在工作中不缺少热心和好意，但是缺乏能力。你为什么不学医、不学法律或哲学而要学物理呢？"幸亏爱因斯坦深知自己在理论物理学方面有足够的才能，没有听教授的话，否则，相对论恐怕就要晚出世数十年。

有些遭遇失败的人，仅凭自己一时的兴趣和想法，盲目地追求不适合自己的东西。比如歌德一度没能充分了解自己，树立了当画家的错误志向，白白浪费了十多年的光阴，为此他感到非常后悔。

人们应当有意识地了解自己的特长和天赋，培育并发展长处。如果所有的人都知道自己善于做什么，那么人人都能在某个方面取得卓越成就。然而，大多数的人没有发现自己的才智，结果在很多事情上都一事无成。

机运一时，行动宜速

许多冠绝一时的人物之所以出名，是因为他们生逢其时，又或是有很好的机遇让他们发挥所长。而许多人因为没有赶上好的时机，只能空有才智而无法发挥。不过我们应当抱有这样的思想：也许我们现在被埋没了，说不定哪天有机会发挥自己的才智，我们就能尽显风采。

机会老人先给你送上他的头发，如果你没有抓住，等你后悔时，就只能摸到他的秃头了。一个人即使学富五车，有统率众人的才干，也需要有合适的机会让他展现，否则他也不过是不被人重视的平庸之辈。在通往失败的路上，处处是错失了的机会。那些坐等机会从前门进来的人，往往没有意识到机会也会从后窗进来。只有主动进攻的人，才能发觉并抓住机会。

一位探险家在森林中看见一位老农正坐在树桩上抽烟斗，于是他上前打招呼说："您好，您在这儿干什么呢？"

这位老农回答："有一次我正要砍树，就在这时风雨大作，刮倒了许多参天大树，这省了我不少力气。"

"您真幸运！"

"您可说对了。还有一次，闪电把我准备焚烧的干草给点着了。"

"真是奇迹！现在您准备做什么？"

"我正等待发生一场地震把土豆从地里翻出来。"

老农是一个坐等机会者，好运有时候会光顾他，但不可能永远光顾，他坐在树桩上不过是在浪费时光。探险家则是主动寻找机会者，机会出现，就会一鸣惊人，成为真正的成功者。

伟大的成就永远属于那些富有奋斗精神的人，而不是那些一味痴等的人。

在美国，一种名为"科罗拉多"的户外运动鞋广受欢迎，它柔软舒适，防臭防汗，易于排水排沙，外形时尚。这种运动鞋来自科罗拉多的三位创始人的一个梦想——寻找适合划艇运动的鞋子。据说，设计它的灵感来自一位家庭主妇。这位家庭主妇因为想要一个买菜时穿起来柔软舒适又轻便的鞋子，于是设计了接近于现在的科罗拉多的外形。家庭主妇的设计理念被科罗拉多创始人充分吸收，制造出了风靡全美的鞋子。

世界上最需要的是那些善于挖掘灵感和寻找灵感的人。一个家庭主妇的偶然设计，被科罗拉多创始人挖掘过来，成就了科罗拉多的辉煌。倘若创始人不注意平民化的设计，执着于自己的专业知识去造鞋，或许今天科罗拉多便会名不见经传。可见，聪明的人未必成功，而那些善于发挥才智、懂得利用各种机遇的人，更容易成就大事。

培根说："智者所创造的机会，要比他所能找到的多。正如樱花树那样，虽在静静地等待着春天的到来，但它无时无刻不在养精蓄锐。"人在等待机遇之时，不仅不能放松养精蓄锐的积累，还要时时窥测方位，审时度势，以寻求利于自身发展的机遇。机遇稍纵即逝，好运也不是常常都有，单单发现它远远不够，还要懂得利用它，同时为自己制造更多的机遇。

正像人们说的那样，倘若你懂得如何料理事物，就会懂得如何享受其中的乐趣。有许多人好运不在，方才醒悟人生。他们虚掷光阴，待到迷途既远，方想回头，指望时光倒流，然而，光阴怎么可能倒流呢？

生活长久，机运一时，行动宜速，享受宜缓。机遇是一次次偶然的爆发，如果行动不迅速，待到错过才捶胸顿足，已经于事无补。

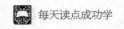

别让你的天赋被扼杀

每人都会遇到一展才华的机会，要善加利用。有些才华横溢的人会把自己微小的才干也显露出来，使它成为自己身上的发光点，而他们的卓著才能显露出来时足以令人震惊。所以，我们应当尽可能地把上天赐予的天赋展示出来。但是，展示才干时也要切合时宜，并且注意不要过于炫耀。

许多人过着平庸的生活，并不是他们不去努力，而是因为他们总爱给自己设定许多的条条框框，束缚了他们想象的空间和潜能。他们看似一天到晚在忙碌，实际上已经给自己套上了"金箍"，将自身的才干完全藏起来，最终注定碌碌无为。这就像被关在瓶子里的跳蚤一样，时间长了，它就再也跳不出去了。

科学家曾做过一个有趣的实验：他们把跳蚤放在桌上，一拍桌子，跳蚤立即跳起，跳起高度均在其身高的100倍以上。然后他们在跳蚤头上罩一个玻璃罩，再让它跳。第一次跳蚤就碰到了玻璃罩，连续多次碰壁后，跳蚤改变了跳跃高度以适应环境，每次跳跃高度总保持在罩顶以下。接下来，科学家逐渐降低玻璃罩的高度，跳蚤都在碰壁后主动改变跳跃的高度。最后，玻璃罩接近桌面，这时跳蚤已无法再跳了。科学家于是把玻璃罩打开，再拍桌子，跳蚤仍然不会跳，变成"爬蚤"了。

跳蚤变成"爬蚤"，并不是它丧失了跳跃的能力，而是由于一次次的受挫使它学乖了，习惯了，麻木了。最可悲之处就在于，实际上玻璃罩已经不存在了，它却连"再试一次"的念头都没有。玻璃罩已经罩在了它的潜意识里，罩在了它的心灵上，它行动的欲望和潜能被自己扼杀了。科学家把这种现象叫作"自我设限"。

因为自我限制而变得平庸者，就是一只悲哀的跳蚤，把自己的才干尽数丢弃。事实上每个人都有起飞的可能性，都有别人意想不到的潜能，也有展示自己的机会，可是有时因为碍于面子，或者害羞，或者根本不思上进，最终将自己葬送在平庸的坟墓中。

人就好比一块磁铁，一开始可以吸起比它重12倍的重量，但是如果除去磁性，甚至连轻如羽毛的重量都吸不起来。同样的，人也有两类。一种是有磁性的人，他们充满了信心，知道自己天生就是个胜利者、成功者，并且善于展现自己的才华；另一种人是没有磁性的人，他们内心充满了畏惧和怀疑，当机会来临时，他们就会说："我可能会失败，我可能会失去我的钱，人们会耻笑我。"每个平凡的人都有成为英雄的潜质，不要让这种潜质被催眠，而要尽量使自己的才干公之于众，避免令自己沦为世俗。

生活中，有无数人是在阅读一本激励人心的书或是一篇感人至深的励志美文时突然感到灵光一闪，蓦地发现了一个崭新的自我。如果没有这样的一些书或文章，他们可能永远对自身的真实能力懵懂无知。任何能够使得我们真正认识自己、能够唤醒我们的全部潜能的东西都是无价之宝。这些货真价实的东西帮助人们发现自己的天赋，督促人们变得审慎谦恭。它们所提供的偶然一语，或许就会令我们的内心受到深深的震撼。

文字能够鼓舞人心，而生活就是另一种激发人施展才干的助推器。人们常常会发现人在遇到巨大的难题或者偶然事件时反而会表现得异常出色，因为这是被"逼"得没有办法。正是有了这种破釜沉舟的勇气，我们身上的潜能才得以发挥。平时的循规蹈矩磨灭了我们的创造力，安逸而平稳的生活只会造就平凡的人。而真正的天才都是在困难时巧妙地运用自己的智慧脱困，然后让世人为他们的卓越成就而吃惊。

实干比浮夸更有成效

要想声名显赫，必须兼有实力与实干精神。有实干精神的平庸之辈比无实干精神的高明之辈更有成就。造诣与资质都是人们需要的，但得有实干精神相助，二者才能尽善尽美。不仅如此，人们既要能干，也要知道怎样展示自己的专长。

那些欲有成就的人，实干精神即他们的人生信条。因为他们知道，单纯地拥有天赋和想象力，而不去设身处地为之，成就不会光顾他们。实干正是展现一个人能力和实力的方法，也是人们成功的必经之路。

英国有一个叫弗兰克的青年，从小立志创办杂志。一天，弗兰克看见一个人打开一包纸烟，从中抽出一张纸片，随即把它扔到地上。弗兰克弯下腰，拾起这张纸片，那上面印着一个著名女演员的照片。在这幅照片下面印有一句话：这是一套照片中的一幅。烟草公司鼓励买烟者收集一套照片，以此作为香烟的促销手段。弗兰克把这个纸片翻过来，注意到它的背面竟然完全空白。弗兰克感到这其中有一个机会，他推断：如果把附装在烟盒子里的印有照片的纸片充分利用起来，在它空白的那一面印上照片上的人物小传，这种照片的价值就可大大提高。

于是，弗兰克就找到印刷这种纸烟附件的平板画公司，向这个公司的经理推荐他的主意，最终被经理采纳。这就是弗兰克最早的写作任务。后来，他的小传的需要量与日俱增，他不得不请人帮忙。他于是要求他的弟弟帮忙，并付给弟弟每篇 5 美元的报酬。不久，弗兰克又请了 5 名报社编辑帮忙写作小传，以供应平板画印刷厂。最后，他如愿以偿地做了一家著名杂志的主编。

如果弗兰克缺乏联想能力，那么卡片到他的手中就成了废纸；如果弗兰克单纯地想象在卡片背后附上人物的经历，而不去找印刷工厂提供自己的创意，那么弗兰克也不可能成功。生活有时给了你很多机遇，自然给了你造诣和资质，但是如果你不懂得付诸行动来展现你的才干，失败的恶魔已经追随在你的身后，等着你掉入它的深渊。实干是摆脱噩运的方法，也是成功的阶梯。

有时候，聪明才智往往会给人错觉，让人以为勤奋和实干对有天赋的人来说是无用的，而有许多人就是在拥有这种思想后止步不前。人们常常以为天才可以不费吹灰之力就成为一个成大事者，甚至认为他们不需要刻苦和谨慎，就能取得显著成绩。这完全是一种谬误。被称为股神的巴菲特，在金融市场里所向披靡，但是他也有犯错的时候，他对股票市场始终心存敬畏，无时无刻不在观察着日常的变动，丝毫不敢怠慢。上天赋予他聪颖的智慧和对股票的敏锐观察力，而他全身心地投入事业当中，才成就了今日的股神。

"我实际上比任何一位在田野里耕耘的农夫都更苦更累。"英国画家密莱斯说。他作画的时候总是达到忘我的境界。当他提到年轻人的时候，他说："我对所有年轻人的忠告是：'去工作吧！'不可能人人都是天才，但是人人都能工作。不工作的人，即使天赋再高、绝顶聪明，也无法创造辉煌。"没有艰辛就没有成就，大人物的丰功伟绩都是靠实干和持之以恒。

艺术家雷诺兹指出，一个人的智力与能力一般，但实干成为弥补才智的方法。如果做到了目标明确、方法得当，成功会来到你的面前。人们应当有一种意识：并不是用一颗触景生情的心加上丰富的想象力就可以使你成为巨人，关键要懂得怎样展现自己的能力。

·第二讲·

《君主论》：

王者们共用的法则

马基雅弗利带着忠诚苦心钻研历史，著成了这部享誉世界的书籍献给他所忠于的君主。他的观点是，作为一个君主，想要获得成功，就必须懂得如何积攒自己的实力，并依靠自己的实力和手段取得地位。他认为，君主需要效法狐狸与狮子，有狐狸的狡猾、狮子的勇猛。

因为书中一再提到不择手段，《君主论》曾一度被称为邪恶的圣经。但我们不可否认，书中也为人们提供了一些生活的本领和智慧。它或许有极端或厚黑之处，但一些观点表达了生活的至理，阅读《君主论》，人们所得绝不会比所失少。

跟大人物共同起跑

伟大的人物总是受到普遍的欢迎和万世的敬仰，他们的卓越总能得到人们的钦羡，继而被效仿，因为人们也希望成为此类出色的人物。大人物们能够淋漓尽致地活一回，得到最大的幸福和满足，活出成功和精彩，他们的优越看似天赐祥福，实则有很大的个人原因。原本，美好的生活也并不是他们的独享物，而是我们每个人都可以拥有的，只不过我们尚未熟悉一些成功的方法，而他们以卓越的个性、素质、理念和方法，使成功触手可及。

人生就是一场开辟新航路的海上旅行，每个人或早或迟都必须站到舵手的位置上，驾驶一叶生命的扁舟驶进茫茫大海。是乘风破浪，还是徐徐而行？是逆水行舟，还是顺流而下？每艘航船的选择不同，人生的航行也随之千姿百态，其结果也有所不同。大海中有汹涌的波涛，有致命的暗礁，有狂风骤雨，有潜流暗涌，生命的航程对任何人来说都不可能是一帆风顺的。在未曾历尽苦难之时，如果我们一开始就有了航海之图，那么至少会减少征途的一半危险。这航海之图，便是我们效仿的超卓人物，他们的种种经历和行事方法为我们提供了切实可行的航程。

伟大的人物之所以伟大，必有其过人之处。我们可以纵观中外历史上的出色君主、政治家、科学家、文学家、艺术家等，他们除了具备某一方面的天赋，剩下的共性特点是拥有成就的渴望、钢铁般的意志、永恒的决心和谦逊的精神。

西方历史上的几个人物，诸如摩西、居鲁士、罗慕洛和提修斯之辈，他们的性格和精神受到许多人的推崇。摩西是犹太教的创始人，居鲁士是波斯帝国最出色的统治者，罗慕洛是古罗马的缔造者，而提修斯是雅典伟大的英雄。我们先来看看提修斯的传奇人生究竟有什么特别之处。

雅典有一句古老的谚语：没什么事情是提修斯没干过的。提修斯是雅典国王埃勾斯的儿子，青年时期在母亲的老家（希腊南部的城市）度过。可以说，提修斯是埃勾斯在外的风流债。提修斯长大以后，身体素质极好，性格活跃，他一心想成为一个伟大的英雄，并且越快越好。他满脑子充斥的都是全希腊英雄赫拉克勒斯的身影。赫拉克勒斯是希腊神话里的英雄，乃宙斯之子。

提修斯决定离开家乡去雅典找寻成功之路。如果选择坐船的话，他将避开很多危险，但提修斯偏偏选择走陆路，要去面对大量的盗匪。一路上，提修斯把所经之途的强盗全杀了，四处维护正义，除恶惩奸。可想而知，希腊人是如何热烈地颂扬这位铲除了毒虫的年轻人。当提修斯到达雅典时，他已经是公认的英雄人物，还被邀请参加国王举行的宴会。

但埃勾斯此刻并不知道提修斯是自己的儿子，反而担心提修斯的公众影响力超越自己，便想要毒死他。直到提修斯将埃勾斯留给母亲的佩剑拿出来，埃勾斯才认出了他，并及时阻止了悲剧的发生。此后，提修斯成为雅典人民爱戴的王子。但提修斯的人生不可能这么平静。原来当时克里特岛强大的统治者米诺斯王正进攻雅典王国，因为他唯一的儿子罗吉斯在雅典丧命。原因是埃勾斯曾让罗吉斯去杀一只到处行凶的米诺牛怪物，没想到米诺牛反而把罗吉斯杀了。

米诺斯攻占雅典之后，声称要把此处夷为平地，除非每隔9年雅典向他进贡7对童男童女，给米诺牛作为祭品。此时提修斯主动要求做进贡者之一，所有的人都对他的奉献精神和德行产生了崇敬，但没有人知道他其实想要杀掉米诺牛。提修斯勇猛无比，不但施计杀了米诺牛，还得到了米诺斯之女阿里阿得尼的青睐，他们一起登上船只私奔，向雅典驶去。在回程中，阿里阿得尼不幸死去，提修斯回到自己的国家，当了国王。

提修斯的出色之处想必显而易见，对成就的渴望、钢铁般的意志、永恒的决心和谦逊的精神，除了第四点稍显薄弱外，另外三点他绝对具备。提修斯把赫拉克勒斯当作偶像，并视其为毕生的导师，足可证明，即便伟大的人物也有偶像，且将超越偶像视为自己追求的目标。

想成为卓有成就的人士，追踪伟大人物所走过的道路似乎已经成了必然。中国的古语"以史为鉴"，其中也包含这个意思。所以，从现在开始，为自己确定一个可效仿的出色目标。

相信权威等于丧失自我

一位睿智的先哲曾说："每个人都要仔细观察哪条是他的心拉着他走的路，然后全力以赴地去选择这条路。"一个真正认识自己、相信自己的人就是主宰自己命运的上帝。他不需要去向外在的力量和人物俯首称臣、顶礼膜拜，他可以去效仿，但他绝对不会被左右，他的命运就掌握在他的手里。

世上最牢靠的东西，不是他人的权威，而是通过自己的实力而得来的权威。你就是权威，你才有发言权，你才能统领一切。

1842年3月，在百老汇的社会图书馆里，著名作家爱默生在演讲当中说："谁说我们美国没有自己的诗篇呢？我们的诗人文豪就在这儿呢……"这位大文豪慷慨激昂的一席话令台下听讲的年轻人惠特曼激动不已，惠特曼内心涌起了前所未有的力量和坚定的信念，他决心投身社会各个阶层去观察，写出一部反映美国社会生活的全新的、不同凡响的诗集。

1854年，惠特曼的《草叶集》终于问世了。奔放的笔调和热烈的情感，不同于传统格律的语言风格，表达了民主思想和对种族、民族和社会压迫的强烈抗议。这部诗集在欧美诗坛引起巨大反响。它的诞生也使得爱默生激动不已，他盛赞《草叶集》的内容，认为美国诗坛终于开始崛起。

但《草叶集》并未因爱默生的高度评价而大卖，因为它的不押韵形式和过于激进的内容并不尽然被接受。不过惠特曼因此增添了信心和勇气。1855年底，他印了第二版，在这版中他又加进了20首新诗。

1860年，当惠特曼决定印第三版《草叶集》时，爱默生这次却竭力劝说惠特曼删掉诗集里有关"性"的几首诗歌，他认为这几首诗会大大影响第三版的销量。惠特曼却对爱默生说："删了以后还会是好书吗？"爱默生反驳说："我没说'还'是本好书，我说删了就是本好书！"但是惠特曼仍不肯让步，他说："在我灵魂深处，我的意念不服从任何的束缚。《草叶集》不能有任何删减，因为那意味着道歉和投降，世上最差的书就是被删减过的书，我宁愿任由它枯荣。"

在惠特曼的坚持下，第三版《草叶集》出版，结果却并未如爱默生所料，反而获得了巨大的成功。这本诗集不但传遍美国，还进入了欧洲以及更多的地方。

爱默生是诗坛的权威，但权威的认定未必正确，就像爱默生一开始奉扬的《草叶集》却不受欢迎，后来他认定未删减的《草叶集》不会畅销却反而大卖一样。权威是任何人都有可能将之打破的，而惠特曼正是笃定自己的选择，并依靠自己的实力获得了名誉。

泰戈尔曾经说过："除非心灵从偏见的奴役下解脱出来，否则就不能从正确的观点来看生活，或真正了解人性。"一个人最致命的偏见莫过于认为他人的卓越不可打破。如果我们因为看了巨著《红楼梦》就停止了在文坛上的耕耘，因看了马拉多纳踢球便放弃绿茵场上的梦想，因听过帕瓦罗蒂的歌声便扼杀自己的音乐天分，那么，我们将永远活在权威的阴影当中，世界上将再也不会出现曹雪芹、马拉多纳、帕瓦罗蒂这样的人物了。

所以不要因为受到权威的影响就对自己的言行失去信心，否则我们将丧失自我，永难成为创造型的人物。

邪恶之道焉能长久

这世界上什么人都有，通过背信弃义而取得成功的人不在少数，有时候，偏偏是被我们所唾弃的骗子成了富翁。但是骗子的路肯定走不长久，他们迟早会被揭发，落下骂名，我们也从不认为他们是有能力的人。

这就像一个不择手段的君主，如果他想成为明君，笃守信义、讲究人道就是他必须具备的品质和意识，没有这种人道意识，他不过是个暴君而已，绝不是个有成就的伟人。例如西西里人阿加托克雷，他是个卓越的领袖，但他的人格遭到后世的唾弃。

阿加托克雷本来是个平民，而且是个下等、卑贱的人，但他却崛起成为意大利西西里岛锡拉库萨的国王。阿加托克雷是陶工的儿子，但从少年时期已经满怀野心。他投身军界之后，几经擢升，成为锡拉库萨地方执政官，至此，他决心要当上国王，依靠暴力而不依靠他人的帮助走上征伐之路。他先是佯装召集锡拉库萨的富翁和元老，表面称同他们商讨共和国国事，实则把他们围困起来闪电般地屠杀殆尽，然后控制了城市统治权力。继而他做出国家内乱的样子，然后诱惑对锡拉库萨有所图谋的迦太基领袖阿米尔卡雷进攻当地。不知已经中计的阿米尔卡雷果然上当，带着大量兵马进攻锡拉库萨。阿加托克雷一面进攻迦太基在西西里的部队，一面派兵渡海去打迦太基的另一个老巢——非洲。结果腹背受敌的迦太基人不得不与阿加托克雷言和，阿米尔卡雷无奈之下将西西里岛给了阿加托克雷。

仔细考察阿加托克雷的行动与生涯，人们不难发现这个人从不依靠幸运，而是完全依靠实力和狡诈取得成功；他欺骗了相信他的人，同时他把自己的敌人玩弄于股掌，手段可谓毒辣。

有人说，想要成功就必须让自己变得卑鄙，但绝大多数有成就的人都有一颗大度的心。大凡心狠手辣的统治者，骂名远比盛名来得响亮，后人虽一度试图为其辩护，但永远掩盖不了他们的恶性。在现代社会，毫无美德，依靠欺骗、掠夺而获得成就，则更加不可行。这种人所得的或许是利禄，但绝不是名誉，而且一旦被发现，他将陷入万劫不复之地。

戴尔·卡耐基曾经说过："任何人的信用，如果要把它断送了都不需要多长时间。就算你是一个极谨慎的人，仅须偶尔忽略、偶尔因循，再好的名誉便可立刻损毁。所以，养成小心谨慎的习惯，实在重要极了。"

人的各种品质如同信用一样。当你不谨慎时失去了任何一样，你的人格之塔便开始崩塌。你每丢掉一样，就会令自己变得岌岌可危。当你放弃了大半时，你将轰然而倒。中国的古人笃信仁、义、礼、智、信，认为每一样都非常重要，它们就如同君主应当具备的"慈悲为怀、笃守信义、讲究人道、虔敬信神"等道德一般。这几种品质都应该被人们牢牢地坚守，他们是有成就者人生的试金石，一旦失去其中一样，你将永难成为纯真的至宝。

让你的行为永远保持公正

公平是一种交易理论，也是利益外表的一种粉饰。同时，公平放在人的身上，则被成功学研究者认定为人的一种优势。具备公平这种优势的人，可以对各种事物一视同仁，能够做到公正严明、做事稳妥，大多比较容易受到他人的信赖。

君主为了维护其统治和主导地位，他必须具备公平美德。事实上，在现代社会，公平公正的生活、处世态度也是人们应该普遍具备的，不管对人对己、对事对物，因为它有助于人际交往，并符合共同发展、互惠互利的原则。

心理学研究证实，竞争意识是人们的正常态度，特别是那些企业家和有成就者，他们的竞争意识远比一般人强烈，无论是在工作中还是在游戏时，他们都热衷于竞争。但是，凡胆大包天的竞争者，在施展浑身解数时，最希望的还是处于公平竞争的环境当中。因为耍手段远没有公平竞争来得刺激，并且更容易让他们获得不朽的名誉。

汤姆·莫纳汉便是一位这样的竞争者。莫纳汉是全美第二大比萨饼连锁集团创始人。1989年，莫纳汉曾打算出售多米诺比萨饼公司，退休从事慈善事业并过悠闲的生活。当无人愿意购买他的公司，他不得不重新埋头经营企业时，他声称已"重新参加比萨饼大战"。

汤姆·莫纳汉喜欢竞争，但他强调必须是公平的竞争。他说："生活和工作的真正要旨是参与超越他人的长期战斗……可在我看来，除非你严格地按照规则行事，否则，即使在企业经营上获得成就也毫无意义。"莫纳汉不赞同马基雅弗利认为在政治斗争上要不择手段的观点，他认为，这不是基督徒的行事方式。

对于那些信仰观念的人来说，公平是美德，是生命不可或缺的净化之水。而对于大部分无信仰者来说，公平是人人都可以施展才华的平台，能够让人在恒定的环境中发挥自己最大的潜能。在这种环境中，每个人对自己的期待都是可预期的，对自己的成就都是可估量的，他不会因此气馁，也不会因此骄傲，因为他已尽其所能。

自然对人类是持公平态度的，是人类将自己的天平弄得不再平稳。当我们懂得如何操控自己的天平时，我们的美德、运气、荣耀和成就都会接踵而来。

美国某著名企业的一名出色运营经理本·弗莱德在谈起自己的成功管理经验时说："我的座右铭是论功行赏，当我在会议上，提出了一个由我的助手想出的点子，我会立刻将功劳归于他。因为我的上司就是这样对我，所以我认为这样做才公平和正确。"一直以来，弗莱德的团队风气都延续着这种公平的精神。

在这个世界上，不排除有很多不公平的事情存在，有平等就有不平等的出现，一切事物都是辩证的，所以我们只有尽量端正自己对待一切事物的态度。名誉、成就虽然不会因我们变得公平就可以得来，但是如果我们总是事事偏颇，希望凭借背景和势力来成事，我们就不会得到美誉，在那些帮助我们的人眼中，我们仍旧是失败的人。因为当我们不公平地对待他人时，那些有能力助我们一臂之力的人也会以有色眼镜藐视我们。

对所有人而言，谦逊即安全

作为一个高高在上的君主，谦逊有礼是必要的，这有利于令臣民的心倾向于他。就像作为一个领导，如果总是对下属颐指气使，将大失人心，会破坏整个团队的合作气氛。而对于普通人来说，谦逊则是美德之一，有利于人与人之间和谐的交往和互相学习。

谦逊的品性可以产生美好的人际效应，因为谦和、温恭常常会使别人难以拒绝你的要求，并且为你带来名誉和帮助。正如亚里士多德所说："对上级谦恭是本分，对平辈谦逊是和善，对下级谦逊是高贵，对所有的人谦逊是安全。"

谦逊就像跷跷板，你在这头，对方在那头。只要你谦逊地压低自己这头，对方就高了起来，而这最终会为你打开成功之门。

有人曾经问苏格拉底是不是生来就是超人，他回答说："我并不是什么超人，我和平常人一样。有一点不同的是，我知道自己无知。"这就是一种谦卑。无怪乎，古罗马政治家和哲学家西塞罗会说："没有什么能比谦虚和容忍更适合一位伟人。"

一颗谦逊的心是自觉成长的开始，就是说，在我们承认自己并不知道一切之前，不会学到新东西。许多年轻人都有这种通病，掌握一点儿就自认掌握一切，继而犯着各种各样可笑和愚蠢的错误而不自知。

西方哲学家卡莱尔说："人生最大的缺点，就是茫然不知自己还有缺点。"因为人们只知道自我陶醉，一副自以为是、唯我独尊的态度，殊不知这种态度会遭到多数人的排斥，使自己处于不利地位。

中国的道学始祖老子曾用"水"来叙述处世的哲学："上善若水，水善利万物而不争。"意思是说，上善的人，就好比水一样，水总是利万物的，而且水最不善争。水总是往下流，处在众人最厌恶的地方，注入最卑微之处，站在卑下的地方去支持一切。它与天道一样恩泽万物，所以水没有形状，在圆形的器皿中，它是圆形；放入方形的容器，则是方形。它可以是液体，也可以是气体、固体。这正是水所体现的"谦逊"精神，而人类也应当效仿水的可方可圆、能容能大，只有低下头来不断学习、不断汲取，才能使自己的内涵更饱满。

有一位学问高深、年近八旬的老妇人，她原是大学教授，会讲五种语言，读书很多，语汇丰富，记忆过人，还经常旅行，可以称得上是见多识广。然而，人们从未听过她卖弄自己的学识或对自己不了解的事情假装通晓。遇到疑难时，她从不回避说"我不知道"。她从不用自己的知识去搪塞，而是建议去查阅有关专著、资料，以作参考。看到老人的这一切，每个跟她接触的人才真正懂得了怎样才能被别人敬重，怎样才能获得做人的真正尊严。

心理学家邦雅曼·埃维特曾指出，平时动不动就说"我知道"的人，头脑迟钝，易受约束，不善同他人交往。迅速和现成的回答，表现的是一种一成不变的老一套思想；而敢于说"我不知道"所显示的则是一种富有想象力和创造性的精神。埃维特还说，如果我们承认对这个或那个问题也需要思索或老实地承认自己的无知，那么我们自己的生活方式就会大大地改善。这就是他竭力倡导的态度和人们可以从中得到的益处。

每个人都有自己无所知的领域，硬是打肿脸充胖子，只会暴露自己的鄙陋。不如承认自己"不知道"，让无知不断激励自己上进。

谦逊不仅使人进步，还能为人们赢得尊重和敬佩。在第二次世界大战中，丘吉尔因为有卓越功勋，战后他退位时，英国国会打算通过提案，塑造一尊他的铜像放在公园里供游人景仰。

丘吉尔却拒绝了，他说："多谢大家的好意，我怕鸟儿在我的铜像上拉粪，那是多么地煞风景啊。所以我看还是免了吧！"

托马斯·杰斐逊是美国第三任总统。1785 年他曾担任美国驻法大使。一天，他去法国外长的公寓拜访。

"您代替了富兰克林先生？"法国外长问。

"是接替他，没有人能够代替得了富兰克林先生。"杰斐逊谦逊地回答。

杰斐逊的谦逊给法国外长留下了深刻印象。

进化论的创始人达尔文是一个十分谦虚的科学家。达尔文与别人谈话时，总是耐心听别人说话，无论对年长的或年轻的科学家，他都表现得很谦虚，就好像别人都是他的教师，而他是个好学的学生。1877 年，当他收到德国和荷兰一些科学家送给他的生日贺词时，他在感谢信中写了一段感人肺腑的话："我很清楚，要是没有为数众多的可敬的观察家辛勤搜集到的丰富材料，我的著作根本不可能完成，即使写成了也不会在人们心中留下任何印象，所以我认为荣誉主要应归于他们。"

每一位因谦虚赢得美名的大人物，都会给人们留下深刻的印象，人们将一生铭记，并且会作为教育下一代的范本。

人们经常保持谦虚的态度，所为的不是美名，也不是为得此美德而刻意为之，而是把谦虚作为充实自己的前提条件。因为谦虚而变得无比优秀的你，定然比骄傲自满的你所得更多，这一点毋庸置疑。

高贵即品位

成为一个君主的先决条件是伟大、英勇、严肃庄重、坚忍不拔，综观世界历史，能做到这一点的君王有很多。不过使一个君主更容易受到崇敬的，是他具备的高尚品格：宽容、有礼、谦虚、刚毅、笃定、永不屈服。

一个具备这些高贵品格的人，无论是君主，还是平民，他都将获得人类普遍的崇敬。神的产生正在于人们对高尚的向往，人们是尚美的动物，他们对一切的美好都不具备抗击能力。

南丁格尔舍弃了财富和舒适的生活，去追寻她心中深刻的需求。她被一种要去照顾千千万万人的使命所驱使，去分担他们在她身边即将死亡的时候所经受的绝望情绪和恐惧。最后她成为我们今天所熟悉、敬仰的"白衣天使之母"。

天主教神父达米安抛弃了文明社会的一切，献身于照顾夏威夷莫洛凯岛上的麻风病人，发扬了非凡个性的博爱精神。他与教会的官僚体系奋战不止，为他的教区人士争取补给品，最后他自己也患了麻风病，死在他所爱的、和他一起生活的人群之中。

甘地将一生完全投入追求自由之中。他领导的"非暴力不合作"运动终于使英国殖民地下的印度人摆脱了帝国主义的束缚。在总结自己的一生时，他说了一句颇有分量的话："我的生平就是我的信息。"

这些把个人力量化为爱的历史典范，都可以帮助我们辨认、欣赏那些在日常生活中存在的高尚性格。

有些人拥有出色的外貌、优雅的气质，但是所作所为常出人意料，缺乏爱心、不讲人道、挥金如土、冷漠无情，甚至做出伤害他人的行为。那么这样的人即便外表再高贵，内心也是肮脏的。

一个人的高贵不只体现在外表，更重要的是内涵，因为只有充满高贵内涵的人才能显得高尚。我们都想自己时刻受到别人的尊重，为此不断增加自己的学识、本事，不断修饰自己的外表。但是，最重要的一点，是让我们的品格趋于完美。

性格温柔却软弱，性格刚强却顽固，因宽容而过分忍让，因嫉妒而狭隘，因不屈而倔强，这些都是不可忽视的性格缺陷。如果不能克服它们，我们同样会遭到别人的非议和攻击，同样会因某一方面的缺失而被人看不起。现在开始，修炼自己的品行，让自己的情操日渐高尚，把它当成我们一种至高的品位，在提高品位中找到乐趣。

像狮子与狐狸一样思考

罗马皇帝塞韦罗生活在公元3世纪，在他统治罗马之前，皇帝尤利亚诺怠惰昏庸。当时，恰好有一个颇得人心的军人佩尔蒂纳切被罗马禁军杀害，这成了塞韦罗图谋罗马的借口。身在外地的塞韦罗说服所有统帅以及驻在斯基亚沃尼亚的军队，让军队相信进军罗马替佩尔蒂纳切报仇是正当的。当然，塞韦罗很好地掩饰了自己觊觎皇位之心。

在这个幌子之下，军队果然听从他的安排进军罗马，而塞韦罗也先一步赶到了意大利。塞韦罗一到罗马，元老院就害怕了，立刻把尤利亚诺杀掉，拥立他为皇帝。

塞韦罗想要成为整个帝国的主宰，在这之后，他还有两点需解决：第一，当时在亚洲军队的统帅尼格罗已称帝；第二，在西方出现了一个叫阿尔皮诺的人，他在那里称霸，并一直觊觎帝国。塞韦罗认为，如果暴露自己，同时与两者为敌是危险的，于是决心袭击尼格罗，而对阿尔皮诺则进行笼络。

塞韦罗修书一封给阿尔皮诺，称自己被元老院选为皇帝，愿意同阿尔皮诺共同享受这个尊荣，所以赠送后者以恺撒的称号，并且由元老院决定，加封后者作为他的同袍。阿尔皮诺没有识破这个谎言，静静地等待塞韦罗击败了尼格罗。阿尔皮诺并没有意识到敌人的敌人就是自己的朋友，而坐视能够让自己安稳的尼格罗被塞韦罗铲除。

塞韦罗杀了尼格罗之后，立刻向元老院诉苦，说阿尔皮诺忘恩负义，打算谋害自己。元老院信以为真，同意塞韦罗铲除阿尔皮诺。最后，阿尔皮诺的政权和生命一并被剥夺了。

纵观塞韦罗的政治生涯和军事生涯，人们可以清晰地看到一头凶猛的狮子身上如何出现了狐狸般的狡猾性格。塞韦罗虽然手段卑劣，但作为一个军人、统治者，他得到了广泛的尊敬。因为他很好地保持帝国的运转，这使得他享有最高的声誉，使他能够最终抵消人民由于他的掠夺行为可能产生的憎恨。

一个欲在事业上有所成就的人，具备像塞韦罗一样出色的性格和手段是必需的，它可以帮助人们进行事业上的博弈抉择，使你找到最有效掌控他人、掌控全局的手段。狮子的凶猛让人无所畏惧，勇往直前；狐狸的狡猾令人智计频出，变幻莫测。如果你既如狮子又像狐狸，雷厉风行与狡猾多变并用，相信你可以所向披靡。

欲具备狮子、狐狸的性格，我们就要不断改变自己的方式方法，迷惑对手，激起他们的好奇心，分散他们的注意力。如果我们总是按照一种念头行事，久之别人就会预知我们的行动模式。这就像捕杀按直线飞行的鸟儿容易，捕杀变换其飞行路线的鸟儿却很难一样。我们不可否认世间有温情存在，但一定不能忘记还有一些不怀好意的人在时时算计我们，多几个心眼儿，才能棋高一着。

魄力十足，又巧用计谋，有以勇气开辟的光明大道，也有以巧计铺设的捷径。有勇有谋，非凡者就是这样产生的。

最聪明不过慷他人之慨

金钱和财富是人人欲求的事物，尽管它们充满了铜臭味，来源渠道广泛众多，有的高贵非凡，有的则甚为肮脏，但是它们令人趋之若鹜，让人不遗余力地追求。不过，金钱不是万能的，财富也未必总能令人快乐，只有超越其存在，才能享受人生。

许多有钱人都乐善好施，对金钱可以慷慨抛掷。他们认为，钱财并不总是给他们快乐，而散财、做慈善事业，反而让他们找到了幸福感。

身为亿万富翁的钢铁工业巨头安德鲁·卡耐基认为：发财致富的目的在于散财。当年他一贫如洗时，一位富翁曾对他以友相待，让他自由借阅私人藏书。卡耐基发迹后，便捐款兴建世界最大的免费借阅图书馆。

朱利叶斯·罗森沃尔德将惨淡经营的西尔斯·罗巴克公司从破产的边缘挽救过来，现在已使其发展成零售业巨人。如今，他正负责发展和改进乡村代理人体系及四健会（原美国农业部提出的口号，旨在推进对农村青少年的农牧业、家政等现代科学技术教育）。他的奋斗目标是实现美国乡村地区的繁荣和教育现代化。

就连"为了钱而疯狂"的洛克菲勒，中年以后也不再对财富孜孜不倦，而是开始为别人考虑，思考如何用钱来换取幸福。洛克菲勒把他的千万财富散播出去，帮助需要帮助的人。这使他不再惧怕别人的陷害和攻击，让他不再失眠、生病。他变成了远近闻名的大慈善家。

富翁们把追求到的财富反馈给社会，让社会共同享有他的财富，这是一种更高的追求。他们在慷慨的同时，得到了更高的回报，这一回报并不仅仅体现在金钱上——既能满足他们的幸福感，同时也为他们赢得了不朽的美名。

与慷慨相对的自然是吝啬，许多有钱人因为过于爱财，守着金山不动，小心翼翼，锱铢必较，结果他除了钱以外，总会大失人心，甚至被人嘲笑而贬低。吝啬是无趣也无益的，该节省的时候节省，不该节省的时候钱财就是为自己成事的最好工具。疏财不仅赢得美名，且可打通人脉、拓宽办事的渠道，何乐而不为？

我们仍有一点不得不承认，有钱人慷慨解囊、一掷千金，前提必须是他有足够的自保能力。如果一个人因为过于慷慨而散尽一切财富，让自己变得穷困潦倒，同样不可取。例如像恺撒大帝那样的人物，他曾是渴望取得罗马君权的人之一，但是，如果他在取得罗马君权之后仍然统治下去而不节约他的支出的话，他就会毁灭帝国。

恺撒是一个慷慨的领导者，他为了得到最高的军事权力，成为罗马执政官，散发了许多钱财来为自己换得名声，这些钱都是从那些支持他的商人、政客手里得来。不过，恺撒一旦成为君主，国家的财产便是他的财产，如果他随意挥霍，不用于稳定社会，国家的根基将被动摇。

由此可见，慷慨也要看时候。有时慷慨是一种美德，令人受到羡慕和尊敬；但有时过分慷慨则是自削实力，会妨碍自己的发展。最聪明的慷慨之法莫过于把他人的财产用来布施，为他人、为自己都赢得好名声，这才是最佳的散财之法，即慷他人之慨。

事业的冬天最爱纠缠疏狂的人

历史上有很多君主的出色都毋庸置疑，例如居鲁士，他在文章中出现过不止一次。但仍有些人不为世人熟知，例如阿凯亚人的君主菲利波门。这位君主就曾受到各国史学家的赞扬，原因在于菲利波门在和平时期还思考着战争的方法。

有一次，当菲利波门和他的朋友一起走在乡村的小路上时，他频频停下来同他们讨论：如果敌人出现在这个山丘，而我们的军队却在此处，到底谁在地理上有优势？应该摆出什么样的阵形，才能最有效地打击敌人？如果想要撤退，又应该如何做？如果敌人撤退，又应该怎样追击？

菲利波门一面提出疑问，一面听取朋友们给出的意见，然后他再进行质疑或加以评论。由于深谋远虑、居安思危，他在率领军队打仗时能够应付各种意外事件。而在治理国家方面，菲利波门也非常出色。

无论是古代哪个国家的名君名臣，均知居安思危的重要性。居安思危之于现实的作用，也一样相当重要，特别是对那些领导者。作为公司、企业的领导者，居安思危则是站在宏观视角上的未雨绸缪。

某科学家曾做过这样一个实验：他取两只青蛙，一只放在盛满沸水的容器里，这时候，青蛙因为一下子接触到太烫的水，奋起一跃，成功地从容器里跳了出来，保住了性命。另外一只放在盛有室温水的容器里，然后慢慢加热。一开始青蛙游得自由自在，过了一段时间，水温逐渐升高，青蛙还没有察觉，最后，青蛙在毫无设防的情况下被活活煮死了。青蛙由于神经线条较少，所以条件反射的危险意识很低，而如狼、狐狸、藏獒、熊、马等这类较高级的动物，其危机意识就相当强。与这些动物相比，经常处于顺境的人类发现危机、预见危机的能力就要差很多。

事实上，在人的一生中既有顺境也有逆境，两者交替出现。我们若想取得成功，在逆境中要有战胜一切的勇气，同样在顺境中也要有防微杜渐、迎接未知挑战的决心和准备，只有这样，你才可能不会被逆境打击得再也无法立足。

2000年新世纪的伊始，在"网络股"泡沫破灭的寒流还未侵袭中国时，国内通信业增长速度仍以20%上升。当华为在2000年年销售额达220亿元，以实现利润29亿元人民币居全国电子百强首位的时候，其总裁任正非却大谈危机："华为的危机以及萎缩、破产一定会到来。"他在一次公司内部讲话中颇有感触地说："10年来我天天思考的都是失败，对成功视而不见，没有什么荣誉感、自豪感，只有危机感，也许是这样华为才存活了10年。我们大家要一起来想怎样才能活下去，也许才能存活得久一些。失败这一天一定会到来，大家要准备迎接，这是我从不动摇的看法，这是历史规律。"这篇题为《华为的冬天》的文章后来在业界广为流传，深受推崇。

当然，"华为的冬天"实际上并不只是华为公司的冬天。正如在《华为的冬天》最后，任正非指点江山地说："沉舟侧畔千帆过，病树前头万木春。网络股的暴跌，必将对两三年后的建设预期产生影响，那时制造业就惯性进入了收缩。眼前的繁荣是前几年网络大涨的惯性结果。记住一句话'物极必反'，这一场网络设备供应的冬天，也会像它热得人们不理解那样，冷得出奇。没有预见，没有预防，就会冻死。那时，谁有棉衣，谁就能活下来。"

"华为的冬天"带给我们这样一个重要的启示——在顺境中也要警惕危机的侵袭。

企业如此，个人也应当如此，在顺境中疏狂只会让人大意，应当始终保持危机感。这种危机感不是来自内部的压力，也不是单纯的外部影响，而是一种处世的心态，时刻警觉，求生存就好像如履薄冰，否则一不小心就会掉进窟窿。对危机的警惕可以让我们知道怎样去务实、怎样去创新、怎样去求变，而不至屈居人后。

事实上，求生存也好，求发展也好，逆境也好，顺境也好，人时刻都应处于一种如履薄冰的状态中。在安逸时思考危险，并采取必要的准备措施，那么逆境中就会转危为安，顺境中就能把危机消灭于萌芽之中，更上一层楼。

创新者生，墨守成规者死

为了应付变化多端的社会而不断改变自己，时刻跟随时代的脚步前行，且具备创新的精神和能力，这种人总能走在时代浪尖上，并且经常能发挥所长，做出辉煌的事业。

许多著名人士之所以能受到社会的普遍关注，正在于他们从不放任自己变得懒惰，而是先人一步把握先锋事物或预测到可能发生的事情，继而做出能够引领时尚、潮流的辉煌业绩。例如闻名全世界的法国时装设计大师皮尔·卡丹，正是一个善于冒险和创新的天才，堪称当今世界的风云人物。

皮尔·卡丹出身于贫困家庭，从小就培养出毫不气馁、顽强拼搏的坚强意志。为了逃避贫穷和战乱，他两岁时就随家人踏上了背井离乡的征途；14岁时就放弃了学业，到当地的一家小裁缝店去当学徒工；16岁时就独自离家闯荡，为了生计，当过店铺的伙计、红十字会的会计，甚至当过家庭男佣。但苦难的经历并没有磨灭他固有的天性，他在童年时代就显示出服装设计的天才，7岁时就完成了他的第一件时装作品。

理想的焰火在酝酿了多年以后，终于找到了突破口。二战后，皮尔·卡丹来到了梦寐以求的花都巴黎，成了一名出色的高级时装设计师。但是，他并没有因此满足，他要接受新的挑战，那就是迈出独立经营的第一步，在巴黎经营剧院。现实是残酷的，丝毫不懂经营的卡丹虽然有几位好友的支持和帮助，可还是没能避开失败的重创，等他开始对商业、理财稍有感悟的时候，已是"重债之身"了，那时卡丹才28岁。遭遇失败的卡丹并未一蹶不振、意志消沉，反而迸发出更加旺盛的斗志。不久，卡丹便做起了成衣商。他加倍努力，凭着丰富的想象力，在成衣行业里设计出许多款式新颖、独特的时装，很快便又恢复了元气。1950年，卡丹倾其所有积蓄，开设了第一家戏剧服装公司，这是卡丹大显身手的地方，也是卡丹帝国崛起的起点。

创业之路布满荆棘，只有百折不挠、顽强拼搏的人才能到达成功的巅峰，皮尔·卡丹的非凡经历向人们展示了他就是这样一个无惧孤独、勇于冒险、敢于争先的成功者。一个人如果连挑战自我、挑战他人的勇气都没有，他就只能保持沉默而变得懦弱；一个人如果丝毫不打算动脑筋去尝试、创新，那平庸必然与他如影随形。

著名的玩具大亨罗伯特在大学3年级时便退学了。他年仅23岁就开始在佐治亚州克利夫兰家乡一带销售自己创作的各种款式的"软雕"玩具娃娃，同时在附近的多巨利伊国家公园礼品店上班。

曾经连房租都缴不起、穷困潦倒的罗伯特后来成为全世界最有钱的年轻人之一。这一切都要归功于他在一次乡村市集工艺品展销会上突然冒出的一个灵感。在展览会上，罗伯特摆了一个摊位，将他的玩具娃娃排好，并不断地调换拿在手中的小娃娃，他向路人介绍"她是个急性子的姑娘"或"她不喜欢吃红豆饼"。就这样，他把娃娃拟人化，不知不觉中就做成了一笔又一笔的生意。

不久之后，便有一些买主写信给罗伯特，诉说他们的"孩子"——那些娃娃被买回去后的问题。

就在这一瞬间，一个惊人的构想突然涌进罗伯特的脑海中。罗伯特忽然想到：他要创造的根本不是玩具娃娃，而是有性格、有灵魂的"小孩"。

就这样，他开始给每个娃娃取名字，还写了出生证书，并坚持要求"未来的养父母们"都要进行收养宣誓，誓词是："我某某人郑重宣誓，将做一个最通情达理的父母，供给孩子所需的一切，用心管理，以我绝大部分的感情来爱护和养育他，教育他成长，我将成为这位娃娃的唯一养父母。"

数以万计的顾客被罗伯特异想天开的构想深深吸引，他的"小孩"的总销售额一下子激增到 30 亿美元。

正是那个惊人的构想成就了罗伯特的辉煌。一个小小的创意就能获得巨额财富，就看你能不能动脑筋了。虽说每个人的创新能力有所不同，创意也并非都一流，奇迹也并非统统能实现，但是人们仍应积极思考。"美国氢弹之父"泰勒几乎每天都动脑思考出 10 个新想法，其中可能 9 个半不正确，然而他就是靠许多"半个正确"的创意，不断创造成功的奇迹。

"创新者生，墨守成规者死"，这是一条被无数事实证明了的真理。很多实现伟业的人就是不懂这个规律，稍有成就便裹足不前，坐吃老本，不再创新，不再开拓，最终成为时代的吊车尾，被人甩在身后。

一个人如果能够随着时间和事态的发展而改变自己的行事风格和做事方法，那么好运总是愿意光顾他。

·第三讲·

《孙子兵法》：

决胜千里的谋略

《孙子兵法》是一部影响世界的智慧之书：军事家们从中看到战略的艺术，政治家们从中看到为政的策略，企业家们从中看到赢利的方法……而我们，从中看到的是生活的智慧。我们的世界与孙武所处的世界，虽已是天差地别，但人性的根本未变，智慧的本真未变。穿过孙武笔下的硝烟，我们同样可以发现有益于人生的恒久智慧蕴藏其间，诸如创新思维、后发制人、识人于微，等等。

以最详细的规划赢得最大的利益

志存高远，同时又能够按照计划一步一个脚印地执着追求，是成功者的共同特征。放眼古今中外，凡有所得者，都是对自己的人生有所规划之人。人的一生，成功与否最根本的差别，并不在于天赋，而在于有没有志向与目标。

有一年，一群踌躇满志、意气风发的天之骄子从某著名大学毕业了，他们的智力、学历、环境条件都相差无几。临出校门，学校对他们进行了一次关于人生规划的调查。结果是这样的：27% 的人没有规划；60% 的人规划模糊；10% 的人有清晰但比较短期的规划；3% 的人有清晰而长远的规划。

25 年后，学校再次对这群学生进行了跟踪调查。结果是这样的：3% 的人，25 年间他们朝着一个方向不懈努力，大都成为社会各界的成功之士，其中不乏行业领袖、社会精英；10% 的人，他们的短期规划不断实现，成为各个领域中的专业人士，生活在社会的中上层；60% 的人，他们安稳地生活与工作，没有什么特别的成绩，生活在社会的中下层；剩下 27% 的人，他们的生活没有规划，过得不如意，并且常常埋怨他人，抱怨社会，抱怨这个"不肯给他们机会"的世界。

显然，人生的差距是从规划开始的。人的一生如此短促，要想获得较大成就，一定要投入很多的精力及很长的时间。我们必须用心对人生的线路进行规划。

在某城市的一所大学主修计算机的他，酷爱作曲，梦想成为一名优秀的音乐人。源于这一爱好，他结识了一位与他同龄的作词的女孩。

某一天，两人静静地坐着，若有所思。突然间，她问了他一个很严肃的问题："想象一下，5年后的你在做什么？"他愣了，不知该如何回答。她转过身来，继续问："你'最希望'5年后的你在做什么，那时的生活是什么样子的？"他沉思过后，说出了自己的期冀：5年后希望能有一张广受欢迎的唱片在市场上发行。

听他说完，她帮他做了一次时光推算：如果希望第五年有一张唱片在市场上发行，那第四年他一定要跟一家唱片公司签约；第三年他一定要有一个完整的作品能够拿给多家唱片公司试听；第二年一定要有非常出色的作品开始录音；这样，第一年就必须把准备要录音的作品全部编曲，排练就位；第六个月就应该把没有完成的作品修饰完美，并逐一做出筛选；第一个月就要把目前的几首曲子完工；第一个星期就要先列出一个清单，决定哪些曲子要修改、哪些要完工。就在她的这番时光推演中，他找到了自己的人生路线，第二年，他辞掉了令人羡慕的稳定工作，只身来到北京。大约第六年，他过上了当年期冀的生活。

规划在事情发展过程中的作用是不容忽视的。孙武对此深有体会，还在齐国之时他便对自己的人生有了具体的规划，且找到了实现理想的最佳地域——吴国，于是他毅然前往吴国；他在率兵出征之前，对战争的形势做了充分的估计与规划，在战场上，自然能从容应对。

所以，当你决定要通过努力来实现自己的梦想时，别匆忙着手，先静心想想，一个星期内要做到什么，一年内要做到什么，5年内要达到什么样的目标……为了达到这些阶段性的目标，你必须完成哪些事。有了这样"连环计"般的规划，才能清楚地知道自己脚下的路应该怎么走，才不致使梦想之舟搁浅。

秣马厉兵，不打无准备之仗

拿破仑·希尔说过，一个善于准备的人，是离成功最近的人；一个缺乏准备的人，一定是一个差错不断的人，纵然其有超然的能力、千载难逢的机会，也不能保证获得长久的成功。没有准备的行动会让一切陷入无序，最终面临失败的局面。

古罗马学者塞涅卡有这样一句话："要想利用风驰电掣的机会，不仅要做好物质上的准备，更重要的是要做好精神上的准备。"可见，准备攸关成功，但人们总是忽视它。即便有人认识到了它的重要性，也很少能长久地关注它。于是，"效率低下，差错不断"就成了人们身上与失败相关联的标签。可以说，"每一次差错皆因准备不足，每一项成功皆因准备充分"这句话就是对准备的最好注解。无论在任何一个领域，这样的例子俯拾皆是。

薛文与陈亮都是刚进公司的销售助理，两个年轻人跃跃欲试，工作都很积极卖力，但成绩却有天壤之别。

有一次，薛文预约的一个客户按时来到公司，此时的薛文正对一大堆客户资料进行分类。看到已经到来的客户，他才想起这个早已预约好的业务。薛文满怀歉意地请客户来到洽谈室，发现文件、资料以及产品的说明书都还没有准备好，只得匆忙跑去复印。等一切准备就绪时，客户已经很不耐烦了。好不容易，薛文开始向客户介绍产品性能了，却又发现产品说明书复印错了。就这样，客户马上转身离开了。薛文的懊恼可想而知，经理没有过多地批评他，只是告诉他，第二天陈亮也有一个业务，让他去看看。

第二天，陈亮按照预约时间，笑容可掬地在洽谈室门前等待客户的到来。客户到来之后，对这种被重视的感觉很是满意。紧接着开始进入正题，只见陈亮不慌不忙地拿出产品资料、使用说明、文本合同，有条不紊地向客户介绍产品，还把近期公司举行的优惠活动详细地告诉了客户，站在客户的角度提出了一些非常有益的建议。

最后，陈亮对客户说："听说贵公司最近又要在西雅图开设一个分公司，我想，贵公司一定在短期内还要引进我们公司的设备。如果您愿意的话，可以在这次订货中一起购置所需设备。这样，不仅可以因数量多而有更多的优惠，而且可以省去一些不必要的装运费用，您看怎么样？"客户显然动心了，当下将最初要订 100 万美元的货物增加到了 200 万美元。

薛文在一旁看得目瞪口呆，怎么也想不到会这么顺利。不久，陈亮因为一直把每项工作都做得相当圆满，便被提升为部门经理，并得到了公司的嘉奖，薛文仍然原地踏步。

薛文与陈亮的例子可以证明一个问题：充分的准备可以成就一个人，而不充分的准备则可能毁掉一个人。也许你正准备扬帆起程，锋芒初露；也许你经历重重，继往开来；还可能你对未来充满期待……在一切的行动开始之前，但请先问自己一个问题："我准备好了吗？"

凡事预则立，不预则废。《孙子兵法》中说："凡用兵之法，驰车千驷，革车千乘，带甲十万，千里馈粮。则内外之费，宾客之用，胶漆之材，车甲之奉，日费千金，然后十万之师举矣。"

关于战争成本，孙武对车马费、伙食费、医疗保险费、外交补贴等，都考虑得很清楚。战斗是需要一个强大的后勤集团做后盾的。战前的准备工作，是战争所必需的，也是战争能够取得胜利的保证。正所谓"军无辎重则亡，无粮食则亡，无委积则亡"，只有解决了基本的生活问题，才有精力去作战。

人生亦是如此，事前的准备必不可少。为了得到一个最令你满意的结果，必须在行动之前，把所有导致既定结果的方法和途径考虑进来，并为之做好充分的准备。即便一个人具有超强的能力、千载难逢的机会，一旦缺乏准备就不能保证成功的获得。

多一分准备，就能少一分失败的风险。所谓准备主要是指为成功而长期进行的坚韧、扎实的知识储备和辛勤努力的劳动，以及在机遇来临时的全力拼搏和冲刺。有人曾这样说过，事业成功的三大要素是天赋、勤奋和机遇。可见，机遇固然重要，但离不开天赋和勤奋，离不开充分的准备。成功者并不天生是幸运女神的宠儿，他们大多是在经历了奋力拼搏、曲折辛酸之后才会有所收获。

防微杜渐，构筑细节的铁壁铜墙

"丢一个钉子，坏一只蹄铁；坏一只蹄铁，折一匹战马；折一匹战马，伤一位将军；伤一位将军，输一场战斗；输一场战斗，亡一个帝国。"这是西方流传甚广的一段民谣，从丢失一个钉子，到灭亡一个国家，每一个细节的重要性不言而喻。

对战争的每一个环节都十分关注的孙武，也对细节十分看重，他提醒参战者在行军的过程中，如果遇到有险峻的隘路、湖沼、芦苇、山林和水草丛生的地方，一定要谨慎地反复搜索，因为这些地方都是可能设下埋伏和隐藏敌军的地方。留意每一个地势险要之处，无非也是对于细节的关注。毕竟战场上，刀枪无眼，一时的疏忽就是阴阳两隔。

1982年英国与阿根廷之间的马岛之战，阿根廷潜艇至少有3次突破英国海军防御圈的绝好机会，并先后发射了6枚SST-4线导鱼雷，可惜无一命中。战后调查发现，原来一个军官在维护潜艇火控系统时，误把发射管中专为鱼雷提供电源的双向直流插头极性接反，致使鱼雷失去航向基准，失去了攻击目标的机会。

所有的意外，都是由疏忽细节引起的。往往由于某些人的疏忽，车辆倾覆、房屋焚毁，丧失许多宝贵的生命。铁轨上的小小裂痕或是车轮上的一些毛病，会遭覆车之祸，伤害许多生命。因为随便扔一根燃着的火柴、一个香烟头，结果星星之火得以燎原，使得一城一镇的房屋遭到焚毁。人们往往注意大事却疏忽细节，但酿成大祸的就是那些重要的细节！

有些人能够爬上高达百丈的大树，却在不到一丈的小树上失足跌了下来。攀登高处的时候，因为知道高，心里有了万全的准备，所以不容易疏忽；小树使人对它失去戒心，心情松懈，就不免大意了。所谓危险，不在树的高低，而是在精神的弛紧。就像行军路上，行至易被埋伏之地，几乎所有的人都会提高警惕，但到了平坦空旷的地方，人们总是会潜意识地放下戒心一般，但突如其来的变故往往就发生在放松戒备的那一瞬间。因而，工厂中做了一两年的熟手受伤的比例远比初来的生手要高得多。

因疏忽而造成的大灾祸，其后果令人触目惊心。

有一个人开车手艺不错，已有多年驾龄，但他开车时总是小动作不断，比如点根烟，换盘CD，和骑车的熟人打个招呼，等等。旁人说他还不听，反而说："我艺高人胆大，没事。"结果有一次，他在一座立交桥上连人带车从桥上冲了出去，原因再平常不过：在高速急转弯的同时，他伸手去扶了一下快要倒的矿泉水瓶。

不要以为那些不良习惯只是小事，不要觉得别人眼中的危险事没有什么大不了的，总有一天，它会找上你，袭击你。

要想做一个成绩斐然的人，应学会在细节处下功夫。

以一件常见的小事为例，公司行政人员为老板订票是很正常的事，却可以反映出不同的人对工作的不同态度及其工作的能力，也可以大概测定一下该员工今后工作的前途。有这样两位秘书，一位将车票买来，就那么一大把地交上去，杂乱无章，易丢失，不易查清时刻。另一位将车票装进一个大信封，在信封上写明列车车次、号位及启程、到达时刻。

买车票只是一个简单的工作，但是一个认真工作的人，一定会想到该怎么做，才会令人更满意、更方便。这就是用心注意细节的问题。注意细节所做出来的工作一定远胜于敷衍了事，就算在当时无法引起人的注意，久而久之，这种工作态度形成习惯后，一定会给你带来巨大的收益。

所谓的细节与小事，远非孙武所列出的那些需留意之处，也远不止于买车票这样的事情，它存在于生活与工作的每个角落之中。很多小事，一个人能做，另

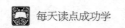

外的人也能做，而做出来的效果却有着天壤之别，往往差异就在于细节上的功夫。

心存危机才能降低危险系数

自然界的优胜劣汰与战场上的成王败寇一样，所以，孙武在其《孙子兵法》中说："乱生于治，怯生于勇，弱生于强。"他将乱与治、怯与勇、弱与强视为矛盾的统一体，并认为在一定的条件下可以转化。因此，在作战之时，必须时时保持警惕，留意形势变化。任何事情都有好与坏的两面，满足和停留就意味着危险，因而危机意识显得尤为重要。

心存危机意识，你会小心提防，时刻保持高度的警惕。这样，才不会给敌人可乘之机。有了危机意识，才不会让自己陷入危机，束手无策。

无论目前自己的发展状况有多么稳定，都不能排除来自敌人的威胁。在敌人积聚实力的同时，我们自己不突破、不进步，势必会落在后面。我们所能做的是以发展来超越敌人的发展，以进步来超越敌人的进步，一刻也不能停息。

有一只野猪对着树干磨它的獠牙，一只狐狸见了，问它为什么不躺下休息享乐，而且现在也没看到猎人和猎狗。野猪回答：等到猎人和猎狗出现时再来磨牙就来不及啦！事实就像野猪所说的，时刻也不能放松，如果没有远见，看不到潜在的危险，那么，在你防备松懈的时候，危险突然而至，你除了惊惶失措、束手就擒之外，还能有什么作为？

人如果时刻都有危机意识，不敢懈怠，那么便能生存；如果没有远虑，今朝有酒今朝醉，自我满足、自我陶醉，那么就有可能走向灭亡！

有一天，啄木鸟在树林里意外发现了一些树木分泌出一种黏性很强的胶。啄木鸟差点被黏住。于是啄木鸟号召附近的鸟儿，尽快将这树种的种子全部吃掉，以绝后患。可是附近的鸟儿们并没有把啄木鸟的话当一回事儿。

春天来了，小树苗长了起来，啄木鸟又对鸟儿们说："赶紧在树苗长大前把它们全部拔掉，等它们长成大树，你们将失去这片树林，无家可归。"然而，鸟儿们依旧没有理睬啄木鸟的话。

随着时间的推移，一株株小树苗长成了一棵棵的大树，它们分泌出清香的黏胶，引来了许多虫子。看到这一切，鸟儿们开始嘲笑啄木鸟说："愚蠢的预言家、糊涂的先知，幸亏当初没有听你的谣言，不然可就吃不到这么美味的佳肴！"啄木鸟听了，叹道："难道你们真的不知道灾难就要发生了吗？"在一片嘲讽声中，啄木鸟离开了这里。

望着树上那些美味的食物，鸟儿们欢呼雀跃，它们成群结队地飞进树林，最后一只只都被黏在树上作最后的垂死挣扎。

心中时刻保持危机意识，就能发愤图强，与命运抗争，保持上进心。有这样一句话："没有危机感就是最大的危机。"成功的花朵再美，只属于过去的时光，前面有着更重的担子在等着我们，有着更曲折的征程在等着我们。战场上，孙武主张要有时刻防备敌人的意识，尤其是对将帅而言，只要战争一日没有结束，都不能掉以轻心，必须时刻保持警惕。我们不妨将孙武的这种"草木皆兵"应用于日常生活当中，只要将其控制在适度的范围内，危机意识便能使我们远离盲目的乐观，同时避免陷入真正可怕、致命的危机当中。

远离纸上谈兵，行动决定成败

孙武对战争的认识、战前的准备、对战争形势的把握、反败为胜的谋划……无一不是绝佳的理论范本，故而，有无数的人将其奉为经典。

但对《孙子兵法》的研究和其他理论一样，不单是口头上说说的事情，要借用人的智慧实现自己的目标，还有一个非常重要的步骤——行动。只有付诸行动，才能实现我们的目标，也就是通常我们所说的"行动决定成败"。人生伟业的建立，不在能知，乃在能行。再长的路，一步步也能走完；再短的路，不迈开双脚，也无法到达。

德谟克利特是古希腊的雄辩家，有人问他，雄辩之术的首要是什么。他说："行动。"第二点呢？"行动。"第三点呢？"仍然是行动。"不管你有多么完美的计划，也不管你把准备工作做得多么天衣无缝，单靠说和想是永远达不到目的的。

安心是某著名大学艺术团的歌舞演员。在一次校际演讲比赛中，她向人们展示了一个璀璨的梦想：大学毕业后，先去欧洲旅游一年，然后在世界瞩目的艺术舞台——纽约百老汇中占有一席之地。当天下午，安心的心理学老师找到她，问了一句："你今天去百老汇跟毕业后去有什么差别？"安心仔细一想："是呀，大学生活并不能帮我争取到去百老汇工作的机会。"于是，安心决定一年以后就去百老汇闯荡。

这时，老师又问她："你现在去跟一年以后去有什么不同？"安心苦思冥想了一会儿，对老师说，她决定下学期就出发。老师紧追不舍地问："你下学期去跟今天去，有什么不一样？"安心想想那个金碧辉煌的舞台和那双在睡梦中萦绕不绝的红舞鞋……她终于决定下个月就前往百老汇。

老师乘胜追击问道："一个月以后去跟今天去有什么不同？"安心激动不已，情不自禁地说："好，给我一个星期准备一下，我就出发。"老师步步紧逼："所有的生活用品在百老汇都能买到，你一个星期以后去和今天去有什么差别？"安心激动地说道："好，我明天就去。"老师赞许地点点头，说："我已经帮你预订好明天的机票了。"第二天，安心就飞往美国百老汇。

当时，百老汇的制片人正在酝酿一部经典剧目，几百名艺术家前去应征主角。按当时的应聘步骤，是先挑出十个左右的候选人，然后，让他们每人按剧本的要求演绎一段主角的对白。这意味着要经过百里挑一的艰苦角逐才能胜出。

安心到了纽约后，并没有急着去漂染头发、买衣服，而是费尽周折从一个化妆师手里要到了剧本。这以后的两天中，安心闭门苦读，悄悄演练。正式面试那天，安心是第48个出场的，当制片人要她说说自己的表演经历时，安心粲然一笑，说："我可以给您表演一段原来在学校排演的剧目吗？就一分钟。"制片人同意了。而当制片人看到她表演的竟然是将要排演的剧目对白，而且，面前的这个姑娘感情如此真挚，表演如此惟妙惟肖时，他马上通知工作人员结束面试，主角非安心莫属。

就这样，安心来到纽约的第一周就顺利地进入了百老汇，穿上了她人生中的第一双红舞鞋。

梦想需要拼搏，没有实践的梦想，终归会化为泡影，就像纸上谈兵的赵括一样，理想的结果永远不会青睐他，等待他的只是一事无成。

我们每一个人都有一个辉煌的梦，但并不是每个人都能为自己的一生书写辉煌。试想一下，年少之时便已阅尽无数军事典籍的孙武，如果一味地沉浸在那些古书之中，而不到吴国去实现自己的军事理想，是不会成为兵家的代表人物的。孙武在其18岁时便离开了养尊处优的齐国，踏上了实现梦想之旅，这才有了后来的吴国大将，才有了历经战争磨砺之后的《孙子兵法》。

在通往成功的道路上，我们会和孙武一样，碰到许许多多实现梦想的机会，但常常因为怯懦和恐惧的心理放弃了努力，致使自己与成功之神一次次地擦肩而过。这是人生的一种悲哀！没有行动就没有成功，更不可能拥有辉煌，正如惠特曼所说："即使你绝顶聪明，如果你不去行动，你也成就不了事业。"

掌控主动，占尽先机立不败

胜利与成功，是人人向往之事，但真正能享受到它们所带来的喜悦的人却并不多。这些为数不多的成功者，都有一个共同点，即他们明白取胜的关键在于抓住有利时机，把握事情的主动权。

《三国演义》中讲到，曹操率领大军南征，刘备败退，无力反击，大有坐以待毙之势。刘备的力量绝对无法与曹操的势力相抗衡，解决的办法只有一个，就是与江东的孙权联手。此时，诸葛亮自愿出使到江东做说客，他并不是像一般人那样低声下气地求孙权，而是采用"反客为主"的方法，表现出一副强硬的态度，激发了孙权的自尊心。

当时，东吴孙权自恃拥有江东和十万精兵，又有长江天堑作为天然屏障，大有坐观江北各路诸侯恶斗的态势。他断定诸葛亮此来是做说客，采取了一种居高临下的姿态等待着诸葛亮的哀求。

不想诸葛亮见到孙权，开门见山地说道："现在正值天下大乱之际，将军你举兵江东，我主刘备募兵汉南，同时和曹操争夺天下。但是，曹操几乎将天下完全平定了，现在正进军荆州，名震天下，各路英雄尽被其所网罗，因而造成我主刘备今日之败退，将军你是否也要权衡自己的力量，以处置目前的情势？如果贵国的军势足以与曹军相抗衡，则应尽快与曹军断交才好。"诸葛亮只字不提联吴抗曹的请求，他知道孙权绝不会轻易投降，屈居曹操之下。

孙权听完诸葛亮这席话，虽然不高兴，但不露声色，反问道："照你的说法，刘备为何不向曹操投降呢？"诸葛亮针对孙权的质问，答道："你知道齐王田横的故事吗？他忠义可嘉，为了不事二主，在汉高祖招降时不愿称臣而自我了断，更何况我主刘皇叔乃堂堂汉室之后。钦慕刘皇叔之英迈资质，而投到他旗下的优秀人才不计其数，不论事成或不成，都只能说是天意，怎可向曹贼投降？"

虽然孙权决定和刘备联手，但面对着曹操的八十万大军，心里还存在不少疑惑——诸葛亮看出这一点，进一步采用分析事实的方法说服孙权："曹操大军长途远征，这是兵家大忌。他为追赶我军，轻骑兵一整夜急行三百余里，已是'强弩之末'。且曹军多系北方人，不习水性，不惯水战。再则荆州新失，城中百姓为曹操所胁，绝不会心悦诚服。现在假如将军的精兵能和我们并肩作战，定能打败曹军。曹军北退，自然形成三分天下的局面，这是难得的机会。"

于是，孙权遂同意诸葛亮提出的孙刘联手抗曹的主张，这才有后来举世闻名的赤壁之战。诸葛亮真不愧为智者，一招先声夺人就掌握了形势的主动权，给自己的说服任务增添了极大成功的可能。

关于掌握主动权的这一思想，《孙子兵法》中就有提及。胜利者之所以能确保胜利，是由于采取了必胜的措施，战胜那些已经处于失败地位的敌人。谁掌握了主动权，谁就容易取得战争的胜利；一旦处于被动地位，离失败也就不远了。

主动权无疑是取胜的"点金石"。无论是在金戈铁马的战场上，还是在不见硝烟的职场上，要能够先发制人，及早发现机会，从而占据主动，将主动权牢牢握在手中。正所谓"静如处子，动若脱兔"，把握好动与静的关系，寻找出击的时机，一旦发现机会就立马行动。

活着就是一种对抗。在漫长的人生岁月中，免不了会遇到出卖、敌意、中伤、陷阱等种种料想不到的事。高明的人善于用控制的方法来征服对手，从而达到驾驭的目的。在与人相处的过程中要保持非常高的警惕性，在与人明争暗斗时，要懂得如何掌控主动权，施展不同的套路。如果不想被对方压倒，那就得先声夺人，时刻占据上风才能赢。

后人发，先人至

主动权不同于所有权，并非从一开始属于谁，便能长久地为谁所有，很多时候主动权的争取是非常困难的。孙武也明白这一点，因此，他在提出把握先机的同时，也提到了化被动为主动的办法，即选择迂远的进攻路线，以小利引诱敌人，虽然比敌人后出发，但比敌人先到达，就是以迂为直、以退为进的计谋。

在战争中遇到对自己不利的形势时，孙武的建议是，要想办法把其转化为有利的态势，将敌人的有利态势变成不利的态势。只要掌握这一原则，便能做到"后人发，先人至"，即"后发制人"。

后发制人是本身有实力，故意隐忍，在最适合、最恰当的时候猛然爆发，一举击败对手，取得胜利。于是，我们总是会看到这样的情形：有的人强势、锋芒毕露，震得对手一个个胆战心惊；有的人却收起羽翼，"甘为人后"，似乎是个胸无大志的人。没过多久，最初强势的人被他人群起而攻之，有的就此没落；"甘为人后"的人却在不声不响中慢慢崛起，创造了自己的辉煌。陆逊便是深谙"后发制人"之道者。

三国时，吴国杀了关羽，刘备听到消息以后怒不可遏，亲自率领七十万大军讨伐吴国。蜀国军队从长江上游顺流下，利用有利地形，一路过关斩将，势如破竹。举兵东下，连胜十余阵，直至深入吴国腹地五六百里，攻至夷陵、猇亭一带，孙权命青年将领陆逊为大都督，率五万人迎战。

陆逊深谙兵法，正确地分析了形势，认为刘备锐气始盛，并且居高临下，吴军处于劣势，难以进攻。于是决定实行以退为进的战略，静观其变，伺机反攻。吴军完全撤出山地，这样，蜀军因为不熟悉地形，在五六百里的山地一带难以展开行动，渐渐处于被动地位，兵疲意阻，欲战不能。

这样对峙了半年，蜀军斗志开始松懈下来。陆逊看到蜀军战线绵延数百里，首尾难顾，还在山林安营扎寨，犯了兵家之大忌。眼见时机成熟，陆逊马上下令全面反攻，打得蜀军措手不及，四处逃窜。陆逊命人放火烧了蜀军七百里连营，蜀军大乱，慌忙撤退，伤亡惨重。

在这场战争中，"先发"者无疑是蜀军。陆逊所面临的劣势是显而易见的，于是深谙兵法的他"以退为进""静观其变"，最终等到了反攻的最佳时机，一举大败蜀军，真正实践了孙武"后人发，先人至"的理论。当然，孙武的兵法不只适用于战场上，还可用于现实生活的各个方面，陈庆华便是将其用于个人成功的典型。

陈庆华大学期间在一个房地产公司当业务员，后来任董事长助理。两年后加盟另一家公司任开发部经理，不断积累自己的经验和人脉。不久与朋友合开公司，与此同时他又到另一家实力雄厚的公司担任总监。他一边经营自己的公司一边打工，积蓄实力。2007年，他又成了某大型集团高级主管，在那里可以与上层人物打交道，积攒自己的力量。

陈庆华的成功与他的个人能力不无关系，如果一直恃才傲物，他就会成为对手的"眼中钉，肉中刺"，自己的发展就会受到阻碍。他选择在别的公司学习经商智慧，终于走向成功。

他的这种做法被人戏称为"老二哲学"，即不做第一，不做第三，只是紧紧跟在排名首位的后面做老二。先隐藏不动，储谋蓄势，瞄准机会冲刺第一；或是不愿做"出头鸟"，挂在后面搭个便车，没有人会甘居第二，老二也只是个过渡。所谓"螳螂捕蝉，黄雀在后"，甘当"老二"、能当"老二"就是做黄雀，不鸣则已，一鸣惊人。

在现实生活中，人们难免会遇到一些劣势或险境，一些人一旦知晓自己的现状，便"果断"地下了定论：结局已经注定，是不可更改的。其实，世间之事未到最后一刻就没有什么所谓的"定局"，正如李宁的广告语所说：一切皆有可能。战场上，一个在敌人看来无关紧要的决定，可能成为反败为胜的转折点；生活中，一个世人看来不起眼的举动，可能成为转危为安的关键点。因而，只要未到结果揭晓的那一刻，一切都不晚，任何事情都不是绝对的。用心发现劣势中可能翻身的机会，即使再微弱也不能放弃，只需策略得当、时机准确，我们也可以和陆逊和陈庆华一样，后来居上、后发制人。

运筹帷幄之中，决胜千里之外

古人云："谋深，虑远，成之因也。"做人做事，只有深刻认识到谋与虑在成功中的重要地位和作用，谋得深，虑得远，才能拥有成功的人生。《孙子兵法》用兵讲究谋划在先，只有谋划得当，胜算才会提高。"多算胜，少算不胜，而况于无算乎。"孙武在谋划之时，首先考虑的是敌我双方的条件，所用之法更是从道、天、地、将、法"五事"和敌我双方条件的优劣进行计算估量。

战争开始之前，需要仔细地谋划。所有的事情开始之前，都需要有全局的观念与考虑，正所谓，"运筹帷幄之中，决胜千里之外"。只有见识高超、深谋远虑的人，不被眼前的事物所迷惑，才能站在更高的高度看问题，才能敏锐地察觉到生活中细微的祸机，预先计划好对策，以免祸患降临己身。

宋真宗时，后宫李妃生子，就是后来的宋仁宗。当时正得宠的刘皇后无子，宋真宗便命刘皇后认仁宗为子。仁宗长大后，以为自己是皇后亲生。宫中人畏于皇后威严，没人敢对他说明真情，仁宗对刘皇后也极为孝顺。

宋真宗去世，仁宗即位，刘太后垂帘听政，大家更没人敢对仁宗讲明，李妃身处真宗的众多嫔妃中，对仁宗也不敢露出与众不同之处。

后来李妃病死，刘太后想把葬礼办得简单些，以免引起别人的疑心。宰相吕夷简却反对，在帝前争执说："李妃应该厚葬。"

当时仁宗正在太后身边，刘太后吓了一跳。她忙令人把仁宗领出去，然后厉声问吕夷简："李妃不过是先帝的普通嫔妃，为何要厚葬？况且这是宫里的事务，你身为宰相，多什么嘴？"

吕夷简平淡地说："臣身为宰相，所有的事都该管。如果太后为刘氏宗族着想，李妃就应厚葬；如果您不为刘氏着想，臣就无话可说了。"刘太后沉思许久，明白了吕夷简的用心，下旨厚葬了李妃。

吕夷简出宫后，找到总管罗崇勋，告诉他："李妃一定要用太后的礼仪厚葬，丝毫不能有缺。棺木一定要用水银实棺，可别说我没告诉过你。"罗崇勋见宰相少有的庄重与严厉，唯唯听命，对于葬礼用物丝毫不敢轻视。

刘太后死后，燕王为了讨好皇上，便告诉仁宗："陛下不是太后所生，而是李妃所生，可怜李妃遭刘氏一族陷害，死于非命。"仁宗大惊，忙传讯老宫人。刘太后已死，无人再隐瞒此事，便如实禀告。

仁宗知道后，痛不欲生。他在宫中痛哭多日，也不上朝，一想到亲生母亲朝夕在左右，自己却不知道。母亲在世之时，自己从未孝养过一日，最后竟然不得善终。他越思越痛，自己下诏宣布自己为子不孝的大罪，改封母亲为皇太后，并准备为母亲以太后之礼改葬，待改葬后再查实、清算刘太后一族的罪过。

然而宫闱秘事本来就是无法查实，也无法说明。刘氏宗族的人知道后惶惶不可终日，既无法申辩，只能坐待灭族大祸了。大臣们见皇上已激愤到极点，便没人敢为刘太后一族说上一句话。

改葬李妃时，仁宗抚棺痛哭，却见李妃因有水银保护，面目如生，肌体完好，所用的葬器都严格遵照皇后的礼仪。仁宗大喜过望，哀痛也减少许多，他对左右侍臣说："小人的话真是不能信啊。"改葬完后，仁宗非但不追究刘氏一族的罪过，反而待之更为优厚。

试想如果仁宗打开母亲的棺木，见到陪葬的器物十分俭薄，仁宗痛上加痛，刘氏家族想要保留一条活命都不可能。在处理仁宗生母葬礼的这件事情上，吕夷简显示出了常人难以企及的深谋远虑。

其实，无论是在生活中还是在工作中，人们要把自己的眼光放长远一点儿，才能获得长远的利益。成功属于那些有远见的人，想要有所成就的人，必须学会思考，从长远考虑，才会获得更大的成就和更长远的利益。

因势利导，乘势胜过待时

胡雪岩对左宗棠说："中国有一句古话，叫'与其待时，不如乘势'。许多看起来难办的大事，居然顺顺利利地办成了，就因为懂得乘势的缘故。"胡雪岩的想法和孙武不谋而合，这是聪明人的办事方法：顺水推舟。

对方贪利，就用利益诱惑他；对方混乱，就趁机攻取他；对方实力雄厚，就要注意防备他；对方兵力强盛，就要避其锋芒；对方暴躁易怒，就可以挑起他的怒气使其失去理智；对方自卑而谨慎，就设法使他骄傲自大；对方体力充沛，就设法使其劳累；对方内部亲密团结，就设法挑拨离间。

不管对方处于怎样的状态，只要因势利导，都能找到取得竞争优势的入手点，然后就能用很少的力气获得自己想要的结果。在这一点上，诸葛亮与司马懿的战争便是一个典型。

公元234年，诸葛亮领兵三十四万伐魏，魏明帝曹叡命司马懿为大都督，领兵四十万至渭水之滨迎战。诸葛亮与司马懿互有了解，双方都是足智多谋的老将，所以战前各自都做了周密的部署，严阵以待。

司马懿受命离开魏都时，曾受曹叡手诏："宜坚壁固守，勿与交战。"所以两次规模不大的交锋互有胜负之后，魏军便深沟高垒，坚守不出。蜀军劳师远来，粮草供应颇为困难，因而利于速战；而魏军以逸待劳，利于坚守。诸葛亮深知这一点，因此想尽办法诱敌出战，然而司马懿素以沉着、谨慎著称，加上有魏明帝临行手诏，越发慢条斯理起来。

诸葛亮深知，己方最根本的弱点是远离后方，粮草供应困难；他同时也深知司马懿正是看准了自己这一弱点，并利用这点做文章，期待并设法使蜀军断粮，从而将蜀军困死或逼蜀军撤退，然后乘机取胜。于是诸葛亮便将计就计，也在粮草供给问题上做文章，措施之一是分兵屯田，就地生产粮食。

看到蜀军大有打持久战的架势，司马懿忍不住出兵了，结果正中诸葛亮下怀。就这样，诸葛亮赢了战争。战争不是钩心斗角，而是智慧上的交锋，人生也需要这种因势利导的智慧。

当局者迷，旁观者清。身处其中，想要将形势看得清清楚楚显然并非易事。在平日的生活中，我们也需要看清形势：报考学校，需要清楚社会上需要什么样的人才；找工作，要看清发展前景；工作了，要时刻了解公司的动向，主动迎合而不是等着被淘汰……其实，智慧的灵光就在平常的生活中诞生，只要懂得因势利导，成功就不再遥远。

成功的至高境界：以变制变

孙武认为：作战的方式方法不过"奇""正"两种，可是"奇""正"的变化却永远没有穷尽。"奇""正"之间相互依存，相互转化，就像顺着圆环旋绕似的，无始无终。

在战争中，没有一成不变的打法，也没有千篇一律的战术。领兵打仗，讲求的就是随机应变、出奇制胜，才能战胜对方。孙武就此提出了奇正的战术，"奇正之变，不可胜穷"。他在领兵攻打强国的时候，一般都是先在边境上发动一些小的骚乱，但是适可而止。他左右突击，从不恋战，就这样时不时地改变线路，直到最后敌人摸不到头脑，已经麻痹大意时，发动突然袭击，拿下目标。著名的吴楚柏举之战就是如此。

就像作战中的人都希望获胜一样，现实中人人都期待着以最快的速度获得成功，然而在千变万化的激烈竞争中，每前进一步都会遇到困难，很少有人能直线发展。因此，随着变化而变的发展是大多数成功者的制胜之道。

在学费不菲的一次培训课上，企业界的精英们正襟危坐，等着听管理教授关于企业运营的报告。门开了，教授走进来，矮胖的身材，圆圆的脸，左手提着个大提包，右手擎着个胀得圆鼓鼓的气球。精英们很奇怪，但还是有人立即拿出笔和本子，准备记下教授精辟的分析和坦诚的忠告。

"噢，不，不，你们不用记，只要用眼睛看就足够了，我的报告非常简单。"教授说道，然后从包里拿出一个开口很小的瓶子放在桌子上，然后指着气球对大家说："谁能告诉我怎样把这只气球装到瓶子里去？当然，你不能这样，嘭！"教授滑稽地做了个气球爆炸的姿势。

众人面面相觑，都不知教授葫芦里卖的什么药，终于，一位精明的女士说："我想，也许可以改变它的形状。""改变它的形状？嗯，很好，你可以为我们演示一下吗？"

"当然。"女士走到台上，拿起气球小心翼翼地捏弄。她想利用橡胶柔软可塑的特点，把气球一点儿一点儿地塞到瓶子里。但这远远不像她想的那么简单，很快她发现自己的努力是徒劳的，于是她放下手里的气球，说道："很遗憾，我承认我的想法行不通。"

"还有人要试试吗？"无人响应。

"那么好吧，我来试一下。"教授道。他拿起气球，两下便解开气球嘴上的绳子，嗤的一声，气球变成了一个软耷耷的小袋子。

教授把这个小袋子塞到瓶子里，只留下吹气的口在外面，然后用嘴巴衔住，用力吹气。很快，气球鼓起来，胀满在瓶子里，教授再用绳子把气球的嘴扎紧。"瞧，我改变了一下方法，问题就迎刃而解了。"教授露出满意的笑容。

　　教授转过身，拿起笔在写字板上写了个大大的"变"字，说："当你遇到一个难题，解决它很困难时，那么你可以改变一下你的方法。"他指着自己的脑袋，"思想的改变，现在你们知道它有多么重要了。这就是我今天要说明的。"

　　从哲学的角度来讲，唯一不变的东西是变化本身。风起云涌的战场上，变是过程也是结局，贯穿始终，即便是到了胜利唾手可得之时，仍充满着无尽的变数。现实世界的生活瞬息万变，因此我们必须学会适应变化。在竞争日益激烈的今天，要培养以变应变的理念。一个有思想、有觉悟的人，应勇于面对变化带来的困难，这样才能做到卓越和高效。

　　根据实际情况来调整自己的对策，学会变通地应对工作中的困难，唯有如此，我们才能在顺应事物变化的同时，驾驭变化。反之，如果我们想当然地凭自己的想法去办事，就像钓鱼不知道鱼的习性一样，会徒劳无功。

　　所以，做一切事、解决一切问题时，我们都必须随着客观情况的变化而不断地调整自己，不断地采取与之相适应的对策。不管是在战场上还是在工作中，都要随着形势的变化而变化，因为世界是不断变化的，只有适应变化，才能生存。"适者生存"是自然界的不变法则，而这个"适"就是以变制变。

卷五
羊皮卷精粹卷

·第一讲·

《最伟大的力量》：

选择比努力更重要

每个人都有力量，可是，很多人却将力量闲置，有的人甚至不知道力量的存在，他们自然也就不懂得如何去开发和利用力量。而科尔的这本书——《最伟大的力量》针对"力量"这个问题做了详尽的阐释。

无数人将此书奉为经典。在书中，科尔告诉我们："力量能让你充满智慧，让你健康快乐，还能让你凭借着自己的努力创造出惊人的财富。"

选择其实比什么都重要

"上百亿的人穷其一生都在困苦中无奈地生活，这仅仅是因为他们没有意识到自己最伟大的力量。"正如马丁·科尔所说，人人都拥有让自己梦想成真的伟大力量，但区别仅在于有的人选择了去发现并利用，有的人则对其置之不理。

"你们替我决定吧！"

"我随便，你们商量去吧！"

"怎么选择都一样，我不想再费脑筋了！"

生活中，很多人往往对选择抱着无所谓的态度，事实上，他们忽略了最重要的一点：选择其实比什么都重要。

有一个叫艾德的人，在 14 岁时因小儿麻痹症致使头部以下瘫痪，必须靠轮椅才能行动。白天，他必须使用一个呼吸设备，否则无法过正常人的生活，晚上他则依赖"铁肺"。得病之后他曾几次差点丧命！

如果是你，这样的遭遇，你是一蹶不振，从此自暴自弃，还是选择勇敢地面对生活呢？

艾德的选择出乎很多人的意料。他并没有让自己沉浸在泪水和哀怨之中，相

274

反，他希望有朝一日能帮助有相同病症的患者。

他决定改变大众的看法，不要以高高在上的姿态怜悯残障人士，认为残疾就等于无用，而应顾及他们生活中的不便之处。在他十余年的努力下，社会终于注意到了残疾人的权利。如今，美国各个公共场所都设有轮椅专用的上下斜道，有残疾人专用的停车位，有帮助残疾人行动的扶手，这都是艾德的功劳。艾德是第一个患有颈部以下瘫痪而从加州大学柏克莱分校毕业的高才生，随后他担任加州州政府复建部门的主管，他是第一位担任公职的严重残疾者。

艾德完全可以选择感伤，也可以选择一生默默无闻，或者在别人的同情下得到终生照料，谁也不会因此而说什么。但是艾德把握住了选择的力量，他认为肢体上的不便并不能限制他的发展，而他要做的是结束这样的不便，竭尽全力为自己选择一个有意义的人生。

不要觉得自己已经别无选择，就算在最坏的环境下，一个最好的选择，也能将你的人生扭转，就像艾德一样。

选择其实很重要，有时，只是一个选择，就会带来完全不同的结果。

曾经有一个小男孩，他疾病缠身，郁郁寡欢，连医生也感到无能为力。一天，一个上了年纪、笃信宗教的人来到了这个小男孩的家，他发现家里的人都非常沮丧。他问这些人是怎么回事儿，家人告诉他，他们年幼的儿子得了重病，这小家伙很可能会死掉。这位虔诚的老人在家人的指引下走进孩子的卧室，将手放在小男孩的头上，说："我的孩子，上帝爱你，你难道不知道吗？"说完，他便走出了卧室，且很快离开了这家人。他走了之后，令人惊讶的情景出现了：那个病得很重的小男孩从床上跳了下来，在整幢房子里跑来跑去，喊着："上帝爱我……上帝爱我！"

他不再是病人，而是焕发着生气的健康者。

毫无疑问，是这个小男孩的意志改变了一切。他曾经以为上帝在惩罚他，于是毫无生气。然而，他听到上帝爱他的话，绝望和自暴自弃的情绪就没了，疾病也消失了。是选择坚强生活，还是选择消极等待死亡，这一切由这孩子自己决定。

医学上凭借意志来战胜病魔的故事数不胜数，仅仅是一个选择，却能解决科学都难以解决的问题。人的选择，是一种伟大的力量。

生活中的你尝试过做选择吗？在学习和游戏之间、在交友和树敌之间、在谦逊和逆反之间？

你又是否感受到了选择的巨大力量，感受到了自己的价值？所以，请不要再

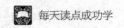

忽视选择的重要性，从现在开始，用你的思想和行为来证明你对选择的认识吧！

唤醒内心的种子

在《最伟大的力量》这本书中，马丁·科尔向我们揭示了一个真理，那就是每个人都有着巨大的力量。这就像在每个人的身体里都潜伏着的一粒小种子，将来会长成巨人，爆发出惊人的力量。只是这粒种子隐匿在心灵深处，很多人并没有发现它，也就无法浇花施肥、培育它长大。只有发现它，并充分恰当地运用它，生活才能够充满欢乐，失败也将变为一种幸运，胆怯才能够转变为自信，绝望的生活也会变得趣味盎然，人生才可以变成你喜欢的模样。

可是，你一定不曾想到，这种伟大的力量，有多少次被我们触摸到了却没有被辨认出来？这种伟大的力量，有多少次被我们握在手中却又丢掉了？而原因仅仅是因为我们没有认出它，没有看到它能带给我们的各种利益；没看到它万能的、可造就的影响。它就在我们眼前，我们需要做的就是去认识它、运用它。

这种伟大的力量到底是什么呢？

在告诉你这一答案之前，先给你讲述一个发生在非洲的故事。

一位探险家来到非洲的荒野之中，他随身带去了一些小饰品，准备作为礼物送给当地土著居民。

途中，探险家和他的随从们一起坐下来休息，边休息边谈论一些关于探险的事情。在探险家所携带的礼物中有两面镜子，休息时，他便吩咐随从将镜子分别靠放在两棵树上。

这时，一个手执长矛土著人向镜子走来。还没等探险家们反应过来，只听见一阵清脆的破裂声。显然，土著人看到了镜子中的自己，于是以为有人手执长矛要向他攻击。

深感意外的探险家上前问这个土著人为什么要击碎镜子。

土著人非但不觉得内疚，反而理直气壮，他大声地对探险家说："既然他要杀我，我就要先下手杀掉他。"

探险家无奈地解释说镜子的用途不在于此，并带他来到第二面镜子前。他对土著人说："你看，镜子的用途是利用它，你能看到自己的头发是否梳直了，自己脸上的油彩的量是否合适，自己的胸部有多强壮，肌肉有多发达。"

听了探险家的话，土著人一脸茫然，不住地点头。

　　如同故事中的土著人，很多人一生与生活抗争，在生命的任何一个转折点上，他们都认为将有一场战斗，而情况也的确如此。他们估计会有敌人，果真与敌人撞了个正着。他们预计会困难重重，也的确事事不尽如人意。"假如不这样发展，它就会那样展开，总之，必定会有什么发生"，对于千千万万没有认识到这种伟大力量的人而言，事情的过去、现在、未来都是一样的。这是因为这种伟大的力量是潜伏着的，是秘密的。数以万计的人一直过着平常、困苦的生活，其原因是：一旦这种伟大的力量与他们擦肩而过，他们将永远抓不住它了。你是敌不过生活的，你曾尝试过与它抗争，数以万计的人也曾这样做过，而结果是，你们都败得很惨。那么，答案究竟是什么呢？那就是我们必须在生活中充分理解生活。当然，前提是我们要充分利用生活，做出必要的选择。

　　"那是不是需要什么特殊的训练啊？"既然如此玄妙，很多人忍不住这样想。

　　事实上并非如此，因为它是人与生俱来的一种能力，无论你贫穷也好富有也好，成功也好失败也好，你都具有这种能力。这种能力你认识得越早，踏上正轨并坚持走下去也就越快。相对地，从此走上正轨并坚持走下去的人越多，在另外一些人心中萌生的希望也就越大。随之，他们也会按照这种健康的生活方式生活下去。

　　想要让内心的种子迸发出巨大的能量，首先就要去发现它，这样你才可以运用它，为自己的学习和生活服务。选择是一种伟大的力量，不要错过它！

选择权就在你自己的手里

　　智慧、健康、平安、愉快的心境……很多人梦寐以求，而《最伟大的力量》则向你揭示了梦想的奥秘，已经为你讲过的是选择权就在你自己的手里。在大自然看来，每一个生命都是鲜活灵动的，不管是啼哭的婴儿，还是摇晃着学走路的羊崽，或者是一棵美丽繁茂的树，它们都恣意地生长着，它们都有自己的力量，它们都可以为自己做选择，因为，选择权就在它们自己的手里。

　　可是，有人将这项权利拱手交给别人，于是这样的情形司空见惯：

　　"妈妈，我明天穿什么衣服？"

　　"爸爸，你说我是学画画，还是学跳舞？"

　　"你们帮我决定上哪个大学吧！"

　　这样时间长了，你就很容易养成依赖别人的习惯，你变得懒于思考，也逐渐失去了选择的愿望，选择的能力更无从培养。

"我不知道该怎么选择！"

"我不敢去选择！"

"能不能不去选择？"

选择是艰难的，因此选择就意味着要有取舍，而无论做什么选择，都意味着要放弃其中之一，于是你退缩了。但你也许想不到，你很可能会变成一个懒惰的人，没有主见，没有勇气，在遇到问题时，恐慌而不知所措，你的思考和行动能力也会逐渐丧失，于是，不管是在学习上，还是生活上，你都变得被动起来。所以，每个人都要牢牢把握住自己的选择权，这样的人生才更完整。

选择并不是一件简单的事情，不仅要懂得为自己选择，更要学会如何选择。而诀窍就在于不要因他人的言论和判断而束缚自己前进的步伐，任何时候，让心做行动的向导，它会带你去任何你想去的地方。

伊芙琳·格兰妮是世界著名的打击乐独奏家，她曾说："从一开始我就决定：一定不要让其他人的观点阻挡我成为一名音乐家的热情。"

格兰妮 8 岁时开始学习钢琴，当日子如流水般滑过，徜徉在音乐世界中的她毫无倦怠，她的热情与日俱增。然而，不幸的事情发生了，她的听力渐渐下降，医生们断定这是由于神经损伤造成的，而且这种损伤难以康复，并且还断言到 12 岁时，她将彻底耳聋。虽然听起来让人震惊，但她仍然执着地爱着音乐。

她的理想是成为打击乐独奏家，而在当时并没有这么一类音乐家。为了演奏，她学会了用不同的方法"聆听"其他人演奏音乐。她只穿着长袜演奏，这样她就能通过身体和想象感觉到每个音符的震动，她几乎用她所有的感官来感受整个声音世界。

她决心成为一名音乐家，于是她向伦敦著名的皇家音乐学院提出申请。她的演奏征服了所有的老师，最后，她打破了这个学校从来不收聋学生的传统，顺利入学，并在毕业时荣获了学院的最高荣誉奖。

从那以后，她就致力于成为第一位专职的打击乐独奏家，并且为打击乐独奏谱写和改编了很多乐章。

格兰妮一直坚持自己的选择，她不为命运左右，甚至是医生的诊断也不能阻止她，她终于成功了，她成了世界上第一位专职的打击乐独奏家。她为自己的选择而感到骄傲。

我们就像生活在一个网状的世界里，每当遇到问题时，周围便充满了各种各样的眼睛，但不论是鼓励关切的还是不屑质疑的，甚至是阻挠制止的，我们都应当明白，对于正确的选择一定要坚持，而且要像格兰妮一样毫不畏惧。但需要注意的是，作为青少年，因为正处于认识社会的初期，认知难免会出现偏差，盲目坚持，反而会演变成执迷不悟。多听取别人正确的意见，让明智的人帮助自己选择，这样的坚持更有价值。

从容，让你的选择更准确

"我该怎么选择？"在填报大学志愿的时候你不断地在两所学校之间犹豫，一个是名校，另一个是自己向往已久的专业。

"前面有三条路，走哪条才能最快到达终点？"走到岔路口时你又犯了愁，情急之下，你硬着头皮冲向一条路。

在生活中，我们总会面对着 A、B、C、D 等诸多选择，这时，我们通常急得像热锅上的蚂蚁，最后匆忙地做了决定，这往往会导致遗憾和后悔。所以，我们在面对选择时一定要从容镇定。

有一首歌这样唱道："曾经在幽幽暗暗反反复复中追问，才知道平平淡淡从从容容才是真。"

面对人生，就让我们以闲看云卷云舒、花开花落的心境，以从容去选择，选择一种气度，选择一种风范，选择一种壮美。有这样一个故事，讲的是古罗马的一个皇帝。这个皇帝经常派人观察那些第二天就要被送上竞技场与猛兽空手搏斗的死刑犯，看他们在等死的前一夜的表现。据观察者汇报，在这些罪犯中，有人凄凄惶惶，有人泰然自若，前者自然整夜难眠，后者是呼呼大睡而且面不改色。皇帝得知后，便吩咐属下在第二天早上偷偷将呼呼大睡的人释放，将其训练成带兵打仗的猛将。

无独有偶，据传中国也有个君王，在接见新上任的臣子时，总是故意叫他们在外面等待，迟迟不予理睬，再偷偷看这些人的表现，并对那些悠然自得、毫无焦躁之容的臣子刮目相看。

两国皇帝采取同样的做法，其中其实蕴含着深刻的含义。

一个人的胸怀、气度、风范，可以从细微之处表现出来。古罗马的那位皇帝以及古中国的那位君王之所以对死囚或新臣委以重任，便是从他们细微的动作、情态中看到了与众不同的潜质，看到了那份处变不惊、遇事不乱的从容。

有很多人喜欢看战争片或是灾难片，他们往往有一个共同点，那就是都会折服于影片中主人公面对枪林弹雨，面对飓风、地震、洪水、沉船或外星生物的入侵等极度危险、十万火急的非常时刻所表现出的那种沉稳、坚毅，那种从容自若。

从容，是傲松之于严冬："大雪压青松，青松挺且直"（陈毅：《冬夜杂咏》）；从容，是义士之于刑枷："我自横刀向天笑，去留肝胆两昆仑"（清·谭嗣同：《狱中题壁》）；从容，是智者之于声色利诱："非淡泊无以明志，非宁静无以致远"（三国·诸葛亮：《诫子书》）。从容，是一种理性，一种坚忍，一种气度，一种风范。从容，才能临危不乱；从容，才能举止若定；从容，才能化险为夷。三国故事里，诸葛亮以空城计击退司马懿数十万大军，他那过人的胆略和超常的镇定、从容，被传为千古佳话。只有从容地面对人生的选择，不惧怕危难，才能懂得生存的真谛。

社会瞬息万变，而且诱惑四伏，在这样的一种现实情境下，更需要人们保持一种平淡沉稳、从容自若的心态。远离浮躁，从容选择，是一个现代人适应社会环境的基本要求。

某公司总裁的用人之道别具一格，他往往在公司职员没有任何思想准备时，对他们进行降职。那些怨天尤人、灰心丧气者被淘汰，而处变不惊、从容应对者最后都备受青睐。逆境，抑或突如其来的变故与危机，都是很好的试金石，能明晰地鉴定一个人素质的优劣。甚至那些养鸟的行家，在选鸟的时候，都要故意惊吓那些鸟，绝不选那种稍受一点儿惊吓就扑扑拍翅、乱成一团的鸟。

选择是一种伟大的力量，从容让你的选择更准确。

选择，先给自己一双慧眼

"答案怎么是这个！太奇怪了！"

"都怪我自己！我怎么没想到这个才是最正确的呢？"

"你看你看！我就说你当时就不能选这个，现在后悔了吧？"

很多人会有这样的体会，在做题目时明明自己小心再小心，可是答案最后还是选错了，尤其是在做逻辑分析题时，正确的概率就更小了。其实这是因为题目具有一定的隐藏性，答案就像和你做起了捉迷藏的游戏，你要给自己一双慧眼，能够敏锐地洞察，否则那个神秘的答案终究不会出现。

或者是在旅行时，为了找一条风景更优美的路，在看起来幽静美丽的林荫道与一条杂乱无趣的路之间，往往很多人容易选择前者，而后者却很可能在百步之后便会发现是风光无限。

很多时候，答案往往具有隐藏性，这就需要每个人都睁大慧眼，只有这样，才能到达成功的终点。在非洲的草原上，一匹狼气喘吁吁地跑着，三个昼夜的躲藏和奔跑已经让它随时有倒下的可能了。它的汗水流下来，一滴一滴地掉在身下肥沃的土地上，滋润着绿油油的小草。它的舌头向外伸着，它的腿像灌满了铅，饥饿、疲劳牢牢地抓住了它，但它偶尔回头时那坚定的眼神似乎在告诉那个穷追不舍的狩猎者：我不会放弃最后一丝希望。

这是一个经常狩猎的富翁，虽然惊叹于狼的坚忍，但他依然紧紧地跟着这只疲惫的狼。

狼愈来愈慢，最后被迫到了一个类似于"丁"字形的岔道上，此时，正前方是迎面包抄过来的向导，他也端着一把枪，狼被夹在中间。富翁以为这匹狼会选择岔道，谁知，这匹狼并没有这么做，而是出人意料地迎着向导的枪口冲过去。狼在夺路时被捕获，它的臀部中了弹。

这让富翁十分费解：狼为什么不选择岔道，它冲向向导是准备夺路而逃？难道那条岔道比向导的枪口更危险吗？

面对富翁的迷惑，向导说："埃托沙的狼是一种很聪明的动物，它们知道只有夺路成功，才能有生的希望，而选择没有猎枪的岔道，必定死路一条，因为那条看似平坦的路上必有陷阱，这是它们在长期与猎人周旋中悟出的道理。"

这不由得让富翁陷入了沉思。

坐在草地上，回想历次的狩猎，富翁第一次感到如此触动。过去，他曾捕获过无数的猎物——斑马、小牛、羚羊甚至狮子，这些猎物大多被当作美餐，然而只有这匹狼却让他产生了"让它继续活着"的念头。

就在向导要剥下狼皮的那一瞬，富翁制止了向导。他问："你认为这匹狼还能活吗？"向导点点头。富翁打开随身携带的通信设备，让停泊在营地的直升机立即起飞，他想救活这匹狼。

直升机载着受了重伤的狼飞走了，飞向500公里外的一家医院。

据说，那匹狼最后被救治成功，如今在纳米比亚埃托沙森林公园里生活，所有的生活费用由那位富翁提供，因为富翁感激它告诉他这么一个道理：在这个相互竞争的社会，真正的机会也会伪装成陷阱。

所以，在选择之前，一定要给自己一双慧眼去做出正确的选择。这也是《最

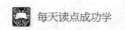

伟大的力量》给每一个人的警醒和启发。

适合的才是最好的

脚埋怨一双鞋太小，鞋不屑，嘴上不屈不挠："当初是你选择我的！"

脚又埋怨另一双鞋太大，鞋忍不住说："你明知道大，为什么还要买？"

脚不说话了，当时它一眼看中这两双鞋，心想大小没关系，毕竟这是自己最喜欢的。

听了鞋的话，脚突然间明白过来，只有适合的才是最好的。

这就如同在请发型师给自己做发型，你喜欢的未必适合你，在挑选衣服的时候，也要根据自己的身材肤色来选择适合自己的衣服，只有适合自己才能让自己美丽生动。

任何时候，都要知道适合自己的才是最好的。1935 年，帕瓦罗蒂出生于意大利的一个面包师家庭。父亲是个歌剧爱好者，他常把卡鲁索、吉利的唱片带回家来听，耳濡目染，帕瓦罗蒂也喜欢上了唱歌，小时候的帕瓦罗蒂就显示出了唱歌的天赋。

长大后，帕瓦罗蒂依然喜欢唱歌，但他更喜欢孩子，并希望成为一名教师。于是，他考上了一所师范学校。在师范学校学习期间，一位名叫阿利戈·波拉的专业歌手收帕瓦罗蒂为学生。

临近毕业的时候，帕瓦罗蒂问父亲："我应该怎么选择？是当教师呢，还是成为一个歌唱家？"父亲这样回答他："孩子，如果你想同时坐两把椅子，你只会掉到两把椅子中间的地上。在生活中，你应该选定一把椅子。"

听了父亲的话，帕瓦罗蒂选择了教师。不幸的是，初执教鞭的帕瓦罗蒂缺乏经验，管教不了调皮的学生，最终只好离开了学校。于是，帕瓦罗蒂选择了唱歌。

17 岁时，父亲介绍帕瓦罗蒂到罗西尼合唱团，开始随合唱团在各地举行音乐会。帕瓦罗蒂经常在免费音乐会上演唱，希望能引起某位经纪人的注意。

可是，近 7 年过去了，帕瓦罗蒂还是个无名小辈。眼看着周围的朋友们都找到了适合自己的位置，也都结了婚，而自己还没有养家糊口的能力，帕瓦罗蒂苦恼极了。偏偏在这个时候，帕瓦罗蒂的声带上长了个小结。在菲拉拉举行的一场音乐会上，他因好像脖子被掐住的男中音，被满场的倒彩声轰下了台。

失败也曾让帕瓦罗蒂产生过放弃的念头，但他想起了父亲的话，他心里很清楚唱歌是最适合他的，而他要做的就是为了这份选择而坚持。

几个月后，帕瓦罗蒂在一场歌剧比赛中崭露头角，被选中在雷焦埃米利亚市剧院演唱著名歌剧《波希米亚人》，这是帕瓦罗蒂首次演唱歌剧。演出结束后，帕瓦罗蒂赢得了观众雷鸣般的掌声。

随后，帕瓦罗蒂应邀去澳大利亚演出及录制唱片。1967年，他被著名指挥大师卡拉扬挑选为威尔第《安魂曲》的男高音独唱者。

从此，帕瓦罗蒂的声名节节上升，成为活跃于国际歌剧舞台上的最佳男高音。

当有人问帕瓦罗蒂的成功秘诀时，他说："我的成功在于我选对了自己施展才华的方向。我觉得一个人如何去体现他的才华，就在于他要选对人生奋斗的方向。"

世界上有很多选择，而只有适合你的才是最好的。就像故事中的帕瓦罗蒂，唱歌是最适合他的，那唱歌就是最好的选择，最终事实也证明了他的决定是正确的。

很多人一生费尽心力，孜孜以求，不管是学校、专业还是老师、朋友，最后却一无所得，事实上，这很大程度上是因为他没有选择适合自己的。

善用选择的伟大力量，从选择适合自己的开始。

近朱者赤，近墨者黑

"近朱者赤，近墨者黑……"一大早，青青就摇头晃脑地念着妈妈刚给他买的古文书，一向对古文感兴趣的他这次被难住了，他反复念着，但最后还是不太不明白这句话的意思，于是跑去问当语文老师的妈妈。

"靠着朱砂的变红，靠着墨的变黑。比喻接近好人可以使人变好，接近坏人可以使人变坏，指客观环境对人有很大影响。它的原句是：故近朱者赤，近墨者黑；声和则响清，形正则影直。"

"嗯，妈妈你真厉害！"青青高兴地说，"我明白你的意思了！就是说人很容易受周围环境的影响，对吗？"

"是啊！有一个故事说的正是这个道理！妈妈给你讲一讲吧！"

妈妈的故事顿时让青青竖起了耳朵。

有一次，孟子对戴不胜（宋国大臣）说："你希望你的君王向善吗？我明确告诉你该怎么做吧。举个例子，楚国的一位大夫，希望儿子学会说齐国话，是找齐国的人来教好呢？还是找楚国的人来教好？"

戴不胜说："找齐国人来教好。"

　　孟子又说："如果找一个齐国人来教，却有许多楚国人在他周围用楚国话来干扰，即使你每天鞭打他，要求他说齐国话，那也是不可能的。反之，如果把他带到齐国去，住在齐国的某个街市，比方说名叫庄岳（齐国的街名）的地方，在那里生活几年，那么，即使你每天鞭打他，要求他说楚国话，那也是不可能的。

　　"你说薛居州是个好人，要他住在王宫中。如果在王宫中的人，无论年龄大小还是地位高低都是像薛居州那样的好人，那君王和谁去做坏事呢？相反，如果在王宫中的人，无论年龄大小还是地位高低都不是像薛居州那样的好人，那君王又和谁去做好事呢？单单一个薛居州能把宋王怎么样呢？"

　　讲完故事，妈妈不再多说，青青一个人陷入了沉思。

　　听了这个故事，你有怎样的启发呢？你是否理解了"近来者赤，近墨者黑"的深刻含义？如故事中所说，学语言需要语境，这很容易让我们想到学习英语，我们也有这样的体会，当处于一个良好的语言环境中时，我们更容易迅速熟练地掌握英语。

　　故事中还提到君主在选择周围亲信时也要注意考察，因为如果国君周围多是好人，那么国君就会和大家一起向善，做好事；相反，如果国君周围多是坏人，那么国君就很难做好人了。这同样不难理解，如果我们周围的人都是品质高尚、爱学习的朋友，那我们又何愁对学习产生厌倦心理呢？这正如一句话所说的："蓬生麻中，不扶自直；白沙在涅，与之俱黑。"道理都是一样的，无论是学语言，还是塑造品质、培养爱好，环境对一个人的影响意义重大，而"孟母三迁"的经典故事也正是对这一看法的有利证明。

　　西汉刘向曾说："与善人居，如入芝兰之室，久而不闻其香；与恶人居，如入鲍鱼之肆，久而不闻其臭。"意思是，和道德高尚的人生活在一起，就像进入充满兰花香味的屋子，时间一长，自己本身因为熏陶也会充满香味，于是就闻不到兰花的香味了；和素质低劣的人生活在一起，就像进了卖鲍鱼的市场，时间一长，连自己都变臭了，也就不觉得鲍鱼是臭的了。

　　马丁·科尔再次告诉我们要善用选择的力量去选择你周围的环境，环境对一个人的影响极大：与生活的强者来往将给你力量，与品德高尚的人来往将给你精神，与学者来往将给你知识，与正直者来往将给你勇气，与聪明者来往将给你智慧；相反，与市侩者来往你得到的是庸俗，与无为者来往你得到的是消沉，与强盗来往你得到的是残忍和肮脏。总之，与好人来往你将得到真善美，与坏人来往你将得到假恶丑。所以，为了帮助心灵寻找一片栖息地，为了让你有一个美好的未来，不要再忽视自己周围的环境，而要尝试着为自己选择一个良好的环境，不管是家庭还是学习，抑或是在对同学和朋友的选择中，让选择发挥出它无穷的力量。

　　读到这里，想来你应该明白马丁·科尔所指的"最伟大的力量"了吧！幸福其实并不遥远，只要你去选择。

不要让幸福在窗外徘徊

　　幸福就在窗外，它就像一股新鲜的空气，只要你打开窗户，就能感觉到它。

　　有的人将这扇窗户紧紧关着，而有的人选择打开它，于是前者因为把幸福拦在窗外，而永远体会不到幸福，而后者因为打开了窗户，所以迎接了幸福。

　　这是对幸福的选择。

　　没有人愿意拒绝幸福，有的只是不去选择。

　　曾有一位精神病医生，他有着丰富的临床经验，退休后，他撰写了一本医治心理疾病的书。这本书足足有一千多页，书中有各种病情的描述以及针对这种病情的药物、情绪治疗办法。

　　有一次，这位精神病医生受邀到一所大学讲学，在课堂上，他拿出了这本厚厚的著作，说："这本书有一千多页，里面有治疗方法三千多种，药物一万多样，但所有的内容，只有四个字。"

　　众人都很惊奇，只见他说完后就在黑板上写下了："如果，下次。"

　　这位医生说，造成自己精神消耗和折磨的莫不是"如果"这两个字，"如果我考进了大学""如果我当年不放弃她""如果我当年能换一项工作"……

　　医治方法有数千种，但最终的办法只有一种，就是把"如果"改成"下次"，"下次我有机会再去进修""下次我不会放弃所爱的人"……

　　当你执着于过去的痛苦时，痛苦就必然占据你的整个心灵，而这实际上恰好是放弃了选择幸福的机会。

　　美国第 16 届总统亚伯拉罕·林肯曾说："我一直认为：如果一个人决心想获得某种幸福，那么他就能得到这种幸福。"幸福离你并不遥远，一直以来，它与你就只有一窗之隔，只要你决心伸出手臂，就可以拥抱幸福。

　　有一对年轻夫妇，他们住在美国南部的一个小城市里，其邻居是一对年老的夫妇。妻子几乎瞎了，并且瘫痪在轮椅中，丈夫身体也不很好，他整天待在屋子里照料妻子。

　　一年一度的圣诞节快到了，这对年轻夫妇想装饰一棵圣诞树送给那两位老人。他们买了一棵小树，将它装饰好，带上一些小礼物，在圣诞前夜把它送了过去。老妇人感激地注视着圣诞树上闪烁的小灯，哭了。她的丈夫也一再说："我们已经有许多年没有欣赏圣诞树了。"在以后的日子里，只要拜访这两位老人，老人都要提起那棵圣诞树，对于这对年轻夫妇来讲，也许他们只是做了一件很小的事情，但他们把最大的幸福送给了他人，因而自己也获得了巨大的幸福。这种幸福是一种十分深厚的感情，而且一直留在他们的记忆中。

　　幸福是一种满足，是心灵的安宁。希望你能展开双臂，打开那扇窗户，让幸福如清风一样沐浴着你，温暖着你。所以，还等什么呢，去选择幸福吧！

《唤醒心中的巨人》：

学会心绪能量的转化

《唤醒心中的巨人》的作者安东尼·罗宾是成功心理学和保持巅峰状态方面首屈一指的专家。这本奇妙的书将教你如何挖掘自己的潜在能量，并将这些能量转化为成功的垫脚石。每个人心中都沉睡着无穷的能量，它们就像是深藏在你内心的钻石宝藏，这些"钻石"足以使你的理想变成现实，但是它们的表面也许蒙着一层灰尘，只有将灰尘抹去，这些珍宝才能闪耀出本来的光芒。

让坏习惯不再如影随形

"你什么时候才能改掉你乱扔东西的坏习惯？"

"又磨蹭了，大家都在等着呢，你得快点！"

"刚学了一个星期就腻啦？当初怎么说的？说一定会坚持学下来！怎么又是这样，画画坚持不下来，练钢琴还是这样！"

你的身上是不是也有着这样或那样的坏习惯？对于这些坏习惯你是如何看待的呢？经常听到有人说："没什么大不了的！小毛病人人都有！"现实生活中，对此抱着无所谓态度的人很多，你是否又是其中一个？

美国著名的心理学家威廉·詹姆斯说："播种行为，收获习惯；播种习惯，收获性格；播种性格，收获命运。"一种好习惯可以成就人的一生，一种坏习惯也可以葬送人的一生。

试想，一个爱睡懒觉、生活懒散又没有规律的人，怎么约束自己勤奋学习和工作？一个不爱阅读、不关心身外世界的人，能有怎样的胸襟和见识？一个自以为是、目中无人的人，如何去和别人合作、沟通？一个杂乱无章、思维混乱的人，做起事来的效率会有多高？一个不爱独立思考、人云亦云的人，能有多大的智慧和判断能力？

古希腊伟大的哲学家柏拉图曾告诫一个游荡的青年："人是习惯的奴隶，一种习惯养成后，就再也无法改变过来。"那个青年回答："逢场作戏有什么关系呢？"这位哲学家立刻正色道："不然，一件事一经尝试，就会逐渐成为习惯，那就不是小事啦！"

坏习惯就像是身后的尾巴，一直紧紧跟着你，等你发现它严重影响了你的生活才想到要摆脱时，一切恐怕就难以挽回了。要知道，习惯的养成是一个不断重复的过程，每一次，当我们重复相同的行为时，就等于强化了这一行为，最终，就成了根深蒂固的习惯，把我们的思想与行为也缠得死死的。

正如英国挂冠诗人德莱顿在300多年前所说的："首先我们养出了习惯，随后习惯养出了我们。"我们是从习惯中走出的，所以，如果想要拥有一个美丽的人生，就需要养成好习惯，那么，从现在开始，我们就要改掉坏习惯。

"那如何改掉坏习惯呢？"很多人都问过同样的问题。想要让坏习惯不再如影随形，那就要自己排解。

不妨从以下几点出发。

（1）从思想深处认清不良习惯的危害性，清楚不良习惯会影响人的身心健康或左右人的行为方式，以争取自觉树立起戒除不良习惯的意识。

（2）以好习惯取代坏习惯。坏习惯之所以存在是因为它能够在一定程度上使你得到一种心理上的满足，例如懒惰，所以，如果要与坏习惯彻底告别，可以找一个同样使你感到满意的习惯来取代它。

（3）求得支持。许多戒除不良习惯者体会到，别人的支持十分重要，是防止复发的有效手段。这种支持可以来自家庭、朋友和志同道合的同事。

（4）避开诱因，如果你总喜欢在晚上喝咖啡或饮茶，这样极容易变得兴奋而影响睡眠，你就可以改喝白开水和饮料；如果你和一些朋友在一起，就想聊天而影响做作业，你就要试着改变交往对象。

（5）自我奖励。取得小成功——如坚持练琴一个月，可以自我奖励一次，如买本好书给自己。

（6）不找借口。要防止自欺欺人，"这是小亮借给我看的武侠书，要不我不会看的。""这是最后一次，这次之后我就再也不看动画片了。"……诸如此类的借口，其实都是下次再犯的苗头和征兆。

无限开发你的潜能

"我能行吗？我觉得我可能会失败，如果失败了大家都会耻笑我。"

很多人在机会到来时满是畏惧和怀疑，这样的人在生活中不可能会有成就，因为他们害怕前进，只能停留在原地。相反，有的人对自己充满了自信，他们知道自己天生就是个胜利者、成功者，于是一步步迈向成功。这两种人唯一不同的地方在于，前者没有意识到自己内在潜藏的巨大力量，而后者能够发现并加以利用，于是便可以成就所向往的一切。

"潜能？怎么证明每个人身上都有潜能？"也许你并不能够立刻接受，于是问。

这样一个实验会让你信服。

将一个体力平常的人催眠，然后把他的头和脚搁在两把椅子的边上，而身体悬空，这时让六七个人站在他身上，他竟能支撑得住。后来在他的身上搁一块木板，让一匹马站上去，他竟然也能支撑得住。按照一个人平均的体力绝不能支撑一千多磅的重量，但是在催眠状态下，他竟然毫无困难地做到了。

你一定会想，这种巨大的力量源自哪里？是不是来自催眠家？事实上，催眠家的作用仅仅在于把被催眠者的力量从身体里激发出来，这种力量不是来自外部，而是来自他的身体内部，这便是潜伏在他自己身体里的巨大潜能。

《唤醒心中的巨人》向我们说明这样一个道理：在每个人的潜意识深处，都有着无限的智慧和力量，它们无不在等待你去发现并开发。只要你愿意开放你的心灵去接受，你潜意识中的无限智慧就会在任何时间、空间为你提供所需要的能量。你可以接受新的思想和观念，使你能够提出新的发明、新的发现，或写出新书和新剧本；你潜意识中的无限智慧，甚至可以把各种奇妙的知识原原本本地传授给你。它可以指引你，为你打开道路，使你在生活中能够完美地发展自己，并达到你真正应该达到的水平。

既然潜能对一个人的影响如此之大，那么该如何去开发它呢？

（1）使用已经具备的能力。只有使用能力，能力才能产生实际效用。很多没上过专门学校的推销员比那些专门学营销专业的大学生的推销能力高得多，正是他们在使用中开发潜能的缘故。

（2）面对五花八门、种类繁多的各种潜能，并不需要对每一种潜能都投入精力去开发，这样容易分散有限的精力。而应该根据自己的优势，集中力量，选准一种关键潜能进行开发，取得突破。

（3）根据自身的天赋和资质来确定应当着重开发的潜能。只有这样，才能使潜能的开发事半功倍。

（4）承受适当的压力。人往往都有惰性，只有在一定的压力下，才能最大限度地开发自身的潜能。压力是促使进步的最好动力。当然，压力不能过大，否则就会把人给压怕了，压垮了。压力适度不但是行动的最好保障，而且往往能把潜能发挥到极点，创造出令人震惊的奇迹。

识别体内的金矿，然后不断开发，相信它会让你得到意想不到的收获！

从容间让你的行为更完美

"呀！刚才是不是说错话了，她看来有些不高兴！"刚才和一个好久不见的朋友打招呼，你似乎说错了什么，因为对方的神情明显有些不悦。

"我觉得你应该不会拒绝。"你在猜测别人的想法。

"我知道你是世界上最聪明的人，你做得棒极了！只有我就像个丑小鸭！"你的奉承因为你夸张的动作和表情让人觉得很不真诚，虽然夸奖了别人，但诋毁自己的做法并不可取。

在与人交往的过程中，难免会出现这样或那样的行为，很多时候，当事情结束了，再回过头想一想，或许你会为自己的行为而感到懊恼，因为在你看来，那些行为并不完美。

事实上，人的行为并非一成不变，因此，你可以通过本身的努力对此加以改善，不妨从现在开始就试着改变它们。

（1）"我从小身体就不好，妈妈说小时候我经常吃药打针，而且妈妈居然帮我准备这双鞋！这双鞋一直很挤脚，跑起来就更疼了！"体育课上，你使尽力气也跑不快，你觉得很难堪，于是你向人这样解释着。

千万不要因为烦恼就责怪任何人或事。实际上，不要谈到你的困难，更不要在进入下一个步骤之前提到它们。因为任何寻求怜悯，企图使你自己当时感觉好些的措施，都会明确削弱你个人的力量，如此更会使你自己成为可怜虫或受害者。

（2）"这是表姐向我推荐的学习资料，她说很好的！"

也不要将你的选择归罪他人，不要引据他人的意见。你去哪个补习班或用哪套学习资料，不要说是别人极力推荐的，要为自己的构想负责。引据别人的意见通常不会造成损害，但如果你的自我意识非常薄弱，就会使情况恶化。因此，数周内不要引据他人的意见，然后再看看这种扩大效果的方法是否奏效，你是否觉得好些？或没什么不同？或若有所失？

要记住，一旦做了就不要逃避责任，纵然是因采纳别人的意见而大祸临头。

（3）"我们一起去游泳吧！"

还要避免使用"我们"。你拒绝了一项邀请，就说你很累，不管你的同伴是否也有同感，尽量使用第一人称单数的说法。

（4）"这首歌我觉得你肯定喜欢！"

还要注意不要告诉别人他们的感觉。"我相信你不会喜欢的。""我知道××使你不悦，所以我不邀请他。"别人的想法和你一样经常会改变。你可以问问他自己的感想，但不要越俎代庖，告诉别人，经常企图预测别人想听的话，这正是好好先生典型的翻版。结果会增加你对平凡的自我和一些被激怒朋友的恐惧感。

（5）"我应该照你说的去做？"

有的人游移不定，这时也要注意：不要让他人左右你的思想。提醒他们"态度宜温和"，你当时的感觉是基于本能而生，无论如何这都是你的权利。永远不要为了维持和平而向他人道歉。

另外，当你向朋友或陌生人谈到自己时，不要只叙述事实。在这几周内，尽量少把事实平铺直叙地说出来，而代之以意见和反应。不要提到有关身份地位的象征，以免使陌生人铭记在心。同时避免机械式的对白，就好像细数你那天从早上六点开始的所作所为一样。如果你已经知道一个故事会按照什么方式讲，就不要把它说出来，因为背诵式的说明将会增加你在毫无准备的情形下对于说错话的恐惧感。

如果能够按照以上意见去做，你一定会发现，改变行为原来一点儿也不难。心中的巨人一旦被唤醒，你的行为也会变得更加完美，相信《唤醒心中的巨人》这本书会给你这样的收获。

解开内心拧在一起的麻花

"要是……就好了！"很多人如此感叹。

很多人经常对已经发生的事情追悔莫及，这其实是一种很正常的现象，人多多少少都会有这样的体验。

从某种角度上来看，这未尝不是一件好事，你可以从中吸取经验教训，避免下次重复出错，但不能一味地追悔感伤，沉浸于此。事情已经发生，局面已经形成，再也无法挽回，你应该学会放下过去，这样才能重新开始。

安东尼·罗宾就经常以愉快的方式来结束每一天。他告诫我们："时光一去不返。每天都应尽力做完该做的事。疏忽和荒唐事在所难免，尽快忘掉它们。明天将是新的一天，应当重新开始，振作精神，不要使过去的错误成为未来的包袱。以悔恨来结束一天，实在是不明智之举。"

罗宾鼓励我们做一个关门的人，就好像英国前首相劳合·乔治一样。乔治有一天和朋友在散步，每经过一扇门，他便把门关上。朋友疑惑地说："你没必要把这些门关上。"乔治却说："哦，当然有必要。我这一生都在关我身后的门，你知道，这是必须做的事。当你关门时，也将过去的一切留在后面。然后，你又可以重新开始。"

你想成为一个快乐的人吗？其中最重要的一点就是要学会将过去的错误、罪恶、过失全部忘记，然后坚定地向前看。只有忘记过去的事，努力向着未来的目标前进，才能使自己不断走向辉煌。

有位企业家做了一个错误的决定，这个决定让他蒙受了巨大的损失。在这之后，他拒绝承认自己的失误，拒绝接受不可避免的事实，结果，他失眠了好几夜，痛苦不堪，但问题一点儿也没解决。更严重的是，这件事还让他想起了以前很多细小的挫败，他在灰心失望中折磨自己。这种自虐的情形竟然持续了一年，直到他向一位心理专家求救后，才彻底从痛苦中解脱。

事实上，如果我们研究一下那些著名的企业家或政治家，就会发现，他们大多都能接受那些不可避免的事实，让自己保持平和的心态，过一种无忧无虑的生活。否则，他们中的大部分人会被巨大的压力压垮。

道理很简单：当我们不再反抗那些不可避免的事实之后，我们就能节省下精力，去创造一个更加丰富的生活。如果你的内心为此不断痛苦和挣扎，就仿佛在拧麻花，两股力量互不相让，那最终深陷泥沼的只有你自己。要知道你只能在两者中间选择其一：可以选择接受不可避免的错误和失败，并抛下它们往前走；也可以选择抗拒它们，变得更加苦恼。

当然，你可以尝试着不去接受那些不可避免的挫败，但这样势必使人产生一连串的焦虑、矛盾、痛苦、急躁和紧张，你会因此整天神经兮兮、不知所终。

有一句古老的犹太格言这样说："对必然之事，轻快地加以接受。"在今天这个充满紧张、忧虑的世界，忙碌的你非常需要这句话。

所以，请接受不可避免的事实吧，然后以一种乐观的态度轻松地生活下去！

解读他脸上的语言

"马上就要比赛了，他是我们小组的主力，可是最近看他心事重重，一副心不在焉的样子，他到底在想什么呢？"

"你看这样行不行……"还没有提出自己的想法，小静就听到好友轻微的一声叹息，她迅速地瞥了一眼好友，只见好友眉头紧锁，小静笑着岔开话题，气氛也渐渐变得轻松活跃起来。

每个人都有自己的想法，但并不是每个人都会将自己的想法暴露，在与人交往时，面对不同的人，你会有不同的态度，有的人你愿意亲近，你觉得他值得做朋友，而有的人则相反，所有的这些，你如何迅速地判断和识别呢？

其实，要想了解他人并不难，你不是想猜测出别人的内心活动、选择可以交往的朋友吗？那就需要从对方的一言一行中去捕捉一点一滴的信息，以此来判断对方的想法。这其实也是人际交往时必须具备的能力，这样不但能使沟通交流变得畅通，而且会为你提供切实的帮助。

要想了解他人，首先要学会察言观色。一个人的想法往往会通过他的态度及动作流露出来，只要我们仔细地观察他人，即学会察言观色，便可以了解他人的想法。

春秋时期的齐国宰相管仲深知察言观色之道，等到适当的时机再从旁进谏。但是有一次，他稍不小心，还是触到齐桓公的"逆鳞"。

当管仲审核国家预算支出的情况，发现宴客费用居然高达三分之二，其他部门的经费只有三分之一，难怪会捉襟见肘、效率不高。他认为这样太浪费，此风断不可长。于是，管仲立刻去找桓公，当着众臣的面说："大王，必须裁减执行费用，不能如此奢侈……"

话未说完，没想到桓公面色大变，语气激动地反驳说："你为什么也要这样说呢？想想看，隆重款待那些宾客目的是使他们有宾至如归的感觉，他们回国后才会大力地替我国宣传；如果怠慢那些宾客，他们一定会不高兴，回国后就会大肆说我国的坏话。粮食能够生产出来，物品也能制造出来，又何必要节省呢？要知道，君主最重视的是声誉啊！"

"是！是！主公圣明。"管仲不再强争，即刻退下。

管仲的机智与聪明就在于他善于察言观色。如果换作其他忠义顽强好辩的人士，继续抗争下去，可以想象会有什么后果。

从桓公的脸色和语气中管仲察觉到此时桓公心情不佳，不会接受劝谏，自己应做到该进则进、该退则退、当止则止，于是他不再继续损害君主的尊严，而是在后来的工作中慢慢影响桓公，使问题逐步加以改善。

事实上，我们在与人交往时也应这样，要注意顺着对方的心意，不可逆犯对方的忌讳。否则非但达不到目的，反而会使自己处于非常尴尬的局面。所谓"出门观天色，进门看脸色"，尤其是在求人办事时，只有善于从对方面部表情做出准确判断，再付诸行动，才会有成功的可能。

其次，可以通过语音洞察人心。

说话速度是一种特征，是一个人与生俱来的气质及平日与人交往中锻炼所形成的。但是异常的说话速度常常与内心的思想有很密切的联系。比如，平时能言善辩的人，突然变得口吃起来，或者相反，平时说话不得要领的人，突然说得头头是道，这就要注意是否发生了什么事情，影响他们，以致使他们的心理发生了重大变化。

这是因为一般情况下，人在深层心理有烦恼不安或恐惧等情感时，说话速度都会快得异乎寻常，以此自欺欺人，缓和内心的不安与恐惧，但是，由于没有冷静地思考，所以，即使说得滔滔不绝，内容却空洞无物。

同样，如果是一个平时总是沉默寡言的人，突然间话多得令人感到不自然，此人一定有了不愿他人知道的秘密。

与说话速度一样，声调也是语气的特征之一——人的思想处于激动状态时，声调往往会提高。某位作曲家也曾说："要提出与对方相反的意见时，最简单的办法就是提高音量。"

如果你做一个生活的有心人，仔细留心他人的语速和声调，就可以轻而易举地探知他人内心的想法。心中的巨人一旦唤醒，就可以产生神奇的力量。

给自己的情绪上把锁

炎炎夏日，老和尚正在给小和尚讲佛理。

老和尚说，心头火烧毁的往往是自己的心，所以要制怒。

"心静自然凉啊！"老和尚讲。

老和尚的佛理刚讲完，小和尚便虔诚地向老和尚请教："师父，刚才你最后一句说了什么？"

"心静自然凉。"老和尚说。

"心静之后是什么？"

"自然凉。"

"什么自然凉？"

"心静。"

"哦，心静自然凉。"小和尚小声念道，忽又问："师父，自然凉前面是什么？"

"是心静。"

"心静前面是什么？"

"心静前面已经没有了。"老和尚说。

"哦，心静后面是什么呢？"

"自然凉。"

"自然凉？那自然凉前面是什么呢？"小和尚不停地问。

"混账！你这哪里是讨教，分明是在胡闹！"老和尚气不打一处来，额头净是汗。

每个人都难免有不易控制自己情绪的时候，只是有的人成功地给自己的情绪上了把锁，有的人沦为情绪的奴隶，于是喜怒无常。

情绪是一个人内心深处的一种思想情感，每个人都是自己情绪的主人，但有时会受各种因素的影响，情绪往往变得无法控制，如果你能够驾驭自己的情绪，你的人生一定会比别人精彩得多。

应该怎样控制自己的情绪呢？

你也许会因为朋友不守信而生气，你可能因为解题不顺利而烦恼不已，这时你应该尽力抹掉这些盘旋在头脑中的令人讨厌的、不健康的情绪。在每一个清晨，告诉自己今天是一个全新的自己，迅速地抛开所有不快的记忆。

如果你觉得沮丧、气馁或绝望，一定不要计较，不妨痛快淋漓地洗个澡，然后一个人静静地思索、顿悟。请记住：此时，你必须忽略一切令你沮丧的想法和念头，还有一切困扰你的东西。不要让自己纠缠于每一件令人不快的事，不要继续纠缠于过去所犯的错误和令人不快的往昔。你要做的是全副武装地对抗这些情绪，将它们驱逐出去。相信几次之后，你便能和它们告别，让你的心灵沐浴阳光。

转移注意力，也是抚平烦躁、根治不安情绪的一剂良药。当你觉得不快时，试着将你的注意力转移到与这种情绪完全相反的方面上，并树立快乐、自信、感激和善待他人的理念。这样，你就会惊奇地发现，那些困扰你许久的情绪在转眼之间便无影无踪了。

如果你感到疲惫不堪、沮丧、郁闷时，你不妨试着去分析原因，你也许会发现，之所以出现这样的情况，主要是因为精力不支，而精力不支的原因或者是由于学习过度、暴饮暴食，在某种程度上违背了消化规律的缘故，或者是由于某种不合常规的习惯在作祟。

你还应该尽可能地融入社会环境中去，多多参与一些娱乐或体育活动。有的人通过听音乐消除了疲惫、沮丧的情绪；有的人则在剧院里，在愉快的谈话中，或者在阅读使人愉快、催人奋进的书籍时，使自己从疲惫、沮丧中恢复过来。

时刻准备着给自己的情绪上把锁吧！千万不要让那些不悦的情绪像心上的暗影紧紧追随着你！

滴水之恩当涌泉相报

曾有这样一首儿歌：路边开放野菊花，飞来一只小乌鸦，不吵闹呀不玩耍，急急忙忙赶回家。它的妈妈年纪大啊，躺在窝里飞不动啊，小乌鸦啊叼来虫子，一口一口喂妈妈。多可爱的小乌鸦啊，多懂事的小乌鸦啊，飞来飞去不忘记啊，妈妈把它养育大。

这首儿歌听起来很简单，但其实蕴含着一个深刻的道理，那就是感恩。

从我们来到这个世界上的那一刻，我们无不接受着世界所给予我们的一切恩赐，父母的养育、社会的温暖，还有芬芳的花草、灵动的虫鱼，以及一系列的灾难给我们的洗礼和锤炼。对于这所有的一切，我们应该学会感恩。

据《左传·宣公十五年》记载：在公元前594年的7月，秦桓公派大将杜回出兵攻打晋国，晋国也派大军前来迎敌。两国军队后来在晋国的辅氏（现在的陕西大荔县）相遇，双方发生了混战，晋将魏颗和秦将杜回厮杀在一起。正在两个人打得难解难分的时候，魏颗忽然发现有一位老人用草编的绳子套住了杜回的马腿，使这位堂堂的秦国大力士从马上摔了下来，并当场被魏颗俘虏，晋国军队因此在这次战争中取得了很大的胜利。

获得胜利之后，所有的人都很高兴。但魏颗还是感到非常奇怪，那个老人怎么会出现在战场上，又怎么会帮助自己呢？对此，他百思不得其解。当天夜里，魏颗在梦里又见到了白天帮助自己的老人。魏颗赶紧向那位老人表示感谢，并请教老人的姓名，老人看了看魏颗，说："我就是你没有让给你父亲陪葬的女子的父亲。我今天之所以这么做，就是为了报答你对我女儿的大恩大德！"

这时，魏颗才明白是怎么回事儿。原来，魏颗是晋国大夫魏武子的儿子，当时，贵族都有很多妻子，在魏武子众多的妻子中，有一位没有生儿子的爱妾。在魏武子刚生病的时候，他曾经嘱咐自己的儿子魏颗，说："在我死之后，你一定要把她嫁出去，不要让她和我一起陪葬。"过了不久，魏武子的病越来越重了，有一天，他又对魏颗说："在我死之后，你不要让她改嫁了，还是让她为我殉葬吧。"魏武子死后，魏颗并没有听从父亲的话，把那位父亲的爱妾杀死陪葬，而是把她嫁给了别人。当有人不解的时候，魏颗说："人在病重的时候总是会神志不清的，我之所以把这个女子改嫁出去，是根据父亲神志清醒时的吩咐做的。"

与故事中的老人相反，现实生活中很多人并不懂得感恩。看着父母对自己的付出无动于衷，认为那是天经地义的，遇到同学、朋友帮忙，也一副不在乎的样子，认为"不就是一个小忙嘛，不值得记挂在心上"，当你对所有的事情都采取这样的态度的时候，其实已经是最危险的时候了。俗话说："滴水之恩当涌泉相报。"如果你连感恩的意识都没有的话，又如何在这个社会上立足？

社会像一张巨大的网，把每个人联系在一起，没有人愿意与一个毫无感恩意识的人结交，即使有人愿意帮助你，久而久之，也会因为你认为别人为你做的一切都是"理所当然"而离你远去。

怀有感恩心，才能有一颗报恩心，才能在事情完成之时，把成就归功于大家，把失误归于自己；怀有感恩心，才有施与的愿望，你不但会更加感激和怀想那些有恩于我们却不言回报的每一个人，还会以他们为榜样，尽自己所能地去帮助别人；怀有感恩心，才有宽容的力量，才会对别人、对环境少一分挑剔，多一分欣赏。

莎士比亚说："我痛恨人们的忘恩，比之痛恨说谎、虚荣、饶舌、酗酒，或是其他存在于脆弱的人心中的恶德还要厉害。"

要知道，世界的美丽和和谐的背后需要社会的每一个成员怀有感恩之心，所以，不要沉湎于别人对你的无私帮助，你要伸出你的援手，尤其在别人需要的时候。

是诱惑更是蛊惑

"来，抽一根！不抽烟算什么男子汉！"

"怎么，不敢抽？胆小鬼！哈哈！"游戏厅里，受人怂恿，你忍不住抽了一根烟，之后再遇到这样的场合，你就很难拒绝了。

"不就是喝酒嘛！有什么大不了的！"在起哄声中，你虽然也有几分犹豫，但最后还是端起酒杯一饮而尽。

"你看他的样子真酷！"看着自己崇拜的偶像便想处处模仿，于是烟酒不离左右。

也许是受人怂恿，也许是充满好奇，想尝试一切新鲜的事物，但因为不具备防备心理，又缺乏对烟、酒及网络的正确认识，自控能力薄弱，最后很多青少年都一头栽进烟、酒和网络的泥潭，难以自拔。每个青少年都应该知道，你们正处于长身体的时候，而吸烟酗酒恰恰是危害健康的重要敌人，另外也严重地影响了你们的学习和生活。王恒成绩一直很好，父母也很欣慰。为了让儿子有一个好的学习环境，在王恒初中的时候，父母将他送到几百里以外的一所寄宿制学校就读。家境颇为富裕的王恒渐渐地成了一些高年级学生的"目标"，大家只要想抽烟喝酒，就叫上他，连学校旁边小饭馆的老板都知道王恒的"豪爽"。渐渐地，王恒的酒量越来越大，他的酒瘾也越来越大，每到同学聚会的时候，总是喝得醉醺醺的。可想而知，他的成绩也迅速下滑。开始的时候，还能保持在前十名，可是后来，他的成绩越来越糟糕，到了高二的时候，他的成绩已经滑到了后十名。虽然父母也问过，但王恒一句话就搪塞了过去，一直忙于事业的父母就没有多想。

就这样，王恒的烟瘾、酒瘾已经达到一发不可收拾的地步，他只要想抽烟喝酒，就没有人可以拦得住。老师再三劝解无效，只好找来家长，令其将这个"醉学生"领走。

父母从未想过儿子会变成这样，心痛之余，只得将儿子送进了戒烟戒酒的医院，让王恒强制戒烟戒酒。经过了半年的治疗，王恒这才慢慢地对烟酒减少了依赖性。在医院里，王恒对自己抽烟嗜酒的原因恍然大悟："抽烟喝酒也是一种病。"

此后，王恒开始为戒烟戒酒做努力。他改掉了过去那种不良的生活习惯，每天早起跑步锻炼身体，逐渐把烟酒瘾戒除了。每当遇到什么烦心事，王恒不再像过去那样拿起酒杯"一醉解千愁"，而是通过正确的方式排解自己的烦恼。例如，找同学朋友谈心，或者和大家一起去打场篮球，他渐渐发现除了酒精还有许多美好的事情。就这样，王恒逐渐摆脱了酒精的控制，像许多正常高中生一样健康快乐地生活学习着。

在后来的日子里，王恒还担当起了"戒烟戒酒宣传员"，他把自己的亲身经历告诉了原来的那些亲密酒友，并劝告大家一定要戒烟戒酒，不要让烟酒毁了自己美好的青春年华。那些酒友现在已经成为王恒的球友了……

烟酒对青少年百害无一益，让我们看一看烟酒的危害性。

一个每天吸 15 ~ 20 支香烟的人，患肺癌、口腔癌或喉癌致死的概率，要比不吸烟的人大 14 倍；患食道癌致死的概率比不吸烟的人大 4 倍；死于膀胱癌的概率要大两倍；死于心脏病的概率也大两倍。吸烟是导致慢性支气管炎和肺气肿的主要原因，而慢性肺部疾病本身也增加了得肺炎及心脏病的危险，并且吸烟增加了患高血压的危险。

喝酒的危害性同样让人咋舌：一次过量饮酒可对肝、肾造成损害，并影响脑细胞代谢。青少年正处于生长发育阶段，各脏器功能还不是很完善。此时饮酒对机体的损害尤为严重。有人做过试验，青少年即使饮少量的酒，其注意力、记忆力也会有所下降，思维速度将变得迟缓，严重影响青少年的智力发育。除此，青少年对酒精的代谢解毒能力低，饮酒过量轻则会头痛，重则会造成昏迷甚至死亡。

从中我们不难看出，抽烟酗酒对我们的成长绝对是个毒害，很多人以为自己青春年少，朝气蓬勃，认为疾病离自己很远，因此随心所欲，放纵自己，这样只能给自己带来不利的影响。本着对自己负责，对社会负责的态度，赶紧远离烟酒的毒害吧！

·第三讲·

《自己拯救自己》：

相信品行的魅力

　　不同的人有不同的命运，没有人可以决定自己的出身，但却可以通过努力来决定自己的命运。当你总是哀叹命运不济时，不妨从抱怨中走出来，试着去改变自己，实行自我拯救。《自己拯救自己》是一本宣扬自助思想的专著，它教导人们如何培养一种自主精神，通过自我奋斗来改变自己的命运。此书自 1871 年在英国问世以来，便在社会上引起强烈反响，世界上许多国家每年不断重印，在全球畅销 130 多年而不衰。本书塑造了亿万人民的高贵品行，被誉为"文明素养的经典手册""人格修炼的圣经"。

用恒心与毅力雕琢成功

　　在《自己拯救自己》一书中，塞缪尔·斯迈尔斯给我们讲述了伯纳德·帕里希凭借着自己的恒心与毅力取得成功的事迹。

　　法国青年伯纳德·帕里希在 18 岁时就离开了自己的家乡。按照他自己的说法，那时候的他"一本书也没有，只有天空和土地为伴，因为它们对谁都不会拒绝"。当时，帕里希只是一个毫不起眼的玻璃画师，然而，他怀着满腔的艺术热情。

　　一次，帕里希偶然看到了一只精美的意大利杯子，他完全被这只杯子迷住了，从此以后，帕里希过去的生活完全被打乱了。他的内心完全被另一种激情占据：他决心要发现瓷釉的奥秘，看看它为什么能赋予杯子那样的光泽。

　　此后，帕里希长年累月地把自己的全部精力都投入对瓷釉各种成分的研究中。他自己动手制造熔炉，但第一次的试验以失败告终。后来，他又造了第二个，这一次虽然成功了，然而这只炉子既费燃料，又耗时间，让他几乎耗尽了财产。因为买不起燃料，帕里希只能无奈地用普通的火炉。失败对他而言已经是家常便饭了，但他从来都没有气馁，每次他在哪里失败，就从哪里重新开始。终于，在经历了无数次的失败之后，帕里希烧出了色彩非常美丽的瓷釉。

为了改进自己的发明，帕里希用自己的双手把砖头一块一块地垒起来，建了一个玻璃炉。终于，到了决定试验成败的时候了，他连续高温加热了 6 天。可是，出乎意料的是，瓷釉并没有熔化，而他当时已经身无分文了。帕里希只好通过向别人借贷买来陶罐和木材，并且想方设法找到了更好的助熔剂。一切准备就绪之后，帕里希重新生火。但是，这一次直到所有的燃料都耗光了也没有任何结果。帕里希跑到花园里，把篱笆上的木栅栏拆下来当柴火继续烧。木栅栏烧光了，还是没有结果。帕里希把家里的家具扔进了火堆，但仍然没有起作用。

最后，帕里希把餐厅里的架子都一并砍碎扔进火里。奇迹终于发生了，熊熊的火焰一下子把瓷釉熔化了，瓷釉的秘密终于揭开了。

事实再一次证明：有志者，事竟成。

历史上诸多伟人的成功，都是由于他们的坚忍不拔。纵然他们怀有天赋，领悟力超凡，但他们的作品也并非一蹴而就，只有经过精心细致的雕琢，反反复复地修改，才有经得起细看的作品诞生。

古罗马的大诗人维吉尔的传世之作《埃涅阿斯纪》是用了 21 年才完成的。俄国大文豪列夫·托尔斯泰的作品《安娜·卡列尼娜》是他用了整整 8 年反复构思、反复修改，最终才把一部关于家庭私生活的小说改编成了一部具有鲜明时代特征的社会小说。亚当·斯密写作《国富论》用了 10 年，而孟德斯鸠写作《论法的精神》则用了整整 25 年。

透过这些伟大的作品，我们的确可以体会到作家的艰苦劳动。他们为了完成一部作品，往往要花费几年甚至几十年的心血。如果没有坚强的恒心与毅力，又怎么能克服重重困难，最后取得成功呢？

人类历史上的诸多伟大成就，无不是恒心和毅力的结果，如埃及平原上宏伟的金字塔和耶路撒冷巍峨的庙堂；人类因为有了恒心和毅力，才能登上气候恶劣、云雾缭绕的珠穆朗玛峰，在宽阔无边的大西洋上开辟了航道；正是因为有了恒心和毅力，人类才夷平了新大陆的各种障碍，建立起了人类居住的共同体。

恒心与毅力还让天才在大理石上刻下精美的创作，在画布上留下大自然恢宏的缩影。恒心与毅力创造了纺锤，发明了飞梭；恒心与毅力使汽车变成了人类胯下的战马，装载着货物翻山越岭，在天南地北往来穿梭；恒心与毅力让白帆撒满了海上，使海洋向无数民族开放，每一片水域都有了水手的身影，每一座荒岛都

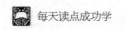

有了探险者的足迹。

很多人总是抱怨自己的失败，失败的原因很多，但不能持之以恒是尤为重要的一点。因为一切领域中所有的重大成就无不与坚忍不拔的毅力有关。从某种意义上来说，成功更多依赖的是人的恒心与毅力，而不是天赋与才华。

英国著名的外交官布尔沃说："恒心与毅力是征服者的灵魂，它是人类反抗命运、个人反抗世界、灵魂反抗物质的最有力的支持，它也是福音书的精髓。"才华固然是我们所渴望的，但恒心与毅力更能让我们感动。

让力量做船、勇气做桨，共同驶向远方

"我可以吗？"你对自己充满怀疑。

很多人都难免有这样的想法，那是因为他们不知道自己拥有巨大的力量。

公元前1世纪，罗马的恺撒大帝统领他的军队抵达英格兰后，下定了决不退却的决心。为了使士兵们知道他的决心，恺撒当着士兵们的面，将所有运载的船只全部焚毁。不给自己的军队留退路，最终他的军队取得了战斗的胜利。

倘若不是断了后路，也许你永远无法发现自己有着如此巨大的力量。

人通常习惯为自己准备一条退路，其实这非但低估了自己，让自己意识不到自己的力量，更为严重的是，因为心里有着底线，没有将自己放在必胜的立场上，于是，勇气就弱了几分，就像是一只为了保存实力的大公鸡，拿不出最佳的状态，不具备十足的勇气。以这样的精神状态去挑战未来，你的心里或许也会怀着几分忐忑吧。

其实，这并不意味着要你将自己逼上绝境，只是让你明白，想要成功，就一定要具备足够的勇气，而且要意志坚定。

事实证明，成败往往全系于意志力的强弱。具有坚强意志力的人，就会拥有巨大的力量，无论他们遇到什么艰难险阻，最终都能克服困难，消除障碍。但意志薄弱的人，一遇到挫折，便想着退缩，最终必将归于失败。

在这方面也许你深有体会：你很想上进，但无奈意志力薄弱，你没有坚强的决心，因为没有抱着破釜沉舟的信念，于是一旦遇到挫折，就立即投降，不断地后退，最终遭遇失败。

只有下定决心，才能克服种种艰难，去获得胜利，这样也才能得到别人由衷的敬佩。所以，有决心的人，必定是最终的胜利者。只有有决心，才能增强信心，

才能充分发挥才智，从而在事业上做出伟大的成就。

"我不是没有决心，可是一旦遇到问题的时候，我还是会变得犹豫不决。"也许你身上还存在着这样的问题。

的确，对很多人来说，犹豫不决成了一个大难题，仿佛已经病入膏肓。这些人无论做什么事总是瞻前顾后，总是左右摇摆。他们缺少的其实就是一种破釜沉舟的勇气。他们并不知道如果把自己的全部心思贯注于目标是可以生出一种坚定的自信的，这种自信能够破除犹豫不决的恶习，把因循守旧、苟且偷生等成功之敌统统捆缚起来。

生活中还有人喜欢把重要问题搁在一边，留待以后解决，这其实也是个恶习。如果你有这样的倾向，你应该尽快将其抛弃，你要训练自己学会敏捷果断地作出决定。无论当前问题有多么地严重，你都应该把问题的各方面顾及到，加以慎重地权衡考虑，但千万不要陷于优柔寡断的泥潭中。如果你抱着慢慢考虑或重新考虑的念头，你准会失败。即便你的决策有一千次的错误，也不要养成优柔寡断的习惯。

当机立断的人，遇到事情就会迅速作出决策。而优柔寡断的人，进行决策时，总是逢人就要商量，即便再三考虑也难以决断，这样终致一无所成。

如果你养成了决策以后一以贯之、不再更改的习惯，那么在作决策时，就会运用你自己最佳的判断力。但如果你的决策不过是个实验，你还不认为它就是最后的决断，这样就容易使你自己有重复考虑的余地，就不会产生一个成功的决策。

斯迈尔斯曾说："每个人都生来具有强大的力量。人与人之间，弱者与强者之间，大人物与小人物之间最大的差异就在于他们对自身力量的发挥和利用。一个目标一旦确立，通过奋斗是可以取得成功的。在对有价值的目标追求中，坚忍不拔的意志力才是一切真正伟大品格的基础。"

无数的事实向我们证明了，想要有所成就，不但需要力量，也需要勇气作为后盾，坚强的意志力会让我们无往不胜。

你可以没有天赋，但绝不可以不勤奋

"我聪明，不用那么费力地学习，只有脑子笨的人才会一直捧着书本呢！"

"知道什么是天才吗？天才就是不用费劲地学习还是能取得好成绩的人！"

很多人认为，当一个人拥有了天才的头脑时，成功也就唾手可得，压根儿用

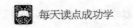

不着勤奋，但事实并非如此。

北宋的时候，有一个小孩叫方仲永，方仲永小时曾被称为"神童"。

方仲永家境十分贫寒，直到5岁，他都没有碰过笔墨纸砚。看到小伙伴欢欢喜喜地去上学，他非常羡慕，于是哭着请求父亲让他读书。父亲无奈，只好借来书，求人指点，让他自学。聪明勤奋的他没过多久不但能读懂书本，还能写诗。秀才们看后很惊讶，并连连称赞。

之后，很多读书人便出题考方仲永，但只要有人给他出题，让他作诗，他都能很快就作出来，而且他的诗思想积极、文采斐然。方仲永渐渐地出了名，成了大家眼中的"神童"。

但是，他的才华仅在13岁时就完全消失了。

原来，方仲永一出名，很多人就渐渐地把方仲永父子当作贵宾接待，许多有名望的学者和绅士也纷纷邀请方仲永到他们家里去做客，还有许多人拿着金钱和礼物专门上方家拜访，请方仲永写作诗文，然后悬挂在自己客厅显眼的地方。从此方仲永便经常跟着父亲一起出入于豪门阔宅中。长时间没有学习，学问没有长进，他的天才也渐渐泯灭了。写来写去还是那几首诗，人们看多了，也就觉得没有新意了。

方仲永的天赋让人惊奇，最后却因为不再学习而无异于众人，这个故事意在说明，即使再有天分，但如果不勤奋不努力，同样无法取得成就。

米开朗琪罗这样评价另一位了不起的天才人物——拉斐尔："他是有史以来最美丽的灵魂之一，他的成就更多的是来自他的勤奋，而不是他的天才。"当有人问拉斐尔怎么能创造出这么多奇迹一般完美的作品时，拉斐尔回答说："我在很小的时候就养成一个习惯，那就是从不要忽视任何事情。"这位艺术家去世的时候，整个罗马为之悲痛不已，罗马教皇利奥十世为之哭泣。拉斐尔终年38岁，但他竟留下了287幅绘画作品，500多张素描。其中一些绘画作品都价值连城。

或许你觉得这些离自己都太遥远：你并不是什么天才。正因为如此，才更需要加倍地勤奋。拉斐尔具有如此高的天赋，尚且勤奋不息，更何况我们呢。倘若想攀登高峰，没有付出，没有勤奋、没有努力是万万达不到的。

美国媒体大亨泰德·特纳的老师约舒亚·雷诺德常说："那些想要超过别人的人，每时每刻都必须努力，不管愿不愿意。他们会发现自己没有娱乐，只有艰苦的工作。"这句话泰德·特纳一直铭记于心，并常被拿来引用。他听了老师的劝告，一直"艰苦"地工作，他不但因为觉得这是他自己喜欢的事情而快乐，还有了丰厚的回报。

美国伟大的政治家亚历山大·汉密尔顿曾经说："有时候人们觉得我的成功是因为自己的天赋，但据我所知，所谓的天赋不过就是努力工作而已。"

美国另一位杰出的政治家丹尼尔·韦伯斯特在 70 岁生日时谈起他成功的秘密说："努力工作使我取得了现在的成就。在我一生中，从来还没有哪一天不在勤奋地工作。"

另外，据说拜伦的《成吉思汗》写了一百多遍，因为拜伦一直都感到不满意。……

所有的这些人，不管是文学家、艺术家还是政治家，他们无不都是勤奋的典型，从他们的身上，我们应该清醒地意识到，你可以没有天赋，但却绝不可以不勤奋。勤奋是"使成功降临到个人身上的信使"，所以，尽快地摒弃那些错误的想法，从现在开始，做一个勤奋的人！

没有行动的车轮，生命的列车怎能启动

"明天是周六，我想去书店买书！"

"这个周末，我们去敬老院吧！"

"妈妈，咱们家的花园长出杂草了，明天我帮你一起除草吧！"

和很多人一样，你总是把事情计划得好好的，可是最终完成的却没有几件。最后你还要找出各种各样的理由来为自己解释。

"临时有事，太忙了！"

"我忘了！下次吧！"

于是，很自然地，你又重复着口头演说，而最终毫无行动。因为在内心深处，你从来没有意识到行动的重要性，所以你总是不愿意去行动。

人有两种能力，思维能力和行动能力，很多人总是达不到自己的目标，往往不是因为思维能力，而是因为行动能力。

在偏远地区有两个和尚，其中一个贫穷，另一个富裕。

有一天，穷和尚对富和尚说："我想到南海去，您看怎么样？"

富和尚说："你凭借什么去呢？"

穷和尚说："我有一个水瓶、一个饭钵就足够了。"

富和尚说："我多年来就想租条船沿着长江而下，现在还没做到呢，你凭什

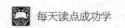

么去？！"

第二年，穷和尚从南海归来，把去过南海的事告诉富和尚，富和尚深感惭愧。

这个故事说明了一个很简单的道理：说一尺不如行一寸。

俄国著名剧作家克雷洛夫说："现实是此岸，理想是彼岸，中间隔着湍急的河流，行动则是架在河上的桥梁。"只有行动才会产生结果。行动是成功的保证。任何伟大的目标、伟大的计划，最终必然落实到行动上。

拿破仑说："想得好是聪明，计划得好更聪明，做得好是最聪明又最好。"

所以，不要只是憧憬，不要只是计划，对于要做的事情，就应该积极地行动起来，行动才能使一切成为可能。

杰米是个20多岁的普通年轻人，有太太和小孩，收入并不高。

他们全家住在一间小公寓里，夫妇两人都渴望有一套自己的新房子。他们希望有较大的活动空间、比较干净的环境、小孩有地方玩，同时也增添一份产业。

买房子的确很难，必须有钱支付分期付款的首付款才行。有一天，当他签发下个月的房租支票时，突然很不耐烦，因为房租跟新房子每月的分期付款差不多。

杰米跟太太说："下个礼拜我们去买一套新房子，你看怎样？"

"你怎么突然想到这个？开玩笑，我们哪有能力。可能连首付款都付不起！"他的太太非常怀疑他的话。

但是他已经下定决心："跟我们一样想买一套新房子的夫妇大约有几十万，其中只有一半能如愿以偿，一定是什么事情才使他们打消这个念头。我们一定要想办法买一套房子。虽然我现在还不知道怎么凑钱，可是一定要想办法。"

下个礼拜他们真的找到一套两人都喜欢的房子，朴素大方又实用，首付款是1200美元。他知道无法从银行借到这笔钱，因为这样会妨害他的信用，使他无法获得一项关于销售款项的抵押借款。

可是皇天不负有心人，他突然有了一个灵感，为什么不直接找包销商谈，向他借私款呢？他真的这么去做了。包销商起先很冷淡，由于杰米一再坚持，他终于同意了。他同意杰米把1200美元的借款按月偿还100美元，利息另外计算。

现在他要做的是，每个月凑出100美元。夫妇两个想尽办法，一个月可以省下25美元，还有75美元要另外设法筹措。

这时杰米又想到另一个点子。第二天早上他直接跟老板解释这件事，他的老板也很高兴他要买房子了。

杰米说："T先生（就是老板），你看，为了买房子，我每个月要多赚75元才行。我知道，当你认为我值得加薪时一定会加，可是我现在很想多赚一点儿钱。公司的某些事情可能在周末做更好，你能不能答应我在周末加班呢？有没有这个可能呢？"

老板对于他的诚恳和雄心非常感动，真的找出许多事情让他在周末工作10小时。杰米和他的家人也欢欢喜喜地搬进了新房子。

显然，杰米能买到新房子，是他坚持行动的结果，行动让他的想法有了实现的机会。

当列车呼啸而过时，你一定觉得很壮观，但倘若没有行动的车轮，它又如何飞驰？生命也是如此，想让生命的列车启动，唯有行动！而行动无疑成了生命乐章中最动听的音符。

给自己拉响安全警钟

"小妹妹，我是修水表的，你爸妈打电话让我现在过来，给我开门吧。"

"小同学，你看，我手机没电了，我又急着找我儿子，他在上大学，我找他有急事，你手机借我用一下行吗？用完了就还你。"

很多人在这种情况下，往往是不假思索就相信了对方，开了门或递给对方手机，他们没有意识去保护自己，去判断对方的身份，确认对方是否真实可信。归根结底，那就是青少年的自我保护意识太过薄弱。

1998年11月18日是"流星雨之夜"。凌晨3点多钟，北京市八里庄地区14岁的女中学生马某和她表弟在看完流星雨回家的路上，遇到了罪犯庞某。庞某自称是联防队员，要察看马某的证件。当马某的表弟被支走回家取学生证时，庞某以去派出所为由将马某带上出租车，随后将其诱骗到一公园内隐蔽处，猛然将马某摔倒在地，并用木棍殴打马某的头部，见马某昏死过去，便对其做出流氓行径。当庞某发觉马某已经死亡，便用草覆盖尸体后逃逸。

据庞某交代，他将马某带走的路上，曾不止一次遇到行人，当时他心里很紧张，但马某并没有呼喊求救。另外，罪犯遇到马某姐弟的地方，离马某的家不过300米！距离凶案现场却有很长一段路程，庞某还打了一辆出租车。事后据那位出租司机反映，当时马某是自己打开车门上的车，一路上她也一直没有向司机示警或求救。那位司机说："这个小姑娘死得太可惜了，其实当时只要她有一点儿暗示，我肯定会帮助她。"

女孩的死让我们警醒，我们也不难看出正是因为她毫无自我保护意识才给不法分子提供了可乘之机，悲剧也由此展开。这样的事例不在少数，这其实也要求我们一定要时刻提高警惕，并增强观察、识别能力，不被坏人的甜言蜜语所迷惑，谨防上当受骗。

不光如此，我们还要学会与歹徒巧妙周旋、斗智斗勇，尽力保护自己，以增强感性认识和自我保护能力。

2006年7月17日凌晨，一对大学生情侣在锦江边约会时，两名劫匪突然窜出。面对闪着寒光的匕首，男生赖某挺身喝道："先把我女朋友放了！"在与歹徒的殊死搏斗中，赖某胸腹被刺伤，女友也身中三刀，伤势不轻。

负责此案的警方称，在遇到歹徒时，如果赖某能冷静处理，先尽量满足他们的要求，以保证自身安全，同时择机报警，也许就不会酿成血案。

那么，如何帮助自己树立强烈的自我保护意识并尽可能地实行自我保护呢？不妨从以下几个方面做起。

（1）遇事要冷静，不要让所谓的哥们儿义气害了自己，也害了朋友。学会拒绝不正当要求，坚决不与坏人同流合污。

（2）不要随意泄露个人及家庭情况，以免被不法分子利用。

（3）独自在家时，不要给陌生人开门。如有人撬门爬窗，应立即大声呼救或电话报警。必要时可拿起家里的菜刀、锤子作为武器，来震慑歹徒。

（4）平时尽可能多地学一些法律知识，学会用法律武器保护自己的合法权利。

（5）遭到严重暴力侵害如绑架、劫持、伤害等时，一般不要与其硬拼，但更不要吓得不知所措，屈服于恶势力。这时要镇静、机智地与之周旋，以寻找机会脱身并报警。

生活有美好、阳光的一面，但也处处存在着危险。所以我们应该加强自我保护意识，从而将伤害降到最低。

·第四讲·

《向你挑战》：

向更高的目标攀登

生活中处处充满着挑战：挑战你的能力，挑战你的思维，挑战你的社交能力……如何让自己在这些挑战中游刃有余，《向你挑战》这本书为我们提供了极大的帮助。

本书的作者是廉·丹佛，他是伟大的演讲家、作家和成功学导师，他的作品被无数人誉为"心灵的圣经"。《向你挑战》就是其中他最具代表力的作品，这是一部与人类命运息息相关的书，在这本书中作者对所处于不同环境、不同阶层的人都倾注了极大的责任心与热情。他其实是想证实在这个世界上的每一个人都有自己特殊的天分，都可以通过自身的努力取得成功。他向我们提出了这样的挑战：做自己的主人，收复灵魂、重塑意志；做世界的主人，在任何情况下都拥有财富与坚守情操。

储存你的领导才干

在小学，很多人都特别羡慕那些胳膊上佩戴"横杠"的人，有的是一条，有的是两条，还有的是三条，不管是几条，在他们的眼里都是荣誉的象征，似乎代表着只有这些人才能够有领导权。

到了中学，胳膊上虽然不再佩戴"横杠"，但每节课喊起立的人仍然成为很多人羡慕的对象。这些人深受老师的喜爱，深受同学们的拥护，不管是学习、劳动还是学校组织的大小比赛，他们总是班级甚至年级和学校的活跃分子，他们一喊口号，往往应声不断。他们领导着整个班级，带领着整个团体，他们的身上无不凸显着领导者的魅力。

走上社会之后，这部分人往往有更强的学习能力、组织能力和人际交往能力，他们更有远见，更能顾全大局，更值得信任，他们更善于组织团队，齐心协力地向着目标进发！

成功似乎更眷顾他们。

很多人有着"领导梦"，"领导"对他充满了诱惑，因为领导不单单是荣誉那么简单，它更是对自我能力的挑战。有些人埋怨自己没有天生当领导的才干，其实大可不必，才干不是先天有的，是可以后天培养的，我们可以利用各种条件为自己储藏这些资本，其中包括以下方面。

1. 拥有语言魅力

中国自古以来崇尚辩术，战国时期苏秦与张仪仅凭一张嘴，说服各国合纵连横，苏秦还身佩六国相印，叱咤风云。这都是因为他们有一副好口才，能说服别人。可见，领导者必须具有强有力的语言表达能力。

2. 宽广的胸怀

正所谓"宰相肚里能撑船"，领导者必须有宽广的胸怀。

春秋战国时代，齐桓公依靠管仲最先称霸。

齐桓公名小白，是齐国公子。管仲原来是小白的皇兄公子纠的师傅。齐国的君主僖公死后，诸位王子相互争夺王位，到最后就只剩下小白与公子纠争夺。管仲为了替公子纠争王位，还曾用箭射伤公子小白。最终还是小白回到齐国继承了王位，这就是齐桓公。帮助客居鲁国的公子纠争王位的鲁国在与齐国交战中大败，只得求和。齐桓公要求鲁国处死公子纠，并交出管仲。

消息传出后，大家都同情管仲，因为回齐国他无疑要被折磨致死。于是有人说："管仲啊！与其厚着脸皮被送到敌方去，不如自己先自杀。"但是管仲只是一笑了之，他说："如果小白要杀我，我当初就该和主君一起被杀了，既然还找我去，就不会杀我。"就这样，管仲被押回齐国。

出人意料的是，齐桓公马上任用管仲为宰相，这连管仲也没有想到。

3. 独立性

独立性表现出一个人有能力做出重要的决定并执行这些决定，有责任并愿意对自己的行为所产生的结果负责，相信自己的行为是可行的，能产生积极的效果。有这样的胸怀也是一个领导者领导魅力的体现。

4. 果断性

果断表现为善于迅速地明辨是非，及时地采取措施处理一些事情，尤其是一些恶性突发事件。李·雅科卡曾经说过："如果要我用一个词来概括优秀领导者的特点，那我就会说是果断。"当断不断，就可能使自己处于不利的境地。与果断相反的是优柔寡断，这是缺乏勇气、缺乏信心、缺乏主见、意志薄弱、逃避责任的表现。作为领导者，这是万万要不得的。

5. 强烈的自制能力

自制力是指能够统御自己的意愿的能力。在失败、恐惧、压力、倦怠的情况下，领导者需要振作精神，消除由于这些不利因素带来的一连串的连锁负效应。在成功的时候，需要戒骄戒躁，警惕成功之后随之而来的放松和自满。钢铁大王卡耐基在没有资金、没有背景、没有接受高等教育的情况下发迹，他把自己的成功归功于最重要的一条是自律。能驾驭、运用自己心智的人，可以轻易地获得他梦想的东西。领导者不能被胜利冲昏了头脑，也不能被挫折压弯了腰。在荣誉面前不能飘飘然，在困难面前更应卧薪尝胆。

自我推销帮你迈出成功第一步

不管是参加班干部竞选还是进行社会实践，要想脱颖而出，每个人都必须有自我推销的能力。

也许当你看到"推销"这个词时会觉得诧异，因为在很多人看来，推销似乎针对的只是商品，而推销只是成人的"活计"，其实，事实上并非如此。

你想做班长，你就要列出你认为你可以当班长的优势；你想社会实践，你就要表明你的诚意，你的责任心、学习能力等。我们现在是学生，而有一天总会走上社会，你如何在这个竞争激烈的社会立足，让它接纳承认你，首先，你就需要有一种自我推销的能力。

生活中，我们往往可以看到很多人的能力并不强，可是他却获得了一份很好的工作，有的人虽然满腹才学，却呆板木讷，碌碌无为，这并不难理解，前者之所以能获得不错的工作往往是因为他善于推销自己。生活本身就是一个不断推销自己的过程，这也就要求我们必须学会推销，掌握推销技巧。

1960年，美国大选到了剑拔弩张的时候，在两位主要候选人约翰·肯尼迪和理查德·尼克松之间展开了一场非常关键而激烈的电视辩论。

辩论前，很多政治分析家都一致认为肯尼迪处于劣势，因为他年纪轻，名气比较小，而且是一位天主教徒，虽然非常富有但是说话的时候操着浓重的波士顿口音。但是，实际上，美国观众在荧屏上看到的却是一个心平气和、说话很轻松又富有幽默感的肯尼迪先生，面孔十分讨人喜欢。坐在旁边的尼克松却显得饱经风霜，紧张而不自在。据说，就是通过这次电视辩论的对比，肯尼迪借机很好地推销了自己，从而赢得了美国大众的喜欢，最终打败了强劲对手尼克松。

那么，为了很好地推销自己，我们应该做些什么准备工作呢？

第一，要了解自己的具体情况。比如通过问自己一些"我是什么样的人""我有什么优点和缺点""我能满足他人什么需要""我最擅长的事情是什么"等等问题来了解自己。

第二，要充满自信心。在推销自己的时候，只有充满自信，才具有感染力，才能让对方相信自己的优秀，让对方明白接受你的推销才是当前他最好的选择。

第三，要有沟通表达能力。出众的口才和沟通能力更容易让别人相信你所说的每一句话，从而达到你的目的。平常你可以多和他人沟通，并通过辩论来提高自己的口才。

第四，注意外在形象。你不一定要拥有美丽的外表，但是务必要给人以清爽的感觉。

第五，认识对方。一个人要想成功地推销自己，还要弄清楚对方是谁，判断对方的看法和观点。再根据具体情况见机行事，不能盲目乱来。

此外，还需要掌握推销的要领。

（1）要善于面对面推销自己，并注意遵守下面的规则：依据面谈的对象、内容做好准备工作；语言表达自如，要大胆说话，克服心理障碍；掌握适当的时机，包括摸清情况、观察表情、分析心理、随机应变等。

（2）要有灵活的指向。萝卜青菜各有所爱，对人才的需求也是这样。有时你虽然针对对方的需要和感受去推销自己，但仍然说服不了对方，没有被对方接受，那么你就应该重新考虑自己的选择。倘若期望值过高，就应适时将期望值降低一点儿；还可以到与自己专业技术相关或相通的行业去推销自己。美国咨询家奥尼尔这样说："如果你有修理飞机引擎的技术，你可把它变成修理小汽车或大卡车的技术。"

（3）要有自己的特色，这样才能引起别人的注意。

（4）应以对方为导向。要注重对方的需要和感受，并根据他们的需要和感受说服对方，并被对方接受。

（5）要注意控制情绪。人的情绪有振奋、平静和低潮等三种表现形式。在推销自己的过程中，善于控制自己的情绪，是一个人自我形象的重要表现方面。

情绪无常，很容易给人留下不好的印象。为了控制自己开始亢奋的情绪，美国心理学家尤利斯提出三条忠告：低声、慢语、挺胸。

没有人天生就是自我推销的高手，也许你胆小害羞，也许你不善言谈，而自我推销无疑是对你自己的一个巨大挑战，勇敢地向自己挑战吧！

不展翅就永远失去了飞翔的可能

廉·丹佛在他的著作中告诉我们：没有冒险者，就没有成功者，这就犹如一只鸟儿，倘若不展翅，就永远失去了飞翔的可能一样。曾经有一个小男孩将一只鹰蛋带回他父亲的养鸡场，他把鹰蛋和鸡蛋混在一起让母鸡孵化。于是一群小鸡里出现了一只小鹰。

小鹰与小鸡一样过着平静快乐的生活，它根本不知道自己与小鸡有什么不同。慢慢地，小鹰愈长愈大。

一天，它看见一只老鹰在养鸡场上空自由展翅翱翔，小鹰十分羡慕，它多想像老鹰一样飞上天空，去感受一下高处俯瞰的美妙，但是小鹰又觉得害怕："可是我从来没有张开过翅膀，没有飞行的经验，如果从半空中坠下岂不是会粉身碎骨吗？"

经过一阵紧张激烈的内心斗争，小鹰终于决定宁愿冒粉身碎骨的风险，也要展翅高飞一下。随着两翼涌动出的一股奇妙的力量，小鹰成功了，它飞上了高高的蓝天，小鹰惊喜地发现：世界是如此的广阔和美妙！

小鹰的成功，几乎是每一位冒险家成功的过程。很多人都希望成功，但在千千万万人当中，只有少数的人才能取得成功，原因何在？其实很多人都并非能力的问题，他们完全可以像鹰一样翱翔蓝天，而他们却因为缺乏冒险的勇气和精神，于是缩手缩脚、患得患失。最后，就只能像小鸡一样默默无闻，一辈子蜷缩在农场的那一小片天空。

人生本身就是一场冒险。如果你贪图安逸，希望过着宁静的生活，这固然没有错，但却也因此会与成功失之交臂。因为只想维持现状便意味着原地踏步，不求进步，这时如何奢望成功的到来呢？

很多时候，成功的机会往往与风险并存，要想抓住成功的机会，就得学会冒险，否则，就会丧失许多可能是人生重大转折的机会，从而使自己的一生平淡无奇，毫无建树。当然，敢于冒险的人并不一定个个成功，但成功者当中，很多是因为他们敢于冒险。有一次，摩根旅行来到新奥尔良，在人声嘈杂的码头，突然有一个陌生人从后面拍了一下他的肩膀，问："先生，想买咖啡吗？"

陌生人自我介绍说，他是一艘咖啡货船的船长，前不久从巴西运回了一船咖啡，准备交给美国的买主。谁知美国的买主却破了产，不得已，只好自己推销。他看出摩根穿戴考究，一副有钱人的派头，于是决定和他谈这笔生意。为了早日脱手，这位船长说，他愿意以半价出售这批咖啡。

摩根看了货。经过仔细考虑，他决定买下这批咖啡。当他带着咖啡样品到新奥尔良的客户那里进行推销的时候，大家都劝他要谨慎行事，因为价格虽说低得令人心动，但船里的咖啡是否与样品一致却很难说。但摩根觉得，这位船长是个可信的人，他相信自己的判断力，愿意为此而冒一回险，便毅然将咖啡全部买下。

事实证明，他的判断是正确的，船里装的全都是好咖啡。摩根成功了。

就在摩根买下这批货不久，巴西遭受寒流袭击，咖啡因减产而价格猛涨了2～3倍。摩根因此而大赚了一笔。

同样的情况下，相同的机遇，只有敢于冒险的人才善于把握，最后获得成功。很多人在机遇面前过于谨慎，虽然小心谨慎并没有什么不好，但过于谨慎往往让你很容易错失机遇，这就像一个笑话里所说的：有天晚上，机会来敲某人的门，当这个人赶忙关上报警器，打开保险锁，拉开防盗门时，它已经走了。

如果不展翅，你将永远失去了飞翔的可能，所以，为了一览无余，不妨多一点儿冒险精神！

学以致用才能让知识不断升值

蜜蜂采花粉是要酿蜜，燕子衔泥是要筑巢，人学习知识是为了运用知识。如果一个人读书万卷，却不懂得如何运用，那么这些知识也就等于是死的知识。死的知识不能解决实际问题，那学了又有何用？所以，每一个人不仅要懂得学习，还要懂得学以致用，唯有如此，才能使知识更富有意义。

我们应结合所学的知识，参与学以致用的活动，提高自己运用知识的能力，使我们的学习过程转变为提高能力、增长见识、创造价值的过程。

我们还应加强知识的学习和能力的培养，使知识与能力能够相得益彰、相互促进，发挥出巨大的潜力和作用。

曾有这样一个事例，讲的是近代化学家、兵工学家、翻译家徐寿与华蘅芳研制"黄鹄"号的事情，历来被作为学以致用的范例。徐寿在做这项工作时采取了十分慎重的循序渐进的科学态度。他首先试制了一个船用汽机模型，成功后又试制了一艘小型木质轮船。在此基础上，为精益求精，他继续进行研究改进，最后成功制造了我国造船史上的第一艘实用性蒸汽轮船。取得了成熟的经验后，徐寿又主持研制了"惠吉""操江""测海""澄庆""驭远"等多艘轮船，为我国近代早期的造船业做出了巨大贡献。

然而，现实生活中很多人只是死读书、读死书，这样很容易产生一个结果，那就是完全地将书本中的知识应用到理论与实际当中去，从而受到一些条条框框的束缚，因此很难有所创新。

如《三国演义》里的马谡，他自称"自幼熟读兵书，颇知兵法"，但在街亭之战中，只背得"凭高视下，势如破竹""置之死地而后生"几句教条，而不听王平的再三相劝以及诸葛亮的叮咛告诫，将军营安扎在一个前无屏蔽、后无退路的山头之上，最后落得兵败失利、狼狈而逃、斩首示众的下场。

所以，想获得成功就一定要学以致用，否则生搬硬套书本上的知识，必然会给你所从事的事业带来损失。

19世纪末，制造飞机的热潮在全世界范围内一浪高过一浪。但一些知识丰富的大科学家却纷纷表态，发表自己的看法和见解，抵制飞机的制造。比如，法国著名天文学家勒让认为，要制造一种比空气重的机械装置到天上去飞行是根本不可能的；德国大发明家西门子也发表了相似的见解；能量守恒定律的发现者、著名的物理学家赫尔姆霍茨又从物理学的角度，论证了机械装置是不可能飞上天的；美国天文学家做了大量计算，证明飞机根本不可能离开地面。但是，令人想不到的是，1903年，连大学校门都没进过的美国人莱特兄弟凭着勇于创新的精神，将飞机送上了天，为人类做出巨大贡献。

"尽信书，不如无书"；会学，更要会用。学习到的知识只有有效地运用到生活和实践中去，才会发挥其效用，否则就是一些死的、没有用的东西。

德国教育家第斯泰维克说："学问不在知识的多少，而在于充分地理解和熟练地运用你所知道的一切。"所以，在日常生活和工作中，我们应该把在学校里、在社会上所学到的全部知识都淋漓尽致地发挥出来。

想要做到学以致用，其实并不困难，你可以从以下几个方面着手。

首先，将你的学习内容与目前和今后的生活、工作加以对比，以便清楚自己需要学习什么知识才能提高能力、学习什么知识才有利于全面发展。

其次，对于已经学习过的知识，可以用实际操作的方式加以验证。比如，学

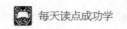

了物理电学后，可以去安装电灯、安装或维修半导体或电子管收音机；依据压力的定义，通过实际操作去测定某一重物对支持物所产生的压力，等等。

最后，把所学得的知识应用到社会实践中，综合地利用各门学科的知识。例如，学过化学后，参加化工厂的实际操作；或者运用物理学的力学原理去进行某种工具的改革，等等。

不要犹豫不决，当断不断

挑战自己，有时意味着要改变，尤其是在不好的习惯上。"你能不能快点做决定啊，老是考虑来考虑去，到底在犹豫什么呢？真急人！"朋友等着你做决定，可是你却迟迟给不了答复，这让他焦躁不安。

"到底选哪个答案呢？"考场上，犹豫间，时间不知不觉地溜走了，等到交卷子的时候，你才惊呼："我还没做完！"

"这两个都好看，我都喜欢，可是到底哪个更好呢？"仅仅为了两件相同款式、不同颜色的衣服，你就能站着盯上半天，本来计划好的事情也全都泡了汤。
……

生活中，这样的人不在少数，不管是在学习上还是日常生活中，他永远都是一副不紧不慢的模样，用他的话说就是"我还要考虑一下"，他一直都在犹豫。

兵家常说："用兵之害，犹豫最大也。"实际上，日常做事也是如此。犹豫不决，当断不断的祸害，不仅仅体现在战场上，现代社会的每个角落都处处展现着。

比如在学习上，你很可能因为犹豫而浪费了时间，最后交上一份不完整的答卷，而与梦寐以求的学校擦肩而过；比如在与人交往时，你与一个好朋友发生了误会，而你一直犹豫着是否要和对方重归于好，你的犹豫最后很可能使你们之间的友谊出现破裂；比如在商场上，你很可能因为犹豫就错过了绝好的机遇。机不可失，时不再来，犹豫不决，当断不断，最后在商场上你将注定只会一败涂地，无立身之处。

因此，不管什么时候，一定要斩钉截铁、坚决果断。当然，这里的坚决果断并不等同于武断，而是要在认真分析判断，认准形势、深思熟虑下所作出的决定，这也绝不是心血来潮或凭意气用事。

宋人张泳说："临事三难：能见，为一；见能行，为二；行必果决，为三。"当机立断的另一面，并非仅仅指进攻和发展。有时，按兵不动或必要的撤退也是一种果敢的行为，该等待观望时就应按兵不动，该撤退时就要撤退，这也是一种当机立断的行为。

你一定知道"夜长梦多"这一俗语吧。它指的是做某些事，如果历时太长，或拖得太久，就容易出问题。"夜长"了，"噩梦"就多，睡觉的人会受到意外的惊吓，反而降低了睡眠的效果。同样的道理，做事犹犹豫豫，久不决断，也会错失良机。

《史记》中有"兵为凶器"的说法。意思是说，不到万不得已时，不得出兵；但是，一旦出兵就得速战速决。"劳师远征"或"长期用兵"，注定结局都会是失败。

拿破仑穷兵黩武，征战欧洲，不可一世，于是后来有了"滑铁卢"之悲剧；希特勒疯狂侵略他国，换来的是国破身亡，主权不保。这都是由于他们没有认清战争的害处；他们不懂得"夜长梦多"的真正外延。

中国人向来讲究从容自若、慢条斯理的做事态度。即便是大难临头，"刀架脖子上"也能泰然处之。能够做到如此者，才算得上气宇大度的君子。但是，这并不是表明中国人做事就喜欢拖拉，或不善于抓住战机。事实上，中国人在追求和谐、宁静、优雅的同时，无时不在潜心于捕捉机遇。

有一种"无为而治"的政治哲学。从表面上看，它似乎也是优哉游哉的处世信条，但就其内涵，远非字面那么浅显。所谓"无为"并不是单纯的"不为"，而是"阴谋诡计"之极为，它无时不在宁静的外表下进行频繁的权谋术数的操作。打个比方，一个车轮，以无限的速度旋转，似乎就看不到它在旋转了，抑或看到的是倒转，"无为"就是这种状态，"无为"才能"无不为"。

因此，做事不能太犹豫不决，而应快速决断；不要再徘徊、踌躇，做事快而敏捷者才能够成就大事业。

不要等到健康溜走了才后悔

"宁宁，该休息了！"妈妈对正在熬夜学习的女儿说。

"好的，我一会儿就好了！"

半小时后，妈妈再看，时间已经指向了12点。

"喂！是王孟吗？一起出去打篮球吧！"

"我就不去了！我在家看会儿书。"

"你怎么老是窝在家里，出去锻炼锻炼身体不是挺好的嘛！"

"我就不去了，你们玩得开心！"

很少有人能够彻底明白健康对于一个人的重要性，于是在身体健康的时候不停地挥霍健康，而等到身体出现不适的时候才追悔叹息。

一个人无论做什么事，身体健康永远都是最基本也最重要的前提。在人生的路上，需要你每天都能以精力饱满的身体去应对一切。尤其是对一些重大的事情，更需要你付出全部力量才能成功。如果你发挥出你的一小部分能力进行学习或做事，那一定是干不好的。你应该用你旺盛的斗志以及健康的身体投入，但倘若你因生活不知谨慎而造成精疲力竭，那么再去学习和做事时，你的效率自然要大减。在这种情形之下，成功是难以得到的。

这就如同一架机器，在毫无故障的情况下，自然可以正常运行，但倘若出现破损或其他故障，便会严重地影响做事效率。

"我为什么就做不到呢？我并不笨啊！"你清楚地知道自己绝对有这个实力，于是你下定决心一定要考取第一名，并为之努力，甚至把休息的时间也用进去，可是你却发现这个目标对你而言还是难以达到，于是你为此感到非常困惑。

你认清了自己的实力，你也付出了努力，但结果却事与愿违，生活中这样的例子很多。很多人不是能力欠缺，也不是没有付出努力，更不是缺少机遇，他们的失败往往就集中在一点上，那就是体力不支。纵使意志再坚定，你糟糕的身体还是无法帮助你走向成功。事实证明，一个活力低微、精神衰弱、心理动摇、情绪波动的人，永远不能成就了不起的事业。这就像一匹有"千里之能"的骏马，倘若食不饱、力不足，那么在竞赛时恐怕也要败给最普通平常的马。

聪明的将军绝不会选择在军士疲乏、士气不振时，统率他们应付大敌。他一定要秣马厉兵，充足给养，然后才肯去参加大战。同样的道理，如果想在我们人生的这场战役中取得胜利，你要保重身体，要保持你的身体于"良好"的状态。因为，一个具有一分本领但体力旺盛的人，可以胜过一个体力衰弱但有十分本领的人。

健康的体魄可以增强人们各部分机能的力量，而使其效率、成就较之体力衰弱的时候大大增加，也使人在学习和工作上处处取得成效、得到帮助。

所以，凡是有志成功、有志上进的人，都应该爱惜、保护体力与精力，而不使其有稍许浪费于不必要的地方，因为体力、精力的浪费，都将可能减少我们成功的可能性。

生活中有很多有志于成就大事的人，却因没有强健的体魄为后盾，而导致壮志未酬身先死。然而世间又另有大批的人，有着强壮的身体却不知珍惜，任意浪费在无意义、无益处的地方，而摧毁了珍贵的"成功资本"。

美国前总统罗斯福曾说："我从小就是一个体弱多病的孩子。但我后来要决意恢复我的健康，我立志要变得强健无病，并竭尽全力来做到这点。"倘若罗斯福不对身体加以注意与补救，他的一生，恐怕很难如此辉煌吧？

也许你会说即便拥有健康的身体也并不等于拥有所有。诚然，但是如果你失去了健康，那却意味着你失去了所有，因为健康始终是一个人最必需的。所以，从现在开始牢牢地守护你的健康，不要等到它溜走了你才追悔感伤。挑战，不仅仅要挑战智力、情商，还有健康。

换一种思维，换一片天空

多少人一头钻进了思维的死胡同，最后被思维牢牢地束缚。在为难事一筹莫展的时候，不妨换一种思维，这时你会发现眼前的困难会变得不值一提，心灵的天空也会瞬间变得明亮。曾经有两个同样生产皮鞋的公司，我们暂时称为 A 公司和 B 公司，为了寻找更多的市场，两个公司都往世界各地派了很多销售人员。这些销售人员不辞辛苦，千方百计地搜集人们对鞋的各种需求信息，并不断把这些信息反馈回公司。

有一天，A公司听说在赤道附近有一个岛，岛上住着许多居民。A公司想在那里开拓市场，于是派销售人员到岛上了解情况。很快，B公司也听说了这件事情，他们唯恐A公司独占市场，赶紧也把销售人员派到了岛上。

两位销售人员几乎同时登上海岛，他们发现海岛相当封闭，岛上的人与大陆没有来往，他们祖祖辈辈靠打鱼为生。他们还发现岛上的人衣着简朴，几乎全是赤脚，只有那些在礁石上采拾海蛎子的人为了避免礁石硌脚，才在脚上绑上海草。

两位销售人员一到海岛，立即引起了当地人的注意。他们注视着陌生的客人，议论纷纷。最让岛上人感到惊奇的就是客人脚上穿的鞋子。岛上人不知道鞋为何物，便把它叫作脚套。他们从心里感到纳闷儿：把一个"脚套"套在脚上，不难受吗？

A 看到这种状况，心里凉了半截，他想，这里的人没有穿鞋的习惯，怎么可能建立鞋的市场？向不穿鞋的人销售鞋，不等于向盲人销售画册、向聋子销售收音机吗？他二话没说，立即乘船离开了海岛，返回了公司。他在写给公司的报告上说："那里没有人穿鞋，根本不可能建立起鞋的市场。"

　　与A的态度相反，B看到这种状况时却心花怒放，他觉得这里是极好的市场，因为没有人穿鞋，所以鞋的销售潜力一定很大。他留在岛上，与岛上人交上了朋友。

　　B在岛上住了很多天，他挨家挨户做宣传，告诉岛上人穿鞋的好处，并亲自示范，努力改变岛上人赤脚的习惯。同时，他还把带去的样品送给了部分居民。这些居民穿上鞋后感到松软舒适，走在路上他们再也不用担心扎脚了。这些首次穿上了鞋的人也向同伴们宣传穿鞋的好处。

　　这位有心的销售人员还了解到，岛上居民由于长年不穿鞋的缘故，与普通人的脚型有一些区别，他还了解了他们生产和生活的特点，然后向公司写了一份详细的报告。公司根据这些报告，制作了一大批适合岛上人穿的皮鞋，这些皮鞋很快便销售一空。不久，公司又制作了第二批、第三批……B公司终于在岛上建立了皮鞋市场，狠狠赚了一笔。

　　同样面对赤脚的岛民，A公司的销售员认为没有市场，而B公司的销售员认为大有市场，两种不同的观点表明了两人在思维方式上的差异。简单地看问题，的确会得出第一种结论。而后一位销售人员却能够及时换一种思维角度，从而从"不穿鞋"的现实中看到潜在市场，并通过努力获得了成功。面对同一个市场，只要换一种思维角度就会看到不同的前景，只要换一种思维，不利的因素也会转换成有利的条件。两个秀才去赶考，路上遇到一口棺材。一个想：今年的赶考又完蛋了，遇到棺材多不吉利。另一个却想：今年我时来运转了，路上遇到棺材，棺材棺材升官发财。整个考试过程中，两个人的头脑中都在想着棺材的事情。考试结束后，两个秀才都对自己的家人说："那口棺材真灵。"

　　仅仅因为换一种思维方式，把问题倒过来看，就能出现截然不同的结果，这绝不是偶然的现象，只要留心，你会发现生活中处处充满了类似的例子。在遇到难题时，换一种思维，往往就能峰回路转，柳暗花明。所以，当思维僵化时，给思维寻找另外一个方向吧！这是对自己的一个大挑战。

享受社交，赶走恐惧

　　对于很多人而言，社交简直是"恐惧"的代名词，但倘若你克服了社交恐怖，即意味着你成功地挑战了自己。

　　"小菊，过来！这是你张阿姨！"圣诞晚会上，妈妈拉着羞答答的小菊向同事问候。

"我不太喜欢这类活动，所以就不去了，你去吧！"虽然你很想参加学校组织的各种活动，但一想到那么人，你就不由得害怕起来，于是，当好朋友拉着你去时，你不得不违心地说不喜欢。

以上都是一个人社交恐惧的表现。

在人际交往中，社交恐惧是最大的障碍。也许你是担心自己有缺点，不够有才华，也许你是担心与你交往的人不友善……所有的这些都让你产生焦虑，于是，你认为自己很难迅速地适应环境，很难与人和谐相处，你甚至担心你是否会因此而遭到排斥……

其实，这些都是杞人忧天。

要知道，即使是灾难降临，事情也绝不会因为你害怕和恐惧而改变。而恐惧只能无限地消耗你的心力，让你身心俱疲，无力再面对。这时世界在你的眼里也会因此忽然变得黯淡。怀着恐惧心理，又如何与人正常地交往？恐惧只能妨碍你，将你与别人之间的心理距离越拉越远。

"那怎么克服恐惧心理呢？"

首先要克服的就是自卑感。哲人说："自卑就像受了潮的火柴，再怎么使劲，也很难点燃。"如果一个人总是表现得犹犹豫豫，缩手缩脚，别人自然也认为他真的很无能，不愿和他交往。

自卑不仅会使一个人陷于孤独、胆怯之中，而且会造成心理压抑。受这种心理的支配，人们就会越来越不敢主动去和陌生人交往，在社会上越来越封闭。

那么，该如何克服自卑感呢？

其实方法有很多，最有效的就是"心理暗示"法。比如，在和陌生人交往感到恐惧时，你可以这样想：我的社交能力虽然还不够好，但别人开始时也是这样的；不管做什么事，开始时都不见得能做好，多做几次就会更好了，其实大家都是这样的。

你要清楚问题的关键在于，你必须敢于走出与陌生人交往的第一步。

实践出真知，练习多了，你就不再感到害怕、胆怯、腼腆、羞涩了。这样就会使自己的社交能力大大提高。

其实与陌生人交往唯一的、最大的障碍就是自己的"心理障碍"。只要你回忆一下别人主动与你交谈时内心的激动，就会明白认识别人与被人认识都是令人愉快的事情。

也许你会有这样的经历：在一个相互都不熟悉的聚会上，90%以上的人都在等待别人与自己打招呼，他们也许认为这样做是最容易也是最稳妥的。但其他不到10%的人则不然，他们通常会走到陌生人面前，一边主动伸出手来，一边做自我介绍。美国前总统罗斯福就是这样做的。

在被选为总统之前，有一次在宴会上，罗斯福看见席间坐着许多不认识的人。如何使这些陌生人都成为自己的朋友呢？他稍加思索，便想到了一个好办法。

罗斯福找到了一位自己熟悉的记者，从他那里把自己想认识的人的姓名、情况打听清楚，然后主动走上前去叫出他们的名字，谈一些他们感兴趣的事。

这一举动让罗斯福大获成功。此后，他运用这个方法为自己后来竞选总统赢得了众多的有力支持者。

懂得怎样与人结识，其实是我们必备的一个社会生存技能。这能使我们扩大自己的朋友圈子，并使生活变得更丰富。而罗斯福所用的那种主动与陌生人打招呼并保持联系的办法，正是许多大人物都普遍采用的做法。

有人说，大人物与小人物最主要的区别之一，就是大人物认识的人比小人物多得多。而大人物之所以能够认识更多的人，就是因为他们总是乐于和陌生人交往。从这一点上看，做一个大人物并不难，只要你能主动地把手伸给陌生人就可以了。当你尝试着向陌生人伸过手去，并主动介绍自己时，你就会发现这比被动站在那里要轻松、自在多了。一旦这种做法成为习惯，你就会变得更加洒脱自然，你的朋友会越来越多，学习和生活也会越来越顺畅。而你的"社交恐惧症"也会在潜移默化中"痊愈"。

·第五讲·

《人生光明面》:

积极的思想就是一切

在成长中，谁也不能一帆风顺，谁也不能躲开人生的艰难险阻。真正的成长永远都要付出相当的代价。否则，我们就如同温室中一朵弱不禁风的花，永远得在别人的呵护下过着毫无自我的生活。

真正的力量泉源，最后仍得求助于我们自己，换句话说，那就是我们的思想。

积极的思想能让我们寻得足以克服一切艰难险阻的力量，并使我们所向披靡。而人生本来就如同一场战役，我们的使命就是解决一切困难，最终取得胜利。

《人生光明面》（诺曼·文森特·皮尔）告诉我们的正是这些。

成功不论尊卑贵贱

"我家里条件不好，没有条件让我成功。"

"我长得相貌平常，怎么会和成功扯上关系呢？"

"我年龄太小了，他们不会要我的，看来我没有希望了。"

生活中，很多人常常这样抱怨。

他们羡慕成功者，甚至嫉妒成功者，然而他们却从来不想自己做个成功者，或者说即使梦想着成功，也不愿意相信自己能成功，因为在他们看来，自己没有资格成功。

事实上，成功绝对不是少数人的专利，无数成功者的经历告诉我们：成功的大门对任何人都是敞开着的。

下面的这个小故事也许会让你领悟。在美国纽约有一位卖糖果的小贩，他每天都固定出现在某一个市区小孩聚集的地方，所以那里的小孩没有不认识他的。每当生意欠佳的时候，他就会放一些五颜六色、各式各样的气球升空，以此来吸引更多的小朋友买糖。孩子们往往看到那些红的、白的、黄的以及黑的气球升空，都感到十分兴奋，纷纷鼓掌叫好。

这时，有一个黑人小孩站在一旁，眼睛望着气球，心中觉得很纳闷儿，于是他就走过去问小贩："叔叔，为什么黑色气球跟其他颜色的气球一样也会升空呢？"

小贩不懂他的意思，就反问他："小朋友，你为什么要问这个问题？"

黑人小孩回答："因为从小在我的印象里，黑人象征着穷、脏、乱、苦和无知。我看到白种人、黄种人甚至印第安人飞黄腾达、成功致富，过着令人羡慕的生活，可是我从来就没有看到一位黑人出人头地。所以当我看到红色气球、黄色气球、白色气球升空，这点我相信，可是我原来就不相信黑色气球也会升空的。真的，我刚才看到了，它也能升空，所以我想来问问你。"

小贩了解他的意思，告诉他："小朋友，气球能不能升空，并不在于它的颜色，而是内里是否充满了气，如果充满了气的话，不管什么颜色的气球都会升空。同样的，人也是一样，一个人能不能成功跟他的肤色、性别、国籍、种族都没有关系，要看他的内在是不是装满了获取成功的勇气和智慧。"

成功不论出身，即使家财万贯、貌若天仙、地位尊贵，倘若不努力，那也同样无法取得成功。犹如故事里的气球，只要没有装满气体，当然无法飞翔。

我国有一句名言叫作"将相本无种，男儿当自强"，说的其实也正是这个道理。

只要留心，我们不难发现，其实不管是曾经，还是在现实生活中，很多名人成功，而他们的背景和实力也并不"雄厚"，而他们最终却成功了，那是因为他们相信"成功不论出身"这个道理，于是奋斗不息。

他们知道，成功就宛如一个最宽厚的长者，他爱惜每一个追求他的人，他丝毫不计较你具备或不具备某种特征或条件，他在意的只是你是否愿意去追求，并为之付出努力。所以，多看到人生的光明面，多一些积极的思想，你会发现成功也会愈加近的。

和失败过过招

每个人都难免会遭遇失败，失败其实并不可怕，但如果失败了你却毫无意识，甚至还自以为是，置身人生陷阱中而不知，这才是一种人生的悲哀。

在面对可能出现的败局时，我们不能放之任之，因为这种败局只是一种可能，没有必然性，所以，在可能失败之前，我们必须先保证不失败，或者力求少失败。

孙子曰："昔之善战者，先为不可胜，以待敌之可胜。不可胜在己，可胜在敌。"这说的是从前会打仗的人，先要造成不会被敌人打败的条件，再等待可以战胜敌人的机会。

这其实在揭示这样一个道理：不会被敌人战胜，主动权操在自己手中；能不能战胜敌人，却在于敌人。

纵观古代的许多战例，大凡军队出征之前，定当部署守土之兵；军队行进之时，必先安排断后之将；两军交战之后，均须防备对方晚上劫营。照此做去，两军对垒之时，有可胜之机则战而胜之，无取胜之机便也不会被敌人所乘而致落败。

其实人生也是这个道理，你若想在政界脱颖而出，必须言不逾矩，行不忤法，否则授人以柄，难免前功尽弃，到时候纵有高才奇志也是枉然。你若想在商界崭露头角，便不能过度负债或违法经营，否则或在商战之中落马，或在法纪面前翻车。即使做个靠薪水度日，凭手艺谋生的小百姓，也要洁身自好，不给人可乘之机，以免惹下麻烦。学习上更是如此，如果你想遥遥领先，就必须善于掌握学习方法，不断地学习进取，以免被人迎头赶上。

"先为不败后求胜"，不仅是兵家保存自己，夺取胜利的谋略，同时也对人们求生存，图发展有着很好的指导意义。如果你要想在学业上一帆风顺，便应经常寻找自己学习上容易出现失误的地方，并预加防范或及时补救，这样才能确保理想的实现。

但如果在经过一番辛勤的努力之后，成功仍然无望，此时你就该进行深刻的分析，看看是主观原因的影响还是客观条件的制约，并采取相应的对策摆脱困境。

"对症下药"与"另闯新路"，这是面对败局两种截然不同的思维方式，前者立足于解决战术上的问题，后者着眼于纠正战略上的错误，面对败局究竟应选择哪条路，这就全靠你的分析与判断了。

想和失败过过招吗？那就必须认清失败，然后积极地寻找出路。不妨按照以下三个步骤进行。

首先，超前思考，变不利为有利。大凡人们办事，一般都会碰到一些有利条件，也会遇见一些不利因素。此时，当事人便应超前思考，力争将不利因素转化为有利条件，为自己增添胜算。

例如《三国演义》里，诸葛亮与周瑜想火攻曹操水军，但冬季只有西北风而无东南风，深知天文知识的诸葛亮正是利用这一点麻痹曹操，他算定甲子日开始将刮三天东南大风。届时依计而行，结果火凭风势，风助火威，孙刘联军的一把大火便大破曹军于赤壁。

其次，稳步推进，积小胜为大胜。办事应循序渐进，不可急于求成，只有稳步推进，积小胜为大胜，成功才能有一个坚实的基础，才能避免倾覆之危险。

在曹、孙、刘三支力量的对比中，刘备虽处于劣势，但在诸葛亮的辅佐下，先取荆州作为事业的起点，后取天府之国益州作为事业的根本，进而南俘孟获等蛮荒之众，北掠陇西等战略要地，终于实力大增，在后来魏、蜀、吴三国鼎立之中，成为一支举足轻重的力量。

最后，精彩结尾，将理想变现实。千里行船，离码头虽仅一箭之遥，仍不算到达目的地；万言雄文，在结尾若有一句冗词，也称不上精彩文章。办事也是如此，如果前紧后松，草草收场，很可能胜券在握之事流于失败结局。我们办事必须像飞行员远航归来一样，只有完成最后一个制动动作，将飞机安然停在停机坪的预定位置上，才能算是完成一个精彩的起落。人们只有精神饱满、严肃认真地使事情精彩结尾，才算是真正将理想变为现实。

失败没什么，正确地、积极地看待失败，大方勇敢地过过招，做起事来并不难。

转换困难才能战胜困难

一场大火突然熊熊而起，它烧光了爱迪生的设备和成果，爱迪生却说："大火把我们的错误全都烧光了，现在我们可以重新开始了。"一名记者问美国总统威尔逊"贫穷是什么滋味"时，这位总统讲述了一段他自己的故事。

"我10岁时就离开了家，当了11年的学徒工，每年可以接受一个月的学校教育。在经过11年的艰辛工作之后，我得到了1头牛和6只绵羊作为报酬。我把它们换成了84美元。从出生一直到21岁那年为止，我从来没有在娱乐上花过一美元，每个美分都是经过精心算计的。在我21岁生日之后的第一个月，我带着一队人马进入了人迹罕至的大森林，去采伐那里的圆木。每天，我都是在天际的第一曙光出现之前起床，然后就一直辛勤工作到星星探出头来为止。在一个月夜以继日的辛劳努力之后，我获得了6美元作为报酬，当时在我看来，这可真是一个大数目啊！每个美元在我眼里都跟那天晚上那又大又圆、银光四溢的月亮一样。"

在如此艰难的境况下，威尔逊下决心，不让任何一个发展自我、提升自我的机会溜走。很少有人能像他一样深刻地理解闲暇时光的价值。他像抓住黄金一样紧紧地抓住了零星的时间，不让一分一秒无所作为地从指缝间溜走。在他 21 岁之前，他已经设法读了 1000 本好书！试想一下，对于一个农场里的孩子，这是多么艰巨的任务啊！

记者一定不曾想到威尔逊的艰辛，事实上，很多成功人士在他们前进的道路上都写满了辛劳、痛苦与危难。他们的经历告诉我们，在人生的征途上，我们必须对苦难形成一个正确的认识。

我们要知道，人生路上，困难和挫折都是难免的，人生起起落落也无法预料，但是有一点我们一定要牢牢记住：永不绝望。当我们遇到逆境时，千万不要忧郁沮丧，无论发生什么事情，无论你有多么痛苦，都不要整天沉溺于其中无法自拔、不要让痛苦占据你的心灵，要尽量摆脱困境，让快乐永远陪伴着你。困难来临时，我们要有勇气直面困难、打倒困难，以顽强的意志战胜困难。一个目标明确的人能排除前进道路上的一切阻碍，勇敢地向着自己的目标迈进，以坚定的意志，顽强的毅力去排除一个又一个困难，去争取胜利。

你会也许遇到难以解决的困难，使自己的心情非常抑郁，难以摆脱。事实上，无论是谁遇上困难，情绪都会受到影响，所以，这就需要你操纵好情绪的转换器。面对无法改变的不幸和无能为力的事，就抬起头来，对天大喊："这没有什么了不起，它不可能打败我。"或者耸耸肩，默默地告诉自己："忘掉它吧，这一切都会过去！"紧接着，就要往头脑里补充新东西，因为头脑每时每刻都需要东西补充，这种补充就能使情绪"转换器"发生积极作用。最好的办法是用繁忙的学习去补充，去转换，也可以通过参加有兴趣的活动去补充，去转换。如果这时有新的思想，新的意识突发出来，那就是最佳的补充和最佳的转换。

物理学家普朗克在研究量子理论的时候，两个女儿先后死于难产，妻子去世，儿子又不幸死于战争。普朗克不愿在怨悔中度过余生，便用加倍努力工作来转移自己内心巨大的悲痛，情绪的转换不但使他减少了痛苦，还促使他发现了基本量子，获得了诺贝尔物理学奖。

如果你懂得及时"转换"困难，那么你就将会战胜困难。这是《人生的光明面》这本书对你的又一个启示。

学松树抖落积雪的智慧，给自己减压

有一年冬天，一对婚姻濒临破裂而又不乏浪漫情调的加拿大夫妇准备进行一次长途旅行，以期重新找回昔日的爱情。两人约定：如能找回爱情就继续在一起生活，否则就分手。当他们来到一个长满雪松的山谷时，下起了大雪，他们只好躲在帐篷里，看着大雪漫天飞舞。不经意间，他们发现，由于特殊的风向，山麓东坡的雪总比西坡的雪下得大而密，不一会儿，雪松上就落了厚厚的一层雪。然而，每当雪落到一定程度时，雪松那富有弹性的枝杈就会弯曲，使雪滑落下来。就这样，反复地积雪，反复地弯曲，反复地滑落。无论雪下得多大，雪松始终完好无损。其他的树则由于不能弯曲，很快就被压断了。

妻子似有所悟，对丈夫说："东坡肯定也长过其他的树，只不过由于不会弯曲而被大雪摧毁了。"丈夫点头。就在这时两人似乎同时恍然大悟，旋即以前的一切恩怨都成了过眼云烟。丈夫兴奋地说："我们揭开了一个谜——对于外界的压力，要尽可能适应；在适应不了的时候，要像雪松一样弯曲一下。这样就不会被压垮。"一对浪漫的夫妇，通过一次特殊的旅行，不仅揭开了一个自然之谜，而且找到了一个人生的真谛。

我们就如同故事中的树木，懂得给自己减压的人就是松树，而不懂得减压的人自然就像其他树木一样难逃折断的厄运。

"我一定要考上重点中学！"你一面给自己打气，一面又觉得倍感压抑，你的心里像敲起了战鼓，鼓点像暴雨中的雨点一样急促而有力，但是每一滴都狠狠地砸下来，让你有些承受不了。

你给自己制订了学习计划，你每天严格地按照计划执行，只是随着时间的推移，你心里的压力越来越大，有时你甚至觉得有种透不过气的感觉。

渐渐地，你吃不下饭，晚上总是很难入睡，即使入睡了也很容易被惊醒，你觉得浑身无力，走路像踩在棉花上一样。不管是上课还是自习，你的精力都无法集中。心里那种无形的压力愈加膨胀，像块巨石牢牢地控制住了你。

这样的事情想来大家都会太不陌生。这里说的其实就是压力。

压力是人的内心深处的一种情感体验，一定的压力会让人奋起，成为人行动的动力，但如果压力过大，那么对一个人的影响就非常严重了，用塞利教授的话说就是：压力的杀伤力比我们周遭环境中产生的任何事物都还要强大。

我们都知道，生活中充满了各种各样的压力，而且即使是最有智慧的人也无法将压力消灭。倘若我们不不懂得如何给自己减压，那么终有一天终被压力压垮的。

　　所以，当压力不可避免时，如果你想在充满压力的环境下求得生存，并尽可能地保持轻松愉悦的心境，就需要拥有松树的智慧了。随着压力的增大，不断地给自己减压，最后逃离压力的暗影。

　　不要埋怨压力，重要的是改变你在充满压力的环境中的境况，而这会给自己减压。"光明"一直在你的心中，只要你愿意见到它。

《伟大的励志书》：

热忱点燃奇迹

《伟大的励志书》，作者奥里森·马登（美）。中国文学大师林语堂曾说过这样一段话："对于时代青年所经验的烦闷、消极等滋味，我亦未曾错过，自读马登的原著后，精神为之大振，人之观念为之一变。谨将马登的书介绍给同病的青年，希望他们从马登的书中，能获得同样的兴奋影响。"相信本书也会帮助你。

培养你的专长

"嗨！你能帮我一个忙吗？他们都说你是电脑高手，我的电脑正好出了点儿问题，你帮我看看好吗？"

"这周老师布置了一幅画，就我这水平，作业交上去肯定不及格，你帮我出出主意呗！"

"我的作文又得了那么低的分，我是不是没救啦，你作文那么好，你帮我看看我的问题到底出在哪儿好吗？"

在市场经济中，存在这样的一种游戏规则，那就是每一个人依靠为他人提供服务与商品而生存。当有很多人需要你提供的服务，而你又变得不可替代时，你往往就成为一个重要人物。

大至市场经济，小至班级学校或是居住的小区，想让自己变得不可替代，有着自己独特的优势，那就需要你培养自己的专长。

你的专长就是你与众不同之处。

这种专长可以是一种手艺、一种技能、一门学问、一种特殊的能力，比如思维，或者只是直觉。你可以是小小修理专家，你可以设计软件，你可以写出生动的文章，你可以画出美丽的图画，你还可以弹出动听的曲子，成为篮球场上最受瞩目的人……因为具有出色的专长，你可以在一定范围内成为不可缺少的人物。

比如福特的专长是制造汽车，爱迪生的专长是发明各种令人激动的"小玩意儿"，皮尔·卡丹的专长是服装的设计与制作，曾宪梓的专长是做质量最好的领带，阿迪·达斯的专长是制鞋，迪士尼的专长是画动画，盖茨的专长是编写软件与管理，巴菲特的专长是对华尔街的历史与现状了如指掌。上面所提到的这些人一开始都不能算是重要人物，但由于他们专长的不断发展，加上其他条件的配合，他们获得了成功。如果我们在学习和生活中能够培养起自己的专长，那么我们的学习和生活往往会变得更有价值和意义。如果在进入社会之前我们能培养起自己的专长，那将是我们与别人竞争的有力砝码。

有人也许并不觉得这是一件很重要的事情，但想象一下，如果你没有任何专长，那将是一件多么可怕的事情。打个比方：你制作一张桌子需要3天，而木匠只需要3小时；你设计并制作一套服装需要一周，而裁缝只要一天；你制作一份商务合同要查阅各种资料，而一个律师在一个小时内就能起草完毕；你由于不了解谈判的技巧、不知道相关领域的知识，你推销产品总是不顺利，而你的同事干一天的销售量就相当于你干半个月；如果你的上司要你设计一个简单的工资管理程序，你还要从头学起。那么你如何在竞争激烈的社会中脱颖而出呢？你的竞争优势在哪里？为什么别人要找你，而不是找他呢？凭什么你要求你的上司提拔你而不是提拔他呢？

所以，如果你还没有专长，从现在开始，你就要确定方向，花费时间、精力与汗水，持之以恒，努力使自己成为这一领域出色的人；如果你已经有了一种技能但还不能说精于此道，那么你也同样要进行专业方面的投资。要全力以赴，使自己变得与众不同。

通过对许多成功者的研究，我们发现很多成功者一开始都只是在某个方面有所专长，后来由于其他条件的配合，这些人才从某一领域的专业人员成为成功人士。在白手起家的成功者中，这种情况尤为多见。

所以，我们没有理由慵懒地站在原地，开始培养你的专长吧！

把优势转化为劣势

"我个子那么矮以后只能穿高跟鞋了！"

"就像放风筝，家境好的人一出生就等于站在了楼顶，而我只能站在楼底，

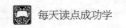

这样他们的风筝一开始就飞得比我高!"

"我的声音一点儿都不像女孩子的声音,别人的声音都是柔柔的,而我的声音很沙哑,像是风吹过树叶的声音,沙沙的。"

也许你为相貌、身高抱怨过,为家庭条件、学习环境发过牢骚,但只要你乐观、积极、充满智慧地去面对,就能扭转自己的人生劣势,出奇制胜。

当日本成为世界上屈指可数的现代化强国之时,在这个岛国的一个偏僻小山村却几乎与世隔绝,十分落后,生活极为困苦。

一天,村里一位智者召集全村人,语重心长地说:"如今都什么年代了,咱村的人还过着和原始人差不多的生活,我深感内疚和痛心!不过,大都市里的人过着现代化生活的时间长了,一定会感到乏味。咱不妨走点回头路,干脆过原始人的生活,利用咱的'落后'出卖'落后',也许会招徕很多城里人。咱们呢,也可以借此机会做生意赚钱。"

这一计谋博得全村人的喝彩。从此,全村人开始模仿原始人的生活方式,在树上搭房,穿树叶做的衣服……

不久,日本新闻媒介惊奇地发现并报道了这个过着"原始人生活"的小山村。此后,成千上万的人慕名而至,参观者络绎不绝,众多的游客为山村带来了可观的财富。有经营头脑的人也来了,他们来这里修路,造宾馆,开商店,将这里开辟为旅游点。小山村的人趁机做各种生意,终于富裕起来了。过了若干年,这里的居民白天上树成为一种职业,晚上回到地面,脱掉兽皮树叶做的衣服,穿上现代时髦服装,住进建筑在景点外围的水泥结构的宿舍里,过上了现代化生活。

其实,有时劣势和缺点不一定是坏事,如果引导得好,就会转化为优点。把自己弱的部分转化为优势,对任何人都非常重要。

李小龙曾在海外华人中声誉很高,但很少有人知道李小龙练武本来是有先天缺陷的。他是近视眼,必须戴着隐形眼镜。对此,李小龙坦诚地说:"从小我就近视,所以我从咏春拳学起,因为它最适合进行贴身格斗。"

美国总统罗斯福天生长了一张难看的大嘴,嘴唇又厚又黑,牙齿也极不整齐。后来有人精心为其制作了一个大烟斗,每次讲演时,他都将那个大烟斗轻轻托于嘴旁,这不仅遮掩了他那张大嘴的难堪,而且使他那别具一格的演讲家气质显得更加动人潇洒。

周总理也是一位很会利用缺陷的人。战争年代,他的右臂不幸负了伤,伤愈后难以伸直。以后他顺其自然,每每出入于社交场合,他总是把右臂轻轻放在胸前，形成他一种特有的不失风雅的习惯姿势。

这对我们是一个很好的启发，从他们身上我们可以学到如何化不利为有利，走向成功。

格兰恩·卡宁汉自小双腿因烧伤无法走路，他却成为奥运会历史上长跑最快的选手之一。

他认为，一个运动员的成功，85%靠的是信心及积极的思想。换句话说，你要坚信自己可以达到目标。他说："你必须在三个不同的层次上去努力，即生理、心理与精神。其中精神层次最能帮助你，我不相信天下有办不到的事。"

所以，我们要拥有积极的心态，这样就能使一个人将自己的弱点转化为优势。你可以根据下列步骤，把自己的弱点转化为优点。

（1）孤立弱点，将它研究透彻，然后设计一个计划加以克服。

（2）详细列出你期望达到的目标。

（3）想象将你自己的弱势变成强势的景象。

（4）立即开始，努力成为你希望成为的强人。

（5）在你的最弱之处，采取最强的步骤。

（6）请求他人的帮助。

不要在拖延中蹉跎

"明天再说吧！"这句话似乎成了很多人的口头禅。

很多人的骨子里都有个坏毛病，就是搁着今天的事不做，而想留待明天做。其实，在拖延中所耗去的时间和精力已经足够将那件事做好。

俗话说："命运无常，良缘难再。"在我们一生中，会遇到各种各样的机会，然而如果你有着拖延的坏习惯，自然地就很容易错失良机。

拖延是人生的大敌，拖延甚至会形成悲惨的结局。

恺撒因为接到了报告没有立刻展读，以致一到议会，就丧失了生命。

驻扎在特伦顿的雇佣军总指挥拉尔总督也是如此丧命的。一次他正在玩纸牌，忽然有人递来一个报告，说华盛顿的军队已经挺进到提拉瓦尔，情报的内容是说华盛顿的军队正在穿越德勒华，要向这里进攻。他将报告塞入衣袋中，牌局完毕，他才展开阅读，虽然他立刻调集部下，出发应战，但已经太迟了，结果是全军被俘，自己也因此而战死。仅仅是几分钟的延迟，使他丧失了尊荣、自由与

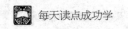

生命。

为什么我们总是要把事情拖到明天去做呢？

我们自己欺骗自己，让自己相信以后还有更多的时间。

我们拖延工作是因为它们似乎是令人不愉快的、困难的或冗长的。不幸的是我们越拖延，就越令人不快。

"明日复明日，明日何其多！我生待明日，万事成蹉跎。世人若被明日累，春去秋来老将至。朝看水东流，暮看日西坠，百年明日有几时？请君听我明日歌。"这是明朝诗人对喜欢拖延时间的人的忠告。

很多人喜欢拖延，其实是因为他们还不明白这样一个道理：许多事情在心情愉快或热情高涨时是可以轻松完成的，但若被推迟几天或几个星期之后，就会变成苦不堪言的负担。这就像如果在收到信件时没有马上回复，以后再捡起来回信就不那么容易了。

因此，我们要迅速地处理事情，由此也可以避免做事情的乏味和无趣。不要拖延，因为拖延通常意味着逃避，其结果往往就是不了了之。

做事情就像春天播种一样，如果没有在适当的季节行动，以后就不可能有所收获。无论夏天有多长，也无法将春天被耽搁的事情加以完成。某颗星的运转即使仅仅晚了一秒，也会使整个宇宙陷入混乱，后果不可想象。

恪守时间是工作的灵魂和精髓所在，同时它也代表了明智与信用。

在著名商人阿蒙斯·劳伦斯从事商业生涯的最初七年里，他从不允许任何一张单据到星期天还没有处理。因为，商业界的人士都懂得，商业活动中某些重大时刻会决定以后几年的业务发展状况。如果你到银行晚了几小时，票据就可能被拒收，而你借贷的信用就会荡然无存。

做事不拖延还会让人对你产生信任，给你带来好的名声。它就像在表明，你的学习和生活是有条不紊的，使别人可以相信你能出色地完成手中的事情。遵守时间的人，一般都不会失言或违约，都是可靠和值得信赖的。

"一寸光阴一寸金，寸金难买寸光阴。"失去寸金尚可买，失去光阴何处寻？时间对每个人都是一样的，所以千万不要再拖延，最后让自己在拖延中蹉跎一生。这也是《伟大的励志书》给我们的赠言。

要学会合理利用时间

"世界上，什么东西是最长而又是最短的；最快的而又是最慢的；最能分割的又是最广大的；最不受重视的又是最受惋惜的；没有它，什么事情都做不成；它使一切渺小的东西归于消灭，使一切伟大的东西生命不绝？"哲人伏尔泰曾经这样问。

智者查帝格回答："世界上最长的东西莫过于时间，因为它永无穷尽；最短的东西也莫过于时间，因为人们所有的计划都来不及完成；在等待着的人看来，时间是最慢的；在作乐的人看来，时间是最快的；时间可以扩展到无穷大，也可以分割到无穷小；当时谁都不重视，过后谁都表示惋惜；没有时间，什么事都做不成；不值得后世纪念的，时间会把它冲走，而凡属伟大的，时间则把它们凝固起来，永垂不朽。"

生命有限，你是否仔细地想过如何充分地利用时间去充实你有限的生命呢？

有的人总是说："时间还多着呢！"于是等到生命将逝时才追悔叹息。

有的人紧紧地抓住每一分每一秒，无限地充实自己的生命，由此取得了一个又一个成就，在闭上眼睛的那一刻，他注定是无怨无悔的。

同样是对待时间，你会选择哪一种态度？

智者会告诉你：做一个珍惜时间的人吧！从合理利用时间开始。

首先，不管什么事情，都要分清轻重缓急。

一个人的生命是有限的，能力、精神也是有限的，不可能将每件事都不分轻重、大小、缓急统统做完，特别是一些无关紧要的、既耗费精力又费时间的事情。因此，人置身于纷繁芜杂的世间万象中，就要排除其他干扰，专心致志地有所为。

其次，要科学分配时间。

一位著名学者多次对人脑进行脑功能的测试后发现，上午 8 时大脑具有严谨、周密的思考能力，下午 2 时思考能力最敏捷，而晚上 8 时却是记忆力最强的时候。但逻辑推理能力在白天的 20 小时内却是逐步减弱的。

基于以上测试结果，早晨处理比较严谨、周密的工作，下午做那些需要快速完成的工作，晚上可做一些需要加深记忆的事，对于这些做某项工作效率最佳的时间，更要加倍"珍惜"，是一点儿也"耗费"不得的。

除此之外，一些看似很平常的小事也可以成为我们合理利用时间的切入点。例如，每天要早起，这样坚持下去就可以节约许多时间；午餐要适量，午餐不可吃得太多、太饱，否则到下午容易打瞌睡，学习、工作效率会降低。而学习、工作效率的降低，本身就是浪费时间；要学会浏览报纸，不能事无巨细全部看完，这样会浪费时间；要掌握快速读书的方法，从而获得书中最主要观点和内容的满足；不要花过多的时间在电视机上，只要看一看有关新闻和关于学习、业务方面的节目即可。

最后，别空等时间。

假如必须花费时间进行等待，如等车、等电话等，应当把等待当作构想下一步学习、工作计划的良机，或者用它来看书看报；经常装着一些空白卡片，以便随时记下各种有价值的资料，以备使用，这样可以节约大量的翻阅报刊的时间；在每月制订计划时要有弹性，最好在计划中留出空余时间，以便应付紧急情况；在完成重要事情、项目以后，要进行适当的休息，以求得学习、工作和休息的平衡；对难度较大的问题要智取，不要蛮干；一次最好只专心于一件事；对自己的每一项事情都要确定完成的期限，要尽可能在期限内把它完成，绝不可超过期限……

如果能做到这些，相信你一定可以做出一番成就来。

集中精力成大事

当爱迪生取得伟大的成就后，许多媒体的眼光都对准了他。

一次，有位记者在采访爱迪生时，问道："成功的首要条件是什么？"

他回答道："如果你有一种能够让自己的身心全部投入同一个问题上而且不知疲倦、锲而不舍的能力，你离成功就不远了。我们每个人拥有的学习、工作、生活的时间差不多，早上7点起床晚上11点睡觉。之所以我能够取得成功，是因为他们会在这些时间里做许多许多的事情，而我只做一件，这就是区别。倘若他们将时间和精力放到同一个方向上，他们也能成功。"

19世纪的苏格兰著名作家托马斯·卡莱尔说，一旦把全部精力集中到一个目标上就会有所成就；而最强大的生命如果把精力分散开来，最后也将一事无成。水珠不断地滴下来，可以把最坚固的岩石滴透；湍急的河流一路滔滔地流淌过去，身后却没有流下任何的痕迹。

精通某件事情的人在这件事情上可以比其他任何人都做得出色，即使这件事只不过是种萝卜。如果他花了所有的心血来精心培植出最好的萝卜，那么，他就是"萝卜学"的宗师，并将得到人们的认可。

成功向来都属于精力集中，目标专一的人，而不会属于见异思迁、摇摆不定的人。

如果一个人集中所有的精力和心志去坚持不懈地追求一种值得追求的事业，那么，他的生命就绝不可能失败。把子弹扔出去，它穿不透一个帐篷；但如果把它射出去，它可以穿透橡木板。加上足够的力，子弹可以从四个人身上穿过。把阳光聚焦在一点，在冬天也可以轻而易举地燃起一团火焰。

最伟大的人是那些全力以赴、锲而不舍的人，他们一锤又一锤地敲打着同一个地方，直到实现自己的愿望。我们这个时代的成功者是那些在自己的领域无所不知，对自己的目标坚定不移，做事专心致志、精益求精的人。

一个人如果全身心地追求某一目标，很少有不成功的。伟人之所以能成为伟人，成功者之所以能成功，就在于他们能够坚定不移地认准某个目标，并为之全力以赴，矢志不移，他们的成就与其精力的集中程度往往是成正比的。

英国油画家贺加斯会将他的视线和注意力一直集中在某一张脸上，直到这张脸如照片般留存在他的脑海中，他可以随时随地将其复制出来为止。他在研究和观察任何物体时都做到了一丝不苟、谨慎细致，仿佛他永远都没有机会再看到它们一样，这种仔细观察的习惯使得他的研究工作充满了令人叹为观止的细节描述。在他所生活的时代，几乎所有重要的艺术流派都受到了他的著作的影响。他既没有受过高深的教育，也不是那种天资卓越、才华四射的天才人物，他的成功在很大程度上归功于他那勤勤恳恳、埋头苦干的精神和细致入微的观察能力。

无数的历史事实向我们证明：只有集中精力才能成就大事业。所以，从现在开始培养自己的专注力吧！

热忱点燃奇迹

美国政治家亨利·克莱曾经说过："遇到重要的事情，我不知道别人会有什么反应，但我每次都会全身心地投入其中，根本不会注意身外的世界。那一时刻，时间、环境、周围的人，我都感觉不到他们的存在。"

一位著名的金融家也有一句名言："一个银行要想赢得巨大的成功，唯一的可能就是，它雇了一个做梦都想把银行经营好的人做总裁。"原来是枯燥无味、毫无乐趣的职业，一旦投入了热情，立刻会呈现出新的意义。

一个受热忱支配的年轻人，他的感觉也会因之变得敏锐，可以在别人看不到的地方发现动人的美丽，这样，即使再乏味的工作、再艰难的挑战，都可以坚忍

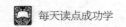

地承受下来。

狄更斯曾经说过，每次他构思小说情节时，几乎都寝食不安，他的心完全被他的故事所萦绕、占据，这种情形一直要持续到他把故事都写在纸上才算结束。为了描写一个场景，他曾经一个月闭门不出；最后再来到户外时，他看起来形容憔悴，简直像一个重病人一样。

无独有偶，莫扎特也是一个满是热忱的人。有一个年龄只有12岁的小男孩钢琴弹得非常熟练。

一次，他问伟大的作曲家莫扎特："先生，我想自己写曲子，该怎么开始呢？"

莫扎特说道："哦，孩子，你还应该再等一等。"

"可是，您作曲的时候比我现在的年龄还小啊？"小孩不甘心地继续问。

"是啊是啊，"莫扎特回答，"可我从来不问这类问题。你一旦到了那种境界，自然而然就会写出东西来的。"

有人认为"成功""潜能"这些充满诱惑力的字眼都是属于那些资质好的人，事实证明，每一个孩子身上或多或少都有一些将来可以成就大器的潜质，不仅那些反应敏捷、聪明伶俐的孩子是这样，那些相对木讷、甚至看起来有些愚钝的孩子也有这样的潜质。他们一旦产生了热忱，凭借这种热忱的力量，原先人们在他们身上看到的"愚钝"也会慢慢消失。盖斯特原本只是一个无名小辈，但她第一次在舞台上露面时，立刻就让人感觉到她的前途不可限量。她演唱时所投入的热忱，使听众几乎像被催眠了一样。结果，她登台演出不到一星期，就成为众人喜爱的明星，开始了独立的发展。她有一种提高演唱技艺的强烈渴望，于是，她把自己全部的心志都用在了这一方面。

爱默生曾说："人类历史上每一个伟大而不同凡响的时刻，都可以说是热忱造就的奇迹。穆罕默德就是一个例子：他带领阿拉伯人，在短短的几年内，从无到有，建立起了一个比罗马帝国的疆域还要辽阔的帝国。虽然他们的战士没有什么盔甲，却有一种崇高的理念在背后支撑着，所以其战斗力丝毫不亚于正规的骑兵部队；他们的妇女也和男子一样在战场上纵横驰骋，杀得罗马人溃不成军。他们武器虽然落后，粮草严重不足，但军纪严明，从来不去抢夺什么酒肉，而是靠着小米大麦最后征服了亚洲、非洲和欧洲的西班牙。他们的首领用手杖敲一敲地，人们简直比看到一个人拿着刀枪还要害怕。"

每个人都蕴藏着巨大的力量，只要我们运用自身的热忱，就能将此力量充分发挥出来，并创造出一个又一个奇迹。

勇于承担责任

"不是让你在家照看妹妹吗？说说看，妹妹脸上的伤是怎么回事儿？"

"她不听话，偏要玩，结果自己摔倒的！"

"雯雯，厨房怎么满地的草莓酱啊？"

"我看见隔壁的大花猫跳进来了，见我来了，一下子就跑了，酱就掉到了地上。"

"豆豆，咱们不是说好了我带水果、你带快餐的吗，你怎么两手空空的啊？"

"我叮嘱我妈帮我买的，可是她忘了，临时又来不及了，所以……"

生活中，很多人总是习惯为自己寻找各种各样的理由，其实这是没有责任心的体现。

责任心体现在诸多方面，如把用完的玩具归置好、把看完的书本放回书架、完成教师布置的作业和交给的任务等，一个具有强烈责任心的人更容易为他人为自己为社会负责，他是一个对他人热情关怀、对朋友忠诚守信、对学习和工作认真负责，而且是一个关心社会、热爱祖国的人。

事实证明，只有有责任心的人才能成就事业，社会也需要有责任的心来营造和谐。

历史上，有很多名人都是有责任心的典范：范仲淹"先天下之忧而忧，后天下之乐而乐"，以天下人之幸福安康为己任；辛弃疾"醉里挑灯看剑，梦回吹角连营"，以国家之安定团结为己任；林则徐"苟利国家生死以，岂因祸福避趋之"，以社稷之安宁为己任。

古人用自己的方式承担着自己的责任，我们也需要勇敢地承担起责任：作为父母的孩子，我们要用爱去回报父母的养育之恩，这是我们对父母的责任；作为地球儿女，我们要用仁爱对待每一个生命，这是我们对大自然的责任……

责任无大小轻重之分，所有的责任都同样有意义，同样需要人们去承担。只有承担起自己的责任，我们才能扮演好各种各样的角色；也只有勇敢地承担责任生命才有了和谐美好的精神意义。

许多人都在为我们做着表率，告诉我们责任的意义。晋文公的法官李离，他的下属错误判断，枉杀好人，他就伏剑而死，他说"理有法，失刑则刑，失死则死"。面对珍贵的生命，他选择了承担起自己的责任，虽然他魂归普陀，但他的责任心与日月齐辉，与天地共存。责任，高于生命而存在！

面对大厦前飘扬的各国国旗，一个小姑娘做出了自己的选择，她来到会议责任人面前缓缓地说："为什么没有中国的国旗？一定要升起中国的国旗，因为我在这儿！"她用极其舒缓的语调表达着中国人最炽热的爱国心、责任感！因为她知道爱国是每个中国人的责任，每个中华儿女应尽的责任，国家荣辱是每一个人的责任。

高震东老师说："天下兴亡，我的责任。"我们要肩负起祖国荣辱，祖国强盛的责任，首先就必须担负起自己的责任，行孝重贤从扫屋起，于点点滴滴中铸灵魂，让自己成为一个高素质的人，一个有责任心的人！

可是，生活中，人们往往对于承认错误和担负责任怀有恐惧感。因为承认错误、担负责任往往会与接受惩罚相联系。所以，很多人找出各式各样的理由和借口来为自己开脱。殊不知，这样并不能掩盖并弥补已经出现的问题，也不会减轻要承担的责任，更不会把责任推掉。

美国西点军校认为，没有责任感的军官不是合格的军官，没有责任感的员工不是优秀的员工，没有责任感的公民不是好公民。缺乏责任感难免会受到惩罚，但与其为自己的错误找寻借口，倒不如坦率地承认。敷衍塞责，找借口为自己开脱，只会让人觉得你不但缺乏责任感，还不愿意承担责任。

没有谁能做得尽善尽美，但是，一个主动承认错误的人至少是勇敢的，如何对待已经出现的问题，能看出一个人是否能够勇于承担责任。

绝不逃避自己

马登曾讲述过一个发生在他童年时代的故事，这个故事说的是一个叫"翘儿"的女孩——一帮男孩的首领。她自强自立，虽身有残疾，却从不逃避自己。生长在纽约市的乱街小巷中，我的朋友和我自己，都知道品尝那一带喧嚷的热闹而避免过度拥挤产生的危险。篷车和马车隆隆地在那些狭窄的住宅街道上奔驰；我们拔腿飞奔，经常在巨大的车轮之间穿梭，避免受伤成了我们日常生活的一部分。

那些车子对我们而言的确是非常危险。我们把闪避那些车轮当作一种富有男子气的运动，但一个叫玛丽的女孩却硬要加入我们的队伍。这是在我们承认她是我们帮中一员之前的事；那时，我们都尽量避免和她碰在一起。

一天，玛丽正在闪避一辆马拉的啤酒车，一只凶恶的狗忽然奔了过来，吓得那匹马一直向后急退。车轮的速度因而加快，并将玛丽撞倒在街上，她的右臂被夹在一辆篷车的两条轮轴之间。最后，她的胳膊虽然没有被扯裂——但自此以后，她的这只胳膊却被固定而成一个可笑的 V 字形。它从肩头向外突出，小臂向内弯曲，指向她的腰部，正好构成一个 V 字。这个 V 字可以前后摆动，指头也略可以屈伸，但就是不能展臂。当她奔跑时，她的胳膊就像飞鸟的翅膀一般地扑动。因此，从那以后，我们都叫她"翅儿"。

　　翅儿很孤单，因为我们帮里的男孩都很残忍——都耻于与她为伍。这样的一种不幸，要是落在其他人身上，多半会一蹶不振，但她却并不因此气馁。她仍是一个顽皮的姑娘；仍然穿着那种不成体统的顽皮姑娘所穿的衣服。她因为残了一臂而无法再去东河游泳，因此，她只得在河边做漫长的散步。

　　这对许多人来说，他们多半会退入一个甲壳——把自己局限于幽静而又沉寂的房中，诅咒命运，痛恨世人，厌恶自己。但翅儿没有这样做，她追求新的生活——在河边。

　　一个女孩在男孩和男人的天地中，往往会因为她的畸形臂膀而成为取笑的对象，但翅儿没有否定她作为一个人的存在价值，她没有自暴自弃。

　　翅儿发现河滨世界的精彩是在一个初夏。商船驶进港口卸货；健壮的码头工人背负外来的货物；工作辛勤的男人在阳光之下叫骂。

　　她喜欢看这些人工作，不久便和其中的一个码头工人做了朋友，那是一个靠血汗挣钱的男人，辛勤而又诚恳。当她自称是一个女孩时——她打扮得像一个非常顽皮的男孩——他感到非常惊奇。不过，他觉得她很有趣；其他的男士也有同感。他们会让她跑跑腿，叫她提水桶，拿工具。当她跑来跑去地以左臂提东西时，她的右臂便来回摆动起来。

　　不久，她成了一个有固定工作的女子，在东河码头跑上跑下。她赚到了午餐，同时还有薪金可拿。她做了她应该做的事情，也赢得了每一个人的敬重。

　　时至十月之末，干旱的气候到来，天气非常闷热。我们一帮孩子来到东河，跃下采砂船旁的河中。突然间，我们之中一个叫作瑞德的男孩大呼救命。我们都想搭救瑞德，但他被夹在一只驳船和码头当中。

　　他的一条腿被卡住了，他非常恐惧。我们也很恐惧；万一来一阵风把船吹向码头，那将会把瑞德挤扁——甚至要了他的小命。

　　我们无计可施。他的处境很糟，而我们中只有一个人可以偶尔触到他，但却没有一个人有足够的力量帮他拖离险境。有人去呼救。救星来了。是翅儿，她奔跑而来，一只臂膀摇来摆去，好像稻草人被风吹着一般。我们叫她让开，但她在码头边沿上跪下，并且将左臂伸向瑞德，一下子将他拖出了危险。我们感到非常惊讶，简直不敢相信自己的眼睛所看到的一切是真的。由于她在码头工作，使她的左臂特别发达；也使她救了瑞德的命。

不久，这个残缺的、不受欢迎的小女孩，就被我们这帮孩子推为首领。最后，她终于赢得了我们的敬重。

翅儿并没有因为臂部畸形而逃避生活，相反，她却获得了一种内在的力量——毅力，而这却是她以前所不足的一点。

最后，马登说："我之所以直到如今还记得她，不仅是因为她英勇地救了瑞德的命，同时也是因为她绝不逃避人生。以她小小的年纪，当情况变得令人痛苦难受时，却不肯退缩。我深深相信，只要她活着，她就会永远保持年轻和活力，并且永远会面对现实，接受自己，绝不妄想，绝不逃避自己。"

保持一颗平常心

"该死的比赛，又输了！"

"他为什么总是比我强？"

"我怎么每次都那么倒霉！"

很多人的一生总是背着欲望而行，他们的眼睛里装满了对这个世界的欲望，他们的心灵也填满了抱怨、绝望、嫉妒，可想而知，这样的一生一定是晦暗的，但如果能对生活抱有一颗平常心，你就会发现生活的美。

宋代的范仲淹有一名句：不以物喜，不以己悲。面对成败得失、宠辱，意在教我们要学会保持一颗平常心。

大诗人苏东坡受"乌台诗案"牵连，险些丢掉性命，被贬为黄州团练副使，不得签署公事。实际上就是在黄州编管，相当于我们"文革"时期的下放劳动改造。即使身处如此逆境，苏东坡依然旷达如旧，在赤壁的月夜写出了脍炙人口的《前赤壁赋》："寄蜉蝣于天地，渺沧海之一粟，哀吾生之须臾，羡长江之无穷。"把自己摆到宇宙之中，不过是一粒尘埃，又有什么必要斤斤计较呢？另一位豪放诗人李白也说过："夫天地者，万物之逆旅也；光阴者，百代之过客。"

天下熙熙皆为利来，天下攘攘皆为利往。古往今来，多少人争名于朝，争利于市，互相倾轧，或可逞快意于一时，可是人之于宇宙，不过是一个过客而已。宋人曾有诗云："人生有酒须当醉，一滴何曾到九泉。"虽然稍显消极，但是有一定道理。所以在对生活的态度上，贵在有一颗平常心。

19世纪中叶，美国实业家菲尔德率领工程人员，要用海底电缆把欧美两个大陆连接起来。为此，他成为美国当时最受尊敬的人，被誉为"两个世界的统一者"。在举行盛大的接通典礼上，刚被接通的电缆传送信号突然中断，人们的欢呼声变为愤怒的狂涛，都骂他是"骗子""白痴"。可是菲尔德对于这些毁誉只是淡淡一笑。他不做解释，只管埋头苦干，经过六年的努力，最终通过海底电缆架起了欧美大陆之桥。在庆典会上，他没上贵宾台，只远远地站在人群中观看。

世上有许多事情的确是难以预料的，成功常常与失败相伴。人的一生，有如簇簇繁花，既有红火耀眼之时，也有暗淡萧条之日。面对成功或荣誉，要像菲尔德那样，不要狂喜，也不要盛气凌人，把功名利禄看轻些，看淡些；面对挫折或失败，也就不会像《儒林外史》里的范进，中了举却惹出祸端。

失败了不要一蹶不振，只要奋斗了，拼搏了，我们就可以无愧地对自己说："天空不留下我的痕迹，但我已飞过。"（泰戈尔语）这样就会赢得一个广阔的心灵空间，得而不喜，失而不忧，把握自我，超越自己。

第一次登陆月球的太空人，其实共有两位，除了大家所熟知的阿姆斯特朗外，还有一位是奥德伦。当时阿姆斯特朗所说的一句话"我个人的一小步，是全人类的一大步"早已是全世界家喻户晓的名言。

在庆祝成功登陆月球的记者会中，有一个记者突然问奥德伦一个很特别的问题："由阿姆斯特朗先下去，成为登陆月球的第一个人，你会不会觉得有点儿遗憾？"

在全场有些尴尬的气氛下，奥德伦很有风度地回答："各位，千万别忘了，回到地球时，我可是最先出太空舱的。"他环顾四周，笑着说，"所以我是由别的星球来到地球的第一个人。"

大家在笑声中，给予了他最热烈的掌声。

"宠辱不惊，闲看庭前花开花落；去留无意，漫随天边云卷云舒。"当你对生活保持一颗平常之心，那又何必担心生活的不如意呢？

懂得取舍才能获得

曾经有一位女士，她为自己的生活烦恼不已："我每天上班来回车程要花费三小时，虽然有座位可以坐，可是车子却摇晃不停，我没办法阅读或是听音乐，虽曾考虑过开车，可是很累。我也无法搬家，而且我热爱这份工作，更不可能离职。我要怎么做才能省下每天浪费掉的三小时？"

一位时间管理大师告诉她："学习时间管理，首先要了解你的时间中有哪些是可控的，而哪些是非可控的。例如车子摇晃是无法控制的，而自己可以掌控的就是换工作或搬家。"

女士又接着问大师："可是我不想搬家，我非常热爱这份工作。"

管理大师答道："想和家人共居不想搬家，喜欢工作不想换工作，这些都可以接受。不换工作、不搬家、不想开车，剩下可以改变的就比较少了，你可以试着少睡两小时，好好利用这段时间，然后在车上补觉。"

女士又说："我已经习惯了原来的睡眠时间，改变过来会不习惯的。"

听完，管理大师无奈地摊开双手："你每天晚上睡眠充足，第二天在车上发呆生气，又不愿意配合时间的掌控性来进行调整，这样怎么能节省时间呢？"

其实，不单在对时间的管理和安排上存在着这样的取舍问题，很多方面都是如此。

孟子曾说"鱼和熊掌不可兼得"，这其实对每个人都是一个启发，当你左顾右盼什么都不想放弃时，实际上也就意味着你什么都得不到。一味地执着，一味地追逐不肯放弃，就像故事中的那位女士，问题非但得不到解决，还会徒生烦恼，而忧愁者只会一辈子沉重抑郁。

剑桥大学的弗朗西斯·罗杰斯教授说过："有的人不善于取舍，其命运也如水上浮萍；有的人善于取舍，因此他路途通达，事业顺遂。"在遇到取舍问题时，精明者敢于舍弃，聪明者乐于舍弃，高明者善于舍弃。

选择是一种智慧，只有善于运用选择智慧的人才能感触选择的巨大力量。他们因此也更加明白要懂得取舍，因为懂得取舍才有获得。

卷六
神奇的家庭成功法则卷

·第一讲·

卡尔·威特全能教育法：

正确的教育是孩子的福分

　　卡尔·威特在一出生时是一个白痴，但当小威特长到四五岁时，他在各方面的能力却大大超过了同年的孩子，成为"本地教育史上的惊人事件"。他7岁半时就已远近驰名，10岁左右他已和一些20岁左右的青年一起在大学里学习……那么天才是怎样形成的？卡尔·威特全能教育法将告诉你答案。

急功近利的教育会毁掉孩子

1. 艺术教育不是为了几张奖状

　　现在社会有一些父母，他们之所以让孩子去学钢琴、学舞蹈或者接触其他艺术教程，是为了某种功利性的目的。家长们往往认为学就要学出个样子来，至少要有几张含金量高的证书，以体现孩子的特殊性。还有的家长认为，现在的艺术学习的目的就是要把孩子培养成一个足以炫耀的艺术家。家长们的这些想法，与现在学校以在艺术活动中获得奖状的多少来评价艺术教育的质量的想法相"配合"，造成了中国现代艺术教育某种程度上的偏差。

2. 期望孩子完美是每个父母的心愿

　　老威特却从来没有过以上"炫耀"的想法，他虽然一直鼓励卡尔从事艺术方面的活动，但这并不意味着非要把他培养成一个艺术家。卡尔喜欢画画、喜欢音乐，老威特都给予他支持和鼓励，因为这些爱好有助于增强他的想象力和创造力，当然，如果是出于卡尔的本意，如果他自己想成为艺术家，那又是另外一回事儿了。

　　老威特认为，爱好的最大特点是它的抒情和非功利性。有人认为，老威特培养孩子绘画、音乐、文学方面的兴趣是为了在人前炫耀，这是人们对他的极大误解。老威特从来没想过要把卡尔培养成某一方面的天才，也从来没有把他的才能向别人过分地展露。

老威特说："我只是想让卡尔能够成为一个接受完美的人，只是想让他的一生充满情趣，在幸福之中度过，仅此而已。"这是一个父亲对孩子的期望——完美，相信也是所有父母对孩子的期望。如果你也已为人父母，那么赶快行动起来吧，努力把孩子培养成全面发展的人才，让他的一生都充满快乐和幸福。

3. "无用"的东西也要教

为了让卡尔得到全方位的发展，老威特不仅教给他很多"有用"的东西，也教给他很多在别人看来无用的东西。

比如老威特教会卡尔认识了池塘水中的倒影、阳光下的阴影，卡尔会很有兴趣地注视自己的手的影子，小手一翻一翻的，非常有乐趣。

这些可以帮助卡尔扩大视野，扩展联想的范围，形成更多的情感，因为艺术在很大程度上是在抒发人的思想感情。

老威特对卡尔爱好的培养都经过了精心的安排，首先从住宅开始做起。老威特在住宅的房间中，决不放置任何没有情趣和不协调的东西。墙上贴着使人心情舒畅的墙纸，并且上面挂着经过精心挑选的有边框的画。老威特还尽力在室内摆设很有情趣的器具，决不摆设任何不合身份的东西。

如果有人赠送的礼物和家具的陈设不协调，老威特决不会摆出来。在衣着上，全家人都极为讲究，不仅是老威特自己，他也要求家人衣帽整齐，打扮得干净利索。

老威特在住宅的周围修上了雅致的花坛，栽上各色各样从春到秋常开不败的花卉。他从来不会种植那些没有情趣和不协调的花卉。

另外，老威特还培养卡尔的文学爱好。老威特从小就给他讲一些有趣的故事，到他能够自己阅读之时，老威特便把一些好的文学作品推荐给他。很小的时候，卡尔就成了一个了不起的文学通，他几乎能背下所有的名诗，像荷马、维吉尔这些伟大诗人的作品，他都非常喜爱，并且很早就会写诗。

这正是老威特在教育方面的独创，他的摒弃功利目的的教育却让自己的孩子日后拥有了很多可望而不可即的"荣耀"，正有几分无求自得的意味。原因就是非功利的教育更易调动孩子的兴趣，顺从他的自由本性发挥最大潜力，这一点是非常值得借鉴的。

不要使孩子的理性蒙上阴云

1. 孩子们逐渐失去了判断能力

我们周围的很多父母见到孩子的不良表现后，经常采取的方式就是不容分说地当面训斥，甚至会更粗暴地对待孩子，他们只是一味地怪罪孩子不懂礼貌，却忘记了告诉孩子到底错在什么地方，而孩子在父母粗暴的对待下也不敢向父母询问。还有另一种父母，他们不分青红皂白地斥责孩子，哪怕孩子并没有什么错。要知道这样做的后果是非常糟糕的，它使孩子辨别不清行为的对错，处在迷惘的状态，长此以往，孩子的理性被蒙上阴云，判断力的发展受到阻碍。

2. 严格不等于专制

老威特的教育方法是严格的，然而并不专制。所谓专制，是指强迫孩子盲从。老威特反对专制，他不论在教育方法上还是在其他方面，都注重讲道理。

他认为教育之重要就在于不蒙蔽孩子的理性，不损坏孩子的判断力，所以他在批评孩子时，与那些不分青红皂白地斥责孩子的父母不一样，他总是努力弄清事实，避免错误地批评孩子。在斥责或禁止卡尔做某事时，他总是一一说明原因，使孩子先在思想上弄通，决不使孩子在挨了批评后仍不知道为什么。这一点非常重要，因为再没有比父母弄错了事实而错误地批评孩子更糟糕的了。退一步讲，即使父母的斥责和阻止是正确的，如果不让孩子知道其中的原因，也达不到教育的目的。

3. 孩子知其一，也要知其二

老威特说，一旦孩子失去正常的判断力，那么他一生就不能正确地判断事物的正误好坏了。他在书中写道：如果卡尔对他人说了些鲁莽的话，我并不马上斥责他，而是先立即向对方道歉："我的卡尔是在乡下长大的，所以才说出这样的话来，请您不要介意。"这时卡尔就已醒悟到自己可能说了不合适的话，过后他一定会询问个中原因。等他问我时，我才向他说明："刚才说的那些话从道理上来讲也没什么不对，而且我也是那样认为的。但是在别人面前那样说就不好了。难道你没有发现，当你说了之后，N君的脸都发红了！人家只是因为喜欢你，又碍着爸爸的面子，所以才没有作声。但他一定很生气，后来N君之所以一直沉默不语，就是因为你说了那种话。"我这样对卡尔讲明道理，也不会伤害他的判断力。

为了让父母真正全面地理解这种教育方法的好处，老威特对此作了进一步的论述：假设在我向卡尔提出批评以后，他继续反问："可是我说的是真的呀。"这时我就会进一步开导他："是的，你说的是真的。但是 N 君很可能想：'我有我的想法，你那么小的孩子知道什么。'再说即使你说的话是真的，你也没有必要非将它说出来不可。因为那已经是人人皆知的事，你没有发现别的人都沉默不语吗？如果你认为那事只有你才知道，那你就太傻了。再打个比方，大人指责孩子的缺点本来是理所当然的，因为孩子在成长过程中，有许多缺点，说出来也并不是什么可耻的事。即使这样，人们对你的缺点不是都装着不知道吗？如果你以为人们都不知道你的缺点，那就大错特错了。事实上，人们已知道你的错误但都沉默不语，这是因为考虑你的面子，为了不使你丢脸而已。这样你就明白了人们对你的好意了吧。而你在发现别人的缺点以后应该怎么做呢？也应当这样。圣书上不是说'己所不欲，勿施于人'吗？道理就是这样。所以，在人面前揭别人的短是很不好的。"

听了上面的开导后，孩子由于年幼肯定还是感到困惑，因为他们的心理还不像成年人那样复杂，而且这种处世方法很可能被视为不诚实或过早的世故。但老威特觉得父母这样做是有道理的，且听他是怎样对卡尔作出解释的："不，不能说谎。说谎就成了说谎的人，伪君子。你没有必要说谎，只要沉默就可以了。如果所有的人都互相挑剔别人的毛病和过错，并在别人面前宣扬，那么世界不就成了光是吵架的世界了吗？那我们也就不能安心地工作和生活了。"

老威特的教育方法就是这样的合乎人情。由于他的教育是合情合理的，绝不专制，所以没有蒙蔽孩子的理性，伤害孩子的判断力。当然老威特的这种"成人化"的教育之所以能取得如此成效，还得益于他对卡尔的语言潜能开发。由于卡尔语汇丰富，通达词义，故一点就透。

一般孩子，由于语汇的限制，父母往往在实施这种合理的教育时会碰钉子。因此，我们经常发现父母见到孩子在这种场合的表现后，就会当面训斥，有的还拳脚相加，怪罪自己的孩子不懂礼貌，但就是不检查一下自己的教育方法。这也从侧面表明，为了使孩子更加明辨事理，必须尽早教给孩子丰富的语言知识。

真正操纵孩子命运的是父母

有人说，天才取决于天赋。也有人说，天才靠的是后天教育。关于这一点，老威特有自己的看法。

他绝不是否定遗传的重要性。但是他认为遗传对孩子的命运来说，已不像很多人所想的那样有强大的决定力。

老威特的看法是：孩子的天赋当然是千差万别的，有的孩子多一点儿，有的孩子少一点儿。但这种天赋不能决定孩子的一生，假设有人最幸运地生下一个禀赋为100度的孩子，如果不对其进行合理的教育，其禀赋最终只能发挥出50度左右。

其实，当我们说某些孩子有天赋的时候，这些孩子往往已经长到了五六岁。如果面对一个新生的婴儿，一定不会有人说"这个婴儿以后会成为一个优秀的音乐家"，或者"这个婴儿将来会成为一个了不起的文学家"。

断言一个五六岁的孩子具有什么样的先天能力，与断言一个初生的婴儿具有什么样的先天能力是不同的。前者是教育的结果，因为人们的评价依照的是五六岁以后的情景。

如果所有孩子都受到一样的教育，那么他们的命运就决定于其禀赋的多少。可是今天的孩子大都受的是非常不完全的教育，所以他们的禀赋连一半也没发挥出来，比如说禀赋为80的，可能只发挥出了40；禀赋为60的，可能只发挥出了30。

因此，倘能趁此实施可以发挥孩子禀赋八到九成的有效教育，即使生下来禀赋只有50的普通孩子，他也会优于生下来禀赋为80的孩子。当然，如果对生下来就具备80禀赋的孩子施以同样的教育，那么前者肯定是赶不上后者的。不过我们不要悲观，因为生下来就具备高超禀赋的孩子是不多的，大多数孩子，其禀赋约在50左右。何况如果我们按照合理的方法进行生育，孩子所发挥出来的禀赋决不至于过差，得到具有高超禀赋的孩子的机会也是很大的。

当然，我们承认孩子们的天赋之间存在差异，正如我们承认种子有优劣之分。但要了解，一个糟糕的种植者可能会使一颗优良的种子中途枯萎或者根本无法发芽生长，而一个高明的农业师则可能使普通的种子生机盎然，苗壮成长。

没有一个孩子生下来就注定会成为天才，也没有一个孩子注定一生会庸碌无为，主要取决于后天的环境，取决于后天的培养和教育，父母则是其中最为直接和关键的因素。事实上，是父母操纵着孩子的前途和命运，决定着孩子的优劣成败。父母的信心和正确得当的教育观念是填平孩子之间天赋差异的关键所在。

孩子失信是父母的错

对孩子的信用教育，往往是品格教育中十分关键但又很容易被忽略的一环，因此，事实上，很多父母自身对于信用也缺乏足够的理性认知和实践上的遵守。撒谎其实是我们在孩子幼年时教他们的，通常是懒得去接电话，最不伤人的谎言是："你就说我不在家。"孩子们对父母说出的每句话都认真负责，因此我们这种看似圆滑处世的方式，不经意间就成了孩子不诚信做人的反面教案。还有一种做法我们需要提高警惕，那就是一个在日常生活中，家长常常为了诱导孩子做一件事而轻易许诺，而事后就忘记了。孩子的希望落空了，他发觉家长在欺骗自己，在向自己撒谎。比如，妈妈嘱咐孩子，在家要听话，如果表现好，就赏他甜点心。结果，孩子努力去做，表现得很好，而妈妈星期天有许多应酬，就把日期推后，而且一推再推，最后不了了之。孩子因为妈妈的诺言没有实现感到失望，并因受骗而愤怒。

1. 诚信教育关乎孩子的未来

诚信无论对于树立孩子的品格还是对孩子在未来事业和生活上的发展都至关重要。诚信就是实事求是，讲信用。用通俗的话来说，诚信就是实在、不虚假。诚信是一个人的美德，有了诚信二字，一个人就会表露出坦荡从容的气度。诚信的人，人们就会表现出对他的尊重和喜欢，从而使他从生活中得到更多的关爱。

可能有人会说：从道理上讲，对人诚实是对的，但实际上会吃亏。的确是这样，但古往今来，许多事实证明，忠诚老实的人也许一时会受挫，但其高尚情操将永远闪耀着光芒。

受到诚实教育的孩子大多能够开心地、坦然地生活，问心无愧地面对他人，面对社会和人生。反之，不诚实的孩子总承担着较大的心理负担，严重的甚至会影响身心的健康。

英国作家萨克雷说过：播种行为可以收获习惯，播种习惯可以收获性格，播种性格可以收获命运。莎士比亚说："你必须对自己忠实，正像有了白昼才有黑夜一样，对自己忠实，才不会对别人欺诈。"培养孩子的诚信品格，是一笔最好的投资。具有诚信品质的人，注定是人生的赢家。而孩子的诚信品质主要是由家长来培养的，因为家长和孩子在一起的时间最长，对自己的孩子最了解，对孩子的影响也最大，责任也最直接，因此家长应该负起培养孩子诚信品格的责任。

2. 通过生活小事向孩子渗透诚信观念

在信用遵守中，准时是最基本的内容。有些父母可能会说，我们在对孩子的教育中有那么多无暇顾及的方面，准时这样的小事又何必专门挑出来教导孩子呢？

这种想法是不对的。准时虽是小事，却与孩子许许多多其他方面的能力和品格素质密切相关。想想看，一个连约定的时间都不能遵守的孩子又怎么会信守其他的事情呢？不懂得准时的孩子往往无法形成效率生活的概念，做事容易拖沓懒散。并且，不懂得准时的孩子还常常有很强的自我中心倾向，没有尊重别人的自觉意识，所以在实际生活中的合作能力比较差。此外，不懂得准时的孩子在撒谎和轻易原谅自己不良行为的概率上也要高于那些准时的孩子。

老威特从小就十分注意向卡尔灌输准时的观念，所以卡尔一直很重视遵守时间约定。

有一天，卡尔回到家里，十分疲倦的样子。妈妈看到卡尔绯红的脸颊，摸了摸，发现卡尔正在发烧。

"你发烧了，卡尔，赶紧躺在床上，休息一会儿。"

"可是，妈妈，"卡尔无力地说，"我上星期和米吉约好傍晚6：00去看木偶戏的，他叫了我好几次了。"

"不过是一场木偶戏罢了，以后看吧。"妈妈心疼地对卡尔说。

"不，说好了的事怎么能因为自己的原因不去呢？"卡尔软绵绵地靠在沙发上，"我休息一小会儿就去。"

"哎呀！那就多休息一会儿吧？我给你冲一杯热饮。"妈妈说，"要不，我给米吉打个电话，告诉他你晚点去？"

"哦，不，妈妈，我等会儿就走。爸爸说了，约好的时间不应该不遵守，也不应该随意变更。"

教育孩子信守诺言首先得从自己开始。想想看，一个自己做事都出尔反尔、从不信守诺言的父母，怎么能教育出信守诺言的孩子呢？因此，从父母做起是十分重要的，一点儿也马虎不得。

教育孩子信守自己的诺言，可以从生活中一点一滴的小事做起。父母信守诺言是为孩子信守诺言做楷模，孩子一旦失信，提醒孩子要信守自己的诺言是十分必要的，也是可行的。因为孩子自己也知道，如果这次说话不算数，那么下次就不会如愿以偿了。这是在小事中培养孩子信守自己诺言的方法，在大事情上，也可以运用同样的方法来实行。久而久之，孩子就会变得格外信守自己的诺言。从小培养信守诺言将使孩子终身受益。

不良习惯是不良教育的结果

现在有很多家长对孩子的种种不良习惯十分烦恼，在教育上感到困惑，他们总是抱怨"孩子什么时候有了这么多坏习惯啊"，其实，出现这种情况的原因大多是由于家长在孩子的早期忽略了良好习惯的培养与训练。也就是说，不良习惯的来源主要是不良家庭教育的结果，我们举一个吃饭这样简单的例子来说明这个问题。

孩子不良进食习惯的形成主要有两个原因，一是小孩子精力不容易集中，如果他正在吃饭时见到新玩具，就想去摆弄，往往也就顾不上吃饭。二是现在许多孩子零食过多，很少有非常饥饿的状态，如果家长不能态度坚决地让孩子先吃饭，久而久之就会养成坏习惯。因此可以说，孩子的不良饮食习惯是家长的迁就造成的。不只是吃饭这个问题，其他坏习惯的养成也一样。

老威特为了培养卡尔良好的学习习惯，严格地规定卡尔的学习时间和游玩时间，培养他专心致志的学习习惯。在卡尔学习功课时，老威特绝不允许有任何干扰。开始时，老威特平均每天给他安排15分钟的学习时间，在这个时间里，卡尔如果不专心致志地学习，就会受到父亲的严厉批评。在学习中，即便妻子和女仆问事，他也一概予以拒绝："卡尔正在学习，现在不行。"客人来访，老威特也不离开座位，并吩咐道："请让他稍候片刻。"

在老威特看来，孩子严肃认真、一丝不苟、专心致志的学习态度比什么都重要。

很多孩子整日在书桌旁学习，然而并没有什么成效，这多半是由于不能专心致志造成的。这些孩子只是坐在那里，思绪却早已经飘到了其他的地方，这样的状态，怎么可能学好呢？在老威特看来，与其这样，还不如到外面痛痛快快地玩一会儿，调整好以后，再集中精力学习。

为了让卡尔形成精益求精的良好习惯，老威特严格禁止他马虎了事。他要求卡尔，无论是对学习还是其他爱好，都要做到"精"，并且能认真地将所有事情都做得尽善尽美。比如，在学习艺术的时候，老威特给孩子买了很多名画的复制品，并给孩子讲解艺术家是如何完成这些作品并力图达到完美的。

有一次，老威特和卡尔一起去村上的河边画画，过了一会儿，卡尔把画好的东西给老威特看。老威特不很满意卡尔的作品，于是对卡尔说，你的画没有表现出你想表现的那种神秘的美，还有树的阴影中漂亮的宝石蓝也没画出来。于是，卡尔回去继续画。过了一会儿，卡尔画好了给老威特看，老威特比较满意了，就赞扬了他在哪些方面做得不错，哪些方面还存在缺点，结果孩子又回到那里仔细观察。这样反复几次，卡尔最后一次的作品甚至令老威特有点儿吃惊，因为卡尔的画确实达到了一定的境界。

正是在老威特的循循善诱下，卡尔的画越来越成熟，越来越接近理想。

教会孩子与人合作

在孩子的教育问题上，人们普遍认为不宜过早地培养孩子的交际能力。他们的理由是，孩子的心地是单纯、无知的，应该尽力保持住这种可贵的东西。也有人认为，过早地教会孩子处理人际关系会破坏这种可贵的纯真之心，对孩子很有害。

1. 人际关系本身并没有错

老威特认为，人类社会是个极其复杂的组合体，对于生活，人们都有不相同的想法。孩子毕竟有一天要走向社会，去面临生活中的种种问题，如果不学会如何妥善处理人际关系，那么他将寸步难行。

在老威特看来，人际关系原本并不是什么不好的东西，只是现在有许多人曲解了它。只要正确地引导孩子，以合适的方式让孩子对人际关系有正确的认识，那么一定会对孩子的将来大有益处。

2. 傲慢是与人和谐相处的最大障碍

在卡尔渐渐长大之后，老威特便开始进一步教他如何和谐地与人相处。对于卡尔这样的孩子来说，要他能够毫无障碍地与他人相处似乎存在着一定的难度，因为他毕竟获得了大多数孩子在这个年龄时没有得到的许多东西，比如学问、名声。我们都知道，有些人之所以能和谐相处，正是因为他们之间没有距离，特别是心理上的距离，而有些人总与他人无法沟通、交流，也正是因为有了这种距离的存在。

人都有虚荣心，卡尔也不例外，自从他的才华得到了别人的认同之后，便开始有了一些变化。他在小伙伴面前表现得很傲慢，处处以高高在上的姿态对待他们，并时时炫耀自己的才能，久而久之，小伙伴们都开始讨厌起他来，最后干脆就不再和他交往了。

老威特看见卡尔已经为自己的傲慢付出了代价，觉得现在可以通过讲道理说明白这件事的实质，便不失时机地开导他："卡尔，你一直是个很不错的孩子，在各方面都取得了优异的成绩，这些的确是你值得骄傲的事。可是，你不要忘了，对于一个优秀的人来说，仅仅拥有能力和知识是不够的，你还需要有许多朋友来关心你、支持你。前一段时间，你由于自己获得了赞誉便开始骄傲起来，总觉得自己比周围所有人都要高明，甚至看不起周围的人。其实，这种心态和做法都是最愚蠢的，因为你在为自己的将来设置障碍。要知道，如果你想在社会中成为真正有作为的人，就必须学会妥当地处理你与他人之间的关系，否则，你会处处碰壁。"

卡尔似乎突然明白了这个道理，他迫不及待地问："那么，我现在应该怎么办呢？"

老威特说："怎么办？这很简单，扔掉你的傲慢心理，以友好的方式对待他人。只要这样做，你一定会赢得别人的尊重，也会有越来越多的朋友。"

从此以后，卡尔再也没有把自己当作"神童""天才"来看待，而是以谦虚的态度对待每一个人。与此同时，他也获得了他人的尊重。

3. 从小学习与人合作

卡尔在以后的日子里，一直是个与他人相处很好的人。接触过他的人都说他是一个懂事、很懂得分寸的人。很显然，这也是促使他赢得辉煌人生的原因之一。

在对卡尔的培育过程中，老威特总结了以下一些关于学会与人合作的方法，这些方法都是行之有效的。

（1）多安排孩子与同龄人在一起。

因为同龄人的一举一动是最能与孩子产生共鸣的。父母要利用这一点，尽量创造条件，让孩子与同龄人相处。即使孩子之间发生冲突，父母也要搞清情况，尽量少加干涉。几次冲突之后，孩子们相互就会找到适合自己的"位置"和"角色"，开始快乐地玩到一起了。

（2）鼓励孩子参加特定团体。

孩子7～8岁以后，应该鼓励他们尽可能参加各种类型的团体。在一些有主题的团体中，其成员在个性、兴趣和社会技能方面有可能更加相近，因而孩子们更容易欢乐融洽相处。

（3）自己加入团体，给孩子做个榜样。

如果父母自己消极对待各种成人活动或者勉强加入了"父母—老师协会"，每次开会都抱怨不停，并且嘲笑其他孩子的父母如何无知，那么孩子不可避免地会对协会产生负面印象。

（4）提高孩子的社交能力。

社交能力的培养也需要从孩子抓起。家中来了客人，教孩子如何礼貌待客，什么是彬彬有礼；孩子有了自己的朋友，父母应该爱屋及乌，为他们创造良好的交往条件，比如聚会、郊游、生日活动等。

（5）鼓励孩子与人交往。

孩子的交往活动是父母不可忽视的内容。如果缺乏同龄伙伴，那么这样的孩子就会缺乏集体主义的意识，步入社会后也会无所适从，或是不尊重他人，自傲、任性，或是封闭自己，自私、孤僻。

父母们不要阻拦或过多参与孩子之间的交往，孩子之间自有一套评价朋友好坏的标准，即使孩子在交往中吃了亏，他自己也会从中吸取教训。例如，有个年龄大的孩子打了年龄小的孩子，或者骗了小孩子一块巧克力吃，下次这个小孩子就学会了自觉防范，"吃了亏"就知道如何保护自己了。作为父母，保护孩子一次、两次，保护不了三次、四次，不如索性放手，让其相互交往。当然父母也要对孩子"心中有数"，要有尺度，把握在一定安全范围内。

另外，老威特还提醒家长，在成长的时候，孩子不仅需要不同的小伙伴，也需要不同的成年人伙伴，因为这些成年人伙伴一方面是孩子学习的榜样，另一方面则能从不同的角度给孩子不一样的关爱。如果孩子能有与各种年龄的成年人自由交往的机会，今后会比较适应经常要与人打交道的成人社会。

游戏也有好坏之分

有些孩子由于没有得到家庭细致的教育，不懂得是非善恶。拿游戏来说，父母们认为那只是小孩子之间的活动方式，无所谓好与坏。

殊不知，很多瞎眼睛、缺鼻子、少指头、坏了脚的孩子大都是在玩耍中受伤所致。所以对于孩子的游戏，家长也应该细心关注。

适时告诉孩子：那只是一个游戏。

老威特经常看到卡尔和某个孩子一起朗诵诗歌，扮演某个戏剧里的角色，有时候会为某个问题进行争论。每当这个时候，老威特绝对不会去打扰他们，还会为此而感到欣慰。但他也会同时注意卡尔的其他游戏，并时常告诉卡尔：游戏只是游戏。

安迪是一个健壮的男孩，可以说是那一群小孩子的领导人物。他有威信、聪明，而且有非常强的组织能力，他经常带着那些比他稍小的孩子玩打仗的游戏。

或许安迪天生就有这种才能吧，他把自己的"军队"管理得井然有序。但是有一天，这位"英雄"终于被"敌人"打倒了。

那天，安迪将小伙伴们分成两部分玩攻城堡的游戏。安迪带领五六个小朋友守城堡，另外的几个人扮作攻城的敌人。安迪挥舞着他的宝剑——一根木棍，英勇地站在一辆拉货的马车上。他一手叉腰，一手拿剑，他将两只脚踩在高大的马车轮上，口中喊着自己的同伴："把敌人打下去……"这真是一副大英雄的气派。

当时卡尔也在其中，他和安迪并肩作战。"敌人"将石块、树枝向他们猛烈地投掷过来，安迪用"宝剑"把它们一个个地打翻在地。

"一定要守住城堡。"这是安迪和伙伴们一致的想法。可是敌人的冲锋越来越猛，他们终于抵挡不住了。

敌方中的一人，可能是他们的领袖，冲到了马车上，趁安迪不注意时向他的背部狠狠地踢了一脚，安迪"啊"地叫了一声，从马车上栽了下去。

当时，老威特正在家中接待一位客人，正在和那位远方来的客人谈论教育孩子的问题。卡尔却慌慌张张地跑回了家，他还未进门老威特就听到了他惊恐的叫喊声。

"爸爸，不好了……出事了。"

从卡尔的表情看来，老威特知道一定发生了不同寻常的事。在卡尔的带领下，老威特和客人匆匆赶到出事的现场。那个情景使老威特终生难忘，连老威特的客人都惊恐万分。

当安迪从马车上摔下去的时候，正好踩在一把放在地下的镰刀的木柄上，也许是太巧了，那把镰刀从地下弹了起来，刀锋正好插进安迪的大腿里。

安迪倒在地上，疼痛让他大喊大叫。孩子们没有谁敢去取下镰刀，是的，那太恐怖了。安迪的腿上全是血。

"安迪真是个大英雄。"事后卡尔这样说。

"卡尔，你真的认为他是个英雄吗？"

"是的，他为了保护城堡才受的伤，他表现得很勇敢。"卡尔的眼睛中流露出敬佩的目光。

"不，卡尔，安迪的做法不叫英雄；至于把他从马车上推下去的那个孩子，更是显得无知。"

"爸爸，您不是说过做人应该勇敢吗？安迪不勇敢吗？"

这时，老威特发现孩子是多么地单纯，他们分不清哪些是应该做的，哪些是不应该做的。

"卡尔，今天你们在做什么？"

"我们在玩攻城堡的游戏。"

"对，那只是一个游戏，不是真正的战斗。"老威特抓住"游戏"这个字眼开导他，让他分清什么是真，什么是假。

"儿子，我知道你们都喜欢那些英雄人物，可是，你要知道，英雄并不意味着鲁莽，并不意味着不顾一切地打打杀杀。"

老威特抚摸着卡尔的头，仔细地给他分析其中的对错。

"既然你们是在玩游戏，而且你们都是好伙伴，为什么非要真打呢？这种打仗的游戏很容易把朋友变成敌人。你看，安迪很有可能会永远记恨把他推下去的那个孩子，因为他受到了伤害。本来很要好的朋友变成了敌人，或许有一天安迪还会去找他报仇呢。我不希望让你和你的朋友们心里产生仇恨，因为仇恨会产生邪恶。"

"可是安迪的确很勇敢啊。"卡尔还是没有弄懂其中的道理。

"我相信他是个勇敢的孩子，也很聪明。但如果成天这样打打杀杀会有什么结果呢？今天被镰刀砍伤腿，可能明天会被石块打坏眼睛，后天又会被摔断手臂。这有什么好结果呢？一个屡屡负伤的孩子，长大后什么也干不了。如果他想当一个将军，那么现在就应该懂得保护自己。一个缺胳膊少腿的人，怎么能够去领导军队打击敌人？"

"你们是孩子，不能把握好游戏的分寸。你要知道，游戏仅仅是游戏，不能真刀真枪地干。如果有一天你们上了真正的战场，敢和敌人去拼个你死我活，那才算真正的英雄。"

"爸爸，我懂了。"

孩子们在游戏中受到的伤害来源于他们的无知，如果父母不能对他们加以细心的开导，结果往往是极为可怕的。

老威特时常告诫卡尔，不要去参与那些孩子们的斗殴打架，那种伤害比玩游戏中的伤害更加严重。那不只是对身体的伤害，更重要的是会在孩子幼小的心灵中留下不健康的阴影。

·第二讲·

蒙台梭利的教育：

激发孩子的潜力

玛丽亚·蒙台梭利是意大利著名的教育方法创始人。她的教育法建立在对儿童的创造性潜力、儿童的学习动机及作为一个人的权利的信念的基础之上。蒙台梭利强调教育者必须信任儿童内在的、潜在的力量，为儿童提供一个适当的环境，让儿童自由活动。

创设以儿童为本位的环境

对6岁以前的儿童而言，成人的环境与儿童的环境在大小及步调上相差悬殊，因此儿童在活动时须时时依赖成人的协助。但是儿童若一直都依赖成人的协助，便无法完成应有的成长，不能支配自己的生活、教育自己、锻炼自己。如果没有理想的环境，儿童就无法意识到自己的能力，这样永远无法脱离成人而独立。因此，蒙台梭利根据儿童6岁以前的敏感期与吸收性心智，创设一个以儿童为本位的环境，让儿童自己生活。

首先蒙台梭利教育的条件是给儿童提供一个适宜的环境。蒙台梭利在"儿童之家"精心创造了一个特殊的世界，她努力将儿童置于成人干涉最少，而自我教育机会最多的环境之中。这种环境不仅是物质的，还包括精神的。蒙台梭利的这种环境布置表现在家庭环境的物质方面，就是要改变以往玩具胡乱堆放的做法，而是要每一样东西的大小都与幼儿的身材相称，并都轻巧，位置便于他们取用，用完后都小心依次放置，保持美丽、光泽与完美，对儿童富有吸引力。环境教育法表现在精神方面，家长是创造良好精神环境的使者，所以，家长必须做好准备。

第一，"需要学会沉默的能力以取代表达的技能，必须用观察取代灌输式教学；必须以谦恭取代那种自以为一贯正确的骄傲感"。

第二，家长的仪表要有助于赢得幼儿信任和尊重，轻盈和文雅是对家长仪表的基本要求。

第三，"关键是要激发儿童的兴趣，使他的整个人格都参与活动"。为此，家长必须像火焰一样用他的温暖去振奋、活跃和鼓舞自己的孩子，要想各种办法吸引儿童做各种练习。

第四，不要给予儿童不必要的帮助。当儿童获得专心于某件事的能力之后，家长才可在实际生活的练习中向儿童呈现教具。一旦儿童对某种教育产生了兴趣，家长就一定不要打断他。

在蒙台梭利看来，儿童的兴趣不只是集中于操作本身，而通常是以克服困难的愿望为基础的。如果家长试图帮助他，他常会让家长去做，自己却跑开了。这种不必要的帮助实际上成为儿童天然能力发展的障碍。这些也就是传统教育与蒙台梭利式的教育的主要区别。蒙台梭利要求家长必须意识到在儿童内心深处隐藏着神秘的力量，它是儿童发展的源泉。

其次是提供适宜环境的前提。家长要观察儿童，要了解儿童的需要，要明确儿童本身应有的能力，在对儿童及其发展理解（儿童观和儿童发展观）的基础上，才能创造一个能给予儿童这种能力以"保护"并"培育"的环境。所以，家长要先学会沉默，在沉默中观察，在观察中了解，在了解的基础上为儿童创设最适宜的环境，给予最恰当的引导。

但由于这个"以儿童为本位的环境"其意义并不仅是环境，而且是儿童不久将要面临未来世界及一切文化的方法与手段，因此它必须具备如下条件。

（1）充分发挥儿童的节奏与步调。儿童与成人在心理和生理方面差异悬殊，成人在一小时内的认知和感觉与儿童所体验到的截然不同。儿童以其特有的步调感知世界，获得很多成人无法想象的事情。儿童特有的节奏已成为他们人格的一部分。成人在复杂、多变的文化环境中生存时，必须愈加保护儿童特有的"节奏或步调"所需的环境。

（2）给儿童安全感。人类的孩子比其他动物的成熟要来得迟，因此他们更需要庇护。当孩子的身体感到危险时，用温柔、鼓励的眼神关爱孩子，才能使他们自由、奔放地行动。

（3）可自由活动的场所与用具。儿童必须依靠运动来表现其人格，尤其是他们的内心一定要与运动相结合，才能够充分获得发展。因此，需要能让儿童持续接触东西——收集、分解、移动、转动、变换位置等可自由活动的用具与场所。

（4）美对儿童是非常具有吸引力的，儿童最初的活动是因美引起的，所以在儿童周围的物品，不论颜色、光泽、形状都必须具有美感。

（5）必要的限制。儿童的周围不可有太多的教材或活动的东西，太多的东西反而使儿童的精神散乱迷惑，不知该选择何种教材或从事何种活动，以至于不能将精神集中在对象物上。为了避免儿童做不必要的活动，而导致精神疲惫、散漫，教材及活动必须有某种程度的限制。

（6）秩序。儿童的秩序感以两岁为高峰，其后的数年间，儿童的秩序是极特殊的，这个时期秩序感与儿童的关系就像鱼和水、房子与地基。事实上，儿童会以秩序感为中心，运用智慧，进行区分、类比的操作，将周围的事物加以内化。要是没有秩序的话，一切事物将产生混乱，儿童会因此失去方向感。所以，秩序必须存在于有准备的环境中的每一部分。

（7）与整个文化有连贯性。所谓"秩序存在于有准备的环境中的每一部分"，就意味着秩序应包含于拓展儿童智慧的教材中。这种秩序可使儿童能真正认真地去进行"真实的生活"。能够独立专注于自己世界内活动的儿童，才能真正在下一个阶段进入成人世界中活动。

敏感力是自然赋予生命的力量

蒙台梭利认为，自然赋予正在发育成长中的生命特有的力量。一个"人"或其他有知觉的生命个体在生命的发展过程中，会对外在环境的某些刺激产生特别敏锐的感受力，以至影响其心智的动作或生理反应，而出现特殊的好恶或感受，这种力量的强弱，我们称之为"敏感力"。

蒙台梭利所称的"敏感期"是指这样的一段时期，当敏感力产生时，孩子在内心会有一股无法抑制的动力，驱使孩子对他所感兴趣的特定事物产生尝试或学习的狂热，直到满足需求或敏感力减弱，这股力量才会消逝。

因此，对孩子各种感觉训练和智力潜能的开发，最重要的就是要尊重孩子成长的步调，根据不同年龄段的关键期和敏感期挖掘潜能的任务，进行不同的训练。作为教师和家长，要懂得和了解这些具体的问题，根据孩子的年龄段，进行系统的、分阶段的、有侧重地对孩子进行智力培训和潜能开发。

另外，敏感期的教育我们还要注意以下几点。

（1）孩子是个有能力的个体，我们应该充分地尊重他。蒙台梭利认为，孩子是具有能力的天生的学习者。他们会循着自然的成长法则，不断使自己成长为"更有能力"的个体。

（2）每个孩子都是独一无二的，他们的成长速度不同，敏感期出现的时间也不一样。因此，我们应该细心观察敏感期的出现。

（3）布置丰富、自由的环境。我们应该在孩子的某个敏感期出现时，为孩子准备好一个能满足他成长需求的环境。

（4）在自由中发现、探索。蒙台梭利认为，我们不应该过多地干涉孩子的活动，当然，这并不是丢下孩子完全不管，而是应该把我们的引导变为隐性的，让孩子在自由的环境中自由探索、尝试。

蒙台梭利的九大敏感期

蒙台梭利根据对婴幼儿的观察和研究，认为儿童有九大敏感期，这其中主要以语言敏感期、秩序敏感期、感官敏感期和动作敏感期为主。

1. 语言敏感期（0～6岁）

婴儿开始注视大人说话的嘴形，并发出牙牙学语的声音，就开始了他的语言敏感期。学习语言对成人来说是件困难的大工程，但幼儿却能容易地学会母语，因为儿童具有自然所赋予的语言敏感力。因此，若孩子在两岁左右还迟迟不开口说话，应带孩子到医院检查是否有先天障碍。

0～1岁是宝宝言语形成的准备阶段。

蒙特梭利认为孩子2岁以后进入了"语言爆发期"，不但会自言自语，也特别会模仿成人说话，就如同模仿人说话的鹦鹉。

这个时候，父母可以收集孩子的照片或剪下一些孩子有兴趣的图案做成小书，这是引导孩子进入阅读最佳的材料。当然字数不要多，语句的设计要简单、扼要、有趣。

在儿童语言发展的关键期，父母一定要引导孩子喜欢与环境沟通的意愿，从谈话中肯定孩子的声音和语意。对孩子说话要慢，嘴形明确，语音清楚。

还要让孩子处于充满成人沟通的语言环境中，并赋予生活中每一件例行的事与使用物品的正确语言，且不厌其烦地说给孩子听。

最重要的是要避免模仿孩子错误的语句，当孩子说不清楚时，不要认为可爱而故意模仿，这样会阻碍孩子学习正确的语言。

2. 秩序敏感期（2～4岁）

秩序要素是蒙台梭利环境中的第二个重要因素。蒙台梭利从发展观点出发，认为儿童时期是人生发展中最重要的时期。在这个时期，幼儿正处在不断成长、发展、变化的过程。这是一个很重要和神秘的时期，是儿童对秩序极端敏感的时期。

幼儿对秩序的敏感力主要表现在对顺序性、生活习惯、所有物的要求上。

我们知道，每一种事物都有其特定的形式。比如圆桌就是四条腿上面有一个圆圆的板子，而人则是肩膀上面有一个椭圆的脑袋，脑袋前面有两只眼睛，眼睛下面是鼻子，鼻子下面是嘴巴，竖着的两条腿直立着走路。儿童出生以后，他们就会观察生活中的这种有形形式，比如，环境、物品的颜色、形状、摆放的位置、人们的声音、脸面的表情，等等。蒙台梭利把事物的这种有形形式称为"秩序"。

儿童把他出生时所在的环境里的物体和人的形式，固定为自己的秩序形式，这种形式就是他对秩序的需要和认识。蒙台梭利认为如果成人未能提供一个有序的环境，孩子便"没有一个基础以建立起对各种关系的知觉"。当孩子从环境里逐步建立起内在秩序时，智能也因而逐步建构。反之，如果这个秩序被打乱，儿童就会生病。

蒙台梭利提醒家长，千万不要小瞧秩序被打乱后孩子的焦虑和痛苦。如果任凭这种痛苦持续下去，那就很可能在他心里留下伤痕，等他长大之后，也会常常莫名其妙地焦虑和痛苦，但他不知道为什么焦虑、为什么痛苦，因为这种焦虑和痛苦已经成为他的潜意识了。

3. 感官敏感期（0～6岁）

孩子从出生起，就会借着听觉、视觉、味觉、触觉等感官来熟悉环境，了解事物。3岁前，孩子透过潜意识的"吸收性心智"吸收周围事物；3～6岁则更能具体地透过感官判断环境里的事物。因此，蒙特梭利教学法的核心是感觉训练，他设计了许多感官教具，如听觉筒、触觉板等以敏锐孩子的感官，引导孩子自己产生智慧。

蒙台梭利的感官教育主要包括视觉、听觉、嗅觉、味觉及触觉的训练，其中以触觉练习为主。

她说："幼儿常以触觉代替视觉或听觉，即常以触觉来认识周围事物，因此更应该重视触觉。"

在"儿童之家"，蒙台梭利打破常规，将写字的练习先于阅读的练习。她认

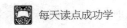

为文字的书写关键在于握笔，即肌肉的控制能力，因此，主要通过触觉的训练就能循序渐进地过渡到书写练习。

触觉是儿童最早发展的能力之一，触觉发展良好还可以帮助他们今后精细动作与认识能力的发展，甚至有利于情绪的稳定。

当然，除了触觉以外，家长也要坚持孩子的视觉、听觉、嗅觉和味觉的训练。

4. 动作敏感期（0～6岁）

某一时期，宝宝突然某种动作发展比较迅速，比如他突然知道该把东西往嘴里塞，喜欢捏东西，到处爬，会走了到处走，等等。这些都是动作敏感期的表现。在这个时期，除了大肌肉的训练外，蒙台梭利更强调小肌肉的练习，即手眼协调的细微动作教育，她认为这种练习不仅能养成良好的动作习惯，也能帮助智力的发展。

对于宝宝来说，头部运动是他主动了解世界的唯一途径。所以在宝宝2～3个月的阶段，爸爸妈妈要注意:不要将宝宝包裹得过于严实，以免妨碍他脖子的转动；竖抱的时候，要托住宝宝的脖子；当宝宝仰卧时，不要在周围堆放太多的东西，以免影响他的视线；在宝宝心情好的时候，可以利用一些小玩具的左右摆动，来吸引宝宝做头部的动作。玩具和宝宝眼睛的距离是20厘米，摆幅在50厘米左右，移动要缓慢。

坐可以让宝宝有更大的空间进行头部转动。一般在6~7个月，是宝宝学习"坐"的主要时期。

在这当中，爸爸妈妈要特别小心的是：宝宝虽然能坐，但是由于肌肉发展不完全，动作不熟练，他随时都会后仰，必须有成人监护。宝宝不适宜久坐，刚开始只能坐10分钟，渐渐可以增加5分钟，每次不能超过30分钟。

爬这个动作对于发展宝宝的前庭平衡感觉最有助益。

爬行可以很好地促进宝宝的行走动作，但是爬行和行走也是一对矛盾。爬行很好的宝宝有可能太依赖于爬行动作，而不喜欢站立行走。爸爸妈妈对此不必担心，这是正常的。爸爸妈妈可以经常拉着宝宝的手引导他站立行走，同时利用一些小玩具、小游戏对他站立行走的动作加以鼓励，以引导宝宝多走路。

两岁的孩子已经会走路，最是活泼好动的时期，父母应充分让孩子运动，使其肢体动作正确、熟练，并帮助左、右脑均衡发展。

5. 对细微事物感兴趣的敏感期（1.5～4岁）

进入对细微事物感兴趣的敏感期的宝宝会突然对一些细小的东西产生兴趣，

比如土里的小昆虫、衣服上的细小图案、地上的烟头等。

发现宝宝有这些行为的时候，父母不要因为怕脏或者其他原因而限制他的行为，相反，要引导他好好探究，帮助他养成敏锐的观察力。

6. 社会规范敏感期（2.5～6岁）

两岁半的孩子逐渐脱离以自我为中心，而对结交朋友、群体活动有了明确倾向。这时，父母应与孩子建立明确的生活规范、日常礼节，使其日后能遵守社会规范，拥有自律的生活。

7. 书写敏感期（3.5～4.5岁）

儿童早期的阅读与书写能力较弱，因此，一方面在感官上要进行对大量信息感知的重复性积累；另一方面在肢体动作上要不断学习，使大肌肉、小肌肉得到充分锻炼，通过手眼协调运动与熟练操作灵敏性的学习促进大脑神经的发育和发展，从而加速提高语言表达能力和动手书写能力。

8. 阅读敏感期（4.5～5.5岁）

孩子的书写与阅读能力虽然发展较迟，但如果孩子在语言、感官肢体等动作敏感期内，得到了充足的学习，其书写、阅读能力便会自然产生。此时，父母可多选择读物，布置一个充满书香的居家环境，使孩子养成爱书写的好习惯，成为一个学识渊博的人。

9. 文化敏感期（6～9岁）

蒙台梭利指出，幼儿对文化学习的兴趣萌芽于3岁，但是到了6～9岁则出现探索事物的强烈要求，因此，这时期"孩子的心志就像一块肥沃的田地，准备接受大量的文化播种"。成人可在此时提供丰富的文化资讯，以本土文化为基础，延伸至关怀世界的大胸怀。

激发儿童"内在智慧潜能"

很多家长把一切最好的给孩子，却没有考虑过所给的是不是目前孩子需要的，所安排的又究竟是不是他喜欢而且能接受的。"孩子需要些什么？"诸如此类的问题，实在值得我们一再地探索。我们可能在他未出世前就看过一些书，懂得某年龄阶段的孩子一般会有什么样的发展情况，但关于这些原则和自己宝宝发展的情况是否完全相符，我们似乎从来没有考虑过。

我们常常听到这样的话："小孩子的潜力无穷，愈早开始愈好！"这句话说出了两件事实："小孩子的潜力的确深不可测。""学习是愈早愈好，不能耽搁孩子的智力成长。"但我们必须当心的是：两句话合在一起，并不意味着可以倒箩筐似的拼命灌输，恨不能把你二三十年的知识和对他的期望，一下子全灌到孩子的骨子里去。这样的做法，很容易造成孩子只会死背死记、不能思想的结果。弄不好，十个就有八个孩子被这种做法逼得"怕上课，怕上学"，如果这时候父母还不警觉，甚至于加上"打骂教育"，弄得孩子逐渐变成怕父母、怕老师，厌恶学习、讨厌书本，那就糟了！

1. 儿童不是成人进行灌注的容器

蒙台梭利认为儿童存在着与生俱来的、不断发展的、无穷的"内在生命力"和"内在智慧潜能"。她认为，教育的首要任务是激发和促进儿童"内在智慧潜能"的发展，及时发现孩子在各个方面的智慧潜能的自发倾向，并及时加以捕捉和诱导，使其得到强化和发展，如果这种倾向被忽略，则可能失去它们再出现的可能性。发现和测试孩子的智慧潜能，是教育者认识孩子天才趋向的武器。但儿童不是成人进行灌注的容器，也不是可以任意造型的泥塑，教师和父母必须观察和了解儿童的内心世界，从他们智力的本质入手，训练他们认识自然、改造自然的能力，同时提高他们认识自己、改造自己的能力。蒙台梭利提出的观点说明，那些智力出众的人，都是在改造某种状态的同时，不断改造自身、自我发展的人。

然而由于成人不适当的引导或环境的影响，孩子会出现偏差行为，如不整洁、不顺从、怠惰、贪婪、以自我为中心等，因此蒙台梭利强调环境和成人的重要性，如果我们不能看见孩子的本来面目，将无法协助孩子正常地发展。

2. 直捣孩子的内心深处

蒙台梭利强调，为了使孩子能得到正常的教育，大人应该细心地直捣孩子的内心深处，探索出他们需要什么，喜爱的又是什么，尤其要知道自己的宝宝能接受的是什么。能够了解孩子，才能帮助孩子；能够知道应该如何给、如何爱，才不会由于你给得"多"了，爱得"过"了，反把他逼出问题来。

教育是延续的、需要积累的，同时又是非常个体化的，它必须依赖于父母对宝宝的了解，在这个基础上对宝宝施行有针对性的个别化的教育。教育没有一个人人可以套用的模式，找不到一把万能的金钥匙，只能一把钥匙开一把锁。

孩子是一个充满着多变性的个体，在自然的体形、行动、认知与精神发展上，都和已经定型的"大人"不同，二者无法站在同一的情况上。大人不能不经细察，就以自己已经定型的标准与头脑来否定孩子，自作主张地判决孩子的想法和需要。

再者，想要了解孩子，就必须多观察，以了解他成长的法则，及时发现他的特长与注意的重心。按照宝宝的天性来养育宝宝，每个父母都可以成为非常成功的教育家。我们当然无法以横切树木的方式剖析儿童，更不能将他像小老鼠一样关在实验室里做试验，但是可以经由多方的观察，发现孩子的生长法则，推敲出他的真正需要。然后更进一步地针对发现的结果与孩子的需要，研讨出"对症下药"的教育方法，用最适当的安排，满足孩子内心的需要，尊重自然的规律，尊重孩子的天性，按照孩子的天性来施行你的教育策略，让孩子自动地产生"去尝试"的喜悦和大人所谓的"学习意愿"。

教育要以自由为基础

1. 自由是每个人与生俱来的权利

自由是蒙台梭利教育法的基本原理。蒙台梭利在教育上公认的贡献之一就是为自由下了明确的定义。蒙台梭利称她的教育方法是"以自由为基础的教育法"，其教育又被称为"自由研究的教育"，因此把握"自由"的内涵是了解蒙台梭利教育方法本质的前提。

"自由是每个人与生俱来的基本人权"，幼儿只有在自由的气氛中才能将自我淋漓尽致地显现出来。家长的责任就是观察儿童的心智发展，从而帮助他发展，给幼儿提供一个自由及开放的环境，在这种环境中来观察幼儿。生命力的自发性受到压抑的孩子绝不会展现他们的本性，这样，家长就无法观察到孩子的实际情形。因此，必须以科学的方法来研究孩子，先要给孩子自由，促进他们自发性地表现自己，然后加以观察、研究。

蒙台梭利说："让孩子学会辨别是非，知道什么是不应当的行为。如任性、无理、暴力、不守秩序及妨碍团体的活动都要受到严厉的禁止，逐渐加以根绝。必须耐心地辅导他们，这是维持纪律的基本原则。"事实上，放纵孩子绝对不能使孩子得到真正的自由。

2. 纪律不是限制

蒙台梭利认为纪律是一种积极的状态，是建立在自由的基础之上的。一个人如像哑巴那样安静，像瘫痪的人那样一动不动，就不能算是有纪律的，这种人是在被"消灭"。积极的纪律包括一种高尚的教育原则，它和由强制而产生的"不动"是完全不同的。她说："一般学校给每个儿童都指定一个位置，把他们限制在自己的板凳上，不能活动，对他们进行专门的纪律教育，要求儿童排队，保持安静，等等。这样的纪律教育是不可能达到目的的。因为纪律的培养不能靠宣传和说教，也不能靠指责错误，而是在自然的活动中发展起来。"她认为儿童的活动应当是自愿的，是一种自然的潜在趋势，不能强加给他们。重要的是使儿童在活动中理解纪律，由理解而接受和遵守集体的规则，区别对和错。因此，真正的自由也包括思考和理解能力。她多次强调一个有纪律的人应当是主动的，在需要遵守规则时能自己控制自己，而不是靠屈服于别人。

3. 给予孩子真正的自由与纪律

（1）关于自由。

自由是蒙台梭利环境中不可缺少的要素之一。蒙台梭利认为，自由是儿童可以不受任何人约束，不接受任何自上而下的命令或强制与压抑的情况，可以随心所欲地做自己喜爱的活动。

这里所谓的给孩子自由，不同于放纵或无限制的自由。蒙台梭利相信，要给予儿童所需要的自由就必须使儿童的人格先有健全的发展及建构，这其中包含的内容有独立、意志与内在纪律。首先，应该对儿童个人自由的积极表现加以引导，使他们经历这些行为而达到独立……无论是我们家长还是老师，总是习惯性地替幼儿做一些事情，害怕会出现什么危险，家长们总是不放心，不让孩子动这个，动那个，从而限制了孩子的独立、自由性，也就错过了很多对他们有益的自发性活动。所以，无论如何我们对儿童的责任就是帮助他们依照自身所需要做的事情来完成有益的活动。其次，我们必须帮助幼儿发展他们的意志，借助激励的方式来完成自己选择的事情，但我们成人必须注意，不能以自己的意志来代替儿童的意志，而限制了他们自己的选择。蒙台梭利环境给予儿童自由，儿童便拥有了独特的思想行为，能够确定自己的行为对自己或别人有哪些后果，增加了自信心，使幼儿整个身心得到放松，使幼儿获得快乐。

（2）关于纪律。

我们应该给儿童创设一些建构性的工作，让他们通过建构工作来达到纪律的发展。比如，我们在进行长棒与数棒建构时，孩子们的注意力是非常集中的，同时扩散了幼儿的思维，这样在无形之中就对儿童加强了纪律性。为了建立纪律，首先，必须建立帮助幼儿对善恶的分辨，对儿童的任何破坏性及利己的行为严格地限制。所谓儿童的自由，应该是以不违反共同利益为原则，如果出现触犯他人或骚扰他人的行为，甚至一些粗暴的行为都要加以限制。儿童可以随意选择自己喜欢的工作，但是一些不利因素一定要排除，因为这些都会限制儿童的自由。

在形成纪律的过程中，蒙台梭利和卢梭一样，完全排斥了"说理"的作用。她认为，幼儿仍处于潜意识向有意识的过渡阶段，成人的说教不会奏效。此外，采取强制命令去束缚儿童将压抑儿童的个性，这是违反自由原则的，所以老师或家长不能武断地规定工作。同时幼儿在遇到困难时，不应过早地去干涉，而应仔细观察孩子们自己的解决办法。

不要打扰儿童的工作

一团泥巴，大人往往嫌脏，而孩子却爱不释手。很多父母看见孩子玩泥，往往当场打断孩子并加以训斥。这些年轻的父母片面地认为泥巴弄脏了衣服和手，会给自己造成很大的麻烦，却不知儿童并不是单纯地玩泥巴，而是在认真完成一种工作。它可以让孩子发挥自己的兴趣，塑造出各种不同形状的小玩具。

蒙台梭利认为不能打扰儿童的工作，是因为工作还有着其他活动不能代替的作用。

（1）工作有助于儿童肌肉的协调和控制。幼儿一般缺乏正确支配自己行动的能力，这也是儿童不能遵守纪律的原因。

（2）工作有助于培养意志力。蒙台梭利认为，儿童全神贯注于作业是培养意志的一个途径。在工作过程中，对意志的激发和抑制的能力就可得到发展。

（3）工作有助于培养独立性。蒙台梭利认为，如果儿童沉浸于工作，他们就会学会"依靠自己"，从工作中获得乐趣，满足自己的欲望。蒙台梭利还认为，儿童还能在工作中学会尊重他人的工作权力及懂得"善"和"良好的规范"。

蒙台梭利认为，工作是人类的本能与人性的特征。因此当孩子严肃地做面前那件工作时，你千万不能认为那是毫无意义的，在蒙台梭利看来，"工作"的目的是训练孩子的手眼协调，做事聚精会神，而且能有秩序地完成一件工作的能力。同时也借助四肢的活动，使孩子的人格、智力与体能同时得到发展。

另外，许多孩子的注意力持续时间很短，而且难以培养他们长时间注意某物的习惯，因为小孩根本就无法像成人一样集中注意力。要帮助孩子保持长久的注意力，你能做的事情就是：不要在孩子醉心于某事的时候打搅他。不要介入，直到他的注意力转移到别的事情上。然后，一定要为他刚刚完成一件出色的工作而赞扬他。

所以，即便是孩子专心地在玩泥巴，你看到之后也应该高兴。虽然他手上、脸上、衣服上都很脏，但在他内心却是干净而高尚的，因为孩子聚精会神地玩泥巴，是因为他有股内心的"需要"，需要有东西让他们的双手不断地活动，接触事物、体验感觉，同时发展智能。这就像孩子喜欢涂鸦一样，或许刚开始，他想画一匹马，可最后你还是看不出来他到底在画什么。玩泥巴也一样，开始他怎么也捏不出一个像样的东西，你千万不要着急，那只是因为他手脑并不能完全协调。只要坚持一段时间，你就会惊奇地发现，他已经会运用方法，东补一块、西捏一点儿，似乎已经有些物体的雏形了，这表示他的手脑对于"捏捏"这件事已经逐渐协调、逐渐配合了！

幼儿当然不会总是专注于玩泥巴一件事情，或许几个月后他突然对其他的东西感兴趣了，那就表示他的"内在需要"又导引他往另一个眼、脑和小肌肉协调的发展途径去了。

·第三讲·

塞德兹天才教育法：

每一个孩子都是天才

塞德兹是哈佛大学大名鼎鼎的心理学教授。在他的教育观念的培养下，他的儿子威廉·詹姆斯·塞德兹成了享誉天下的少年天才，他从1岁半就开始接受教育，到3岁时已能自由地阅读和书写了，11岁考入哈佛大学，15岁时作为哈佛大学的优等生毕业，并在18岁时获得了哲学博士学位。塞德兹的教育法是什么呢?

片面的教育养俗物

许多人认为学得太多就会达不到良好的效果，因此只让自己的孩子学习一门知识。然而，这种想法是错误的。

在塞德兹看来，各种知识存在着某种相互影响的关系。仅学一门，只能使孩子的视野局限在狭小的范围之中。

片面的教育只能让孩子拼命地学一样东西，将全部的宝贵童年都一门心思地集中一处。这样做的结果当然是能够使其在某一领域取得突出的成绩，但在其他方面他却犹如白痴。

难道这样的孩子能够称得上"天才"吗？其实，这是人们对"天才"一词的误解。

塞德兹以"神童"里斯米尔的例子说明这一问题。

报纸上曾报道了"神童"里斯米尔的故事。这个只有6岁的孩子在绘画方面有超人的天赋，能准确地描绘人体，并对人体结构以及光影有极准确的把握，人们都在纷纷谈论着这个伟大的天才，几乎都异口同声地断定这个孩子将成为一名艺术大师，因为他只在绘画方面有很高的天赋，在其他方面却很平庸，这足以说明他的天赋是天生的。

这件事引起了塞德兹的注意，因为如果是那样的话，他的教育思想将面临一次打击，因为他的教育思想的核心就是后天的培养，如果这个孩子的才能真是来源于所谓的天赋的话，那么这将是他教育思想的一个反证。

一天，塞德兹以心理学家的身份访问了这个孩子以及他的父亲。

孩子的父亲对塞德兹的到来感到很高兴，一再诚恳地要求塞德兹指导他的儿子。

里斯米尔的"画室"墙壁上挂满了各种画作和装饰品，房间的地板上摆放着各种各样的石膏模型，一幅巨大的人体解剖图高挂在最主要的一面墙上。有一个身材矮小的男孩在画架前坐着，他便是里斯米尔。

孩子的父亲拿出许多参展证书和获奖证书说："这些都是里斯米尔的。"

这些全是儿童美术大赛的参展证明，有区域性的，也有全国性的。

但塞德兹却发现里斯米尔始终坐在那儿一动不动，两眼无神而茫然地盯着前面的墙壁。

塞德兹奇怪地问这位父亲："里斯米尔在干什么？"

这位父亲说："他一定是在思考。"

"思考？为什么一定要以这种方式思考？"

"恕我直言，报纸上的那些报道并不完全真实。他们说我儿子的才能来自天赋，我可不这样认为。正如您所说的那样，孩子的才能来源于后天的教育，我对此是深信不疑的。所以，我为了让儿子成为一名伟大的画家，一直对他要求很严。你也看见了，他无时不在考虑绘画的事。可以这样说，他的那些成绩完全来自努力和勤奋。"他解释道。

"那么，除了绘画以外，里斯米尔还在学习什么？"

"绘画已经占用了他所有的时间，他不可能再学其他的东西。何况，我认为只有用心在一处才能有所成就。既然想成为画家，那么就应该有所牺牲。"

他这样一说，塞德兹才明白了为什么里斯米尔会有那样一种古怪的表情。可以毫不客气地说，他的那种表情完全是白痴的表情。事实上，这个孩子在父亲长期的"强行教育"下，已经变成了只会画画的机器，对其他的事几乎一窍不通。他既不会认字，也不会书写，更谈不上有其他的爱好。里斯米尔所受的教育完全是舍本逐末。塞德兹判定，他不可能成为一个真正的艺术家。

果然，几年后里斯米尔的"天赋"便不复存在了，人们也没有见到他们所期望的这位"天才"有任何的成就，里斯米尔后来真成了一个白痴，一个大脑发育不良的白痴。

习惯固定化是俗物成长的温床

现行的教育重纪律甚于重素质，把纪律看得高于一切。凡是遵守纪律的孩子，就被看成好孩子，享受各种优待。人们常常不自觉地要用纪律去约束孩子，尽力使他们合乎规范。一旦孩子违反了什么纪律，不管是有心还是无意，一律被视为大敌，非得严惩不可。

有多少年轻的父母看见孩子穿着干净崭新的衣服兴高采烈地玩泥巴而不生气？

大人们想当然地认为，应当教会孩子处处为大人着想，让大人尽可能过平静的生活。因此，培养其服从、礼貌和恭顺的习惯是十分重要的。儿童的自由天性就被这种愚蠢的力量所扼杀了。他们在摇篮时期就被弄得毫无生气，他们受到的教育就是拒绝生活。

可悲的是，在现实生活中当孩子显露出某方面的天才时，我们的教育不但不加以引导和启发，反而首先是用纪律的条框去规整它，使它符合我们的习惯。

1. 应该坚决禁止使孩子的习惯固定化

塞德兹认为，对于教育者最重要的是要有这样的认识：用烦琐而不必要的纪律使儿童的习惯固定化，把孩子造就成只会听话却不懂思考的机器，这是在教育中应该坚决禁止的。

2. 不要抹杀孩子的想法

塞德兹认为如果用纪律的条框去约束孩子的想法，那么培养出来的孩子要么慢慢丧失了想象力和创造力，要么就会非常痛恨生活。小塞德兹的表哥就是一个极端的例子。

小塞德兹的舅舅是个生活刻板严谨的人，极有规律，无论发生什么事，作息时间从不改变。但这么一个讲究纪律的人，却有一个最调皮捣蛋的儿子彼特。

彼特是个精力旺盛的孩子，成天都在不停地动，不知疲倦地摔碎器皿，弄坏东西，惹是生非。他与他的父亲是两个极端，因此父子之间的战争一天之中不知要发生多少次。

有一次，彼特把祖母刚送给他的万花筒拆开了，想看看里面究竟藏了些什么，这自然会招致他父亲的愤怒。不过拆东西可算是彼特最大的爱好了，凡是让他感到好奇的东西，都逃不过被拆的命运，当然他也逃不过挨揍的命运。可是不管父亲怎样打骂，他的这个毛病始终也改不了。

还有一次，彼特竟然把一块金表给拆开了，要知道这块表是彼特故去的爷爷留下来的遗物。他父亲一直十分珍惜，总是揣在怀里，从不离身。不久前他还说表出了点故障，必须拿去修理，哪知还没来得及修，就被他这个调皮的儿子给翻了出来。现在这表被大卸八块，零件散落了一地。小塞德兹的舅舅立即暴跳如雷，一耳光将儿子扇得坐在地上，接着上去就是一阵拳打脚踢。

塞德兹问彼特："你还在生父亲的气吗，彼特？"

彼特鼓起勇气说："没有，我只是不想再和他住在一起。我恨他！"

第二天，彼特突然失踪了，原来他跟着一个马戏团跑了。当家人找到他的时候，他依然不肯回家，而且态度十分坚决。他说自己在家里总是不愉快，而跟马戏团的人在一起，却感到非常自由，非常快乐，他喜欢这种自由自在的生活。

直到他母亲哭得昏死过去，彼特才不情愿地回家了，这件事对他父亲的震动非常大，他开始认真地对待儿子的天性，不再强求他非要与自己一样。这样一来，他发现自己和儿子都变得轻松愉快了。

这个例子有些极端，但我们不能不说它反映了太多的现实。因此，家长在教育孩子时，不能将孩子的行为和习惯固定在家长以往的框架中。

外出游玩中激发孩子学习的兴趣

当孩子小的时候，他们最喜爱的事就是能够自由自在地玩耍。有时他很向往一个地方，但还缺乏自己单独出去的能力，做家长的也经常不放心让他单独去。这时候应该怎么办呢？一个最有效的办法就是你经常抽时间带你的孩子到他感兴趣的地方去玩。

也许一些家长会用这样或那样的理由为自己没有满足孩子的要求找借口，比如说："我太忙了，确实抽不出时间。"或是："我那天不知道因为什么忘了这件事，下次我一定带他去。"无论哪一种借口都是不能成为理由的。有什么比自己的孩子更重要的呢？

兴趣是最好的老师。但兴趣这东西不是天生的，需要后天的培养。小塞德兹从小的学习都是自愿的，如果他不想学，塞德兹肯定不会强行要求他学。况且，每学一样知识，小塞德兹总会觉得快乐，并主动要求学更多的知识。

在一次旅行中，小塞德兹曾毫不费力地掌握了一个物理学原理。

坐在火车车厢里的小塞德兹指着窗外说道："那些树木在飞快地向后面跑，爸爸。"

"不，那不是树木在向后跑，而是我们坐的火车在向前跑。"塞德兹笑着对儿子说。

"不，我认为我们坐的火车并没有动，而是窗外的树木。"儿子天真地说，"因为我在这儿坐了很久了，但并没有发现火车有什么变化，反而发现外面的东西都变了。这不是说明窗外的东西在动还能说明什么？"

"那么，假如现在你不在火车上而是在窗外的话，你会怎么想呢？"

"这个嘛……"小塞德兹想了想说，"我一定也会向后跑，就像那些树木一样。"

"你能够跑那么快吗？"

"是呀，我能跑那么快吗？这可有些奇怪了。"小塞德兹充满疑问地说。

"虽然你不能回答这个问题，但我仍然向你表示祝贺。"

"什么？祝贺我什么？"

"你今天发现了一个物理现象，当然应该祝贺你啦。"

"我发现了一个物理现象？"儿子不解。

"你刚才发现的，正是一个参照物的问题。"于是，塞德兹耐心给他讲解，"你之所以说窗外的树木在向后跑，是因为你把火车当成了参照物，也就是说相对于火车来说，树木的确是向后移动了。反过来，如果把树木当成参照物，火车就是向前跑了。"

"噢，我明白了。怪不得我会认为火车没有动呢！这是因为我把自己当成了参照物。火车带着我向前行驶，我们一起在运动，当然就不会感到它也在动！"小塞德兹说道。

"那么，把你放在窗外会有什么效果呢？"塞德兹问道。

"嗯，假如我站在窗外的地面上并以我自己作为参照物的话，火车就是运动的。"小塞德兹回答道，"假如仍然以火车作为参照物的话，我就是和树木一样在向后飞跑。"

"那么，你能跑那么快吗？"塞德兹又一次问道。

"当然能，因为这是相对的，火车能跑多快我就会跑多快。"

事实上，这样类似的讨论在父子之间发生过许多次。也正是这种看似闲谈般的讨论使小塞德兹在轻松和有趣之中学到了那些在书本上显得极为晦涩的知识。

家长有时间应该多带孩子出去玩，但目的性不能太强，因为有益的影响一般都是潜移默化，而不是强制灌输得来的。如果将孩子的玩和游戏也套上学习的枷锁，那么也就失去了玩的意义。上面塞德兹的做法就是最好的例子。

巧妙解答孩子的疑问

我们不得不正视一个事实，如果我们家长回答孩子的提问时表现出不耐烦的情绪，那么这可能就是造成孩子成绩下降的一个重要原因。因为家长冷漠的表现让孩子觉得自己受到了冷遇，所以越来越不想问问题，越来越不想说话，对很多事情也失去了兴趣，这才导致学习成绩日益下滑。

也许反思过后我们会想，我们的孩子还太小，他提的那些问题毫无意义，就算我们回答了，对他也没什么用。

认为"孩子的问题根本没有意义"，这样的想法和做法真的很愚蠢，因为你已经不知不觉地压抑了孩子的好奇心以及求知欲，更为严重的是抹杀了孩子最可贵的求知精神。

塞德兹总是认真而耐心地回答儿子提出的问题，并加以引导，决不会像很多父母那样嫌麻烦，应付了事。

一天，小塞德兹手里拿了一本关于达尔文的进化论的少儿读本，书中用生动的笔调描述了生物进化的过程，并且配有极为有趣的插图。

"爸爸，进化论中说人是由猴子变来的，这是对的吗？"儿子问道。

"我不知道是否完全对，但达尔文的理论是有道理的。"

"可是既然人是由猴子变的，那么为什么现在人是人，猴子仍然是猴子？"儿子问。

"你没有看见书是这样写的吗？猴子之中的一群进化成了人类，而另一群却没有得到进化，所以它们仍然是猴子。"塞德兹说道。

"这恐怕有问题。"儿子怀疑地说。

"什么问题？"

"既然是进化论，那么猴子们都应该进化，而不是只有一群进化。"

"为什么这样说？"

"我觉得另一群猴子也应该得到进化，变成一群能够上树的人。"

"不可能，因为事实上是猴子当中的一部分没有得到进化。"塞德兹说。

"为什么？"儿子仍然不放过这个问题。

看到这里，你可以想象一下，如果你是塞德兹，面对这样没完没了又毫无意义的问题，是不是早已厌倦了？可塞德兹却尽自己所知向他讲明其中的原因："据我所知，一群猴子由于某种原因不得不在地面上生存，它们的攀缘能力逐渐退化，而又学会了直立行走，经过漫长的进化变成了人类；另一群猴子仍然生活在树上，所以没有得到进化。"

"我明白了。可是为什么要进化呢？如果人能够像猴子那样灵活，不是更好吗？"儿子又开始了另一个问题。

"虽然在身体和四肢上猴子比人灵活，但人的大脑是最灵活的。"

"大脑灵活有什么用呢？又不能像猴子那样可以从一棵树跳到另一棵树上。"儿子说道。

"身体灵活固然好，但只有身体上的优势是远远不够的。大脑的灵活才是最重要的，因为只有这样才能创造出文明。"

"为什么要创造文明？"儿子问道。

"因为文明代表着人类的进步。"塞德兹说道。

……

就这样，儿子的问题一个又一个地如潮水般涌来。他的很多问题在成年人看来非常可笑而毫无根据，但即使这样，塞德兹也尽力不让他失望。

用塞德兹自己的话说：其实也并非他的耐心比其他人好，只不过他认识到了认真回答孩子问题的重要性。因为只有这样才能够培养起他追根究底的精神，而不是将这宝贵的品质抹杀掉。

看到小塞德兹的例子，我们家长是不是也应该反省一下自己平时对待孩子问问题的做法呢？想想你的孩子最近是不是不再问你问题了？

孩子的良好品质来源于教育

父母的教育对孩子品质的形成影响是极大的，人们总是责怪自己的孩子，说他们不听话，缺点太多，甚至说他们糟糕透了。其实，他们不明白，不良的教育只能培养出不良的品质。

塞德兹的朋友哈塞先生认为一个人的才能、智力以及品质都是天生的，而塞德兹却不认同此说法，他认为一个人的才能和品质大多来自这个人受到的教育。

哈塞先生教育自己的儿子应该成为一个诚实、守本分的人，应该以一颗爱心去对待别人。无论做什么事都要小心谨慎，不能冒没有意义的风险。但塞德兹说："诚实、守本分固然好，但我认为更重要的是培养孩子的个性和智慧。孩子从生下来起，就开始受环境和周围人的影响。所谓近朱者赤，近墨者黑，孩子的一切包括品质都是从别人那儿学来的。他接触优秀品质的人就会变得优秀,接触品质低劣的人就会变得低劣。"

一个人的品质如何,取决于幼年时期的教育如何。哈塞先生的教育一定会使他的儿子格兰特尔具有一颗爱心,但在某些时候他却拒绝帮助自己的同伴,这就是因为他的内心之中缺少了无私的精神。归根结底,他缺乏的是一种优秀的个性。他是一个规矩和本分的人,就像他的父亲一样,可是这类人在我们周围到处都是。而格兰特尔的这种品质,完全来自他父亲的教育,因为塞德兹目睹了哈塞先生教育儿子的一件事。

那天,我从外面回来,路过哈塞先生的家门口。我看见他正在训斥他的儿子格兰特尔。

"格兰特尔,你是怎么搞的,把这双刚给你买的新鞋弄坏了。"老远我就听见了哈塞先生的说话声。

"我在与其他的孩子玩的时候……被一颗钉子划了一下……"格兰特尔小心翼翼地回答道。

"被钉子划了一下!"哈塞先生生气地说,"跟你说过不要去和那些孩子瞎闹,你就是不听。把鞋子弄坏了是小事,弄伤了脚怎么办?那会使你变成残废的。"

这时,我看见格兰特尔难过得都要哭出来了,便走上前去。

"哈塞先生,"我笑着向他打招呼,"这是怎么回事儿?你瞧,我们的小格兰特尔多不高兴呀!"

"他还不高兴?"哈塞先生指了指手中的鞋子,"这个调皮的家伙把刚买的新鞋弄成了这个样子。"

"是吗?"我装出不在意的样子,"我看这没什么问题。一条小小的伤痕并不影响这双鞋的作用和美观。孩子嘛,给他讲清道理就行了,何必这么过于严厉。"我笑着说道。

"不严厉不行,否则他会变得无法无天起来。"哈塞先生说。

这虽然是一件小事,却使我对格兰特尔及他所受到的教育有了一个较为具体的认识。格兰特尔之所以有胆小、自私的表现,都可以归之于他父亲的态度。

哈塞先生对儿子的做法看似合理,却极不明智。首先,在孩子把鞋弄坏之后,他不应该去骂他,而是应用合理的态度教育他以后小心一些。因为孩子弄坏了自己的鞋子,心里一定是很难过的,再加上父亲的责骂,他就更难过,这很容易使孩子陷入自责和不安之中。另外,父亲说钉子会划伤他的脚,会使他成为残废,夸大了这件事的危害,使他产生害怕的心理,这就是导致他胆小的原因之一。更重要的是,哈塞先生说格兰特尔与别的孩子一起玩是瞎闹,这就会使他把这件事的不良结果完全都怪罪到别的孩子身上，他会认为如果不和他们玩就不会有这样的事了，这直接导致了自私这种不良品质的出现。那么下一次呢，他肯定会先考虑自己或自己的利益，然后才去想帮助别人。

让孩子为自己的错误买单

当今社会，许多孩子从来不洗自己的衣物，房间从来都是乱糟糟的；吃完饭也不晓得帮助家人收拾碗筷；看到家里来了客人，甚至连招呼也不打一个；在公共场所大声地喧闹，从来不会考虑别人；只要家里人不催促他去写作业，便会在电视机前一直待着；拿到考试卷子，只看看分数，而从来不会对错题给予足够的关心；当因自己赖床而快要迟到的时候，却吆喝母亲赶紧送他上学；家里人一旦没有满足他的一个小小要求便不依不饶；拿回糟糕的成绩单却说谁都有可能犯错；也会因为过失而流眼泪和遗憾地叹息，但事情过了几天就恢复了原来的模样；自己不小心做错了什么事情，总能找出无数的借口和理由……

以上均是孩子缺乏责任感的表现。

培养孩子的责任感是培养孩子拥有健全人格必不可少的一部分。责任感的培养有助于孩子摆脱以自我为中心的习惯。教给孩子责任感，能使他明白：自己的言行会对别人产生什么样的影响，进而明白责任的完成与否对自己的将来有什么作用。

天才是这样的人：敢作敢为，不怕失败。错误对天才来说只是一个过程，他要做的是把将来的事做得正确和完美。

有一次，小塞德兹做完功课之后，和格兰特尔来到了安迪斯大街。由于安迪斯大街聚集了很多艺人，所以是孩子们都乐意去的地方。那儿不仅有许多不同风格特色的表演，也有许多令儿童感兴趣的东西。在小塞德兹小的时候，每逢节日，父亲都会带他去那儿，给他买一些具有异国风情的纪念品和民族特色的手工玩具。

小塞德兹和格兰特尔走在因人群拥挤而显得更狭窄的安迪斯大街上，被各种好看的玩意儿所吸引。他们东走西看，还不时地各自讲述自己的计划。就这样，他们在不知不觉中逛了很长时间。

正当他们陶醉在幸福的梦想之中时，一个比他们大得多的孩子突然出现在他们面前，并一把抓住格兰特尔。

"你们刚才为什么欺负我的小兄弟？"大孩子指了指他身旁的一个孩子。

"什么！我们根本不认识他，怎么会欺负他呢？你们是不是认错人了？"格

兰特尔对那个大孩子说。

"你可别乱说。我们什么时候欺负你了？"小塞德兹喊了起来。

"你们还敢否认，就在刚才，你们撞了我一下。"小孩子不服气地说。

"原来是这样。"这时，小塞德兹突然想起，就在不久前，可能是他与格兰特尔玩得太高兴，在蹦蹦跳跳之际，的确不小心碰了一下那个孩子。没想到这种在生活中时常发生的小事却引起了这样不愉快的冲突。

"哦，我想起来了。我们刚才不小心碰到了你，但我们不是有意的，对不起。"小塞德兹立刻向那孩子道歉。

"你们要拿出你们身上所有的钱给我的小兄弟。"大孩子恶狠狠地说。

"为什么？我们只是不小心碰了他一下，用得着这样吗？"

"当然，如果你们不愿意，有你们好受的。"

这时，格兰特尔被大孩子的模样唬住了，他害怕地对小塞德兹说："我看……还是……给他们钱吧！"

"不，这绝对不可以。"小塞德兹坚决地否定了格兰特尔的提议。

大孩子一听小塞德兹这样说，立刻用力推了他一把，接着，他们就开始动手拉扯起来。到了后来，他们渐渐从拉扯发展到了打架。格兰特尔显得很胆怯，但还是进行了自卫。最后，小塞德兹扔过去一只铜壶，砸倒了大孩子。

回家后，小塞德兹对父亲讲述了当天的遭遇。

"其实，在那种情况下，一味忍让是没有用的，那是一种懦弱的表现。你可以反抗和自卫，但用那么坚硬的东西打那个孩子，很容易使他受伤，这不太好。"

"是的，我就是因此而懊悔。为了一点儿小事就把他伤成那样，真是不应该"。

"儿子。你不要这样想，虽然你出手太重，但也不能全怪你，在那种情况下，你没有选择的机会。何况，是那个大孩子自己不讲理，是他引起的争端。"

"唉，我真后悔。"儿子叹了一口气。

"不，儿子，你不应该后悔，事情已经发生了，就只能自己去面对它。"塞德兹为了让儿子从懊悔的情绪中挣脱出来，便这样对他说："敢于承担自己行为后果的人是坚强的人，而只会后悔的人是没有骨气的人。"

从这件事中，儿子对一些事物有了更深的认识。他不但懂得了以后做事要谨慎，而且懂得了为自己的行为负责的道理。

其实，责任包括很多方面，不仅仅是为自己的行为负责这一项，家长们要把握好分寸，让孩子多从自己身上寻找原因，不断地完善自己，学会为自己的错误埋单。

·第四讲·

斯特娜自然教育法:

处处有心皆教育

斯特娜是美国宾夕法尼亚州匹兹堡大学语法学教授,毕业于拉德克利夫女子大学。在斯特娜的教育下,她女儿不到1岁半就能看书,3岁起就会写诗歌和散文,4岁时能用世界语写剧本,5岁时能用8个国家的语言说话,在报刊上发表了许多诗歌和散文,在神话、历史和文学方面已达初中毕业的水平……那么她又是采用什么样的教育法呢?

母亲的工作不能由别人代替

母亲并不是一个简单的称谓,也不再是传统意义上的喂孩子、洗衣服、打扫卫生……而是一种伟大而神圣的职业。母亲的教育很重要,母亲的工作不能由别人代替,孩子的教育必须由母亲承担。把自己的孩子委托给他人,只有人类这样做,其他的动物决不会这样。

斯特娜夫人曾经说过,中国曾一度落后于其他国家与中国人没有认识到妇女教育的必要有关。过去,中国人认为妇女不应受教育,因此,多数妇女是文盲,也不进行家庭教育。

与这种说法不谋而合的是另一种说法,罗马之所以灭亡,就是由于罗马的母亲们把教育孩子的工作委托给了别人。

这种说法虽然夸张了些,可是就像福禄培尔曾经说过的:国民的命运,与其说是操纵在掌权者手中,倒不如说是握在母亲的手中。

1. 慎用保姆

看看我们周围,孩子基本上没有时间和自己的父母待在一起,因为许多年轻父母正在为过上富裕的生活努力奔波赚钱。由于工作忙,把孩子的教育全部委托

给孩子的爷爷、奶奶或姥姥、姥爷看护，甚至根本就没由自己的亲人照顾，只是由花钱雇来的保姆看护。在斯特娜看来，这样的妇女是不能称为母亲的。

大多数的家庭都不可能让母亲全职在家里教育孩子，但只要采取正确的方式，对孩子的照料虽然不一定样样都动手，但对孩子的教育和平时的管教，母亲一定要承担起责任。正是出于这样的考虑，斯特娜夫人奉劝天下父母在孩子出生以后要慎用保姆。我们骑马，甚至也不雇用不称职的马夫，但是有的母亲却把孩子交给无任何学识的保姆。这样的保姆整天对孩子说，不许做这个，不许做那个，因为她这样最省事。但这样一来，非但不能提高孩子的能力，反而会使之更加萎缩。并且，孩子在这样的保姆的抚养下成长，会形成各种不良习惯。当然，生活较富裕的母亲，对孩子的照料不一定全要自己动手，可以把部分并不重要的任务交给保姆。并且，要尽可能地多花些钱，雇一位有教养、有学识的妇女做保姆。即使如此，除了孩子的教育，吃饭、洗澡和穿脱衣服等，也都应由母亲自己承担。母亲和保姆的性格对孩子非常重要，甚至她们的表情对孩子都有影响。

2. 做个好母亲

那么，我们怎样才能做一个好母亲呢？美国《女性生活月刊》曾经对读者做了一次问卷调查，问他们的母亲是如何教育他们的，问怎样才能做个好妈妈。下面是一些来信的摘录。

（1）读书是关键。

在我童年时，我记得母亲每天都读书给我听，并常常带我去图书馆。我清晰地记得我第一次读书给母亲听时，她的眼里带着泪花。在我有了女儿爱米后我也一直读书给她听——从她出生的那一天起，因为婴儿也爱听读书时那有节奏的声音。我的女儿爱米是一个好动的孩子，一会儿也坐不下来。但是在她两岁半时，她每天夜里都要带上20本书放在自己的床边。当她能够复述我给她讲的《棕熊》时，我的眼里也涌出了泪水。

（2）神奇的接触。

当妈妈同我聊天或是当我问她问题时，妈妈总是抚摸我的胳膊、手、肩和头，她时而将我额前的刘海梳梳，时而将我的头发拢在我的耳后。这些动作让我们这些孩子感到被珍视。现在我养育了两个孩子，当他们在我身边走过时，我都要去抚摸一下他们。

（3）不要抱怨。

我知道我父母比任何人都努力地工作，以养育我们和送我们上大学，但我从来没有听他们说过疲倦或是要我们给他们回报。

妈妈现在身体不太健康，但她从不把她的健康问题归咎于其他人。

（4）坚持做你认为好的事。

作为一个母亲，她通常知道什么对她的孩子是最好的，就算它不合时宜她也坚持。比如说，我的母亲用母乳喂养了她的3个孩子，这在当时并不时髦。人们说母乳的营养不够，但是她不为所动。我赞成她的态度，她坚持做了自己认为最好的。

（5）停止指手画脚的评论。

我母亲经常说："不要急于评论其他母亲是如何养育孩子的，免得在最后你发现也许你还没有她们做得好。"对一个家庭正确的东西对另一个家庭也许是行不通的。因为孩子们有不同的需要和不同的个性，家长也有不同的要求与习惯。只要不存在虐待与冷淡孩子，我们就不要去絮絮叨叨地评价别人家的教养方式。

（6）不要老是坐在电视机旁。

我母亲限制我看电视的时间和电视节目的种类。她常常说童年时光很珍贵，很美好，不要只坐在那"方盒子"前。因此我的童年不仅有电视卡通，还有野外早餐、攀登翠绿的山冈、玩耍和交谈。

现在我也是一个母亲了，我继承了这种很少看电视与录像的教养方式，结果是我和我的孩子们有更多的时间去阅读、唱歌、烹饪、交谈与去图书馆。我们家也更安静，没有电视吵吵闹闹的声音。我的孩子们被"强迫"通过看书读报去发展他们的想象力。

（7）充分享受两人品茶的欢乐。

和孩子一起饮茶的作用是相当大的。以前当我神情忧伤地从学校回到家，我妈妈总是沏上一壶茶，然后我们边喝边聊。我们在一起的时间没有电视的打扰。在这安静的时刻，我乐于说出心里的任何想法、看法，甚至小秘密。无论是她给我劝告还是只听我诉说，都能使我慢慢平静下来。我们现在还保持着这种方式：无论何时，当我看到妈妈有些神伤时，我都会沏上一壶热茶。现在每当我的两个女儿与我谈论她们的问题时，也都将有一壶好茶陪伴着我们。

（8）庆幸孩子们的差异。

我的母亲并不对我们强求一致，现在我试着对我的孩子做得更好一些。我母亲认为，每一个孩子都有独特的能力与兴趣，绝不能统一要求孩子们，应该让他们成为他们自己，帮助他们去发展他们的潜能——无论他们选择了什么道路。最重要的是，要记住平等并不意味着给你的孩子们绝对相同的东西，而是给每一个

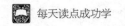

孩子他所需要的东西。

大自然是最好的老师

世界上再没有比大自然更好的老师了，它能教给你无穷无尽的知识。可是非常遗憾，社会上大多数孩子未能好好利用它。斯特娜认为，以大自然为主题，可以向孩子讲述的有趣故事是无穷无尽的。

同时，让孩子接触大自然，不仅可使他们的身体健壮，精神也会旺盛起来。

从小生活在农村的人都会有一种感觉，那就是从小就能亲密接触大自然，很小就能叫得出许多植物和动物的名称，知道它们的特性和用途。因为长期接触、观察大自然中的动物和植物，写的作文形象、生动。可生活在城市高楼中的孩子则不同，他们每天的生活几乎被学习填满了，好不容易有个假期，也要被各种各样的兴趣班代替，他们接触自然的时间少，对动物、植物缺乏了解和观察，如果老师布置这类作文，往往无话可说，即使写出几句，也很干瘪，缺乏准确性和生动性。

其实不只是写作文，亲近大自然本来是人的本性。大自然中的花草树木、虫、鱼、鸟、兽、山川河流、风霜雪雨都能引起孩子的好奇心，城市的孩子因远离大自然，很少呼吸新鲜空气，越来越远离蓝天、阳光、花草、动物等大自然因素。现在城市里的孩子在钢筋混凝土构筑的高楼以及防盗门里，在家长过分呵护和溺爱下，在电视、音响、电子游戏、电脑所制造出来的"狭小空间"中，逐渐丧失了亲近大自然的本性。这犹如在动物园中长大的野生动物一样，失去了自然生态条件，就势必会失去许多野性和本能，而且性格变得乖张。为此，斯特娜夫人在当时就建议，应当从改造不良少年的经费中拿出一部分钱，把城市的孩子经常带到郊外去接触大自然，这样就可以在一定程度上预防不良少年的产生。这个建议对于当今大都市孩子的教育也是有借鉴意义的。

斯特娜夫人尽可能带着女儿到郊外去，利用实物向她讲述各种有趣的故事，涉及动物学、植物学、矿物学、物理学、化学、地质学、天文学等几乎所有的科学领域。且看看她在书中的记载。

我们经常到郊外去，摘下一朵花，拔下一棵草进行剖析，砸碎一块岩石进行观察，窥视小鸟的窝，观察小虫的生活状况等。维尼夫雷特喜欢用显微镜观察各种东西，同时，还写出了有关各种事物的极其有趣的散文。维尼夫雷特非常喜欢植物，采集的标本堆积如山。她还运用世界语，搜集世界各地的植物标本。还有压花册，这也是通过懂世界语的小朋友采集的生长在各地伟大人物和诗人墓地上的花以及古代战场上的花，经过压制而成的。其中最珍贵的是《奥雕邦花册》。众所周知，奥雕邦先生从事研究的地区是肯塔基州汉德森的附近树林。这个压花册就是维尼夫雷特亲自采集制成的，她在这个树林中获得了有关大自然的各种知识。

开始时她非常害怕青虫，自从我告诉她青虫会变成美丽的蝴蝶之后，她就不害怕了。我还向她讲述蚂蚁和蜜蜂的生活规律，她对它们的集体生活很感兴趣。她还研究黄蜂和雄蜂的生活，写出了许多散文。

维尼夫雷特现在正在研究甲虫，据她说甲虫有 15 万多种。而且她自己也要发现新的种类。她博览过有关甲虫的许多书。冬天在野外看不到甲虫时，就到卡内基研究所看着标本进行研究。

斯特娜夫人认为，让孩子搞园艺确实是一种很好的教育方法。她让女儿从小就开始搞园艺，栽培花草和马铃薯等。小维尼夫雷特非常喜欢做这些事，每天给它们浇水、锄草，观察它们的生长情况，她们感到非常高兴和有趣。

每年夏天她还带女儿到山中过几天野营生活，让她在那里研究自然。并且经常带她到原野去，在草丛中观察野花和小虫。草丛中有歌德所说的《草中小世界》，即各种小虫组成的世界。

维尼夫雷特还养过小鸟。她有两个金丝雀，一个叫菊花，另一个叫尼尼达。菊花是许多日本少女喜欢的美名，尼尼达是西班牙语，是婴儿的意思。小维尼教给金丝雀各种玩意儿，它们能随着小提琴歌唱，又能站在手掌上跳舞。维尼夫雷特弹钢琴，小鸟就站在她的肩上，叫它们闭上眼睛，它们就闭上双眼，读书时叫它们翻开下一页，它们就用小嘴翻到下一页。

此外，她还饲养着小狗和小猫。饲养这些动物时，为了调食、喂水，孩子得高度注意，以培养她专注的精神，这样还可以培养孩子的慈爱之心。有人认为饲养动物是危险的，因为动物是传染病的媒介，而斯特娜夫人则认为，只要让孩子注意，是没有什么危险的。

由于饲养了金丝雀和狗，维尼夫雷特对其他的鸟兽也产生了兴趣。她经常去动物园，研究各种鸟兽的生活状况。结果，她首先写出了《我在动物园里的朋友》这本书，后来，又写出了《和我在动物园里的朋友聊天》一书。

为了使女儿对鱼类感兴趣，斯特娜还在她的房间里养有金鱼和鲫鱼。美国国内的大水族馆，差不多都让她去看过。对于矿物学、物理学、化学、地质学等，斯特娜也采用同样的方法去教。

为使她对天文学感兴趣，斯特娜夫人让女儿看神话书。同时带她去过许多天文台，并用望远镜观看天体。为此，她同许多天文学者交上了朋友。马温特·罗天文台的拉肯博士说，由于和维尼夫雷特交谈受到了鼓励，才写出了《在头脑混乱之中》一书。

维尼夫雷特能取得后来的成绩是和母亲的这种教育分不开的。家长应该认真向斯特娜夫人学习，相信这样教育孩子的效果会事半功倍。

生活处处是课堂

陶行知说过："生活与教育是一个东西，而不是两个东西。"课堂、生活是密切相连的，不可分割的。

儿童的发展不可能脱离具体的生活，也不可能脱离生活的经验。家长应引导孩子把生活与知识关联起来，建立意义的联系，使孩子在生活中不知不觉地学到课堂上看来枯燥的知识。同时，帮助孩子在生活中发现学习的乐趣和意义。

在多数学生家长，甚至老师的眼中，课堂知识的学习、巩固重于生活中的体验、感悟，逐渐造成了学生"懂"与"会"的分离、"会"与"行"的误区。这无疑是种错误的见解。

为了让孩子认识到学习的意义，学习应该回归生活，解决实践生活中的问题。

家长应该探究从生活中得来的问题，用生活来理解知识，努力使孩子体味到知识与世界万物之间的密切联系。

"两耳不闻窗外事，一心只读圣贤书。"这是旧时代书斋学子的典型写照，然而如果今天的学习继续这样下去，孩子只能对学习越来越反感。

我们应该让孩子的学习材料"生活化"、学习过程"生活化"、学习成果"生活化"。

斯特娜夫人在培养女儿的过程中感到，在所有的学科中，再也没有比数学更难以使孩子感兴趣的了。尽管她曾通过游戏法很容易地教会了女儿数数，并用做买卖的游戏很容易地教会了她钱的数法，然而，当她在教女儿乘法口诀时，却遇到了麻烦：女儿有生以来第一次厌弃学习。由此可见，就是已到 5 岁左右的孩子，也是不喜欢死记硬背的。尽管斯特娜夫人把口诀编成了歌词供女儿唱，女儿还是不喜欢。

斯特娜夫人很担心，有一次，她向芝加哥的斯他雷特女子学校的数学教授——洪布鲁克女士请教，洪布鲁克女士一语道破了问题之所在："尽管你女儿缺乏对数学的兴趣，但绝不是片面发展，是你的教法不对头。因为你不能有趣味地教数学，所以她也就没兴趣去学它。你自己喜好语言学、音乐、文学和历史，所以能有趣地教这些知识，女儿也能学得好。可是数学，由于你自己不喜欢它，因而就不能很有兴趣地教，女儿也就厌恶它。"接着，这位杰出的女士十分热情地教给斯特娜夫人一套教数学的方法。斯特娜夫人用这些方法教女儿数学后，效果果然很好。

　　这位女士的建议首先是让孩子对数字产生兴趣。例如，把豆子和纽扣等装入纸盒里，母女二人各抓出一把，数数看谁的多；或者在吃葡萄等水果时，数数它们的种子；或者在帮助女佣人剥豌豆时，一边剥一边数不同形状的豆荚中各有几粒。

　　母女俩还经常做掷骰子的游戏，最初是用两个骰子玩。玩法是把两个骰子一起抛出，如果出现6和4，就把6和4加起来得10分。如果出现2和4、3和3，就得6分，这时就有再玩一次的权利。把这些分数分别记在纸上，玩6次或5次之后计算一下，决定胜负。

　　维尼夫雷特非常喜欢这类游戏。当然，在女儿投入这种游戏的乐趣之后，她仍按洪布鲁克女士的建议，每次玩游戏不超过一刻钟。因为所有数学游戏都很费脑力，一次超过一刻钟后就会感到疲劳。在这一游戏玩了两三周以后，她们又把骰子改为6个、4个，最后达到了6个。接着，她们把豆和纽扣分成两个一组的两组或三组、三个一组的三组或四组，把它们排列起来，数数各是多少，并把结果写在纸上，然后把这些做成乘法口诀表挂在墙上。这样一来，维尼夫雷特就懂得了二二得四、三三得九的道理。更复杂的游戏可以以此类推地继续做下去，这样不但会使孩子玩得十分高兴，同时也会把学到的很多数学知识加以应用，更对所学的知识加深印象。

　　为了使女儿将数学知识运用于实际，斯特娜还经常同她做模仿商店买卖情景的游戏。所卖的物品有用长短计算的，也有用数量计算的，还有用分量计算的。价格是按照实际的价格，钱也是真正的货币。斯特娜常常到女儿开办的"商店"买各种物品，用货币支付，女儿也按价格表进行运算，并找给妈妈零钱。当维尼夫雷特学习努力、工作积极或帮助家里干活时，斯特娜就付给她钱。维尼还不断地从杂志社和报社领取稿费，然后把这些钱用自己的名字存入银行，并计算利息。

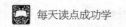

不久，维尼夫雷特就对数学产生了浓厚的兴趣。

为孩子创造声色世界

很多家长都认为智力是天生的。事实上，很多研究证明，儿童早期的智力培养，决定其日后的智力发展。但现在的很多家长并不能真正地开发儿童的早期智力。我们拿与孩子谈话为例，如果父母能认真和幼儿谈话，讲故事给他听，就能对孩子的智力发展产生很大的帮助。但现在很多家长很少跟孩子说话，孩子语汇不足，表达和理解能力就会受到限制。有些家庭习惯不跟孩子说完整的句子，表达也没有条理，甚至在闹哄哄中生活。这样，使孩子的语言能力得不到应有的发展，既而影响了孩子的智力发展。

斯特娜夫人这样描述她对孩子的早期教育："我从训练五官开始对女儿进行教育，首先使她学会使用耳、目、口、鼻等，因为这些能力只能在使用中发展起来。所以，必须尽早有目的地对小孩的五官进行训练。首先应该发掘耳朵的听力。因为对婴幼儿来说，最重要的是听到母亲轻柔悦耳的歌声，斯特娜夫人由于自己不会歌唱，因此就对孩子朗读诗歌，她朗诵的是《艾丽依斯》，这是维吉尔的诗，结果发现效果很好。在她轻轻地朗读时，小维尼夫雷特很快安静下来，听着听着就睡着了。"这个方法斯特娜夫人后来在别的孩子身上试验过多次，效果都很好。

在维尼夫雷特才6周时，斯特娜夫人就开始为她朗读英文诗歌。她发现随着语调的变化，孩子也相应地有所反应。斯特娜夫人热爱音乐，而且天才地把颜色和音乐联系在一起，开发小维尼夫雷特的感官功能。她给七音分别标以不同颜色，在墙壁上用三棱镜制造出美艳的虹光，教授她弹奏乐器。小维尼夫雷特长大后十来岁自己可以写曲，自娱自乐，陶冶情操。为了使孩子辨认节奏，她还教小维尼夫雷特和着诗歌的音节舞蹈。舞蹈可以塑性强身，同时也增强了小维尼夫雷特对于文学和音乐的通感才能。

斯特娜夫人还向老威特学习，很注意房间雕刻品和装饰画的布置，并给小维尼夫雷特添置颜色鲜艳的玩具，发展孩子的色彩感觉。对色彩高超的敏感度与一个人的文学潜能有直接联系。擅长绘画的母亲热爱色彩，会让孩子受益良多。

斯特娜夫人为了开发孩子的色彩感，给女儿买来了一个特别的玩具，就是用来检查色盲的"测验色系"，它可以玩多种游戏。她特别希望那些男孩的母亲能够购买这种玩具，因为男孩的触觉和色感相对女孩较迟钝，要是不从小就有意识开发的话，他们的色感会处于非常迟钝的状态。

维尼夫雷特还有各种各样的小球和木片，这些玩具五颜六色，很适宜孩子玩耍，她的布娃娃都穿着色彩鲜艳的服装。斯特娜夫人就是利用这些玩具尽力开发她女儿的色彩感觉的。

蜡笔也是不可缺少的工具。斯特娜夫人经常和女儿做一种"颜色竞赛"游戏。游戏一般是这样进行的：她先在一张大纸上用红色蜡笔画一条3厘米左右的线，然后让女儿用蜡笔平行画出一条同样的红色线，接着她用蜡笔在自己的红色线之后接上一条青色线，再让女儿模仿自己用青色蜡笔画出一条线，游戏就这样进行下去。要是女儿没有用和自己线条相同颜色的蜡笔，女儿就输了，游戏就中止。

为了发展她的色彩感觉，斯特娜夫人在女儿能够走路的时候就带着她出去散步，尽量使她注意周围事物的颜色，比如海水、树林、天空的不同色彩。

女儿出生6周，爸爸买来了一些红色的气球，他们把气球绑在她的手腕上面，这样，气球就会随着手的摆动上下飘舞，孩子别提有多高兴了。之后，他们每星期换上另一种颜色的气球。这样一种游戏，能够使孩子得到诸如红的、绿的、圆的、轻的这些概念。

斯特娜夫人对女儿进行训练，没有任何勉强的成分。因为她知道孩子的天性，父母的目的是要使孩子的潜能得以发挥。她进行各种引导，就是为了不使女儿的某种潜在素质被埋没。与此同时，孩子在这样的教育之中，总会有事可干，不会因为闲得无事犯常见的毛病，比如咬手指头、哭叫等。

以上感官的开发使小维尼夫雷特在学习知识前已蓄势待发，在正式开始学习语言和其他知识时，便如鱼得水。

儿时的拼写训练将影响孩子一生

现在的老师和家长们都忽视了孩子的拼写训练，因为在他们看来拼写对于孩子来说并不是非常重要。有的学校和家长也督促孩子练习拼写或书法，可他们的目的好像仅仅是要孩子多拿几个奖或者是多培养孩子的一项技能。这就造成了现在的孩子的书写速度慢而且纯书写错误率高。

拼写直接影响孩子的学业水平。实际上，孩子书写水平的高低直接影响了孩子的学习成绩。通过细心观察，我们会发现，学习成绩比较好的学生的书写水平会高一些，学习成绩差的孩子的书写水平总体落后于前者（当然也有例外）。因此，我们应该从小就注意孩子的拼写训练。

斯特娜夫人在用ABC小木板的游戏方式教会女儿拼音后，又开始教她拼写。一次偶然的机会，她发现了打字机是一种教孩子拼写的最好工具，书中是这样阐述的："有一天，我正使用打字机，维尼夫雷特走进来，让我教给她打法。当天因没有空，就答应明天教她。第二天我外出回来时，她给我看一张纸。我一看，在那张纸上她用打字机打上了某一儿歌书中的一页内容。当然，她还只是打上了字，既无大号字，也没有间距。尽管如此，这也不简单啊！我当即夸奖她打得很好。"

从此，斯特娜夫人就开始教女儿打字。她非常高兴，天天打各种诗歌和故事。就这样，她不知不觉地便学会了拼写，以后又学会了写诗和写故事。这时她还不到3周岁。以后，她天天用打字机打出古今一些名诗和著名文章，并在不知不觉之中背下了这些有名的诗篇和文章。除了用打字机外，斯特娜夫人也同样没有放弃钢笔、纸这种传统的书写工具。

当维尼夫雷特模仿妈妈要用钢笔时，斯特娜夫人便抓住这一机会，教她写字。为此，斯特娜夫人努力教会女儿使用钢笔的方法。

维尼夫雷特第一次提出要用钢笔写字时，斯特娜夫人没给她钢笔，而是给的红铅笔，并鼓励她好好写自己的名字。她将名字写出后，让她爸爸看了大吃一惊并得到了表扬。于是，她也非常高兴，拼命练习。经过几天的努力，她终于漂亮地写出了自己的名字。这时她才1岁零5个月。在维尼夫雷特两周岁时，有一次她们全家3口住旅馆，斯特娜夫人让她自己在登记簿上签名，这使旅馆老板也吃了一惊。这样无形中就会形成对孩子的鼓励，孩子就会更有写字的兴趣。

在斯特娜看来，只要父母耐心教，孩子是会很快学会的。现在的父母也可以尝试用这样的办法来吸引孩子。

学生厌恶历史课理所当然

传授知识若只是死板地教，孩子不易记住。就像学校教的历史课，完全是照搬年代表，毫无趣味。学生厌恶它也是理所当然的。如果用讲故事的形式教，孩子就喜欢听，并且容易记住。因为故事可以锻炼孩子的记忆力，启发孩子的想象力并拓展他的知识面。故事形象易懂、切合实际，也便于小孩子记忆。同时，父母可以边给孩子讲故事，边让孩子自己叙述，这样既能锻炼孩子的语言表达能力，还可以提高孩子的记忆能力。

在小维尼夫雷特还不会说话时，斯特娜夫人就给她讲希腊、罗马、北欧各国的神话。等她会说话以后，母女俩就表演这些神话。斯特娜夫人的故事都是非常有目的性地讲述，对女儿讲神话是为了使她对天文学产生兴趣，让她看雕刻艺术是为了使她能够理解雕刻作品的内容。

还有一种方法父母可以采用，就是起初用讲故事的方法教，而后把它们编成纸牌，采用游戏的方式教。这样孩子们就能从游戏中读到一本有趣的书，并写出要点。比如斯特娜夫人为了使女儿牢记神话故事，她常常把有关内容编写在纸牌上。在教各国的历史时，也采用了同样的方法。

维尼夫雷特很小时就把各种事情写成韵文来记忆，因为韵文比散文容易记住。她写的韵文很多，其中有部分曾以《叙事诗》的名义出版过。

在维尼夫雷特 8 岁时，她父亲就曾用骸骨教她生理学。一次，她趁父亲外出旅行之机，就用韵文写下了已记住的骨、筋肉和内脏的名称。父亲回来后，见此大吃一惊。在学习生理学的同时维尼夫雷特还学习卫生学，从而懂得了有关食物和疾病的种种道理。

还有一点，父母需要非常注意，那就是在向孩子灌输各种知识时，这些知识一定是孩子将来用得着的。世间有些人，虽然读书破万卷，知道许多事情，但是仅仅是"知道"而已，这些知识对自己、对社会却都没有用。斯特娜夫人当然不想让女儿成为这样的人，因此她努力向女儿灌输服务精神，决心把她培养成能为社会和人类谋福利的人。

很多家长认为，讲故事很容易，只要拿着一本书给孩子讲出来就可以了，其实单单这样是达不到我们想要的效果的。真正的故事讲述是有很多学问的。

那么，我们怎样才能成为一个讲故事的专家呢？

首先，因为孩子年龄小，生活经验少，对事物的认识不够，生疏的事物不足以引起他的兴趣。因此，讲故事要从他熟悉的事物开始，给孩子讲一件有关他自己或在家庭里发生的真实事情，这样的故事会使他觉得生活是真实的。比如，"我还记得当你……的时候……"这样真实的故事会使孩子着迷。

其次，可以用孩子喜爱的玩具作为故事的主角，编几个故事给他听。并在这些故事中加入一些生活的小道理，这样比家长直接教育效果要好很多。

最后，可以让孩子来填充故事的空白。在讲故事的过程中，时不时停下来，要求孩子把故事情节讲完。一个故事他可能已经听过很多次，也可能完全没有听过，这样可以提高孩子的想象力和记忆力，而且孩子能从中获得许多乐趣。

我们在讲故事的时候还要注意以下几个问题。

（1）讲故事要用孩子能听懂的语言，不要用成人语言，或照本宣科地用书面语言。

（2）讲故事时还要注意声调的变化，要绘声绘色，但也不宜过分夸张，这是因为一方面绘声绘色更能表现故事的思想感情，帮助孩子领会；另一方面可以影响孩子的语言表现力。

（3）故事内容要短，要形象，并且要根据孩子的性格有针对性地讲解。

（4）讲故事的时间不要过长，一般 20 分钟以内最好。

给孩子建立"品行表"

尽管我们都知道品行的重要性，却不懂得品行在生活中孕育的道理。其实，孩子的日常生活行为与态度，一旦形成习惯，就会成为孩子性格中的一部分，它势必会影响孩子的学校生活、生活习惯、人际交往、品德、意志等各方面的发展，甚至会影响孩子的一生。

如果家长忽视日常生活的教养，疏忽生活教育，不重视品行的培养，那么孩子将不会友善待人，也不会自爱。

人生在世，自己的所作所为必然会得到相应的报答。斯特娜夫人认为，让孩子懂得这一道理非常重要。她就是按着这一原则教育维尼夫雷特的。例如，如果孩子做了好事，第二天早起时，她就能在枕头旁边发现放着好吃的点心。斯特娜会告诉她，这是由于你昨天做了好事，仙女奖赏给你的。假若她做了坏事，第二天早上起来这些东西就不见了。这时斯特娜就告诉她，因为你昨天做了不好的事情，仙女没有来。

孩子脱下衣服，自己不收拾时，就让它一直放到第二天，斯特娜也不收拾，并且决不拿出新衣服给她穿。如果她晚上把发带折叠好，"仙女"就时常给换成新的。如果不好好收拾，就只得戴旧发带。如果她把玩偶丢在床上不收拾好，"仙女"就把它藏起来，使她几天之内不能用这一玩具做游戏。

有一天，维尼夫雷特把一个珍贵的娃娃丢在了草坪上，被小狗给咬坏了。因此，她哭叫着把它拿到妈妈那里。妈妈抱起她，并说真可怜。但是，妈妈决不说给她买新的，还教训她说："把那么好的娃娃放到草坪上，这是多么残忍啊，假若我把你放到野外，被老虎和狮子吃掉的话，做妈妈的该有多么心痛呀！"

还有一次，小维尼夫雷特要到朋友家去，问妈妈可不可以。妈妈说，可以，并且要她必须在12点半以前回来。但是，那天不知为什么，她12点半没有准点回来，而是过了10分钟才回来。妈妈什么也没说，只是指了指手上的表让她看。孩子知道迟到不对，道歉说："是我不对！"吃完饭，她就赶紧换衣服，准备去看她们每到星期二就去看的好看的戏剧、电影等。妈妈让她再看看表，并说："今天因时间太紧迫来不及了，戏是看不成了。"于是，她流了眼泪。妈妈只对她说了句："这真遗憾！"但并未采取别的手段。妈妈这样做是为了让她知道，妈妈说话是算数的，并且都是为她好。

　　为了使维尼夫雷特养成良好的品行，妈妈还给她绘制了"品行表"，一周一张，内容有13项：服从、礼节、宽大、亲切、勇敢、忍耐、真实、快活、清洁、勤奋、克己、好学、善行。

　　如果女儿做了与这些项目相符的行为，就在那天的一栏中贴上一颗金星，反之，则贴上一颗黑星。每星期六数一下，若金星多的话，下周内就可得到和金星数相等的书、发带、鲜果等，如果是黑星多，就不能得到这些物品了。

　　这个品行表，在星期六统计之后也不准她将其扔掉，这样做是为了使女儿下决心，在下周消灭黑星。这样做也有利于培养孩子积极的心态，因为如果长期保留黑星，会使孩子感到沮丧。

　　宽大、亲切、勇敢、忍耐、真实、快活、清洁、勤奋……这些美德是学习成绩、家庭背景、交际关系所无法替代的，是孩子今后成就一切大事的根本素质。家长不妨仿照斯特娜夫人的方法，为自己的孩子量身定做一张"品行表"。

斯宾塞的快乐教育：

给孩子一个宽松成长的环境

斯宾塞的教育思想像一道闪电冲击着美、英、法、意等国的教育，特别是在美国，他的教育思想"统治"大学的时间达 30 年之久。许多家庭和学校都竞相购买他的教育著作，作为培养孩子的指南。他先后获得了 11 个国家的 32 个学术团体和著名大学的荣誉称号，并被提名为诺贝尔文学奖的候选人……

错误不在于兴趣，而在于家长的态度

生活中很多家长认为，任凭孩子随着兴趣的引导，玩那些看上去毫无意义的东西，即使让孩子花上一两年他也不能增长多少知识。

斯宾塞认为，错误并不在于孩子的兴趣，而在于家长能否进行正确的引导，引导他从中去获得新的知识、方法和对孩子有益的习惯。古往今来，不少有成就的科学家、文学家、思想家的成功都是在小时候的兴趣爱好的基础上开始的。就像爱因斯坦所说的："兴趣最好的老师。"沿着这位"老师"指引的途径走去，也许可以寻找到自己独特的生命的乐园和事业的归宿。兴趣是位风趣的老师，因为它把"学"与"玩"统一起来，寓学于玩，"玩"中求"乐"；兴趣又是位热情的老师，它能诱发孩子更加喜欢学习，热爱学习。自己感兴趣的东西，人们总认为是最美好、最富有诗情画意的。

当斯宾塞发现儿子小斯宾塞开始对花园里的蚂蚁产生兴趣时，便也加入了他的"兴趣小组"。第一天，仅仅是看，是玩。看它们怎样把一粒面包屑搬回来，怎样跑回去报信，带来更多的蚂蚁……第二天，斯宾塞拟出了一份关于蚂蚁的"研究"计划。

（1）在"自然笔记"里开设蚂蚁的专页。

（2）从书本上更多地了解蚂蚁，并做笔记。

（3）蚂蚁的生理特点：吃什么？用什么走路？用什么工作？

（4）蚂蚁群的生存特点：蚂蚁群有没有王？怎样分工？怎样培育小蚂蚁？

有了目标，小斯宾塞的兴趣更浓了。如果说开始他只是觉得好玩，那么现在他觉得有意义了。这项研究持续了几乎一个夏天。实际上，在这份计划里，已融入了系统获取知识的方法，还能培养孩子专注达到目标的意志。

类似这样的事一件又一件地、"必然地"发生在小斯宾塞的身上。蚂蚁之后是鱼，鱼之后是鸟类，鸟类之后是蜜蜂。有趣的是，小斯宾塞不仅学习到了关于这些动物的一般知识，而且开始发现它们的一些"群类特点"。

斯宾塞说，父母在这种事上"所表现出来"的兴趣会使孩子获得肯定，而有目的的引导会不知不觉地让孩子学会求知的方法。

有人说：兴趣是学习的促进剂，不管是什么，最终还是要转化为动力，推动自己学习。可令人遗憾的是，现在虽然很多父母知道培养孩子兴趣的重要性，却常常会指责孩子的一些"没有用"的兴趣。他们企图按照既定的模式去设计孩子的未来，保留一些"有用"的兴趣，同时剔除一些"没用"的兴趣。

在斯宾塞看来，这种想法和做法可以用荒唐来形容，因为对于孩子的心智发展来说，兴趣无所谓"有用"或"没用"。每一个孩子都会对不同的事物产生不同的兴趣，每一种兴趣都会引导孩子培养某种特长。发明大王爱迪生聪明吗？不聪明，小学都没毕业学校就不要他了，但他有一个了不起的妈妈，爱迪生的妈妈懂得教育的秘诀，注重培养孩子的兴趣；诗人郭沫若小学时语文不及格，说明他小时候也是一个很普通的孩子，就因为他对诗文感兴趣才成了大文学家。所以说，兴趣是最好的老师，只要能培养孩子学习的兴趣，让孩子喜欢学习、主动学习、努力学习，你的孩子就一定是未来的爱迪生，或者是未来的郭沫若。

那么父母应该怎样利用孩子的兴趣，通过引导的方式来开发孩子的智力呢？斯宾塞给家长们提出了以下建议。

（1）当孩子对某种事物表现出兴趣时，不能简单地因为自己认为"没用"而指责、否定他。

（2）利用这种兴趣可能给他带来的快乐专注，从而使他获得与这一兴趣相关的知识。

（3）引导孩子通过自己查阅和请教别人的方式来获得知识。

（4）记录是使知识存留下来，并训练使用文字、图画、书籍的好办法。

（5）对于还不具备文字记录能力的孩子，父母也要给他准备一个笔记本，把题目写下来，让他口述。

（6）尽量不使用"任务""作业"这类词，而代之以有趣的开头。

是我们扼杀了孩子的学习愿望

无论是在课堂上还是在生活中，我们费尽心思地把我们所能知道的全部知识一股脑儿灌输给孩子，不问他们理解与否，最后发现，孩子们已变得习惯于被动接受，懒于思考。其实，是我们的教育扼杀了他们的好奇心，也扼杀了他们学习的愿望。

著名教育家苏霍姆林斯基说，儿童想要好好学习的愿望是跟他乐观地认识周围的世界，特别是自我认识不可分割的。如果儿童对学习没有一种喜爱，没有付出紧张的精神努力去发现真理，并在真理面前感到激动和惊奇，那是谈不上热爱知识的……

这种"喜欢、激动、惊奇、紧张"便是好奇的表现。当孩子们好奇心被激起时，便会积极地去思考，主动地去探究真理，学习的兴趣也就产生了。斯宾塞的快乐教育与他的观点不谋而合。斯宾塞认为，是好奇心让孩子自愿学习。

斯宾塞认为，很多孩子对学习敌视，因为他们不明白学习的真正意义。我们来看斯宾塞是怎样教育他的儿子的。

小斯宾塞很小的时候也和现在很多孩子一样对书本根本提不起兴趣。为了提高他读书的兴趣，斯宾塞想了一个绝妙的主意。一天，斯宾塞拿着个沙漏，告诉儿子，这是古时候的钟表，里面的沙子全部漏下去时，刚好是三分钟。小斯宾塞听说后对这个沙漏很好奇，也想玩玩。这时斯宾塞说，以沙漏为计时器，听爸爸一起讲故事，每次以三分钟为限，看看这个漏斗是不是准确。小斯宾塞很高兴地答应了。但事实上小斯宾塞的注意力全都在这个沙漏上了，根本没有看书，三分钟一到，便跑去玩了。

斯宾塞没有气馁，他一次又一次地和小斯宾塞玩这个游戏。这样数次之后，小斯宾塞的视线渐渐由沙漏转移到故事上了。虽说约定三分钟，但三分钟过后，因为故事情节吸引人，小斯宾塞听得特别入神，他要求延长时间，但斯宾塞坚持"三分钟"约定，不肯继续讲下去。小斯宾塞为了早点知道故事情节，就自己主动阅读了。

这样，小斯宾塞越来越喜欢读书，遇到不认识的字还会主动询问。后来，他又学会了查字典，学会了很多同龄人不会的生字。

当然，后来故事书也远远不能满足他的阅读兴趣了，小斯宾塞开始广泛地阅读更多有用的书籍，对学习的兴趣也越来越浓厚了。

从小斯宾塞的身上我们可以看到，好奇心不是凭空产生的，它是可以培养的，如果要学习的内容就像一壶白开水，没有一点儿悬念，没有人会对此产生兴趣，真正的趣味学习在于制造悬念，由浅入深。

教育孩子读书就是要勾起他们的好奇心，利用孩子的好奇心，让孩子乖乖地学习，还以此为乐。那么我们应该如何激发孩子的好奇心与学习动机呢？

主要有以下几点。

（1）幽默感：对孩子不要用命令、威胁、说教或斥责的口气，因为这样往往会使孩子产生恐惧而畏缩。给孩子温暖和安全感，然后发现问题并协助他解决问题。

（2）尊重孩子的个别差异：每个孩子天生有其不同的兴趣和爱好，强迫其学习往往会事倍功半。

（3）关爱而非溺爱：家长给孩子的是他所需要的，而不是他所要求的全部。

（4）善用沟通技巧：多跟孩子沟通，孩子的好奇心与学习动机是在他人注意地看他、面带微笑、专心倾听以及同情心的语言沟通过程中被引发的。

激发孩子健康的好胜心

在斯宾塞看来，适当引导孩子的好胜心也是激发他学习兴趣的关键。孩子天生就有或多或少的竞争意识和好胜心理。这种心理本身没有好坏之分，只要我们正确引导，就可以利用孩子的这种心理促进其全面健康发展，使孩子变得更优秀。

小斯宾塞一直被铁匠的儿子强尼视为竞争对象，因为小斯宾塞的成绩在班里一直遥遥领先。

小斯宾塞对这件事向来都不在意。直到有一次他在体育课上长跑输给了强尼，并且被强尼和其他孩子奚落，小斯宾塞才愤怒了，冲上去扑打强尼，但是强尼个子比他高，力气也比较大，小斯宾塞反而被推倒在地。

当斯宾塞了解了整件事后，说："孩子，你输给强尼是很自然的，"他安慰孩子说，"但是这并不是你的错，而是我没有加强你平时的体育锻炼……现在弥补还来得及，你愿意吗？你还想赢他吗？"

"想！"小斯宾塞擦干脸上的泪痕，精神马上就足了。

于是，从第二天起，小斯宾塞就开始锻炼——为了超越自己，在跑步方面胜过强尼。

在第二个学期的长跑比赛中，强尼和小斯宾塞并列第一。小斯宾塞对这个结果感到很满意。

如果你是几个孩子的母亲，小时候给他们分苹果。这些苹果有红有绿，大小各不同。你会怎么做呢？是告诉孩子好孩子要学会把好东西让给别人，不能总想着自己呢，还是把那个最大、最红的苹果举在手中，说"这个苹果最大、最红、最好吃，谁都想要得到它。很好，现在，让我们来做个比赛，我把门前的草坪分成几块，你们一人一块，负责修剪好，谁干得最快、最好，谁就有权得到大苹果"呢？

这是个真实的例子，前一个母亲教育的孩子为了讨母亲的欢心，学会了撒谎，最后进了监狱，而后一个母亲的儿子从中明白了一个最简单也最重要的道理：要想得到最好的，就必须努力争第一，结果最后成了白宫的主人。

可见，母亲对好胜心的引导有多重要。那么，在实际生活中，我们应该怎样引导孩子的好胜心朝着正确的方向发展呢？

1. 让孩子明白，竞争最终的目的是要超越自我

竞争取得胜利的关键在于实力，而要提高实力，关键是超越自己。当然，孩子要提高自己就得向别人学习，要进行横向的比较，以发现自身的优势和不足，但是无论怎样横向比较，最终还要改变自我，才能有成效。连自我都不能超越的人是无法超越别人的，超越自我是超越别人的前提，超越别人只不过是超越自我的一种自然结果。很多家长把超越自我和超越别人的关系颠倒了，他们总是搞横向比较，忽视了孩子自己跟自己比是否有进步。这样时间久了，孩子就会形成眼睛盯着别人位置的不正常的"排队心理"，于是很自然就会滑向嫉妒的泥坑。

2. 竞争应该对事不对人

所谓"胜"，只是说一个人在某一件事情上比别人做得好，如此而已。别人语文不如你，但数学可能比你好；别人学习不如你，但体育可能比你强；别人绘画不如你，但音乐可能比你好。也就是说，所谓胜负，主要是对事而不对人的，人都是平等的，都是好孩子。这样的"好胜"和"竞争"就不容易造成某些孩子的妄自尊大和另一些孩子的自卑，就比较健康。如果对孩子某次考试成绩的高低和某次比赛的输赢太在意，老要分出个"好生"和"差生"来，这种竞争的结果就会涉及孩子整个的生活质量，于是一下子就把孩子的注意力从事情的比赛转移到人的位置上去了。

3.告诉孩子，有竞争就有失败

在竞争中，孩子难免会遭到失败，受到打击。这时，父母千万不能责备、讥笑孩子，这样会使他气馁，甚至失去信心，丧失竞争意识。父母可以引导孩子从竞争中发现自己的进步和长处，帮助孩子走出失败的阴影，使他懂得竞争既是展示自己的力量，也是检验自己的不足，其目的是求得进步。

让家庭给孩子快乐的力量

斯宾塞认为：不是每个人都能完全改变孩子的境遇，即使父母已经意识到这种不快乐的境遇对孩子的影响。但是，几乎每个父母都可以改变自己的家庭。

家庭环境对于孩子的心智和才能的发挥至关重要。孩子不管遇到什么不快乐的事情，只要回到家中，家庭就应该给予孩子快乐的力量。

我们该如何营造出一种让孩子感到快乐的家庭氛围呢？

1.保持家庭生活的美满与和谐

家庭和睦也是培养孩子快乐性格的一个主要因素。有关资料统计，幸福的家庭中成长起来的孩子，成年后能幸福生活的比在不幸家庭中成长起来的孩子要多得多。家庭和睦的一个重要表现首先应该是父母真诚相爱，而且要公开地让孩子们看到这种爱情。父亲要很真实地让他们看到那些细微的关心：在饭桌边为她摆好椅子，逢年过节向他们的母亲赠送礼物，出门时给她写信……

如果一个孩子了解他的父母是相亲相爱的话，就无须更多地向他解释什么是友爱和美善了。爸爸妈妈的真实情感流入了孩子的心田，从而培养他能够在将来的各种关系中发现真挚的感情。当妈妈和爸爸手拉着手散步时，孩子也会和他们拉着手，但如果他们各行其道，孩子便会很自然地跑到一边。

2.人格独立平等

在良好的家庭环境中，家长和孩子的人格应保持平等，父母不应该因子女年纪小而漠视他在家中的地位。平等是营造良好的家庭氛围的前提。父母、子女任何一方的优越感都会对其他家庭成员造成心理压力，使双方产生心理隔阂。

一个甜蜜的家庭，父母与子女间应该有最好的沟通之道，而且彼此体谅与尊重。父母给孩子自由，同时教孩子对自己的行为结果负责任，使子女能明白权利

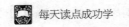

与义务的关系。

3.给孩子提供决策的机会和权利

快乐性格的养成与指导和控制孩子的行为有着密切的联系。父母要设法给孩子提供机会，使孩子从小就知道怎样使用自己的决策权。

4.父母要教孩子调整心理状态

父母应使孩子明白，有些人一生快乐，其秘诀在于他们有很强的心理素质，这使他们能很快从失望中振作起来。当孩子受到某种挫折时，要让他知道前途总是光明的，并帮孩子调整心理状态，使其恢复快乐的心情。

快乐教育的禁区

"别人行，你为什么就不行？"这是许多家长训孩子的口头禅。某女士一说起儿子的学习就特别激动："我们做父母的舍不得吃、舍不得穿，一心只想孩子好好读书，可他就是不争气。我姐姐的孩子比他还小1岁，学习从来就没让父母操过心！我横看竖看，我们的孩子不比别人差啊，别人行，他为什么不行？"

不少父母老想给孩子树立榜样，拿自己孩子的不足与别人的长处相比较，这是一种盲目的教育心态，父母的这种教育方法容易使孩子产生挫败感，不利于培养孩子的自信心。没有一个孩子愿意承认自己比别人差，他们希望得到大人的肯定，他们对自己的认识也往往来自大人的评价，而这种肯定式的评价对孩子自信心的培养亦是尤为重要的。父母总是强调孩子比别人差，会使孩子经常自我否定，当孩子遇到困难时就会恐慌、退缩，对孩子的心理造成伤害。

家长要学会欣赏孩子，不要总是拿自家的孩子与别人比较，孩子之间是无法比较的。每个孩子都是自然界最伟大的奇迹，以前没有像他们一样的人，以后也不会有。由此，我们要让孩子保持自己的本色！不论好坏，你都要鼓励孩子在生命的交响乐中演奏属于自己的乐章。这是最大化开发孩子潜能的重要通道，也是最大化培养孩子自信的源泉，更是实现孩子人生价值的必由之路。

斯宾塞一生都在提倡快乐教育，他提醒，要实现快乐教育，就必须避免走入下列教育的误区。

1.粗暴尖刻的言语

小斯宾塞有一个同学叫莎拉，他胆子很小，从小生活在爷爷奶奶身边，爷爷奶奶对他呵护有加，日常生活几乎大包大揽地代办，慢慢地，莎拉养成了内向、胆怯的性格。

后来，莎拉开始到父母身边生活，爸爸脾气比较暴躁，莎拉在他面前经常吓得什么都不敢说，不敢做。一天，家里来了客人，爸爸让莎拉给客人倒水，一不小心，茶杯摔在了地上，爸爸当着客人的面劈头盖脸地骂道："你真是个笨猪！"生性敏感的莎拉羞愧得无地自容。

当天晚上，莎拉做了一个噩梦，看见爸爸恶狠狠地指着他的鼻子，用手指着他的脸。从今以后，莎拉看到爸爸就紧张，越紧张越是出错，每当这时，爸爸都毫不留情地加以训斥。莎拉最后患了恐惧症，每天晚上做噩梦，一点儿风吹草动都紧张得不行。

莎拉的父母是爱他的，这一点毋庸置疑，但是他们无法控制自己的情绪，常常以粗暴的打骂来发泄情绪。

现实生活中，很多父母常常不注意就挫伤了孩子的自尊，如："你看看人家邻居的孩子，学习多好啊，你怎么就这么笨呢？""你和你爸爸一样，都是没出息的东西。""你真笨，连这样简单的问题都不会。"

这些言语会严重挫伤孩子的自尊、自信。最可怕的是它还将影响孩子的一生，使他们长大以后心理有缺陷。

2. 冷漠和麻木

所有的孩子都希望自己能够引起别人的注意，孩子既愿意得到父母的表扬，也愿意忍受父母的批评，而最不希望自己被父母忽视。

冷漠对孩子来说是极具杀伤力的行为。在斯宾塞看来，冷漠地对待孩子比打骂孩子更加恐怖。在冷漠的环境中成长的孩子会很容易产生心理异常、心理变态。

3. 伤害孩子的自尊心

斯宾塞指出，每一个孩子的心灵世界，是要靠自尊来支撑的。尊严可以带给人自信，也可以改变一个人的命运。

每个人都有自尊，尤其是还未成年的孩子。他们往往因为年龄、阅历的关系更在意别人的话语，尤其是自己的父母。父母无意间说出的许多话，都可以潜入孩子意识当中，而且在孩子的成长过程和成年生活中不断地支配他们的行为。

孩子的自尊心像幼苗，一旦受到伤害，会留下难以愈合的伤口，甚至会影响他的一生。所以父母除了保护孩子的自尊心外，还应该注意培养孩子正常的自尊心理。

倾听孩子的心声

在成年人的世界里，有一种特别受大家欢迎的人，他们在听对方谈话时，无论对方的地位怎样，总是耐心地、专注地倾听，说者自然也就感觉畅快淋漓，受到重视。

我们也曾这样耐心地对待过我们的孩子吗？每当孩子主动向你倾诉时，你可曾放下手中的工作，让他畅所欲言，把心中的郁闷宣泄出来？有时孩子只是一时想不开，过度地焦虑；有时孩子希望有人为他分担一些痛苦。这时候，孩子也许会对父母吐露心事，希望得到父母的支持和鼓励。父母与孩子之间若能彼此倾诉，经常恳谈，问题就会少很多。

斯宾塞认为，不管在什么样的情况下，我们能够倾听孩子说话都是令人高兴的事。你可以想一想，当孩子兴致勃勃说话的时候，父母不但不愿意听，而且还打断他说话，那多让孩子扫兴啊！即使是大人，如果受到这样的对待，也会感到自己不受重视。

现在的孩子大多数是独生子女，加上和同学们的接触有限，都有一种以自我为中心的倾向。父母实际上是与他们交往时间最长的人。如果你的孩子没有和你谈过心，那你就该检讨自身的问题了。如果想让孩子敢跟你谈心，你就应该学会认真倾听。

小斯宾塞喜欢在吃晚饭时和爸爸说他们学校、同学以及周边发生的事情：哪个同学被老师表扬了，哪个同学被老师惩罚了；他在田野里发现蝴蝶开始飞舞了；同桌乔治在女同学的书桌里放蟾蜍……小斯宾塞总是滔滔不绝地说着，尽管斯宾塞有时候很忙，需要静下心来想些事情，但对于孩子的话，他还是会饶有兴致地倾听。

最好每周召开一次"家庭会议"，让孩子就一个星期以来发生的事情，说说自己的看法和感想。孩子的情绪得到宣泄的渠道，心理就会比较健康。以后孩子会在自己遇到困难时主动与父母交流，也由此可以避免一些不必要的事情发生。

卷七
最高明的投资策略卷

· 第一讲 ·

跟 "股神" 沃伦·巴菲特学投资

沃伦·巴菲特就好像希腊神话中的迈达斯神，有点石成金术。他的合伙人企业曾连续多年超过道·琼斯工业指数几十个百分点，令华尔街人士目瞪口呆。股东们对他的追随和关注，形成奇特的 "巴菲特现象" ——他的健康状况会直接影响股市行情的涨落。他被誉为 "当代（也许永远是）最成功的投资者"。他手持100美元跻身于投资行业，迄今个人财富已逾数百亿美元，曾一度超越比尔·盖茨，成为美国新首富；他是股东们永远的话题。这位喝着百事可乐却投资可口可乐的奥马哈人，一举手一投足都牵动着华尔街；他的习惯是阅读财务报表，敏锐的市场眼光和坚守诺言是他的成功法宝。

投资要不按 "常理" 出牌

毛泽东在战争初期已经能够力排众议，确立了 "真理掌握在少数人手里" 的正确观点，被他的政敌说成不讲 "操守" 的人。投资大师巴菲特也有类似的观点和特立独行的习惯，出牌不讲 "常理"，也是讲求真理掌握在少数人手里。

1. 不预测市场走势

任何对沃伦·巴菲特略有所知的人都知道他对预测的立场是清楚明了的：不要浪费自己的时间，不管是经济预测、市场预测，还是个股预测，巴菲特坚信预测在投资中根本不会占有一席之地。在他投资生涯的四十多年里，他获取了巨大的财富和无与伦比的业绩，他的方法就是投资业绩优秀的公司，与此同时，避免因推测未来的市场走势而给投资者造成惶恐甚至是灭顶之灾。

每天对着大盘预测是一件很无聊的事，巴菲特从来不预测大盘，因为在任何点位预测大盘都是愚蠢的行为。他说，不要试图预测，市场的真谛在于它的不确定性，预测往往会把个人的情感强加给市场而左右你的操作，要根据走势而不是根据想象交易。要明白，市场永远是对的，错的只是你的交易。市场没有专家，只有赢家和输家。

2. 不担心经济形势，不理会股票市场的每日涨跌

巴菲特认为正如人们无须徒劳无功地花费时间担心股票市场的价格，同样的，他们也无须担心经济形势。如果你发现自己正在讨论或思考经济是否稳定地成长，或正走向萧条，利率是否会上扬或下跌，或是否有通货膨胀或通货紧缩，请停下来吧。巴菲特认为经济原本就有通货膨胀的倾向，除此之外，他并不浪费时间或精神去分析经济形势。

除了不担心经济形势之外，巴菲特还对股票市场的每日涨跌无动于衷，这一点说起来让人难以置信。巴菲特解释说："请记得股票市场是狂癫与抑郁症交替发作的场所。有的时候它对未来的期望感到兴奋，而在其他时候，又显出不合理的沮丧。当然，这样的行为创造出了投资机会，特别是杰出企业的股价跌到不合理的低价时。"

在巴菲特的办公室里并没有股票行情终端机，似乎没有它，巴菲特也觉得无所谓。他认为如果一个人打算拥有一家杰出企业的股份并长期持有，但又去注意每一日股市的变动，是不合逻辑的。最后他将会惊讶地发现，不去持续注意市场变化，他的投资组合反而变得更有价值。不妨做个测验，试着不要注意市价48小时，不要看着计算机、不要对照报纸、不要听股票市场的摘要报告、不要阅读市场日志。如果在两天之后持股公司的状况仍然不错，试着离开股票市场3天，接着离开一个星期。很快地，他将会相信自己的投资状况仍然健康，而他的公司仍然运作良好，虽然他并未注意它们的股票报价。

"在我们买了股票之后，即使市场休市一两年，我们也不会有任何困扰，"巴菲特说，"我们不需对拥有百分之百股权的喜诗或布朗鞋业，每天注意它们的股价，以确认我们的权益。既然如此，我们是否也需要注意可口可乐的报价呢，我们只拥有它7%的股权。"很显然，巴菲特告诉我们，他不需要市场的报价来确认伯克夏的普通股投资。对于投资个人，道理是相同的。当我们的注意力转向股票市场，而且在心中的唯一疑问是"有没有人最近做了什么愚蠢的事，让我有机会用不错的价格购买一家好的企业"时，我们就已经接近巴菲特的水准了。

巴菲特给投资者的忠告：事实上，人的贪欲、恐惧和愚蠢是可以预测的，但其后果却是不堪设想的。

选择并拥有有能力在任何经济环境中获利的企业；不定期地短期持有股票，

只能在正确预测经济景气时，才可以获利。

不要让股市操纵你的投资行动。股票市场并不是投资顾问，它的存在只是为了帮助你买进或卖出股票罢了。如果你相信股票市场比你更聪明，你可以照着股价指数的引导来投资你的金钱。但是如果你已经做好你的准备作业，并彻底了解你投资的企业，同时坚信自己比股票市场更了解企业，那就拒绝市场的诱惑吧。

理性投资人真正的敌人是乐观主义。

3. 忽视所谓的多头和空头市场

巴菲特完全忽视所谓空头和多头市场，他所做的仅仅是以他认为合理的价格买进股票。如果股价过高而无法提供足够的投资报酬，那么他就不会买进，每日市场的变动不会影响巴菲特，而且他也不会去考虑这档子事。反之，他所思考的是投资哪些企业，并以合理的价格买进。

纵使"多头市场"在反转时也可能涌进大量买盘，而在空头市场，仍有许多公司的股票被贱卖，通常应利用这个大好机会，来寻找投资机会。大家认为空头市场的时候，巴菲特并不会卖出股票套现，也不会袖手旁观而缺乏行动，他眼中看到的都是机会，而其他的投资人满眼都是恐惧。

4. 在别人小心谨慎的时候勇往直前

巴菲特是一个众所周知的精明投资者。当巴菲特在20世纪80年代购买通用食品和可口可乐公司股票的时候，大部分华尔街的投资人都觉得这样的交易实在缺乏吸引力。当时多数人都认为通用食品和可口可乐从股票投资的角度来看是缺乏吸引力的，因为通用是一个不怎么活跃的食品公司，而可口可乐则作风保守。在巴菲特收购了通用食品的股权之后，由于通货紧缩降低了商品的成本，加上消费者购买行为的增加，使得通用公司的盈余大幅增长。在1985年菲利普摩里斯（美国一家香烟制造公司）收购通用食品公司的时候，股价足足增长了3倍；而在伯克夏1988年和1989年收购可口可乐公司之后，该公司的股价已经上涨了4倍之多。

在其他的例子里，巴菲特更展现了他在财务恐慌时期仍然能够毫无畏惧地采取购买行动的魄力。1973-1974年是美国空头市场的最高点，巴菲特收购了华盛顿邮报公司；他在GEICO公司濒临破产的情况下，将它购买下来。他在华盛顿公共电力供应系统无法按时偿还债务的时候，大肆进场购买它的债券；他也在1989年垃圾债券市场崩盘的时候，收购了许多RJR奈比斯科公司（美国一家极大的饼干制造公司）的高值利率债券。巴菲特说："价格下跌的共同原因，是因为投资人抱持悲观的态度，有时是针对整个市场，有时是针对特定的公司或产业。我们希望能够在这样的环境下从事商业活动，并不是因为我们喜欢悲观的态度，而是因为我们喜欢它所制造出来的价格。"

永远拒绝输钱

巴菲特是在大萧条时期出生的，而他年轻时的性格就是围绕变成大富翁的渴望逐渐形成的。在小学、中学，他一直跟同学们说他会在35岁之前成为百万富翁。当他年过35岁时，他的净资产已经超过了600万美元。

有一次，当有人问他为什么会有赚这么多钱的理想时，他回答："这不是因为我需要钱，而是为了享受赚钱和看财富成长的那种乐趣。"巴菲特对钱的态度是未来导向性的，当他损失了（甚至花掉了）1美元时，他想的不是这1美元，而是这1美元本来可能变成什么东西。

1. 损失计算与众不同

巴菲特的妻子苏珊是个购物狂。她曾花1.5万美元更换家具，根据巴菲特的高尔夫球友之一鲍勃·比利希所说，"这就像是要杀了巴菲特"。巴菲特对比利希抱怨说："你知道这些钱算上20年的复利相当于多少钱吗？"这种对钱的态度渗透在他的投资思维中。普通人赔了钱，通常会计算我们实际失去了多少美元，但巴菲特不是这么做的，他眼中的损失是那些美元本来可能变成的东西。例如，他曾在伯克夏公司1992年年会上说："我想我最糟糕的决策就是在20岁或21岁的时候去一家加油站工作，我损失了20%的净资产。所以说，我估计那家加油站让我损失了大约8亿美元。"

2. 收益的反面是损失

有很多人在投资中都在强调保住本金的重要性，却没几个人真的实施它。巴菲特问过许多投资者这样一个问题："你觉得把保住本金作为你投资的第一目标怎么样？"绝大多数投资者对此都有些不屑。绝大多数人的观念是：赚大钱的唯一途径就是冒大险，永不冒险也决定了你永远不会赚大钱。在巴菲特看来，这实在是一个危险的想法，因为利润总是和损失相关的，就像是一枚硬币的两面：要想得到赚一美元的机会，你必须承受失去一美元（可能会更多）的风险。

巴菲特给投资者的忠告：规则第一条：永远不要损失；规则第二条：永远不要忘记第一条。

风险来自你不知道自己正做什么。你不得不自己动脑。我总是吃惊于那么多高智商的人也会没有头脑地模仿。在和别人的交谈中，我没有得到过任何好的想法。

3. 永远杜绝赔钱

如果一位普通投资者在股市中损失了50%的资金，那么要想回本，就必须在下次投资中赚100%，而这一过程需要多久呢？如果你的年平均投资回报率是15%，那么你要在6年之后才能弥补过去的损失。"股神"巴菲特的年平均投资回报率是24.7%，他完成这一成就需要花3年零2个月，而年平均回报率达到28.6%的索罗斯则"只需"2年零9个月。真是一件太浪费时间的事！如果当初能够避免这笔损失，一切不就简单得多了吗？难道避免赔钱不是比赚钱要容易得多吗？无论对谁而言，赔钱都实在是对"财富成长"这一基本目标的最严重背离。因此，所有的投资者都应该永远杜绝赔钱。

如何用三条老经验打天下

尽管市场一直在变，但巴菲特的投资策略却几乎没有变。当其他投资者和投机者们追随时尚，并被许多深奥的投资方法愚弄的时候，巴菲特一直坚持着他近乎常识性的方法，这个方法帮助他积聚了数十亿美元的财富。他是如何做到的呢？这就是巴菲特的三条"老"经验。

1. 把股票当作商业进行分析

巴菲特投资的时候，他看到的不是股票，而是商业。他看股票的时候，飞快地扫一眼价格，并开始分析这项商业的收益。巴菲特逐一分析这些股票是否符合商业准则、管理准则和财务准则，这些准则代表了他的投资分析核心。接下来，他会计算出这些商业的价值。这时，他才去看股票的价格。

这是有助于解释巴菲特投资成功的关键的一点。大多数人只看见股票因素，而巴菲特分析的是全部商业因素。巴菲特独特的商业经历使他具有不同于其他投资者的优势。通过持有和管理多种商业，同时投资于普通股票，他获得了第一手的经验。在他的商业冒险中，他经历过成功，也遭遇过失败，他把这些经验和教训都运用到了股票市场。

这种直接经验带来的洞察力，只有通过实践才能获得，其他专业投资人士没有经历过这种教育。当他们忙于学习资产定价模型、贝塔（β）值以及现代投资组合理论的时候，巴菲特正在研究他的公司的收入报告、平衡表、资本再投资需要以及现金创造能力。

　　拥有和管理公司给巴菲特带来了明显的益处。但是，这并不是说，采用巴菲特的准则，要获得成功，投资者就必须先管理一家公司。无论是否曾经管理过公司，对所有投资者来说，最重要的是，分析股票的时候，就好像他们确实管理着这家公司。

　　巴菲特相信，投资者了解公司的方式应当与商人一样，因为从根本上说，他们两者想要得到的东西是一样的。商人希望买下整个公司，而投资者希望购得公司的一部分。如果你问商人，他们购买公司的时候考虑的是什么，你经常得到的答案是："公司能带来多少现金收益？"财务理论表明，随着时间的推移，公司的价值与其现金创造能力有直接关系。那么，从理论上说，商人和投资者应当了解相同的变量。

　　"在我们看来，"巴菲特说，"学习投资的学生只需要学好两门课程：如何确定一家公司的价值，以及如何看待公司的市价。"

　　任何想效仿沃伦·巴菲特的投资方法的人必须学习的第一步是，把股票当作商业，这是首要的，也是最重要的。"任何时候，当我和查理·芒格为伯克夏公司购买普通股票的时候，"巴菲特说，"我们都把交易当作购买私人财产一样处理。我们了解公司的经济前景，了解管理公司的人们以及我们必须支付的价格。"

　　巴菲特给投资者的忠告：投资者大多都只看股票价格。他们花费过多的时间和精力去观察和预测股价变化，对股票代表的商业却不甚了解。即使当投资者们估算股票价值的时候，他们使用的也是单因素模型，比如价格——收益比、成本价格、分红收益等。但这些简单的方法并不能说明公司的价值。

2. 避免投资过度分散

　　一个投资者应当买进多少种股票呢？巴菲特会告诉你，这取决于你的投资方法。如果你能对商业进行分析和评价，那么你并不需要很多种股票。作为公司的一个买主，没有任何规定要求你应当拥有主要工业股票以外的别的股票，也没有要求你必须投资 40、50 甚至 100 种股票以达到投资分散。甚至现代金融业的高级专家也认为："包含 15 种股票的投资组合就已经达到了分散投资的 85%，投资30 种股票时，比例会上升至 95%。"

　　巴菲特认为，需要广泛分散投资的人是那些根本不知道自己在做什么的人，即一无所知的投资者。如果"一无所知"的投资者想要购买普通股，他们应当运用指数基金和美元成本来平衡他们的买进。实际上，巴菲特说，指数投资者将比

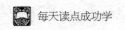

大多数投资专业人士表现得更好。他又评论说："矛盾的是，当'哑钱'认识到它的局限性时，它就不再是哑钱了。"

证券投资组合经理人很难有卓越表现，是因为投资管理的教育和知识水平在不断提高。当越来越多的人掌握越来越多的投资技巧时，少数出类拔萃的优秀人物做出出色表现的机会就越来越少了。他说，要想成为一名超级击球手，投资组合经理人如果其目的是获得超出一般的回报，那么他就必须愿意孤注一掷。事实上，品种少的投资组合获得市场回报率的机会最多。而巴菲特告诉投资者：不要瞄准每一个"机会"，要等到合适的机会再出手。这也就是教给我们如何对我们有限的资金作出最佳投资组合而获得最大限度的收益，而不能过多地做分散投资。

3. 理解投资与投机的差异

投资者与投机者的差异在哪里呢？几个伟大的金融思想家，包括约翰·梅内德·凯恩斯、本杰明·格雷厄姆以及沃伦·巴菲特都曾经解释过投资与投机的差异。根据凯恩斯所说："投资是预测资产未来收益的活动，而投机是预测市场心理的活动。"对格雷厄姆来说，"投资操作就是基于透彻的分析，确保本金的安全并能获得满意的回报。不能满足这个要求的操作就是投机"。

巴菲特相信："如果你是投资者，你所关注的就是资产——在我们这里是指公司——未来的发展变化。如果你是投机者，你主要预测独立于公司的价格的变化。"

无论这些投资大师具体如何定义投资与投机，他们都同意这种说法：投机者对猜测未来价格感兴趣，而投资者知道未来的价格与资产的经济状况紧密相关，因而主要关注基础资产。如果他们的看法是正确的，那么，显然，今天在金融市场上的主要活动是投机而非投资。

用 15% 法则买卖股票

巴菲特在购买一家公司的股票之前，他要确保这只股票在长期内至少获得15% 的年复合收益率。

为了确定一只股票能否给他带来 15% 的年复合收益率，巴菲特尽可能地来估计这只股票在 10 年后将以何种价位交易，并且在测算公司的赢利增长率和平均市盈率的基础上，与目前的现价进行比较。如果将来的价格加上可预期的红利，不能实现 15% 的年复合收益率，巴菲特就倾向于放弃它。

巴菲特给投资者的忠告：如果投资者以正确的价格来购买正确的股票，获得

15%的年收益是可能的，但投资者由于选择了错误的价位，购买了业绩很好的股票却获得较差的收益也是可能的。同样，只要价格选择正确，无论是绩优股还是绩劣股都可以使投资者得到超常的收益。大多数投资者没有意识到价格与收益是相关联的：价格越高，潜在的收益率就越低，反之亦然。

为了简单起见，假设在2000年4月你有机会以每股89美元的价格购买可口可乐的股票，并进一步假设你的资产在长期内获得不低于15%的年复合收益率，那么，在10年后，可口可乐的股票大致要卖到每股337美元，才能使你达到这一目标。关键的步骤是如果投资者决定出每股89美元的价格，那么就要确定可口可乐的股票能否带来15%的年复合收益率。要进行这样的测算，需要设定以下几个变量。

1. 可口可乐的现行每股收益水平

截止到2000年4月，可口可乐连续12个月的每股收益为1.30美元。

2. 可口可乐的利润增长率

投资者可以使用过去的增长率来估计将来的增长率，或者运用分析师的一致性增长率估计。

3. 可口可乐股票交易的平均市盈率

不要假定现行市盈率会长期维持下去，这是很重要的。投资者必须通盘考虑在景气阶段和衰退阶段的较高和较低的市盈率，以及处于牛市和熊市的不同的市盈率，因为投资者无法预测10年后的市场状况，因此最好选择一个长期以来的平均市盈率。

4. 公司的红利分派率

在10年间红利将被加到投资者的总收益之中，所以投资者必须估计到一家公司如可口可乐在将来可能分派的红利。如果可口可乐有一个把40%的年收益作为红利的历史，那么投资者就可以预期在下一个10年将会有40%的年收益返还。

投资小结：我们在购买一家公司的股票之前，要确保这种股票在长期内获得至少15%的年收益率。15%是巴菲特要求的最低的收益率，它用来补偿通货膨胀和来自出售股票的不可避免的税收，以及在以后的年份中税收和通胀率上升的风险。

相关看点：收益率计算实例。

一旦掌握了一些数据，投资者就可以计算出几乎任何一家公司股票的潜在收益率。下面以可口可乐公司为例。2000年4月份可口可乐股票的成交价为89美元，而它最近连续12个月的每股收益为1.30美元，分析师们正在预测收益水平将会有一个14.5%的年增长率，我们再假定一个40%的红利分派率。如果可口可乐能够实现预期的收益增长，到2009年每股收益将为5.03美元。用可口可乐的平均市盈率 22 乘以 5.03 美元就会得到一个可能的股票价格，即每股 110.66 美元，加上预期的红利 11.80 美元，投资者就可能获得 122.46 美元的总收益。

可口可乐基本面情况：

价格	$89	增长率	14.5%
每股赢利	$1.30	平均市盈率	22%
市盈率	68 倍	红利分派率	40%

可口可乐每股年赢利表：

年度	每股赢利
2000	$1.49
2001	$1.70
2002	$1.95
2003	$2.23
2004	$2.56
2005	$2.93
2006	$3.35
2007	$3.84
2008	$4.40
2009	$5.03
合计	$29.48

可口可乐 10 年后收益率计算表：

10 年后获得 15% 年复合收益率投资者应支付的价格	$360.05
2010 年的预期价格	$5.03×22= $110.66
加上预期红利	$11.80
总收益	$122.46
预期的 10 年年复合收益率	3.3%
获得 15% 年复合收益率目前应支付的最高价格	$30.30

数据是相当具有说服力的。10 年后可口可乐股票必须达到每股 337 美元（未

计算红利），才会产生一个 15% 的年复合收益率。然而，历史数据显示，到那时可口可乐的价位仅能达到每股 110.66 美元，加上 11.8 美元的预期红利，可口可乐的总收益为每股 122.46 美元，这意味着一个 3.3% 的年复合收益率。为了实现 15% 的年复合收益率，可口可乐目前的价格只能达到每股 30.30 美元，而不是 1998 年中期的 89 美元。难怪巴菲特不肯把赌注下在可口可乐股票上，尽管在 1999 年和 2000 年早期可口可乐股票一直在下跌。

现金为王

价值投资人在投入具有持续竞争优势的企业的股票后，并不能保证他能获利。他首先要对公司价值进行评估，确定自己准备买入的企业股票的价值是多少，然后跟股票市场价格进行比较。价值投资最基本的策略正是利用股市中价格与价值的背离，以低于股票内在价值相当大的折扣价格买入股票，在股价上涨后以相当于或高于价值的价格卖出，从而获取超额利润。巴菲特称之为"用 40 美分购买价值 1 美元的股票"。

价值评估是价值投资的前提、基础和核心。巴菲特在伯克夏 1992 年年报中说："内在价值是一个非常重要的概念，它为评估投资和企业的相对吸引力提供了唯一的逻辑手段。"可以说，没有准确的价值评估，即使是股神巴菲特也无法确定应该以什么价格买入股票才划算。

总结巴菲特的估值经验，要进行准确的价值评估，必须进行以下三种选择。

一是选择正确的估值模型。

二是选择正确的现金流量定义和贴现率标准。

三是选择正确的公司未来长期现金流量预测方法。

巴菲特的投资策略为：以大大低于内在价值的价格集中投资于优秀企业的股票并长期持有。

如果内在价值用 x 表示，优秀企业用 y 表示。

思考的问题转变为选取合适的 x 和 y，使 D（x, y）最大。

对不同的行业、不同的时间，评估内在价值的方式也不同。

该投资策略有两点假设。

（1）市场有时是无效的。

（2）价格有向内在价值回归的过程，就像弹簧一样。

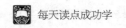

1. 正确的估值模型

杰出的经理人和具有核心竞争力的企业能提高内在价值。那么，如何评估企业的内在价值呢？

巴菲特认为唯一正确的内在价值评估模型是 1942 年 John Burr Willians 提出的现金流量贴现模型。

巴菲特在 2000 年年报中用伊索寓言中"一鸟在手胜过二鸟在林"的比喻，再次强调评估应该采用现金流量贴现模型。要使这一原则更加完整，投资者只需再回答三个问题。

（1）你能够在多大程度上确定树丛里有小鸟？

（2）小鸟何时出现？

（3）无风险利率是多少？

如果投资者能回答以上三个问题，那么投资者就能知道这片树丛的最大价格。

具体来说，如果有一家企业可以持续获得每年 20% 的投资收益，有两种方法来估算该企业的价值。

可以建立一个未来利润和现金流模型，并把预测的现金流按 10% 的折现率折现成现值。这种方法在实际工作中很难操作，而且由于想象中的投资回报期经常被夸大，所以容易高估实际价值。

另外可以采用的较好的方法是，把股票当作一种债券来估值。假设市场利率水平保持在 10% 附近，票面利率为 10% 的债券通常会按票面价值出售，票面利率为 20% 的债券则会以两倍于票值的价格出售。例如，按 25 元发行而每年利息为 5 元的债券很快就会被买主把价格推高到 50 元，即翻一番。回报率为 20% 的股票价格会稍高一些。如同债券一样，股票收益的一部分是现金（现金股利），剩下部分留存起来。如果留存的赢利还可以保持 20% 的净资产收益率，它如同创造了一个以票面价格购买收益率为 20% 的债券的选择权：企业每留存一元钱就会在将来多创造 20 分的收益或者其价值为 2 元。

简单地说，留存收益的价值是正常企业收益的两倍。通常情况下，企业留存收益的价值相当于企业增量收益与正常利率水平的比值。计算出的留存收益价值还需再进行折现以计算内在价值。

内在价值 ＝ 净收益 × 可持续的资本收益率 ／（贴现率 × 贴现率）

由于我们假定长期贴现率为 10%，这相当于内在价值是收益的 100 倍再乘以净资产收益率。净资产收益率通常以百分比形式来表示，所以一个实用的记法是：

当证券的市盈率与净资产收益率相等时的市场价值就是它的内在价值。

巴菲特给投资者的忠告：内在价值是一家企业在其余下的寿命中可以产生的现金流量的贴现值。但是内在价值的计算并非如此简单。正如我们定义的那样，内在价值是估计值，而不是精确值，而且它是在利率变化或者对未来现金流的预测修正时必须相应改变的估计值。此外，两个人根据完全相同的一组事实进行估值，几乎总是不可避免地得出至少是略有不同的内在价值的估计值，这正是我们从不对外公布我们对内在价值的估计值的一个原因。

2. 正确的现金流量定义和贴现率标准

巴菲特认为："今天任何股票、债券或公司的价值，取决于在资产的整个剩余使用寿命期间预期能够产生的，以适当的利率贴现的现金流入和流出。"看上去巴菲特使用的内在价值评估模型似乎与我们在财务管理课程学习的现金流量贴现模型完全相同，实际上二者具有根本的不同，这体现在两个最关键的变量即现金流量的计算方法和贴现率的标准选择上的根本不同。

首先，巴菲特认为通常采用的"现金流量等于报告收益减去非现金费用"的定义并不完全正确，因为这忽略了企业用于维护长期竞争地位的资本性支出。

其次，巴菲特并没有采用常用加权平均资本成本作为贴现率，而采用长期国债利率，这是因为他选择的企业具有长期持续竞争优势。

3. 正确的公司未来长期现金流量预测方法

价值评估的最大困难和挑战是内在价值取决于公司未来的长期现金流，未来的现金流又取决于公司未来的业务情况，而未来是动态的、不确定的，预测时期越长，越难准确地进行预测，所以即使是股神巴菲特也不得不感叹："价值评估，既是科学，又是艺术。""无论谁都可能告诉你，他们能够评估企业的价值，你知道所有的股票价格都在价值线上下波动不停。那些自称能够估算价值的人对他们自己的能力有过于膨胀的想法，原因是估值并不是一件那么容易的事。但是，如果你把自己的时间集中在某些行业上，你将会学到许多关于这些行业公司估值的方法。"

如何在价值基础上寻找安全边际

巴菲特 40 多年投资股票从未亏损，他将自己投资成功的原因归于格雷厄姆的安全边际原则：坚持"安全边际"应该一百年不动摇。

巴菲特给投资者的忠告：理性投资的基石是"安全边际"。投资者在买入价格上留有足够的安全边际，不仅能降低因为预测失误引起的投资风险，而且在预测基本正确的情况下，可以降低买入成本，从而大大提高投资回报。

从 1965 年到 2006 年，在与市场 42 场的漫长较量中，我们把伯克夏与标普 500 进行对比。其中巴菲特只输了 6 场，获胜率是 85.7%，特别是从 1981 年到 1998 年连续 18 年战胜市场。从上述可以看出巴菲特的成功之道：第一，尽量减少亏损的年度数，投资的第一要务是避免损失，这也是巴菲特极度重视安全边际的根源；第二，尽量增加暴利的年度数，伯克夏有 6 个年度赢利在 40% 以上，而标普 500 却一年都没有。那么暴利来源于哪里呢？暴利来源于安全边际。

所以，巴菲特思想的核心不是伟大公司也不是特许经营权，而是从他老师格雷厄姆那里继承下来的安全边际，也就是当年格雷厄姆对巴菲特说的投资三个原则：第一是不要亏损，第二是不要亏损，第三是遵守第一和第二条。

国内牛市走到现在，可以说并不仅是政策面主导的，更是市场的行为，政策最多只是催化剂。当然如果没有印花税的上调，指数还能向上增长，不断地空翻多可以成立；但纯粹的资金推动性投机什么时候是个头呢？当连续一两周（也许会更长）当日资金净流入无法支撑当日市值增长的时候，股市也就会崩盘。这样的崩盘程度远大于现在几日的下跌，很多这样的教训历历在目。那投资者怎样去克服非理性，掌握足够的安全边际呢？

首先要以价值成长为基础，我们可以以一般行业平均市盈率作为标准，当价格明显消化了当年乃至第二年的业绩增长的时候，我们也就失去了足够的安全边际。这时候不管市场如何火爆，我们也要理性退出。当价格低于价值的时候，也就是公司市盈率低于行业平均市盈率且年赢利复合增长率超过 100% 的时候，我们就拥有了安全边际，低得越多，安全边际越大。这时候不管市场如何不景气，我们也可以放心地去投资这类价值成长股。

巴菲特等价值投资大师之所以能够几十年来持续以很大优势战胜市场，最关键的原因在于他们以很大的安全边际买入股票。

增强安全边际的理念可以从 3 个方面加强。

（1）认真学习分析企业的技巧、阅读财务报告的技巧、识别财务骗术与企业骗术的技巧，增强各个行业运营的知识。尽量寻找未来赢利有很好保障的公司，即使现在的企业景况不佳。

（2）慢慢学会估计企业资产与赢利的真实性、可靠性，未来前景的可靠程度、可靠时间。

（3）结合中国股市的十几年的经历，不要付出过高的价格乘数，价格乘数可以从流通市值与可能的真实资产、真实赢利的比率入手观察。

投资小结：如果我们买入股票的价格大大低于股票的内在价值，那就相当于为我们的投资附加了很大的保险，即使我们对股票内在价值的估计有所偏差，或者市场经过很长的时间后价格才回归到价值水平，我们也能够保证不会亏损，甚至还有相当的赢利。

相关看点：安全边际不仅仅是指安全价格。

巴菲特的安全边际不仅仅是指标的安全价格，巴菲特的暴利来源于自身资金安全边际下的巨大财务杠杆。安全边际的概念不仅仅指投资品选择的安全，更多的在于自身资金的安全边际。

在由于扩张性限制，解散有限责任合伙公司而后收购伯克夏公司，巴菲特又复制了相同的方式。在伯克夏自身基本无负债的情况下，不断收购了保险公司、金融类带有巨大财务杠杆的公司，同时在伯克夏和控股子公司之间建立起自身安全的防线。通过如此的安排极大地降低风险，通过较好的投资保持不断的复利增长，成就了今天的股神。

也正是由于自身资金安全边际管理上的不足，才不断地有股神产生又不断地幻灭，而只有巴菲特能成为永恒。

做一个集中投资者

长期以来，在证券投资界存在这样两种截然不同的策略：多元化投资与集中投资。

多元化投资者主张为了安全起见，应当把鸡蛋分置于不同的篮子里，而集中投资者则主张将所有的鸡蛋放在一个篮子里，然后好好地盯着这个篮子，不要让鸡蛋打碎。集中投资者认为，如果将鸡蛋分置于不同的篮子中，投资者势必会忽视其中的一部分，这样就很容易发生意外，与其如此，还不如全力以赴地照顾好自己装满了蛋的篮子。

与这两种投资策略相对应的，是两种截然不同的工作方式。那些股票经纪人总是处于高度紧张的状态，他们管理着由上百只股票组成的投资组合，每一只股票的波动都牵扯着他们的神经。他们疯狂地记录，同时对着数部电话大喊大叫，眼睛随时盯着计算机屏幕上不断变化的数字，稍有风吹草动，便迫不及待地敲击键盘……而他们的偶像——巴菲特的生活与工作则显得悠闲得多，他绝不是工作狂，相反，他有大把的时间可以自由支配。他从不关注股价的短期变化，所以他可以从容地为自己做早餐，躺在地板上与自己的哲学家朋友电话闲聊。此外，他总是一副气定神闲的模样，讲话轻声细语。与其说他是一位投资家，倒不如说他更像是一位思想者与哲人。巴菲特这种颇具传奇色彩的成功与经历，不仅源于其天生的自信，更多的是来源于他那非同寻常的集中投资模式。

巴菲特一直将自己的投资方略归纳为集中投资，那么什么是集中投资，巴菲特又是如何在实践中运用它的呢？

事实上，集中投资是一种极为简单的策略，不过即使如此，人们对它的认识仍然存在许多误区，需要我们澄清一些彼此相关的概念，以更好地挖掘它的深度、内涵及思想基础。只有通过这一系列的问题，我们才能将集中投资这一策略看得明白而透彻。

巴菲特给投资者的忠告：一般说来，关于集中投资最为简洁明了的表达为：选择少数几种能够在长期的市场波动中产生高于平均收益的股票，将你手里的大部分资金投向它们，一旦选定，则不论股市的短期价格如何波动，都坚持持股，稳中取胜。这是一种极为简单有效的策略，是建立在对所选股票透彻的了解之上。一旦你决定运用并坚持这种策略，将使你得以远离由于股价每日升跌所带来的困扰。不过，集中投资者并不像看上去的那样美好，由于一旦失误可能带来巨大损失，使得大多数人明知这是一种绝佳的策略，却不敢轻易去尝试。

那些总是频繁操作、买进卖出股票的投资者，给自己的投资数量做个限定值，比如你可以限定自己在一年内只买卖一至两次，或者更少，这样你可以在选择股票的时候更加理性与谨慎。

在实行集中投资战略时，长期的投资都能体现出企业真实的价值，并增加投资的安全性。

切记永远不要举债来进行集中投资。债务所带来的压力会使你变得脆弱，缺乏经受市场考验和被动的承受力。在一般情况下，那些不靠举债进行投资的集中投资者将能更轻松地达到目标。而对那些举债进行投资的人而言，一旦银行突然要求提前还款，将给他们带来巨大的损失。

从进入投资行业以来，巴菲特一直对那些令人眼花缭乱的投资组合嗤之以鼻。他从不做过多的投资，如果一时半会儿没有选到合适的股票，他便一直等待下去。

他说，作为一个独立的投资者的最大优势便是，他可以站在本垒永久地等候一个好球，如果他想让球精确地到达他的肚脐眼儿上两英寸而不是其他地方的话，为了达到这一目的，他就可以一直站在那儿等，直到球有一天真的打过来。

集中投资的最大益处在于投资者能够对即将购买的股票进行全面的了解。与其将钱分成若干小份频繁操作，不如集中力量做几个大的投资行为。正如巴菲特所说的那样，生活中没有必要要求自己凡事皆对，只要不做太多的错事就可以了。

有人将多元化投资组合与集中投资分别喻为"狐狸策略"与"刺猬策略"，因为传说中狐狸被认为知道许多小事，而刺猬虽然只知道"保住小命"一件大事，但非常管用。巴菲特似乎就是那个知道大事的刺猬，他对股价每日的波动、股票的短期收益漠不关心，但他知道如何把握某只股票的最佳时机。

在巴菲特8岁时，曾以每股38美元的价格买下三只城市建设公司的优先股，他的姐姐也以同样的价格买了三股。不久之后，股价下跌至27美元，他姐姐每天都在向他唠叨这件事，让巴菲特非常厌烦。后来当股价回升至40美元时，为了摆脱令人头痛的唠叨，巴菲特将自己和姐姐手中的股票一起抛掉了，在扣除佣金之后，他从中获利5美元。可是很快股价从40美元一路飙升至200美元，令巴菲特心痛不已，他决心要永远记住这次教训。在后来的职业生涯里，巴菲特果然从中吸取教训，他与他的客户之间从来没有太多的联系，他认为这种关系有利于自己完全依照意愿来实施投资策略。他说，依照对集中投资的偏好，他曾将手中40%的资金投在了美国运通公司，而如果这一情况被客户知道的话，他们肯定会非常担心。

"如果你运气好的话，你可能只是被浪费了一点儿时间，如果你运气差的话，你的投资计划与步骤可能就此被打乱。"巴菲特说，"这就如同一个外科医生在实施大手术时，一边工作一边与病人闲聊一样危险。"

集中投资除了这一策略表面上的含义之外，还有许多重要的问题需要考虑。如何从成千上万只价格不断变化的股票中选择适合投资的股票？在集中投资的策略里，到底应该持有几只股票才算"集中"？每只股票的持股时间到底应该为多久？我是不是真的该运用这种策略？事实上，每一个投资者都应该在采取"集中投资"策略时对自己问一问这些问题。不过，要回答这些看似简单的问题却不是一件容易的事，就连巴菲特本人也未能给出一个标准答案。我们所能做的，只是通过对大师的研究，使读者了解到那些行之有效的方法及其奏效的原因，并从市场的变化中找到一套适合自己的投资方式。

投资于熟悉的公司、简单的业务

巴菲特认为，找到一个最合适的投资对象比拥有投资技巧或信息更重要，因为这就像一个优秀的攻击手，若选错对象，再猛烈的攻击都是徒劳的。

1. 选择自己熟悉的企业

巴菲特有一条重要的投资经验：不熟不做，不懂不买。其主要意思就是不熟悉、不了解的上市公司不去参与，把自己投资的目标限制在自己能够理解的范围内。巴菲特多次忠告投资者："一定要在自己的理解力允许的范围内投资。"观察巴菲特长期持有的股票：可口可乐、吉列公司、麦当劳、富国银行等，每一家都是家喻户晓的全球著名企业，这些企业的基本面容易了解，易于把握。由于巴菲特设定不熟不做的理念，所以他管理的基金没有去投资网络科技类的上市公司，随后网络科技股泡沫破灭，很多投资者亏损惨重，巴菲特管理的基金没有受到影响，仍保持较为稳健的收益。这都是不熟不做的投资理念在操作中的体现。

巴菲特投资华盛顿邮报公司的时候，就做了详细的了解和分析，当自己真正熟悉了该行业和该公司后才决然进行投资。1973 年，巴菲特向华盛顿邮报公司投资 1060 万美元，1977 年他的投资又增加到原先的 3 倍，到 1993 年，巴菲特对该公司的投资已达到 4.4 亿美元。而华盛顿邮报公司给伯克夏公司的回报则更高。这证明巴菲特认为"一份强势报纸的经济实力是无与伦比的，也是世界上最强势的经济力量之一"的看法是符合实际的。统计资料表明，从 1973 年到 1992 年中，华盛顿邮报公司为它的业主赚了 17.55 亿美元，从这些盈余中拨给股东 2.99 亿美元，然后保留 14.56 亿美元，转投资于公司本身。其市值也从当年的 8000 万美元上涨到 27.1 亿美元，市值上升了 26.3 亿美元。其间为股东保留的每 1 美元盈余，经转投资后其市值增值为 168 美元。

2. 不碰复杂的企业

当今世界股市第一投资大师沃伦·巴菲特的股市投资原则的核心看上去很简单：该买什么股票？以什么价格买？巴菲特所用的就是这两招，似乎是每个人都会的两招，但在巴菲特手中就无敌于天下。任何领域的最高境界都是简洁明了的，巴菲特的投资理论同样简洁实用。巴菲特不碰复杂的企业，对于那些正因面临难题而苦恼，或者因为先前的计划失败，而打算彻底改变营运方向的企业，他也是敬而远之。根据巴菲特的经验，报酬率高的公司，通常是那些长期以来都持续提供同样的商品和服务的企业，彻底改变公司的本质，会增加犯下重大错误的可能。

巴菲特给投资者的忠告：股民操作应遵守愈买愈少的原则，在股市冷清之时买入，当股价上涨之后，如果看不准，就不要再加码，先试探一下，确信还能持续上涨几天时，才可买进，但一开始量要小。

重大的变革和高额报酬率是没有交集的。

选对了企业，投资者就不用去做出无数个正确的投资决定，可以避免这件头痛的事。想要获得巨大的认购股权兑现赢利是在股市偏高时买回企业股票的投资者的想法，但在股市崩溃时还敢购买回本身股票的企业却是使股东直接得益的最佳方法。

遗憾的是，大多数的投资者都背道而驰，拼命抢购那些正在进行重组变革的公司。巴菲特说，基于某些不可理解的原因，投资者往往被一些企业将来可能带来的好处之假象所迷惑，而忽略了眼前的企业现实。

巴菲特告诉伯克夏公司的股东，他第一次和华盛顿邮报公司有财务上的关联，是在他13岁的时候。当时他的父亲在国会服务，他做送报生就专门送《华盛顿邮报》和《时代前锋报》。巴菲特总是喜欢提醒别人：我在格雷厄姆买下《时代前锋报》前，就已经将这两个报纸并购了。很明显，巴菲特非常了解报纸丰富的历史，他认为《新闻周刊》是一个可以预测其未来的企业。他也很快就知道了公司的表现。华盛顿邮报公司多年来，一直报道他们广播部门主要的绩效。巴菲特根据他本身的经验和公司成功的历史判断，相信这家公司拥有一贯优良的营运历史，未来的表现将可预期。

巴菲特"不碰复杂的企业"，使他的投资在自己的掌控范围之内，从而增加了投资的稳妥性和安全性。对可口可乐的投资就体现出了他的这一理念。

3. 寻找最值得投资的行业

在投资行业的选择上，巴菲特往往选择一些资源垄断性行业进行投资，因为它们是根本不需要怎么管理就能挣很多钱的产业。从巴菲特的投资构成来看，道路、桥梁、煤炭、电力等资源垄断性企业占了相当大的份额。如巴菲特2004年上半年大量吃进中石化股票就是这种投资战略的充分体现。巴菲特认为，投资股票其实就是"购买未来"。如果一个行业没有未来发展的空间，即使它现在再赚钱，巴菲特也不会向其投资。对于一家上市公司来说，过去的辉煌事迹和今日的妥善经营都已反映在今日的股价上了。因此，对于投资人来说，上市公司能否给自己赚钱，完全取决于其未来的成绩。巴菲特也曾说过，真正决定投资成败的，是公司未来的表现。因为投资成绩是由未来而定，而并非由昨日和今日而定，所以巴菲特认为，行业的性质比管理人素质更重要。毕竟，人心莫测，管理人可以"变质"，但整体行业情形一般不会那么容易变相。

4. 选择卓越的企业投资

筛选出最值得投资的卓越企业进行投资，往往是巴菲特的常用策略。选择卓越企业进行投资的好处往往是全方位的，是显而易见的。我们可以作一个假设，如果有人进行投资，每年不但有 30% 的报酬率，而且能将赢利再次投入，继续以 30% 的速度增长，那诱惑力该有多大！这是一般企业做不到的事情，投资者为了不将赚来和存下的资金丢进投机的无底洞，就应该将这些资金交给懂得这么做的企业。所以，巴菲特选择了麦当劳、可口可乐、吉尼斯、吉列、沃尔玛百货等。

了解企业生产哪些产品与该产品怎样使用，是巴菲特进行投资考虑的主要因素之一。他喜欢的企业是，该企业的产品并不会因为科技的进步而被淘汰，这就表示许多科技产业公司已被拒于选择之外。依照巴菲特的意思，投资者最好不要投资自己不熟悉和不了解的企业。而如果手上有很多自己了解的优质企业，那么就等于有许多个潜在的投资价值。

·第二讲·

全美职业炒手

——彼得·林奇

彼得·林奇被誉为"全球最佳选股者"，并被美国基金评级公司评为"历史上最传奇的基金经理人"。彼得·林奇出生于1944年，1968年毕业于宾州大学沃顿商学院，取得MBA学位；1969年进入富达管理公司研究公司成为研究员，1977年成为麦哲伦基金的基金经理人。在1977—1990年彼得·林奇担任麦哲伦基金经理人职务的13年间，该基金的管理资产由2000万美元成长至140亿美元，基金投资人超过100万人，成为富达的旗舰基金，并且是当时全球资产管理金额最大的基金，其投资绩效也名列第一，13年间的年平均复利报酬率达29%。目前他是富达公司的副主席，还是富达基金托管人董事会成员之一。1990年，彼得·林奇退休，开始总结自己的投资经验，陆续写出《彼得·林奇的成功投资》《战胜华尔街》《学以致富》，轰动了华尔街。

寻找处于变化中的公司

彼得·林奇经营1400多种证券，他每天大约都要卖掉5000万美元的股票，又买进5000万美元的股票。保持如此频繁的交易而又能取得骄人的业绩，这在他所从事的证券业中是很罕见的。林奇喜欢把几股小利润汇集在一起，构成一笔巨大的收益，他喜欢积少成多，从不拒绝追求哪怕是很少的利润。问题是，每天都在纽约上市交易的上万只股票品种当中，林奇是怎样快速发现市场良机，并且适时介入的呢？

传统的证券组合理论告诉投资者，你不需要理解其所购买股票的公司，只需把它们分门别类，然后按类别进行交易即可。对此，林奇有自己独创的见解：他不在乎股票是上涨还是下降，他认为投资的关键在于抓住转折点。投资者不能仅仅因为某种股票下降就购买（所谓"低吸"或者说"抄底"），理由是这只股票3个月前值60美元，但现在只值20美元，甚至10美元。那么如果投资者以10美元买入的话，他仍然没有买到"便宜"的股票——因为股票自身已经贬值了。

林奇认为，市场的投资良机出现于一家公司的真正价值发生改变，而不是最近股市行情的变化。在林奇看来，在一家公司财务状况好转前的一瞬间进行投资，等到转折真正开始，再增加投资，无疑是最佳的选择。

林奇的这一观点的形成其实是他经过亲身体验而得到的一个教训。1977年，他刚开始掌管麦哲伦基金不久，即以每股26美元的价格买进华纳公司股票。而当他向一位跟踪分析华纳公司股票行情的技术分析家咨询华纳公司股票的走势时，这位专家却告诉林奇华纳公司的股票已经"极度超值"。当时，林奇并不相信，一笑而过。6个月后，华纳公司的股票上涨到了32美元，林奇开始有些担忧，但经过调查，发现华纳公司运行良好，于是林奇选择继续持股待涨。不久，华纳公司的股票上升到了38美元，这时，林奇开始对股市行情分析专家的建议作出反应，认为38美元肯定是超值的顶峰，于是将手中所持有的华纳公司股票悉数抛出。然而，此后华纳公司股票价格一路攀升，最后竟涨到180美元以上。

能从26美元起就抱住这只股票一直到180美元的投资者，一定是因为华纳公司实际状况的变化（不断改善）才有如此"坚强的神经"，而不会因为股票"行情严重超买"就放弃这只大金股。

彼得·林奇给投资者的忠告：美国有数以万计的专家天天在研究指数的变化、美联储的货币供应政策与外国投资等，但这些专家不能预测到任何东西。从某些方面看，股市与整个经济的情况是相互联系的，所以许多经济学家希望对通货膨胀和经济衰退、对景气和破产、对利率变动方向进行分析来预测股市的变动，甚至有些人提出"每五年出现一次衰退"的理论。虽然利率和股市之间确实存在着微妙的相互联系，但并没有谁能准确地提前说明利率的变化方向，"每五年出现一次衰退"的理论更是无稽之谈。常常是到了时过境迁的时候，大家才能看到一些事情的真相，许多人都是事后诸葛亮。

不要轻信经纪人公司的推荐，甚至是最权威的金融杂志上推荐的"至少不会赔钱"的股票也要谨慎对待。不要轻信任何人的建议，请只相信你自己的研究。

由于市场机会来自公司价值的改变，那么买入某只股票的理由自然是看好公司的成长性。在林奇的投资组合中，他比较偏爱两种类型的股票：一类是中小型的成长股股票。成长股股票在林奇的投资组合中占最大的比例，其中中小型的成长股更是林奇的偏爱。因为在林奇看来，中小型公司股价增值比大公司容易，一个投资组合里只要有一两家股票的收益率极高，即使其他的赔本，也不会影响整个投资组合的成绩。另一类股票是业务简简单单的公司的股票。一般的投资者喜欢激烈竞争领域内有着出色管理的高等业务公司的股票，例如宝洁公司、3M 公司、德州仪器、道氏化学公司、摩托罗拉公司等——经过数十年成功的奋斗，它们已经形成了有效率的队伍来利用机会、争夺市场，并通过创制新产品来推动增长。但在林奇看来，作为投资者，不需要固守任何美妙的东西，只需要一个以低价出售、经营业绩尚可，而且股价回升时不至于分崩离析的公司就行。

当林奇发现市场良机时，他不一定做深入的调查和过多的分析，就毫不迟疑地采取行动。在他看来，为了不错过最佳机会，不做彻底的分析就购买股票是值得的。例如当日本汽车打入美国市场后，美国三大汽车公司的股票大跌，林奇未做详尽的研究即大量购买这三家公司的股票，等到股价上涨后又悄悄卖掉。

在考察一家公司的成长性时，林奇认为对单位增长的关注应该超过对利润增长的关注，因为高利润可能是由于物价的上涨，也可能是由于巧妙的买进造成的。实际单位销售量的增长数目才应是投资者分析的重点。想赚钱的最好方法便是将钱投入一家近几年内一直都出现盈余而且将不断成长的小公司。

林奇尽量避免投资最热门行业里的最热门股票，因为这类股票已备受投资者的关注，投资者们相互之间都在谈论它们，这时股票的价格已被抬到很高，有时甚至已超过其内在价值，股票随时都有下跌的可能。这些热门行业中的热门公司通常都会花费巨资来追求高增长，保持市场份额。而且更不幸的是，这些花费经常成效甚微，从而导致公司的利润率下降，并使公司陷入财务困境。由于每个证券分析师与投资者都从事这种股票，一旦下跌，就会成为抛压最沉重的股票，使它的下跌幅度更大。为了规避投资风险，投资者应对这类热门行业中的热门股票退避三舍。

不少投资者——包括林奇在内——都会受到"消息"的影响。身边总有人看似很神秘地对投资者说："这家公司的情况非常好，它的股票马上就要起飞了。"林奇说他曾经购买过数十家这类公司的股票，如果这些公司的理想前景变为现实的话，他就能赚 1000% 的钱，但不幸的是他每次都赔了进去，就像他说的"只有煎得嗞嗞的声音，却看不到牛排"。美好的故事总是诱人，但投资者需要有自己的判断。

"须鲸"投资法的应用

须鲸是一种海洋生物，它不是采取有针对性的捕食方式，而是先不加选择地、快速地吞食数以千百万计的微小海洋生物，然后，通过鲸须选择很少的精华部分留下来，其余的杂质则全部排除出去。林奇在嗅到投资良机时，也像须鲸一样，先买一大批股票，然后经过仔细研究，最终选择一小部分优异的股票留下来，继续持有，其余的则全部卖出。

须鲸之所以能以这种进食方式来"喂足"自己，最关键的一点就是它有一套精密的食物"筛选机制"。而林奇采取须鲸式投资方法，就必然要有自己的一套股票"筛选机制"，这一机制必须有着严格的淘汰条件，保证林奇最终能择优汰劣，留住最赚钱的股票。

林奇寻找他的"食物"的方式与须鲸的"不拘一格"非常类似。他的许多投资都来源于对身边事物的观察。他看报时不仅注意好消息，而且特别注意坏消息，灾难性的坏消息往往能带来异乎寻常的机会。即使在他逛街购物时，也随处留心新事物，以期发现新的投资主意。比如他对塔克·贝克、沃尔沃、苹果计算机、邓金·唐纳兹、皮尔第一出口以及哈尼斯等公司的投资全部得益于他在与这些公司交往时，对这些公司的细心观察。但他也有因未留心观察而错失投资良机的教训。美国最大的有限电视公司的股票1977年仅为每股12美分。由于当时它的收入状况不佳，债务也令人担忧，依传统的观点来看，有线电视并不是吸引人的买卖，因此，林奇始终未大量买进有限电视公司的股票。10年后，该公司的股票上涨到每股31美元，也就是说上涨了250倍，这令林奇感到非常后悔。他之所以错失良机，其中一方面的原因是有线电视1986年才在他住的城市里开始使用，到1987年他才用上有线电视，这使他对这一行业的价值缺乏第一手的一般性认识。

彼得·林奇给投资者的忠告：并非所有的内部管理人员买卖股票的行为都值得注意。如果一位内部管理人员为了购买房子将他所持有的1万股售出了1000股，这并没有什么意义。但如果他持有45000股而将4万股售出，同时其他几位管理人员也抛售了相当数量的股份，那这里面的意义就重大了，需要进行调查研究，或许有必要采取行动。

许多个人投资者在作为消费者购置一件重要的物品时，他们会先向朋友询问，或向专家请教有关问题，然后仔细地比较研究，最后才作出是否购买的决策。但当这些人购买某种股票时，却一点儿研究都不做，而是像赌博一样，靠碰运气去投资。结果，他们所谓的"运气"通常不太好，常常是胜少失多。

个人投资者不必像机构投资者那样，每个月、每个星期甚至每天都买卖股票，他们应该像购买自己的住房一样，集中精力对其所购买的股票进行仔细的研究。

只要所投资的公司业绩好，大可以持股 5 年、10 年不变。投资组合里最好的公司往往是购股三五年后才利润大增，而不是在三五个星期之后。投资者有时既需要对自己所选的股票有充分的自信，也需要保持一定的耐心，只有这样，才会有理想的回报。

同时林奇还注重对公司隐蔽性资产的挖掘。他认为在金属和石油业、报业、电视台、药业等行业，甚至有时在公司的亏损中，都有隐蔽的资产。这些隐蔽性资产存在的形式多种多样，可能是一笔现金，也可能是房地产或者是税收优惠，等等。资产与机会处处皆是，投资者尽可以从买卖拥有隐蔽性资产的公司股票上获得巨大收益。可是为什么许多投资者未能将资金投资于这类股票呢？林奇解释说，这些投资者不能做到这一点，是因为在他们与这些能涨 10 倍的股票之间存在着极多的障碍，也即他们的"筛选机制"出了问题。

按现行的体制，只有当某种股票在股市上为多数大金融公司所认可，并且已被华尔街知名的分析家列入购买推荐单以后，这种股票才对买卖股票的大多数人具有吸引力。但当这些投资者都准备购买时，该股票已涨了 5 倍或者 10 倍了。

林奇把上述这种状况称为"华尔街滞后现象"。林奇最得意的投资——国际服务公司就是一个比较典型的例子。国际服务公司是 1969 年上市的，在其后 10 年间，虽然该公司曾尽力想引起华尔街的注意，却没有一位股市分析人员对这家公司给予稍微的注意。直到 1980 年，史密斯－巴奈投资公司才发现了它，并对它进行了研究预测。

史密斯－巴奈投资公司的研究报告中指出，对丧葬服务业的服务需求决定于一个无可争辩的事实：人人会死。美国人口普查局收集的资料显示，死亡人数不断上升，丧葬业很明显属于增长型行业。作为该行业最大的公司——国际服务公司，当时经营着 189 家殡仪馆，每家殡仪馆的年均收入达 55 万美元，为全国平均水平的 3 倍。此外，该公司还首创了预约丧葬服务，顾客可在丧葬服务提供之前预先付款，这些"超前需要"销售有两大好处：（1）他们能保证业务量的持续稳定以及未来收益的增长；（2）预付款会有利息，这成为公司收益的主要来源。在前 10 年中，国际服务公司的营业额及其股票的每股收益均按 15% 以上的比率增长。史密斯－巴奈公司的报告还预测国际服务公司未来增长至少保持同等水平，特别是由于国际服务公司的管理层已决定增加市场的占有额。

的确，如果投资者在 1983 年以每股 12 美元买进国际服务公司的股票，而在 1987 年以每股 30 美元卖出，投资者可以使自己的钱翻一倍多，但假如投资者早在 1978 年就买进该公司的股票，那么他的钱会涨 40 倍。华尔街却在相当长的时期内忽视了国际服务公司，这主要是因为，按照华尔街的标准，殡仪服务业既不是耐用消费，也不是一般服务业，所以无法归类到任何一个部门。而完全依赖于华尔街知名分析家推荐股票，坐等现成的投资者毫无疑问失去了赚大钱的好机会。

机会藏在财务报告中

受格雷厄姆的影响，林奇对阅读财务报告也有着足够的重视，他常常根据公司财务报告中的账面价值去搜寻公司的隐蔽性资产。林奇认为，通过公司的资产和负债，可以了解该公司的发展或衰退情况、其财务地位的强弱等，有助于投资者分析该公司股票每股值多少现金之类的问题。

20世纪60年代以后，许多公司都大大抬高自己的资产，商誉作为公司的一项资产，常常使公司产生隐蔽性资产。例如，波士顿的第五频道电视台在首次获得营业执照时，它很可能为获得必要的证件而支付25000美元，建电视塔可能花了100万美元，播音室可能又花了100万～200万美元。该电视台创业时的全部家当在账面上可能只值250万美元，而且这250万美元还在不断贬值，到电视台出售时，售价却高达4.5亿美元，其出售前的隐蔽性资产高达4.475亿美元，甚至高于4.475亿美元。而作为买方，在其新的账簿上，就产生了4.475亿美元的商誉。按照会计准则的规定，商誉应在一定的期限内被摊销掉。这样，随着商誉的摊销，又会产生新的隐蔽性资产。又如，可口可乐装瓶厂是可口可乐公司创建的，它在账面上的商誉价值为几亿美元，这个几亿美元代表了除去工厂、存货和设备价值以外的装瓶特许权的费用，它实际上是经营特权的无形价值。按美国现行的会计准则，可口可乐装瓶厂必须在开始经营起的4年内全部摊销完，而事实上这个经营特权的价值每年都在上涨。由于要支付这笔商誉价值，可口可乐装瓶厂的赢利受到严重影响。以1987年为例，该公司上报的赢利为每股63美分，但实际上另有50美分被用来偿付商誉了。不仅可口可乐装瓶厂取得了比账面上好得多的成就，而且其隐蔽性资产每天都在增长。

彼得·林奇给投资者的忠告：对于交易者，尤其是保证金交易者来说，如果他在股市运行的反方向被套时间太长，就注定将被淘汰出局，这时没有挽回的余地，因为时机的把握是最关键的。除了选择具有投资价值的股票用于投资以外，投资者还应把握最佳时机将股票卖出。以下两种情况下就属于此范围：一是公司的业务从根本上恶化，二是股价已上升过高，超过了其自身价值，这时应毫不犹豫地迅速将这类股票卖掉。

与传统的长期投资模式不同，林奇并不是通过报表熟知了公司的内部管理信息才去投资，他不太担忧公司管理方面的问题。在他看来，尽管管理在公司中相当重要，但在许多时候，公司的利润稳步上升并不是管理所致，而是由于公司所从事的事业本身的声誉所致。如回收废纸并制造新纸在市场上占统治地位的福特哈佛公司；国际服务公司作为一家殡葬屋连锁公司，稳定地购买新居住区现存最好的殡葬屋；邓金·唐纳兹在自己简单的业务里不断发展；等等。一家公司所拥有的某种独一无二的特征可以使其在市场占有较大的份额，保证其利润的稳步上升，在某种程度上可以减少人们对该公司管理方面的担忧。林奇之所以对高技术公司不感兴趣，是因为林奇认为那些高技术公司难以让人理解，即便它们中的一些公司可能不错，但如果你不真正了解它们，它们也不会让你受益。

林奇有一种超越其他投资者的优势，那就是林奇购买股票时寻找的是购买的理由，而许多其他投资者寻找的是不购买的理由，如公司实行了工会化，其他新产品的问世将给公司带来巨大的冲击，国家颁布政策禁止销售某种产品使公司利润大幅度下滑，等等。其中有许多偏见影响了大多数投资者对行情的通盘研究。林奇认为要赚钱，就得发现别人未发现的东西，就得做别人因心理定式作祟而不愿做的事。

林奇认为，市场总是存在着盲点，投资者可以以最低的风险去实现预期的利润。投资者应保持足够的耐心和敏锐的分析能力，不断地发掘市场所存在的盲点，市场盲点一旦被整个市场所认同，先迈一步的投资者将会获得可喜的回报。

某家石油公司或炼油厂的存货已在地下保存了40年，但存货的价格还是按老罗斯福执政时计算的。若仅从资产负债表上看，它的资产价值可能并不高，但是若从石油的现值来看，其创值已远远超过所有股票的现价。它们完全可以废弃炼油厂，卖掉石油，从而给股票持有者带来一笔巨大的财富。而且卖石油是毫不费事的，它不像卖衣服，因为没有人会在乎这些石油是今年开采的还是去年开采的，也没有人在乎石油的颜色是紫红的还是洋红色的。

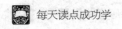

投资需要谨慎，也需要勇气

林奇始终认为，投资者在投资时需要竭力避免的，应该是重大损失，而不是所有损失。

许多投资者对此常常存在着一定的误解。当他们看到股票以低价买进、高价卖出时，他们认为从他们所获得的收益中支付出一部分，作为信托公司的报酬是合理的，而一旦有一次所购入的股票价格下跌，他们就拒绝接受，不愿付给信托公司任何报酬。林奇指出，那是一种自毁前程的表现，那将导致信托公司不愿再冒任何风险，而没有风险就不会有好的收益。

彼得·林奇给投资者的忠告：许多投资者对市盈率的分析存在着很大的误区，认为以较高市盈率出售的公司比以较低市盈率出售的公司更易下跌。其实事实并非如此。如果一家公司呈高速增长，即使它以较高的市盈率出售，投资者仍能比购买市盈率较低、增长速度较慢的公司股票赚取更多的钱。

林奇曾尝试接管过几家公司，但最后多以失败告终。这些经历使他认识到不可太相信所得到的内部消息，因为许多所谓的内部消息都是错的，这常常令人做出错误的决策，付出了许多，结果却一无所得。同时，这些经历也促使林奇放弃了对杠杆收购的分析，因为他认为杠杆收购会妨碍投资大众全力参加衰落后的复苏。比如，几家公司都以每股20美元售出，然后由于市场滑坡或其他坏消息的影响，它们都降至每股8美元，最糟的那种股票再没有复升，但稍好的几家重新调整并反弹回来。如果没有那种事，该股票可能上涨到每股40美元。

林奇在证明公众对市盈率的误解时举了这样一个例子：一家公司以20倍的市盈率出售，每股赢利1美元，即共20美元，每年以20%的速度发展；另一家公司以10倍的市盈率出售，每股赢利1美元，即共10美元，每年以10%的速度发展。一年以后，第一家公司每股将获利1.20美元，而第二家公司每股获利为1.1美元。在第十个年头，第一家公司每股获利将达到6.19美元，而且如果它仍以20倍的市盈率出售，那市场价格将是123.80美元。如果像过去经常发生的那样，假设市盈率下降至15倍，那么，市场价格是92.85美元。而在此期间，那家利润增长为10%的公司，每股获利2.59美元，意味着25.9美元的市场价格，仅为第一家高速增长公司的1/4左右。

从身边找到收益翻 10 倍的大牛股

彼得·林奇表示，一般来说，投资者一年中会有两三次碰上很有希望获得成功的投资机会，有时机会可能更多，而要想在市场中找到一只能够翻 10 倍的股票，也并非难事。大量的 10 倍股，其实就在普通投资者的身边。他列举了 Dunkin's Donuts 甜甜圈公司、The Limited、斯巴鲁、Dreyfus、麦当劳、Tambrands 以及 Pep Boys 汽车配件公司等公司的股票，这些都是投资者在生活中就能发现的优质公司，哪怕这位投资者只是一位普通的消费者、一位消防队员、一位需要修车的司机，或者干脆就是这些公司中的一名职员。

林奇认为，Pep Boys 汽车配件公司的高级管理人员、一般员工、律师、会计师、供货商、广告公司、广告牌制作商、新店的建筑承包商，甚至是拖地板的清洁工肯定都看到了 Pep Boys 公司经营上的成功，数以千计的潜在投资者已经得到了这个股票投资"消息"，这还不包括那些规模更为庞大的数以万计的顾客。

同时，Pep Boys 的员工购买保险时可能已经注意到保险的价格正在上升，这是一个保险行业将要好转的良好信号。也许应该考虑投资那些提供保险服务的公司的股票，或者 Pep Boys 新的汽车修理店的建筑承包商注意到水泥的价格持续走稳，这对水泥供应厂商来说可是一个好消息。

在零售和批发的整个商业链上从事制造、销售、清洁、分析的人员都会碰到很多选择股票的好机会。在彼得·林奇本人所从事的共同基金行业中，销售人员、员工、秘书、分析师、会计、电话接线生以及电脑安装人员，所有这些人几乎都不会忽视 20 世纪 80 年代初期共同基金行业大繁荣，而正是这次基金行业大繁荣使得共同基金公司的股票狂涨了很多倍。

彼得·林奇给投资者的忠告：如果你是一个油田的非技术工、地质学者、钻探工、供货商、加油站老板、加油站工人，甚至是加油站的客户，都会注意埃克森石油公司的业务有多繁荣。

也许你是一位当地的婚纱摄影师，你可能会发现最近有越来越多的人正在婚礼上拿着自己的照相机四处乱拍，以至于几乎影响到你自己的拍摄工作了。你可以轻易地感到照相机正以惊人的速度普及。

自动数据处理公司（Automatic Data Processing）这家一周内能为 180000 个中小型公司处理 900 万份薪水支票的公司又如何呢？这家公司的股票已经成了上涨

幅度创造历史纪录的最佳股票之一：这家公司 1961 年上市并且公司赢利每年都在增长，从来没有下降。它赢利最差的一年也比前一年增长了 11%，而当时正是许多上市公司都出现亏损的 1982-1983 年的经济衰退时期。

自动数据处理公司听起来好像是属于那种彼得·林奇竭力避开的高科技企业，但事实上它并不是一家电脑公司，它只是用电脑来处理薪水支票，作为新技术的用户，这家公司成了高科技的最大受益人。由于竞争推动电脑价格不断下降，像自动数据处理公司就能够以更便宜的价格购置电脑设备，使公司的经营成本不断下降，这只会使公司的利润进一步增加。没有经过大肆的宣传，这家业务十分平凡的公司的股票最初以每股6美分（根据股票分割进行股价调整）的价格公开上市，后来的股价已经上涨到每股40美元，这是一只长期持有上涨600倍的超级大牛股。在1987年10月股市大跌之前，这家公司的股票价格一度上涨到了每股54美元，而且没有迹象表明它的增长速度会放缓下来。

勤于调查研究

林奇曾对自己的选股方式做过形象的概括："我的选股完全是凭经验，像受到训练的警犬一样，从一家公司嗅到另一家公司。"也就是说，林奇选择股票的依据不是坐在电脑前描出K线图、趋势线之类的技术指针，而是通过"嗅"公司——考察公司的实际情况和相关因素，在综合所得到的信息后，再决定是否"吃下"这家公司。林奇从不投资自己不熟悉的公司，他的每一次出手，都是建立在充分调查研究的基础上。难怪有人说，林奇成功的秘诀之一是"腿功"。

彼得·林奇给投资者的忠告："我想象不出还有业余投资者找不到但非常有用的信息，所有相关的信息只是等着被投资者来收集。在公司的招股说明书、年报以及行业协会的出版物和报告上，投资者能够得到全部需要的东西。"

"我知道传闻总是比公开的信息更能引人注意，这是古老的'神秘规则'在起作用：信息来源越神秘，就越具有说服力。但事实并非如此。"

"从年报中无法得到的信息可以通过向经纪人咨询、给公司打电话得到。专业的投资者总是不停地在给公司打电话，而业余投资者却很少这样做。"

除了直接到上市公司走访外，林奇还和许多业内人士保持紧密的联系，以保证对行业的第一手资料的掌握，他常能购买行业内的大部分受益个股，就是这一点集中的表现。另外，麦哲伦基金为了能和外界更好地交流。组织了午餐会与上市公司的管理人员交流，通过有效的交流，麦哲伦基金获得了大量有用的资讯，大大提高了基金选股的准确性。

赚大钱的机会：发现公司隐蔽性资产

发现隐蔽性资产，这是一个非常值钱的话题，是投资者绝对不能忽略的一项内容。隐蔽性资产一般来说是指那些账面价值没有实际价值高的那部分资产，而实际价值的判断就是投资者需要做的工作，当挖掘出来隐蔽性资产的时候，也许就是投资者赚大钱的时候。林奇非常注重对公司隐蔽性资产的挖掘。

彼得·林奇给投资者的忠告：在不同的行业中，甚至是在亏损的公司中，只要它们存在隐蔽性资产，那么这样的公司仍然非常值得投资。

拥有隐蔽性资产的公司主要有以下类型。

（1）处于资源行业的公司。这些公司包括拥有林业、矿产、石油以及其他资源性产品的公司，一般来说仅仅有一部分资产记录在账面上。例如一家公司的石油在地下保存了50年，那么这家公司记录的仅仅是50年前存货的价值，实际价值在现在来说已经翻了很多倍了。

（2）拥有大量土地的公司。土地，尤其是城市土地，作为一种稀缺资源，其价值从世界范围来讲都是逐步上升的。林奇在对公司进行价值评估的时候，土地往往是一项不能忽视的非常重要的项目。10年前取得的土地资源，当时的账面价值与现有价值相比基本可以忽略不计，因为土地价值的大幅攀升带来巨额的溢价收益。土地价值主要包括土地储备和商业类开发地产。

（3）拥有商誉或者说品牌价值的公司。商誉是一种无形资产的价值，也容易被人忽略。讲得更加具体一些，商誉包括品牌、特许权价值、牌照价值以及其他无形资产价值（如连锁店的客户渠道等）。

（4）参股或控股的子公司内部资产的价值。如果一个公司参股或控股子公司，这种情况下也常有一些发现隐蔽资产的机会。这个隐蔽性资产的机会在于获取子公司股权的时候价值比较低，但是在过了一段时间，子公司由于经营出色或者在资本市场上市，股权收益大幅增加常会给投资者带来发现隐蔽性资产的机会。

随着股权分置改革的顺利完成、全流通市场的即将来临，市场的投资方式已经由题材炒作逐步向价值投资过渡，市场对于上市公司的价值重估本身就是对公司业绩的预期和公司隐蔽性资产的挖掘。目前我国市场的价值重估的背景有以下

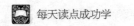

3个。

（1）股改完成后的股权流通使得资本市场流动性加强，完善了股权投资的退出机制。

（2）人民币升值带来的对人民币资产价值的上升。

（3）上市公司行业性复苏特征明显，部分行业增长迅速。

在这个背景下，投资者对上市公司的价值重估必然带来股价的上涨，这也是对上市公司价值的理性回归。价值重估的主要内容之一就是挖掘上市公司的隐蔽性资产。

1. 大量持有其他上市公司股权的上市公司

在我国股票市场上，很多上市公司持有其他上市公司的法人股，法人股在股改之前，转让价格也仅仅是净资产基础上小比例的上浮而已。实行股改之后，那些公司的股权价值得到了大幅度的上升。

2. 资源类上市公司

主要是那些拥有矿产资源的公司，这部分公司在人民币升值和全球商品价格上涨的背景下，资源价格大幅度增值。同时国家资源价款改革的实行，使得已经拥有矿产资源的公司面临着采矿权价值的大幅增加，但实际财务处理中其账面价值仍然很低，这就给挖掘这类公司的隐蔽性资产带来了机会。

3. 拥有土地资源的上市公司

首先是房地产开发类上市公司，这类公司典型就是深万科、陆家嘴、华侨城、中粮地产以及保利地产等拥有大量土地储备的上市公司，这些土地的价值飞涨使得公司的价值在重估中面临着大幅的升值。其次是那些拥有商业性物业类的上市公司，也是土地重新估值的绝大受益者，典型的有中国国贸、金融街、百联股份、西单商场、王府井等这些拥有商业类地产的上市公司，在房价大涨、人民币升值、外资进入中国等因素推动下，隐蔽性资产的挖掘显得异常重要。

4. 金融类上市公司

主要是指银行、证券以及其他金融类上市公司。这些公司由于人民币升值带来的对人民币资产的重估，价值获得了提升。拥有金融资源牌照的公司随着产业的快速发展，业绩也会大幅度地提升，这样也带来了重估的机会。此外，国家政策对金融行业的严格准入使得牌照紧缺进一步拓宽了价值上升的空间，比如期货公司的牌照。

5. 拥有特许经营牌照资源的公司

这类上市公司包括有线电视网络经营牌照、电信服务牌照、金融资源牌照、出租车牌照、网吧牌照以及其他特许经营的牌照。

用"鸡尾酒会"理论预测股市

作为一代投资大师，林奇经常应邀去发表演讲，每次都是听者如潮。每次演讲完毕，在自由提问的时间里，总有人问林奇股票的行情，或者目前的股票旺市能否继续保持并进一步发展或跃市已初露端倪。针对这些问题，林奇所总结出来的关于股市预测的"鸡尾酒会"理论可谓深得人情事理之精妙。

在国外经常举办的鸡尾酒聚会上，不同职业、不同阶层的人们彼此相识、聊天。彼得·林奇这位无时无刻不在寻找投资机会的共同基金经理，则从参加鸡尾酒会上寻找买入或卖出股票的信号。

彼得·林奇给投资者的忠告：不要相信投资天赋。在股票选择方面，没有世袭的技巧。尽管许多人认为别人生来就是股票投资人，而把自己的失利归咎为悲剧性的天生缺陷。我的成长历程说明，事实并非如此。在我的摇篮上并没有吊着股票行情收录机，我长乳牙时也没有咬过股市交易记录单，这与人们所传贝利婴儿时期就会反弹足球的早慧截然相反。

拥有股票就像养孩子一样——不要养得太多而管不过来。业余选股者大约有时间跟踪 8 ~ 12 个公司，在有条件买卖股票时，同一时间的投资组合不要超过 5 家公司。

当你读不懂某一公司的财务状况时，不要投资。股市的最大的亏损源于投资了在资产负债方面很糟糕的公司。先看资产负债表，搞清该公司是否有偿债能力，然后再投钱冒险。

每人都有炒股赚钱的脑力，但不是每人都有这样的度量。如果你动不动就闻风出逃，你不要碰股票，也不要买股票基金。

你拥有优质公司的股份时，时间站在你的一边。你可以等待——即使你在前五年没买沃玛特，在下一个五年里，它仍然是很好的股票。

林奇通过鸡尾酒会，总结出了判断股市走势的四个阶段。

第一阶段，林奇在介绍自己是基金经理时，人们只与他碰杯致意，就漠不关心地走开了。而更多的人是围绕在牙医周围，询问自己的牙疼病，或者宁愿谈论明星的绯闻，没有一个人会谈论股票。林奇认为，当人们宁愿谈论牙病也不谈论股票时，股市应该已经探底，不会再有大的下跌空间。

第二阶段，林奇在介绍自己是基金经理时，人们会简短地与他聊上几句股票，抱怨一下股市的低迷，接着还是走开了，继续关心自己的牙病和明星的绯闻。林奇认为，当人们只愿意闲聊两句股票而还是更关心自己的牙齿时，股市即将开始触底反弹。

第三阶段，人们在得知彼得·林奇是基金经理时，纷纷围过来询问该买哪一只股票，哪只股票能赚钱，股市走势将会如何，而再没有人关心明星绯闻或者牙齿。彼得·林奇认为，当人们都来询问基金经理买哪只股票好时，股市应该已经到达阶段性高点。

第四阶段，人们在酒会上大谈特谈股票，并且很多人都主动向林奇介绍股票，告诉他去买哪只股票，哪只股票会涨。林奇认为，当人们不再询问该买哪只股票，而是主动告诉基金经理买哪只股票好时，股市很可能已经到达高点，大盘即将开始下跌。

与此巧合的是，早在1929年，石油大亨洛克菲勒就曾经得益于类似"鸡尾酒会"的理念。当时洛克菲勒在街上遇到一个擦皮鞋的小孩子，小孩边给他擦皮鞋边对他说："先生，您最近买股票了没有，我给您推荐一只股票，肯定涨得好……"洛克菲勒听了心中一惊，一个擦皮鞋的孩子都开始给别人推荐起股票来，看来股市大限已经不远了。回到公司，洛克菲勒立刻下令将所有股票清仓，一只不留。果然，两个月之后就迎来了华尔街崩盘，多少人在一夜之间倾家荡产，而洛克菲勒在这场风暴中安然度过。

跟金融大鳄乔治·索罗斯学投资

乔治·索罗斯也许是有史以来知名度最高和最具传奇色彩的金融大师。他有着与众不同的投资理念、犀利尖锐的投资眼光、魄力十足的处事作风，这些构成了他的独一无二的大师形象。在美国，他享有盛名，是"量子基金"的创立人。1993年，他利用欧洲各国在统一汇率机制问题上步调不一致的失误，发动了抛售英镑的投机风潮，迫使具有300年历史的英格兰银行（英国中央银行）认亏出场。1997年2月，他旗下的投资基金在国际货币市场上大量抛售泰铢，这一行动被视为牵连极广、至今尚未平息的东南亚金融危机的开端。

从投资目标和基金管理人考察基金

无论是在哪个成熟的证券交易所，买基金都是大多数普通投资者的首选投资方式。但是，市场有几十家基金公司，上百只基金，投资者往往会对如何挑选到适合自己的好基金感到困惑。索罗斯认为，要想找到最好的基金，投资者应该从投资目标和基金管理人两方面对基金进行重点考察。因为这两者从某种程度上来说决定了基金公司的前途。

1. 通过基金投资目标选择基金

投资者在决定选择哪家基金公司进行投资时，首先要了解的就是该基金公司的投资目标。基金的投资目标各种各样，有的追求低风险长期收益；有的追求高风险高收益；有的追求兼顾资本增值和稳定的收益。基金的投资目标不同决定了基金的类型不同，不同类型的基金在资产配置决策到资产品种选择和资产权重上都有很大区别。因此，基金投资目标非常重要，它决定了一个基金公司的全部投资战略和策略。

索罗斯给投资者的忠告：投资者不管投资哪种类型的基金，都可以通过以下几个基本方面来检测基金公司的投资目标是否值得投资。

（1）本金是否安全。

本金安全分成两个方面：一是名义上的安全，即回收时的本金数额与初始投资时的金额相等；二是实际上的安全，即保持本金原有的购买力或价值。尽管基金种类很多，投资目标也不一样，但不管投资者投资哪个基金，本金的安全是首先需要保障的，而且投资者应该追求本金实际上的安全。这也是索罗斯和巴菲特两位投资大师之间少有的相似点之一。即使像索罗斯这样具有冒险精神的投资家，在投资时如果投资威胁到本金安全，他也会选择退出。

（2）收入是否稳定。

一般来说，收益稳定的基金比收益大起大落的基金更能获得长期的回报，投资者在投资以前应该考察一下投资基金公司的收益是否稳定，在选择投资基金公司时，不要受到暂时利益的诱惑，应该选择收益稳定的基金公司。

（3）资本是否增长。

如果一家基金公司的资本不断增长，至少说明该基金公司在投资上取得了成功，不管它进行的是高风险、高收益的投资，还是低风险、低收益的投资。投资者应对其予以关注。

证券投资基金管理的目标，就是追求一定风险水准上的收益最大化。目前，证券投资基金的投资目标主要分为以下几种情形。

追求资本长期成长的基金。此类基金投资的目标是长期成长，因此，通常会将当期的收益所得注入基金进行再投资，即利息、股息收入以及资本增值部分都被用来再投资。这类基金中，还可细分为最大资本增益型、长期成长型、成长收入型、平衡基金，这些基金在投资目标上大同小异。

追求当期收入的基金。这类基金与追求长期成长的基金不同，它将当前投资获得的股息、利息或资本增益全部发放给投资者，这类基金通常按月或按季度发放红利。由于没有将当期收益进行再投入，因此，这类基金的收益低于上面的长期成长的基金。但投资这种基金风险很小，见利也快。不同的投资者可以按照自己的投资兴趣进行选择。基金公司投资目标不同，形成的投资风格也不一样。

2. 通过基金经理看基金的个性指数

基金公司的投资目标表现出了基金公司的个性特点，而基金经理的个性、投资偏好与他们的投资理念紧密相连。因此也是评估基金投资个性的重要因素。

现在以两位投资大师彼得·林奇与索罗斯为例来说明这个问题。

彼得·林奇是富达公司的经理，投资领域的传奇人物。1977年，他接管麦哲伦基金。至1990年，麦哲伦基金的总规模成长了2700%，年复利增长29.2%，换句话说，如果在1977年投资1万美元到该基金的话，到了1990年就可获得高达27万美元的回报。

林奇的投资理念基本上以价值为中心，他认为逻辑是股市投资时最有益的学问，虽然股市的走势经常完全不合逻辑。他比较注重对投资企业的价值量化评估，尽管他也看重企业非量化的内在价值，比如企业的管理能力进一步加强，企业的新产品推出市场等，而且林奇在购买某个企业股票之前，总是对该企业进行非常充分的调查研究，而且他的理论是"10∶1"，即在十家企业中筛选一只优质的股票。鉴于这种投资理念，林奇的投资非常谨慎。

而索罗斯与林奇的投资理念完全相反，索罗斯认为世界是不可知的，人类永远无法完全了解世界，在这种世界观的基础上，他提出了著名的反射性理论。简言之，用一个例子来说明股票的价格与市场的关系就是"我是什么"与"我认为我自己是什么"的关系。这两者之间互相作用，互为因果。因此，索罗斯从不花大量的时间研究经济走势，也不花大力气研读大量的股票分析报告。他往往通过大量学习，看报纸，运用自己的哲学思想，结合分析股市形势，寻找机会。

因此，像索罗斯这样一位基金经理，投资者别指望他能对所买股票的企业进行详细的考察，阅读他们的财务报表，然后进行长线投资，老成持重地等待着最后的大红利。但索罗斯也有他独特的优势，根据他的理论，既然目前的偏向能影响基本面，从而导致市场价格的变化，而市场价格的变化又会进一步影响市场价格，那么只要找到这其中的价格转折点，依据当时形势做空或做多就可在短期内获得巨大的回报。事实上，索罗斯的这套理论帮助他打赢了很多战役。索罗斯善于短线投资，善于抓住某个转折点，大捞一笔。

当投资者了解了这两位经理人的投资理念后，便可以依据自身情况决定是选择麦哲伦基金还是量子基金。

从资产配置上看基金的获利能力

资产配置是基金管理公司在进行投资时首先碰到的问题。投资者可以通过基金公司大体的资产配置，了解该基金管理公司投资于哪些种类的资产，如股票、债券、外汇等；基金投资于各大类的资金比例如何。基金管理公司在进行资产配置时一般分为以下几个步骤：将资产分成几大类；预测各大类资产的未来收益；根据投资者的偏好选择各大资产的组合；在每一大类中选择最优的单价资产组合。

前三步属于资产配置。资产配置对于基金收益影响很大，有些基金90%以上的收益取决于其资产配置。基金资产配置在不同层面上具有不同的含义，可以大致分为战略性资产配置、动态资产配置和战术性资产配置。

对于如何根据基金公司的资产配置来推测基金的获利能力，索罗斯认为可以从以下3个方面着手。

1. 战略性资产配置

战略性资产配置是根据证券投资基金的投资目标和所在国家的法律限制，确定基金资产分配的主要资产类型以及各资产类型所占的比例。战略性资产配置是实现基金投资目标的最重要的保证，从基金业绩的来源来看，战略性资产配置是首要的也是最基本的源泉。当投资者对该基金管理公司的战略性资源配置有所了解时，大致可以估计到自己的投资资金的未来命运。基金公司一般都会将投资比例公布出来，供投资者监督。

有些基金公司在资源配置上遵循分数投资的策略；有的则相反，遵循集中投资。我们前面提到的彼得·林奇就属于后一类，他在资源配置方面一般选择传统的投资标的进行投资；他的资产配置种类大体以股票、债券为主。而索罗斯则不一样，索罗斯涉及的投资领域比较广泛，不仅是股票、债券，还有股价指数、利率期货、外汇期货等，这些都纳入他的资源配置行列，而且自20世纪90年代起，他将投资的重点转移到金融衍生商品上。投资者如果看好股市，想通过股票获利，那么最好选择林奇经营的基金公司。如果投资者垂涎于外汇市场，那么索罗斯的基金公司则不失为很好的选择。当然，加入索罗斯的基金公司需要大笔资金，对于那些中小投资者来说，主要根据我们所讲的原则进行选择，找到合适的基金公司进行投资。

2. 动态资产配置

动态资产配置有时被称为资产混合管理，指在确定了战略性资产配置后，对资产配置比例进行动态管理，包括是否根据市场情况适时调整资产配置的比例，以及如果需要适时提高资产流动性的话，应该如何调整等问题。

索罗斯给投资者的忠告：如果投资者了解了基金公司不同的动态资产配置的方式，那么这将会对自己的投资行为大有裨益。

（1）买入并持有策略。

该策略是指在构造了某个投资组合后，在3–5年的适当持有期间内不改变资产配置的状态。买入并持有策略是消极型长期再平衡方式，适用于有长期计划水平并满足于战略性资产配置的投资者。

（2）恒定混合策略。

该策略是指保持投资组合中各类资产的固定比例。恒定混合策略适用于风险承受能力较稳定的投资者。如果基金市场价格处于震荡、波动状态之中，恒定混合策略就可能优于买入并持有策略。

（3）投资组合保险策略。

该策略是在将一部分资金投资于无风险资产从而保证资产组合的最低价值的前提下，将其余资金投资于风险资产并随着市场的变动调整风险资产和无风险资产的比例，同时不放弃资产升值潜力的一种动态调整策略。

3. 战术性资产配置

战术性资产配置是根据资本市场环境及经济条件对资产配置状态进行动态调整，从而增加投资组合价值的积极战略。大多数战术性资产配置一般具有如下共同特征。

第一，战术性资产配置策略一般建立在一些分析工具基础上的客观、量化过程。这些分析工具包括回归分析或优化决策等。

第二，资产配置主要受某种资产类别预期收益率的客观测度驱使，因此属于以价值为导向的过程。可能的驱动因素包括在现金收益、长期债券的到期收益率基础上计算股票的预期收益，或按照股票市场股息贴现模型评估股票实用收益变化等。

第三，资产配置规则能够客观地测度出哪一种资产类别已经失去市场的注意力，并引导投资者进入不受人关注的资产类别。

第四，资产配置一般遵循"回归均衡"的原则，这是战术性资产配置中的主要利润机制。

如何有效利用"反身理论"

传统的投资价值观认为，市场是有理性的，而索罗斯则认为市场是没有理性的，市场心理是由人的心理造成的，市场参与者的"偏见"往往决定着市场的价格走势。

很多投资人在投资之前总是绞尽脑汁地收集各种资料，分析市场走势，希望

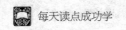

能寻求到一种规律，然后进行投资。然而世界上没有相同的两片绿叶，在投资市场上，随时都会出现意外情况，很多投资者发现用以往的经验推断未来发展趋势总是会失败，他们为此感到失望、气恼。特别在经济混乱时期，他们更是无所适从。

索罗斯的"期望决定市场"的观点来自他著名的反身理论。这个"反身性"也有人翻译成"反馈性"。它的理论含义是：

假设人的行为是 y，人的认识是 x，由于人的行动一定是由人的认识所左右的，因此，行为是认识的函数，表述为：

y=f（x）

它的含义是：有什么样的认识就有什么样的行为。

反身理论认为人的认识是受客观世界影响的，而客观世界又是与人们的行为紧密相关的。这也就意味着，人的行为对人的认识有反作用，认识是行为的函数，表述为：

x=F（y）

它的含义是：有某一类行为就会有某一类认识。

把上述两个式子合并之后，我们可以得到这样的公式：

y=f［F（y）］

x=F［f（x）］

这就是说，x 和 y 都是它自身变化的函数——认识是认识变化的函数，行为是行为变化的函数。索罗斯将该函数模式称作"反身性"。它实际上也是一种"自回归系统"。索罗斯同时认为：由于人的认识永远是片面的、不完全的。这种片面和不完全将会逐渐堆积，直到最后走向一个极端。

反映到金融市场上，索罗斯的观点就能这样理解：由于人的认识永远是片面的和不完全的，因此，人的行为也自然永远不可能是正确的，而人的行为作用于市场永远是错的。既然市场永远是错的，那么当市场达到极点，市场就必然会崩溃。

索罗斯给投资者的忠告：市场的运行并非理性的，而且市场的价格也往往有错误，有时并不能真正反映上市公司本身的价值。可传统理论认为，股票价格反映该公司的基本面，是未来收益和股息的贴现。索罗斯认为，这种观点是完全错误的。股票市场价格根本就不是未来收益和股息的贴现，充其量只能说是对未来市场价格的预测。

最重要的基本面存在于未来。股价反映的不是往年的收益、资产负债表和股息，而是将来的收益、股息和资产价值。这些流量无法量化，市场的变化结果也无法量化或精确预期，股票的价格只能是仅供猜测的对象。猜测是资讯和偏见的"混合物"。因此猜测会在股票价格中表现出来，而股票价格则会以多种方式影响基本面。如公司发行股票来募集资本，通过发行期权来激励其管理层。当这些事情发生时，一个双向反身性的互动过程就有可能产生，基本面不再是决定股票价格的变数。

在这点上，索罗斯指出："在买卖金融工具时，市场参与者不是试图贴现基本面，而是预测完全相同的金融工具的未来价格。基本面与市场价格之间的联系比主流理论所描述的更少，而且市场参与者的偏见起的实际作用也更大。"股票价格与基本面之间的互动关系能够导致自我趋势的加强，使基本面和股票价格都远离根据传统理论中的均衡状态，而把股市带到"远离均衡地带"，引发"从众行为"的趋势出现。索罗斯在运用反身理论预测市场是尝试性的，正确与否在于市场，这种理论能保证预测正确时获利最大化，而错误时损失最小甚至还能获利。索罗斯坚信反身理论可以帮助他指点迷津，认识并走出困境，获得巨大的投机成功。反身理论有一个特点就是以相互关联因素来分析市场，关联因素包括某一市场内在关系，也包括市场之间的关联，因此用反身理论分析市场有两方面内容，即微观经济和宏观经济。理解和接受反身性理论，有利于投资者具备某种哲学视野、战略高度上的优势。在金融运作上，索罗斯以自信而又独特的分析与判断，驰骋金融市场。即使是在市场极其低迷的时期，他也依然坚持头寸，丝毫不动摇。

关于对金融市场的本质认识，索罗斯有着他独特的观念，在此我们可以一同分享和借鉴。他认为金融市场并非像人们所理解的那样以均衡状态存在，它大起大落极不均衡，性质如随意散步充满了不确定性。如果说索罗斯建立在自省观念上的"市场往往是错误的"的命题，是对华尔街自内而外传统智慧的挑战，那么他关于金融市场本质的结论，可以说是对传统经济学的全面反叛和挑战。索罗斯关于金融市场本质的理论基于如下假设：人们以知性和完整性构建的经济学认为，市场应处于一个确定的均衡状态，然而事实是，人们的愿望不但实现不了，而且市场的不均衡状态常常不期而至。但不均衡状态的出现不能脱离带有偏见的市场主体参与这一事实，离开了市场主体参与这一事实，对市场不均衡状态成因的理解皆是不充分、不完整的。甚至可以认为，出现事与愿违的结果恰恰是偏见主体的行为所造成的，偏见主体的参与是事态的原因，不平衡状态的出现是事态的结果。如果金融市场是处于均衡状态的，那么市场参与者的知性便是完整的，事实证明则相反，因此参与者的知性是不完整的，并且它构成了市场不均衡状态或大

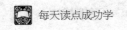

起大落的充分条件和重要原因，那种视金融市场为一个均衡状态的流行看法十分不现实。

从市场运行的趋势中把握机会

索罗斯似乎有种超常预知能力，总是能够赶在其他投资者之前把握住市场运行的趋势。他是如何做到这一点的呢？

（1）广泛阅读报纸杂志和公司的年度报告，及时把握经济动向。索罗斯从不花大量时间研究纯粹经济理论和经济政策，也不愿花费精力去研究众多专家的股票分析报告。索罗斯主张，身为一名出色的金融投资家，要在广泛阅读报纸、杂志的过程中，运用自己的哲学思想来形成自己的见解和判断。

索罗斯给投资者的忠告：股票操作不能随大流，否则要么只是随别人一起赚些小钱，要么跟别人亏大钱。投资者必须对趋势有自己的判断。

一段时间内某一行业或某一股票的趋势或者说命运，并非由下一季度的利润，或者是年出货量的多少来决定。真正有影响力的是广泛的社会、经济和政治的因素。

要想真正成为一名成熟而经验丰富的基金投资者，必须使用经济基本面分析。索罗斯认为，通过经济基本面分析可以洞察股票指数的真正驱动力。经济基本面分析内涵丰富，主要包括对经济周期、通货膨胀指数、经济活动指标、金融指标、经济增长等诸要素的分析。其中通货膨胀指数通过零售物价、平均收益两个方面来表现，不过，就长期而言，零售物价上涨对股票价格的影响并不很大，而公司平均收益的增加，则表明该公司经济强劲成长。经济活动指标是通过对制造业产量、失业人口、国际收支余额这三个因素的考察，来预测股票的未来走势。金融指标则往往借鉴公共部门借款需求、货币指标、利率、汇率诸因素来确定该国家的经济实力。除此之外，索罗斯认为，经济基本面分析还应该仔细留意上市公司的业务主管的胆识、学识、公司的经营理念、公司所处的国内大气候、公司的业务经营范围动向，等等。

索罗斯订阅了30多种商业报刊，凡是涉及各行各业的报纸杂志，索罗斯都要订阅一份，甚至包括一些他还没有涉足的某些行业的杂志。索罗斯每天都深入阅读20~30份公司的年报，同时还会阅读多种多样的杂志。他从多份年报和这些五花八门的杂志中淘金，淘洗出来的不仅是各行各业的最新动态，而且有那些对自己有启发的、有价值的、潜在的文化、社会、经济资讯，从这些资讯中，他搜寻某个公司经济的"突然的转变"，并将这种转变注入潜意识。只要时机一成熟，这些潜在的文化、社会、经济资讯就能快速转变成能让索罗斯确定投资方向的商机。这使得索罗斯比一般的金融投资家能更广泛地了解和掌握市场动向。

如索罗斯操作雅芳公司股票，就是从阅读大量化妆品的刊物中获取这方面的资讯的。索罗斯从各种化妆品的杂志中，从文化演变的趋势看到获利良机。早在雅芳的盈余开始急降之前，他便洞悉到人口逐渐老化，化妆品业的营业收入也将大不如前。正如索罗斯所说："在雅芳的案例中，投资业界很少人了解到第二次世界大战后化妆品业的繁荣已经过去，因为市场趋于饱和，而且小孩子不再用那些东西。"看准商机后，索罗斯基金就以 120 美元的市价卖空雅芳股票。接下来这只股票果然开始大跌。两年后，索罗斯以每股 20 美元的价格买回股票，整个基金总共赚了 100 万美元。索罗斯从雅芳公司股票所赚取的利润，主要就是从各种化妆品广告中捕捉到的有价值的商机。

索罗斯的这种把握先机的方法对购买基金股份的投资人和基金经理非常有借鉴意义。投资者一般没有充裕的时间进行基本面分析，而且有些投资者不具备一些专业知识，基本面分析更无从谈起，但他们平时可以通过各种媒体，比如网络杂志、电视、收音机等了解到很多行业的发展情况，一旦投资人预测到某一行业股票在某段时期的命运后，就会确定自己投资组合的比例。如果投资者看好这一行业的股票，就尽量选择投资这一行业股票数量最大的共同基金。如前面提到索罗斯对电子业股票的预测，如果某位投资者同时也看到了电子业的发展前景，希望投资，那么他应该选择积极成长型基金，因为电子业在当时属于新兴产业，这种类型的基金可能会对此新型产业投资比例较大；如果该投资者在他的投资组合中选择了这种基金，获利将非常丰厚。如果投资者在平时资讯的积累中，看跌某一行业的股票或某只股票，就应当将投资这一行业股票的基金剔出自己的投资组合。

（2）直接到企业调查，挑选符合自己理想的上市公司股票。索罗斯经常同1500 多家公司保持密切的联系，以掌握它们的业务记录、产值状况、经营状况、股票行情等。为了更加准确地掌握他们的实际情况，索罗斯和他的助手们直接到企业，调查该企业的经营状况和管理水准，即使在非常繁忙的时候，他也至少要和 8 家以上的企业主管面对面地谈话，来最终确定是否对该公司实行投资、投资多少。索罗斯认为，只要投资者预测准确，而某一股票的市场与预见的价格相差甚远，那么这就是最能赚钱的股票。因此，索罗斯及其原来的高级助手罗杰斯一旦发觉某种长期性的政策变化和经济趋势对某个行业有利时，立刻预见到该行业将有发展前景，便会痛快淋漓地大笔购买这个行业公司的股票。

（3）寻找不成熟的市场。不成熟的市场是一般投资者不敢触摸的，而索罗斯的观点恰恰相反，"明知山有虎，偏向虎山行"，他偏偏有意专挑这些不成熟的市场来投资。索罗斯的意图很明显，因为这些不成熟的市场意味着巨大的上升空间和几何倍数的反弹利润。他在挑选这些不成熟的市场时，也并不是随意乱挑，而是经过了详细的市场调查，确保"这些市场必须是前景看好的"。所谓"前景看好"，索罗斯认为，必须是"在十几个月后，能把其他的投资者吸引过来"。如果前景不看好，不管多么巨大的资金投入都会赔光；如果在十几个月后，不能吸引住其他的投资者，那么投进去的本金别说赚钱，即使赚了钱，也不便于把资金抽出来，这实际上就等于亏损了。

冷静思考、果断下注

索罗斯在几次金融危机中的大手笔运作，给公众留下一个冒险家的印象。然而公众却不知，索罗斯的大胆冒险完全是建立在对外部情况的透彻把握之后的果敢举措。索罗斯抢占先机、挑战极限的投资策略，是建立在精密的分析和清醒的认识之上的。

在风云变幻的金融市场上，赚钱的机会往往要靠敏锐的洞察力。索罗斯由于知识渊博、思维深刻、资讯来源广、想象力丰富，所以能准确、敏锐地捕捉到赚钱的信息，获得一般人所得不到的赚钱机会。

索罗斯给投资者的忠告：获得机会是一回事儿，能否抓住机会做出反应又是另一回事儿。机遇只光顾那些有准备的人。有些机遇或隐或现，有些机遇稍纵即逝，没有清醒的头脑和果断的作风，机会就是跑到你的面前，你也抓不住。

一旦行动就要投入大量的资金。这需要承担很大的风险，但高风险与高利润是对等的。所以，许多投资者在机会来临时往往徘徊不定，这其实是对高风险的回避。投资有时往往不是一个技术问题，更多是个人的素质。

索罗斯在机会面前的表现完全不同。他历来行事果断，既有认识机会的敏锐，又具有捕捉商机的果断。一旦发现商机出现在面前时，他便会像疯狂的赌徒一样毫不犹豫地把赌注压下去，且数额颇大。只要抓住商机，就不会放过。索罗斯认为面对机遇时，人最大的错误不是太大胆，而是太保守。索罗斯常说，该出手时，就要一剑封喉，尽量把投资份额做大，不要害怕所下的"注"太大。

确实，索罗斯在实际投资实践中，面对机会来临时从来就没有含糊过。他所操纵的量子基金金额巨大，超过150亿美元；所使用的方法往往是用杠杆原理和对冲基金两面下注；可以这样说，只要机会一出现，索罗斯就不惜一切代价逮住它。

索罗斯在积架公司身上所下的赌注就是典型的例子。

1984年，当索罗斯经过火力侦察，得知积架公司的前景看好，投资的利润颇丰时，他的业务专管拉菲尔只计划买进25万股，因为原来索罗斯基金会在这个公司的股份已经占了很大的数量，拉菲尔担心这样庞大的数量会对基金会的发展不利而表现出迟疑的神情，索罗斯却坚定地对拉菲尔说："你不必在意我们的业务量在积架公司占多大比例，既然它的股票肯定上涨，那么，大量购买又有什么错误呢？"

看准机会就敢于拿出全部家当下注，这就是索罗斯的风格。有时候，他还会以远远超过公司全部家当的数额来下注。看准时机，该出手时就大胆地出手，是索罗斯最大的投资特色之一。很多人将索罗斯看成赌徒，殊不知，这是一种投资大师的大智慧，这种投资素质，不是一般的投资者所能具备的。很多投资者在投资时，即使自己认准了，也不敢完全下赌，仍然犹豫不决，坐失良机。投资者应该学习索罗斯的这种投资素质，抓住时机获取最大利益。

投资要永不服输

机遇与睿智成就了索罗斯的投资神话，同时也埋下了失利的导火线。败走俄罗斯就是索罗斯过分自信所吞下的苦果。祸不单行，此后他又连连失手。1998年初，仅一役索罗斯就亏掉了约20亿美元，整年度损失达20.15%，约30亿美元，元气大伤。1999年初，由于对美国股市和日元走势的预测错误，索罗斯又损失惨重。至2004年6月下旬，量子基金规模缩至69亿美元，减少了17.8%。不仅如此，投资者信心动摇更使他揪心。量子基金表现欠佳，不少投资者开始减持量子基金。令索罗斯头痛的还有一个问题，那就是人才危机。索罗斯基金管理公司的三大投资经理——罗森布拉特、松尼诺及内哈姆基相继宣布脱离索罗斯阵营，使索罗斯饱受"众叛亲离"的煎熬。而后索罗斯的爱将量子新兴市场增长基金经理弗拉加也递交辞呈，索罗斯的得力助手德鲁肯米勒也有离队意图。

虽然如此，但天无绝人之路。尽管索罗斯错看了日元走势且在美国股汇债市场而亏损连连，然而在韩国市场，由于他判断正确，行事果断，他再一次创造了骄人的成绩。随着韩国经济的复苏，韩国股市大幅上涨，韩元升值31%，索罗斯投下的巨额赌注成倍增值，给他带来丰厚的回报。

别人如此评价做重大决策前的索罗斯："他做出几十亿美元投资决定的时候，我正坐在他的办公室里。"公共事务评论员、以色列社会与经济进步中心主任丹尼尔·多尼说。"我非常震惊，如果是我，肯定夜不能寐。他投入的股份如此巨大，没有胆识的人是不可能做出这个决定的，他很可能早就适应了这种情形。"长期的历练和波澜起伏的人生铸就了他坚忍不拔、处变不惊的性格，这种性格又让他获得了巨额财富，创造了精彩人生，这给专家、学者、百姓投资者以很多启迪和思考。

索罗斯给投资者的忠告：不要相信那些职业的股评家，要相信自己。股票市场上也要讲独立自主，从众投资是一种不赚钱甚至亏本的投资。凭借自己的思考作出投资决策，或赚或亏都是自身价值的显现，是经验的积累，从长期意义上看来，坚持自己，你一定能取得最后的成功。

哪里有股市，哪里就有股评家，他们靠"评"吃饭，靠报纸、电台、电视台等一切可利用的现代通信传媒来炒"评"吃"股"。可这些所谓的"股评家"一般缺乏炒股的实战经验，就会躲在家里"坐而论股""纸上谈股"，不要迷信这些人的话，要坚信自己的思考和分析。

盲从股评家的评论，只会造成一种随大流现象。更多的时候，股评家是在通过他们的评论宣传某个公司的股票，使这种股票价格上涨或下跌。

投资者每天都面对风险，说不定有朝一日就会遭受巨额亏损。赔钱是一件令人心痛的事，然而越是这样，投资者越是要懂得如何承受亏损，如何忍受痛苦，做到不为所动，宠辱不惊。一些人在涉及大额资金的投资决策时会战战兢兢、寝食不安，但索罗斯进行决策时，他会让自己做到心平气和。

·第四讲·

非凡的投资天才

——吉姆·罗杰斯

吉姆·罗杰斯——国际著名的投资家和金融学教授。1970年，罗杰斯与金融大鳄索罗斯共同创立了量子基金。1980年，37岁的吉姆·罗杰斯决定退休并离开量子基金，兼任哥伦比亚大学商学院的教授，讲授金融课程，并在世界各地做媒体评论员，同时，成为一名环球旅行家。其后罗杰斯倾心于商品期货市场，1998年按照他的投资理念创立了罗杰斯国际商品指数，与该指数挂钩的罗杰斯国际原材料基金于2001年11月正式开始交易，成为2004年全球回报率最高的指数基金。

如何抓住冷清的市场中的投资机会

1984年，罗杰斯在奥地利的投资是一次惊人之举。他抱定信念，认为在维也纳投资股票的大好时机来了。当时奥地利的股票市场非常不景气，几乎只是23年前，也就是1961年的一半水平。当时许多欧洲国家都通过刺激投资来激励它们的资本市场。罗杰斯认为奥地利政府也正在准备这样做。他相信，欧洲的金融家们正在密切注视奥地利的情况。为了了解这座陌生的奥地利前首都的情况，他到奥地利的最大银行的纽约分理处，向那儿的经理打听如何才能投资奥地利的股票。他们的回答是"我们没有股票市场"。作为奥地利最大的银行，竟然没有人知道他们国家有一个股票市场，更不知道该如何在他们国家的股市上购买股票，实在匪夷所思。1984年5月，他亲自去了奥地利，在维也纳进行了一番调查。在财政部，他向人询问有没有政治派别或其他的利益集团反对放开股票市场和鼓励外国投资。当得到答案是没有时，他觉得不能错过时机。罗杰斯在奥地利的交易市场一个人也没见到，那里如死一样的静寂，一周只开放几小时。

在信贷银行的总部，他找到了交易市场的负责人奥托·布鲁尔。在这个国家的最大银行里，他一个人操纵股票，甚至连秘书都没有。看到这种情形，罗杰斯觉得自己简直就是一个暴发户。当时的奥地利只有不到 30 种股票上市，成员还不到 20 人。然而在第一次世界大战以前，奥地利的股票交易市场上有 4000 人，是那时中欧最大的，市场交易额也占头份，和今天的纽约和东京差不多。

罗杰斯在奥托的带领下见到了当时主管股票市场的政府官员沃纳·梅尔伯格，他向罗杰斯保证，国家的法律将会有所变动，以鼓励人们投资股票市场，因为政府已经意识到他们需要一个资本市场。政府的具体做法是：降低红利的税金。也就是说如果投资者将红利投入股市中，将享受免税待遇，并且政府为福利基金和保险公司在股市中入股进行了特殊规定，这也是以前没有过的。其他已经这样做的国家，都取得了显著的成效。另外就地理位置而言，奥地利实际上就是德国的一个郊区。假如这里的市场开始启动，德国人会把它炒得火热。所有这些详细的调查，促使罗杰斯在奥地利投下了他的赌注。

罗杰斯给投资者的忠告：如果你对一个国家有信心，就应该购买交易市场中所有像样的股票。如果你经营有力，这些股票都会升值的。

在奥地利，当时资产负债表显示状况良好的公司罗杰斯都入了股：一家家庭装修公司、一些金融和产业公司、银行，还有其他建筑公司和一家大的机械公司。几个星期后，罗杰斯在一家报纸上陈述了应该投资奥地利的理由。于是人们从四面八方打来电话要求买进奥地利的股票。那一年奥地利的股票市场上涨了125%，以后上涨得越来越多。

有人说是罗杰斯撼动了奥地利这一沉寂的股票市场，唤醒了一个睡美人。到 1987 年春天，罗杰斯将他在奥地利的股份全部售出时，股市已上涨了 400% 或 500%。罗杰斯曾一度被称为"奥地利股市之父"。

尽早树立正确的投资理念

罗杰斯天才的投资生涯可以追溯到他 5 岁时。他从父亲那里学会了拼命工作，弄明白了不管想要做出什么，都要付出努力去实现它。5 岁那年，他得到了第一份工作，在棒球场上捡空瓶。1948 年，他获得了在少年棒球联合会的比赛中出售饮料和花生的特许权。在那个很缺钱的年代，他父亲借给了他 6 岁的儿子 100 美元，用来购置一台花生烘烤机。罗杰斯说："这笔贷款是我步入生意场的启动资金。"5年后，他用所赚的钱还清了贷款，并且在银行存了 100 美元，对一个 11 岁的孩子来说已相当富有了。他和父亲一起用这 100 美元到乡下去做投资生意，用这些钱买了价格正日益飞涨的牛犊。并出钱让农民饲养这些牛犊，希望次年出售并卖个好价钱。由于买点太高，这次投资失败了。直到 20 年后，罗杰斯才从书本上明白失败的原因，由于朝鲜战争使他们在牛犊上的投资被战后价格的回落吞噬得一干二净。

也许是幼小时的投资经历在他的脑海中留的印象太深，他一直认为学经济的最好办法是投资做生意。他在哥伦比亚经济学院教书时，总是对所有的学生说，不应该来读经济学院，这是浪费时间，因为算上机会成本，读书期间要花掉大约 10 万美金，这笔钱与其用来上学，还不如用来投资做生意，虽然可能赚也可能赔，但无论赚赔都比坐在教室里两三年，听那些从来没有做过生意的"资深教授"在此大放厥词地空谈学到的东西要多。尽管如此，罗杰斯的课讲得还是非常棒的。沃伦·巴菲特曾参加过他的一个班，巴菲特说："那是绝对令人激动的……罗杰斯正在重复着本·格雷厄姆对年前的工作——将真实的投资世界带入教室。"

罗杰斯给投资者的忠告：投资应以整个国家为赌注。如果确定一个国家比众人相信的更加有前途时，就应在其他的投资者意识到之前，先把赌注投入这个国家。

现在"已经退休"的罗杰斯，管着他自己的钱，他说："每个人都梦想着赚很多的钱，但是，我告诉你，这是不容易的。"他将他的很多成功都归于勤奋。当他还是一个专职的货币经理时，他就说："我生活中最重要的事情是工作。在工作做完之前，我不会去做任何其他事情。"当他和索罗斯合作时，他住在里佛塞德大道一所漂亮的富有艺术风格的房子里，每天骑自行车去哥伦市环道上的办公室，在那儿，他不停地工作——10 年间没有休过一次假。

罗杰斯的一生，从耶鲁到哈佛再到华尔街，先后学习了地理、政治、经济，并钻研了历史，他相信这些学科是相互关联的，他把所学到的知识都用到了全球证券市场的投资上。他一直在等待时机，密切注意着一些国家及其投资市场，随时准备行动，寻求那些可以把他的投资翻两番、三番、四番的地方。

罗杰斯对投资价值的判断

罗杰斯通过调查、旅行，依靠渊博的历史、政治、哲学及经济学知识对不同国家进行分析，判断出所要投资国家及股票行业的风险和机会。

他的主要判断准则有以下 5 个方面。

（1）这个国家鼓励投资，并且比过去运转得好，市场开放，贸易繁荣。

（2）货币可以自由兑换，出入境很方便。

（3）罗杰斯认为，21世纪的最显著特点是人口、货物、信息和资本的流动性将大得惊人。

（4）这个国家的经济、政治状况要比人们预想的好。

（5）股票便宜。

罗杰斯给投资者的忠告：21世纪经济学的主题将是通过货币兑换实现资本控制，只有当市场是自由的，脱开了任何束缚，本国货币具备合理的价值时，人们才会自然而然地开始动作。拉美人走在非洲人前面的原因就是货币自由兑换。

致富的关键就在于正确把握供求关系，华盛顿和其他任何人都不能排斥这条法则。

罗杰斯对中国股票的投资选择，和他对一个国家的投资判断一样，通常都是从行业的整体情况出发。他发展了一个广泛的投资概念，买下他认为有前途的某一个行业的所有能买到的股票。这和他通常买下一个国家的所有股票的方式一样。那么，他又是如何判断一个行业的呢？罗杰斯说："发现低买高卖的机会的办法，是寻找那些未被认识到的，或未被发现的概念或者变化。通过变化而且是长期变化，并不仅仅是商业周期的变化，寻找一些将有出色业绩的公司，哪怕当经济正在滑坡之时。"他所寻求的变化具体有以下4种表现：

（1）灾难性变化。通常情况是，当一个行业处在危机之中时，随着两三个主要公司的破产，或处在破产边缘，整个行业在准备着一次反弹，只要改变整个基础的情势存在。中国的纺织行业也许正符合这种变化。

（2）现在正红火的行业，也许已暗藏了变坏的因素。这就是所说的"树不会长到天上去"。对于这种行业的股票，罗杰斯的通常做法是做空。做空前，一般要经过仔细研究，因为有些价位很高的股票还会继续走高。

（3）对于政府扶持的行业，他会作为重点投资对象。由于政府的干预，这些行业都将会有很大的变化。他在某一国家投资时，也往往会把政府支持行业的股票全部买下。

（4）紧跟时代发展，瞄准那些有潜力的新兴行业。20世纪70年代当妇女们开始崇尚"自然美"，放弃甚至根本不化妆时，罗杰斯研究了雅芳实业的股票，并认定尽管当时雅芳的市盈率超过70倍，但发展趋势已定。他以130美元的价格做空，一年后，以低于25美元的价格平了仓。

揭开黄金市场的面纱：供求就是价格

1990 年 6 月，罗杰斯旅行经过西伯利亚时，发现西伯利亚人疯狂抢购黄金饰品，这激起了罗杰斯的好奇心。他为了弄清黄金对苏联有多重要，去见了当地金矿开采组织的头目伊果·索斯宁。这样一个矿产组织的老板在美国也许算不了什么，可在苏联就不可同日而语了，他在苏联就相当于美国微软的比尔·盖茨。

罗杰斯对一个国家的经济运行状况很感兴趣，这也许就是他多年来国际投资养成的习惯，也是一种职业敏感。他和伊果·索斯宁谈论黄金和其他商品，以此来了解 20 世纪的苏联所赖以生存的是什么。

罗杰斯认为黄金生产是受供求关系影响的，第二次世界大战后，1 盎司 35 美元的黄金价格保持了 37 年。随着时间的推移，这个价位变得偏低了。因此黄金的生产持续减退很多年。在大约 37 年的时间里，人们不太愿意去淘金，开采金矿。世界市场上的大多数黄金来自南非和俄罗斯，因此这些地方开采金子的成本很低。由于金子价位偏低，黄金开始被广泛用于日常生活，比如，用于牙齿和电子。黄金用得多了以后就出现供小于求的现象，于是黄金就开始涨价了，"天下没有不散的筵席"。

罗杰斯给投资者的忠告：供求就是价格。价格表述的是供应和需求相交并持续的那个点。所以黄金的投资者只需搞清楚供应和需求，而不用关心淘金或购金的狂潮，就会成为巨富。但很多人都搞不明白这一点。

罗杰斯认为每当中央银行在维护某种东西的低价位（黄金也不例外）时，聪明的投资者就会反其道而行之，在这个价位不断买入，虽然不会立竿见影，但成功总不会太远。回报一定很丰厚。35 年后，黄金的价格终于放开时，它的上涨幅度远远超过了它的应有水平，因为它长时间地被限制在低价。罗杰斯的投资法则被验证了。

揭开黄金市场的面纱，拿出商品的曲线图就会发现，从 1980 年开始，黄金产量在 45 年中第一次在世界范围内上去了，从此以后，世界黄金量呈逐年上升趋势。因为投产一个金矿需要相当长的时间，从有人决定去淘金到选矿再到筹集资金，所有的准备工作完成需几年。随着供应越来越多，黄金又将达到饱和的那一天，这完全由供求来决定。罗杰斯预测的黄金饱和的那一天终于在 1999 年到来，世界范围的金价开始下跌。

从另一个角度来看，黄金几千年来一直是传统的保值手段。但是，它可能会在某个相当长的时期内落后于购买力。它在恶性通货膨胀的情况下本应该能够保值，但是，它今天不能保值的方式与 20 世纪 70 年代是不同的，因为在 21 世纪

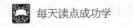

可能还存在着其他更好的保值手段，尽管罗杰斯还不能确定它是什么。

钻石投资：价值终将回归

"钻石恒久远，一颗永流传"的广告宣传给我们留下了深刻的印象，仿佛钻石成了情感的见证，适逢订婚、结婚和特别的纪念日总需要一颗钻石来寄托感情。这一广告就是南非最大的采矿公司戴尔比斯做的，该公司不仅垄断了南非的钻石，还通过控制供应逐步主宰了全球价格。

提起钻石，大家就会不自觉地想到南非，南非不仅物产丰富，资源充裕，同时它还是一个资产雄厚、气候宜人、市场巨大、基础设施完善的国家。虽然长期饱受种族冲突和国内骚乱的影响，但无论从地理、气候及潜力等多方面来讲，南非都是一个吸引国际性投资者的国家。

罗杰斯在南非周边国家的投资都有南非的因素在内，罗杰斯认为南非对于一个理性投资者来说，当它的种族冲突达到高潮，所有投资者都逃离时，可能正是买进南非货币（兰德）之日。由于政治局势不稳定，罗杰斯虽然对南非非常感兴趣，但他所做的也只是等待。

罗杰斯给投资者的忠告：一般投资者最爱犯的一个错误是相信他们必须不停地做点什么，把闲散资金投放到什么地方去。实际上，对投资者来说，最糟糕的事情莫过于在某一笔投资上赚到了大钱，于是他们不禁欣喜若狂，得意非凡，对自己说："好吧，现在我再把钱投到另一个地方去。"

投资的诀窍是不赔钱，如果你的钱年年都有赢利，这往往要比那些起伏不定的投资者挣得多。由于钻石和黄金的发现，迫使资本家们修建基础设施以获取利润。这些良好的公路、高速路、电话线、电力和充足的供求系统给南非未来的发展奠定了基础。

不过，罗杰斯认为，在今后，钻石的价格将比现在低，所以说钻石是不值得投资的。他之所以这样认为，是因为供求关系在起作用。罗杰斯认为，人为地控制价格是不能长久的，无论控制者是政府官僚或资本家。供求关系起着很关键的作用。价值规律是不以人的意志为转移的。

卷八
国学智慧讲堂卷

·第一讲·

《周易》：

变化中把握人生常态

《周易》是我国最古老的一部经典，是中华民族聪明智慧的结晶，简称《易》，又称《易经》，包括经和传两部分。

《周易》包含着相当丰富而深刻的朴素辩证法思想。它是一部讲宇宙万物与人类社会的变易法则的书。在《周易》中，天、地与人无不包含一阴一阳的矛盾双方，"阴阳接而变化起"，"刚柔相推而生变化"，整个宇宙都在奔流不息地变化着，没有一刻停止。《周易》劝诫人们树立"自强不息"的人生哲学，在客观事物的变化中，不可墨守成规、因循守旧，而是应把握最有利的时机，采取果敢的行动，同时还要时刻想到"物极必反"的原则，防止"亢龙有悔"的局势。

优美的旋律需要不同的音符

翻开《周易》，首先映入眼帘的就是"━ ━"和"━━"，阴阳二爻，代表着宇宙中两种基本力量的斗争和融合。雄鹰展翅高飞，可是大地的引力又使它时时低回；高山经大地隆起而形成，可是风雨侵蚀，又不断地把它削平。人类社会也是如此，青年对老人说："快点吧，现在我们正好赶路。"老人却说："慢一点，看一看，不要出什么危险。"丈夫说："今晚我不回家了，有份工作要赶紧做完。"妻子说："还是先休息休息吧，身体要紧，这些日子你累坏了。"双方的说法完全相反，但又彼此联系。没有大地的引力，雄鹰就会飞出大气层，冻饿而死；没有老人的劝阻，青年就会莽撞前进，受挫遇险。古人一方面注意到了这两种相反相成力量的融合，另一方面注意到了天道和人道的相似，从自然界中找到如何生活、如何处世的道理，这就叫"天人合一"。

据说《周易》的释文部分《彖（tuàn）辞》《象辞》《说卦》等是孔子著的。

这位伟大的思想家每天晚上出来散步，他仰头望着星空，低头看着大地，忽然发现，除了天空和大地之外，茫茫宇宙之间还有一个存在，那就是"自己"！他高兴地飞奔回去，伏在案头，在竹简上写下了两个大字——"三才"。"才"就是"材"，天、地、人是构成宇宙的三种基本材料。宇宙分成三块，人足足占了三分之一。为什么给人这么大的分量呢？因为《周易》研究的哲理，不仅仅是天、地的哲理，而且是天、地、人的哲理。所以人要像天那样，自强不息，奋斗不已；要像地那样，宽容地接纳一切，吸收一切，养育一切；要像风那样，到五湖四海去游历，睁大眼睛观察，开动脑筋思考；要像雷那样，勇猛刚烈，为事业发出光与热。四季之中，也蕴含着同样的道理：待人要像春天般温暖，做事有夏天般的热情，思考问题要像秋天一样清爽，反省自己要像冬天一样严肃。孔子感叹地说："一个人啊，要是能把整个自身纳入天地之间，一举一动都符合它们的特性，那就太伟大了啊，太伟大了！"

　　《周易》有一卦叫"睽（kuí）"卦，"睽"是相反的意思。从"睽"卦中，我们似乎听到了宇宙中充满了嘈杂的争论之声。天对地说："哼！你，万人脚下的泥土，有什么了不起，敢和我并称？"地也不服输，对天说："哼！你高高在上，能看到什么，懂得什么，有什么用处？还敢看不起我？"男人对女人说："女人不能干力气活儿，只会在家坐着，没有女人省了多少事情。"女人对男人说："男人粗鲁懒惰，喜欢酗酒赌博，干脆让老天爷取消男人算了。"高山说河流不够稳重，河流说高山不够灵巧；夜莺说老虎不会飞翔，老虎说夜莺没有力量……忽然，哲人孔子飘然而来，拍了三下手，然后一字一顿地说道："天地睽而其事同也，男女睽而其志通也，万物睽而其事类（相似）也，睽之时用大矣哉！"于是，天和地醒悟了，男人和女人住口了，万物的辩论止息了。是啊，为什么要强求一致呢？为什么不采取合作的方式呢？于是，天呼出风雨，地上长出了庄稼；男女生活在一起，建立了家庭，人类开始繁衍；河流洗绿了高山，高山为河流补给泉水；夜莺啄来了种子，长出了森林，老虎在森林中捕食，又保护着森林不被砍伐……一切不同甚至相反的事物，竟然如此和谐地结合到了一起，就像不同的音符在琴弦上找到了各自的位置，奏响了美妙的音乐，这就是《周易》所讲的"和"。

　　《周易》如同一位哲人，时时坐在我们身边，谆谆告诫我们：力量不够的时候，不要显露自己；快到顶峰的时候，要及时停步。水满了，就会自己流出来积到凹地里；自己有了余钱，要拿出来周济一下穷人……这位哲人给这些教导起了一个共同的名字，叫作"中"。他又说：要向天地学习和谐的智慧；要善于合作，尤其是和意见不一致的人合作；要从丝毫没有共同之处的事物之间看到联系，看到转机……这些话也有一个共同的名字，叫作"和"。"中和"，就是要接纳不同于自己的事和物，不强求统一，让每一种生命都能够按照自己的意愿发展。《周易》讲的"中和"，与我们今天提倡的"和谐"其实是异曲同工的，直到现在，我们还在感受源自《周易》的智慧。

否极泰来，生命就是不断地更新

《周易》的视野是非常宏大的，它把包括社会人生在内的万物万象都囊括在六十四卦中，这六十四卦又不断地变化，产生新的内容。可以说，《周易》的最大内涵就是生长、变化，总是产生新的东西。

阴阳二气交感，于是一年四季出现，但是，从春天到冬天，并不是结束了，而是孕育着新的循环。八卦中，天地、风雷、水火、山泽，也是不断生长、互相哺育的。

人类曾经登上月球，发现那里是一片荒凉的世界，没有水，也没有生命，为什么呢？因为月球的重量太小了，它产生的引力不足以吸引大气，所以形不成大气层，没有大气层，当然不能孕育生命。用《周易》的话说，天地不交，万物闭塞，这叫"否（pǐ）"。可是地球则不然，地球的个头儿足够大，用《周易》的话讲，就是"地势坤，君子以厚德载物"，足以承载大气，吸引大气。本来特性是向上飞腾的气体，被牢牢吸在了地球周围，天地交通，万物化生，这叫"泰"。我们看《周易》的卦象，"否"卦是天在上，地在下，地轻，不足以吸引天，所以天上行，两者越来越远。而"泰"卦是地在上，天在下，地有足够的重量，所以天地越来越近，生命就出现了。

《周易》为我们描述了一幅美丽的万物生长图。《周易·说卦》说："万物出于震。"震是雷，春雷滚动的时候，万物苏醒了，小草发芽，树木吐绿，河水解冻，鱼儿跃出水面，冬眠的动物也纷纷走出洞穴，又一个春天开始了。接着，"巽"卦风登场了，和风吹拂过来，大地披上碧绿的衣裳，杨柳成荫，小鸟欢唱，千里春光。春天过去，就是"离"卦火的天下，骄阳当顶，阳光充足，草木繁茂。接着就是"坤"卦地，地是养育的代名词，这时是动植物获得的养分最多，也是生命力最旺盛的时候，很多谷物马上就要成熟。秋天来了，这是"兑"卦泽的时代，泽是湖泊，象征着收藏包容，此时五谷丰登，该收割进仓了。秋冬之交，地面上的生命基本看不到了，天高气朗，清肃空旷，所以这时是"乾"卦天统治一切。冬天来临，冰封地冻，象征寒冷的"坎"卦水贯穿整个冬天。但是再过一段时间，寒冷就要结束，新的春天就要来临，像一座高山到达顶峰，这个时候的象征是"艮"卦山。接着，又从春雷开始新的循环。

《周易》里有一句话是"天地氤氲，万物化醇"，宋朝学者程颢解释说：天地最大的功能就是生育。天地交融，万物变化，天生的就叫作天性。万物的生命力是最可观的，《周易》讲得最多的事情就是生生不息。

宋朝还有个研究《周易》的大学者，叫周敦颐，他的窗前长满了茂盛的绿草，家人说："除掉它们吧，看着多么杂乱。"周敦颐却说："草也是有生命的啊，草的生命和我自己的生命有什么区别呢？不要除掉，让我每天看到它，看到它，我就可以看到天地间旺盛的生命力。"

有人问哲人："《周易》上说'生生之谓易'，那么什么是'生生'呢？"

哲人说："你知道什么是'易'吗？"

这个人说："易，就是变化的意思。"

哲人说："是啊，易就是变化，变化是什么呢？就是一个东西变成了另一个东西，一件事情变成了另一件事情，就像毛虫打开蛹变成蝴蝶，蝌蚪脱去尾巴变成青蛙一样。变化一定会产生新的东西，这不就是生吗？'生生'，就是变化了又变化，不断产生新的东西。"

这个人又问："毛虫化蝶，蝌蚪变蛙，这是生，我已经明白了。但是，新草变成枯草，怎么能叫生呢？这叫死啊。"

哲人笑着说："新草变成枯草就不是生吗？难道枯草就不是新的东西吗？新草生出了灶下的柴，生出了床上的席，生出了绳索、草鞋、坐垫、箭靶……这些不是枯草又是什么呢？"

这个人说："我明白了，天地的大德就是生，只要有变化，那就是生命的象征。"

哲人点点头说："对的。连新草变成枯草，都不是死，而是生。所以人在这个世界上，一定不要抛弃潜藏在一切变化里的'生'啊！有一天你变穷了，那是生出一个清白的你；有一天你变老了，那是生出一个睿智的你；你病了，那是生出一个好好体会家人真情的你；你孤独地跑到异乡去了，那是生出了一个可以交更多朋友的你。你想，这样美好的世界，你怎能厌倦呢？你怎能寂寞呢？"

握紧"乐观"与"忧患"的两只船桨

《周易》为我们讲了一条神龙的故事。一位哲人站在深渊旁，看着深渊里潜藏的神龙。神龙问哲人："啊！尊敬的老先生，我有呼风唤雨的神通，通天彻地的变化，可是却不得不深藏在深渊之中，请问我何时才能昂首挺胸，飞腾在蓝天之上呢？"哲人回答："现在冰天雪地，阴气正盛，你不要轻举妄动，否则会招来灾祸。"过了几天，春雷滚动了，哲人呼唤道："神龙啊，快快腾飞吧！现在正是你一展身手的时候！"于是，波翻浪涌，神龙跃出深渊，盘旋了一圈，驾着白云向青天飞去。在空中，它播云降雨，地上的人们纷纷仰望。神龙得意了，向更高的天空上升，哲人赶紧呼喊道："神龙啊，停下来吧！上到极点，你还要去哪里呢？"可是神龙不听，继续升高，地上的人们看不到它了，云气也托不住它了，它的身子迅速坠落下来，这时它后悔已经晚了。

神龙的故事告诉我们，事物总会变化的，潜藏在深渊的时候，不要焦急丧气，要等待腾飞的机会；飞翔九天的时候，不要骄傲自满，要警惕下坠的危险。

唐代的孔颖达是为《周易》作详细注解的大学者。这天，他注释到"丰"卦（火下雷上）的时候，不知该如何下笔，伏在桌子上睡着了。梦中，他遇到了先哲孔子，孔颖达赶紧问道："伟大的圣人啊，请告诉我什么是'丰'吧？"

孔子反问道："那你说什么是'丰'呢？"

孔颖达毕恭毕敬地回答说："按照学生的看法，'丰'就是丰富、顺利、兴旺的意思。"

孔子捋着白胡子笑了，说："是这样的，可是你只说对了一半。你看，太阳在天空中运行，正当顶的时候，骄阳万里，可是大家都知道，过了这个顶峰，它就向西方倾斜了。月亮到了每月十五，圆圆的像一面明镜，可是从第二天开始，它就开始亏缺了。夏天最炎热的时候，一片叶子悄悄落下，昭示着秋天即将来临。正午的太阳不'丰'吗？十五的月亮不'丰'吗？万物生长的夏季不'丰'吗？可是，它们都面临着下降、亏缺和衰败的危险啊。"

孔颖达恍然大悟，醒来后，在"丰"卦下写道："日月盈亏，寒暑往来，山陵升降，都是一个道理啊。增长的时候，随着时间一同增长；衰减的时候，也随着时间一同衰减，天地日月这样的宏伟之物都不能长久，更何况是人呢？所以，一定要在盛的时候想到衰，在存的时候想到亡，警惕吧。"

前面说过，《周易》的卦象是由阴爻"━━"和阳爻"━━"组成的，六十四卦每一卦有六爻，这六爻只要任意变动其中一爻，阴变阳或者阳变阴，立即就会出现不同的卦象，产生不同的意义。这个事实告诉我们，即使是吉，也非常容易变成凶；即使是贫困得一无所有，也非常容易变成富足充裕。所以，面对复杂的自然和社会变化，要沉着冷静，多想想为什么。

一只杯子里面盛着水，一个人看了，说："唉，只剩半杯水了。"另一个人看了，却说："这不是很好吗？里面还有半杯水呢。"

同是半杯水，人们的看法就有这样的不同，但是，第一个人告诉渴了的人，只有半杯水了，要节约，不要随随便便浪费掉。第二个人告诉渴了的人，还有半杯水，不要放弃希望。所以，他们的说法没有对错之分，关键看我们有没有一双好耳朵，听懂其中的奥妙。

在生命的长河中，总是会碰到各种各样的急流险滩，但是也会搭上顺风船，驶过风平浪静的航线。《周易》的宝贵之处，就是它把万事万物都看成处于一个不断变化的过程中，好的可以变坏，弱的可以变强，冬去春来，星移斗转，所以，我们要举起双手划桨，左手上写着"乐观"，右手上写着"忧患"，两只手同时用力，就不会偏离人生的方向。

太阳越升越高，人生越走越明

《周易》希望人们通过学习自然，能够自我提升。《周易》的"晋"卦是地下火上，象征着一轮太阳从地平线上冉冉升起。作者借此鼓励人们，要像初升的太阳一样，设法彰显光明的本性，让自己不断上升。在自然界中，不仅太阳懂得要冲破云层，去高处释放光辉，水也是如此。

孔子和学生到山中游览，看到一泓清泉。孔子问学生："水在哪里容易流进大海？"

学生回答说："自然是在平原上。"

孔子指着这眼泉水说："它怎么样？"

学生回答说："很难。"

孔子会意地笑了，说："这就是《易》中的'蹇（jiǎn）'卦蕴含的意义。蹇，是阻塞、困难的意思。山上有水，失去了流通的能力，所以只好困在这里。那么，如果没有外界的帮助，它该怎么流下高山，流向大海呢？"

一个学生说："它要不断地积累，等水慢慢多起来，冲开围住它的石头，就摆脱了泉眼的限制了。然后顺着山势流下去，汇入一条大河，最后就能流进大海了。"

孔子说："是的，那么，为人也一样。当你遇到困难的时候，不要怨天尤人，要反躬自省：我的才能达到要求了吗？我的德行符合标准了吗？注意自己积累、自己提升，总有一天，你会冲破阻隔自己的障碍，然后再找到合适的机会，你就能实现自己的目标。"

回到家里，孔子拿起笔，在《易传》的"蹇"卦下添了一句："山上有水，蹇，君子以反身修德。"

那么我们在提升自己的时候，怎样克服实际的困难呢？在《周易》的第二十一卦"噬嗑（shìkē）"中可以找到答案。"噬嗑"卦是"丰"卦的反转，"丰"是火下雷上，"噬嗑"是雷下火上。

孔颖达解释出了"丰"卦，非常高兴。一天晚上，孔子又笑眯眯地进了孔颖达的梦境，对他说："你注解的'丰'卦已经很不错了，可是，你想过相反的情况吗？"

孔颖达迷惑不解，孔子顺手把桌上孔颖达摆的卦图换了下位置，说："现在我把'丰'卦反过来了，雷下火上，这叫'噬嗑'卦。"

孔颖达问："'噬嗑'是什么意思呢？"

孔子不回答，孔颖达正不知所措的时候。突然，孔子抓了一块面饼，一下子塞进孔颖达嘴里，问道："这样舒服吗？"

孔颖达呜呜地哼着摇头，当然一点儿也不舒服。

孔子问道："嘴里有东西，上下牙碰不到一起，这就叫'噬'。那么，该怎么办呢？很简单，咬下去就行了。这叫'嗑'。"

孔颖达一口咬断了面饼，若有所悟地对孔子点点头。

孔子说："碰上'噬嗑'怎么办？不要犹豫，要打破困境和僵局，不要为眼前的现象所迷惑。困难也许就像一块面饼那样软弱，轻轻一咬就会打通理想和现实的距离，出现新的转机。"

一个想法，一个果断的决定，也许就是改变你一生的契机。项羽破釜沉舟的故事就很能说明问题。秦朝末年，老百姓纷纷起来造反，中国陷入大乱，各路诸侯也恢复了国号，拉起队伍攻打秦国。秦军攻打赵国，楚国派宋义带兵去救，可是宋义想保存实力，等秦军和赵军消耗得差不多再出兵，就在附近驻扎了下来，天天喝酒作乐，士兵们挨饿受冻，他一点儿也不管。

当时项羽在宋义手下效力，实在看不惯，就劝宋义出兵，可是宋义百般拒绝。

于是有一天，项羽趁朝会的时候，拔出剑来，把宋义杀了，大家于是拥戴项羽做他们的将军。项羽就下令，敲碎所有做饭的锅子，凿沉所有渡河的船只，准备和秦军决一死战。将士们受到项羽的鼓舞，士气旺盛。战场上，项羽带着楚军连连打了九个胜仗，杀掉了秦将王离，解了赵军的围，从此项羽的威名传遍了天下，为他日后做"西楚霸王"打下了基础。

在项羽眼中，宋义不过是那块碍事的面饼。

据说，孔子在《易传》里称赞说："《易》啊，真是伟大到极点。《易》的作用，圣人用来提高德行，拓展自己的能力。"人生是可以规划的，困难是可以克服的。《周易》不但是一部哲理之书，也是一部成功之书。

硬币两面：防微杜渐与水滴石穿

悬崖上有一条石头缝，不知什么时候，一只小鸟叼来了一粒种子，春天，长出了一株小树苗。

开始的时候，它才一点点高，旁边有一块大石头，挤得它透不过气来。可是小树苗接受风的吹拂、雨的滋润、阳光的照耀，渐渐长大了。它觉得周围的土不再坚硬，旁边的石头不再沉重，它奋力撑开自己的身子，石缝在它的挤压下向两边裂开了。小树长成了大树，骄傲地挺立在悬崖上，成为山上一道美丽的风景。

孔子在《易传》中说：这就是"升"。升是什么意思呢？升就是地里逐渐长出一株参天大树，君子要用"升"的精神来培养自己的德行，积小成大。

任何一棵树，最开始的时候，都是非常矮小的；任何一个人，在最开始的时候，对世界也是一无所知的。但是有的树长成了栋梁之材，有的树却旁逸斜出，偏离了主心，无所取栽；有的人成了圣贤或能手，有的人却一辈子平庸愚钝。树要不停地吸收营养，努力生长，即使是悬崖上也能长出劲松；人也要积累一点一滴的善行和学问，才能成就大德和博学。这就是"升"卦告诉我们的内容。

但是，在成长的过程中，要防止外在不好的影响。负面的影响开始也许只是一点点，但积累多了，却会带来巨大的灾难。《周易》中的"损"卦就告诉了我们这一点。

学生问哲人："怎样才能保持好的德行？"

哲人指着远处的山崖说："你看，那山崖美不美？"

学生看了一看，只见一条小河从远处流来，在山崖下受到阻挡，于是冲成了一个水潭，青山环绕着绿水，确实令人流连忘返。

学生说："很美。"

哲人说："不错，但是这个景象不会持久的。你要知道，这个现象，正是'山上泽下'的'损'卦，水的特性虽然是柔弱的，但是它长年冲击着山崖，浸润着岩石，已经在崖下淘了很深的凹坑。有句话说得好：'绳锯木断，水滴石穿。'这样下去，潭越来越深，这山崖却危险了。"

过了几年，那座山崖果然崩塌了，崩下来的碎石填平了水潭，河流被迫改道，于是这个风景就永远消失了。

《周易》的"坤"卦讲"履霜，坚冰至"。一天，创作"坤"卦的哲人走出门，草上结了一层薄霜，这位哲人的麻鞋踏在结霜的草丛上，脚下好像是一片白色的地毯。

哲人回头吩咐学生道："回去把房顶加一层草，把棉衣准备出来，我们要准备过冬了。"

学生说："老师，冬天还没有来呢。现在准备是不是太早了？"

哲人笑了笑说："不早了，你没听说吗？没下雨的时候，要关紧门窗，防止漏雨，不要等渴了的时候，才去现打井找水。下霜了，冬天很快就会来临，现在要及时准备，到时才不会手忙脚乱。做事赶在大自然之前，大自然就不会违背你的意愿。快去吧。"

学生按吩咐回去准备，果然，一切准备停当后，天气冷下来了，河里结了厚厚的冰，由于动手及时，这个冬天过得很暖和。

看到霜，就想到寒冷，就想到坚冰，就想到冬天的准备，这才是高明的眼光。小树长成大树之前，必然先冒出新苗；同样，坚冰封冻大地之前，也必然先派出薄霜。一个孩子在路上帮别人推了一下车，他就有望成为一位仁者；一个孩子说了一句机智的话，他就有望成为一位智者。但是，同样是孩子，小时候小偷小摸，没有人提醒他改过，而他自己也不知道反省，长大以后往往会锒铛入狱；小时候逃学贪玩，长大了也往往不务正业，玩忽职守。所以，好和坏的发展，事先都有预兆，抓住好的预兆，把它发扬光大，变成现实，同时把坏的预兆消灭在无形之中，这就是中国人的大智慧。

·第二讲·

《论语》:

三言两语中的千古哲理

　　《论语》是记录孔子及其弟子言行的书。多以三言两语为章，它的行文风格成为我国散文最初的一种形态。其大量文句逐渐演变成为格言和典故，还有许多精彩的语言经过长期的凝练或沿用已成为今天常见的成语，如"三思而行""过犹不及""见贤思齐"等，至今仍然保持着旺盛的生命力，广为人们所熟知。瑞典科学家、诺贝尔奖获得者汉内斯·阿尔文在1988年召开的诺贝尔奖获得者巴黎会议上提出："人类要生存下去，就必须回到25个世纪以前，去吸取孔子的智慧。"这句话一语道破天机，为世纪之交的人们解开许多心头的疑惑。

　　带着千年的烟尘，《论语》重新又走进人们的视线，并且焕发出青春的风采。

人生苦其短，仁德永流传

　　孔子的一生都在践行自己的仁爱主张，他相信"仁"是所有品德中最珍贵的一种，因此他一直告诫学生要珍视仁爱。他曾给学生们讲过这样一个故事。

　　商朝末年，有两个人，一个叫伯夷，另一个叫叔齐，他们是孤竹国国王的儿子。孤竹国国王宠爱小儿子叔齐，想把王位传给他。但是按照古代的规矩，王位一般是传给长子的。大儿子伯夷为了既不破坏礼制，又不让父亲为难，就主动离开了孤竹国。叔齐见哥哥为了自己背井离乡，便也放弃了王位，追随哥哥一起出走。

　　当时商纣王十分残暴，已经失去了民心，周武王决定兴兵伐纣。但是遵守礼制的伯夷和叔齐认为，作为臣子的周武王讨伐君主是无礼的，发动杀人的战争是不义的，于是他们就去劝谏武王，可是武王不听。伯夷、叔齐觉得政见和武王不合，就慨叹说："唉，纣王虽然残暴，可是用残暴的方式去代替残暴，又有什么用呢？"就跑到首阳山隐居了起来。

后来，周武王灭掉了商朝，建立了周朝。伯夷和叔齐觉得自己是商朝的臣子，不愿意在新的朝代生活。他们拒绝一切与社会有关的活动，在山上采薇菜为生。但是后来又一想，"普天之下，莫非王土"，这薇菜现在也是周朝的了，就干脆连薇菜也不吃，最后饥饿而死。

伯夷和叔齐为了成就对方，甘愿放弃自己的王侯身份，隐居山林，这是对亲人的"仁"；他们虽然反对顺应民心的武王伐纣，但他们在后世仍然受到了尊敬，因为他们坚守了自己的立场——反对战争和流血，并且愿意牺牲自己的性命，用最苛刻的方式去实践了自己的主张，这是对世人的"仁"。后世的人虽然称颂武王伐纣，但却因战争中死伤太多，民不聊生，最终还是怀念起伯夷和叔齐的仁德来。

与他们相反，身为齐国君主的齐景公，金银财宝、绫罗绸缎应有尽有，可是作为一国之君，当他去世的时候，老百姓像没发生过这件事一样，毫无眷恋之情。因为齐景公的一生都没有仁德。

"仁"并不是先天就有的，只要用心培养，我们都可以成为一个有仁心的人。有人问孔子，您的弟子都能做到仁吗？孔子说："颜回的心，可以三个月不离开仁，其他的人也就是时不时能达到仁的标准，却不能持久。"孔子的弟子子路刚正直率，子贡能言善辩，子游、子夏知识渊博，可是孔子觉得他们都没有到达"仁"的境界，总是不断地教育他们，让他们进步。孔子的弟子颜回感叹说："夫子循循然善诱人，博我以文，约我以礼。"意思是说，孔子非常善于教导弟子，让他们广泛地学习文化典籍，用礼约束他们的行为，这样就可以不背离正道，渐渐走上仁德之路。

我们来到这个世界，也应该怀有一颗仁慈之心，以善良、宽厚为标准来行为处世，只有这样，社会才能越来越文明，生活在其中的人才能感到幸福。

其实，仁德并不是什么玄妙高深的道理，它蕴含在我们的一言一行中。当四川发生地震的时候，全国人民都行动起来，能够奔赴灾区的就去救助身处险境的灾民；不能够离开岗位的，就捐钱捐物、去医院献血；有的人在电视画面上看到别人的痛苦，自己的眼中也含满了泪水……这些我们亲身经历的事情，其实就是伯夷、叔齐倡导的"仁"。

无论我们是对待身边的人，还是对待素不相识的人，只要怀有一颗宽厚仁慈的人，学着为别人分担忧愁、替别人担心生死，我们就走进了"仁"的世界中。

孝是一切美德的基础

在孔子看来，孝是一个人的立身之本。"其为人也孝弟，而好犯上者，鲜矣；不好犯上，而好作乱者，未之有也。君子务本，本立而道生。孝弟也者，其为仁之本与。"意思是，人如果对父母很孝顺、对兄长也很尊敬，这样的人却喜好犯上，是很少的；不喜好犯上，而喜好作乱的，更是从来没有过的事。君子重视根本，根本的东西建立了，人生才会一帆风顺，而孝敬父母、顺从兄长，这就是为仁道的根本。

《论语》教导人们孝敬父母，一方面是为了让人们报答父母的养育之恩，另一方面是为了培养人们的诚意，真心地尊敬每一个人，用心地对待每一件事情。一个人从小就生活在家庭里，从出生开始，父母就怀抱着、哺育着，儿女对父母的感恩之情是最深的。如果一个人连父母都不能从心底里感恩，发自肺腑地尊敬，那么还能谈别的事情吗？所以，古人经常说："忠臣必出于孝子之门。"

一个心存感恩的孝子，一定会成为一个仁者；一个尊敬师长的晚辈，一定会成为一个智者。拥有大仁大智的圣贤之师和普通人的差别，关键就是他们是否拥有出于心底的诚意、认真对待所有事物的"孝"心。

《论语》课上，教授说："孝，是一个人的立身之本。"于是一个学生问教授："人如果能孝，那么就能提高学习成绩吗？"

一个银行的职员问教授："人如果能孝，就可以做好工作吗？"

教授打开《论语》，说："大家看，孔子是怎么讲孝的。"于是教授读道："子游问孝。子曰：'今之孝者，是谓能养。至于犬马，皆能有养。不敬，何以别乎？'"教授解释说："孔子这句话，意思是说，大家都说能养活父母就是孝，可是家里的狗啊马啊，主人不也是在养活它们吗？如果心里不尊敬父母，那么养父母和养狗、养马有什么区别呢？"

大家沉思了一会儿，学生忽然说："我明白了，这句话可以换成'今之学生，是谓能读书，至于录音机，也能读书，不用心，何以区别乎？'"

银行职员也说："我也明白了，这句话可以换成'今之收银员，是谓能数钱，至于点钞机，也能数钱，不敬业，何以区别乎？'"

教授开心地笑了，说："我加一句吧，这句话可以换成'今之教授，是谓能传播知识，至于讲义纸，也能传播知识，不为人师表，何以区别乎？'"

下面的听众纷纷举手，说："我也可以换……"

孔子告诉我们什么是真正的孝。不仅仅是能养活父母，关键是要尊敬父母，心里有这样一份诚意。所以富有的人轻而易举地给父母盖一栋房子，不如穷人的儿子怀着感激之情为父母做一碗热汤菜。孝心的可贵，就在于孩子的一片真心。拥有了这份发自肺腑的孝心，也就拥有了所有高尚品德的根基。

一个仁慈的人，不在于他施舍了多少钱财，而在于他怀有一颗济世度人的心灵；一个勇武的人，不在于他有多大的力气，而在于他有关键时刻挺身而出的气魄。

一个学生，漫不经心地读一千遍书，其实录音机也能做到，而且可能会做得更好，关键是他有没有一颗上进的心，把书上的知识一字一句记入自己的脑海，化为自己的思想。

一个收银员，一天机械地收几千几万张钞票，其实点钞机也能做到，而且不出差错，关键是他有没有一种服务客户的意识，让每一个客户都能从他这里高兴而来，满意而归。

一个教授，一天把讲义上的内容念几百遍，结果和学生自己看讲义没什么两样，没准学生自己看的效果更好，关键是他有没有一个热爱学生、为人师表的理想，让每一个学生都能在他的课堂上，感受到知识的魅力以及老师高贵的人格。

热爱学习、热爱工作、敬业爱人，所有这些高尚的品格正是从"孝"这一个小小的点上成长起来的。当我们再去追求那些高尚的美德的时候，先看一看自己是否能够做到孝，是否拥有一颗孝心吧。

对自己诚实，就是给自己机会

今天我们常说的"言而无信，不知其可"，就是来自孔子的《论语》。

在《论语》中，孔子多次提到诚信的品德，在孔子看来，诚信比学习要重要得多。他说："弟子入则孝，出则悌，谨而信，泛爱众而亲仁。行有余力，则以学文。"意思是说：年轻人在家里家外要孝顺父母，敬重兄长，说话要慎重，要讲信用，要博爱众人，亲近仁人。做到这些后还有余力，就用来学习文化典籍。

我们看到，一个言而有信的人，他的生命总能焕发出最令人惊叹的光彩。

2008年5月12日，四川汶川发生大地震，震惊全国。救灾人员从什邡市的一个工厂废墟救出一个叫刘德云的人，随后被送往医院抢救。这个时候，已经是16日下午6点半，离地震发生整整100小时。

刘德云被救援官兵抬出来时，看见了自己的女儿。随即，他看了看自己的左手腕，示意那上面有东西。女儿扑上去，发现父亲左手腕上，用圆珠笔歪歪扭扭写着一句话："我欠王老大 3000 元。"

　　经过紧急抢救，刘德云第二天就清醒了。他告诉女儿："如果出不来，手腕上那句话就是留给你的遗嘱。"

　　原来，刘德云在外面有欠款，当他被埋在废墟下时，知道自己生还的希望不大了，于是就趁还有力气，掏出一支圆珠笔，在手腕上写下了这句话。

　　3000元算不上一笔巨款，但是刘德云觉得，如果就这样死去，他心里是不安的。生死关头，一句特殊的遗嘱，表现出刘德云平凡而高贵的灵魂，诚信使他全国闻名。

　　一个在死亡来临前都能保持诚信品格的人，在平时一定是值得信赖的。

　　按照孔子的说法，一个人在讲诚信的同时，说话一定要慎重，想清楚了再许诺。有很多的口头禅，比如"嗯""哦""好的"，看上去空洞平常，含义却十分丰富。比如，当听到你"嗯"的一声回应，妈妈就知道你今天是准点放学，她会按老时间把香喷喷的饭菜端上桌；爸爸轻轻地"哦"一句，那就是表明下周开家长会的事，他已经确定放在了心上。除非保持沉默，否则说到就该努力做到。轻易许下承诺而又无法兑现，不但失信于人，勉强去做的话，又会使自己受到损失。所以一个言而有信的人要反复考虑才会答应一件事情。我们常说的"一诺千金"，就是形容这种诚信的分量。"一诺千金"原是说季布的。季布是秦汉之交的楚人，他为人重义气，有肝胆，非常受人推许，当时有句话说："得到黄金百斤，不如得到季布一诺。"

　　其实，诚信不但是个人的立身之本，同时也是一个国家生存发展的根基。

　　一天，孔子和弟子子贡在一起谈话，子贡问道："请问老师，怎样才算是搞好一个国家的政事呢？"

　　孔子说："让老百姓粮食充足，国家军队力量强大，老百姓信任政府。"

　　聪明的子贡问道："如果一定要在这三项中去掉一项，该去掉哪一项呢？"

　　孔子说："去掉军队。没有军队，只要有粮食，至少老百姓还饿不死。"

　　子贡又问了一个更难回答的问题："如果一定要在这两项中去掉一项，该去掉哪一项呢？"

　　孔子想了想说："去掉粮食。不管怎么样，人终有一死，可是人民如果不信任政府，这个国家就危险了。"

竞争中也须礼让三分

中国古代的竞赛不仅要求参赛者技能过人，还要求参赛者有一颗高尚、平和、谦虚的内心，这正与当代的奥林匹克精神不谋而合，"更快、更高、更强"，实则追求的是一种体能与精神上的双重卓越。

1936 年的柏林，希特勒对 12 万观众宣布奥运会开始。希特勒要借世人瞩目的奥运会，证明雅利安人种的优越。

当时田径赛的最佳选手是美国的杰西·欧文斯。德国也有一位跳远项目的王牌选手鲁兹·朗，希特勒要他击败黑人杰西·欧文斯，以证明自己的种族优越论。在纳粹的报纸一致叫嚣把黑人逐出奥运会的声浪下，杰西·欧文斯参加了 4 个项目的角逐：100 米、200 米、4×100 米接力和跳远，跳远是他的第一项比赛。

希特勒亲临观战。鲁兹·朗顺利地进入了决赛。轮到杰西·欧文斯上场，他只要跳得不比他最好成绩少过半米就可以进入决赛。第一次，他逾越跳板犯规；第二次，他为了保险起见从跳板后起跳，结果跳出了从未有过的坏成绩。他一次一次地试跑、迟疑，不敢投入最后的一跃。希特勒觉得胜券在握，起身离场。

在希特勒退场的同时，一个瘦削、有着雅利安人种湛蓝眼睛的德国运动员走近杰西·欧文斯，并用生硬的英语介绍自己。其实他不用自我介绍，没人不认识他——鲁兹·朗。

鲁兹·朗结结巴巴的英语和露齿的笑容松弛了杰西·欧文斯全身紧绷的神经。鲁兹·朗说他去年也曾遭遇同样的情形，只用了一个小诀窍就解决了困难。他取下杰西·欧文斯的毛巾放在起跳板后数英寸处，从那个地方起跳就不会偏失太多了。杰西·欧文斯照做，这一跳获得的成绩，几乎破了奥运纪录。

几天后决赛，鲁兹·朗率先破了世界纪录，但随后杰西·欧文斯以些微优势胜了他。黑人获胜了！这让所有的人都愣住了，贵宾席上的希特勒脸色铁青。就在这时，鲁兹·朗跑到杰西·欧文斯站的地方，把他拉到聚集了 12 万德国人的看台前，举起他的手高声喊道："杰西·欧文斯！杰西·欧文斯！杰西·欧文斯！"看台上经过一阵沉默后，突然爆发出热烈的掌声。

欧文斯感受到了友好的掌声，他也举起了鲁兹·朗的手，大声对观众呼喊："鲁兹·朗！鲁兹·朗！鲁兹·朗！"人们的欢呼声更加热烈。没有诡谲的政治，没有种族的歧视，没有金牌的得失，没有狭隘的嫉妒，选手和观众都沉浸在君子之争的感动之中。

　　人性的伟大，正是彰显于这一个个小小的瞬间。竞争让我们奋发向上励志图强，激励我们迈向一个又一个更高点，但竞争并不意味着胜负的结果，竞争的过程同样的重要，在竞争中感受到文明礼让、思想也因之升华，这一点更加可贵。所以竞争的同时，千万不要忘记"礼"字当先，彬彬有礼，然后才是真君子。

见贤思齐，见不贤而内自省

　　孔子在《论语·里仁》中有一句"见贤思齐，见不贤而内自省"。

　　"见贤思齐"是说见到好的榜样，就要想到让自己也向这些贤者看齐；"见不贤而内自省"是说看到不好的作为，要以此来反省自己是否也有这样的不足，让自己吸取教训，不跟随别人堕落下去。这样一来，不管遇到怎样的人，我们都能从中学到东西。

　　从思想上来鞭策自己是一个人不断进步的动力。自我反省，就是要不断改正不足之处，以追求完美的态度将事情做得更圆满。

　　英国著名小说家狄更斯的作品非常出色，他对自己有一个规定，那就是没有认真检查过的内容，绝不轻易地读给公众听。狄更斯每天把写好的内容读一遍，在朗读的过程中发现问题，然后不断改正，直到六个月后自己满意，才向公众发表。我们也可以尝试一下这种自己与自己的对话。这里还有科学的方法：理想的反省时间是在一段重要时期结束之后，如周末、月末、年末。自我反省的时间越勤越有利。假如你一年反省一次，你一年才知道自己做对了什么，做错了什么；一个月反省一次，一年就有了12次反省机会；一周反省一次，一年就有54次反省机会；一天反省一次，一年就有365次反省机会。反省的次数越多，改正的机会也就越多，犯错的机会就越少。

　　反省让以前的错误变得有价值，正如爱迪生在发明灯泡时所说："我不是失败了一千次，而是知道了一千种不能做灯丝的材料。"如果我们在行事之前，总是抱着自我反省的心态，想想自己曾经犯过哪些错误，如何避免这些错误再次发生，就会少走许多弯路，让自己的修身和成功之路少一些曲折。中国古代正直的文人学者所崇尚的慎独修身法，其实就是一种更高境界的反省。《后汉书·杨震传》中记载了一个"暮夜无知"的故事。

杨震被任命为东莱太守，赴任时路过昌邑，以前他举荐过一个叫王密的人，后来成为昌邑县令。王密一听恩公到了，赶紧连夜来拜见，他带了十斤黄金，要送给杨震。杨震说："唉，我了解你，你却不了解我吗？我的为人如何，你不清楚吗？你的金子我是不会收的。"王密说："晚上没人知道，您就收下吧。"杨震说："天知，地知，你知，我知，怎么能说没人知道呢？"听完杨震的话，王密惭愧地告辞了。

杨震的这种慎独，正是因为他一直严格要求自己，告诫自己要像古人那样做到问心无愧，做一个真正的君子。

无论我们是独处，还是和朋友、陌生人在一起的时候，都不能放松对自己的要求，谨记"见贤思齐，见不贤而内自省"的话，做到表里如一，积极进取。坚持下去，我们的修为也会大大进步。

修身不仅要看自己，也要看朋友

孔子非常注重个人的修养，但并不是说他只关注自己，不在乎周围的人的品行如何。一方面，孔子用自己的智慧见解去教导周围的学生，让他们向更高的境界迈进；另一方面，孔子注重向比自己见多识广的人学习，并鼓励学生也要和优秀的人交朋友。"有朋自远方来，不亦乐乎。"可见孔子对朋友的重视和热情。

但是，孔子并不是随便交友的人。子曰："君子不重则不威，学则不固，主忠信，无友不如己者，过则勿惮改。"孔子在讲到君子的时候，也说了"无友不如己者"，很多人理解为不要和不如自己的人交朋友。因为朋友是比老师更有潜移默化的影响力的人，也许你会在老师面前毕恭毕敬，但是到了朋友面前就会无所顾忌，如果和不如自己的人交朋友，会让自己学坏。

孔子对朋友有不同的定义，他认为"君子和而不同，小人同而不和"，也就是说相互理解但不苟求一致的人之间，才是君子之交，维系这种友情的是道义，这样的朋友之间必然互相尊重；而为了追求利益才行动一致的人之间，毫无道义可言，一旦利益消失，友情也就会消失，因此只是小人之交。

由此可见，孔子对朋友之间的交情有很明显的区分。同样，孔子也对朋友有一个分类："益者三友，损者三友。友直，友谅，友多闻，益矣。友便辟，友善柔，友便佞，损矣。"孔子说：有益的朋友有三种，有害的朋友有三种。结交正直的朋友、诚信的朋友、知识广博的朋友，是有益的。结交谄媚逢迎的人，结交表面奉承而背后诽谤人的人，结交善于花言巧语的人，是有害的。

同样，我们也应该给自己的朋友"合并同类项"，将"君子之交"和"小人之交"区别开来，这样不仅可以避免因为不牢固的友情而受到伤害，也可以让自己向优秀的人学习，有更大的进步。

同时，我们应该慎重地交友。有一位官员，因为渎职入狱，在狱中他讲述了自己的犯罪历程：我在很长一段时间里一直担任主要领导职务，各种各样的人都会通过各种途径来攀附我，素不相识的人都会想尽办法来巴结我。有人知道我喜欢收藏玉石，就投我所好，给我送了一些价格昂贵的玉石，当然，条件是让我用地位权力为他们帮忙。

一开始我对这些人还很反感，后来慢慢地，这些原本陌生的人却成了我的"老乡""朋友""弟兄"。在他们面前，我没有了身为领导的责任感，交往多了几乎就成了自家人，拿点用点也觉得很正常。在和别的施工单位打交道过程中不敢干的事情，我在他们这里就可以大胆地干。

记得有一个小包工头，他想尽办法接近我后，成了我的"铁哥们儿"，我一有空就往他那儿跑，一起玩玩牌。这几年，经过我的帮忙，他那原本资质不高的建筑公司顺利地承接了一些重要的建设工程，他从中赚了上千万元。事后，他以各种方式送给我的钱物加起来有近百万元，而我也认为这是很正常的朋友往来。这样的"朋友"，我还有很多。现在想想，这些"朋友"实在交不得，我就是被这些所谓的朋友慢慢拉下水了……

这些话可以说是这个贪官对自己的责任的一种开脱之词，但我们也应该看到，交友不慎对一个人的影响实在太大了。如果贤者是我们的朋友，我们就更容易从他身上看到自己的不足，也能通过交往慢慢纠正自己的错误；反之，就会和上面的那个官员一样，慢慢受到"朋友"的不良影响，失去了自己的原则。

·第三讲·

《道德经》：

宁静地回归本源

《道德经》也叫《老子》，作者是春秋时期的老聃（又叫李耳），全文只有5000多字，但是蕴含了丰富的哲学思想。老子犹如一面晶莹剔透的折光镜，万事万物到了他这里，立即被分解为阴与阳、福与祸、正与反。他告诉我们，福不见得永远好，祸不见得永远坏，柔不见得就弱小，刚不见得就强大。通过《道德经》至简至纯的表述，我们能悟到世界上至大至博的真理。《道德经》蕴含了人生处世的智慧。

如果心是静的，一切随之安宁

说起老子，我们会想起他骑着一头牛西出函谷关，最后不知踪迹，只给后世留下一个神秘背影的故事。在很多人心中，老子是一个神秘的人物，这不仅是因为他写出了玄之又玄的《道德经》，还因为他独来独往、不为尘世所拖累的性格。

我们都向往内心安宁，却常常遇到无法释怀的事情。想一想当你没有评上"三好学生"；老师看到你助人为乐却没有给予表扬；当你以1分之差而失去了第一名；当你心爱的衣服被朋友弄脏的时候，是不是总在心里暗自伤心，甚至还愤愤不平："为什么会这样，这些本来都是属于我的！"

那么，在老子生活的年代，又是怎样一个情况呢？当时正是乱世纷争、诸侯征战不息，各种政客、辩士纷纷登场，竭力推销着自己的学说和策略，争名夺利蔚然成风。可是就是在这样的一个"闹市"中，老子却能够看穿尘世，捋着花白的胡须说："致虚极，守静笃。"越是身处乱世，就越应该使自己的心灵做到虚静澄明，保持清静无为的状态。

时间就像一个不断前进的车轮，当它把岁月的日历翻到今天，无数人在看过历史长河中的风霜雪雨后，蓦然回首，才会发现数千年前老子的话直达肺腑，震彻心灵。

世人在竞争中变得焦虑，在纷乱中变得急躁，在贫穷中变得卑微。外界环境总是在飞速变化，一个人无论脚步多么矫健，也走不出环境布下的局，那么，如何让自己的步伐从容，不为生活所迫呢？

一个现代学生和一个宋朝书生在梦中碰了面，宋朝书生问他："你来自一千年后的中国，想必是十分快乐的了。"

现代学生说："我并不快乐，因为我的生活有很多限制。"

宋朝书生问他："此话怎讲？"

现代学生说："我去市中心参加同学的生日晚宴，可是坐车得花两小时；我想当'三好学生'，可是同学们都不选我；周末我想和爸爸妈妈到风景区游玩，结果人多得像蚂蚁一样，让我寸步难行，你说生活在这样的环境里，还有什么快乐？"

宋朝书生听完他的诉说，言道："我不曾吃过什么宴会，每天吃点母亲做的饭菜，觉得很可口。我不争什么名誉，平时和朋友下下棋，输了喝几杯酒，也很快乐。我晚上点一盏灯，读几本书，睡觉了就把灯熄掉。我也不去什么风景区，我家周围的稻田、小桥就是很好的风景。我不知道你为什么有那么多的欲望。人的欲望是无穷无尽的，你有再丰盛的晚宴、再美的风景区，总有吃腻看腻玩腻的时候，你的快乐无非是建立在吃喝、争斗之上，如果没有这些，你该怎么办呢？所以你不快乐的真正原因，不是外界的限制，而是你内心对外界的依赖。"

现代学生说："可是别的同学都是这样，我不这样行吗？"

宋朝书生说："那在你这个躯壳里的，是别人的心，还是你自己的心呢？"

现代学生恍然大悟："原来这个世界之所以不宁静，只是因为我们自己的心平静不下来，真是'致虚极，守静笃'啊……"

宋朝书生所说的，就是老子崇尚的清静无为、追求内心独立的精髓。老子告诉我们，所谓有才德的人、难得的财物、足以引起贪心的事物，都是外在的东西，都是容易引起欲望、让人们去依赖它们的东西。而一旦产生了依赖，就很难去除了。人们会想：有才德的人获得高位，那我们也去争夺；有人拥有金银财宝，那我们也去攫取；有人有田地、别墅、车马，那我们也去捞一笔。这样，外物取代了人的内心，成为人们的主宰。人们眼里不再认识自己，而只认识金银财宝、高位名望，这样，痛苦就逐渐产生了。

亲近自然，便能更好地认识自己

老子不仅是道家学派的祖师，也被道教尊奉为教主，称为太上老君。从道家到道教，有一个一脉相承的思想，就是崇尚自然。

"自然"这个词是老子首创的独特概念。老子在《道德经》第二十五章中说："道大，天大，地大，人亦大。域中有四大，而人居其一焉。人法地，地法天，天法道，道法自然。"在这里，我们可以解释为：人和万物是相辅相生的，人离不开大自然，大地承载万物，替我们承担了一切，提供了一切，人体生命的生存，全依赖大地来维持。

当大自然毫无保留地呈现在眼前，天空的高远、流水的清澈、小鸟的欢快歌声、山峰的绵延磅礴都会自然而然地激发内心的愉悦。《蓝色多瑙河》《月光奏鸣曲》《沁园春·雪》等杰出的作品，无一不是在大自然的感触下创作而成的。然而，并不是所有的人都能感受到自然的魅力，"感时花溅泪，恨别鸟惊心"，只有调动自己的情感，才能体会到大自然的美妙。

大自然中的花草树木、虫鱼鸟兽、山川河流、风霜雪雨是启迪孩子的好奇心的摇篮。看蚂蚁搬家，学会了相互协作；听到雷鸣风啸，向往了解自然、探寻科学……由这样一些小片段组织起来的品质，正是孩子在人生之路上取得成功必不可少的。

但现在有很多孩子，不能辨别韭菜和麦子的区别，以为稻米是长在河里的，把卷心菜当成生菜……这是多么让人担忧的事情，我们竟然越来越不认识自己生长的土地了！

在上古时代，人们生活在天地之间，"以天为盖地为庐"，捕获野兽，采摘果实。那个时候，人们和自然是相通的。但是到了后来，人们创造了城市，发明了工具，建立了各种制度，人们离自然就越来越远了。于是人们本来拥有的许多功能就都退化了。其实人类脱离城市回到自然，并不是绝对的强者，我们既不能像羚羊那样长途奔跑，也不能像猿猴那样在树上跳跃，更不能像鱼那样在水中遨游，像鹰那样在天上飞翔。普通人如果没有辅助工具，便很难在野外生存。美国作家梭罗曾经专门跑到野外生活了两年，毫无社会往来。但是他在那里认识了全新的自己，也因此，他写下了著名的《瓦尔登湖》。

亲近大自然，如同亲近我们最原始的心灵状态。当心灵如自然一般的纯粹有序时，我们也就能看到真实的自己。

实现远大理想要从细微的地方入手

"干大事的人要不拘小节"，这句话是很多人的座右铭。那么，何谓"小节"？很多人却无法回答。把眼前的事情当成"小节"来忽略，往往就印证了"一屋不扫何以扫天下"的说法。

老子就深深明白这个道理，所以他在《道德经》中写道："天下难事，必作于易；天下大事，必作于细。"也就是说，处理问题要从容易的地方入手，实现远大理想要从细微的地方做起。因此，有"道"的圣人始终不贪图大贡献，所以才能做成大事。而成就大事的人往往是那些注重细微之处的人。这个道理很简单，当我们盖一栋房子的时候，整天憧憬着房子盖好后是多么地美丽壮观，却不从一砖一瓦盖起，房子会在你的想象中拔地而起吗？

汉朝有一个人叫陈蕃，他十五岁的时候曾经独住一个庭院，读书学习。一天，他父亲的一位老朋友薛勤来看他，见到屋里垃圾满地，很生气，就对陈蕃说："小朋友，有客人来了，你为什么不打扫房间接待客人呢？"陈蕃回答："大丈夫处世，应当扫除天下，扫一间屋子有什么用呢？"薛勤暗自吃惊，知道陈蕃年纪虽小，却胸怀大志，但是因为年小，很多事理还没明白，就说道："一间屋子都扫不了，还怎么扫天下？"陈蕃恍然大悟，连忙打扫房屋。从此他刻苦读书，勤勤恳恳，终于成为一代名臣。

任何大事都是从小事情起步的，因为众多小事结合才构成大事。要指挥千军万马，先从处好身边人的关系做起；要成为博学的学者，先从手头第一本书读起；要拥有千金的财富，先从最简单的小生意做起。所以，老子还说：合抱的大树，生长于细小的萌芽；九层的高台，由筑起每一堆泥土开始；千里的远行，是从脚下第一步开始走出来的。这就是老子著名的"九层之台，起于累土；千里之行，始于足下"的出处。

现在许多孩子梦想一举成名，幻想有一天自己成为万众瞩目的明星，幻想自己考试时超常发挥，可是梦想毕竟是梦想，它再远大高尚，要是没有从小事做起的决心，它也只能停留在幻想的状态。

很多人认为，凡事只要差不多就行了。正是这种错误的看法给他们带来了意外的灾难。人的一生是由无数件小事和小细节串联而成的，看上去每一件小事都不是很重要，但说不定哪件小事就会在关键时刻改变整个大局。

很多时候，1%的错误会造成100%的错误，这是人们忽视细节的代价。"差之毫厘，谬以千里"，一毫米的误差，就会产生千里的差距。可见细节的影响是非常大的，能否完美地处理这些细节决定了一个人成功与否。

有一位智者曾经说过，避免一切小小的失误，就能减少巨大的意外挫折。小事成就大事，细节成就完美。危机往往是一个人在不经意间造成的，成功也是由许多细节累积而成的。在很多时候，一个人做一件事的成败就取决于某个不为人知的细节。当细节积累到一定程度，就能成就非凡的伟大精致的完美。

细节问题虽然看起来很简单、很平凡，很多人因此不屑去做这些小事。但是很少有人想到，把平凡的事情做好了，就是不平凡；把简单的事情做好了，就是不简单。这就是老子反复告诫我们"天下难事，必作于易；天下大事，必作于细"的道理。

谦和不争，不争自胜

据说林肯竞选总统的时候没什么钱，也没有专车，朋友给他准备了一辆耕田用的马车，大家看到这样的总统候选人，心里都有很亲切的感觉。

有一次，他站在破马车上对选民发表演讲，说："有人写信，问我有多少财产。我说，我有一个妻子，还有一个儿子，都是无价之宝；此外还有一个办公室，有一张桌子、三把椅子，墙角还有一个大书架，架子里有很多书，值得每个人都看一看。我这个人比较穷，也很瘦，脸蛋很大，不会发福。我实在没有什么可以依靠，唯一可以依靠的就是你们，希望你们投我一票。"

结果人们被林肯的谦虚和诚恳所打动，纷纷站在了他这一边。

对于现在的孩子来说，"谦虚"这个词语似乎已经很遥远了。我们刚上一年级，父母就语重心长地说："要永争第一。"长大了一点儿，老师又说："我们要参加高考，这是千军万马过独木桥，一定要冲过这关。"久而久之，在我们的意识里，要想得到一样东西，就得拿出自己的全部本事去争去抢。可是这样的结果，往往是大家为此心力交瘁、头破血流，最后没有真正的胜者，大家都付出了代价。

所以老子提到这样一个观点："夫唯不争，故天下莫能与之争。"意思是说，当你不与人相争的时候，反而会得到自己想要的东西。这段话乍看起来好像充满矛盾，其实是人生的真谛。这就好比拉弓射箭，要想把箭射出去，先要把弓向后拉；武术里挥拳打人，要想力度凶猛，就要先把拳头收回来；想往高处跳，先要弯曲双腿；煮粥的锅沸腾了把锅盖顶起，不能死死按住，而要把锅盖拿开。这些看起来像是让步的举动，其实都是为了进一步行动积蓄力量。

按照这个方法取得成功的人历史上大有人在。建立蜀汉的刘备，年轻的时候只是一个卖草鞋的平民。他为了请到诸葛亮做他的帮手，几次降低身份亲临隆中，三顾茅庐，终于请诸葛亮出山，为他谋划大业。还有林肯那种谦虚真诚的演讲方式，既不张扬，也不做作，不是故意装穷赢得大家的同情，而是真情实感的表达。这样的言谈，比起那些夸夸其谈的轻易许诺，声嘶力竭的豪言壮语不知要好多少倍，所以他成了美国最伟大的总统之一。

谦虚的人，绝不会妄自尊大，四处逞强，他们在不骄不躁、不显不露间蓄积实力，悄然潜行。谦虚者往往能够于世事纷扰中开辟一片安宁境地，减少旁枝、潜心修养、集中力量、壮大自己。可以说，谦虚做人就是在社会上立身成事的绝好姿态，所以谦虚既是一种策略，也是一种品德，同时更是一种风度、一种胸襟、一种魄力。只有谦虚的人才能够于红尘万丈中，始终保持一种高洁淡雅的志趣，以平和的心态来看待世间的功利得失，励精图治，并且能宠辱不惊，贫贱不移。

毛泽东说过："高明的拳师，在和人对阵的时候总要退让一步。"谦和既是一种品格，也是一种策略。因为只要发生了争斗，肯定会消耗力量，后退一步，既保存了自己的实力，又让别人出招消耗他的实力，然后看准机会，迅速出击，就可以获得胜利。

所以说，谦虚永远是成大事者所具备的一种品质，只有虚怀若谷才能取得更大的成功。

乱花渐欲迷人眼，我自有慧眼看风景

老子在《道德经》中写道："五色令人目盲；五音令人耳聋；五味令人口爽；驰骋畋猎，令人心发狂；难得之货，令人行妨；是以圣人为腹不为目，故去彼取此。"

这句话的大意是说：缤纷的色彩使人眼花缭乱；嘈杂的音调使人听觉失灵；丰盛的食物使人舌不知味；纵情狩猎使人心情放荡发狂；稀有的物品使人行为不轨。因此，圣人但求吃饱肚子而不追逐声色之娱，所以摒弃物欲的诱惑而保持安定知足的生活方式。

老子并不是反对享受，而是说，过分的眼、耳、鼻、舌、身的享受，过分的欲望，会使人失去本来的自我。由此推论，做什么事情都要适可而止，不要有过多的欲望，要坚守自己的本来面目，这样才能得到最本色的人生。

据说古代有个郑国人，想学就一门手艺，就去学做雨伞。三年之后，手艺学成了，师傅就送给他一套做伞的工具，让他出去自谋生计。可是这段时间，正好遇上全国大旱，几个月一滴雨也没有下，没有人来买伞，这个人一气之下，就把工具全扔掉了。

闹旱灾需要很多水车，用来把河里的水抽到高处，灌溉庄稼，所以，这时卖水车的生意很兴旺，于是郑人就改行去学做水车。三年后，手艺学成了，谁知又遇上连雨天，河水暴涨，不要说用水车了，平地就有很深的水，大家都忙着把水往外排。这下郑国人又傻了眼。

过了不久，郑国闹起了盗贼，家家都要打造刀剑防身，这个郑人就想去学铁匠。可是，他岁数太大了，抡不动大锤，打不了铁，只好唉声叹气。

当我们来到这个世界上的时候，起初谁都希望自己有个完美的人生：读书能上理想的学校，让喜欢的老师来教，学喜欢的科目，以后考个理想的专业，然后拥有成功的事业……然而，我们绝大多数人经历的却是这样一条路：上了一个还不错的学校，学了一个不算讨厌的科目，长大后干了一份糊口的工作，这与原来的设定难免会有巨大的差距。当自己的愿望和思想得不到满足，有的青年便丧失了本色的自己，看到别的同学上课看小说，禁不住诱惑自己也看了起来；看到其他同学考试作弊，为了得到好的名次，自己也偷偷地看了别人传过来的小纸条。这样发展下去，步入社会的时候，就更加难以在充满诱惑的世界把持住自己，内心渐渐迷惘，也就难以体会真正的快乐了。

人生在世，多姿多彩的世界让人眼花缭乱，一不小心便会在世俗的尘嚣中迷失了自我。没有自我的人生，无异于丧失了灵魂的人生。

所以当你面对物欲横流的社会和无法满足的欲望时，请选择坚持自我。因为只有这样，拨开迷眼的繁花，才看到整个春天的风景。

《庄子》:

淡泊名利，去除凡尘

《庄子》是战国时期哲学家庄周的著作，庄子崇尚自由，崇尚个人心灵的无羁无绊，他笔下有扶摇直上九万里的大鹏，也有飘忽不定的梦中蝴蝶，还有躺在荒烟蔓草里的骷髅头骨。庄子绚烂多姿的文笔无非是想说：心灵是自由的，不要让外界的干扰蒙蔽了自己；人生本来就是幸福的，不要给它加上太多人为的枷锁。在人们越来越依靠科技、工具，对自然的破坏越来越严重的今天，《庄子》就越来越体现出返璞归真的纯洁光辉。

真正的逍遥，不依赖于心外之物

"北冥有鱼，其名为鲲……"，这是我们中学就学过的一篇课文，想必大家并不陌生。在这篇《逍遥游》里，庄子为我们讲述了一个大鹏自由自在驰骋的故事。当现在的孩子们天天面对做不完的功课、考不完的试，面对老师的责罚、父母的期望时，文章里大鹏那种逍遥的境界便让很多人为之羡慕，心想："要是我能像它那样就好了。"

关于庄子所谓的逍遥，历史有很多种解释。一种说法是，像大鹏这样的生活，自由自在，那是最逍遥的。可是还有人说，大鹏能够一飞九万里，真是逍遥到极点了，但大鹏能够飞翔是借助了风的力量，谈不上真正的逍遥。后来庄子又说，列子是个神人，但他也得御风而行，借助外物，所以神人、神兽都不算是逍遥。

那么，什么才是真正的逍遥呢？

大自然中有一种奇怪的虫子，叫列队毛毛虫。法国昆虫学家法布尔曾经仔细研究过这些毛毛虫。它们从卵里孵化出来之后，就成群集结在一起生活。在外出觅食时，通常是一只队长带头，其他的毛毛虫便用头顶着前一只伙伴的屁股，一只贴一只排成一列或两列前进，这支队伍的最高纪录是600只。为预防自己不小心走岔路跟丢了，它们还一面爬一面吐丝，等到吃饱了，它们又排好队原路返回。法布尔先把队长拿走，但后边的一只迅速补上，继续前行；又把它们的丝路切断，虽然会暂时把它们分开，但后边的那队会到处闻，到处找，只要追上前边的队伍，马上就会合二为一。

法布尔所做的实验中，最有意思的是引诱毛毛虫走上一个花盆的边缘。毛毛虫一走上去就沿着边缘前进，一面走一面吐丝。令法布尔惊讶的是，这群毛毛虫当天在花盆边缘一直走到筋疲力尽才停下来，其间曾经稍作休息，但是没吃也没喝，连续走了十多个小时。

第二天，守纪律的毛毛虫队列丝毫不乱，依然在花盆边缘上转圈，没头没脑地跟着前边走。第三天、第四天……一直走了一个星期。所有的虫子几乎要累死、饿死了。第八天，有一只毛毛虫掉了下来，这一群虫子才重返家园。

虫子的盲从依赖是多么地可笑、可悲！其实，放眼世界，人又何尝不是如此？起哄、跟风、随大流、亦步亦趋、凑热闹、依赖他人是许多孩子做人做事的习惯。看到别的同学买了"好记星"，也要让爸爸妈妈给自己买一个；看到其他同学学钢琴，于是暑假也要让爸爸妈妈送自己去学，等学了一半，看同学们现在都去学画画了，于是又放下钢琴买画笔去了。也许这就是很多孩子不能成功的原因。他们遇事盲从、依赖他人、没有主见，就像墙头草，没有自己的原则和立场，不知道自己能干什么，会干什么，自然与成功无缘。所以，真正的逍遥应该是独立，不依赖别人生活。

庄子在《齐物论》中写道："今日吾丧我。"这句话里的"吾"和"我"不都是"我"的意思吗？当然不是，吾在这里指这个人，而我在这里指这个人的内心。一个人如果没有了自己独立的思想意识，便成了"丧我"，变成了一个行为意识完全依赖于他人的人，这样的人，很难找到真正的自由。

谁在哪方面不独立，谁就在哪方面没有了自由。所以说，要想自由自在，首先就应该放弃事事依赖他人的念头，这样，我们才不会受限于人，更不会成为他人的傀儡和负担。

专注让生活游刃有余

如果对一件事倾注了一腔热血，结果却不能获得成功，我们难免会产生惋惜、悔恨之心。相信很多人有过"三分钟热度"的经历：兴致勃勃地去练下棋，下完棋了练跳舞，跳舞学了半个月又改成练书法，可是换来换去却总是不能成功，当看到别人精湛的棋艺和优美的书法时，又会怨天尤人："老天对我太不公平了。"真的是老天偏爱那些成功的人吗？我们不妨来看看庄子是怎么看待那些有一技之长的人的。

庄子记载的能工巧匠特别多，这些人都具有高超的技艺和专注的精神，也往往能够让别人受到启发。下面我们就请出两位。第一个出场的是著名的"神刀手"庖丁。

庖丁是一个厨师，他最擅长的技艺是宰牛。他杀牛的时候，动作就像舞蹈一样，发出的声音符合音乐的节奏，一头整牛放在他手下，一眨眼的工夫就大卸八块，而他好像一点儿力气都不费一样。

梁惠王问他："你的技艺为什么这么高超呢？"

庖丁说："开始我宰牛的时候，眼里所看到的就是一头牛；可是三年以后，我看到的已经不是整牛了，而是牛的身体部件。我眼睛里看到的是牛的骨头缝、肌肉的间隙，所以进刀的时候十分顺利。有的厨师用刀砍骨头，所以一个月换一把刀；有的厨师用刀割肌肉，所以一年换一把刀，可是我的刀只游走于缝隙之间，所以这把刀用了 19 年，杀了几千头牛了，刀刃还锋利得很。我杀牛没有别的经验，只是'目无全牛'而已。"

如果没有专注的精神，很难想象庖丁能将分解牛的工作做得如此出神入化。

另外一个高手是一个老人。

这个老人没有别的本领，只会用粘杆去粘蝉。但是他粘蝉的本事已经到了出神入化的境界，就像用手去拾一样简单。

据说有一次刚好圣人孔子经过，见到老人粘蝉的样子感到很新奇，就问："您粘蝉的本领是怎么学的呢？"老人说道："我练习的时候，在竹竿头上放弹丸，从两个放到五个，让它们不掉下来，这样本领就练成了。我粘蝉的时候，身子静止不动，像石头一样，手臂拿着竿子，像枯枝一样。虽然万事万物那么多，我眼里只有蝉翼，我不因外物的变化而影响我对蝉的专注，怎么会粘不到呢？"

从这两个故事当中我们不难看出，他们都有一个共同的特点，那就是工作的时候全神贯注。虽然外界有各种事物，但是都不足以影响他们对目标的关注。庖丁眼里只有牛，老人眼里只有蝉。正因为这样，他们的技艺才出神入化，达到了别人所不能及的境界。

庄子在这里讲技艺，其实他借讲技艺谈了一种生活态度，那就是专注。学生学习不够专注，成绩就不会好，这个道理大家都知道，可是具体做起来有的孩子却总是做不到，因为对于他们来说，外界的诱惑实在是太多了，稍不注意就会分散精力，去做那些没有价值的事情。可是对于一个想要成功的青少年来说，没有专注精神，就等于在自己成功的路上堵上了一块大石头。

伯乐年老了，秦穆公要他推举一位继承人，他就推荐了九方皋。

秦穆公叫九方皋去找千里马，过了一段时间，九方皋来回报说："马已经找到了，在沙丘。"

秦穆公说："是一匹什么样的马啊？"

九方皋说："是一匹黄毛的母马。"

秦穆公就叫使者去牵马。使者到了一看，却是一匹黑毛的公马，赶紧回报。秦穆公生气地对伯乐说："你推荐的人连马的毛色、公母都分不清，还怎么相马呢？"

伯乐说："这就是他比我高明的原因啊。毛色、公母，对一匹马是不是千里马有什么影响呢？他看马，忽略了那些没用的东西，直接看到了马的本质。不信您把马牵来，看我说得对不对。"

马牵来了，果然是一匹千里马。

九方皋善于抓住本质，这正得益于他的专注。所以想要成功也一样，应该把精力集中在自己要做的事情上，这样看起来会暂时失去一些东西，但是要知道，只有专注地做事，才有可能获得成功。

患得患失，就很难再稳操胜券

庄子是一个散淡的人，他在书中反复强调，任何事情，太放在心上，就容易把握不定。

我们知道夏朝的后羿是一个善于射箭的人，据说远古时天上有 10 个太阳，后羿张弓搭箭射下了 9 个。各地还有很多长蛇、怪兽、怪鸟，后羿都一个个地把它们射杀了。所以夏王让后羿做了官。可是后面的故事，你却不一定知道。

有一天，夏王把后羿请去，说："我听说你射箭的本领很高超，现在我想请你表演一下。"说着，就让人竖起一块一尺见方的兽皮和一个直径一寸的靶子。后羿弯弓搭箭刚要射，夏王说："等等，我们来打个赌，你如果射中了，我就赏给你一万两黄金；如果射不中，我就削夺你一百里的封地。"

后羿听了，心里忐忑不安，勉强拿起弓，搭上箭，向兽皮射去，没有射中，又射了一箭，还是射不中。夏王就问其他人："后羿一向是百发百中的，今天却连一下也射不中，这是因为什么呢？"有一个人回答说："后羿之所以射不中，是因为他心里有了得失之心。他既要为射中得到一万两的黄金而喜，又要为射不中削夺一百里封地而忧。要是能免除这些外在的喜忧的话，那么天底下的人都能成为无愧于后羿的射手了！"

后羿之所以射不中，是因为他把黄金和封地看得太重了。庄子也讲过关于射箭的事情。

列御寇为伯昏无人表演射箭，只见他拉满弓弦，又放置一杯水在肘上，嗖地射出第一支箭，紧接着又搭上了一支箭，刚射出第二支箭，而另一支又搭上了弓弦。在这个时候，列御寇的神情肃穆，浑身一动也不动，就像铁打的一样。伯昏无人看了看，微微一笑，说："你这只是有心射箭的射法，不是无心射箭的射法。我带你去一个地方，看看在那个地方你还能不能射箭。"

于是伯昏无人登上高山，脚踏一块高高的石头，下临百丈深渊，然后再背转身来慢慢往悬崖退步，直到一部分脚掌悬空，这才拱手恭请列御寇跟上来射箭。列御寇伏在地上，吓得汗水直流，衣服都湿透了。

列御寇之所以不敢射，是因为他把身体看得太重了，他心里充满顾虑，害怕失去性命，因而无法全力以赴。所以平常我们不是不能把事情做好，而是在做事的时候，让太多的东西分散了精力，患得患失。比如考试的时候，有的人会在做题的时候想："要是这次没有考好，爸爸说给我买的电脑就泡汤了。""要是不及格，妈妈一定会打我的。"就这样，瞻前顾后心绪不宁，等回过神来的时候，考试都快结束了。其实只要低下头来一门心思做好眼前的事，放下一颗得失之心，事情反而会向我们期望的方向发展。

人心总是贪婪的，越是没有能力去拿的东西，越是拼命地想去拿。可是拿得起来，却又放不下，徒然增加心灵的负担。我们经常听说，很多中小学生因为成绩不好而出走、自杀，正是因为无法面对一时的失败酿成的悲剧。当然，这也不能完全责怪孩子自己放不下考试的成败，家长对孩子的期望太高也是一个重要因素，今天想让孩子考全班前十名，明天就想让孩子考全班第一……这样不断升级的要求，使孩子患得患失，反而难以发挥出好的水平。

河道越窄，水流越急，决堤的危险就越大；反之，拓宽河道，加深河床，河水就会自由地流淌，不再漫出堤坝；粗大的栋梁之材，一定生长在宽阔的林场；从小被绑缚成形的盆景，一定是弯弯曲曲、奇形怪状的，而这也正是人成长的道理，把自己放在开阔的环境中，不去考虑太多的得失才能获得更好的发展。

但是，不苛求不等于不求，庄子教我们自然的道理，绝不是无所作为，而是把握好最关键的目标，斩除不必要的欲望，这样才能超乎众人之上。

所以，有的时候我们应该学习庄子，他心极热，而眼又极冷，面对纷繁复杂的世界，他总是目空一切，从容淡泊，用一种平和的心境去获取成功。

名利，幸福的画皮

庄子为我们讲了这样一个故事：有一天，他拿着鱼竿，在濮河边钓鱼，这时远处来了两个人，驾着华丽的马车，走过来对庄子说："请问您是庄周先生吗？我们是楚国的大夫，国王派我们来，请您前去做官。希望您能随我们前往，到了那里，富贵荣华就不用愁了。"

可是谁知道，庄子拿着鱼竿，连头也不回地说道："我听说楚国有一只神龟，死了已有三千年了，国王用锦缎把它包好，放在竹匣中，珍藏在宗庙的堂上，早晚还向它朝拜。请问，这只神龟是宁愿死去留下骨头让人们珍藏呢，还是情愿活着在烂泥里摇尾巴呢？"

那两个人说："情愿活着在烂泥里摇尾巴。"

庄子说："请回吧！我要在烂泥里摇尾巴。"

于是两个官员只好灰溜溜地离开了。

庄子是一个睿智的哲人，他看到，富贵给人带来的乐趣，远没有自己在自然中获得的乐趣大，自己置身山水之中、天地之内，自己做自己的国王，心灵控制自己的身体，何苦要放弃这个国王的位置，去做别人的奴仆呢？即使他真的做了世俗的国王，又怎能比自己天地中的国王自由呢？庄子一生，追求的是无限的自由，他歌颂本真，痛恨虚伪，在他那里，自然把世俗的名利看作浮云一般。

可是现实中的我们呢？看一看自己的生活，年纪轻轻的我们也不免发出"人在江湖，身不由己"的感慨：为了成绩和名次，我们已经不堪重负。

庄子知道，一旦用心谋取功名，就必然会失去自由。古时，地位最高的莫过于皇帝了，可是，即使做了皇帝也不一定自由，反而是被束缚在深宫大院中，不得舒展。历史上的皇帝有几百个，生活养尊处优，可是长寿的不多，夭亡的倒不少。超过80岁的，只有包括清朝乾隆皇帝和唐朝武则天在内的五个人；相反，50岁以下就死去的倒有一半以上。与此形成鲜明对比的是历史上的书画家、文学家们，在他们的生活中，一本好书就是一杯清茶，名利在他们眼中就如同过眼云烟，所以他们反而能够不受名利的束缚，自得其乐。杜甫就曾写下"丹青不知老将至，富贵于我如浮云"的诗句。这样看来，优裕的生活、显赫的地位与幸福的程度并不成正比。

人在追求名利和地位的时候，难免会说违心的话，做出违心的事情。我们都知道蒲松龄笔下的画皮的故事，一个不属于人类世界的鬼魂，披上人皮去赢得赞美和爱慕，最终还是要将这一切奉还。包裹在名利之中的幸福也是如此，看上去很美好，真正得到了，却不是原先所想的滋味。

很多人终其一生去寻找名利，在不久于人世的时候，才发现最重要的是如何生活，如何去爱别人，并得到别人的爱。青少年的人生之路还很漫长，不如从现在开始，就放开功利的想法，踏踏实实地开始自己的生活。

拂去心上的尘埃，保持一颗童心

庄子在《马蹄》中写道："马，蹄可以践霜雪，毛可以御风寒。龁草饮水，翘足而陆，此马之真性也。虽有义台路寝，无所用之。及至伯乐，曰：'我善治马。'烧之剔之，刻之雒之，连之以羁絷，编之以皂栈，马之死者十二三矣。饥之渴之，驰之骤之，整之齐之，前有橛饰之患，而后有鞭策之威，而马之死者已过半矣。"

这段话的意思是说：马这种动物，它的蹄子可用来践踏霜雪，毛可用以抵御风寒。它吃草饮水，跷着后腿跳，这些都是马的真情性。纵使有高大的台和殿，对于马而言并没什么用处。到了伯牙出现，他说："我会管理马。"于是他用烙铁烫它，剪它的毛，削它的蹄，烙上烙印，络头绊脚把它拴起来，编入马槽中，马便死去十分之二三了。然后，他又饿它、渴它，让它驰骋、奔跑、训练、修饰。马有衔铁的拘束，又有皮鞭竹策的威胁，马就死掉大半了。

我们每个人都有自己的本性。人之初，性本善，人人都有恻隐之心，当看到伤心的画面，我们也会难过；看到弱小的动物受欺凌，我们也会忍不住帮它赶走凶猛的敌人。这是爱心的自然流露，是隐藏在我们心中的善良种子。可如果后天得不到很好的培养，甚至因为羞怯和犹豫而扼杀这种天性，爱心就会逐渐消失。

一个雨天的早晨，天空还下着蒙蒙细雨。一位年轻妇女带着她五六岁的儿子走进了一家快餐店，他们坐下点菜时又进来一个背微驼、穿着一件破烂的上衣的人。那人缓慢地走向一张狼藉的桌子，慢慢地检查每个盒子，寻找残羹剩饭。

当他拿起一根法式炸土豆条放到嘴边时，男孩对母亲窃窃私语道：

"妈，那人吃别人的东西！"

"他饿了，又没有钱。"母亲低声回答。

"我们能给他买一个汉堡包吗？"

"我想他只吃别人不要的东西。"

服务员很快拿来了他们要的两袋外卖食品。

就在他们快要走出店门的时候，男孩突然从他的袋里拿出一个汉堡包，轻轻咬了一小口，然后跑到那人坐的地方，把它放在他面前的桌上。

这个乞丐很惊讶，他感激地看着男孩转身、消失在雨后湛蓝的天空下。

小男孩在新面包上轻轻地咬了一口，是因为他担心自己的施舍会被乞丐拒绝，连施舍都显得小心翼翼甚至卑微，这样一种心灵，有谁不会为之感动呢？童心就是这样一种珍贵、纯净的东西，让人感到温暖。明朝的著名学者李贽提出了"童心"说，他认为心的最初状态，是"绝假纯真"的。人在幼年的时候，开始接受外界的事物，于是童心逐渐蒙上了尘土。长大后，知道名利是好的，就开始去追逐，追逐不到就伪装自己，做了坏事知道会受到惩罚，于是就撒谎掩盖。这样，一个人离纯洁的"童心"就越来越远了。几十年过去，一个人看似已经成熟，其实他的内心早已变质。如果心灵已经腐化，空有成熟的躯壳，又怎能快乐地生活呢？

呵护生命，不仅需要呵护身体

庄子寿终年83岁，这个年纪在战国时期算是非常高寿的了。他一生不仕，过着贫困的生活，甚至以编草鞋来维持生计，但是从来没有因为清苦的生活而感到不满；相反，他是那个时代难得的"自娱自乐"之人。他的哲学思想和养生之道融为一体，给处于困境中的人指引了一条"康庄大道"。因此，《庄子》不仅是一本道家的经典、传统哲学的泉眼、浪漫文学的先锋，同时也是一本关于养生的书籍，而且庄子本人提出了传统养生的核心思想——养心。

养心就是要培养和呵护自己的心灵，在庄子看来，养心主要要做到平淡、寡欲和清静，这三个方面，其实是相互交融的。

平淡就是平易恬淡。庄子说"平易恬淡则忧患不能入，邪气不能袭，故其德全而神不亏。"与平淡相对的就是刺激,大喜大悲,起起伏伏。而这也都是因人的欲望太强烈,内心得不到满足所致,因此要寡欲,控制自己的欲望,看破一切虚名,这样才能保持内心的清静。

一个乐观的人往往精神焕发,朝气蓬勃,而一个悲观的人却往往萎靡不振、形如病夫。那些带着厚厚的镜片,"两耳不闻窗外事,一心只读圣贤书"的"书呆子"如今已经越来越不被社会认可了,只有身心强健的人,才能够经受重重考验,经得起成败得失。对于我们来说,培养一个健康的心灵同培养强健的体魄一样,都是对生命的呵护。

那么,我们怎样来呵护心灵呢?庄子也给我们提出了一些建议。

首先,我们要学会顺应自然。在《庄子·养生主》中,开篇就写道:"吾生也有涯,而知也无涯,以有涯随无涯,殆已;已而为知者,殆而已矣!……缘督以为经,可以保身,可以全生,可以养亲,可以尽年。"前半段的表层意思是,人们的生命是有限的,但知识的海洋浩瀚无边,用自己有限的生命去追求无限的知识是危险的。既然如此,还要不停地去追求,那就会陷入更加危险的境地而难以自拔。这实际上是在告诉人们,不要过分积极地追求身外之物,它不仅难以如愿以偿,而且会摧残身心健康。因此,人们应当听从庄子的告诫:"缘督以为经。"意思是说,人们必须顺应自然的"中道"以处理人与外物的关系,不要拼命追求外物。紧接着他所讲的庖丁解牛的寓言故事也含有顺应自然之意,要求人们做任何事都要摸索事物的规律,以避开是非与矛盾的纠缠,因而"故事"的结尾说:"善哉!吾闻庖丁之言,得养生焉。"只要人们能顺应自然、不过分苛求,就可以找到养生的秘诀。

要呵护心灵,另外要学会的就是忘却情感。对心灵影响最大的就是情感的变化。时而喜极而泣,时而怒发冲冠,时而柔肠寸断,时而仰天长啸,这样的情感变化都是在给心灵施加压力,让欢喜悲痛一次胜过一次,这样就会有损身心。

庄子给我们举了一个例子。老聃死后,"有老者哭之,如哭其子;少者哭之,如哭其母"。他想,为什么会有那么多人聚在一起来哭丧呢?这是由于他们把生死看得太重,从而情不自禁地对死者哭诉起来。其实,生与死都是很自然的事,生是应时,死是偶然,有什么值得悲哀的呢?人们应当认识到,喜生悲死是违反常理的,只要安于天理和常分,顺应自然和变化,解脱生老病死的苦乐,那么哀伤或欢乐就不会进入人们的心怀了。

另外,不要为物累,不要因贪图外物而损害自己。一个不为名利所羁绊的人,会获得健康而永葆青春。范仲淹说"不以物喜，不以己悲"，这也是保持心灵豁达的一条原则。

庄子自己就是以十分超然的态度来对待人生的。他生活贫苦，衣衫褴褛，有时候，甚至不得不向别人借米来下锅，但这些都不影响他的心情。庄子的妻子死后，朋友来悼念的时候，看见庄子不仅不哭，反而敲着瓦盆唱歌。朋友生气地问他为什么不哭，他说："我开始也觉得很伤心，但是想想，人是怎么来到这个世界上的，又是怎样离开这个世界的。人是因为气聚在一起，现在气散了，她回到了自然中，我应该高兴啊。"

庄子当时并不了解生命科学，因此用"气"来解释人的身形，虽然这在今天看来并不科学，但是这种看法给了当时的庄子心灵慰藉，让他得以从失去亲人的悲痛中解脱。也正是这种乐观对待生死得失的态度，让庄子写出了后人评价的"天下第一才子书"《庄子》。

·第五讲·

《孟子》：

人格价更高

如果说《论语》是清泉的话，那么《孟子》就像烈火。《论语》讲述的更多是人生哲理，但是《孟子》却把视角投向了广大的社会。孟子疾恶如仇，对那些残暴的君王毫不客气地抨击，对那些虚伪的小人也进行了辛辣的讽刺。但是孟子也是一个同情底层百姓的人，他希望统治者能够实行仁政，让老百姓有饭吃，有衣服穿，让人人安居乐业，幸福生活。孟子的文笔也像烈火那样充满激情，时隔两千多年，我们仍然能够从他的字里行间，体会到他的慷慨激昂的大家风范。

浩然正气，价值连城

一个人能有多高呢？顶多七八尺高，像姚明那样就算是巨人了。可是孟子说，人体内可以有一种东西，顶天立地，高大无比。

一个人能走多远呢？顶多几千里，像郑和下西洋，他就算是航海家兼旅行家了。可是孟子说，人体内有一种东西，可以充满天地四方，只要是宇宙之间，就可以无所不到。

一个人的身体能有多坚硬呢？顶多像健美运动员那样而已，有一身鼓鼓的肌肉就了不得了。可是孟子却说，人体内有一种东西，非常刚强，多么大的威力都不能把它摧毁。

一个人寿命能有多长呢？顶多一百来年，像七八十岁的人就算是高寿了。可是孟子说，人体内有一种东西，可以与天地并存而不朽，历万古而常新。

这不是武侠小说里的内力，也不是神话小说里的元神，更不是日本动画里的小宇宙，而是一种浩然之气。

孟子说："我善于培养我的浩然之气，这种气，最伟大，最刚强，用正义去培养它，充满上下四方，无所不在。如果缺乏了这种气，人就像没吃饱饭一样。这种气是由正义的经常积累所产生的，不是偶然的正义行为所能取得的。"

在孟子看来，一个人只要有了这种浩然正气，富贵就不能使他迷惑，贫贱不能使他动摇，强暴不能使他屈服。

珠海市南山工业区有一个韩国人开的瑞进电子公司，工人们做活很辛苦，1995 年 3 月的一天，工人们好不容易等到了一个 10 分钟的工休时间，就在工作台上打盹。这时候女老板金珍仙进来了，她大声叫道："工人们排队跪下！"

员工们都吃了一惊，这时韩国老板又重复了一遍："听到没有，叫你们跪下！"

员工们看到韩国老板怒气冲冲的样子，只好纷纷垂头丧气地跪在地上。

这个时候，有一个年轻人昂然站在那里，这个人就是来自河南的孙天帅，他挺直腰板，蔑视地看着金珍仙。

金珍仙用手指着他说："你为什么不跪？"

孙天帅冷冷地问道："为什么要跪？"

金珍仙没想到一个工人竟敢质问自己，她暴跳如雷地叫道："不跪就开除！"

孙天帅摘下脖子上挂的胸卡，朝金珍仙脸上甩了过去，然后大步离开了公司。事后，孙天帅向劳动监察部门投诉了韩国老板侮辱中国工人的事件，很快，这个公司被司法机关查处了。

孙天帅宁死不跪的事件很快传遍了全国，他接受记者采访的时候说："当时我只有一个念头，死也不能下跪！因为我是一个有尊严、有人格和国格的中国工人！"

孙天帅的身上就有一股浩然正气。历朝历代，有这种浩然正气的人非常多，这种浩然正气支撑着他们完成了非凡的事业。如唐朝的玄奘法师发愿要游历天竺，取回真经。他临行前发誓说："不达目的，绝不回头。"于是他历经沙漠、雪山、大江大河，在西域游历了 14 年，终于获得了"三藏法师"这一最高荣誉称号，并且带了大量经典回国，得到了两国人民的崇高赞誉。

文天祥原本是南宋的宰相。当时蒙古族人入侵，他和蒙古族人展开了不屈不挠的斗争，最后失败了，被蒙古族人抓住，送往北京。

元朝统治者知道文天祥是大忠臣，想收服文天祥，就软硬兼施，企图使文天祥投降，可是文天祥宁死不屈。元朝统治者一怒之下，把他关进了一间牢房里。这间牢房既阴暗又肮脏，到处都是粪便、垃圾和腐烂了的粮食，文天祥到了这种环境中，不但不害怕，反而安安稳稳地住了下来，写下了一首名垂千古的《正气歌》，来表达自己的心情。这首诗的其中几句是："天地有正气，杂然赋流形。下则为河岳，上则为日星。于人曰浩然，沛乎塞苍冥……时穷节乃见，一一垂丹青。"

就像这首诗里表达的意思一样，天地之间有一种正气，蕴含于各种各样的事物之中。在地下就是山川河流，在天上就是日月星辰，在人体内，就是那种浩然之气，充盈于天地之间，到了危急时刻才显现出来，于是拥有这样一种浩然正气的人就成了名垂千古的英雄。

孙天帅的行为，鼓励着人们对权势的诱惑说"不"，对金钱的收买说"不"。他失去了工作，却让那个时代的人们看到，一个不下跪的民族才有希望。

比生命更重要的东西

如果用一个字来概括孟子学说的特征，那就是"义"。所谓的"义"，就是符合正义或道德规范的事情。孔子多说"仁"，孟子多说"义"。

一次，孟子召集弟子说："今天上课前，先要做一道选择题：假如宴席上你只能选一样东西吃，你将选哪一种，熊掌还是鱼？"

弟子们纷纷举手："当然要选熊掌，它很珍贵。"

孟子又问道："那么请听下一题，假如你正面临绝境，只有两种可能供你选择。忍辱偷生或是舍生取义，你将选哪一种？"这回，弟子们没有举手，低头思考。

孟子说："如果人认为生命是最重要的，那么凡是可以偷生的事情，有什么做不出来的呢？如果人们都觉得死亡是最可怕的，那么只要能不死，有什么做不出来的呢？所以说，有些时候，即使有可以活下去的办法，我也不会去用，即使有可以躲避死亡的方法，我也不会去做。所以说，比生命还重要的东西、比死亡还可怕的东西，不是贤人才有，其实人人都有，只不过贤人能使它不丧失而已。那么，这种比生命还重要的东西是什么呢？那就是道义。只要行为符合道义，即使丧失生命也是值得的。"匈牙利诗人裴多菲也认为有比生命更可贵的东西："生命诚可贵，爱情价更高，若为自由故，二者皆可抛！"在他看来是自由，在孟子看来则是道义。

有一年，齐国遭受了大饥荒，饿死了不少人。有一个叫黔敖的人，在路边摆了一个施舍摊点，供来来往往的灾民吃饭。忽然，有一个人用衣襟遮着脸，拖着鞋子，有气无力地走来。黔敖左手拿着食物，右手拿着水，喊道："喂，来吃吧。"这个人忽然抬起头，冷冷地看着黔敖，说："我正是因为不肯吃这种嗟来之食，才饿成这样的。"黔敖听了，愣在那里说不出话来，而说话的这个人拂袖而去。

孟子说，人人都有比自己的身体还贵重的东西。那位饥民之所以宁死也不吃黔敖呼来喝去的施舍，是因为他将自己的尊严看得比生命还重要。

在现代社会中，也有很多人需要救济，有的人读不起大学，需要政府和一些慈善机构发动社会上有能力的人捐赠学费和生活费，帮助他们完成学业。本来这是一件很好的事情，可是有些机构的做法，却没有很好地维护最初的善意。

在一次上海市某慈善机构组织的捐赠大会上，捐赠者们穿得整整齐齐地坐在主席台上，贫困生们坐在台下，记者们跑前跑后地拍照摄像。捐赠代表在鲜花和掌声中发言，说了一番对贫困生的遭遇表示同情的话。然后主持人安排贫困生上台，向捐赠者鞠躬道谢，说事先准备好的谢辞。

会后，出现了意外情况：有一半左右的贫困生找到慈善机构的负责人杨先生，说不想接受这笔捐助。他们认为，这种捐赠虽然能解决自己的生活困难，可是却刺伤了自己的自尊心，本来他们就不愿意在人前表现自己的贫穷，更何况是被拍摄、报道。他们对捐赠者自然是心存感激的，但是有必要当众搞这种形式吗？

杨先生意识到自己错了。后来，这个慈善机构再也没有开过类似的捐赠大会。有些官员和企业家想借此炒作自己，找杨先生商量，也被拒绝了。他说："对于学生来说，这种大张旗鼓的宣传刺伤了他们的自尊心，他们当然可以选择拒绝。另外，一个真正想捐赠的人，也不应该借此沽名钓誉。"

今天，我们提倡互相帮助，互通有无，人人要有社会责任感。但是，取要取得有原则，给也要给得动机纯正。如果只是为了在别人面前炫耀自己的慈善行为，不仅没有接近真正的慈善，而且伤害了别人的尊严，这样的慈善，不如不做。

每个人都从不卑微，每个人的生命的重量是一样的，不管我们是施舍、交友，还是协作，永远不能把自己摆在高人一等的位置上，否则，就是在贬低自己的生命价值。

迷信权威，就是在否定自己

提到儒家，我们总会将孔子和孟子并称为"孔孟"。晚于孔子接近170年的孟子，不仅对圣人孔子的思想做了阐发和拓展，在行为上也效法孔子。在40岁以前，孟子的主要活动就是学习孔子，广收门徒，开办私学。

在教育的过程中，孟子除了继承孔子的因材施教之外，还有一种非常鲜明的观点，那就是反对迷信书本、迷信权威。在《孟子·尽心下》中，孟子说："尽信书，则不如无书。"这句话中的"书"，指的是当时的经典《尚书》。

殷商末年，周武王继位后四年，得知商纣王的商军主力远征东夷，朝歌空虚，即率兵伐商。商纣王仓促迎战，商军的兵力和周军相比悬殊，但忠于纣王的将士们都决心击退来犯之敌，双方展开了一场激烈的殊死搏斗，这就是历史上的牧野之战。后来，《尚书·武成》一篇中记载这一事件时说："受（纣王）率其旅如林，会于牧野。罔有敌于我师（没有人愿意和我为敌），前徒倒戈，攻于后以北（向后边的自己人攻击），血流漂杵。"

孟子读了《尚书·武成》中的这一段，颇有感慨。在他看来，像周武王这样讲仁道的人，讨伐商纣王这样极为不仁的人，怎么会使血流成河呢？孟子不相信《尚书》中的这个记载，于是说："尽信书，则不如无书。吾于《武成》取二三策而已矣。仁人无敌于天下。以至仁伐至不仁，而何其血之漂杵也？"意思是提醒人们，读书时应该加以分析，不能盲目地迷信书本，不能完全相信它，应当辩证地去看问题。

在我们的学习中，教科书是重要的参考内容，但它毕竟是供我们学习和参考的工具，真正有价值的规律、经验、结论还需要我们自己进一步去思考和实践。书籍也是一些人根据自己的思想编著而成的，如果盲目迷信书籍，对书上的观点深信不疑，就是在否定自己的思维能力和学习能力。事实上，书籍和现实是两回事儿，我们不能盲目地崇拜书籍。

我们都很相信《孙子兵法》的军事谋略，但是孙子本人也没有能够一统天下。相反，历史上横扫六国、一统天下的秦始皇似乎并没有留下任何关于兵法理论的书籍。当然，各种因素综合作用，才能决定一个国家的兴衰，不能光看一本兵书，也正因为如此，我们更不能迷信书本。

在历史上，常常会有经过考证而推翻以前的结论、改变后人观点的事件。比如由于郭沫若先生的考证，我们接受了李白出生在中亚的碎叶城的说法；由于胡适先生的考证，我们也认为《红楼梦》是由曹雪芹和高鹗两个人完成的。

在 16 世纪的意大利，教会典籍上说星星是上帝钉在天空上的金色的钉子，地球是宇宙的中心。可是布鲁诺经过多方面的思考和研究，提出了异议。虽然他因此而被送上了火刑架，但是历史证明他是正确的。

就算是今天传下来的各种古籍，也是不可全信的。因为书籍在流传的过程中要经过传抄、口述、刻印等，其间免不了发生"三人成虎"、以讹传讹的情况。孟子说出"尽信书，则不如无书"这句话的时候，是因为对《尚书》中关于武王伐纣的情形产生了怀疑。反过来，如果我们又对孟子的话深信不疑，那也是另一种"尽信书"，事实到底怎样，还需要我们自己去辨别。

富贵不能淫，贫贱不能移，威武不能屈

孟子虽然赞成儒家的仁爱思想，但是从来不被儒家的行为规范所束缚，他要求自己成为一个完全意义上的独立的人，身心自由，坚持自己的原则。"富贵不能淫，贫贱不能移，威武不能屈，此之谓大丈夫。"从他对大丈夫的定义中，我们也可看出他对自身人格的捍卫和追求。

孟子刚到齐国的时候，齐王以有病在身为借口，没有亲自去向他询问过政事，只是派下人召见他，孟子也推说自己有病，不能朝见。第二天，他却出门为朋友吊丧，故意让齐王知道自己其实什么病也没有。齐王知道后派人去探视孟子，孟子的朋友急忙出面周旋，并让孟子不要回家了，直接去面见齐王，但是孟子坚持非礼之召不往，仍旧坚持不去，他也可算是"威武不能屈"的大丈夫了。

孔子夸奖弟子颜回"一箪食，一瓢饮，在陋巷，人不堪其忧，回也不改其乐"，颜回算是"贫贱不能移"；李白曾经写下了"安能摧眉折腰事权贵，使我不得开心颜"的诗句，李白算是"富贵不能淫"。或许这样的故事让你觉得遥远，我们不妨来看看身边发生的真实故事。

电影明星洛依德将车开到检修站，一个修车女工接待了他。

她熟练灵巧的双手和年轻俊美的容貌一下子吸引了他。整个巴黎都知道他，但这个姑娘却没表示出丝毫的惊讶和兴奋。"您喜欢看电影吗？"他不禁问道。"当然喜欢，我是个电影迷。"修车女工边忙着手上的活边回答。她手脚麻利，看得出她的修车技术非常熟练。半小时不到，她就修好了车。"您可以开走了，先生。"这位修车女工对他说。他依依不舍地说道："小姐，您可以陪我去兜兜风吗？"

"不，先生，我还有工作。"她回答得很有礼貌。"这同样是您的工作。您修的车，难道不亲自检查一下吗？""好吧，是您开还是我开？""当然我开，是我邀请您的嘛。"车跑得很好。姑娘说："看来没有什么问题。请让我下车好吗？我还有其他的工作。""怎么，您不想再陪陪我吗？我再问您一遍，您喜欢

看电影吗？"洛依德觉得不可思议，难道这个修车女工真的不认识自己吗？"我回答过了，喜欢，而且我是个电影迷。""您不认识我？""怎么不认识，您一来我就认出您是当代影帝阿列克斯·洛依德。""既然如此，您为何对我这样冷淡？""不，您错了。我没有冷淡您，只是没有像别的女孩子那样狂热。您有您的成绩，我有我的工作。您今天来修车，就是我的顾客，我就要像接待顾客一样地接待您，为您提供最好的修车服务。将来如果您不再是明星了，再来修车，我也会像今天一样接待您，为您提供服务。人与人之间不应该是这样的吗？"

洛依德沉默了，在这个普通修车女工的面前，他清楚地感觉到了自己的浅薄与狂妄。"小姐，谢谢！您让我受到了一次很好的教育。现在，我送您回去。再要修车的话，我还会来找您。"

与这位修车的姑娘情况相似的还有一个苏联小兵。

有一次，他负责检查参加会议人员的证件。正当列宁准备径直入场的时候，小兵伸手拦住了列宁。

"让他进去！他是列宁。"身边有人喊道。"先生，请您出示证件！"小兵坚持要查看列宁的证件。他身边的人顿时为他捏了一把汗。好在列宁也很欣赏他的工作态度，很配合地拿出了证件。

小兵检查完了列宁的证件后，行了一个军礼，就让开过道，回到自己的位置上继续执勤。但是这次经历让列宁看到了一个普通军人的威严，给他留下了很深的印象。

这个社会上还存在很多诱惑，面对诱惑，很多人松开了自己的安全带，原则和美德在各种压力下步步后退。在这样的环境中，要像孟子那样成为一个独立的、有尊严的人不是一件容易的事情。因此，无论我们身处何地，面对怎样的人，一定不能忘记自己坚持的原则。

走多远，都走不出父母的视线

孟子3岁丧父，母亲把他抚养成人。

据说孟子小时候，家住在墓地旁边，孟子就经常跟着出殡的人看热闹，还模仿人家挖坑埋死人。孟母看了，觉得这个地方对孟子的成长没有好处，就搬了家。第二次搬到一个市场旁边，孟子就学着商贩叫卖，孟母觉得这个地方也不好，就又带着孟子搬了家。这次搬到一个学校旁边，孟子就跟着读书识字，学习礼节。

孟母这才安下心来。

据说孟子小时候非常贪玩，有一天，孟母在家织布，孟子逃学回来玩。孟母就拿起剪刀，一下把织的布剪断，告诉孟子说："如果学习半途而废，就像这块布一样，永远织不好。"孟子接受了母亲的教导，努力学习，最终成了一代大师。

由于孟母的教导，孟子孝顺、正直而且刚强。母亲的关爱，让他感到，孝顺是最重要的。奉养双亲不仅要使双亲衣食无忧，还要给双亲精神上的安慰。由此，他提出了"老吾老，以及人之老；幼吾幼，以及人之幼"的看法，意思是说：孝敬我自己的老人，从而推及别人家的老人；抚养我自己的孩子，从而推及别人家的孩子。孟子对劳动人民是有很深的感情的，他看到路上有头发斑白的人背着沉重的东西走路，就觉得很过意不去，从而劝说国君实行仁政，让老年人能够穿得起绸缎，吃得上鱼肉。

可是现在，很多人却看不到父母对自己的一片苦心。和爸爸妈妈谈着话稍不如意就摔门而出；平常在家里四体不勤，很少体谅父母的辛苦，替他们分担家务。

一天晚上，琳琳跟妈妈吵架了，她什么都没带就只身往外跑。但是，走了一段路，她发现自己竟然一分钱都没带，连打电话的钱都没有！

走着走着，她肚子饿了，看到前面有一个面摊，煮出的馄饨香喷喷的，一定很好吃！可是，她没钱啊！

过了一段时间，面摊老板看到琳琳还站在那边，一直没有离去，就问她："小姑娘，你是不是要吃面啊？""但是……但是我忘了带钱。"琳琳很不好意思地回答道。面摊老板热情地说："没关系，我可以请你吃呀！来，我给你做碗馄饨吃吧，怎么样？""太好了！"琳琳已经饿得不行了。

不一会儿，老板端来了一碗馄饨和一碟小菜。琳琳吃了几口，忍不住掉下了眼泪。"小姑娘，你怎么了？"老板问道。"哦，我没事，我只是感激！"琳琳边擦眼泪边对老板说："您是陌生人，我们又不认识，只不过在路上看到我，就对我这么好，煮馄饨给我吃！但是……我妈，我跟她吵架了，她竟然把我赶出来了，还不让我再回去了……您是陌生人都能对我这么好，而我妈，竟然对我这么绝情！"

老板听了，委婉地劝她说："小姑娘，你怎么会这样想呢？你想想看，我只不过煮了一碗馄饨给你吃，你就这么感激我，而你妈呢？给你煮了十多年的饭，洗了十多年的衣服，你怎么不感激她呢？你怎么还要跟她吵架呢？"琳琳听了这话，当场愣住了！是啊！陌生人煮了一碗馄饨，我都如此感激，而妈妈辛苦地把我养大，也煮了十多年的饭给我吃，我为什么没有感激她呢？而且，只是因为一件小事，我就跟妈妈大吵了一架，唉……匆匆吃完馄饨，琳琳鼓起勇气朝家走去，她恨不得飞回家对妈妈说："妈！对不起，我错了！"

当琳琳走到自家胡同口时，看到了妈妈那疲惫而又熟悉的身影……

我们从小就会背诵孟郊的一首诗："慈母手中线，游子身上衣。临行密密缝，意恐迟迟归。"这首《游子吟》正说出，儿女永远也走不出父母的视线，无论他们走得多远，离开家多久，都是父母心头最牵挂的人。既然如此，我们怎么能不孝敬自己的父母呢？

如果你还因为一句批评而和父母赌气，或者曾经和父母顶撞，那么就让这一切成为过去，从现在开始做一个孝顺的孩子，不再伤父母的心，好好学习，这是对他们最好的回报。

·第六讲·

《墨子》：

大爱无音

两千多年前，古希腊的科学家阿基米德做了许多物理实验，西方人认为，自然科学研究发端于此。但是，比阿基米德早200多年的中国的墨子也做过同样的事情，而且做得更加深入。他研究了几何光学、杠杆原理、声音传播，还善于制造各种机械。

墨子既是科学家，也是哲学家，虽然他懂得各种各样的技术，但是他知道，他的技术是为保卫和平、抗击侵略服务的。所以人们记得更深刻的，是他"兼爱""非攻"的博大胸怀。他认为，战争是最残酷的事情，他为了宋国不被楚国侵略，可以奔走数千里，劝说楚王收回出兵的命令。他爱世人，不计远近亲疏，不分老少贵贱，他眼中没有国籍和等级的分别，只有人类共同的命运。所以后世人们把他和孔子并称为"孔墨"，他的学说也融进了民族的血液，成为我们爱好和平、团结互助等高尚品德的古老渊源。

节俭生活，家国繁荣

墨子生活的时代，孔子的儒家思想已经盛行。墨子一开始也很推崇孔子的思想，但是由于他比孔子更接近下层平民，渐渐也就发现了孔子的主张中存在一些不适合普通人的地方，比如孔子主张厚葬久丧，如果亲人去世了，一定要用行动来表达自己的感伤之心，做官的要卸职回到家中，守孝三年，称为"丁忧"。在生活饮食上，孔子也是"食不厌精，脍不厌细"。但是这些对普通老百姓来说很难承受，如果在父母坟前守孝三年，那这三年的生活支出从哪里来？如果饮食要讲究精美，那没有条件的农民怎么办？因此，墨子提出了"俭节则昌，淫佚则亡"的新主张。

墨子生活非常俭朴，只要温饱就感到很满足了，他身边的学生也是如此，吃野菜、穿短衫。这种生活正是属于平民的，也因如此，楚惠王的使者穆贺当着他的面说墨家是"贱人之所为"，荀子也说他的学说不过是"役夫之道"。

　　尽管被人瞧不起，墨子还是没有改变自己的看法，他相信只有节俭生活，家庭和国家才能渐渐富足起来；反之，如果夜夜歌舞升平、酒池肉林，国家很快就会衰亡。历史上因为奢侈腐化而亡国的例子就有很多。

　　商纣王是一个好色好酒的人，在《史记·殷本纪》中记载："（纣）以酒为池，县（悬）肉为林，使男女裸相逐其间，为长夜之饮。"后人常用"酒池肉林"形容生活奢侈，纵欲无度。商纣王施行暴政，加上酗酒，最终导致商代灭亡。同样因为淫佚亡国的还有太平军。

　　太平军一开始是为了普通农民的利益而集结在一起的，但是进入南京后，立即大兴土木，动用成千上万的男女劳工，把两江总督衙门扩建为天王府，拆毁了大批民房，史料上记载是"半载方成，穷极壮丽"，但很快因为大火被烧毁。不久，又在原址上复建，周围十余里都是奢华的宫殿和林园，金碧辉煌、侈丽无匹。各位王侯的王府也是"穷极工巧，骋心悦目"。在冠履服饰、仪卫舆马上，也都极其奢华。此外，天王还不断选取民间女子入宫。可见他们已经完全忘记了自己起义的最初目的。

　　一个家庭也是如此，如果家人不知道节俭，一味挥霍钱财，不管祖辈积攒了多少财富，也会很快被花光。

　　宋太祖赵匡胤是一位节俭的典范。他不但生活俭朴，反对奢侈，还严格教育子女在生活上也讲究俭朴。

　　有一次，他的女儿魏国长公主穿着一件翠羽绣饰的华丽短袄去见他。宋太祖见了很不高兴。他命令女儿回去后马上脱下，以后也再不要穿这样贵重的衣服。魏国长公主很不理解，撅着嘴说："宫里翠羽很多，我是公主，一件短袄只用了一点点，有什么要紧？"

　　宋太祖严厉地说："正因为你是公主，所以不能享用。你想想，你身为公主，穿了这样华丽的衣服到处炫耀，别人就会仿效。翠羽珍贵，这样一来，全国要浪费多少钱啊！你现在的地位和生活已经够优越了，你不要身在福中不知福，要十分珍惜才是，怎么可以带头铺张浪费呢？"这种思想与墨子的节用不谋而合。

　　然而，现如今，艰苦朴素的传统美德已经离我们的生活越来越远了，反倒是浪费的现象屡见不鲜：水龙头中的水长流，教室、办公室中灯长亮，教室外的垃圾桶里常可见到半新的书包、文具，还没有吃或者没有吃完的水果、点心、牛奶……很多人一定认为现在还倡导勤俭节约未免有点儿"过时"；还有人会抱怨，勤俭就是要让我们穿着破衣服、吃不饱吗？其实，节俭不仅仅是为了积累财富，勤俭节约既是对创造财富的劳动者的尊重，也是对用自己的血汗钱养育我们的父母的尊敬。另外，节俭能培养人的艰苦创业精神和进取精神。

爱让生活更美好

如果说孔子主张仁爱，是从君子的修为出发，那么墨子的爱，就是从一个普通人过日子的角度出发，带着浓厚的生活气息。"兼相爱，交相利。"既爱自己也爱别人，与人交往要对彼此有利。正是这样的主张，让梁启超在国运衰亡的时候感叹"欲救中国，厥惟墨学"。

墨子用了很多的章句来阐述自己的兼爱思想，在《兼爱上》中，他说：若使天下兼相爱，国与国不相攻，家与家不相乱，盗贼无有，君臣父子皆能孝慈，若此则天下治。故圣人以治天下为事者，恶得不禁恶而劝爱。故天下兼相爱则治，交相恶则乱。

这段话的意思非常浅显，就是说若使天下的人都彼此相爱，国与国不互相攻打，家与家不互相争夺，没有盗贼，君臣父子都忠孝慈爱，这样天下就太平了。圣人既然以治理天下为己任，怎么能不禁止人们互相仇恨而不劝导人们彼此相爱呢？所以，天下人能彼此相爱才会太平，互相仇恨就会混乱。

墨子在《兼爱中》提出了一个兼爱的社会里，"强不执弱，众不劫寡，富不侮贫，贵不敖贱，诈不欺愚"，强大的不会压迫弱小的，人多的不会抢劫人少的，富有的不会欺侮贫穷的，显贵的不会轻视低贱的，诡诈的不会欺骗愚笨的。天下一切祸乱、篡位、积怨、仇恨等之所以都不发生，就是由于互相爱。

唐朝是中华民族引以为傲的时代，无论是从领土上还是从文化辐射上，唐朝无疑都是最具影响力的朝代之一。据记载，唐朝的时候，有一个做买卖的人途经武阳（今河北大名、馆陶一带），不小心把一件心爱的衣服弄丢了。他走了几十里后才发觉，心中很着急，有人劝慰他说："不要紧，我们武阳境内路不拾遗，你回去找找看，一定可以找得到。"那人听了半信半疑，赶回去一找，果然找到了他丢失的衣服。这是关于"路不拾遗"这个成语的典故，也反映了唐朝时期人人富足、心地纯洁的盛世景象。

而要创造出这样的盛世，不仅需要孔子的大仁大爱，也需要墨子的市井之爱，大家相互帮助，彼此有利益牵扯，共赢共荣，就能够相安无事地相处下去，也不会因为贫贱窘困的生活而感到难堪，甚至产生邪念。

宋仁宗时期，有一年遇到了大旱，全国各地颗粒无收，尤其是范仲淹管辖的吴中地区，旱情更为严重。当时朝廷实行了一套救荒措施，但是范仲淹却自有主张。他知道吴地的百姓喜欢赛龙舟，就大力提倡；他知道当地的有钱人喜欢做佛事，就对他们说："现在是荒年，百姓没有饭吃，你们不妨趁此机会做点佛事，建寺庙修佛塔，只要给一点儿粮食百姓就肯干，不是很好吗？"富人们一听，觉得很有道理，就开始大量雇用农民，兴建了很多工程。

但是很多人不能理解范仲淹的用意，就在皇上面前告状说他不顾救荒，大兴土木，消耗民力财力。于是，范仲淹向皇上讲明了自己的用意：我之所以这么做，是害怕贫民因为饥荒闹事。如今饥民无数，而国库财力有限，因此不如去向富人"借"儿点钱财来安置穷人，让他们之间相互需求，互利互惠，这样也就不会有叛乱发生了。

果然，这一年没有发生动乱，灾民靠做工度过了艰难的时期。

范仲淹的这种思想，正是墨子所提倡的兼爱——相互需要，相互依赖。也只有这样，才能够让不同身份、阶级的人和平相处。

墨子在《兼爱中》还说，爱别人的人，别人也必然爱他；利于别人的人，别人也必然利于他；憎恶别人的人，别人也必然憎恶他；残害别人的人，别人也必然残害他。我们希望得到别人的尊敬，就首先要尊敬别人，我们希望得到别人的关爱，也就首先要关爱别人。这句话正是我们青少年应该明白的，其实要做到墨子的兼爱，就是要看到我们与别人之间的联系，要知道利人利己。

墨子虽然是一介布衣平民，却有深邃的智慧，他看出了治国安邦的核心就是"爱"，而且是包含着生活所需的种种利益的爱。但是现实生活中，常常会有人希望得到一种超越民族、语言的大爱，这对于实实在在的生活来说，是难以实现的。让自己回到生活中，在牵扯人生、机会、利益、前途的爱中感受生活。

博闻多识，博学广智

社会上一直流传着这样一句话："样样精通就等于样样稀松。"于是很多父母就一门心思扑在让孩子专攻一样特长上，以求学得精、学得深。这样做也许可以造就专门的人才，但是对于一个人来说，全面发展才是最好的教育方式，我们也可以从众多的选择中找到最适合自己的一条路。

墨子正是一个在学问上"面面俱到"的典范，他既能在殿堂之上讨论国家大事，也能在作坊里挥锤动斧。

在墨子那个时代，大家都看不起手艺人，所以这些手艺人的孩子也就没有地方上学读书。墨子看到这种情况，就主动收社会中下层贫苦人家的孩子做弟子；人们都对木工敬而远之，于是墨子自己当工匠，他心灵手巧的故事至今还在人间流传。

据说，墨子曾经做过一只会飞的木鸟，在天空中整整飞了一天。为了做这只木鸟，墨子花费了三年。虽然这只是传说，但是可见墨子的木工技艺在当时已经到了神乎其神的地步。墨子的本领是从哪里来的呢？自然是和那些老工匠们学来的。他们开创了我国自然科学的先河，如果没有墨子，这些底层人的劳动成果也就不会被历史记载下来了。

在《墨子》这部书里，既有文史哲，也有数理化，是一部综合大书。其中有几篇文章，专门讲怎么准备物资、建筑工事、防止敌人来攻城。墨子从城门、城墙的防守，一直写到如何巡逻、警备、使用旗帜，甚至还有挖地道，数字具体，安排详尽，像一张张部署表或作战计划，绝不是纸上谈兵。可以想象，这些知识都是墨子从那些普通士兵那里学习到的。

同时墨子还研究了力学、光学等物理学知识，他做了世界上最早的小孔成像的实验。

他在一间暗室的墙上面向阳光开了一个小孔，然后让一个人站在小孔前，阳光就会把这个人的影子投在暗室的内墙上，这个人影很清晰，而且是头朝下，脚朝上的。小孔成像揭示了光线直线传播的原理，后来的摄影、摄像等技术都用到了这个原理。

墨子不嫌工匠们的学问浅薄，也不怕贵族们高不可攀。他认为，看待别人，就像看待自己一样，要广泛地去爱世人并接纳世间的一切知识。墨子平时的打扮就是一身破衣服，一双烂草鞋，根本不像一个大学问家。他在各国之间奔走，有时还被守城门的卫士看不起，受到凌辱。在古代，只有贵族才有资格研究文学、历史、哲学，于是下层的文人雅士也附庸风雅，看不起对实际生活有帮助的一些领域。可是人们也需要建筑、冶炼、采矿和工程，这些由下层的工匠们从事的职业，上层人是不会去研究的。无论孔子、老子，还是孟子、庄子，都不喜欢研究自然科学知识，但是墨子却认为做学问应该海纳百川，所以他从不去想别人对自己的看法，而是以一种"兼爱"的思想去触及各个不同的领域。

这也许就是墨家的学说在当时风靡一时、全国各地许多平民老百姓都去投奔墨子的原因。而他本人，也成为平民爱戴的学者，据史书记载，墨子的门徒有一百八十人，他们都可以为了自己的信仰赴汤蹈火，纵死不辞。

墨子无疑为我们做了一个很好的榜样，"海纳百川"这句话就是对他的最好注解。而那些只专注于一门学问的人，在求知的道路上不妨也学着开阔自己的眼界，不要再把本科专科看成身份等级的标志，我们应该虚心地向他人学习。

做事要从长远出发

墨子提倡"兼爱"，反对打仗，所以在先秦诸子中，他是一个立场鲜明的反暴力反战争的和平卫士。

齐国要去攻打鲁国，墨子听说了，赶紧去见齐王，劝齐王不要攻打鲁国。齐王说："我灭掉鲁国，就像捻死一只苍蝇那么容易。"墨子看齐王一意孤行，就说道："大王，我不劝您了，我给您讲讲我的宝刀吧。"齐王一听乐了，说道："好啊，说来听听。"

墨子就说："我这把宝刀锋利无比，在砍人头时，刷地一下，人头落地，一点儿声音都没有，大王您说，这刀锋利不锋利？"

齐王说道："有这样的刀？那真是锋利极了。"

墨子又说："刀是很锋利，可是为了试试它锋利不锋利，就拿着这刀到处砍人的脑袋，倒霉的是谁呢？"

齐王说："当然是被砍的人倒霉了。"

墨子又说："打起仗来，财力不足，生灵涂炭，老百姓遭殃，那您说，最后倒霉的是谁呢？"

齐王想了半天，说道："倒霉的是我。"

墨子说："既然这样，大王还去攻打鲁国吗？"

墨子这番话，正是从长远之处着手，让齐王明白战争不会让他从中受益而只会受害，齐王自然就会主动放弃发动战争的念头。

而现代战争中，美国以寻找核武器为理由攻打伊拉克，一开始确实让世界看到了美国的军事力量。但是好景不长，美国大兵很快陷入没有天日的自杀式爆炸当中，驻伊拉克的美国士兵们人人自危，美国民众也开始了此起彼伏的反战浪潮。一个看来有利可图的事情，最后却成了美国人进退两难的沼泽。这就是缺乏远见所致。总能找到比战争更好的解决方式，只要站得高一些，就能知道什么才是最好的方法。

与美国的遭遇相似的还有二战中著名的珍珠港战役。第二次世界大战中日本偷袭珍珠港，虽然说这是日本在太平洋海域上唯一一次获胜，但是它却加速了日本的失败——美国人先前还因犹豫要不要参战而处于矛盾之中，经过这样的刺激，马上一致团结起来积极参战；同时，美国军队也不再对自己的防御系统自信满满目空一切，他们开始怀疑自己的部署，变得更为谨慎小心。这样的情况下，日本短暂的优势地位很快被美国取代，这种不经过思考的行动，看不到长远发展的做法，让日本付出了沉重的代价。

有时我们也常常犯只顾眼前、不往长远考虑事情的毛病。晚上玩得太晚没有把作业做完，于是第二天去学校就抄同学的作业，这样虽然完成了老师布置的任务，得到了一时的解脱，但是从长远来看，自己失去了复习功课的机会，一旦遇到考试，还是会"原形毕露"，自尝苦果。和朋友闹了别扭，图一时畅快就把一些芝麻绿豆的小事拿出来说，虽然当时感觉很解气，但是冷静下来以后，还是要为自己的斤斤计较而羞愧，朋友的心也会被伤害，实在是不可为之事。

对于人生来说，需要有一个长远的计划。这个计划不一定具体，但是至少要有自己的方向。

有一个年轻人，在外国语学校学习英文。但是他本人对语言并没有很大的兴趣，反倒是在古典音乐方面很有研究。他喜欢听古典音乐，对每一个音符都非常敏感。因此在他学习英文的时候，就暗暗下定决心，将来要从事音乐方面的工作，而从事古典音乐的工作是离不开英文的。为此，他不仅好好学习英文，还自学了意大利语和法语。当他毕业以后，已经能够独立去采访国外的音乐大师，不存在交流的障碍，很快在国内的古典音乐界脱颖而出了。

看到别人的成功故事，我们是否也应该考虑一下自己的人生大计呢？我们有一个长远的目标，我们在生活中也就会多一些信心和动力。青少年朋友们，当我们考虑一件事情的时候，一定不能只考虑眼前，一叶障目，不见泰山，我们需要全面地去考虑事情的整个发展过程，还有以后会带来的影响。这样，才能做到面面俱到，在自己的人生之路上不留遗憾。

适度的距离让美丽更长久

与墨子同时代的巧匠公输般，给楚国人造过一种叫"钩拒"的兵器，这种兵器在水战的时候使用。当敌人的船来进攻的时候，就用钩拒把它推开；当敌人的船要逃跑的时候，就用钩拒把它钩回来。楚国人利用钩拒，打了好几次胜仗。公输般很得意。可是墨子说："你这种钩拒，不如我道义上的钩拒，我用爱来钩，用恭来拒。要是不用爱来钩，人们之间就没有感情，不亲近；可是如果不同时用恭来拒，人们就会互相不尊重，就容易导致感情破裂。互相恭敬、爱惜，是互利的，可是你的兵器呢？你去钩别人，别人也来钩你，你去拒别人，别人也拒你，这是互害的，所以我的道义钩拒，比你的钩拒好多了。"

墨子的这段话，用在现在的友情上也非常合适。每个人都会有几个"死党""哥们儿"。和哥们儿在一起，自然会很开心，可是时间一长也容易出问题——即使关系再好，终归你是你我是我，谁都会偶尔有不想去的聚会，也会有不愿被打扰的时间。如果碍于面子不好开口，心里又觉得委屈，友情就会慢慢发生变化。这时候，就需要有礼貌地拒绝。处理朋友们之间因为过于亲密而引起的矛盾，墨子的道义钩拒是很管用的。

文坛上有一则关于两位大文豪的交往逸事。

哥伦比亚著名作家加西亚·马尔克斯，他以《百年孤独》蜚声文坛，获得1982年的诺贝尔文学奖。秘鲁作家巴尔加斯·略萨是南美著名作家，两人曾是很好的朋友。

他们第一次见面是在1967年。当时他们一起去参加一个颁奖典礼，在典礼上，两人一见如故。他们不停地交谈，似乎世界已不存在。马尔克斯说略萨是"世界文学的最后一位游侠骑士"，略萨则称马尔克斯是"美洲的阿马迪斯"，并说《百年孤独》是"美洲的圣经"。他们在典礼的四天里形影不离，从此不断会面，书信往来更是频繁，以至于全世界都知道了他们伟大的友谊。马尔克斯还做了略萨儿子的干爹，略萨儿子的姓名中也有"马尔克斯"四个字。

但正所谓太亲易疏，两人交往的机会越多，发生冲撞的机会也就越多。多年以后，这两位文坛巨匠终因复杂的原因反目成仇。1982年瑞典文学院被迫取消了将诺贝尔文学奖同时授予二人的决定，以避免其中一人拒绝领奖的尴尬。关于两人失和的原因，有一种说法是：略萨怀疑马尔克斯爱上了他的妻子。这听来荒唐，但恐怕也并不完全是捕风捉影。如果两人当初不是当初交往过密，恐怕就不会造

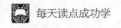

成这样的麻烦。

相互信赖和尊重，是维持友情的最好秘诀，只要存在尊重，就会尊重别人的选择和别人的时间。而且，尊重也会让人产生庄严之感，由此保持一段合适的距离，就不容易忘形亲密，最后失了分寸。

西方哲学家叔本华有感于此，写过一则类似的寓言：

豪猪喜欢群居，寒冷的冬天到来了，它们只好聚在一起，用体温互相温暖。

可是这些"猪哥们儿"身上长满了刺，一旦互相挤得紧了，就会刺伤对方，只好互相离得远些，可是离远了又觉得冷，于是大家又凑近来，时间久了，豪猪们掌握了彼此的默契，它们互相保持着一个较为合适的距离，这样既不会太冷，又不会刺伤对方。

墨子和叔本华都认为，人之间是要保持一定距离的，这不仅在朋友之间适用，家庭之间、同事之间也很适用。哪怕是最亲的人，也要保持一定的距离。

·第七讲·

《鬼谷子》：

掌控人生主动

《鬼谷子》的作者鬼谷子，姓王名诩，相传是楚国人，因隐居清溪之鬼谷，自称鬼谷子。《鬼谷子》的主要内容是针对谈判游说活动而言的，但是由于其中涉及大量的谋略问题，所以，只要是解决社会上人与人之间的问题，都可以收到触类旁通的效果。《鬼谷子》告诉人们，解决每一个问题都有相应的策略，或是掌握进退攻守的方法，或是揣摩当事人的心理，或是通过微小的迹象体察总体动向。总而言之，《鬼谷子》是一部教人成为把握主动权的强者之书。

开与合，克服人生障碍的雌雄双剑

有一位文字学家是这样解释"人生"的，"人"是一撇一捺，象征两条腿稳稳站立的人形，"生"是一个举起一条腿的"人"，像刘翔跨栏一样，不断跨越"土"地上高耸的障碍。

"人"字的意义，是首先要学会在社会上立足，"生"字的意义，是立足之后迈步走，不断向前跨越障碍。从某种程度上来说，人生就是不断跨越障碍的过程。

抬腿，然后落下，完成了一个跨越，恰恰是一开一合的过程，在鬼谷子看来，这叫作"捭（开）阖（合）"。

"开"是进攻，是出击，是张扬。"合"是守卫，是迂回，是低调。解决任何问题，都需要掌握这两种技巧。学会在适当的时候开与合，就能无往不利。

开合之术来源于兵法，历史上第一个善用开合之术推销自己的人物，正是中国兵法的老祖宗姜太公。

公元前 2000 多年的一天，一队车马扬起风尘，在渭水的边上奔驰，所有的居民都纷纷下拜，所有的鸟兽都匆忙逃避，原来，这是周文王出城打猎。他这次出城,一来是想打猎散心,二来也想找几个能为自己出谋划策的人才。

忽然,周文王看见一个老人坐在河边,悠然自得地举着一根钓竿在那里钓鱼,对周文王的人马好像没看见一样。卫士吆喝了一声:"老头儿,快起来拜见大王!"老人也不回头。

周文王觉得很奇怪,就走上来客客气气地询问,老人滔滔不绝地谈了起来,文王觉得这老人不简单。老人这才说他叫姜尚,自幼精通兵法,想辅佐周文王成就大业。文王很高兴,立即任命他管理军事。

姜尚忠心耿耿地辅佐周文王和他的儿子武王,周从此兴盛起来。不久,周发动了攻打商朝的战争,残暴的商纣王被推翻了。姜尚也成为万众敬仰的人物,他就是民间传诵的姜太公。

姜尚当然想在周文王那里谋求一席之位,但是他并不直接去拜访,而是在渭水边钓鱼,等周文王来找他。这一来,身价抬高了,使周文王不敢轻视自己。这种策略,就是采用迂回的方式,达到进攻的目的。

人与人之间的交往也应该是这样,要讲究方法,有开有合,有张有弛,否则不会取得好的效果。

有一位退休的郭老师,无论是多么不听话的学生,只要和他相处一段时间,就会改掉不好的毛病,乖乖地回到课堂,好好读书。当地人听说郭老师的神奇本领,都愿意把孩子送到他家里,请他帮忙教育。

有一个男孩子,特别喜欢看动漫,每天坐在电视前一看就是四五小时,对此他的爸爸妈妈很头痛,想把他送到郭老师家里。郭老师说:"送来可以,不过第一我安排什么活动你们不要管,第二我亲自去接他。"家长同意了。

第二天,郭老师来接男孩子,男孩很有敌意地说:"你是不是我爸爸妈妈请来管我的?"

郭老师说:"我是请你来看动漫的。在我家你可以随便看。"男孩一听,高高兴兴地跟着郭老师去了。

果然,郭老师有很多动漫碟,每天还下载新的片子,日本的、美国的,都是最新最好的。两个人天天讨论,一老一小很快成了忘年交。

又过了几天,郭老师给男孩看了一段短片,男孩说:"做得很漂亮,这是哪里来的?"

郭老师说:"这是我自己用电脑做的。"

男孩说:"是吗?我也想做。"

郭老师就给男孩拿出几本动漫制作的入门书，这回，男孩不再吵着看动漫了，而是安安静静地学习，有不懂的，就向郭老师请教，郭老师如果也不懂，就打电话向动漫行业的朋友求教。

又过了半个月，男孩终于在郭老师的电脑上做成了自己的一段动画。他从动漫制作中找到了乐趣，于是他开始深入学习动漫的制作方法，一个天天坐在电视前的孩子变得好学起来了。

其实郭老师并没有什么神奇的本领，只是善于把握孩子的心理。他从不一味地训斥督导，一旦孩子有了逆反心理，就很难把他引上正路了。郭老师先让男孩好好看动漫，让他更深入地了解动漫，然后用有趣的制作过程吸引他，这先"合"后"开"的方法很是高明。

我们对待任何问题，也要学会鬼谷子的"开"与"合"。和别人闹别扭了，不妨先"合"后"开"，低调一点儿，谦虚一点儿，让怨气消除，然后再讲道理，找原因，也许一段友谊就可以挽回。面对原则性的错误，不妨先"开"后"合"，要有勇气及时表示严肃的反对，以免他陷得更深，然后再真诚地安慰。总之，人生中有很多困难，只要明白自己手中有两把宝剑，合理地加以运用，就可以百战百胜。

一叶知秋，自己也能成为军师

夏天刚刚过去，鬼谷里就凉爽起来了，一片落叶飘下来，它打了一个回旋，落到鬼谷子手里。

鬼谷子的学生孙膑说："老师，秋天来了。"

鬼谷子说："是啊，见梧桐叶落而知天下秋，它是秋天的信使。那么，"鬼谷子举起一只手，指着悬崖上的瀑布说："这瀑布从去年夏天开始就干涸了，这意味着什么呢？"

孙膑说："气候干旱，今年收成怕受影响了。"

"那么，山上的树木被砍光了，意味着什么呢？"

孙膑说："大旱引起了饥荒，老百姓纷纷死亡，需要大量的木头做棺材。"

"村里的铁匠多了起来，意味着什么呢？"

孙膑说："社会动荡，盗贼四起，老百姓要打造兵器防身。"

"你可以去做帝王的谋臣了。"鬼谷子说，"天下一切大事，都可以见微知著，关键是你有没有一双敏锐的眼睛。"

鬼谷子告诉孙膑的道理，其实就是通过细微的迹象察觉大趋势的变化。

孙膑当了军师后，时时把见微知著的诀窍记在心里。他看到敌人的军营上落着很多小鸟，就对部下说："别担心，敌人已经逃走了，把空营支在那里骗我们，不然怎会有鸟儿去落脚呢？"他看到敌人打下一个村庄后，纷纷去抢金银财宝，就对部下说："别害怕，这支部队的将军虽然勇猛，可是纪律很差，我们可以打他一个措手不及。"他看到很多敌人的士兵都挂着长矛站着，就对部下说："别着急，敌人的粮食已经不多了，他们饿得没了力气，都站不住了。再等几天，我们就可发动总攻了。"

很多人觉得，孙膑是军师，当然能够看出事情的蹊跷，我怎么能比得上他。其实，生活中细微之处见真知的事情比比皆是。

小伟今年上初二，他平时就注意抓住事物的细微之处。

晚上，妈妈吃得很少，小伟就说："妈妈，今天由我来洗碗，您好好休息吧。"妈妈眉头舒展了，原来她当天的工作任务没完成。晚上，妈妈顺利地赶完了当天的工作。

中午，他看到同桌的座位下有很多碎纸片，就说："佳佳，是不是哪道题不会做了，我来帮你看看。"佳佳点点头，笑了，原来她遇到了难题，所以赌气将纸撕碎了。经过小伟的讲解，佳佳心情好多了。

小伟最值得赞扬的一次，是及时把邻居王爷爷送到了医院。那天早晨他上学的时候，发现练太极剑的十几个老人中没有王爷爷。他想："王爷爷最喜欢练剑，一年四季，除了天气不好，从来没有看到他缺席过一次。今天他为什么没出来呢？难道是生病了？"于是他跑回去给王爷爷家打了个电话，没人接，于是就让爸爸给王爷爷的儿子打电话。王爷爷的儿子赶过来，打开门，才发现王爷爷生病了，起不来。三个人赶紧将他送到医院，才转危为安。

所以说，每件事情都不是孤立的，凡是要发生的事情，总是会有一些迹象的。我们经常说："要赢在起跑线上。"怎样才能比别人早行动一步呢？要细心观察外界环境的变化迹象，早作判断，这样才能争取到行动的主动权。这些迹象有时候很微小，很难发现，这需要我们用真心去体会，用敏锐的眼光去觉察。

换个角度，让心灵产生共鸣

鬼谷子有一套叫作"揣摩"的方法，据说可以解决很多难题。什么是揣摩呢？我们来看一看这样一个故事。

战国时期，秦国攻打赵国。赵国危急，请求齐国救援，齐国传出话来说，一定要赵国太后的儿子长安君做人质，才肯出兵。

这时赵国是赵太后掌权，赵太后心疼儿子，不肯让长安君去做人质。文武百官纷纷劝说，赵太后生气地说："要是谁再提让长安君做人质的事情，休怪我吐他一脸唾沫。"此话一出，百官都住嘴了。大家纷纷对德高望重的老臣触龙说："老太师，看您的了。"

触龙求见太后。赵太后知道他是为什么而来的，就怒气冲冲地等着他。谁知触龙慢腾腾地进了宫门，和太后拉起了家常，说："我老头子腿脚不灵，走不动了。"赵太后也说："唉，我也老了，每天吃点儿稀饭就算过去了。"

聊了几句，气氛缓和下来了，触龙趁机说："我有个小儿子，今年十五岁了，没什么出息，我怕自己将来死了，没人照顾他。想请您准条生路，您看可以让他当个卫士吗？"

赵太后一听，笑着说："你们大男人也知道疼孩子吗？"

触龙说："恐怕比女人还要疼呢。"

话说到这里，太后的气已完全消了，两个老人开始探讨怎样疼孩子的问题。这时触龙说："很多诸侯世家，不出几代就都消亡了，现在长安君没有为国家做出一点儿功劳，全仗着您的威严才有今天，一旦您去世了，长安君怎么在赵国立足呢？所以我是理解您疼爱长安君的心情，才劝您把他送到齐国去啊。"

这番话明白晓畅，赵太后无法推辞，只好说："好吧，就听你的意思吧。"于是就把长安君送到齐国做人质，齐国这才发兵来救赵国。

为什么要把自己放到对手的对立面去呢？如果像触龙这样从一个家长对孩子的爱出发，也就可以理解赵太后的顾虑了。触龙能够轻松愉快地解决国家大事，靠的就是换位思考。站在别人的立场上想一想，才能和别人更接近，这样才更容易解决问题。这种方法，就是鬼谷子的揣摩之术。

善于揣摩，就要真正理解对方在想什么、喜欢什么、关注什么，并且真心地关心对方。其实我们身边有许许多多的矛盾，只要我们这样去关注了，就很容易解决。

和同桌吵嘴，是不是由于弄脏了她的作业本引起的？如果知道同桌是个爱干净的女孩子，对所有的东西都喜欢保持整洁，你就知道该怎样补救了。你可以试着送她一瓶涂改液，或者一块橡皮，帮她擦去书本上的污迹，也许你们就会言归于好。

妈妈对你发脾气，说你犯了什么错误，是不是只是因为她家务活儿太重？为什么不想想，妈妈要做家务，白天还要上班，易烦躁，所以何不帮她做一些家务呢？这样可以一边做，一边聊天，让妈妈冷静地想一想，其实本来就不是你的错。

新来的同学对你很冷淡，是不是因为他不熟悉这个班级的环境？一个人来到陌生的地方，容易束手束脚，为什么不主动一点儿，拉着他一起做游戏、参加活动呢？这样可以让他尽快结交新朋友。

天上的月亮只有一轮，倒映在水中却有千千万万。同样，自己的心只有一颗，可是用它来比照别人的心，却可以照亮千千万万个人的心。用自己的心去体贴别人，矛盾就会少一点儿，和谐就会多一分。

不过，我们常说"人心隔肚皮"，要揣摩好别人的心思，确实不是一件容易的事情。我们可以研究太阳黑子、宇宙射线，却对面前的人心里想什么无从知晓。但是话又说回来，人人都有一颗心，这颗心的喜怒哀乐，每个人大体上是相同的。所以，只要从为人分忧的角度出发，设身处地替别人想一想，总能产生心灵的共鸣。

善于借助外部力量

500万年前，一群古猿走出森林，开始了艰难的生活。它们的同类在树上嘲笑说："傻瓜，长满了果子的大森林不住，跑到外面去干什么？"

50万年前，人们发现石头可以利用，他们就打造了简陋的石刀、石斧，从此采猎来的食物可以经过简单的加工，吃起来更美味了。

5万年前，人们发现树枝和丝麻可以利用，他们就制造了弓箭，从此可以安全地远距离射击猎物，不用经常进行血肉搏斗了。

5000年前，人们发现青铜可以利用，他们用铜锅煮饭，用铜犁耕田，从此耕种的效率变得更高了。

500年前，人们发现硝石和硫黄可以利用，他们就制成了能够爆炸的火药，从此开矿、修路不用一锤一铲地慢慢挖掘了。

50年前，人们发现硅可以利用，他们就制成了集成电路，组装了电子计算机，处理各种各样的数据，让世界变得更加丰富多彩。可是当年那些猿猴，仍然在树上摘果子吃。

人类能够从动物界中脱颖而出，学会用火、用语言交谈、创造各种文明，形成今天的高科技、自动化，其中最重要的一环，就在于我们知道自己的不足，就用别的东西来弥补。

自然界的力量是无穷无尽的，但是我们的祖先从来不会被大自然所慑服，他们善于利用天地之间一切可以利用的东西来为自己服务。凭借外部的力量，可以让我们战胜洪水猛兽，也可以让我们战胜对手。

唐朝的时候，吴元济在蔡州叛乱，唐军和他打了很多次仗，都没捉住他。最后，一个叫李愬的将领想了一个办法：他选择在下着鹅毛大雪的晚上出兵。当时，蔡州的守兵都觉得这种天气，唐军不可能来犯，于是大家都在睡觉。李愬来到城下，带兵士用镐头凿出坎来，悄悄爬上城墙，兵不血刃，就把蔡州攻克了，捉住了吴元济。事后人们都说，要不是李将军善于用兵，说不定要牺牲很多人呢。

李将军是一个懂得利用天时的人，我们再讲一个善于利用地利的故事。宋朝大中祥符年间，皇宫被一场大火烧掉了。皇上叫丁渭负责重建宫殿，可是建宫殿需要用很多土，出城去运太远了。丁渭看到汴河离宫殿不算太远，就想了个好办法。他先叫人把当街的大道挖成深沟，把汴河的水引到挖开的深沟里，于是挖出的土可以烧砖炼瓦，外地来的各种建筑材料还能用船运到皇宫门前。等皇宫修好了，剩下很多砖瓦土石，丁渭又叫人把这些砖瓦土石填在深沟里，于是深沟又变成平坦的大道了。这样，一举三得，为朝廷省了好几亿的工程建设费。

善于借助外部力量，做起事情来就能事半功倍，取得良好的效果。这也是《鬼谷子》所提倡的处世方法之一。

我们在现实生活中，也应该学会借用外力，使自己顺利地达到目的。青少年朋友们平常有没有遇到过这样的情况：做作业的时候一做不出难题，就很着急。越着急，越不愿意向难题屈服，越想把难题解出来，就和自己赌气，可是往往想一晚上也没有思路。

有一个叫小江的孩子也遇到了这样的问题，他绞尽脑汁想了半天，也不知道该怎样做，正自己和自己生气，旁边同桌却在兴致勃勃地和一个女生讨论如何赚大钱，他说如果开公司的话，就要先贷款，女生说她希望白手起家。同桌说："我现在让你挣100万元，你说，是从白手起家挣到100万元容易呢？还是先有100

万元的资本，再用这笔钱去挣 100 万元容易呢？"

听了这句话，小江忽然明白了，其实学习不也是这么回事儿吗？为什么非要死死地自己钻研呢？积极地向别人讨教，多积累知识，打好基础，岂不是更容易进步吗？

所以，要有一双慧眼，发现身边能帮助自己的人和事，懂得善加利用对我们有利的事物。这样，我们就会少走一些弯路，也能多长一些见识。

知道是在和谁对话

鬼谷子说：与博学多识的人谈话，就要知道旁征博引，显示自己的涵养；与口齿笨拙的人说话，就要滔滔不绝，显示自己的雄辩；与善辩的人说话，就要语言精要，以简洁为原则；与高贵的人说话，要鼓起气势；与富有的人说话，要高雅潇洒；与穷人谈话，要声明利害；与卑贱的人说话，要学会谦卑；与勇敢的人谈话，要表现得果敢；与上进的人谈话，要说出自己的锐意进取之心。

这番话中，有两层意思。和不如自己的人交往，要学会照顾到别人的感受；和比自己强大的人交往，要学会照顾到自己的感受。因此，我们与人交往时，就要选择不同的说法、态度。

与什么样的人交谈，就要有意识去因性治人、因性对人。这是我们应该学会的一种学问。可能有的人会认为，这不是在叫我们"见风使舵"、做没有立场的"变色龙"吗？可以将这种说话因人而异的做法看作在"见风使舵"，也可以将自己的语气转换看作"变色龙"，但是只要能够将事情做到最好，让大家一起分享最好的结果，何乐而不为呢？

美国人身上有一种吸引人的乐观精神，同时，他们对待人也非常乐于用夸奖的方式。有一位中国学生去美国留学，感受最深的就是老师几乎从来不会在课堂上否定学生的提问，尤其是对于东方国家的学生。有一次，他在课上提了一个非常简单的问题，老师随口就夸他"这个问题很不错"，这让内向的他开始喜欢开口提问，后来，他发现即使有人提的问题完全与老师所讲的内容毫无关联，或者是毫无讨论的必要时，老师也会说"这真是个有趣的问题"，来化解学生的尴尬。

显然，老师并不是真的觉得学生的问题很好，但是还是积极地鼓励他们，因为老师知道学生需要鼓励，也许下一个问题就会很有想法。这样保护了学生的积极性，不是很好吗？

如果不知道如何说话，因此而耽误了自己要做的事情，或者自己的本意被曲解，反而不如鬼谷子所说的那样，见什么样的人说什么样的话。

有一则笑话说，兔子生了一只小兔子，可惜这只小兔子长得很丑。每次小兔子出来晒太阳，都会被大伙儿笑话。有一天，兔妈妈又受到了大象、长颈鹿的取笑，委屈不过，兔妈妈就伤心地哭了起来。这时候，村长河马和秘书狐狸正好路过，河马问兔妈妈："什么事这么伤心呢？"

兔妈妈说："村长，大象它们当着宝宝的面说它长得丑，我儿命苦啊！"说完就抱着孩子痛哭起来。

河马忙说："那这样吧，把你怀里的猴子给狐狸抱着，我带你找大象去！"

看完这则故事，你一定会忍不住笑话村长河马，本来是出于好意安慰兔妈妈，结果却把兔宝宝看成了一只猴子，这不是伤口上撒盐，让兔妈妈更加伤心吗？

因此我们说话的时候，要学会观察周围的情境。比如，在考试成绩不佳的朋友面前，就不要说自己进步了几名，也不要提妈妈有多开心、爸爸答应带你出去旅游，因为这些只会让朋友更加难受。那么，我们怎样做才能既表达了自己的意思，又避免伤害别人的感情呢？

首先，需要克服自己的心理障碍，尤其是对那些不爱说话或者太爱说话的人来说，一定要知道学会说话的重要性。每个人天天都在说话，说话有什么重要的？可能有时候自己苦苦争取的一次机会，会因为别人的几句话而改变，或者因为自己的话而改变，如果善于说话，往往能不动一兵一卒，就达到自己的目的。听一些励志的人的演讲，慢慢你就会改变自己不注重说话的态度。

另外，要从身边的人身上学习说话，平常的人虽然不是演讲大师，但也正因如此，我们更容易从别人的身上看到缺点，然后反思自己有没有出现这样的缺点，有意识地去改正。

还有至关重要的一点，就是要分析说话对象的处境，这也是为了避免像河马那样出口伤人必做的一步。对方现在的心情、周围的环境、与自己的亲密程度、身份等，都是需要了解的。只有这样，才不会犯"对牛弹琴"或者"班门弄斧"的错误。

·第八讲·

《六祖坛经》：

心灵在修行

《六祖坛经》[慧能（唐代，638-713）]中的禅思可以帮助现代职场人士开启生命的智慧、生活的智慧，以智慧之光扫除心灵的杂草、束缚、蒙蔽、骚乱、贪欲，回归精神的家园，找到迷失的自我。正如一生致力于把"禅"这一东方智慧介绍给现代西方世界的著名学者铃木大拙所说："禅就其本质而言，是看入自己生命本性的艺术，它指出了从枷锁到自由的道路……我们可以说，禅把储藏于我们体内的所有精力做了适当而自然的解放，这些精力在通常的环境中是被挤压、被扭曲的。"

工作坊就是道场

禅宗大师们认为吃喝拉撒无非修行，砍柴烧水都可成佛——这些革命性的思想一直影响至今。如果你每天都在工作，实际上，你也是在修行。

日本人活学活用了中国的禅文化，把禅文化的精神充分地融入了他们自己的文化之中。实业家铃木正三提出了一个重要的理念：工作坊就是道场。

道场有很多别名，一称"选佛场"，说的是让凡夫俗子进去，从他们中间选出开悟的佛来；或称为"大冶烘炉"，指把自己的身心扔到"火炉"中去，经受种种规矩的约束和师父的棒喝锻炼，战胜来自身心的种种障碍，最后脱胎换骨。

工作坊就是我们的"选佛场"，就是我们的"大冶烘炉"。

如果企业中所有的员工都能在每一天的点点滴滴的工作中修行，将每时每刻都当成修炼自己、提升自己的机会，那么所有的烦恼、痛苦、困难和压力等，都将成为提升自己、超越自己的最好动力。

20 世纪 70 年代中期，日本的索尼彩电在日本已经很有名气了，但是在美国却不被顾客所接受，因而索尼在美国市场的销售相当惨淡，但索尼公司没有放弃美国市场。后来，卯木肇担任了索尼国际部部长，上任不久，他被派往芝加哥。当卯木肇风尘仆仆地来到芝加哥时，令他吃惊不已的是，索尼彩电竟然在当地的寄卖商店里蒙满了灰尘，无人问津。

　　如何才能改变这种既成的印象，改变销售的现状呢？卯木肇陷入了沉思……

　　一天，卯木肇驾车去郊外散心，在归来的路上，他注意到一个牧童正赶着一头大公牛进牛栏，而公牛的脖子上系着一个铃铛，在夕阳的余晖下叮当叮当地响着，后面是一大群牛跟在这头公牛的屁股后面，温顺地鱼贯而入……此情此景令卯木肇一下子茅塞顿开，他一路上吹着口哨，心情格外开朗。想想一群庞然大物居然被一个小孩儿管得服服帖帖的，为什么？因为牧童牵着一头带头牛。索尼要是能在芝加哥找到这样一只"带头牛"商店来率先销售，岂不是很快就能打开局面？卯木肇为自己找到了打开美国市场的钥匙而兴奋不已。

　　马歇尔公司是芝加哥市最大的一家电器零售商，卯木肇最先想到了它。为了尽快见到马歇尔公司的总经理，卯木肇第二天很早就去求见，但他递进去的名片却被退了回来，原因是经理不在。第三天，他特意选了一个估计经理比较闲的时间去求见，但被告知"外出了"。他第三次登门，经理终于被他的诚心感动，接见了他，但却拒绝卖索尼的产品。经理认为索尼的产品降价拍卖，形象太差。卯木肇非常恭敬地听着经理的意见，一再地表示要立即着手改变商品形象。

　　回去后，卯木肇立即从寄卖店取回货品，取消削价销售，在当地报纸上重新刊登大面积的广告，重塑索尼形象。

　　做完了这一切后，卯木肇再次叩响了马歇尔公司经理的门，可听到的却是索尼的售后服务太差，无法销售。卯木肇立即成立索尼特约维修部，全面负责产品的售后服务工作；重新刊登广告，并附上特约维修部的电话和地址，并注明２４小时为顾客服务。

　　屡次遭到拒绝，卯木肇还是痴心不改。他规定他的员工每个人每天拨5次电话，向马歇尔公司询购索尼彩电。马歇尔公司被接二连三的电话搞得晕头转向，以致员工误将索尼彩电列入"待交货名单"。这令经理大为恼火，他主动召见了卯木肇，一见面就大骂卯木肇扰乱了公司的正常工作秩序。卯木肇笑逐颜开，等经理发完火之后，他才晓之以理，动之以情地对经理说："我几次来见您，一方面是为本公司的利益，但同时也是为了贵公司的利益。在日本国内最畅销的索尼彩电，一定会成为马歇尔公司的摇钱树。"在卯木肇的巧言善辩下，经理终于同意试销两台，不过，条件是：如果一周之内卖不出去，立马搬走。

为了开个好头，卯木肇亲自挑选了两名得力干将，把百万美元订货的重任交给了他们，并要求他们破釜沉舟，如果一周之内这两台彩电卖不出去，就不要再返回公司了。

两人果然不负众望，当天下午 4 点钟，两人就送来了好消息：马歇尔公司又追加了两台。至此，索尼彩电终于挤进了芝加哥的"带头牛"商店。随后，进入家电的销售旺季，短短一个月内，竟卖出700多台。索尼和马歇尔从中获得了双赢。

有了马歇尔这只"带头牛"开路，芝加哥的 100 多家商店都对索尼彩电群起而销之，不出 3 年，索尼彩电在芝加哥的市场占有率达到了 30%。

卯木肇在不断地解决索尼进入美国市场的一个个障碍时，也提升了驾驭市场的能力。提高工作业绩的同时，也享受到了工作带来的乐趣。禅不是空洞无物的，而是落实在工作中的每一件事情上。我们每一个人都应该将禅的精神、禅的智慧普遍地融入工作中，在工作中体现禅的意境、禅的精神、禅的风采。

"工作坊就是道场"就是提倡人们在工作中锻炼自己的能力，磨炼自己的心性，改造自己的世界观，并通过工作使自己的思想境界得到升华。如果一名员工能将工作坊当作修行的道场，就不仅意味着能力的提升，也意味着境界的超越，同时还意味着心灵的快乐和幸福。

享受每一天的工作

清洗干净就是少动烦恼，这可是功夫，烦恼断尽就可以成佛。要知道，烦恼并不是从外面来的，而是从你自性中产生的。

一次，云门禅师问僧徒："我不问你们十五月圆以前如何，我只问十五日以后如何？"僧徒说："不知道。"云门说："日日是好日。春有百花秋有月，夏有凉风冬有雪。若无闲事挂心头，便是人间好时节。"

日日是好日，每时每刻都能开掘快乐之源。这是一种积极的人生态度，也是禅向我们展现的魅力所在。

如果你能清洗干净心中的烦恼，具备乐观的心态，那么还有什么能够困住你呢？

有一位住在佛罗里达州的快乐农夫，他就是一个将柠檬做成了可口的柠檬汁的人。他买下一块农地后，心情十分低落。因为土地贫瘠，既不适合种植果树，也不适合种庄稼，甚至连养猪也不适宜。除了一些矮灌木与响尾蛇，什么都活不了。后来他忽然有了主意，他决定将负债转为资产，他要利用这些响尾蛇。于是不顾大家的惊异，他开始生产响尾蛇肉罐头。之后的几年，几乎每年有平均两万名游客到他的响尾蛇农庄来参观，他的生意好极了。他将毒液抽出后送往实验室制作血清，蛇皮以高价售给工厂生产女鞋与皮包，蛇肉装罐运往世界各地。甚至当地邮局的邮戳都盖着"佛罗里达州响尾蛇村"。

如果一个人一开始工作，就觉得是做一件受罪的苦差事，那么就很难倾注自己的热情，所做出的成绩也不会很出色，他的面前只是一片无边无际的荆棘。

而如果一开始就抱着很大的热情和希望，把工作当成一种享受，憧憬着美好的前途，并尽其最大的努力去工作，情况可能就会完全不同。即使眼前是一片荆棘，也会立刻消失得无影无踪，出现一条平坦光明的大道。

那些对工作满怀怨言的人，通常都是以自己为中心、整天只会想到自己有多么不快乐的人。满心欢喜的人并不会满脑子都是自己快不快乐的问题，他们会把时间和精力花在开创以及享受工作带来的乐趣上。他们在无私奉献的同时，也能够享受喜悦。

每一个人在工作中，都时常会面临一些巨大的压力，此时你完全可以按照禅法的指导，通过心灵的修炼，将那些阻碍、困扰你的日子，变成快乐、喜悦的日子。

虔诚的心最有力量

整部《六祖坛经》，乃至整个禅宗的大意，可以说都含摄在六祖的几句开示中：善知识！菩提自性，本来清净，但用此心，直了成佛。善知识！且听慧能行由得法事意。

这是禅宗里极为重要的几句话，很有概括性。你如果要问禅门中人为什么能成佛，得到的回答就是如此简单：因为你有佛性，自己了解自己就成佛了。学禅不要向外求，禅并不在外面，自己就自足自有的啊！所以不要绕圈子，直下顿悟就能成佛。

在禅者看来，所有问题的出现都源自心，而所有问题的解决同样源自心。

有一天，奕尚禅师起来时，刚好传来阵阵悠扬的钟声，禅师特别专注地聆听。等钟声一停，他忍不住召唤侍者，并询问："刚才打钟的是谁？"

侍者回答："是一个新来参学的和尚。"

于是奕尚禅师就让侍者把那个和尚叫来，并问："你今天早上是以什么样的心情在打钟呢？"

和尚不知道禅师为什么问他，于是说道："没有什么特别的心情啊！只为打钟而打钟而已。"

奕尚禅师说："不见得吧？你在打钟的时候，心里一定在想着什么，因为我今天听到的钟声是非常高贵响亮的声音，那是真心诚意的人才会打出的声音啊。"

和尚想了又想，然后说："禅师，其实我也没有刻意想着什么，只是我尚未出家参学之前，一位师父就告诉我，打钟的时候应该想到钟就是佛，必须虔诚、斋戒，敬钟如敬佛，用一颗禅心去打钟。"

奕尚禅师听了非常满意，再三说："往后处理事务时，不要忘记持有今天早上打钟的禅心。"

我们可以想象，那个小和尚在将来一定可以修成正果，原因是什么？就在于他的虔诚的佛心。

无论外界如何喧嚣，我们都要固守一颗虔诚的心。虔诚的心中是对正念的把握，是对信念的秉持。纤尘不染，杂念俱无，集念于一处，力量就是最大的。

很多成功的人，正是因为有了一颗虔诚的心，才做出了伟大的事业。

刘宇大学毕业后，在父亲开的清洁公司干活。父亲用一桶清洗液和一把钢丝刷，头顶烈日为儿子上了重要的一课：每一份工作都好比是你的签名，你的工作质量实际上等于你的名字，只要脚踏实地，以一颗虔诚的心对待你的工作，迟早会出人头地。他按照父亲的教导，用钢刷蘸着清洗液把砖头洗得干干净净。

后来，刘宇在西南食品超市由包装工升为存货管理员，整天干着装装卸卸、摆摆放放这些细小麻烦的工作，但他始终一丝不苟、乐此不疲。有朋友屡次劝他："别把青春耗费在这种没出息的事情上！"他却不以为意，仍是坚守着自己的工作信条：工作无大小，干好当下每件事。朋友认为他是个大傻瓜，一辈子也干不出什么名堂来。他却为自己能干好这件谁都不愿干的工作而自豪不已。他相信父亲的话："只要自己不断努力，只要以一颗虔诚的心认真地做好每件事，上帝一定会眷顾你的。"

果不其然，数年后刘宇脱颖而出，成为拥有8家商店、一年总营业收入达几千万的大老板。而当初劝他的朋友们大都默默无闻。

禅者的心只要是虔诚的就可以成就修行的道业，而我们的心只要是虔诚的就可以成就自己。在工作中修行，做一名虔诚的杰出者吧！

在日常工作中感悟修行

在《金刚经》这部佛家至典的篇首有这样一段话："如是我闻：一时，佛在舍卫国祇树给孤独园，与大比丘众千二百五十人俱。尔时世尊，时时着衣持钵。入舍卫大城乞食。于其城中，次第乞已，还至本处，饭食讫，收衣钵，洗足已，敷座而坐。"

这段话的大意是，我是这样听说的：那时，佛在舍卫国祇树给孤独园这个地方，与1250个僧人在一起。午餐前，佛披上袈裟拿出钵盂，到舍卫国大城中去乞讨，他不拘贫富，挨门挨户，完成乞讨后，回到原处。吃完饭后，佛收起袈裟与钵盂，洗了脚，开始跏趺坐。

很多人不解，为什么这样重要的经典，开篇交代的却是这样的琐事？

净慧大师在《禅》杂志上，为这段文字做了开示。

此段恰好说明如来是"不舍道法，现凡夫事"。因为凡夫要穿衣吃饭、走路睡觉、待人接物，而圣者就是在这些凡夫俗事中，无念无相无往，不如不动，故能在凡夫的日常生活上不起我法执着，而自在解脱。可见，佛陀的生活和我们凡夫俗子一样，他的觉悟就是在我们生活的世间完成的。法在世间，觉也在世间。

所以禅宗六祖慧能说："佛法在世间，不离世间觉。离世求菩提，恰如觅兔角。"佛法到底在什么地方？其实就在当下，在我们日常的社会生活和工作、学习中，在我们每天的具体生活里。

同样的道理，一名优秀员工，如果离开了当下，不从身边的点点滴滴做起，不将基础夯实、巩固、发展，那么也是觅不到成功的。

显微镜的发明者是荷兰西部一个小镇上的门卫，他叫万·列文虎克。为了让时光不会在门卫这个无所事事的岗位上浪费掉，他选择了学习用水晶石磨放大镜片，磨一副镜片往往需要几个月。为了不断提高镜片的放大度数，他一面总结经验，一面不间断地磨着。尽管人们不愿干这种单调重复的劳动，但他并不厌倦，几十年如一日。直到第六十年时，他终于磨出了能放大三百倍的显微镜片，第一次发现了细菌。于是他成了举世闻名的发明家，受到了英国皇家的奖励。难以想象，六十年的岁月，一种单调的重复劳动，这需要多么大的韧性和耐性。

人人都希望成功，但如果不在日常工作中感悟，是不可能有所成就的。同样的道理，对于在职场打拼的人来说，成功是自己的梦想，把事业做大做强是自己的目标。但如果不脚踏实地、一步一个脚印向前进，梦想和目标是不可能实现的。

《菜根谭》：

嚼得菜根，方成大事

　　《菜根谭》是一部修养、人生、处世、出世的语录集，对于人的正心修身、养性育德，有不可思议的潜移默化的力量。它告诫人们：贫困不是自暴自弃的理由，富贵不是骄傲自满的资本，在繁忙工作之余，如果暂时放下紧绷的神经，就能身心愉悦；无谓的争斗中，如果自己能退后一步，就会海阔天空。《菜根谭》的文字也有独到之处，简练隽永，雅俗共赏，而且都是短章，读来如同历数珍珠，毫不费解，又如坐春风中，受到感化而不自知。

自在人生，也须自省

　　从前有座山，山上有座庙，庙里住着一个老和尚和一个小和尚，小和尚是老和尚的弟子，老和尚修行了几十年，已经有了道行。可是，经常小和尚做什么，老和尚也做什么。小和尚浇水种地，他也浇水种地；小和尚玩石子抓麻雀，他也玩石子抓麻雀。甚至小和尚偷跑出去到集镇上玩，他也跑到集镇上玩。

　　终于有一天，小和尚对老和尚说："师父，您这么大岁数了，为什么总和我做一样的事情啊？"

　　老和尚说："我从四十岁起，就把年轻时候的事情重新做了一遍，我现在八十岁了，年轻时的我早就没有了。可是，我每天还能过年轻的生活，还能找到年轻的心态，所以我这四十年，等于过了两个四十年，一个从四十岁到八十岁的变老的四十年，一个从一岁到四十岁的重新年轻的四十年。如果这么说，我已经一百二十岁了。"

　　老和尚又说："况且小时候做过的事，肯定有很多荒谬可笑的，现在我知道哪些是对的；哪些是错的；哪些是宝贵的，应该保持；哪些是可笑的，应该一笑置之。就算保留的和抛弃的各占一半吧，那么我这重新年轻的四十年，节省了一半过去被荒废的时间，就相当于延长了一倍，要是这么说，我已经一百六十岁了。

"回顾过去，对现在是有好处的。它可以使现在的我避免错误、节约时间，在现实的路上走得更稳，让我这变老的四十年避免走许多弯路。所以这样算来，我恐怕还不止一百六十岁呢。"

老和尚的年龄到底有多大，不必深究。其实老和尚说得很明白，那就是人生需要不断反省自己。正如《菜根谭》所说的那样，为人修身，应该时时自省。这一点青少年朋友们做起来并不难，但越是简单的事情，越容易被大家忽略。人生就像走路，有走得顺畅的时候，也有绕弯路的时候，甚至还有走入迷途的时候。如果不管以前走过什么路，不知反省，仍然照感觉行事，那就不免会做一只掰玉米的熊，掰下一个，丢了一个，最终腋下只夹着一个玉米。

进入初三之后，小凡感到大家都在备战中考，气氛紧张了许多。小凡的数学成绩平平，他立志在中考前做一千道习题。他相信，做完这一千道习题，数学成绩肯定能上去。

可是他越做越糊涂。做完七百多道的时候，全班进行了一次摸底考试，他的数学成绩还是没有明显的提高。

小凡只好去找数学老师，说了他的困惑。数学老师问明情况后，笑了，说："其实你是在自己折磨自己。数学题做上三四百道也就够了。"说着就拿出他的试卷来，说："你看，这道题你得了0分，但这道题曾经考过啊，你难道忘了？"

小凡似信非信地说："有吗？我怎么不知道？"

数学老师说："所以说你不能盲目地做题啊。前面做过的，后面就忘掉，这样你做一千道一万道又有什么用处呢？及时反省，把曾经做过的，尤其是重要的，或者错过一遍的，记在心里。不要觉得这样走回头路是无用功，其实这才是真正便捷的学习方法。"

小凡听了老师的话，果然数学成绩有了提高。

小凡缺少的正是反省的精神。人必须懂得反省，利用反省来发现问题、解决问题，从而提高自己。反省不但像老和尚说的那样，可以延长我们的生命，更重要的是，它让我们在以前的基础上有了进步。因而，自省可以说是人类的一种义务。《菜根谭》就是一部反省之书，其中蕴含的正是一个人从种种失败中提炼出来的反省智慧。

不争一时之勇，退一步海阔天空

有这样一个故事：蜗牛角上有两个国家，左角上的叫触氏，右角上的叫蛮氏，这两个国家虽然小，但经常因为争夺地盘而打仗。有一次，触氏和蛮氏又发生了战争，触氏打了胜仗，杀了蛮氏的士兵好几万人。蛮氏败走逃跑了，触氏就发兵去追，追了五十多天，才得胜回来。

故事说明，很多的争斗就像蜗牛角上两个国家发生的惊天动地的厮杀一样，其实争夺的利益非常小。因此后世便有了"蜗角虚名""蝇头微利"的成语。

世间的纷争，大部分都是不值得一提的是非利害之争，忍一忍风平浪静，让一让海阔天空。《菜根谭》中说："石火光中，争长竞短，几何光阴？蜗牛角上，较雌论雄，许大世界？"意思是，在电光石火般短暂的人生中较量长短，又能争到多少光阴？在蜗牛触角般狭小的空间里你争我夺，又能得到多大的世界呢？

我们常常看到邻里之间发生争吵，街上也常有陌生人发生口角，公交上踩了一脚少一声道歉，也会引起争执……从这些小事上，就可以看出一些人的心胸缺少容量。但是高明的人物处世，在两军阵前都可以表现得风度翩翩，让人敬重。我们常常认为战场上敌对的双方是"不共戴天""你死我活"的关系，其实在讲求礼仪的人心目中，谦让也不是完全没有可能的，而且当双方处于对垒关系时，一方表现适度的谦让，会收到意想不到的效果。古代很多军事家都擅长谦让，其中以三国时期的羊祜最为著名。

羊祜是三国时期魏国的军事家。魏国晚期，司马氏掌握了魏国的大权，后来建立了西晋。朝廷派羊祜到荆州驻军，防守东吴。羊祜在荆州驻防的时候，并不发兵骚扰吴国地界，而是非对吴国的老百姓很友好。即使是打仗，也事先约好交战日期，不搞突然袭击。有的将领提出偷袭，羊祜就请他们喝酒，最后喝得醉醺醺的，就把偷袭的事情忘得一干二净了。

有一次，羊祜的部下在边界上抓了两个孩子，回来一问，原来是吴国两个将领的儿子。羊祜立即命人把孩子送回去，过了几天，这两个将领都带兵来归降了。羊祜活捉了吴国的将领，也以礼送还，交战中阵亡的将领，就把他们厚葬，时间一久，吴国的军队都知道羊祜的好名声。

羊祜对待敌人谦让有礼，对吴国的百姓更是秋毫无犯。羊祜在吴国地界行军，收割了田里稻谷以充军粮，就根据收割的数量付钱偿还。如果吴国人打猎，受伤的禽兽跑到晋国的地界来，打猎的时候，羊祜约束部下，不许超越边界线。如有禽兽先被吴国人所伤而后被自己人擒获，羊祜就下令送还对方。羊祜这些做法，使吴人心悦诚服。吴人不叫他的名字，而是尊称他为"羊公"。

羊祜的这些做法，就是在以谦和的态度对待敌人，这样不仅没有让敌人痛恨自己，还赢得了敌人的尊敬。人间世情反复不定，人生之路曲折艰难。当我们走到走不通的地方，就想一想对敌人以礼相待的羊祜，知道让人先行的道理；即使是在走得过去的地方，也一定要给予别人三分便利，就像我们经常说的，万不可"得理不让人"。

退让是一种智慧，更是一种修养。世上本来不存在走不通的路，只是由于要走这条路的人太多，所以互相拥挤，致使路特别不好走。这个时候，不妨退让一步，让人先过，自己也就可以顺利走过去了。

人们在太行山巅发现许多贝壳，说明在数万年前，巍峨的太行山曾是海底。在自然界，高山可以为深谷，山涧可以为丘陵，一切都在这样无穷无尽地消长变化着，昨天突兀的岩石，今天可能风化成碎末，还有什么疙瘩比石头坚硬吗？昨天奔腾的江河，今天可能会变为平地，还有什么仇恨比江河深吗？昨天电闪雷鸣，今天可能晴空万里，还有什么愤怒比雷电激烈吗？如果我们对昨天的纠纷难以释怀，不妨看一看天空，看那晴空和晚霞如何变幻，观察一下地质，看看山川和河流，就可以更加透彻地理解这个世界，也就不会再斤斤计较了。

认真学习，更要认真生活

《菜根谭》说："老来疾病都是壮时招得；衰时罪孽都是盛时作得。故持盈履满，君子尤兢兢焉。"意思是，一个人到了晚年体弱多病，那都是年轻时不注意爱护身体招来的痛苦；一个人失意以后还会有罪刑缠身，那都是在得志时贪赃枉法所造成的罪孽。因此一个有高深修养的人，即使生活在幸福环境中，凡事也要抱着非常认真的态度。

夕阳西下的时候，一个老人半躺在大树下，对一个年轻人说："小伙子，我已经不行了，我年轻的时候喜欢抽烟喝酒，不学无术，那时不觉得有什么不妥，现在老了，什么都没有得到，病也全来了。你可千万记住，年轻的时候不要任性胡来啊。"

年轻人点点头，走开了。谁知他很快就忘记了老人的话，他觉得，自己离老还早着呢，为什么不趁机享受享受呢？于是他通宵达旦地喝酒打牌、唱歌跳舞，大把地挥霍自己的青春。

50年后，他也躺在了大树下，对另一个年轻人说："小伙子，我身体已经不行了……"

孔子曾经看过一种叫欹器的东西，这种器具装了一半水的时候是平正的，满了就会翻掉。在经济不发达的古代，人们的心态如此，后来，可以选择的路更多了，危险也更多了，所以《菜根谭》的作者谆谆告诫人们：凡事小心谨慎，年轻的时候意气风发，容易不注意身体和心态，但老了毛病就会显露出来。兴盛的时候容易骄奢淫逸，但是衰败的时候就会招来灾祸。因此，我们不仅要把"认真"用在学习上，更要用在生活上。

《红楼梦》是一部伟大的著作，这部书写了一个庞大的家族贾府，在朝廷上有权势，在民间也有"贾不假，白玉为堂金作马"的称号，拥有令人羡慕的财富。这个延续了一百多年的大家族，外人看来是"烈火烹油，鲜花着锦"，无比富贵。但是，这个家族中的大多数人用着祖先留下的钱财，过惯了奢侈安逸的生活，自私自利、钩心斗角。贾府的青年人要么昏聩无能，要么骄横跋扈，要么猥琐空虚，总之没有一个能继承家族的发展大业。结果，没过几年，贾府就因犯法被查抄，这些人得病的得病、死亡的死亡，曾经显赫一时的家族就像一座大厦一样倒了。

连富甲一方的大家族都可能落得卖儿卖女的下场，更何况是普通人家呢？生活是要从小处认真经营的，四体不勤五谷不分，一味地想着自己得过且过，终究会在以后的生活中品尝苦果。时光飞逝，没有多少时间给我们纠正因为不认真而产生的错误。

在《钢铁是怎样炼成的》中，有这要一段话：人最宝贵的是生命，生命对于人只有一次。一个人的生命是应该这样度过的：当他回首往事的时候，他不会因虚度年华而悔恨，也不会因碌碌无为而羞耻。这样在临死的时候，他才能够说："我的生命和全部的精力，都献给了世界上最壮丽的事业——为人类的解放而斗争"。当我们再来读这段话时，是否领悟到了新的含义？

惩罚犯错的人，不如劝人为善

　　和同桌约好去看电影，他因为有事迟到了，于是等了半天的你和他大吵一场，弄得不欢而散；上公交车的时候别人不小心踩了你一脚，于是你破口大骂，弄得旁边的人都对你行"注目礼"。类似的事情在日常生活中常常发生。

　　对待自己的朋友，我们要和善友好，可是对待其他人，又该采取什么态度呢？《菜根谭》告诉我们：遇欺诈的人，以诚心感动之；遇暴戾的人，以和气熏蒸之；遇倾邪私曲的人，以名义气节激励之。意思是，遇到狡诈不诚实的人，用真诚去感动他；遇到粗暴乖戾的人，用平和去感染他；遇到行为不正、自私自利的人，用正义感去激励他。

　　惩罚人的过错，不如劝人为善。因为没有谁愿意成为众人唾弃的对象，一句劝告的忠言，胜过一条惩罚的皮鞭。

　　一次，楚庄王因为打了大胜仗，十分高兴，便在宫中设盛大晚宴，招待群臣。宫中一片热火朝天，楚庄王也兴致高昂，让自己最宠爱的妃子许姬轮流替群臣斟酒助兴。

　　忽然一阵大风吹进宫中，蜡烛被风吹灭，宫中立刻漆黑一片。黑暗中，有人扯住许姬的衣袖想要亲近她。许姬便顺手拔下那人的帽缨并赶快挣脱离开，然后许姬来到楚庄王身边告诉楚庄王："有人想趁黑暗调戏我，我已拔下了他的帽缨，请大王快吩咐点灯，看谁没有帽缨就把他抓起来处置。"

　　楚庄王说："且慢！今天寡人请大家来喝酒，酒后失礼是常有的事，不宜怪罪。再说，众位将士为国效力，寡人怎么能为了显示你的贞洁而辱没寡人的将士呢？"说完，楚庄王不动声色地对众人喊道："各位，今天寡人请大家喝酒，大家一定要尽兴，请大家都把帽缨拔掉，不拔掉帽缨不足以尽欢！"于是群臣都拔掉自己的帽缨，楚庄王再命人重新点亮蜡烛，宫中一片欢笑，众人尽欢而散。

　　三年后，晋国侵犯楚国，楚庄王亲自带兵迎战。交战中，楚庄王发现军中有一员将官总是奋不顾身，冲杀在前，所向无敌。众将士也在他的影响和带动下，奋勇杀敌，斗志高昂。这次交战，晋军大败，楚军大胜回朝。

　　战后，楚庄王把那位将官找来，问他："寡人见你此次战斗奋勇异常，寡人平日好像并未对你有过什么特殊好处，你为什么如此冒死奋战呢？"那将官跪在庄王阶前，低着头回答："三年前，臣在大王宫中酒后失礼，本该处死，可是大王不仅没有追究问罪，反而设法保全我的面子，臣深深感动，对大王的恩德牢记在心。从那时起，我就时刻准备用自己的生命来报答大王的恩德。这次上战场，正是我立功报恩的机会，所以我才不惜生命，奋勇杀敌，就是战死疆场也在所不惜。大王，臣就是三年前那个被王妃拔掉帽缨的罪人啊！"

一番话使楚庄王和在场将士大受感动，楚庄王走下台阶将那位将官扶起，那位将官已是泣不成声。

楚庄王如果动用刑罚，那个犯了错的将官一定是死路一条，但是，楚庄王的宽容，给了那位将官生的机会，也为自己赢得了生的机会。

西方人常说"赠人玫瑰，手有余香"，给别人带来好处，自己也能从中收获付出的幸福感。凡事自私自利、心胸狭窄，就很难体会到这样的满足感。

原谅别人的过错是一种修养，况且我们每个人都会犯错。在一则希腊故事中，有一对夫妇为人苛刻，最后被绑在赎罪的柱子上，周围的行人都嘲笑他们，辱骂他们，向他们扔来果皮。这时候，妻子说："好吧，这是你们复仇的机会，你们向我扔石子吧，我不反抗。现在，就从你们中没有犯过一次错误的人开始。"人们沉默了，然后默默地离开了这对夫妇。

人孰能无过？人会在一时冲动之后犯下错误，那时他已经感到内疚，最需要的不是施加惩罚，而是得到谅解和宽容。而且，人们之间有一张复杂的关系网，只要牵动了其中一根线，这根线带来的影响立即会扩散开，使整个网都颤动起来。惠及别人，最终受惠的还是自己，反之，伤害了别人，自己也会受到伤害。用宽容的心对待犯错的人，就像我们原谅犯错的自己一样；用激励的语言去安慰那些犯错的人，就像激励受挫的自己一样，这样，世界就会少一些恶人，多一些善士。

守住内心的方寸

"蒙蒙，快点，起床了，赶紧穿衣服。"妈妈催着说。

"赶紧上车吧，要不就迟到了。"爸爸在后面唠叨。

"昨天的作业，今天该交了。"好不容易到了学校，课代表又跑来催促。

……

晚上回到家，蒙蒙躺在沙发上，闷闷不乐地说："我现在才十几岁，就这么忙了，好像身子不是自己的一样，以后长大了，不知该忙成什么样子呢。"

爸爸走了过来，看着一脸不悦的儿子说："生活中总有一些人，遇到事情手忙脚乱，给你讲个故事吧。"说着爸爸就讲开了。

1944 年，法西斯德国败局已定，美、苏、英各国军队在多条战线上取得重大战果。为了研究如何处理战后一系列遗留问题，特别是如何处理战败国德国，苏、美、英三国领袖决定再次举行最高首脑会晤。

最高首脑会晤时间、地点和会议程序的选择与确定，历来是一个重要的问题。当时，美国总统罗斯福身体状况不佳。因此罗斯福提出，会晤是不是可以定在 1945 年的春天，这时天气已暖，他的身体可以吃得消。

斯大林早已了解罗斯福的病情，他知道，一个疲惫不堪、精力不支的首脑，在谈判中很难保持坚强的意志和耐力，与体魄强健的对手较量。在这种身体状态下，罗斯福很容易感到厌倦、焦躁、虚弱，内心一旦失了方寸，就很容易受到别人的影响，轻易向对手让步。于是斯大林电告罗斯福：由于形势发展急速，一系列问题迫切需要解决，因此最高首脑会晤不能拖延，最迟应该在 1945 年 2 月举行。

无奈之下，罗斯福只好同意了。他又提出，因为健康原因他只能坐船去开会，这样旅途要花很长的时间，所以他希望会谈地点不要选得太远。另外，最好开会的地点和气候能温暖一些，对身体有利。斯大林则拒绝去任何苏联控制以外的地方，坚持会议必须在黑海地区举行，并且具体提出在黑海边上克里米亚半岛小城镇雅尔塔举行。这样，斯大林可以逸待劳，并可随时与莫斯科保持联系。

罗斯福没办法讨价还价，他只好拖着病躯，硬着头皮，前往冰天雪地的雅尔塔，当罗斯福到达雅尔塔的时候，人们发现这位总统面色憔悴，几乎精疲力竭。斯大林、罗斯福、丘吉尔到达雅尔塔后，无休无止的会晤、谈判开始了。日程安排得极为紧张，首脑会谈多达 20 次，每次罗斯福都得参加，另外还有大量的宴会、酒会、晚会。这一切使罗斯福疲劳不堪。在谈判中，罗斯福勉强打起精神，与斯大林讨价还价，但终因体力不支，注意力分散，争辩不过斯大林，最后不得不草草结束会谈，按苏联的意思签订了协议。

听完这个故事，蒙蒙停止抱怨，起身离开客厅。爸爸问他："你要去做什么？"

"我想预习一下明天的功课，做好准备。"蒙蒙笑着对爸爸做了一个鬼脸。

《菜根谭》告诉我们：不管外界是什么样子，自己心中一定不能混乱。比如台风刮来的时候，翻江倒海，台风中心却风平浪静，据说还能看到晴朗的星空；社会像万花筒一样千变万化，可是维系社会秩序的法律就像铁打的一样，一字一句也不能更改；烈马奔跑的时候，风驰电掣，骑手却坐在马背上，紧握缰绳，雷打不动，马儿无论怎样跳跃挣脱，都逃不出骑手的控制，最终只有乖乖地被降伏。

世界的变化也像烈马一样迅速，可是，只要把自己放在环境的中心，让自己安闲镇定，就可以把握难测的世界。所以，我们要谨记：为人一定要有一种宇宙天地都任自己操控掌握的气度，内心安静如水，气魄雄壮如山，牢牢抓住自己想要的东西，做自己、事业和社会的真正主人。

美景就在眼前，何必舍近求远

《菜根谭》中有一段讲如何领会大自然美景的话：会心不在远，得趣不在多。盆池拳石间，便居然有万里山川之势，片言只语内，便宛然见万古圣贤之心，才是高士的眼界，达人的胸襟。这也就是说，领会大自然的美景不需要去很远的地方，感悟真理的乐趣也不在于知道多少道理。一盆花、一块拳头大小的石头中，就会蕴含万里山川的气势；短短的几句话中，也可以蕴含万古圣贤参透的哲理。这种以小见大的本领，才是高尚达观之士的眼界和胸襟。

这句话是在告诉我们，要学会从眼前的风景中看到美丽、从简单的事物中领会玄机。但我们常常舍近求远。阿根廷荒诞派作家博尔赫斯曾说：敢问图书馆中在座的诸君，谁不曾梦想浪迹天涯？几乎每一个读书人在年轻的时候，都有一种浪迹天涯的冲动。远方充满了神秘的召唤，未知的东西总是披着浪漫的色彩。我们常常以为好的在远处，总以为未接触过的事物中埋藏着惊喜，总以为陌生的人和事会是自己理想中的样子……所以，我们会为了遥远的"美景"做许多徒劳无功的事情，后来再回到起点，才发现自己要的就在不远处，以前的种种努力不过是自作聪明，这就是"舍近求远"的本质。

"舍近求远"造成了无数失去之后的捶胸顿足，无数次众里寻他中的擦肩而过。它让人们错过机遇，将努力空掷。

你是否一味埋头努力，不懂得寻找合适的方法，也抓不住各种机遇；对于自身拥有的一切不加珍惜，反而费力去寻求一些毫无把握的东西；或者，在一个固定的思维中痛苦不堪，却从来不懂得独辟蹊径，发挥自己的优势；又或者，认为只要能达到目标即可，往往不主动寻求做事的最佳、最合理的路径……如果你有过这种经历，那么你就需要检讨自己过去的生活和那些舍近求远的盲目心理。

我们不妨来读一读印度民间流传的农夫阿利的故事。

农夫阿利生活殷实，一天，一位老者拜访他，对他说道："倘若你得到拇指大的钻石，就能买下附近全部的土地；倘若得到钻石矿，就能够让自己的儿子登上王位。"钻石深深地吸引了阿利。他从此对什么都不感到满足了。

经过辗转反侧的思考后，第二天一早，阿利便叫起那位老者，请他指教在哪里能够找到钻石。老者想打消他的念头，但他完全听不进去。老者只好告诉他："你在很高很高的山里寻找淌着白沙的河。倘若能够找到，白沙里一定埋着钻石。"

于是，阿利变卖了自己所有的地产，让亲人寄宿在街坊家里，自己出去寻找钻石。但他走啊走，始终没有找到要找的宝藏。他终于失望，在西班牙尽头的大海边投海死了。

人们并不知道阿利已经死去。一天，买了阿利房子的人把骆驼牵进后院的小河喝水，无意之中发现沙中有块发着奇光的东西。他立即挖出一块闪闪发光的石头，并带回去放在了客厅的炉架上。过了些时候，那位老者又来拜访这家人，进门就发现炉架上那块闪着光的石头，不由得奔跑上前。

"这是钻石！"老者惊奇地嚷道，"阿利回来了！"

"不！阿利还没有回来。这块石头是在后院小河里发现的。"新房主答道。

"不！你在骗我。"老者不相信，"我一走进这房间，就知道这是钻石啊。对！这是块真正的钻石！"

于是，两人跑出房间，到那条小河边挖掘起来，接着便露出了比第一块更有光泽的石头，后来又从这块土地上挖掘出许多钻石。

生活不正是如此吗？我们常常到别处去寻找所谓的理想，但机遇往往就在我们的身边，在我们的心里。德国大诗人歌德在《浮士德》中这样告诫我们："要注意留神任何有利的瞬时，机会到了，莫失之交臂。"

你是否曾想离开家乡，去遥远的地方重新开始自己的生活？是否曾向往异国的风情，忽略了自己家乡的白桦林？其实，只要用心发现，大自然处处皆美景。同样，善于思考，积极准备，生活中处处都是机遇。在科学研究领域，机遇能导致重大的发现；在商业领域，机遇更是一个人甚至一个团队大展身手的序曲。因此，我们要善于观察生活，并从中找到通向成功的秘密通道。

临渊羡鱼，不如退而结网。既然美景不在别处，那就让我们练出善于捕捉美景的"火眼金睛"吧。那样，看到一片云，我们就能感受到天地的壮阔；在天时地利之际，任何一件事情都可以成为我们领悟生活的契机。

·第十讲·

《围炉夜话》:

隽永的启智小品

《围炉夜话》被称为中国古人立身处世三大必备书之一，由清人王永彬所著。此书不以逻辑严密的专论见长，而以短小精辟、富于哲理的格言取胜。其以处世做人为中心，揭示人生价值的深刻内涵。书中隽语涉及社会生活的各个层面，使先哲智慧带上浓厚的生活气息与人情味，让我们在轻松愉快中领略其蕴含的深刻道理。读奇书，长奇智，本书是丰富人生的智慧宝典，玄机深妙的哲理精华，悟彻世事的传统箴言，不可多得的禅趣珍品。

不要耍"小聪明"

过于精明，善于打自己小算盘的人，常常为自己的小算盘自鸣得意，殊不知，这样终会搬起石头砸自己的脚。

五年前王群还在一家营销策划公司工作，当时一位朋友找到他，说自己公司想做一个小规模的市场调查。朋友说，这个市场调查很简单，他自己再找两个人就完全能做，希望王群出面把业务接下来，他去运作，最后的市场调查报告由王群把关，当然了，会给王群一笔钱作为费用。

这的确是一笔很小的业务，没什么大的问题。市场调查报告出来以后，王群也很明显地看出了其中的水分，但他只是做了些文字加工和修改，就把它交上去了。

一段时间以后，几位朋友邀请王群组成一个项目小组，一块完成一家大型娱乐场所的整体营销方案。没想到，对方业务主管明确提出对王群的印象不好，原来此位业务主管正是当年那个市场调查项目的委托人。

听到这个消息后，王群大吃一惊，但是为时已晚，也无须过多解释了。

事已至此，再回过头来想想，当时王群得到的那点儿钱根本就不值一提，但当初认为"天衣无缝"的小把戏却造成了如此之大的负面影响！

许多时候，我们会不经心地处理、打发掉一些自认为不重要的事情或人物，但这种随意的不负责、不敬业或者是不道德的行为会造成一些很不好的影响和后果，在你以后的人生道路上，不一定在什么时候突然显现出来，令你对当年自认为"聪明"的行为追悔不已。

所以，在工作中我们要谨记《围炉夜话》给我们的告诫：为人处世，第一要务就是要忠厚待人，只有这样才能获得事业上长久的成功，并给子孙留下一份基业；如果一味地耍奸使滑，不仅害了自己，恐怕连老祖宗的脸面也要丢掉。

成功不放松

"退一步海阔天空"，面对困难的时候，不妨退让一步，换一种想法，便可"柳暗花明又一村"，转败为胜。

成吉思汗很小的时候，就对金人欺侮蒙古人的情形怒不可遏，蒙古族部落对金人可谓是恨之入骨，只是自身势力尚不足以与金抗衡，只得忍辱负重等待时机。

后来成吉思汗渐渐崛起，但势力仍很单薄，虽对金早已"怨入骨髓"，但还是不敢以卵击石，依旧忍受着金的残暴统治。为了歼灭仇敌，他毅然接受了金的邀请，与金军联手消灭了仇敌。对这一切，成吉思汗异常冷静和从容。

立国称汗之后，成吉思汗对金的态度逐渐强硬了起来。尤其是降服了西夏之后，成吉思汗更是威震北方，令金国也有些害怕了。此时金大势已去，却还要撑住所谓"大国"的门面，对蒙古各部落指指点点，俨然是以统治者自居。即使在这个时候，成吉思汗还是没有"睚眦必报"，所谓"君子报仇十年不晚"，他仍然不动声色。后来，卫王永济的继位，给成吉思汗讨伐金带来了机会。报仇的时机到了，他开始反击。

正是成吉思汗韬光养晦，坚忍等待时机，才有了后来的元朝，才有后来"一代天骄"的美名。

在人生道路上，当我们的能力不足以解决面对的困难时，不妨让退一步。当然让退一步绝不是知难而退，而是灵活机动，养精蓄锐，另辟蹊径，为了更好的成功。当事业到了即将成功的时候，正是最艰难的时候，退一步换个思路，坚持到底，则成功在望。

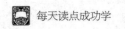

选择最适合自己的生活方式

我们在工作和学习中，有时候会经常遇到这样的问题：因为欲求太多，常常不知要做什么，什么都想尝试，结果哪一方面都没有取得成绩。其实，万物总有根源，只要我们把握住事物的本质，选择一样适合自己的，就不会搞错方向。

李辉初到南方时，曾为找工作奔波了好长一段时间。起初他见几个跑业务的同学业绩不俗，赚了不少钱，学中文专业的他便找了家公司做业务员，然而辛辛苦苦跑了几个月，不但没赚到钱，人倒瘦了十几斤。同学们分析说："你能力不比我们差，但你的性格内向、言语木讷、不善交际，因此不太适合跑业务……"

后来李辉见一位在工厂做生产管理的朋友薪水高、待遇好，便动了心，费尽心力谋到了一份生产主管的职位，可是没做多久他就因管理不善而引咎辞职。之后，李辉又做过公司的会计、餐厅经理等，最终出于各种原因被迫离职跳槽。

最后，李辉痛定思痛，吸取了前几次的教训，不再盲目追逐高薪或舒适的职位，而是依据自己的爱好和特长，凭借自己的中文系本科学历和深厚的文字功底，应聘到一家刊物做了文字编辑。这份工作相比以前的职位，虽然薪水不高，工作量也大，但李辉却做得非常开心，工作起来得心应手。几个月下来，他就以自己突出的能力和表现令领导刮目相看，器重有加。

回顾以往的工作历程，李辉深有感触地说："无论是工作，还是生活，我们都应当找到适合自己的生活方式。一味地追逐高薪、舒适的工作，曾让我吃尽了苦头，走了不少弯路。事实上，我们无论做什么事都应结合自身条件，依据自己的爱好和特长去选择相应的事来做。放弃那些不适合自己的生活，我们的生活才会快乐。"

做事情朝秦暮楚，改东换西，终将前功尽弃，难成大事业。无论干任何事情，都要从实际出发，把握住事物的本质，选择最适合自己的，不要好高骛远、想入非非。不然的话，终将一事无成。

多和思想积极的人在一起

有时决定一个人身份和地位的并不完全是他的才能和价值，而是他与什么样的人在一起。

古时孟母三迁，为的是避免年幼的孟子在不知不觉时沾染恶邻的恶习。俗话说，"近朱者赤，近墨者黑"，同类事物彼此吸引，相通相容，同时又互相影响。和某一种人相处久了，慢慢就会和他有些相像。和成功的人在一起，慢慢会受到影响，言谈举止、行为处世会学到他的一些方法；和开心的人在一起，就会逐渐变得开心；和有魅力的人在一起，会不知不觉增加魅力；和运气好的人在一起会沾光；和一群消极的人在一起，每天听到的都是消极的话，就会同样变得消极。原因是，人与人之间通过意识、潜意识、生物场等途径不断地交换物质、信息。你所接触的环境决定了你的思想格局，你的思想言行都是你所在环境的各种反映。只有你接触到的东西才能实际运用：接触正面，运用的就是正面的东西；接触负面，运用的都是下流招式。

下面是一位百万富翁请教一位千万富翁的对话，通过这个故事可以让我们知道和成功人士在一起的重要作用。

"为什么你能成为千万富翁，而我却只能成为百万富翁，难道我还不够努力吗？"一位百万富翁向一位千万富翁请教。

"你平时和什么人在一起？"

"和我在一起的全都是百万富翁，他们都很有钱，很有素质……"百万富翁自豪地回答。

"呵呵，我平时都是和千万富翁在一起的，这就是我能成为千万富翁而你却只能成为百万富翁的原因。"那位千万富翁轻松地回答。

由此我们可以看出，造成他们差距的是他们所处的环境不同，也就是说交往的朋友不一样。

古人云，"匹夫不可不慎取友""受益莫如择友""人生难得一知己"。所以远离那些每天只知抱怨、不思进取、带有消极思想的人吧！选择好的朋友，才能使品行端庄、修养好的人"锦上添花""更进一步"，甚至还能使一些品行不善的人"改邪归正"，重新矫正人生方向，成为一个人品优秀的人。

心存善念，方能成就大事

有一个关于维克多连锁店的故事。

维克多是从父亲的手中接过杂货店的，这是一家很早以前就在镇上很出名的杂货店。维克多希望它在自己的手中能够发展得更加壮大。

一天晚上，维克多在店里收拾货物清点账款，第二天他将和妻子一起去度假。

他打算早点关门，以便为外出度假做准备。突然，他看到店门外站着一个面黄肌瘦的年轻人，他衣服褴褛、双眼深陷，一看就知道是一个典型的流浪汉。

维克多是个热心肠的人。他走了出去，对那个年轻人说道："小伙子，有什么需要帮忙的吗？"

年轻人略带点儿腼腆地问道："这里是维克多杂货店吗？"他说话时带着浓重的墨西哥味。

"是的。"

年轻人更加腼腆了，他低着头，小声地说道："我是从墨西哥来找工作的，可是两个月过去了，我仍然没有找到一份合适的工作。我父亲年轻时也来过美国，他告诉我他在你的店里买过东西，喏，就是这顶帽子。"

维克多看见小伙子的头上果然戴着一顶十分破旧的帽子，那个被污渍弄得模模糊糊的"V"字形符号正是他店里的标记。

"我现在没有钱回家了，也好久没有吃过一顿饱餐了。我想……"年轻人继续说道。

维克多知道眼前站着的人只不过是多年前一个顾客的儿子，但是，他觉得自己应该帮助这个小伙子。于是，他把小伙子请进了店内，好好地让他饱餐了一顿，并且给了他一笔路费，让他回国。

不久，维克多便将此事淡忘了。过了十几年，维克多的杂货店越来越兴旺，在美国开了许多家分店，于是他决定向海外扩展，可是由于他在海外没有根基，要想从头发展很困难。为此，维克多一直犹豫不决。

正在这时，他突然收到一位陌生人从墨西哥寄来的一封信，写信人正是多年前他曾经帮助过的那个流浪青年。

此时那个年轻人已经成了墨西哥一家大公司的总经理，他在信中邀请维克多来墨西哥发展，与他共创事业。这对于维克多来说真是喜出望外，有了那位年轻人的帮助，维克多很快在墨西哥建立了他的连锁店，而且经营发展得异常迅速。